编审委员会

主　任　侯建国

副主任　窦贤康　陈初升
　　　　　张淑林　朱长飞

委　员（按姓氏笔画排序）

方兆本	史济怀	古继宝	伍小平
刘　斌	刘万东	朱长飞	孙立广
汤书昆	向守平	李曙光	苏　淳
陆夕云	杨金龙	张淑林	陈发来
陈华平	陈初升	陈国良	陈晓非
周学海	胡化凯	胡友秋	俞书勤
侯建国	施蕴渝	郭光灿	郭庆祥
奚宏生	钱逸泰	徐善驾	盛六四
龚兴龙	程福臻	蒋　一	窦贤康
褚家如	滕脉坤	霍剑青	

中国科学技术大学精品教材

"十二五"国家重点图书出版规划项目 | 教育部研究生工作办公室推荐研究生教学用书

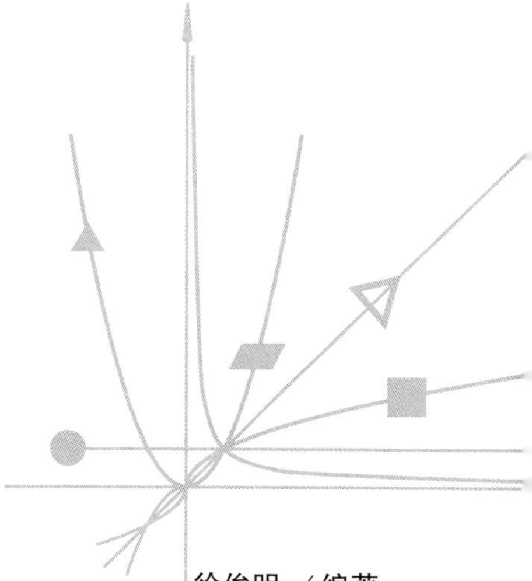

徐俊明 / 编著

Graph Theory with Applications

图论及其应用

第4版

中国科学技术大学出版社

内 容 简 介

本书着眼于有向图，将无向图作为特例，在一定的深度和广度上系统地阐述了图论的基本概念、理论和方法以及基本应用. 全书内容共分 7 章，包括 Euler 回与 Hamilton 圈、树与图空间、平面图、网络流与连通度、匹配与独立集、染色理论、图与群，以及图在矩阵论、组合数学、组合优化、运筹学、线性规划、电子学以及通信和计算机科学等领域的应用. 每章分为理论和应用两部分，并配有大量图形，章末有小结和进一步阅读的建议. 各章内容之间联系紧密，对许多著名的定理给出了最新最简单的多种证明. 每节末都有大量习题，书末附有参考文献、记号和名词索引.

本书既可用作高校数学、应用数学、运筹学、计算机科学、信息科学、管理科学等专业和相关研究所研究生和高年级本科生的选修课教材，也可用作高校和研究所图论及相关专业的教师和研究人员的参考书.

图书在版编目(CIP)数据

图论及其应用/徐俊明编著. —4 版. —合肥：中国科学技术大学出版社，2019.3
(2023.12 重印)
(中国科学技术大学精品教材)
"十二五"国家重点图书出版规划项目
教育部研究生工作办公室推荐研究生教学用书
ISBN 978-7-312-04453-3

Ⅰ. 图…　Ⅱ. 徐…　Ⅲ. 图论—高等学校—教材　Ⅳ. O157.5

中国版本图书馆 CIP 数据核字(2018)第 289509 号

出版　中国科学技术大学出版社
安徽省合肥市金寨路 96 号，230026
http://press.ustc.edu.cn
https://zgkxjsdxcbs.tmall.com
印刷　合肥华苑印刷包装有限公司
发行　中国科学技术大学出版社
经销　全国新华书店
开本　710 mm×1000 mm　1/16
印张　23.75
插页　2
字数　506 千
版次　1998 年 1 月第 1 版　2019 年 3 月第 4 版
印次　2023 年 12 月第 12 次印刷
定价　60.00 元

总　序

2008 年，为庆祝中国科学技术大学建校五十周年，反映建校以来的办学理念和特色，集中展示教材建设的成果，学校决定组织编写出版代表中国科学技术大学教学水平的精品教材系列. 在各方的共同努力下，共组织选题 281 种，经过多轮严格的评审，最后确定 50 种入选精品教材系列.

五十周年校庆精品教材系列于 2008 年 9 月纪念建校五十周年之际陆续出版，共出书 50 种，在学生、教师、校友以及高校同行中引起了很好的反响，并整体进入国家新闻出版总署的“十一五”国家重点图书出版规划. 为继续鼓励教师积极开展教学研究与教学建设，结合自己的教学与科研积累编写高水平的教材，学校决定，将精品教材出版作为常规工作，以《中国科学技术大学精品教材》系列的形式长期出版，并设立专项基金给予支持. 国家新闻出版总署也将该精品教材系列继续列入“十二五”国家重点图书出版规划.

1958 年学校成立之时，教员大部分来自中国科学院的各个研究所. 作为各个研究所的科研人员，他们到学校后保持了教学的同时又作研究的传统. 同时，根据“全院办校，所系结合”的原则，科学院各个研究所在科研第一线工作的杰出科学家也参与学校的教学，为本科生授课，将最新的科研成果融入到教学中. 虽然现在外界环境和内在条件都发生了很大变化，但学校以教学为主、教学与科研相结合的方针没有变. 正因为坚持了科学与技术相结合、理论与实践相结合、教学与科研相结合的方针，并形成了优良的传统，才培养出了一批又一批高质量的人才.

学校非常重视基础课和专业基础课教学的传统，这也是她特别成功的原因之一. 当今社会，科技发展突飞猛进、科技成果日新月异，没有扎实的基础知识，很难在科学技术研究中作出重大贡献. 建校之初，华罗庚、吴有训、严济慈等老一辈科学家、教育家就身体力行，亲自为本科生讲授基础课. 他们以渊博的学识、精湛的讲课艺术、高尚的师德，带出一批又一批杰出的年轻教员，培养了一届又一届优秀学生. 入选精品教材系列的绝大部分是基础课或专业基础课的教材，其作者大多直接或间接受到过这些老一辈科学家、教育家的教诲和影响，因此在教材中也贯穿着这些先辈的教育教学理念与科学探索精神.

改革开放之初，学校最先选派青年骨干教师赴西方国家交流、学习，他们在带回先进科学技术的同时，也把西方先进的教育理念、教学方法、教学内容等带回到中国科学技术大学，并以极大的热情进行教学实践，使“科学与技术相结合、理论与实践相结合、教学与科研相结合”的方针得到进一步深化，取得了非常好的效果，培养的学生得到全社会的认可. 这些教学改革影响深远，直到今天仍然受到学生的欢迎，并辐射到其他高校. 在入选的精品教材中，这种理念与尝试也都有充分的体现.

中国科学技术大学自建校以来就形成的又一传统是根据学生的特点，用创新的精神编写教材. 进入我校学习的都是基础扎实、学业优秀、求知欲强、勇于探索和追求的学生，针对他们的具体情况编写教材，才能更加有利于培养他们的创新精神. 教师们坚持教学与科研的结合，根据自己的科研体会，借鉴目前国外相关专业有关课程的经验，注意理论与实际应用的结合，基础知识与最新发展的结合，课堂教学与课外实践的结合，精心组织材料、认真编写教材，使学生在掌握扎实的理论基础的同时，了解最新的研究方法，掌握实际应用的技术.

入选的这些精品教材，既是教学一线教师长期教学积累的成果，也是学校教学传统的体现，反映了中国科学技术大学的教学理念、教学特色和教学改革成果. 希望该精品教材系列的出版，能对我们继续探索科教紧密结合培养拔尖创新人才，进一步提高教育教学质量有所帮助，为高等教育事业作出我们的贡献.

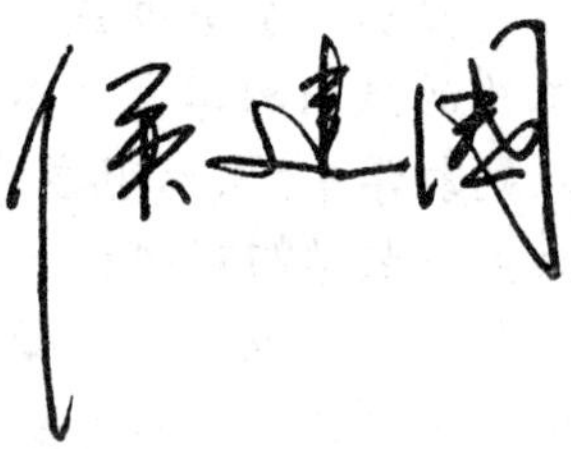

中国科学院院士

第三世界科学院院士

第 4 版前言

转眼间,《图论及其应用》出版已过 20 年, 3 次修订, 9 次印刷. 十多年来, 此书被推荐为全国研究生教学用书 (2002), 并列入“中国科学技术大学精品教材” (2008)、“十一五”“十二五”国家重点图书规划项目, 还获得中国科学院首届教学成果（教材）二等奖 (2008)、中国科学技术大学优秀教材一等奖 (2009). 这些成绩和荣誉都离不开各级领导的支持与鼓励, 离不开读者及同行专家的厚爱与帮助. 借这次修订再版的机会, 笔者对关心支持此书编写和出版的各级领导、各类评审委员会的专家、同行学者和读者致以真诚的谢意. 感谢中国科学技术大学研究生院、教务处和出版社在本书编写和出版过程中所给予的支持和帮助, 感谢国家自然科学基金多年来对作者研究项目的资助.

二十多年来, 笔者深刻感受到图论研究在国内的普及和蓬勃发展. 作为重要的数学工具和数学训练之一, 图论越来越被更多科学工作者认可、接受和应用, 越来越多的高等院校将图论列为相关专业本科生和研究生的必修课程. 尤为可喜的是, 国内图论研究队伍中年轻学者越来越多, 研究水平越来越高. 近几年, 越来越多的学成回国的学者为国内图论研究和发展增添了活力. 作为长期从事图论教学和研究的工作者来说, 笔者有责任尽己所能再一次润饰、提炼、充实和完善《图论及其应用》, 为国内的图论发展尽绵薄之力. 这次修订基于第 3 版, 在保持原版整体结构和叙述风格的基础上, 主要修订工作有如下几点:

1. 进一步规范图论术语和记号. 强调图是集 V 及其二元关系 E 的数学结构 (V,E), 它是个有序二元组. 将图的记号由“有序三元组 (V,E,ψ)”改为“有序二元组 (V,E_ψ)”, 其中 E_ψ 是 V 上由函数 ψ 确定的二元关系. 重图的概念并不难理解, 但陈述某些概念 (如图的同构) 有些累赘, 为初学者增加了理解上的困难. 重图只涉及边的结论, 如边连通度、匹配和边染色等. 即使回避它, 也不影响相关概念和结论的陈述. 笔者曾试图避开重图, 但难以回避. 例如, 在陈述 Euler 图的背景时, Königsberg 七桥对应的图是重图; 简单平图的对偶图可能是重图; “中国邮路问题”的 Edmonds-Johnson 算法用到重图. 尽管如此, 这次修订将淡化重图, 主要概念和结论的陈述以简单图为主. 另外, 这次修订将进一步淡化有向图与无向图的区别, 故将术语“边割集”改为“割”(无向), “截边集”改为“有向割”（有向）, “强 k 连通”改为“k 连通”等; 将色类记号“$\pi=(V_1,\cdots,V_k)$”（有序集）改为无序集“$\pi=\{V_1,\cdots,V_k\}$”等.

2. 调整部分章节的顺序, 并适当增减部分内容. 将第3版的1.8节“距离和直径”提前到1.5节, 因为它与1.4节“路与连通”密切相关, 并将笛卡尔乘积概念和与之相关的直径结论调至这一节. 强调线图在“点”和“边”概念之间的桥梁作用, 添加了部分内容, 如“D 是 Euler 有向图 $\Leftrightarrow$ 它的线图 $L(D)$ 是 Hamilton 图”, 并解释涉及“点”和“边”问题差别的原因, 增加对线图研究背景的了解. 添加连通性、强连通性、有根树、圈向量和割向量存在性判定定理. 在平图与平面图一章中, 添加了平面图的 Hamilton 性内容; 将 3.2 节“Kuratowski 定理”改为“平面图判定准则”, 添加并证明了几个判断定理; 添加外平面图和小图概念以及外平面图判断定理. 删去第6章的“应用”两字, 把6.3节改为“面染色与四色问题”, 6.4节改为“整数流与面染色”, 改写了“整数流”部分, 给出整数流与平图面染色关系定理的完整证明. 改写了 7.4 节, 添加网络设计原则、笛卡尔乘积图的连通度、对换生成图和图的替代乘积等内容和最新研究成果.

3. 为尊重历史和知识产权, 所述结果尽可能标出原创作者和参考文献. 重大结论 (如 Euler 无向图判定定理、矩阵–树定理和 Kuratowski 定理等) 尽可能解释历史原委. 为了方便读者查阅, 所有涉及的作者和参考文献都标在正文引用的位置上. 笔者认为, 作为教科书, 不仅要传授专业知识, 也要尊重原创、传承历史. 正是这些原创作者和继承者的不懈努力和执着探索, 才使图论概念和结果得到不断的提炼、丰富和完善, 才有图论的今天, 后继者应该永远记住他们.

4. 为了方便读者阅读和理解文中内容, 本次修订增加了一些例子和大量辅助图. 重新绘制了大部分图形, 使其更加美观、规范. 为了减少篇幅, 有些图形采用文图并排的形式; 所有习题、参考文献和附录中的记号和索引改为小号字. 重写了“小结”与“进一步阅读的建议”, 补充了某些问题的历史背景、有趣的典故、研究进展和参考文献.

5. 本次修订的所有文字和图形均由 LaTex 写成, 所有定理（引理）、命题、例子和公式按章、节、序编号, 图形按章和序编号, 自动生成.

6. 标“$*$”的章节和正文中楷体字内容, 或为正文的附加材料, 或具有一定的难度, 初学者暂时可以不读, 并不影响后继内容的阅读与学习. 标“Δ”的章节, 或为应用, 或无重要理论结果, 从教学的角度, 可以安排自学.

感谢洪振木博士提供第3版的勘误 (分别在第7次和第8次印刷时做了订正), 侯新民、潘向峰、黄佳、杨超、陆由、胡夫涛、李向军、洪振木和何伟骅等博士分别审阅了全书的各个章节. 敬请使用本教材的师生和读者多提宝贵意见.

徐俊明
中国科学技术大学
2018年3月29日

第 3 版前言

我十分欣喜地获悉《图论及其应用》一书被选为中国科学技术大学校庆五十周年精品教材. 这是各级领导、同行专家学者和广大读者对本书的厚爱, 也是对我的鼓励和鞭策. 借此机会, 我向他们表示真诚的谢意. 中国科学技术大学出版社对本书的出版极为重视, 付出了大量的人力和物力, 在本书的修订过程中又给予了大力的支持和具体的帮助, 我向他们表示感谢.

我们也很高兴地看到, 在过去的十几年里, 图的理论和应用发展很快, 图论的重要性越来越突显. 国内许多高等院校已将图论列为计算机科学、信息科学和应用数学专业的本科生必修课程. 尤为可喜的是, 国内图论研究队伍中年轻学者越来越多, 研究水平越来越高. 作为长期从事图论研究的工作者来说, 编写一本适合国内高年级本科生和低年级研究生的图论教材是自己义不容辞的责任.

借此书再版的机会, 在保持原有特色和基本结构框架的原则下, 在第 2 版的基础上对该书进行了小规模的修订. 具体修改的内容如下:

1. 进一步规范图论术语和记号. 强调图是一个数学概念, "所谓图是指一个集且具有二元关系的数学结构", 强调几何图形、邻接矩阵和关联矩阵、图的群只是图的三种表示, 其目的是利用不同的数学工具, 从不同的角度进一步揭示图的结构性质和数学本质. 强调图论是数学的重要分支, 是本科生和研究生加强数学修养和训练的必要组成部分.

2. 适当增加一些内容. 例如, 第 1 章添加"直径"一节; 在"染色理论"一章添加"整数流与面染色"理论. 增加构图方法, 如线图方法和笛卡尔乘积方法, 介绍了线图和笛卡尔乘积图的性质. 调整或增减部分习题, 添加一些新的研究成果和参考文献. 改每章后面的"小结"为"小结与进一步阅读的建议", 使其更有指导性和可读性.

3. 删去某些至今没有什么研究进展、只用到图论术语、没有更多理论的简单应用, 如收款台的设置问题、排课表问题和储藏问题.

4. 调整了部分章节的内容. 例如, 将第 2 版的 1.3 节"图的顶点度"和 1.4 节"图的运算"合并为一节"图的顶点度与运算"; 2.1 节"树与林"和 2.2 节"支撑树与支持林"合并为一节"树与支撑树"; 第 7 章的应用"可靠通信网络的设计"介绍的双环网络的内容改为"超级计算机系统互连网络的设计", 通过笛卡尔乘积图的性质来介绍图论在网络设计和分析中的应用.

5. 为了便于读者查找, 将定理由第 2 版的每章统一编号改为按章、节、序编号. 例如, 定理5.1.1表示第 5 章 5.1 节第一个定理, 定理5.1.2表示第 5 章 5.1 节第二个定理, 依此类推. 如果本节只有一个定理, 就按章、节编号. 比如, 定理1.3 就表示第 1 章 1.3 节只有一个定理. 推论的编号依赖于定理的编号, 如定理1.7.1有两个推论, 依次为推论1.7.1.1和推论1.7.1.2.

6. 参考文献放在书末,按姓氏字母顺序排列. 例如,文中提到"O.Ore(1968)", 那么在参考文献中找到作者"Ore O", 发表在"1968"年的文献即为所找的文献. 在大多数情况下, 对于熟知的作者, 正文中只写姓, 不写名. 例如, 第一次出现作者姓名"W. Tutte", 以后只写"Tutte". 参考文献中杂志名称的缩写参照《Mathematical Review》.

在本书的修订过程中, 笔者得到了许多国内外同行的指教和帮助. 美国西弗吉尼亚大学张存铨教授亲笔提供整数流与面染色的材料, 并给出一些非常有益的建议. 西北工业大学张胜贵教授寄来该书第 1 版的详细勘误表. 黄佳和杨超博士用LaTex 软件画出全书所有的图, 侯新民、吕敏和杨超博士分别审阅了有关章节. 在此, 我对这些同行表示真诚的谢意. 敬请使用本教材的师生多提宝贵意见.

徐俊明
中国科学技术大学
2009 年 10 月 17 日

第 2 版前言

我十分欣喜地获悉《图论及其应用》一书被国务院学位委员会审定批准为教育部研究生工作办公室推荐研究生教学用书. 这是各级领导、同行专家学者和广大读者对我的鼓励和鞭策. 借此机会, 我向他们表示真诚的谢意.

中国科学技术大学出版社极为重视该书的出版, 组织了大量的人力和物力对该书进行重新排版和绘图. 我借重新排版的机会, 对原版进行了小规模的修订. 修订本基本上保持了原貌, 做了一些勘误, 改写了定理 4.2 和定理 4.3 的证明, 使其更为简洁. 采纳了部分读者的意见, 对个别图论记号进行了修改. 例如, 群 $\mathit{\Gamma}$ 关于集 S 的 Cayley 图 $D_S(\mathit{\Gamma})$ 改为 $C_{\mathit{\Gamma}}(S)$. 由于版面的需要, 第 2 版删去了原版中少量较容易或者较难的习题, 增加了一些最新的参考文献, 供读者进一步阅读时参考.

徐俊明

中国科学技术大学

2003 年 1 月 17 日

前　言

图论 (graph theory) 的产生和发展历经了二百多年的历史, 大体上可以划分为三个阶段.

第一阶段是从 1736 年到 19 世纪中叶. 这时的图论处于萌芽阶段, 多数问题是围绕着游戏产生的. 最有代表性的工作是著名瑞士数学家 L. Euler 于 1736 年研究的 Königsberg 七桥问题, 他的那篇论文被公认为图论历史上第一篇论文.

第二阶段是从 19 世纪中叶到 1936 年. 在这个时期图论问题大量出现, 如四色问题 (1852 年) 和 Hamilton 问题 (1856 年). 同时出现了以图为工具去解决其他领域中一些问题的成果. 最有代表性的工作是 Kirchhoff (1847 年) 和 Cayley (1857 年) 分别用树的概念去研究电网络方程组问题和有机化合物的分子结构问题. "图" (graph) 这个词第一次出现是在 1878 年的英国《自然》杂志中. 进入 20 世纪 30 年代, 出现了一大批精彩的新理论和结果, 如 Menger 定理 (1927 年)、Kuratowski 定理 (1930 年) 和 Ramsey 定理 (1930 年) 等等. 这些理论和结果为图论的发展奠定了基础. 1936 年, 匈牙利数学家 D. König 写出了第一本图论专著《有限图与无限图的理论》. 图论作为数学的一个新分支已基本形成.

1936 年以后是第三阶段. 在生产管理、军事、交通运输、计算机和通信网络等领域许多离散性问题的出现, 大大促进了图论的发展. 进入 70 年代以后, 特别是大型电子计算机的出现, 使大规模问题的求解成为可能. 图的理论及其在物理、化学、运筹学、计算机科学、电子学、信息通信、社会科学及经济管理等几乎所有学科领域中各方面应用的研究都得到"爆炸性发展". 主要有以下三个原因:

1. 图论提供了一个自然的结构, 由此产生的数学模型几乎适用于所有科学 (自然科学和社会科学) 领域, 只要这个领域研究的主题是"对象"和"对象"之间的关系.

2. 图论已形成自己丰富的词汇语言, 能简洁地表示出各个领域中"对象 – 关系"结构复杂而又难懂的概念. 图论思想和方法被越来越多的科学领域接受, 并已发挥且将日益发挥它的重要作用. 反过来, 这些得益于图论的科学领域又向图论提出新的研究课题、新的概念和新的研究方法.

3. 图论提供了大量令人跃跃欲试的智力挑战性问题, 小到初学者的简单习题, 大到能使所有资深数学家感到棘手且悬而未决的难题.

由于图论的重要性, 越来越多的大学把它作为数学、计算机科学、电子学和科学管理等专业本科生、研究生的必修课或选修课. 笔者已为中国科学技术大学数学系和全校高年级本科生、研究生多次开设此课程. 本书就是笔者在《图论及其应用》讲义的基础上修改而成的.

本书所讨论的问题都是图论及其应用中最基本的课题. 我们对这些材料的处理方式是: 着眼于有向图, 而把无向图作为有向图的特例. 这样处理并不增加难度 (几年来的教学实践证明了这一点), 除避免了定义和结果的重复叙述外, 更直观而且似乎更接近图论本质和发展的趋势.

图论内容之丰富和应用之广泛, 是很难包括在一个学期使用的教材中的. 本书所涉及的材料, 笔者认为是必不可少的. 全书共分 7 章. 除介绍图的基本概念外, 各章节所讨论的内容几乎都是图论研究中的专题. 我们对每个专题提供一些基本概念、经典结果和基本应用, 并在一定程度上予以阐述. 各专题可以独立成章, 但我们力争加强各专题之间的贯通联系, 进一步揭示图论的数学本质, 使之更具系统性和科学性。为了保留其独立性, 我们用楷体给出部分主要结果的独立证明. 标 * 号的章节和楷体字内容, 初学者可以略去不读.

按照定义—定理—应用的叙述方式将每章分为两部分. 第一部分着重介绍概念和经典结果, 并尽可能地对这些结果给出最新最简单的证明 (对有的结果给出多种证明). 所有概念用黑体字标出, 并给出相应的英文, 为读者今后进一步阅读英文文献提供方便. 书末附有记号和名词索引, 供备查之用. 第二部分介绍以第一部分的基本理论为依据的应用, 强调解决实际问题有效方法的重要性, 并给出若干著名的有效算法, 略去那些仅利用图论术语而无理论的所谓"应用". 我们在介绍图的理论、方法以及应用时, 注重体现图论与组合学、代数、矩阵论、群论、组合优化、运筹学、线性规划、计算机科学、电子学和管理科学等的相互渗透. 每章末附有小结与参考文献, 目的是为初学者提供进一步阅读的指南, 同时也说明所用材料的原始和间接来源. 笔者向这些论文和著作的作者表示感谢.

每节末的习题是正文的补充和扩展, 有些乃是图论研究中的重要结论. 对于习题中引入的新定义, 建议读者熟悉它, 这对进一步学习有好处. 习题较多, 读者应尽力多做一些, 特别是那些用斜体标出的习题, 因为后面的讨论要用到它们. 做图论习题不仅需要对概念和定理的深刻理解, 而且还需要智慧和技巧, 不做习题是很难学会和掌握图论的思想和方法的. 即使不能全做, 阅读一下这些结论也是很有用处的. 较难的习题用黑体标出.

阅读本书只需要具备集合论和线性代数的基本知识. 对于研究生和高年级本科生来讲, 这些知识都已具备.

根据笔者以往的经验, 作为数学系一学期的课程, 每周 4 学时可以讲完本书的全部内容. 作为非数学系的选修课程, 每周 3 学时可以讲完前 6 章第一部分 (部分定理的证明及 2.4 节、3.3 节、6.3 节和 6.4 节可以不讲) 及部分应用内容 (视其选修对象而定), 也可以安排一些自习内容.

笔者衷心感谢上海交通大学应用数学系李乔教授和中国科学技术大学数学系

李炯生教授对笔者的指导、帮助以及对编写本书始终不渝的鼓励和支持. 真诚感谢中国科学院系统科学研究所田丰教授和北方交通大学数学系刘彦佩教授对笔者的关心和指导. 非常感谢中国科学技术大学出版社、教务处和数学系对本书出版的支持. 笔者感谢中国科学技术大学历届选修此课程的同学们对学习这门课程表现出的极大热忱和对讲义提出的宝贵意见.

衷心希望同行专家、各位师友和读者批评指教.

徐俊明
中国科学技术大学
1997 年 4 月 1 日

目　　次

总序 i

第 4 版前言 iii

第 3 版前言 v

第 2 版前言 vii

前言 ix

第 1 章　图的基本概念 1

1.1　图与图的图形表示 1
1.2　图的同构 7
1.3　图的顶点度和运算 17
1.4　路与连通 25
1.5　距离与直径 31
1.6　圈与回 40
1.7　Euler 图 47
1.8　Hamilton 图 52
1.9　图的矩阵表示 61
1.10　本原方阵的本原指数 * 70
小结与进一步阅读的建议 80

第 2 章　树与图空间 83

2.1　树与支撑树 84
2.2　图的向量空间 91
2.3　支撑树的数目 102
2.4　最小连接问题 108
2.5　最短路问题 114
2.6　电网络方程 $^{\triangle}$ 122
小结与进一步阅读的建议 124

第 3 章　平图与平面图 **127**
3.1　平图与 Euler 公式 128
3.2　平面图的判定准则 140
3.3　对偶图 * 146
3.4　正多面体 △ 150
3.5　印刷电路板的设计 * 153
小结与进一步阅读的建议 160

第 4 章　网络流与连通度 **162**
4.1　网络流 163
4.2　Menger 定理 166
4.3　连通度 178
4.4　运输方案的设计 185
4.5　最优运输方案的设计 192
4.6　中国投递员问题 198
4.7　方化矩形的构造 * 204
小结与进一步阅读的建议 209

第 5 章　匹配与独立集 **212**
5.1　匹配 213
5.2　独立集 226
5.3　人员安排问题 231
5.4　最优安排问题 237
5.5　货郎担问题 246
小结与进一步阅读的建议 251

第 6 章　染色理论 **254**
6.1　点染色 255
6.2　边染色 262
6.3　面染色与四色问题 △ 268
6.4　整数流与面染色 * 275
小结与进一步阅读的建议 285

第 7 章　图与群 * **287**
7.1　图的群表示 288
7.2　可迁图 293
7.3　群的图表示 304
7.4　超级计算机系统互连网络的设计 311

7.4.1 笛卡尔乘积 …… 313
7.4.2 群论方法 …… 319
7.4.3 替代乘积 …… 323
小结与进一步阅读的建议 …… 329

参考文献 …… 331

图论常用记号 …… 352

索引 …… 354

第 1 章 图的基本概念

在自然界和人类社会的实际生活中, 用图形来描述某些对象 (或事物) 之间具有某种特定关系常常会特别方便. 例如, 用工艺流程图来描述某项工程中各工序之间的先后关系, 用竞赛图来描述某循环比赛中各选手之间的胜负关系, 用网络图来描述某通信系统中各通信站之间的信息传递关系, 用交通图来描述某地区内各城市之间的铁路连接关系, 用原理电路图来描述某电器内各元件导线之间的连接关系, 等等. 图形中的点表示对象 (如上面的工序、选手、通信站等), 两点之间的有向或无向连线表示两对象之间具有某种特定的关系 (如上面的先后关系、胜负关系、传递关系、连接关系等).

事实上, 任何一个包含某种二元关系的系统都可以用图形来模拟. 由于人们感兴趣的是两对象之间是否有某种特定关系, 所以图形中两点间连接与否甚为重要, 而连接线的曲直长短则不重要. 由此数学抽象产生了图的概念. 研究图的基本概念和结构性质、图的理论及其应用构成了图论的主要内容.

本章共 10 节, 由 3 部分内容组成. 前 4 节介绍图的基本概念、术语、图的平面图形表示、记号、运算、图的同构、某些特殊的图类和若干基本结果, 如图的连通性判定和图论第一定理. 这些概念和结果是本书的基础. 1.5~1.9 节介绍较高级一点的图论概念和结果, 如图的直径、2 部图的判定定理、Euler 图的判定、Hamilton 图和图的矩阵表示. 最后一节介绍图在矩阵论中的应用.

提请读者注意的是, 大多数图论学者在他们的著作、论文和演讲中都习惯使用自己的一套术语和记号, 甚至“图”这个词的意义也是不统一的. 为了在有关图论的讨论中避免歧义, 每个人都得预先说明清楚他所使用的图论术语和记号. 本书将采用大多数学者所采用的术语和记号, 书末附有记号和术语索引.

1.1 图与图的图形表示

设 V 是非空集. V 上的二元关系 e 是 V 上的元素对, 即 $e\in V\times V$. 集 V 和定义在 V 上的二元关系集 E 的有序二元组 (V,E) 被称为**数学结构**.

所谓**图** (graph), 是指数学结构 (V,E_ψ), 其中 V 是非空集, E_ψ 是定义在 V 上的二元关系集(可以是重集), 它由函数 $\psi: E\to V\times V$ 确定. 若 E_ψ 中元素全为有序对 (x,y), 则称 (V,E_ψ) 为**有向图** (digraph), 记为 $D=(V(D),\ E_\psi(D))$. 若 E_ψ 中元素全为无序对 $\{x,y\}$, 则称 (V,E_ψ) 为**无向图** (undirected graph), 记为 $G=(V(G),E_\psi(G))$.

例 1.1.1 $D=(V(D),E_\psi(D))$ 是有向图, $V(D)=\{x_1,x_2,x_3,x_4,x_5\}$, $E_\psi(D)=\{a_1,a_2,a_3,a_4,a_5,a_6,a_7,a_8,a_9\}$, 其中

$$\begin{aligned}&\psi(a_1)=(x_1,x_2), \quad \psi(a_2)=(x_3,x_2), \quad \psi(a_3)=(x_3,x_3),\\ &\psi(a_4)=(x_4,x_3), \quad \psi(a_5)=(x_2,x_4), \quad \psi(a_6)=(x_2,x_4),\\ &\psi(a_7)=(x_5,x_2), \quad \psi(a_8)=(x_2,x_5), \quad \psi(a_9)=(x_3,x_5).\end{aligned}$$

例 1.1.2 $H=(V(H),E_\psi(H))$ 是有向图, $V(H)=\{y_1,y_2,y_3,y_4,y_5\}$, $E_\psi(H)=\{b_1,b_2,b_3,b_4,b_5,b_6,b_7,b_8,b_9\}$, 其中

$$\begin{aligned}&\psi(b_1)=(y_1,y_2), \quad \psi(b_2)=(y_3,y_2), \quad \psi(b_3)=(y_3,y_3),\\ &\psi(b_4)=(y_4,y_3), \quad \psi(b_5)=(y_2,y_4), \quad \psi(b_6)=(y_2,y_4),\\ &\psi(b_7)=(y_5,y_2), \quad \psi(b_8)=(y_2,y_5), \quad \psi(b_9)=(y_3,y_5).\end{aligned}$$

例 1.1.3 $G=(V(G),E(G))$ 是无向图, $V(G)=\{x_i,y_i:1\leqslant i\leqslant 5\}$, $E(G)=\{x_ix_{i+1},y_iy_{i+2},x_iy_i:1\leqslant i\leqslant 5\}$, 其中 $i+2$ 取模 5.

之所以采用“图”, 是因为集 V 上的二元关系 E_ψ 可以用图形表示. V 中每个元素用平面上的点(为清晰起见, 点往往被画成小圆圈)来表示. 对 E_ψ 中元素 e, 如果 $\psi(e)=(x,y)$, 就用一条从 x 到 y 的有向直(或曲)线段来表示; 如果 $\psi(e)=\{x,y\}$, 就用一条连接 x 和 y 的无向直(或曲)线段来表示, 并在线段旁标上 e. 这样的图形被称为图 (V,E_ψ) 的**图形表示** (diagrammatic representation).

例如, 图 1.1 所示的 2 个图形分别是例 1.1.1 和例 1.1.2 中所定义的有向图 D 和 H 的图形表示; 图 1.2 所示的 3 个图形都是例 1.1.3 中所定义的无向图 G 的图形表示. 它们分别是由 J. Petersen (1898) [294], A. B. Kempe(1886) [216] 和 C. S. Peirce (1903) 提出来的, 故分别称之为 Petersen 图、Kempe 图和 Peirce 图. 顶点或者边都有标号的图形表示常常被称为**标号图** (labeled graph).

因为在 (V,E_ψ) 的图形表示中, 表示 V 中元素的点的相对位置和表示 E_ψ 中元素的线段的曲直长短是无关紧要的, 所以任何图的图形表示都不是唯一的. 例如, 图 1.2 所示的 3 个图形都是例 1.1.3 中定义的无向图 G 的图形表示, 其中图 (b) 和 (c) 中图形看起来比 (a) 中图形美观和对称. 也正是由于这一特点, 图的图形表示可以画得非常精美, 或者画成你所需要的样子.

因为图的图形表示已描述出 V 和 E_ψ 中元素之间所具有的关联关系, 所以在大多数场合中, 其图形表示不用标出 E_ψ 中的元素. 例如, 图 1.2 所示的 3 个图形

都是例 1.1.3 中无向图 G 的图形表示, 虽然没有标出 E 中元素, 但 V 和 E 中元素之间的关联关系已是一目了然.

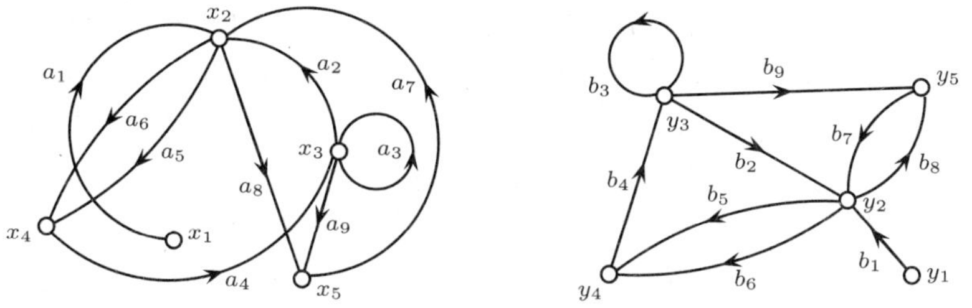

(a) 有向图D　　　　(a) 有向图H

图 1.1　例 1.1.1 中有向图 D 和例 1.1.2 中有向图 H 的图形表示

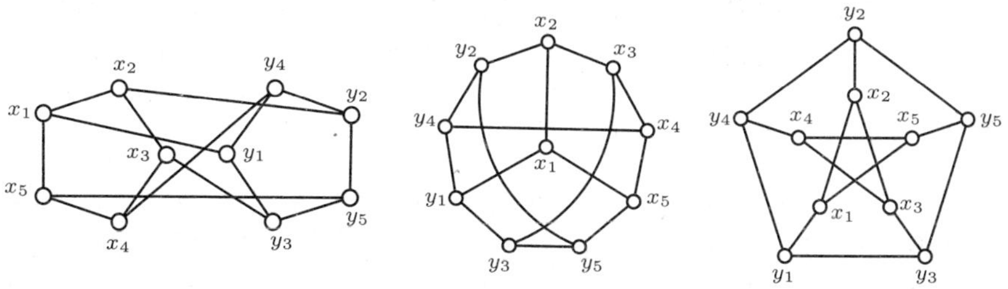

(a) Petersen 图　　(b) Kempe 图　　(c) Peirce 图

图 1.2　例 1.1.3 中无向图 G 的 3 种图形表示

图论中大多数定义和概念是根据图的图形表示提出来的. 例如, 当把数学结构 (V,E_ψ) 看成图时, V 为该图的**顶点集** (vertex-set), E_ψ 为该图的**边集** (edge-set), V 中元素被称为**顶点** (vertex) (或**点** (point)), E_ψ 中元素被称为**边** (edge), ψ 被称为点与边之间的**关联函数** (incidence function).

设 $a \in E_\psi(D)$, 则存在 $x,y \in V(D)$ 和有序对 $(x,y) \in V \times V$, 使 $\psi(a) = (x,y)$; a 被称为**从 x 到 y 的有向边** (directed edge from x to y); x 被称为 a 的**起点** (origin), y 被称为 a 的**终点** (terminus), 起点和终点被统称为边 a 的**端点** (end-vertices).

设 $e \in E_\psi(G)$, 则存在 $x,y \in V(G)$ 和无序对 $\{x,y\} \in V \times V$, 使 $\psi(e) = \{x,y\}$; e 被称为**连接 x 和 y 的边** (edge connecting x and y). 由于无序对 $\{x,y\}$ 和 $\{y,x\}$ 表示同一个元素, 所以通常被简记为 $\psi(e) = xy$ 或 yx.

边与它的两端点被称为**关联的** (incident); 与同一条边关联的两端点或者与同一个顶点关联的两条边被称为**相邻的** (adjacent). 两端点相同的边被称为**环** (loop), 有公共起点和终点的两条边被称为**平行边** (parallel edges) 或者**重边** (multi edges), 两端点相同但方向相反的两条有向边被称为**对称边** (symmetric edges).

例如, 图 1.1(a) 和 (b) 中边 a_3 和 b_3 都是环. 在图 D 中, 对于两条边 a_5 和

a_6 都有 $\psi(a_5)=(x_4,x_2)=\psi(a_6)$, 因而它们是平行边或重边; 但对于两条边 a_7 和 a_8, 因为 $\psi(a_7)=(x_5,x_2)$, $\psi(a_8)=(x_2,x_5)$, 所以它们不是平行边, 而是对称边.

人们习惯称含重边的图为**重图** (multi graph), 无环且无重边的图为**简单图** (simple graph). 例如, 在上面定义的三个图中, 图 D 和图 H 都不是简单图, 而图 G 是简单图. 在无重边的图 (V,E_ψ) 中, 由于起点为 x 且终点为 y (可以有 $y=x$) 的边至多有一条, 因此, 边可以直接用顶点的有序对或无序对来表示, 而点与边之间的关联函数 ψ 就不必要写出了, 故可简记为 (V,E).

例如, 在例 1.1.3 定义的无向图 $G=(V(G),E(G))$ 中, $V(G)$ 元素之间的二元关系直接表示在二元关系集 $E(G)=\{x_ix_{i+1}, y_iy_{i+2}, x_iy_i : 1\leqslant i\leqslant 5\}$ 中, 无需标出点与边之间的关联函数 ψ. 于是, 该图可以直接写成 $G=(V(G),E(G))$.

必须指出, 图是个抽象的数学概念. 尽管它能用平面图形表示出来, 使图的结构形象化, 也能比较直观地理解图的许多概念和性质, 但图的定义与这些图形毫不相干. 当图的点数较大时, 它的图形表示就很难画出来. 请看下面的例子.

例 1.1.4 Johnson 图 $J(n,k,i)$ 和 Kneser 图 $KG_{n,k}$.

设 Ω_n^k 是 n 个元素中 k $(\leqslant n)$ 元组合集. 对于给定的整数 n, k 和 i $(0\leqslant i\leqslant k\leqslant n)$, **Johnson 图** (Johnson graph), 记为 $J(n,k,i)$ [148], 是简单无向图 (V,E), 其中点集 $V=\Omega_n^k$, 边集 $E=\{XY : X,Y\in V, |X\cap Y|=i\}$. 当 $i=0$ 时, $J(n,k,0)$ 亦被称为 **Kneser 图** (Kneser graph) [220], 记为 $KG_{n,k}$.

由定义, 对于任意给定的 n, k 和 i $(n\geqslant k\geqslant i\geqslant 0)$, $J(n,k,i)$ 是存在的. 然而, 画出 $J(n,k,i)$ 的图形表示是不容易的, 因为它有 $\binom{n}{k}$ 个顶点且 n, k 和 i 是任意的. 对于 $n=5$, $k=2$ 和 $i=0$, 图 1.3 展示了图 $J(5,2,0)$ 或图 $KG_{5,2}$ 的两种图形表示, 其结构一目了然, 它是具有 10 个顶点和 15 条边的简单无向图. 从图形结构上看, 它们很像图 1.2 中所示的 Peirce 图和 Kempe 图.

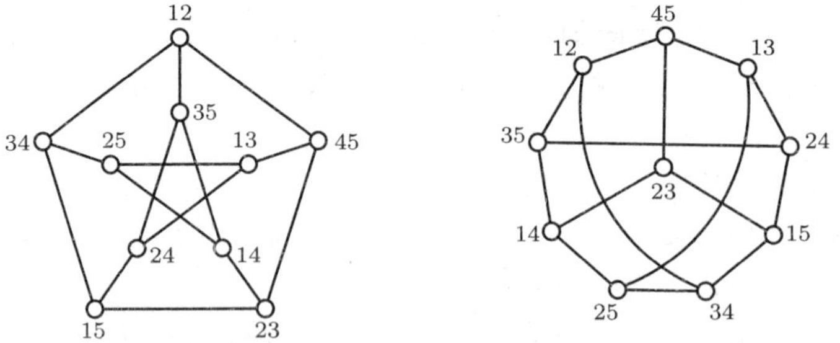

图 1.3 $J(5,2,0)$ 或 $KG_{5,2}$ 的两种图形表示

由图的定义可以看出, 有向图与无向图的差别仅在于 E_ψ 中元素是有序对还是无序对. 无序对 $\{x,y\}$ 可以视为两个有序对 (x,y) 和 (y,x). 也就是说, 对于无向图 G, 将 G 中每条边 e 用两条与 e 有相同端点的对称边 a 和 a' 来替代后得到

一个有向图 D, 称之为 G 的**对称有向图** (symmetric digraph). 由此可见, 无向图可以视为特殊的有向图. 图 1.4 (a) 和 (b) 就是这样的两个图.

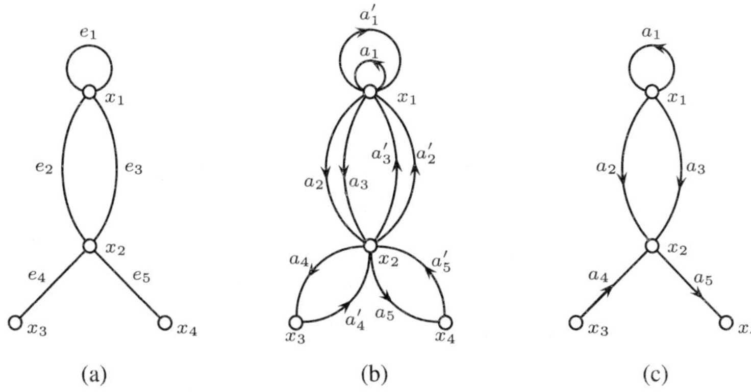

图 1.4　(a) 无向图 G; (b) G 的对称有向图 D; (c) G 的定向图 H

图论中部分概念与边的方向无关 (如后面将要提及的连通、圈、支撑树、平面性、边割、匹配、独立集和染色等), 故在有向图 D 中讨论这些概念时, 通常去掉边上的方向而得到一个无向图, 称这样的无向图为 D 的**基础图** (underlying graph).

反之, 无向图中某些概念和结论 (如后面将要提及的图的边空间、无向图的支撑树计数和整数流等) 与边的方向有关, 则将无向图 G 的每条边都指定方向而得到一个有向图, 称之为 G 的**定向图** (oriented graph). 图 1.4 (a) 和 (c) 就是这样的两个图.

图中顶点和边的数目分别记为 υ 和 ε, 即 $\upsilon=|V|$ 和 $\varepsilon=|E|$, 点数亦被称为**阶** (order). 阶为 1 的简单图被称为**平凡图** (trivial graph). 边数为零的图被称为**无边图** (edgeless graph), 习惯上称它为**空图** (empty graph). υ 和 ε 都是有限的图, 被称为**有限图** (finite graph).

本书只涉及有限图. 除特别声明外, 字母 D 总表示有向图, 字母 G 总表示无向图. 当涉及图论的概念和结果时, 如果它们对有向图和无向图都有效, 就只叙述有向图; 如果它们与边的方向没有关系, 就只叙述无向图. υ 和 ε 总是分别表示图的阶和边数, 所涉及的数都是非负整数.

设 r 是正实数, $\lceil r\rceil$ 表示不小于 r 的最小整数, $\lfloor r\rfloor$ 表示不大于 r 的最大整数. 符号 $\binom{n}{k}$ 表示 n 元素集的 k $(\leqslant n)$ 个元素的不重复组合数, 即

$$\binom{n}{k}=\frac{n(n-1)\cdots(n-k+1)}{k\,!}.$$

本节最后举一个很有意思的例子, 它最初出现在美国的《数学月报》杂志上①, 也常常出现在国内外各类数学奥林匹克竞赛题目中, 曾难倒很多人.

例 1.1.5 证明: 任意六人中必存在三人, 要么都相识, 要么都不相识.

证明 用 A,B,C,D,E,F 代表这六人, 其中若两人相识, 则代表这两人的两顶点之间连一条红边; 否则连一条蓝边. 于是, 原来的问题就等价于证明在这样得到的图形中必含同色三角形. 考察某一个顶点, 设为 F. 与 F 相连的五条边中必有三条同色 (见图 1.5, 其中实线表示红色边, 虚线表示蓝色边). 不妨设它们是三条红边 FB,FC 和 FD. 再看三角形 BCD. 如果它有一条红边, 设为 BD, 则 FBD 是红边三角形 (如图 1.5 (a) 粗实线所示); 如果三角形 BCD 没有红边, 则它本身就是蓝边三角形 (如图 1.5 (b) 粗虚线所示). ▮

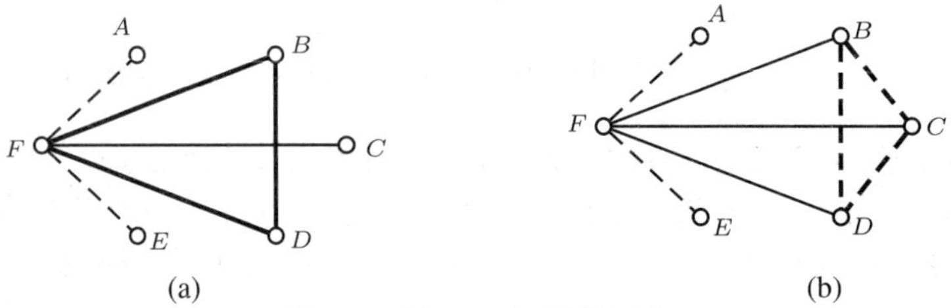

图 1.5　例 1.1.5 证明的图示

习题 1.1

1.1.1 分别画出下列五个顶点集为 V 和边集为 E 的无平行边图 B,K,Q,D 和 G 的图形表示, 其中:

(a) $V(B)=\{x_1x_2x_3 : x_i\in\{0,1\}\}$, 并且若 $x,y\in V(B)$, $x=x_1x_2x_3$, 则

$$(x,y)\in E(B) \quad\Leftrightarrow\quad y=x_2x_3\alpha,\ \text{其中}\ \alpha\in\{0,1\};$$

(b) $V(K)=\{x_1x_2x_3 : x_i\in\{0,1,2\},\ x_{i+1}\neq x_i\}$, 并且若 $x,y\in V(K)$, $x=x_1x_2x_3$, 则

$$(x,y)\in E(K) \quad\Leftrightarrow\quad y=x_2x_3\alpha,\ \text{其中}\ \alpha\in\{0,1,2\}\ \text{且}\ \alpha\neq x_3;$$

(c) $V(Q)=\{x_1x_2x_3 : x_i\in\{0,1\}\}$, 并且若 $x=x_1x_2x_3$, $y=y_1y_2y_3\in V(Q)$, 则

$$xy\in E(Q) \quad\Leftrightarrow\quad |x_1-y_1|+|x_2-y_2|+|x_3-y_3|=1;$$

(d) $V(D)=\{0,1,\cdots,7\}$, $E(D)=\{(i,j)$: 存在 $s\in\{1,2\}$, 使 $j-i\equiv s\ (\text{mod}\ 8)\}$;

(e) $V(G)=\{0,1,\cdots,7\}$, $E(G)=\{ij$: 存在 $s\in\{1,4\}$, 使 $|j-i|\equiv s\ (\text{mod}\ 8)\}$.

① Bostwick C W, Rainwater J, Baum J D. E1321. American Mathematical Monthly, 1958, 65 (6): 446; 1959, 66 (9): 141-142.

1.1.2 证明:

(a) 若 D 是简单有向图, 则 $\varepsilon \leqslant \upsilon(\upsilon-1)$;

(b) 若 G 是简单无向图, 则 $\varepsilon \leqslant \upsilon(\upsilon-1)/2$.

1.1.3 用 $\mathscr{D}_\upsilon$ 和 $\mathscr{G}_\upsilon$ 分别表示 υ 阶简单有向图集和无向图集. 证明:

(a) $|\mathscr{D}_\upsilon| = 2^{\upsilon(\upsilon-1)}$;

(b) $|\mathscr{G}_\upsilon| = 2^{\upsilon(\upsilon-1)/2}$.

1.1.4 证明: 无向图 G 有 $2^{\varepsilon(G)}$ 个定向图.

1.1.5 用 $\mathscr{D}(\upsilon,\varepsilon)$ 和 $\mathscr{G}(\upsilon,\varepsilon)$ 分别表示阶数为 υ 且边数为 ε 的简单有向图集和简单无向图集. 证明:

(a) $|\mathscr{D}(\upsilon,\varepsilon)| = \binom{\upsilon(\upsilon-1)}{\varepsilon}$;

(b) $|\mathscr{G}(\upsilon,\varepsilon)| = \binom{\upsilon(\upsilon-1)/2}{\varepsilon}$.

1.1.6 用图论语言证明：设平面上有 $2n+1$ 个点, 如果任何三个点中至少有两个点的距离小于 1, 则至少有 $n+1$ 个点落在同一个单位圆内.

1.1.7 九位数学家在一次国际会议上相遇, 他们任意三人中至少有两人会说同一种语言. 证明: 如果每位数学家最多只会说三种语言, 那么至少有三位数学家能用同一种语言交谈 (美国第七届数学竞赛题, 1978 年 5 月 2 日).

1.1.8 某会议有 n ($\geqslant 2$) 个人参加, 其中每两个不认识的人中恰有两个公共的熟人, 而每两个相识的人都没有公共的熟人.

(a) 证明: 每个与会者恰有相同个数的熟人.

(b) 已知每个与会者都有 k ($\geqslant 1$) 个熟人, 求与会者人数.

1.2 图的同构

设 $D=(V(D),E_\psi(D))$ 和 $H=(V(H),E_{\psi'}(H))$ 是两个图. 如果 $V(D)=V(H)$, $E(D)=E(H)$ 且 $\psi=\psi'$, 则称 D 和 H 是**恒等的** (identical), 记为 $D=H$.

显然, 恒等的两个图可以用同一个图形来表示, 但不恒等的两个图也可以用相同的图形表示. 例如, 图 1.6 所示的图 D 和 H 是不恒等的, 但它们有相同的图形表示, 差别仅在于顶点和边的标号不同.

若存在一对双射 (见图 1.7)

$$\theta: V(D) \to V(H) \quad 和 \quad \varphi: E_\psi(D) \to E_{\psi'}(H),$$

使得对任何 $a \in E_\psi(D)$ (保顶点相邻性), 有

$$\psi(a)=(x,y) \quad \Leftrightarrow \quad \psi'(\varphi(a))=(\theta(x),\theta(y)) \in E_{\psi'}(H),$$

则称 D 和 H 为**同构的** (isomorphic), 记为 $D \cong H$. 称映射对 (θ,φ) 为 D 和 H 之间的**同构映射**.

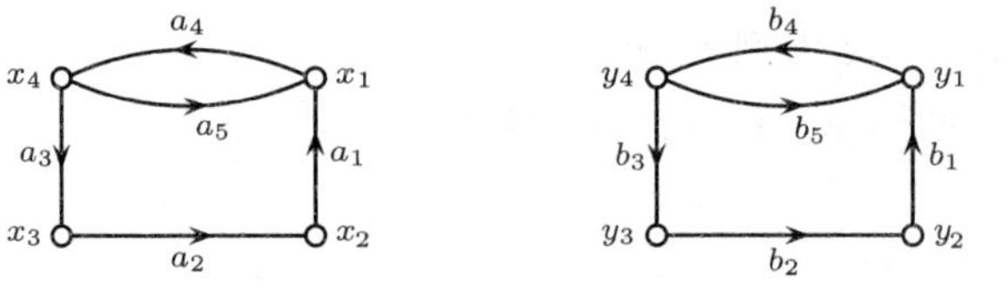

(a) 有向图D　　(b) 有向图H

图 1.6　相同图形表示的两个有向图

要证明两个图是同构的, 就必须指出它们之间的同构映射对.

例如, 图 1.6 所示的图 D 和 H 是同构的, 因为由

$$\theta(x_i) = y_i \ (1 \leqslant i \leqslant 4) \quad 和 \quad \varphi(a_j) = b_j \ (1 \leqslant j \leqslant 5)$$

所确定的映射 $\theta: V(D) \to V(H)$ 和 $\varphi: E(D) \to E(H)$ 是双射, (θ,φ) 是 D 和 H 之间的同构映射对.

如果 $D = (V(D),E(D))$ 和 $H = (V(H),\ E(H))$ 都是简单图, 那么 D 与 H 同构就可以简单叙述为: 存在双射 $\theta: V(D) \to V(H)$, 使得任何 $(x,y) \in E(D) \Leftrightarrow (\theta(x),\theta(y)) \in E(H)$ (见图 1.8).

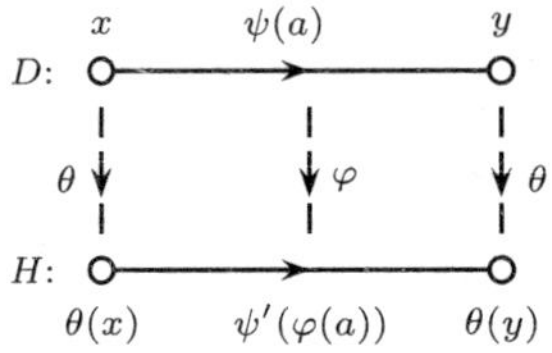

图 1.7　图的同构示意图

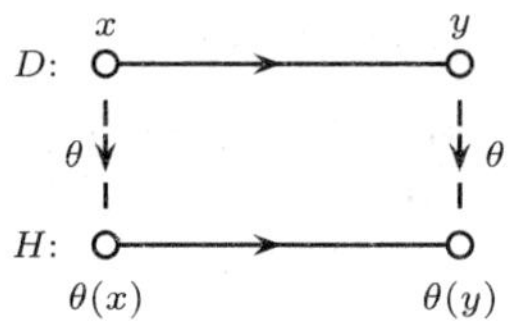

图 1.8　简单图的同构示意图

显然, 同构的两个图必有相同的点数和边数; 反之不一定成立. 一般说来, 判断两个具有相同点数和边数的图是否同构是个非常困难的问题.[139]

简单图 D 的**补图** (complementary digraph) D^c 是指与 D 有相同的顶点集的简单图, 并且 $(x,y) \in E(D^c) \Leftrightarrow (x,y) \notin E(D)$. 图 1.9 所示的是图 G (Petersen 图) 和它的补图 G^c.

例 1.2.1　设 D 和 H 是两个简单图, 则 $D \cong H \Leftrightarrow D^c \cong H^c$.

证明　设 $\theta: V(D) \to V(H)$ 是双射, x 和 y 是 D 中任意两顶点, 则

$$\begin{aligned}
\theta\ 是同构映射 &\Leftrightarrow (x,y) \in E(D) \Leftrightarrow (\theta(x),\theta(y)) \in E(H) \\
&\Leftrightarrow (x,y) \notin E(D) \Leftrightarrow (\theta(x),\theta(y)) \notin E(H) \\
&\Leftrightarrow (x,y) \in E(D^c) \Leftrightarrow (\theta(x),\theta(y)) \in E(H^c) \\
&\Leftrightarrow \theta\ 是\ D^c\ 和\ H^c\ 之间的同构映射,
\end{aligned}$$

所以 $D \cong H \Leftrightarrow D^c \cong H^c$. ▮

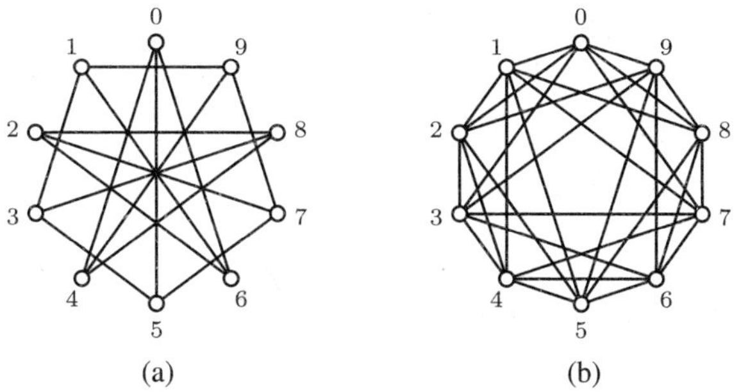

图 1.9　(a) 图 G; (b) 补图 G^c

图的同构关系是一种等价关系. 这种等价关系将点数和边数都相同的图分成若干等价类, 同构的两个图属于同一类. 同一类图有相同的结构, 差别仅在于点和边的标号不同. 由于人们感兴趣的是图的结构, 所以不在乎它们的点和边的标号. 特别是在图形表示中, 人们常常用一个顶点和边都没有标号的图形表示作为同构图等价类中的代表元素. 下面介绍一些特殊的图类, 在今后的讨论中经常遇到它们.

现代图论文献和教科书都称图 1.10 所示的图为 **Petersen 图**, 它与图 1.2 和图 1.3 中的图都是同构的. Petersen 图是结构简单而十分有趣的图, 常常作为各种例子和反例出现在任何一本图论教科书中[198]; 也常常作为标志出现在各种图论书籍、杂志、会议广告、通知、文件和纪念品上. 每位图论工作者都非常熟悉和喜欢它.

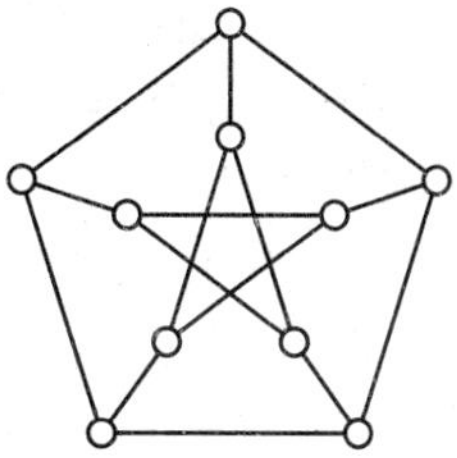

图 1.10　Petersen 图

任何两顶点之间都有边相连的简单无向图被称为**完全图** (complete graph). 完全图的对称有向图被称为**完全有向图** (complete digraph). 在同构意义下, n 阶完全图和完全有向图都是唯一的, 分别记为 K_n 和 K_n^*. 图 1.11 (a) 和 (b) 分别是 K_5 和 K_3^*. K_3 亦被称为**三角形** (triangle).

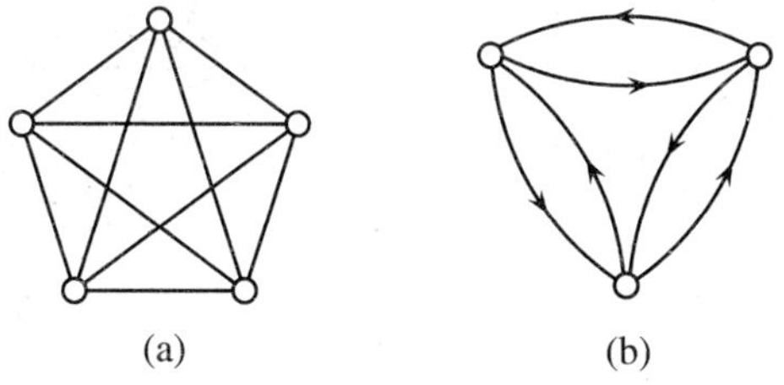

图 1.11　(a) 完全无向图 K_5; (b) 完全有向图 K_3^*

完全图 K_n 的定向图被称为**竞赛图** (tournament). 之所以用这个名称, 是因为这种图完全形象地描述了有 n 个选手参加的某项循环比赛的结果. 选手 x 战胜了选手 y, 则边 xy 的定向是从 x 到 y. 由习题1.1.4 知 n 阶竞赛图有 $2^{n(n-1)/2}$ 个. 但在同构意义下, 1阶竞赛图是平凡图; 2阶竞赛图仅有一个; 3 阶竞赛图有2个; 4阶竞赛图有4个; 5阶竞赛图有12个; 6阶竞赛图有56个; 等等①. 图 1.12 是 n $(1 \leqslant n \leqslant 4)$ 阶不同构竞赛图.

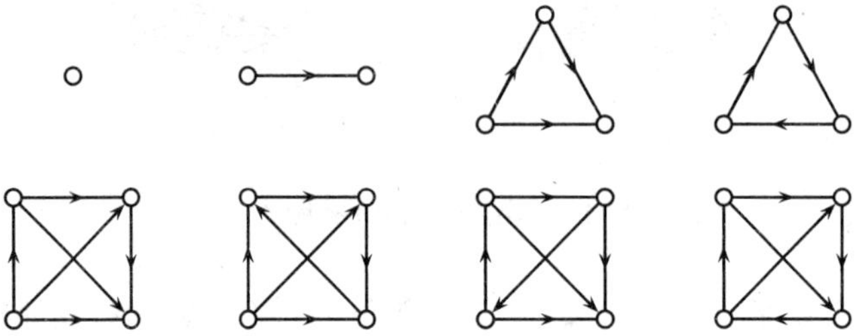

图 1.12　n $(1 \leqslant n \leqslant 4)$ 阶不同构竞赛图

若无环图的顶点集能划分为两个非空子集 X 和 Y, 使得 X 中任何两顶点之间无边相连并且 Y 中任何两顶点之间也无边相连, 则称该图为 **2 部图** (bipartite graph), $\{X,Y\}$ 被称为 **2 部划分** (bipartition). 2 部划分为 $\{X,Y\}$ 的 2 部图记为 $(X \cup Y, E_\psi)$. 如果 $|X|=|Y|$, 则 $(X \cup Y, E_\psi)$ 被称为**等 2 部图** (equally bipartite graph); 而且若每个顶点都关联 k 条边, 则称它为 k **正则等 2 部图**. 例如, 图 1.13 是 3 正则等 2 部图 $K_{3,3}$, 其中 $X=\{x_1,x_2,x_3\}, Y=\{y_1,y_2,y_3\}$.

如果 X 中每个顶点与 Y 中每个顶点之间均有边相连, 则简单 2 部图 $(X \cup Y, E)$ 被称为**完全 2 部图** (complete bipartite graph). 例如, 图 1.13 是完全 2 部图. 如果 $|X|=m$, $|Y|=n$, 那么在同构意义下, 完全 2 部图是唯一的, 记为 $K_{m,n}$. 图 1.13 是 $K_{3,3}$. $K_{n,n}$ 有时记为 $K_n(2)$. 同样可以定义 nk 阶完全等 k **部图** $K_n(k)$. $K_{1,n}$ 被称为**星** (star). 图 1.14 是完全 4 部图.

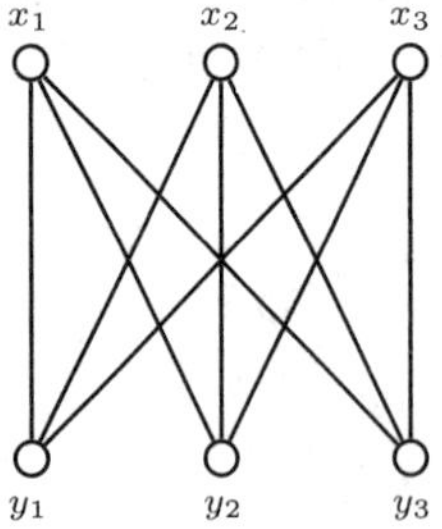

图 1.13　完全2部图 $K_{3,3}$

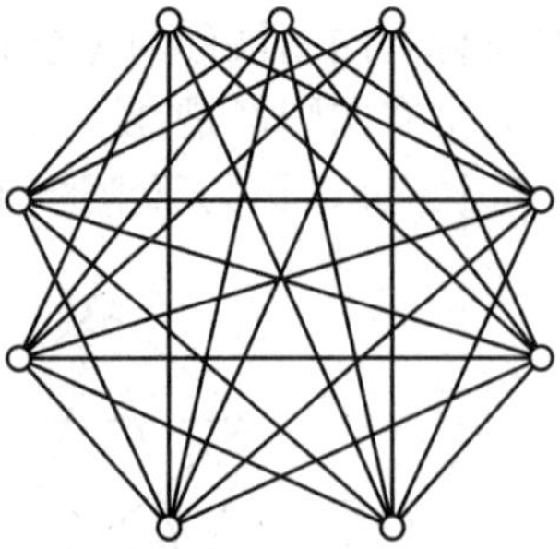

图 1.14　Turán 图 $T_{9,4}$

① Davis R L. Structures of dominance relations[J]. The Bulletin of Mathematical Biophysics, 1954, 16 (2): 131-140.

著名的 **Turán 图** $T_{n,k}$ 是 n 阶完全 k 部图, 其中每部分中的点数为 $\lfloor n/k \rfloor$ 或 $\lceil n/k \rceil$. 图 1.14 是 Turán 图 $T_{9,4}$. 下面的结论是由 P. Turán (1941)[345] 得到的, 文献中称它为 **Turán 定理**.

例 1.2.2 (Turán 定理)　Turán 图 $T_{n,k}$ 的边数

$$\varepsilon(T_{n,k}) = \binom{n-m}{2} + (k-1)\binom{m+1}{2}, \quad m = \left\lfloor \frac{n}{k} \right\rfloor,$$

并且对任何完全 k 部图 G 均有 $\varepsilon(G) \leqslant \varepsilon(T_{n,k})$, 等号成立 $\Leftrightarrow G \cong T_{n,k}$.

证明　为证明第一个结论, 令 $n = km + r$ $(0 \leqslant r < k)$, 则 $r = n - km$. 由 $T_{n,k}$ 的定义有

$$\begin{aligned}
\varepsilon(T_{n,k}) &= \binom{n}{2} - r\binom{m+1}{2} - (k-r)\binom{m}{2} \\
&= \frac{1}{2}[n(n-1) - rm(m+1) - (k-r)m(m-1)] \\
&= \frac{1}{2}[n(n-1) - 2rm - km(m-1)] \\
&= \frac{1}{2}[n(n-1) - 2m(n-km) - km(m-1)] \\
&= \frac{1}{2}(n-m)(n-m-1) + \frac{1}{2}(k-1)m(m+1) \\
&= \binom{n-m}{2} + (k-1)\binom{m+1}{2}.
\end{aligned}$$

现在证明第二个结论. 设 $G = K_{n_1,n_2,\cdots,n_k}$ 是具有最大边数的完全 k 部图, 则

$$\varepsilon(G) = \binom{n}{2} - \sum_{\ell=1}^{k}\binom{n_\ell}{2}.$$

若 $G \ncong T_{n,k}$, 则存在 i 和 j $(i<j)$, 使得 $n_i - n_j > 1$. 考虑另一个完全 k 部图 G', 其各部分的顶点数目分别为

$$n_1, \cdots, n_{i-1}, n_i - 1, n_{i+1}, \cdots, n_{j-1}, n_j + 1, n_{j+1}, \cdots, n_k.$$

令 $L = \{1, \cdots, k\} \setminus \{i, j\}$, 则

$$\begin{aligned}
\varepsilon(G') &= \binom{n}{2} - \sum_{\ell \in L}\binom{n_\ell}{2} - \binom{n_i - 1}{2} - \binom{n_j + 1}{2} \\
&= \binom{n}{2} - \sum_{\ell \in L}\binom{n_\ell}{2} - \frac{1}{2}(n_i - 1)(n_i - 2) - \frac{1}{2}(n_j + 1)n_j
\end{aligned}$$

$$
\begin{aligned}
&=\binom{n}{2}-\sum_{\ell\in L}\binom{n_\ell}{2}-\binom{n_i}{2}-\binom{n_j}{2}+(n_i-n_j-1)\\
&=\binom{n}{2}-\sum_{\ell=1}^{k}\binom{n_\ell}{2}+(n_i-n_j)-1\\
&>\binom{n}{2}-\sum_{\ell=1}^{k}\binom{n_\ell}{2}\quad (\text{因为 } n_i-n_j>1)\\
&=\varepsilon(G),
\end{aligned}
$$

矛盾于 G 的选取, 所以 $G\cong T_{n,k}$. ▮

在例 1.2.2 中, 令 $\upsilon=kn$, 那么 $T_{\upsilon,k}$ 就是完全 k 部图 $K_n(k)$, 而且

$$\varepsilon(K_n(k))=\binom{kn-n}{2}+(k-1)\binom{n+1}{2}=\frac{1}{2}k(k-1)n^2.$$

2 部图是一类结构简单而又非常重要的图. 事实上, 任何有向图都对应一个无向 2 部图. 设 $D=(V(D),E_\psi(D))$ 是有向图, 其中

$$V(D)=\{x_1,x_2,\cdots,x_\upsilon\},\quad E_\psi(D)=\{a_1,a_2,\cdots,a_\varepsilon\}.$$

构作 2 部划分为 $\{X,Y\}$ 的无向等 2 部图 $G=(X\cup Y,E_{\psi'}(G))$, 其中

$$
\begin{aligned}
&X=\{x_1',x_2',\cdots,x_\upsilon'\},\quad Y=\{x_1'',x_2'',\cdots,x_\upsilon''\},\\
&E_{\psi'}(G)=\{e_1,e_2,\cdots,e_\varepsilon\},
\end{aligned}
$$

对每个 $\ell\in\{1,2,\cdots,\varepsilon\}$, $e_\ell\in E_{\psi'}(G)$,

$$\psi'(e_\ell)=x_i'x_j''\quad\Leftrightarrow\quad \text{存在 } a_\ell\in E_\psi(D),\ \text{使 } \psi(a_\ell)=(x_i,x_j).$$

这样得到的无向图 G 被称为有向图 D 的**伴随 2 部图** (associated bipartite graph). 例如, 图 1.15 (b) 所示的无向图 G 就是对应于图 1.15(a) 所示的有向图 D 的伴随 2 部图. 从 G 的构造立即可知

$$\upsilon(G)=2\upsilon(D)\quad \text{且}\quad \varepsilon(G)=\varepsilon(D). \tag{1.2.1}$$

在下一节, 读者将看到有向图的伴随 2 部图及其关系式 (1.2.1) 对证明图论第一定理 (定理 1.3.1) 非常有用.

下面举三个例子, 其中第一个是著名的超立方体, 它在计算机互连网络和编码等信息领域中有着广泛的应用; 其余两个可以看作是超立方体的推广. 通过这些例子介绍证明图同构的基本方法.

超立方体是 n 正则等 2 部图, 它有许多等价定义 (F. Harary, 1988) [179], 这里给出文献中普遍采用的定义.

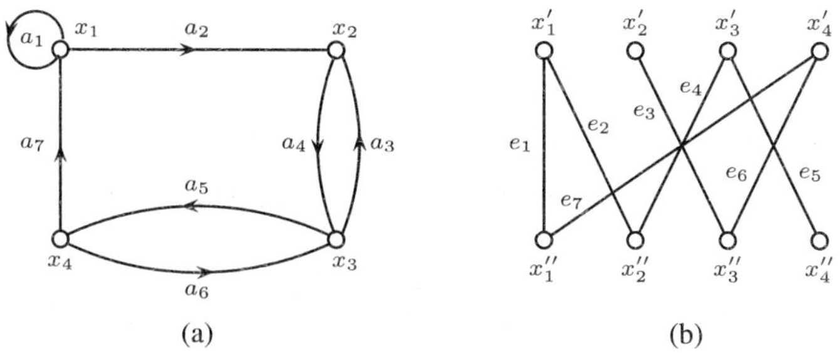

图 1.15　(a) 有向图 D; (b) D 的伴随 2 部图 G

例 1.2.3　n 维超立方体 Q_n 是 n 正则等 2 部图.

证明　***n* 维超立方体** (hypercube or n-cube) 是简单无向图, 记为 Q_n,

$$V(Q_n)=\{x_1x_2\cdots x_n:\ x_i\in\{0,1\},\ 1\leqslant i\leqslant n\}.$$

并且, 若 $x=x_1x_2\cdots x_n$, $y=y_1y_2\cdots y_n\in V(Q_n)$, 则

$$xy\in E(Q_n)\quad\Leftrightarrow\quad\sum_{i=1}^{n}|x_i-y_i|=1. \tag{1.2.2}$$

Q_1, Q_2, Q_3 和 Q_4 如图 1.16 所示.

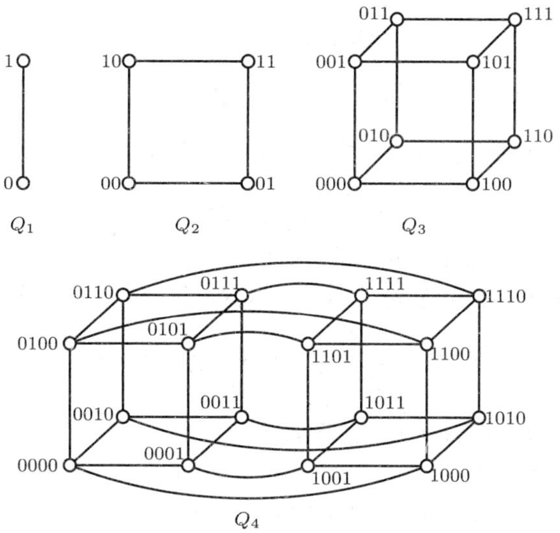

图 1.16　n 维超立方体 Q_n $(1\leqslant n\leqslant 4)$

由定义易知, Q_n 是有 2^n 个顶点的简单无向图. 令 $X,Y\subset V(Q_n)$, 其中

$$X=\{x_1x_2\cdots x_n: x_1+x_2+\cdots+x_n\equiv 0\ (\mathrm{mod}\ 2)\},$$
$$Y=\{y_1y_2\cdots y_n:\ y_1+y_2+\cdots+y_n\equiv 1\ (\mathrm{mod}\ 2)\}.$$

由 Q_n 的定义, 显然有 $X\cup Y=V(Q_n)$ 且 $X\cap Y=\emptyset$, 因此 $\{X,Y\}$ 是 $V(Q_n)$ 的 2 部划分. 若存在 $x=x_1x_2\cdots x_n$ 和 $x'=x'_1x'_2\cdots x'_n\in X$, 使 $xx'\in E(Q_n)$, 则由定义式 (1.2.2) 应有 $\sum\limits_{i=1}^{n}|x_i-x'_i|=1$. 这意味着两个 n 维向量 $(x_1,x_2,\cdots,x_n)$ 和 $(y_1,y_2,\cdots,y_n)$ 中仅有一个分量不同, 其余 $n-1$ 个分量均相同, 即

$$|(x_1+x_2+\cdots+x_n)-(x'_1+x'_2+\cdots+x'_n)|=\sum_{i=1}^{n}|x_i-x'_i|=1,$$

但这矛盾于 $x,x'\in X$. 所以 X 中任何两顶点之间无边相连.

同样可证, Y 中任何两顶点之间也无边相连. 于是, Q_n 是 2 部划分为 $\{X,Y\}$ 的 2 部图.

任取 $x=x_1x_2\cdots x_n\in V(Q_n)$. 由于 Q_n 中与 x 相邻的顶点 $y=y_1y_2\cdots y_n$ 满足 $\sum\limits_{i=1}^{n}|x_i-y_i|=1$, 即两个 n 维向量 $(x_1,x_2,\cdots,x_n)$ 和 $(y_1,y_2,\cdots,y_n)$ 中仅有一个分量不同, 其余 $n-1$ 个分量均相同, 而且这样的 y 有 n 个, 所以 Q_n 中与 x 关联的边有 n 条.

用 E_X 和 E_Y 分别表示 Q_n 中与 X 中顶点关联和与 Y 中顶点关联的边集, 则

$$|E_X|=n|X|=\varepsilon(Q_n),\quad |E_Y|=n|Y|=\varepsilon(Q_n).$$

因而有

$$|X|=|Y|=\frac{1}{2}\,\upsilon(Q_n)=2^{n-1},\quad \varepsilon(Q_n)=n\,2^{n-1}.$$

因此, Q_n 是有 2^n 个顶点和 $n\,2^{n-1}$ 条边的 n 正则无向等 2 部图. ∎

例 1.2.4 (胡夫涛等, 2010 [201]) 设 $H(n,i)$ 是对称差图, 则 $H(n,1)\cong Q_n$.

证明 设 A_n 是 n 元集, Ω_n 是 A_n 的幂集, $X,Y\in\Omega_n$, $X\Delta Y$ 表示 X 和 Y 的对称差 (symmetric difference), 即 $X\Delta Y=(X\cup Y)\setminus(X\cap Y)$. 对于给定的整数 n 和 i $(0\leqslant i\leqslant n)$, 用 $H(n,i)$ 表示 A_n 的**对称差图**, 它是简单无向图 (V,E), 其中

$$V=\Omega_n,\quad E=\{XY: X,Y\in V,\ |X\Delta Y|=i\}.$$

显然, $\upsilon(H(n,i))=2^n$, 而且 $H(n,0)$ 图是无边图.

例如, 设 $A_1=\{1\}$, $A_2=\{1,2\}$, $A_3=\{1,2,3\}$. 那么 $\Omega_1=\{0,1\}$, $\Omega_2=\{0,1,2,12\}$, $\Omega_3=\{0,1,2,3,12,13,23,123\}$, 其中 0 表示空集. 图 1.17 展示了对应的对称差图 $H(1,1)$, $H(2,1)$ 和 $H(3,1)$, 其中顶点标号为黑体. 与图 1.16 相比较, 不难发现 $H(1,1)\cong Q_1$, $H(2,1)\cong Q_2$ 且 $H(3,1)\cong Q_3$ (见图 1.17, 其中括号中的数字为对应的 Q_n 的顶点标号).

这个事实对一般的 n 也成立, 即对任何正整数 n, 均有

$$H(n,1)\cong Q_n. \tag{1.2.3}$$

事实上, 由于 $H(n,1)$ 和 Q_n 都是简单图, 为证明式 (1.2.3), 只需给出 $H(n,1)$ 和 Q_n 之间的一个同构. 为此, 设 $X=\{x_{i_1},x_{i_2},\cdots,x_{i_j}\}$ $(j\leqslant n)$ 是 $H(n,1)$ 中顶点, $Z=z_1z_2\cdots z_n$ 是 Q_n 中顶点. 定义映射

$$\phi: V(H(n,1))\to V(Q_n),$$

使得 $\phi(X)=Z$ 中第 $i_1,i_2,\cdots,i_j$ 个坐标为 1, 其余的坐标均为 0. 例如, 在图 1.17 所示的 $H(3,1)$ 中, $\phi(13)=101$, $\phi(12)=110,\cdots$. 不难看出 ϕ 是双射. 对于 $H(n,1)$ 中两个不同的顶点 X 和 Y,

$$\begin{aligned} XY\in E(H(n,1)) &\Leftrightarrow |X\Delta Y|=1\\ &\Leftrightarrow X \text{ 和 } Y \text{ 仅有一个坐标不同}\\ &\Leftrightarrow \phi(X) \text{ 和 } \phi(Y) \text{ 仅有一个坐标不同}\\ &\Leftrightarrow \phi(X)\phi(Y)\in E(Q_n). \end{aligned}$$

这个事实说明了 ϕ 保顶点相邻. 因此, 映射 ϕ 是 $H(n,1)$ 和 Q_n 之间的同构, 即 $H(n,1)\cong Q_n$. ∎

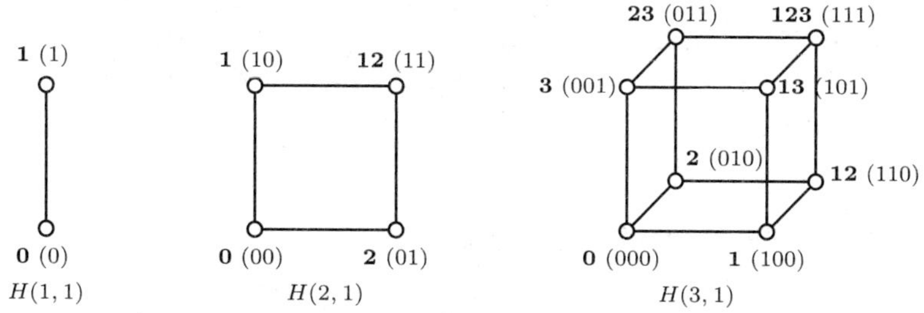

图 1.17　对称差图 $H(1,1)$, $H(2,1)$ 和 $H(3,1)$

例 1.2.5 (胡夫涛等, 2010 [201])　设 $H(n,k,i)$ 是等对称差图, 则 $H(n,k,2k-2i)\cong J(n,k,i)$, 其中 $J(n,k,i)$ 是 Johnson 图 (定义见例 1.1.4).

证明　设 $\Omega_n^k=\{X\in\Omega_n: |X|=k\}$. **等对称差图** $H(n,k,i)$ 是用 Ω_n^k 替代例 1.2.4 中对称差图 $H(n,i)$ 的顶点集 Ω_n 得到的图.

图 1.3 是等对称差图 $H(5,2,4)$ 的两种表示, 因此有 $H(5,2,4)\cong J(5,2,0)$. 事实上, 有更一般的结果, 即对任何整数 n, k 和 i, $k\geqslant i\geqslant 0$, 当 $n\geqslant 2k-2i$ 时,

$$H(n,k,2k-2i)\cong J(n,k,i). \tag{1.2.4}$$

显然, $V(H(n,k,2k-2i))=\Omega_n^k=V(J(n,k,i))$. 为证明式 (1.2.4), 令 X 和 Y 是 Ω_n^k 中两个不同的点集. 那么

$$\begin{aligned} XY\in E(H(n,k,2k-2i)) &\Leftrightarrow |X\Delta Y|=2k-2i\\ &\Leftrightarrow |X|+|Y|-2|X\cap Y|=2k-2i\\ &\Leftrightarrow |X\cap Y|=i\\ &\Leftrightarrow XY\in E(J(n,k,i)). \end{aligned}$$

这个事实说明 Ω_n^k 上的恒等置换 σ 是 $H(n,k,\,2k-2i)$ 和 $J(n,k,i)$ 之间的同构映射, 即 $H(n,k,2k-2i)\cong J(n,k,i)$. ∎

习题 1.2

1.2.1 (a) 证明: 若 $D\cong H$, 则 $\upsilon(D)=\upsilon(H)$ 且 $\varepsilon(D)=\varepsilon(H)$.

(b) 举例说明 (a) 的逆命题不真.

(c) 分别构造出两个同构的有向图和无向图.

1.2.2 证明: 两个简单图 D 和 H 同构 $\Leftrightarrow$ 存在双射 $\theta: V(D)\to V(H)$, 使得 $(x,y)\in E(D)\Leftrightarrow(\theta(x),\theta(y))\in E(H)$.

1.2.3 证明: 图 1.2 和图 1.3 中所示的五个图以及下列三个图都与 Petersen 图 (见图 1.10) 同构.

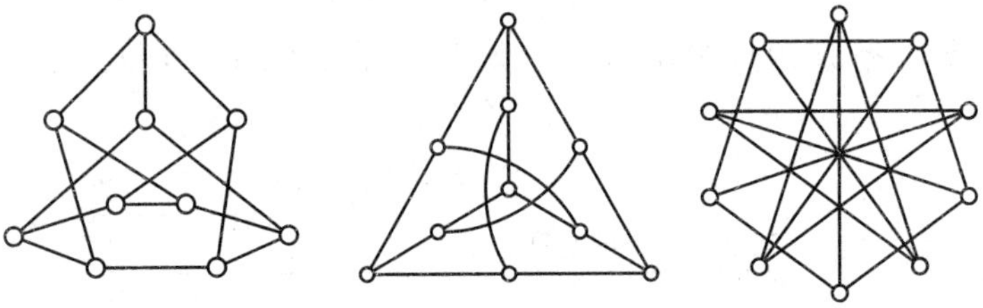

(习题 1.2.3 图)

1.2.4 证明: 若 G 是简单 2 部图, 则

$$\varepsilon(G)\leqslant\begin{cases}\dfrac{1}{4}\,\upsilon^2, & \upsilon\text{ 是偶数},\\[2mm] \dfrac{1}{4}\,(\upsilon^2-1), & \upsilon\text{ 是奇数}.\end{cases}$$

特别地, $\varepsilon(K_{m,n})=mn$.

1.2.5 写出 k 部图和完全 k 部图 $K_n(k)$ 的定义, 并证明:

(a) 设 G 是简单 k 部图, 每部分顶点数分别为 $n_1,n_2,\cdots,n_k$, 则

$$\varepsilon(G)\leqslant\frac{1}{2}\sum_{i=1}^{k}n_i(\upsilon-n_i);$$

(b) $\varepsilon(K_n(k))=\dfrac{1}{2}\,k(k-1)n^2$.

1.2.6 如果 $D\cong D^c$ (或 $G\cong G^c$), 则称简单图 D (或 G) 为**自补的** (self complementary). 试证明:

(a) 若 D 是自补图, 则 $\varepsilon=\dfrac{1}{2}\upsilon(\upsilon-1)$;

(b) 若 G 是自补图, 则 $\varepsilon=\dfrac{1}{4}\upsilon(\upsilon-1)$ 且 $\upsilon\equiv 0,1 \pmod 4$.

1.2.7 设 $H(n,i)$ 是例 1.2.4 中定义的图. 证明:

(a) 对 $H(n,i)$ 中任意相邻的两顶点 X 和 Y, $|X|$ 和 $|Y|$ 有相同的奇偶性 $\Leftrightarrow$ i 是偶数;

(b) 若 n 是偶数且 i 是奇数, 则 $H(n,i)\cong H(n,n-i)$.

1.3 图的顶点度和运算

设 G 是无向图. $x \in V(G)$ 的**顶点度** (degree of a vertex) 是指 G 中与 x 关联的边的数目 (一条环要计算两次), 记为 $d_G(x)$. 顶点度为 d 的顶点被称为 **d 度点** (d-degree vertex). 零度点被称为**孤立点** (isolated vertex). 每个顶点都是偶度点的图被称为**偶图** (even graph).

例如, 对于图 1.18 所示的无向图 G,

$$d_G(x_1) = 4, \quad d_G(x_2) = 3,$$
$$d_G(x_3) = 4, \quad d_G(x_4) = 3.$$

所以 x_1 和 x_3 都是 4 度点, x_2 和 x_4 都是 3 度点.

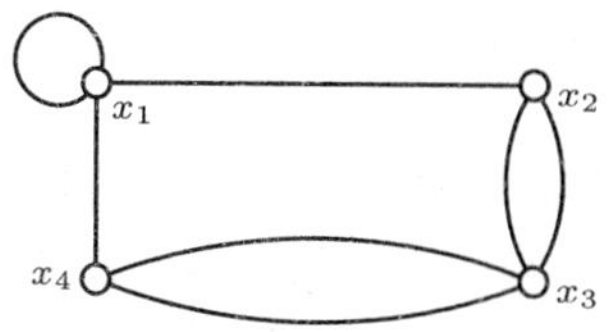

图 1.18　无向图 G

$\Delta(G)$ 和 $\delta(G)$ 分别表示 G 的**最大** (maximum) 和**最小** (minimum) **顶点度**, 即

$$\Delta(G) = \max\{d_G(x) : x \in V(G)\}, \quad \delta(G) = \min\{d_G(x) : x \in V(G)\}.$$

例如, 对图 1.18 所示的图 G, 有 $\Delta(G) = 4$ 和 $\delta(G) = 3$.

若对每个 $x \in V(G)$ 均有 $d_G(x) = k$, 则称 G 为 **k 正则的** (k-regular). 例如, K_n 是 $n-1$ 正则的; $K_{n,n}$ 是 n 正则的. 3 正则图亦被称为**立方图** (cubic graph).

设 $G = (V, E)$ 是无向图, $e \in E(G)$ 且 $e = xy$.

$$\xi_G(e) = d_G(x) + d_G(y) - 2 \quad 和 \quad \xi(G) = \min\{\xi_G(e) :\ e \in E(G)\}$$

被分别定义为**边 e 的度** (degree of an edg e) 和 G 的**最小边度** (minimum degree of edges). 显然,

$$\xi(G) \leqslant \Delta(G) + \delta(G) - 2.$$

若对 G 中每条边 e 都有 $\xi(e) = \xi(G)$, 则称 G 是**边正则的** (edge-regular). 显然, 正则图必是边正则的, 反之不一定成立. 如 $K_{m,n}\,(m \neq n)$ 是边正则的, 但不是正则的.

设 D 是有向图, $y \in V(D)$. y 的**顶点出度** (out-degree of a vertex) 是指 D 中以 y 为起点的有向边的数目, 记为 $d_D^+(y)$; y 的**顶点入度** (in-degree of a vertex) 是指 D 中以 y 为终点的有向边的数目, 记为 $d_D^-(y)$; y 的**顶点度**被定义为 $d_D^+(y) + d_D^-(y)$, 记为 $d_D(y)$.

例如, 对于图 1.19 所示的有向图 D,

$$\begin{aligned}
&d_D^+(x_1)=2,\quad d_D^+(x_2)=1,\quad d_D^+(x_3)=1,\quad d_D^+(x_4)=3,\\
&d_D^-(x_1)=2,\quad d_D^-(x_2)=2,\quad d_D^-(x_3)=3,\quad d_D^-(x_4)=0,\\
&d_D(x_1)=4,\quad d_D(x_2)=3,\quad d_D(x_3)=4,\quad d_D(x_4)=3.
\end{aligned}$$

若 $d_D^+(y)=d_D^-(y)$, 则称 y 为**平衡点** (balanced vertex). 每个顶点都为平衡点的有向图被称为**平衡有向图** (balanced digraph). 完全有向图 K_n^* 是平衡图. 六个参数

$$\begin{aligned}
&\Delta^+(D)=\max\{d_D^+(y):y\in V(D)\}\quad 和\quad \Delta^-(D)=\max\{d_D^-(y):y\in V(D)\},\\
&\delta^+(D)=\min\{d_D^+(y):y\in V(D)\}\quad 和\quad \delta^-(D)=\min\{d_D^-(y):y\in V(D)\},\\
&\Delta(D)=\max\{\Delta^+(D),\ \Delta^-(D)\}\quad 和\quad \delta(D)=\min\{\delta^+(D),\ \delta^-(D)\}
\end{aligned}$$

分别表示 D 的**最大**和**最小顶点出入度**、**最大度**和**最小度**. 这六个参数都等于 k 的图被称为 k **正则有向图** (k-regular digraph).

设 G 是 2 部划分为 $\{X,Y\}$ 的无向 2 部图 (见图 1.20). 容易看出 G 的边数 $\varepsilon(G)$ 与顶点度之间有下列关系:

$$\begin{aligned}
&\sum_{x\in X} d_G(x)=\varepsilon(G)=\sum_{y\in Y} d_G(y),\\
&2\varepsilon(G)=\sum_{x\in V(G)} d_G(x).
\end{aligned}\tag{1.3.1}$$

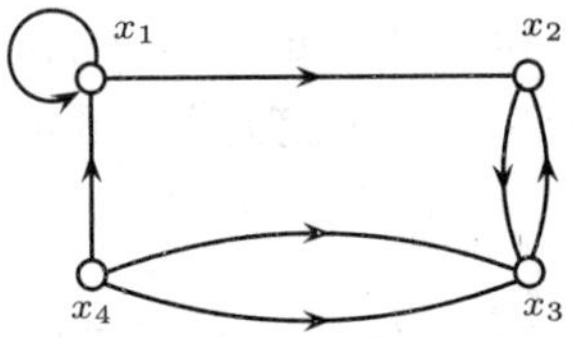

图 1.19 有向图 D

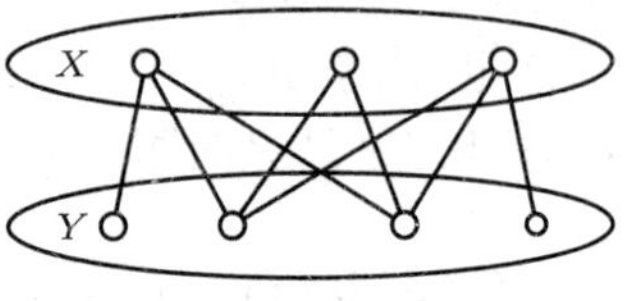

图 1.20 2 部图 $G=(X\cup Y,E)$

下面介绍图论中最基本的结果, F. Harary [175] 把它称为**图论第一定理**. 无向图情形是由 L. Euler(1736) [111] 首先发现的, 亦被称为 **Euler 定理**. 这里先介绍有向图第一定理, Euler 定理可作为它的特殊情形.

定理 1.3.1 (有向图第一定理) **对任何有向图** D, **均有**

$$\sum_{x\in V(D)} d_D^+(x)=\sum_{x\in V(D)} d_D^-(x)=\varepsilon(D).$$

证明 设 D 是有向图, G 是它的伴随 2 部图, 2 部划分为 $\{X,Y\}$. 于是, 由式 (1.2.1) 有 $\varepsilon(D)=\varepsilon(G)$. 由于

$$d_G(x') = d_D^+(x), \quad d_G(x'') = d_D^-(x), \quad \forall\, x \in V(D),$$

所以由式 (1.3.1) 有

$$\sum_{x\in V(D)} d_D^+(x) = \sum_{x\in X} d_G(x') = \varepsilon(G) = \sum_{x\in Y} d_G(x'') = \sum_{x\in V(D)} d_D^-(x).$$

因而有

$$\sum_{x\in V(D)} d_D^+(x) = \varepsilon(D) = \sum_{x\in V(D)} d_D^-(x).$$

定理得证. ∎

下面的结果是定理 1.3.1 的直接推论, 由于它的重要性, 它也是真正意义上的图论第一定理, 故将它写成定理.

定理 1.3.2 (无向图第一定理)　**对任何无向图 G, 均有**

$$\sum_{x\in V(G)} d_G(x) = 2\varepsilon(G).$$

证明　设 D 是 G 的对称有向图, 则 $\varepsilon(D) = 2\varepsilon(G)$. 由于对任何 $x \in V$, 均有 $d_G(x) = d_D^+(x) = d_D^-(x)$, 所以由定理 1.3.1 有

$$\sum_{x\in V(G)} d_G(x) = \sum_{x\in V(D)} d_D^+(x) = \varepsilon(D) = 2\varepsilon(G).$$

定理得证. ∎

推论 1.3.2　**任何无向图 G 都有偶数个奇度点.**

证明　设 V_o 和 V_e 分别为 G 中奇度点集和偶度点集. 由定理 1.3.2 知

$$\sum_{x\in V_o} d_G(x) + \sum_{x\in V_e} d_G(x) = 2\varepsilon(G).$$

上式右端和左端中的第二项均为偶数, 因此左端的第一项也为偶数. 由于当 $x \in V_o$ 时, $d_G(x)$ 为奇数, 所以 $|V_o|$ 为偶数. ∎

下面几个记号和术语也常用到, 必须熟悉它们.

设 D 是有向图, S 和 T 是 $V(D)$ 中两个不交的非空真子集, 用 $E_D(S,T)$ 表示 D 中起点在 S 而终点在 T 的边集, 并且令

$$E_D[S,T] = E_D(S,T) \cup E_D(T,S).$$

当所考虑的图只有一个时, 就分别简记 $E_D(S,T)$ 和 $E_D[S,T]$ 为 (S,T) 和 $[S,T]$. 若 $T = \overline{S} = V \setminus S$, 则简记 $E_D(S,\overline{S})$ 为 $E_D^+(S)$, $E_D(\overline{S},S)$ 为 $E_D^-(S)$, $E_D[S,\overline{S}]$ 为 $E_D[S]$. 记

$$d_D^+(S) = |E_D^+(S)|, \quad d_D^-(S) = |E_D^-(S)|.$$

用 $N_D^+(S)$ 表示 $E_D^+(S)$ 中边的终点集, $N_D^-(S)$ 表示 $E_D^-(S)$ 中边的起点集. $N_D^+(S)$ 和 $N_D^-(S)$ 分别为 S 的**外邻集** (set of out-neighbors) 和**内邻集** (set of in-neighbors). $N_D^+(S)$ 和 $N_D^-(S)$ 中顶点分别为 S 的**外邻点** (out-neighbors) 和**内邻点** (in-neighbors). 若 $S=\{x\}$, 则分别简记 $N_D^+(\{x\})$ 和 $N_D^-(\{x\})$ 为 $N_D^+(x)$ 和 $N_D^-(x)$. 显然, $d_D^+(x)=|E_D^+(x)|$ 且 $d_D^-(x)=|E_D^-(x)|$. 若 D 是简单图, 则有 $d_D^+(x)=|N_D^+(x)|$ 且 $d_D^-(x)=|N_D^-(x)|$.

例如, 在图 1.21 所示的图 D 中, 令 $S=\{x_1,x_2\}$, 则 $E_D^+(S)=(S,\overline{S})=\{a_3\}$, 而 $E_D^-(S)=(\overline{S},S)=\{a_4,a_7\}$, $E_D[S]=(S,\overline{S})\cup(\overline{S},S)=\{a_3,a_4,a_7\}$, $N_D^+(S)=\{x_3\}$, $N_D^-(S)=\{x_3,x_4\}$, $d_D^+(S)=1$, $d_D^-(S)=2$.

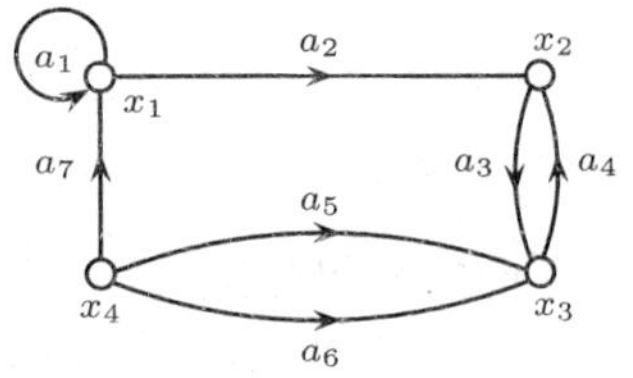

图 1.21 有向图 D

同样可以理解无向图的类似记号 $E_G[S]$, $[S,T]$ 和 $N_G(S)$, 并称 $N_G(S)$ 为 S 的**邻集** (set of neighbors). $N_G(S)$ 中顶点被称为 S 的**邻点** (neighbors). 此处不再一一赘述.

下面介绍图的一些常用运算.

设 $D=(V(D),E_\psi(D))$ 和 $H=(V(H),E_{\psi'}(H))$ 是两个图. 若 $V(H)\subseteq V(D)$, $E(H)\subseteq E(D)$, 并且 ψ' 是 ψ 在 $E(H)$ 上的限制, 即 $\psi'=\psi|_{E(H)}$, 则称 H 为 D 的**子图** (subgraph), D 为 H 的**母图** (supergraph), 记为 $H\subseteq D$. 若 $H\subseteq D$ 且 $H\neq D$, 则称 H 为 D 的**真子图** (proper subgraph), 记为 $H\subset D$. 若 $H\subseteq D$ 且 $V(H)=V(D)$, 则称 H 为 D 的**支撑子图** (spanning subgraph).

设 S 是 $V(D)$ 的非空真子集, 以 S 为顶点集并以 D 中两端点均在 S 中的边为边集的子图被称为 D 的由 S **导出的子图**, 简称**导出子图** (induced subgraph), 记为 $D[S]$. 导出子图 $D[V\setminus S]$ 记为 $D-S$. 若 $S=\{x\}$, 则简记 $D-\{x\}$ 为 $D-x$.

设 B 是 $E(D)$ 的非空子集. 以 B 为边集并以 D 中由 B 中边的端点为顶点集的子图被称为 D 的由 B **导出的子图**, 记为 $D[B]$. $D-B$ 表示从 D 中删去 B (但不删去端点) 后得到的子图. 图 1.22 画出了这些不同类型的子图.

设 $D_1\subseteq D$ 且 $D_2\subseteq D$. 若 $V(D_1)\cap V(D_2)=\emptyset$, 则称 D_1 和 D_2 是**点不交的** (vertex-disjoint); 若 $E(D_1)\cap E(D_2)=\emptyset$, 则称 D_1 和 D_2 是**边不交的** (edge-disjoint). D_1 和 D_2 的**并** (union) $D_1\cup D_2$ 是子图 H, 其中 $V(H)=V(D_1)\cup V(D_2)$ 且 $E(H)=E(D_1)\cup E(D_2)$. 若 D_1 和 D_2 是点不交的, 则记 $D_1\cup D_2=D_1+D_2$. 若对每个 $i\ (1\leqslant i\leqslant n)$ 均有 $D_i\cong H$, 则记 $D_1+D_2+\cdots+D_n=nH$. 若 D_1 和 D_2 是边不交的, 则记 $D_1\cup D_2=D_1\oplus D_2$ (见图 1.23).

若 $V(D_1)\cap V(D_2)\neq\emptyset$, 则类似可以定义 D_1 和 D_2 的**交** (intersection) $D_1\cap D_2$.

设 G 是非空的简单图, $e=xy\in E(G), x\neq y$. 在 $G-e$ 中将 x 和 y 重合为一个新顶点 p, 并删去平行边后所得到的图被称为边 e **收缩图** (contracted graph), 记为 $G\cdot e$. 图 1.24 展示了图 G 中边 e 的收缩过程.

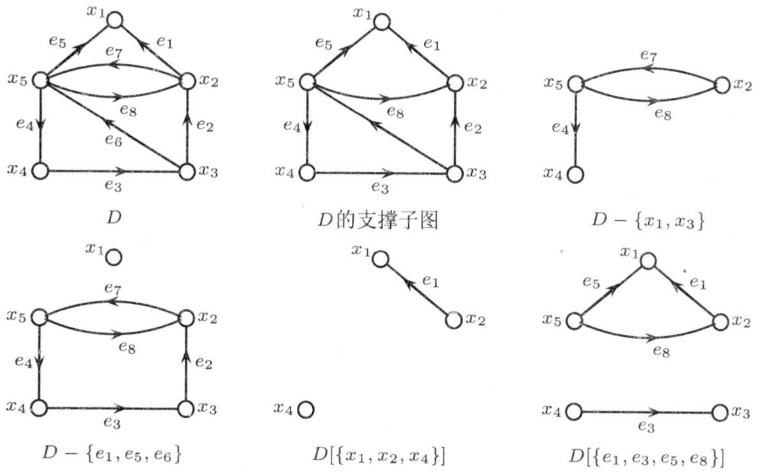

图 1.22　图 D 和它的各种子图

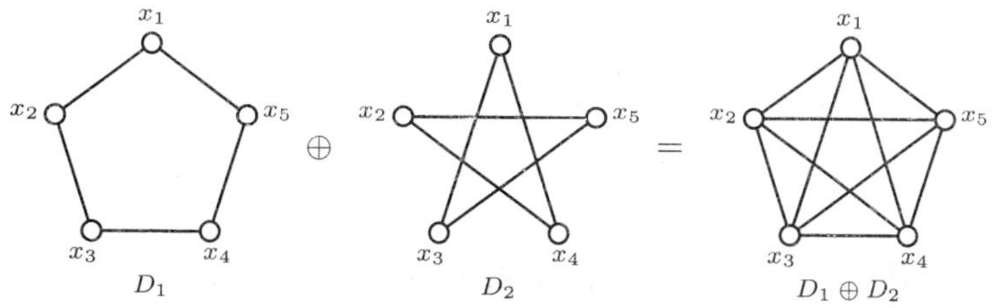

图 1.23　$D_1 \oplus D_2$

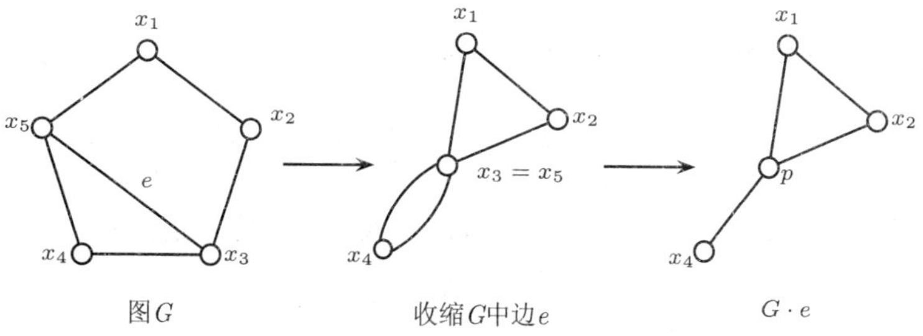

图 1.24　G 中边 e 的收缩过程

下面举几个例子来结束这一节.

例 1.3.1 (D. König, 1936 [224]) 设 G 是简单无向图且不含三角形. 证明: $\varepsilon \leqslant \upsilon^2/4$, 等号成立 $\Leftrightarrow \upsilon = 2n$ 且 $G \cong K_{n,n}$ (更一般情形见习题 1.3.5 (a)).

证明　若 $E(G)=\emptyset$, 则 $\varepsilon=0$, 结论成立. 下设 $E(G)\neq\emptyset$. 任取 $xy\in E(G)$.

由于 G 是简单图且不含三角形, 所以

$$(d_G(x)-1)+(d_G(y)-1)\leqslant \upsilon-2,$$

即

$$\upsilon \geqslant d_G(x)+d_G(y),\ \ \forall\ xy\in E(G). \tag{1.3.2}$$

上式两边对 G 中所有边求和, 并由 Cauchy 不等式和定理 1.3.2 得

$$\upsilon\varepsilon \geqslant \sum_{x\in V} d_G^2(x) \geqslant \frac{1}{\upsilon}\left(\sum_{x\in V} d_G(x)\right)^2 = \frac{4}{\upsilon}\varepsilon^2, \tag{1.3.3}$$

即有 $\varepsilon\leqslant \upsilon^2/4$.

注意到 $\varepsilon=\upsilon^2/4 \Leftrightarrow \upsilon=2n$, 且式 (1.3.2) 和式 (1.3.3) 中等号成立 $\Leftrightarrow$ 对每条边 $xy\in E(G)$, 均有 $N_G(x)\cup N_G(y)=V(G)$ 且 $d_G(x)=d_G(y)=n \Leftrightarrow G\cong K_{n,n}$. ∎

例 1.3.2 设 G 是简单无向图且 $G\cong G^{\mathrm{c}}$, $\upsilon\equiv 1 \pmod 4$. 证明: G 中含奇数个 $(\upsilon-1)/2$ 度点.

证明 令 V_{o} 和 V_{e} 分别为 G 中奇度点集和偶度点集. 由推论 1.3.2 知 $|V_{\mathrm{o}}|$ 为偶数. 由于 $\upsilon\equiv 1 \pmod 4$, 所以 υ 必为奇数. 因而, $|V_{\mathrm{e}}|$ 为奇数且 $(\upsilon-1)/2$ 为偶数.

设 $x\in V_{\mathrm{e}}$. 若 $d_G(x)\neq(\upsilon-1)/2$, 则由于 $G\cong G^{\mathrm{c}}$, 所以必存在 $y\in V(G)$, 使得 $d_G(y)=d_{G^{\mathrm{c}}}(x)=(\upsilon-1)-d_G(x)$ 为偶数, 即 $y\in V_{\mathrm{e}}$, $y\neq x$ 且 $d_G(y)\neq(\upsilon-1)/2$. 这说明 V_{e} 中顶点度不为 $(\upsilon-1)/2$ 的顶点是成对出现的. 于是, G 中度为 $(\upsilon-1)/2$ 的顶点数目为奇数. ∎

例 1.3.3 有向图 D 是平衡的 $\Leftrightarrow |(S,\overline{S})|=|(\overline{S},S)|,\ \ \forall\ \emptyset\neq S\subset V(D)$.

证明 $(\Leftarrow)$ 任取 $x\in V(D)$, 并令 $S=\{x\}$, 则 $d_D^+(x)=d_D^-(x)$, 即 D 是平衡有向图.

$(\Rightarrow)$ 任取非空集 $S\subset V(D)$, 并令 $H=D[S]$. 由定理 1.3.1, 知

$$\sum_{x\in S} d_H^+(x)=\sum_{x\in S} d_H^-(x). \tag{1.3.4}$$

由于 D 是平衡有向图, 所以由定理 1.3.1 和式 (1.3.4) 有

$$|(S,\overline{S})|=\sum_{x\in S} d_D^+(x)-\sum_{x\in S} d_H^+(x)=\sum_{x\in S} d_D^-(x)-\sum_{x\in S} d_H^-(x)=|(\overline{S},S)|.$$

结论得证. ∎

例 1.3.4 (P. Erdős, 1965 [105]) 无环图 G 中存在 2 部支撑子图 H, 使对每个顶点 x 均有 $d_G(x)\leqslant 2d_H(x)$. 因而有 $\varepsilon(G)\leqslant 2\varepsilon(H)$ (更一般情形见习题 1.3.8).

证明　令 H 是 G 中边数最大的 2 部支撑子图, H 的 2 部划分为 $\{X,Y\}$. 任取 $x\in V(G)$, 不妨设 $x\in X$. 令 $d=d_G(x)-d_H(x)$.

若 $d>d_H(x)$, 则 $d_G(x)>2d_H(x)$. 令 $X'=X\setminus\{x\}$ 且 $Y'=Y\cup\{x\}$ (见图 1.25), 则得到以 $\{X',Y'\}$ 为 2 部划分的 2 部子图 H', 并且

$$\varepsilon(H')=\varepsilon(H)+d-d_H(x)>\varepsilon(H),$$

矛盾于 $\varepsilon(H)$ 的最大性. 于是, $d\leqslant d_H(x)$. 所以

$$d_G(x)=d+d_H(x)\leqslant 2\,d_H(x).$$

上式两边对 V 中每个元素求和, 再由定理 1.3.2 得 $\varepsilon(G)\leqslant 2\varepsilon(H)$. ∎

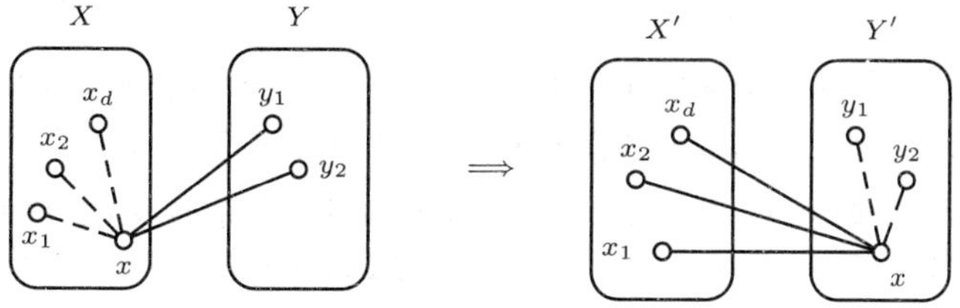

图 1.25　例 1.3.4 的证明示意图

习题 1.3

1.3.1 证明: 对任何无向图, 均有 $\delta\leqslant 2\varepsilon/\upsilon\leqslant\Delta$.

1.3.2 证明: 任何简单无向图总存在顶点度相等的两顶点.

1.3.3 证明:

(a) 存在 υ 阶简单有向图 D, 使其有两个不同顶点 x 和 y, 满足

$$d_D^+(x)\neq d_D^+(y)\quad 且\quad d_D^-(x)\neq d_D^-(y);$$

(b) 存在简单有向图, 使其含有奇数个出度和奇数个入度均为奇数的顶点;

(c) 对任何自然数 k $(<\upsilon)$, 存在 υ $(\geqslant 2)$ 阶 k 正则简单有向图;

(d) 设 G 是 2 部划分为 $\{X,Y\}$ 的 $k(\geqslant 1)$ 正则 2 部图, 则 $|X|=|Y|$.

1.3.4 设 D 为竞赛图. 证明:

$$\sum_{x\in V}d_D^+(x)^2=\sum_{x\in V}d_D^-(x)^2=\sum_{x\in V}(\upsilon-d_D^+(x))^2-\upsilon^2,$$

而且若 D 是 k 正则的, 则 $\upsilon=2k+1$.

1.3.5 设 G 是简单无向图. 证明:

(a) 若 G 不含三角形, 则 $\varepsilon\leqslant\lfloor\upsilon^2/4\rfloor$, 等号成立 $\Leftrightarrow G\cong K_{\lfloor\frac{\upsilon}{2}\rfloor,\lceil\frac{\upsilon}{2}\rceil}$;

(b) 若 G 至少有三个顶点且任何三个顶点之间至少有一条边, 则

$$\varepsilon(G)\geqslant\begin{cases}k^2-k, & \upsilon=2k,\\ k^2, & \upsilon=2k+1,\end{cases}$$

而且这个下界可以达到.

1.3.6 设 X, X' 是 $V(D)$ 的非空真子集. 证明:

(a) $d^+(X\cap X')+d^+(X\cup X')\leqslant d^+(X)+d^+(X')$;

(b) $d^-(X\cap X')+d^-(X\cup X')\leqslant d^-(X)+d^-(X')$.

1.3.7 设 S 是 $V(D)$ 的非空真子集. 证明:

(a) 如果 $S\cup N_D^+(S)\neq V(D)$, 则 $|S\cup N_D^+(S)|\geqslant \delta^+(D)+1$;

(b) 如果 $S\cup N_D^-(S)\neq V(D)$, 则 $|S\cup N_D^-(S)|\geqslant \delta^-(D)+1$.

1.3.8 证明: 设 G 是无环图, 则 G 中存在 k 部支撑子图 H, 使得对每个顶点 x, 均有 $(1-1/k)\ d_G(x)\leqslant d_H(x)$. 因而有 $(1-1/k)\varepsilon(G)\leqslant\varepsilon(H)$.

1.3.9 (a) 证明: 设 G 是简单无向图, $2\leqslant n<\upsilon-1$. 若 G 中任何 n 个顶点子集导出子图都有相同的边数, 则 G 或为完全图 K_υ 或为无边图 $K_\upsilon^{\rm c}$.

(b) 举例说明 (a) 中结论对有向图是不成立的.

(c) 证明或否定: 设 D 是简单有向图, $2\leqslant n<\upsilon-1$. 若 D 中任何 n 个顶点子集导出子图都是正则的, 则 D 或为完全有向图 K_υ^* 或为无边图 $K_\upsilon^{*\rm c}$.

1.3.10 设 G_1 和 G_2 是两个点不交的无向图. G_1 和 G_2 的**联** (join) $G_1\vee G_2$ 是在 $G_1\cup G_2$ 中把 G_1 的每个顶点与 G_2 的每个顶点之间用一条边连接起来所得到的无向图. 证明:

(a) $K_{m,n}\cong K_m^{\rm c}\vee K_n^{\rm c}$;

(b) $\upsilon(G_1\vee G_2)=\upsilon(G_1)+\upsilon(G_2)$;

(c) $\varepsilon(G_1\vee G_2)=\varepsilon(G_1)+\varepsilon(G_2)+\upsilon(G_1)\upsilon(G_2)$.

1.3.11 (F. R. Ramsey, 1930) 证明了下述著名的 **Ramsey 定理**: 对于任意正整数 k 和 ℓ, 存在正整数 r, 使得对任何 r 阶简单无向图 G, 要么 G 含子图 K_k, 要么 $G^{\rm c}$ 含子图 K_ℓ. 使得定理成立的最小正整数 $r(k,\ell)$ 被称为 **Ramsey 数**. 证明:

(a) $r(k,\ell)=r(\ell,k)$, $r(1,k)=1$, $r(2,k)=k$, $r(3,3)=6$;

(b) $r(k,\ell)\leqslant r(k,\ell-1)+r(k-1,\ell)$, 其中 $k\geqslant 3, \ell\geqslant 3$, 而且当 $r(k,\ell-1)$ 和 $r(k-1,\ell)$ 都为偶数时, 严格不等式成立;

(c) $r(3,4)=9$, $r(3,5)=14$, $r(4,4)=18$.

(目前已求出 $r(3,6)=18$, $r(3,7)=23$, $r(3,8)=28$, $r(3,9)=36$, 其余的 $r(k,\ell)$ 值均尚未解决 [247])

1.3.12 (P. Erdős, 1970 [106]) 证明: 设 G 是顶点集 $V=\{x_1,x_2,\cdots,x_\upsilon\}$ 且不含子图 K_{k+1} 的简单无向图, 则存在顶点集为 V 的完全 k 部图 H, 使得对每个 i $(1\leqslant i\leqslant\upsilon)$, 均有 $d_G(x_i)\leqslant d_H(x_i)$ 并且等号成立 $\Leftrightarrow G\cong H$.

1.3.13 (P. Turán, 1941 [345]) 证明: (**Turán 极值定理**) 设 G 是 υ 阶且不含 K_{k+1} 的简单无向图, 则 $\varepsilon(G)\leqslant\varepsilon(T_{\upsilon},k)$, 并且等号成立 $\Leftrightarrow G\cong T_{\upsilon,k}$. (见例 1.2.2)

1.4 路与连通

图中连接顶点 x 和 y 的 xy **链** (chain or walk) W, 是指顶点 x_i 和边 a_j 交错出现的序列:

$$W=(x=)x_{i_0}a_{i_1}x_{i_1}a_{i_2}\cdots a_{i_k}x_{i_k}(=y),$$

其中与边 a_{i_j} 相邻的两顶点 $x_{i_{j-1}}$ 和 x_{i_j} 正好是 a_{i_j} 的两个端点 (可能有 $x_{i_{j-1}}=x_{i_j}$). 点 x 和 y 被称为 W 的**端点** (end-vertices), 其余的点被称为**内部点** (internal vertices). W 中边的数目被称为 W 的**长度** (length), 简称为**长**.

例如, 在图 1.26 所示的图 D 中, W 是 D 中长为 6 的 x_1x_3 链. 边互不相同的链被称为**迹** (trail); 这里链 W 不是迹, 因为边 a_3 出现两次, 而 T 是 D 中长为 4 的 x_1x_3 迹. 内部点互不相同的迹被称为**路** (path); 这里 T 不是路, 因为 x_5 在其中出现两次, 而 P 是 D 中长为 3 的 x_1x_3 路. 两端点相同的链 (迹、路) 被称为**闭链** (closed chain) (**闭迹**、**闭路**). 闭迹被称为**回** (circuit), 闭路被称为**圈** (cycle). 对于简单图, 链 W 由顶点序列 $x_{i_0}x_{i_1}\cdots x_{i_k}$ 唯一确定, 故简记 $W=(x_{i_0},x_{i_1},\cdots,x_{i_k})$.

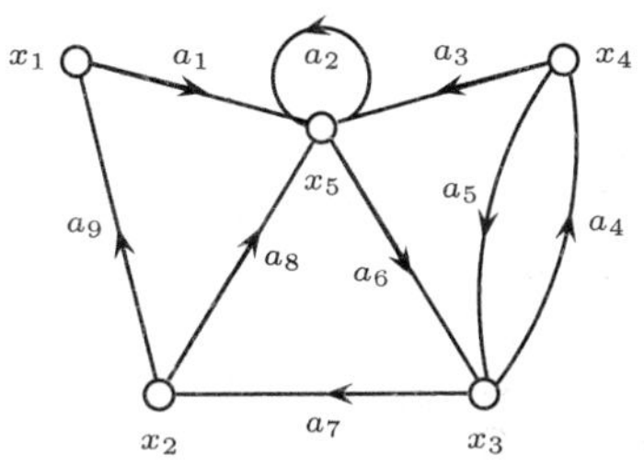

$W=x_1a_1x_5a_2x_5a_3x_4a_3x_5a_8x_2a_7x_3$

$T=x_1a_1x_5a_2x_5a_8x_2a_7x_3$

$P=x_1a_1x_5a_8x_2a_7x_3$

$W'=x_1a_1x_5a_2x_5a_6x_3a_4x_4a_3x_5a_6x_3$

$T'=x_1a_1x_5a_2x_5a_6x_3$

$P'=x_1a_1x_5a_6x_3$

$C=x_1a_1x_5a_2x_5a_6x_3a_7x_2a_9x_1$

$C'=x_1a_1x_5a_6x_3a_7x_2a_9x_1$

图 1.26　有向图 D 中的链、迹和路

指定 xy 链 (迹、路) W 的方向从 x 到 y. 若 W 中所有边的方向与此方向一致, 则称 W 为从 x 到 y 的**有向链** (**迹**、**路**), 记为 (x,y) 链 (迹、路). 例如, 在图 1.26 所示的有向图 D 中, W', T' 和 P' 分别是长为 6 的 (x_1,x_3) 链、长为 3 的 (x_1,x_3) 迹和长为 2 的 (x_1,x_3) 路. C 和 C' 分别是长为 5 的有向回和长为 4 的有向圈.

图中长度最大的路被称为**最长路** (longest path). 包含图中所有顶点的路被称为 **Hamilton 路** (或者 Hamilton 有向路), 连接两顶点 x 和 y 的 Hamilton 路被称为 xy-Hamilton 路. P_n 和 C_n 分别表示 n 个顶点的路和圈.

例 1.4.1　设 G 是简单无向图, $\delta=\delta(G)$, 则 G 中必含长至少为 δ 的路.

证明 令 $P=(x_0,x_1,\cdots,x_k)$ 是 G 中最长路并且 $x_k\neq x_0$. 由 P 的最长性, $N_G(x_0)=\{y_1,y_2,\cdots,y_m\}\subseteq\{x_1,x_2,\cdots,x_k\}$ (见图 1.27). 由于 G 是简单图, 所以 $k\geqslant|N_G(x_0)|=d_G(x_0)\geqslant\delta$. ∎

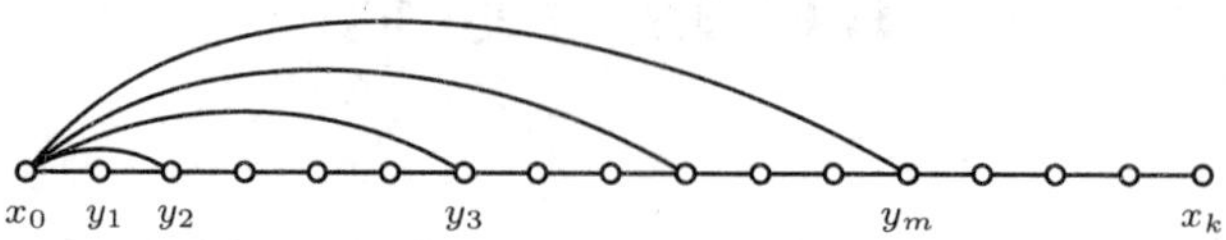

图 1.27 例 1.4.1 证明的图示

下面的结论很简单, 但它刻画了有向图包含给定起点有向路的特征, 证明留给读者作为习题.

定理 1.4.1 设 D 是有向图, $x,y\in V(D)$. D 包含 (x,y) 路 $\Leftrightarrow$ 对任何包含 x 但不含 y 的子集 $S\subset V(D)$, 均有 $(S,\overline{S})\neq\emptyset$.

定理 1.4.2 (L. Rédei , 1934 [305]) **每个竞赛图都含 Hamilton 有向路.**

证明 设 D 是 v 阶竞赛图, $P=(x_1,x_2,\cdots,x_n)$ 是 D 中的最长有向路, $x_1\neq x_n$. 不妨设 $v\geqslant 3$, 且 $n<v$. 于是, 存在 $x\in V(D)\setminus V(P)$, 使 $(x,x_n)\in E(D)$, 而且 $(x_1,x)\in E(D)$. 因而必存在 $i(1<i\leqslant n)$, 使 (x_{i-1},x), $(x,x_i)\in E(D)$ (见图 1.28). 于是, $(x_1,x_2,\cdots,x_{i-1},x,x_i,x_{i+1},\cdots,x_n)$ 是 D 中一条比 P 长 1 的有向路, 矛盾于 P 的最长性. 所以, P 是 Hamilton 有向路. ∎

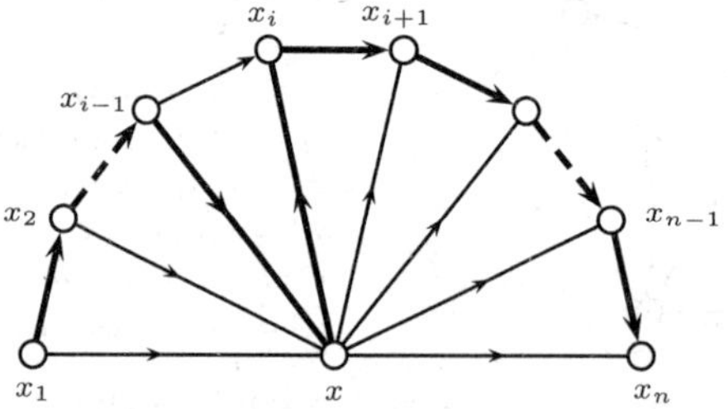

图 1.28 定理 1.4.2 证明的图示

设 $x,y\in V$. 若 D (或 G) 中存在连接 x 和 y 的路, 则称 x 和 y 是**连通的** (connected). 容易验证, V 中元素之间的连通关系是 V 上的等价关系. 这种等价关系将 V 分成等价类 $V_1,V_2,\cdots,V_\omega$. x 和 y 属于同一类 $V_i\Leftrightarrow x$ 和 y 是连通的. 称子图 $D[V_i]$ (或 $G[V_i]$) $(1\leqslant i\leqslant\omega)$ 为 D (或 G) 的**连通分支** (connected component), 称 ω 为 D (或 G) 的**连通分支数** (number of components), 记为 $\omega=\omega(D)$ (或 $\omega(G)$). 若 $\omega(D)=1$ (或 $\omega(G)=1$), 则称 D (或 G) 为**连通图** (connected digraph or graph). 反之称 D (或 G) 为**非连通图** (disconnected graph).

例如, 在图 1.29 所示的两个图中, 图 (a) 是连通的, 而图 (b) 是非连通的, 因为它有三个连通分支.

设 D 是有向图, $x,y\in V(D)$. 若 D 中既存在 (x,y) 路又存在 (y,x) 路, 则称 x 和 y 是**强连通的** (strongly connected). 同样, V 中元素之间的强连通关系是 V 上的等价关系. 由这种关系得到 V 的等价类 V_i 在 D 中的导出子图 $D[V_i]$ 被称为 D 的**强连通分支**. D 的**强连通分支数**记为 $\omega(D)$. 若 $\omega(D)=1$, 则称 D 为**强连通图**.

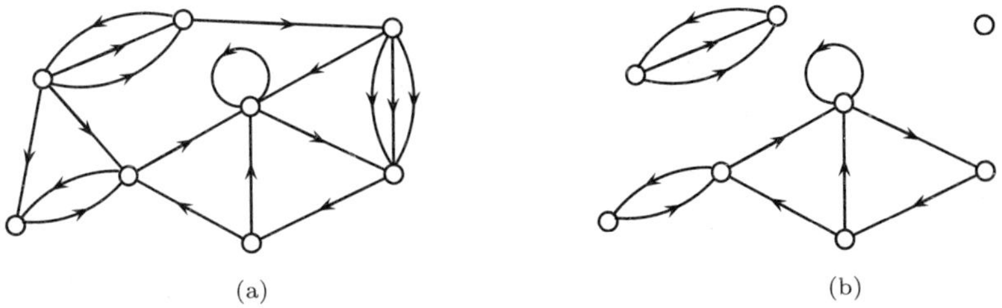

图 1.29　(a) 有向图 D; (b) 它的三个强连通分支

显然, 若 D 是强连通的, 则 D 必是连通的; 反之不成立. 但对无向图 G, 这两个连通性概念是一样的. 例如, 图 1.29 (a) 所示的有向图是连通的, 但不是强连通的, 因为它有如图 1.29 (b) 所示的三个强连通分支. 由连通和强连通的定义容易证明:

定理 1.4.3　**设 S 是 $V(D)$ (或 $V(G)$) 中任意的非空真子集, 则**
(a) D (或 G) 是连通的 $\Leftrightarrow [S,\overline{S}]\neq\emptyset$;
(b) D 是强连通的 $\Leftrightarrow (S,\overline{S})\neq\emptyset$ 且 $(\overline{S},S)\neq\emptyset$.

由例 1.3.3 知, 有向图 D 是平衡的 $\Leftrightarrow |(S,\overline{S})|=|(\overline{S},S)|, \forall\ \emptyset\neq S\subset V(G)$. 由此和定理 1.4.3 (b) 立即得到:

定理 1.4.4　**平衡有向图是强连通的 $\Leftrightarrow$ 它是连通的.**

例 1.4.2　设 G 是简单无向图, $V(G)=\{x_1,\cdots,x_v\}$ 且 $d_G(x_1)\leqslant\cdots\leqslant d_G(x_v)$. 若对任何 $k\,(1\leqslant k\leqslant v-d_G(x_v)-1)$, 均有 $d_G(x_k)\geqslant k$, 则 G 是连通的.

证明　(反证法) 若 G 是非连通的, 则由定理 1.4.3 (a), 存在非空真子集 $S\subset V(G)$, 使得 $[S,\overline{S}]=\emptyset$. 不妨设 $x_v\in\overline{S}$, 并且令 $k=|S|$. 由于 G 是简单图, 所以 $|\overline{S}|\geqslant d_G(x_v)+1$, 并且

$$k=|S|=v-|\overline{S}|\leqslant v-d_G(x_v)-1.$$

所以对每个 $x\in S$, 均有 $d_G(x)\leqslant|S|-1=k-1\leqslant v-d_G(x_v)-2$. 由假定 $x_k\in\overline{S}$, S 中最多只含 $k-1$ 个顶点, 矛盾于 $|S|=k$. 所以 G 是连通的. ∎

例 1.4.3　设 D 是简单有向图, 且 $\varepsilon>(v-1)^2$, 则 D 是强连通的.

证明 (反证法) 若 D 不是强连通的, 则由定理 1.4.3(b), 存在非空真子集 $S \subset V(D)$, 使 $(S,\overline{S})=\emptyset$. 令 $k=|S|$, 则

$$\varepsilon(D[S]) \leqslant 2\binom{k}{2},\quad \varepsilon(D[\overline{S}]) \leqslant 2\binom{\upsilon-k}{2},\quad |E[S,\overline{S}]| \leqslant k(\upsilon-k).$$

因此

$$\begin{aligned}\varepsilon \leqslant & 2\binom{k}{2}+2\binom{\upsilon-k}{2}+k(\upsilon-k)\\ =&(\upsilon-1)^2-(k-1)(\upsilon-k-1)\\ \leqslant&(\upsilon-1)^2.\end{aligned}$$

这与假设矛盾. 所以 D 是强连通的. ∎

例 1.4.4 设 G 是连通的简单无向图. 若 $\upsilon > 2\delta$, 则 G 包含长至少为 2δ 的路.

证明 设 $P=(x_0,x_1,\cdots,x_\ell)$ 是 G 中最长路. 假定 $\ell<2\delta$. 因为 P 是最长的, 所以 x_0 和 x_ℓ 的邻点都在 P 中. 令

$$\begin{aligned}S&=\{x_i:\ x_0x_{i+1}\in E(G),1\leqslant i\leqslant \ell-1\},\\ T&=\{x_i:\ x_ix_\ell\in E(G),0\leqslant i\leqslant \ell\}.\end{aligned}$$

则

$$|S|=d_G(x_0)\geqslant\delta \ \text{ 且 }\ |T|=d_G(x_\ell)\geqslant\delta. \tag{1.4.1}$$

由 S 和 T 的定义知 $x_\ell\notin S\cup T$, 所以

$$|S\cup T|\leqslant \ell<2\delta. \tag{1.4.2}$$

由式 (1.4.1) 和式 (1.4.2) 有 $|S\cap T|\neq\emptyset$. 设 $x_i\in S\cap T$, 则

$$C=(x_0,x_1,\cdots,x_i,x_\ell,x_{\ell-1},\cdots,x_{i+1},x_0)$$

是长为 $\ell+1$ 的圈 (见图 1.30).

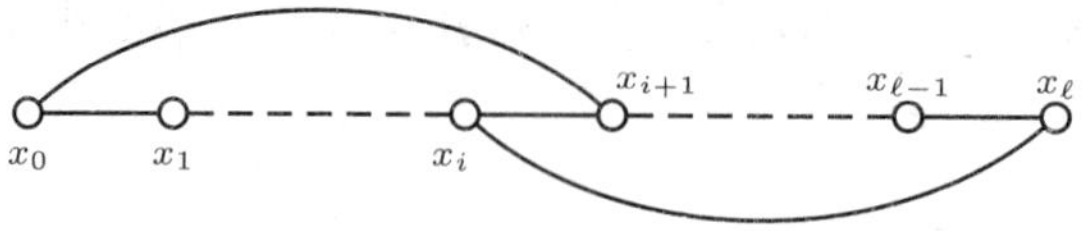

图 1.30 例 1.4.4 证明的图示

因为 G 是连通的, 而且 $\ell+1\leqslant 2\delta<\upsilon$, 所以 G 中存在某个顶点 x, 它不在 C 中, 但它在 C 中有个邻点, 比如 x_0. 那么 $P'=(x,x_0,x_1,\cdots,x_i,x_\ell,x_{\ell-1},\cdots,x_{i+1})$ 是 G 中长为 $\ell+1$ 的路, 矛盾于 P 的选取. 所以 $\ell\geqslant 2\delta$. ∎

例 1.4.5　如果对 D 中任意两顶点 x 和 y, D 中存在 (x,y) 路或者 (y,x) 路, 则有向图 D 被称为**单向连通的** (unilateral connected). 证明: D 是单向连通的 $\Leftrightarrow D$ 中有包含所有顶点的有向链.

证明　($\Leftarrow$) 显然.

($\Rightarrow$) 构作简单有向图 $D'=(V',E')$, 其中 $V'=V(D)$, 则 $(x,y)\in E'\Leftrightarrow D$ 中有 (x,y) 路 P_{xy}. 由于 D 是单向连通的, 所以 D' 中含有支撑竞赛图. 由定理 1.4.2 知 D' 中存在经过 D' 中每个顶点的有向路 P'. 将 P' 中每条边 (x,y) 换成 D 中 (x,y) 路 P_{xy} 后得到的有向链就是 D 中经过所有顶点的有向链. ∎

设 $x\in V(G)$, $e\in E(G)$. 若 $\omega(G-x)>\omega(G)$, 则称 x 为**割点** (cut vertex); 反之称 x 为**连通点** (connected vertex). 若 $\omega(G-e)>\omega(G)$, 则称 e 为**割边** (cut edge), 亦被称为**桥** (bridge); 反之称 e 为**连通边** (connected edge). 不含割点的连通图被称为**块** (block). 图 G 中不含割点的极大连通子图被称为 G 的**块**. 每个图都可以表示成它的块之并. 例如, 在图 1.31 (a) 所示的图 G 中, x_2 和 x_4 都是割点; x_1x_2 是割边; 图 (b) 所示的是 G 的所有块. 令 X 是割点集, Y 是块集. 构作 2 部图 $H=(X\cup Y,E)$, 这里 $xB\in E\Leftrightarrow x\in V(B)$, $B\in Y$, H 被称为 G 的**块图** (见图 1.31 (c)).

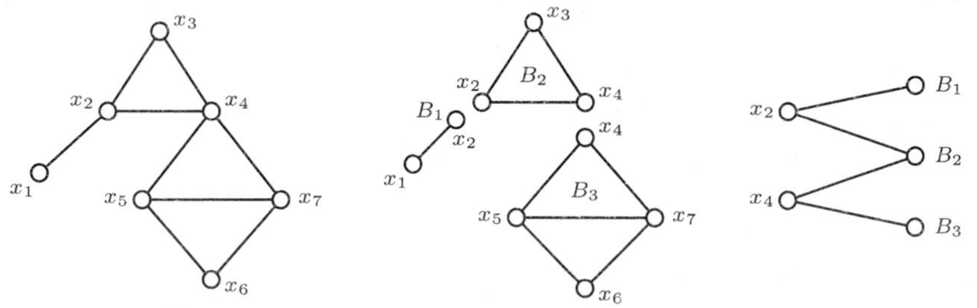

(a) 图 G　　(b) G 的所有块　　(c) G 的块图 H

图 1.31　图 G、它的所有块和块图

注意到连通、割点、割边和块的概念都与图中边的方向无关. 所以在研究它们的性质时, 只需考虑无向图.

例 1.4.6　非平凡连通图至少有两个连通点.

证明　设 G 是非平凡连通图, $P=x_0e_1x_1\cdots x_{k-1}e_kx_k$ 是 G 中最长路, $x_0\neq x_k$, $k\geqslant 1$. 可以断定 P 的两端点 x_0 和 x_k 都是连通点. 若不然, 设 x_0 是割点. 由于 $\omega(G-x_0)>\omega(G)$, 所以 $G-x_0$ 至少有两个连通分支. 设 G_0 和 G_1 是 $G-x_0$ 的连通分支. 不妨设 x_1 在 G_1 中, $y\in N_G(x_0)\cap V(G_0)$ (见图 1.32). 因而 G 中存在以 x_0 和 y 为端点的边 e. 由于 G_0 不含 P, 所以 $Q=yex_0e_1x_1\cdots x_{k-1}e_kx_k$ 是 G 中一条比 P 更长的路, 矛盾于 P 的选取. 故 x_0 是 G 的连通点. 同理可证 x_k 也是 G 的连通点. ∎

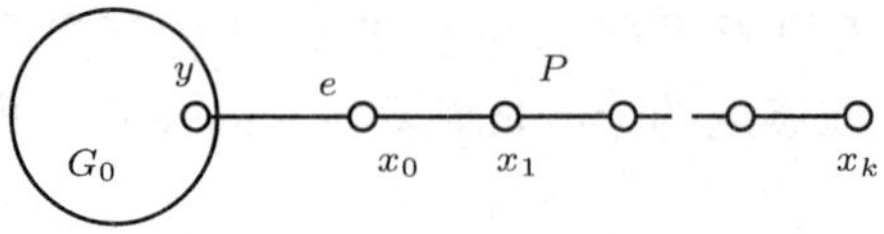

图 1.32 例 1.4.6 证明的图示

习 题 1.4

1.4.1 证明:

(a) (x,y) 链 (或 xy 链) 中含 (x,y) 迹 (或 xy 迹) 和 (x,y) 路 (或 xy 路);

(b) 有向闭链 W 可以表示成若干条边不交有向闭迹的并;

(c) (有向) 闭迹可以表示成若干条边不交 (有向) 闭路的并.

1.4.2 证明: D 是强连通的 $\Leftrightarrow$ 对任何 $x,y\in V$, D 中存在经过所有顶点的 (x,y) 链.

1.4.3 证明: 设 D 是简单图, 且 $k=\max\{\delta^+,\delta^-\}$, 则 D 中含长至少为 k 的有向路.

1.4.4 证明:

(a) 定理 1.4.1 和定理 1.4.3;

(b) 无向连通图 G 中任何两条最长路必有公共交点.

1.4.5 证明: 平衡有向图是强连通的 $\Leftrightarrow$ 它是连通的.

1.4.6 证明: 设 $\upsilon>2$, 则 G 是连通的 $\Leftrightarrow$ G 中存在两点 x,y, 使得 $G-x$, $G-y$ 均连通.

1.4.7 设 G 是简单图, 并且 $\omega=\omega(G)$. 证明:

(a) $\varepsilon(G)\leqslant\dfrac{1}{2}(\upsilon-\omega)(\upsilon-\omega+1)$;

(b) 利用 (a) 证明例 1.4.3.

1.4.8 设 D 是简单有向图, 并且 $\omega=\omega(D)$. 证明:

(a) $\varepsilon(D)\leqslant(\upsilon-\omega)(\upsilon-\omega+1)+\dfrac{1}{2}(\omega-1)(2\upsilon-\omega)$;

(b) 若 $\varepsilon(D)>(\upsilon-1)^2$, 则 D 是强连通的.

1.4.9 设 D 是 $\upsilon(>1)$ 阶简单有向图. 证明:

(a) 若对每对使得 $(x,y)\notin E(D)$ 的 $x,y\in V(D)$, 均有 $d_D^+(x)+d_D^-(y)\geqslant\upsilon-1$, 则 D 是强连通的;

(b) 若 $\delta\geqslant k$, 并且 $\varepsilon>\upsilon(\upsilon-1)-(k+1)(\upsilon-k-1)$, 则 D 是强连通的.

1.4.10 证明:

(a) 若 G 中无奇度点, 则 G 中无割边;

(b) 若 G 为 $k(\geqslant 2)$ 正则 2 部图, 则 G 中无割边;

(c) 若记 $b(G)$ 为 G 中块的数目, $b(x)$ 为含顶点 x 的块的数目, 则

$$b(G)=\omega(G)+\sum_{x\in V(G)}(b(x)-1).$$

1.5 距离与直径

设 D 是有向图, $x,y\in V(D)$. 从 x 到 y 的**距离** (distance) 是指 D 中**最短** (x,y) 路的长, 记为 $d_D(x,y)$. 若 D 中不存在 (x,y) 路, 则约定 $d_D(x,y)=\infty$. 一般来说, $d_D(x,y)\neq d_D(y,x)$. D 的**直径** (diameter), 记为 $d(D)$, 定义为

$$d(D)=\max\{d_D(x,y):\forall\ x,y\in V(D)\}.$$

同样定义无向图 G 的距离和直径. 显然, D 的直径 $d(D)$ 是确定的 $\Leftrightarrow$ D 是强连通的; G 的直径 $d(G)$ 是确定的 $\Leftrightarrow$ G 是连通的.

例如, 有向路 P_n 的直径 $d(P_n)=\infty$, 有向圈 C_n 的直径 $d(C_n)=n-1$; 有向图 D 的直径 $d(D)=1\Leftrightarrow D$ 包含子图 K_v^*. 无向路 P_n 的直径 $d(P_n)=n-1$; 无向圈 C_n 的直径 $d(C_n)=\lfloor n/2\rfloor$; 无向图 G 的直径 $d(G)=1\Leftrightarrow G$ 包含子图 K_v.

例 1.5.1 设 D 是强连通的有向图, $v\geqslant 2$, $\varDelta\geqslant 1$, 则

$$d(D)\geqslant\begin{cases}v-1, & \varDelta=1,\\ \lceil\ \log_{\varDelta}(v(\varDelta-1)+1)\ \rceil-1, & \varDelta\geqslant 2.\end{cases}$$

证明 因为 D 是强连通有向图, 所以直径 $d(D)$ 是确定的. 令 $d(D)=k$. 对于给定的顶点 x, 与 x 距离为 1 的顶点最多有 $\varDelta$ 个, 与 x 距离为 2 的顶点最多有 $\varDelta^2$ 个. 一般地, 与 x 距离为 i $(0\leqslant i\leqslant k)$ 的顶点最多有 $\varDelta^i$ 个 (见图 1.33). 因此

$$v\leqslant 1+\varDelta+\cdots+\varDelta^k=\begin{cases}k+1, & \varDelta=1,\\ \dfrac{\varDelta^{k+1}-1}{\varDelta-1}, & \varDelta\geqslant 2.\end{cases}\tag{1.5.1}$$

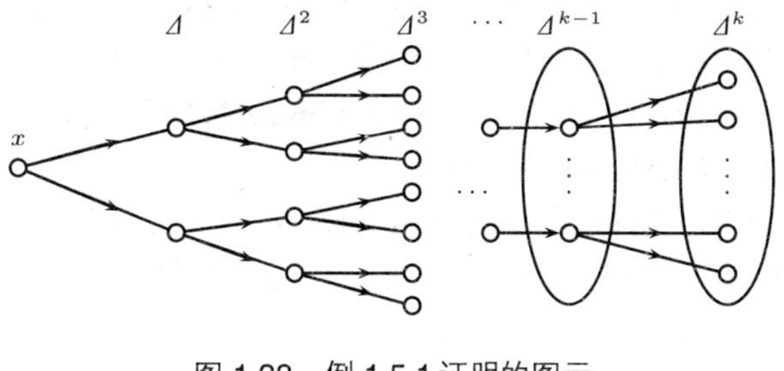

图 1.33 例 1.5.1 证明的图示

当 $\varDelta=1$ 时, 由式 (1.5.1) 有 $v\leqslant k+1$. 这意味着 $d(D)=k\geqslant v-1$. 另外, 显然有 $d(D)\leqslant v-1$. 所以 $d(D)=v-1$.

当 $\Delta \geqslant 2$ 时, 由式(1.5.1) 有 $(\Delta-1)\upsilon \leqslant \Delta^{k+1}-1$. 这意味着

$$d(D)=k \geqslant \lceil \log_{\Delta}(\upsilon(\Delta-1)+1) \rceil -1,$$

得证. ∎

例 1.5.2 设 G 是连通无向图, $\upsilon \geqslant 3$, $\Delta \geqslant 2$, 则

$$d(G) \geqslant \begin{cases} \lfloor \upsilon/2 \rfloor, & \Delta = 2, \\ \left\lceil \log_{\Delta-1} \dfrac{\upsilon(\Delta-2)+2}{\Delta} \right\rceil, & \Delta \geqslant 3. \end{cases}$$

证明 因为 G 是连通的无向图, 所以直径 $d(G)$ 是确定的. 令 $d(G)=k$. 对于给定的顶点 x, 与 x 距离为 1 的顶点最多有 Δ 个; 与 x 距离为 2 的顶点最多为 $\Delta(\Delta-1)$ 个. 一般地, 与 x 距离为 i $(0 \leqslant i \leqslant k)$ 的顶点最多有 $\Delta(\Delta-1)^{i-1}$ 个. 所以

$$\begin{aligned} \upsilon &\leqslant 1+\Delta+\Delta(\Delta-1)+\cdots+\Delta(\Delta-1)^{k-1} \\ &= \begin{cases} 2k+1, & \Delta=2, \\ \dfrac{\Delta(\Delta-1)^k-2}{\Delta-2}, & \Delta \geqslant 3. \end{cases} \end{aligned} \tag{1.5.2}$$

当 $\Delta=2$ 时, 由式 (1.5.2) 有 $\upsilon \leqslant 2k+1$. 这意味着 $d(G)=k \geqslant \lfloor \upsilon/2 \rfloor$.

当 $\Delta \geqslant 3$ 时, 由式 (1.5.2) 有 $(\Delta-2)\upsilon \leqslant \Delta(\Delta-1)^k-2$. 这意味着

$$d(G)=k \geqslant \left\lceil \log_{\Delta-1} \frac{\upsilon(\Delta-2)+2}{\Delta} \right\rceil,$$

得证. ∎

当 $\Delta=1$ 时, 有向圈 C_{k+1} 的直径为 k. 当 $k=1$ 时, 完全有向图 $K^*_{\Delta+1}$ 的直径为 1. 这说明: 当 $\Delta=1$ 或者 $k=1$ 时, 由式 (1.5.1) 给出的 υ 的上界是可以达到的.

当 $\Delta=2$ 时, 无向圈 C_{2k+1} 的直径为 k. 当 $k=1$ 时, 完全图 $K_{\Delta+1}$ 的直径为 1. 这说明: 当 $\Delta=2$ 或者 $k=1$ 时, 由式 (1.5.2) 给出的 υ 的上界是可以达到的.

最大度为 Δ 且直径至多为 k 的图记为 (Δ,k) **图**. 由式 (1.5.1) 和式 (1.5.2) 分别给出的 (Δ,k) 有向图和 (Δ,k) 无向图阶的上界, 称为 (Δ,k)-**Moore 界**. 达到 (Δ,k)-Moore 界的有向图被称为 (Δ,k)-**Moore 有向图**; 达到 (Δ,k)-Moore 界的无向图被称为 (Δ,k)-**Moore 无向图**.

例如, 有向圈 C_{k+1} 是 $(1,k)$-Moore 有向图; 完全有向图 $K^*_{\Delta+1}$ 是 $(\Delta,1)$-Moore 有向图. 无向圈 C_{2k+1} 是 $(2,k)$-Moore 无向图; 完全无向图 $K_{\Delta+1}$ 是 $(\Delta,1)$-Moore 无向图. 容易证明, Petersen 图是 $(3,2)$-Moore 无向图.

事实上, 人们知道的 (Δ,k)-Moore 图很少. 例 1.9.2 将证明: 对于给定的 $\Delta \geqslant 2$ 和 $k \geqslant 2$, 不存在 (Δ,k)-Moore 有向图; 例 1.9.3 将证明: 当 $\Delta \neq 2,3,7$ 和 57 时, 不存在 $(\Delta,2)$-Moore 无向图.

下面举两个例子. 第一个例子中的结果属于 O. Ore (1968) [289], 这里给出最简单的证明.

例 1.5.3 设 G 是阶为 υ、直径为 k 的连通简单无向图, 则

$$\varepsilon(G) \leqslant k+\frac{1}{2}(\upsilon-k+4)(\upsilon-k-1).$$

证明 设 x 和 y 是 G 中使得 $d_G(x,y)=k$ 的两顶点, P 是最短的 xy 路. 令 $Z=V(G-P)$ (见图 1.34), 则对任何 $z\in Z$, 均有 $|N_G(z)\cap V(P)|\leqslant 3$. 因此

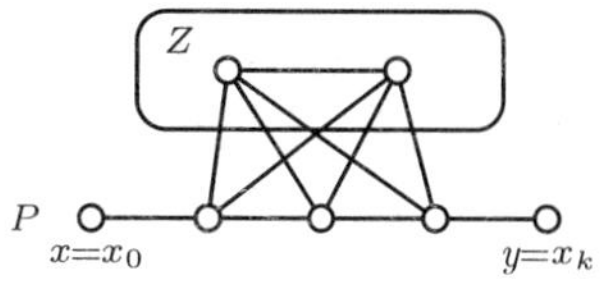

图 1.34 例 1.5.3 证明的图示

$$\begin{aligned}\varepsilon(G)&=\varepsilon(P)+\varepsilon(G[Z])+|E_G[Z,P]|\\&\leqslant k+\binom{\upsilon-k-1}{2}+3(\upsilon-k-1)\\&=k+\frac{1}{2}(\upsilon-k-1)(\upsilon-k-2)+3(\upsilon-k-1)\\&=k+\frac{1}{2}(\upsilon-k+4)(\upsilon-k-1).\end{aligned}$$

得证. ▮

例 1.5.4 设 G 是连通的无向图. 如果它的阶为 υ, 最小度为 δ, 那么 $d(G)\leqslant \dfrac{3\upsilon}{\delta+1}$.

证明 因为对任何 υ 阶连通无向图 G, 它的直径 $d(G)\leqslant \upsilon-1$, $\upsilon\geqslant\delta+1$, 所以在以下的讨论中, 不妨设 $\delta\geqslant 3$ 且 $d(G)=k\geqslant 4$.

设 $x,y\in V(G)$, 使得 $d_G(x,y)=d(G)=k$, 并设 $P=(x_0,x_1,\cdots,x_{k-1},x_k)$ 是 G 中最短的 xy 路, 其中 $x_0=x$ 且 $x_k=y$ (见图 1.35). 由 P 的最短性知, 对任何两顶点 x_{3i} 和 x_{3j} $(i\neq j)$ 有 $N_G(x_{3i})\cap N_G(x_{3j})=\emptyset$.

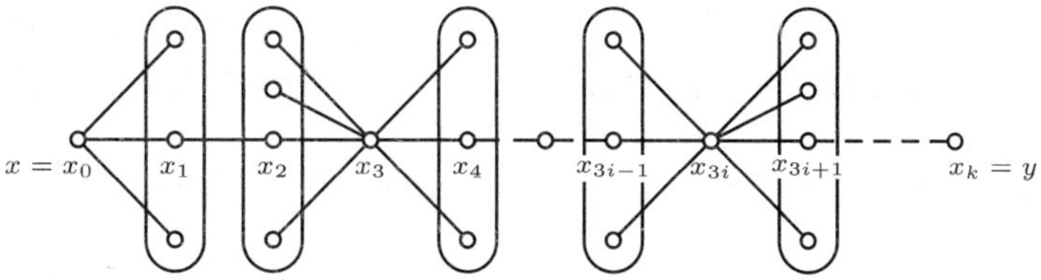

图 1.35 例 1.5.4 证明的图示

令 $h=\lfloor k/3\rfloor$, 则

$$\upsilon\geqslant\sum_{i=0}^{h}|N_G(x_{3i})|+\sum_{i=0}^{h}|x_{3i}|\geqslant\delta(h+1)+(h+1)$$

$$= (h+1)(\delta+1) = (\lfloor k/3 \rfloor + 1)(\delta+1) \geqslant \frac{1}{3}k(\delta+1).$$

得证. ∎

下面介绍一类非常重要的图类——**线图** (line graph). 线图概念最初是由 H. Whitney (1932) [377] 和 J. Krausz (1943) [228] 提出来的, F. Harary 和 R. Z. Norman (1960) [182] 正式提出 "line graph" 并推广到有向图. 非空有向图 D 的线图 $L(D)$ 是以 $E(D)$ 为顶点集的图, 若 a_i, $a_j \in E(D)$, 则 $(a_i, a_j) \in E(L(D)) \Leftrightarrow$ 在 D 中, a_i 的终点是 a_j 的起点. 图 1.36 列举了这样的例子.

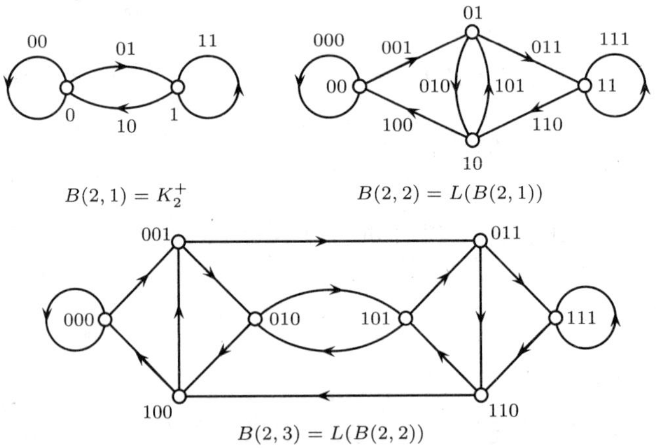

图 1.36 de Bruijn 有向图 $B(2,1), B(2,2)$ 和 $B(2,3)$

设 $L(D)$ 是图 D 的线图. 如果 $L(D)$ 是非空的并且没有孤立点, 那么存在 $L(D)$ 的线图 $L(L(D))$. 可以递归地定义 D 的 n 重线图. 对整数 $n \geqslant 1$, D 的 n **重线图** (nth iterated line graph), 记为 $L^n(D)$, 递归地定义为 $L(L^{n-1}(D))$, 其中 $L^0(D)$ 和 $L^1(D)$ 分别为 D 和 $L(D)$, $E(L^{n-1}(D)) \neq \emptyset$.

线图有许多非常重要的性质, 读者可参阅 F. Harary (1972) [176] 的著作第 8 章, 其中部分性质见习题1.5.7 ~ 习题1.5.12. 作为线图和重线图的例子, 下面介绍两类著名的图, 它们在编码理论和计算机互连网络理论中有着重要的应用.

例 1.5.5 de Bruijn 有向图 $B(d,n)$ 和 Kautz 有向图 $K(d,n)$.

这两类图的原始定义见例 1.7.2, 这里给出 M. A. Fiol 等 (1984) [120] 利用线图给出的定义.

用记号 K_d^+ ($d \geqslant 2$) 表示在完全有向图 K_d^* 的每个顶点处添加一个环后得到的有向图, 称之为**花完全有向图** (flowered complete digraph). **de Bruijn 有向图** $B(d,n)$ 是 K_d^+ 的 $n-1$ 重线图 $L^{n-1}(K_d^+)$, 即 $B(d,n) = L^{n-1}(K_d^+)$. 对任何 $n (\geqslant 2)$, $B(d,n)$ 中 d 个顶点含有环. 图 1.36 所示的有向图分别是 $B(2,1)$, $B(2,2)$

和 $B(2,3)$, 其中

$$B(2,1)=K_2^+,\ B(2,2)=L(B(2,1))=L(K_2^+),\ B(2,3)=L(B(2,2))=L^2(K_2^+). \tag{1.5.3}$$

容易证明: $B(d,n)$ 是 d^n 阶 d 正则的强连通有向图.

Kautz 有向图 $K(d,n)$ 是完全有向图 K_{d+1}^* 的 $n-1$ 重线图 $L^{n-1}(K_{d+1}^*)$, 即 $K(d,n)=L^{n-1}(K_{d+1}^*)$. 图 1.37 所示的有向图分别是 $K(2,1)$, $K(2,2)$ 和 $K(2,3)$, 其中

$$K(2,1)=K_3^*,\quad K(2,2)=L(K(2,1))=L(K_3^*),$$
$$K(2,3)=L(K(2,2))=L^2(K_3^*).$$

容易证明: $K(d,n)$ 是 d^n+d^{n-1} 阶 d 正则的强连通有向图.

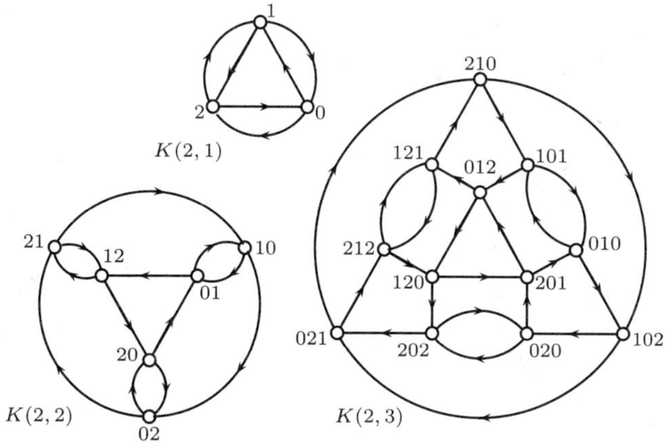

图 1.37　Kautz 有向图 $K(2,1)$, $K(2,2)$ 和 $K(2,3)$

下面介绍有关线图直径的结果, 属于 M. Aigner (1967) [2].

定理 1.5.1　**设** D **是非平凡的强连通有向图**, L **是它的线图, 则** $d(D)\leqslant d(L)\leqslant d(D)+1$, **而且** $d(D)=d(L)\Leftrightarrow D$ **是有向圈**.

证明　因为 D 是强连通的, 所以 L 是强连通的 (习题1.5.7), 因而 $d(D)$ 和 $d(L)$ 都是确定的.

一方面, 设 $x,\ y\in V(D)$, 使得 $d_D(x,y)=d(D)$, P 是 D 中最短的 (x,y) 路. 令 $a\in E_D^-(x)$, $b\in E_D^-(y)\cap E(P)$, 并令 $Q=a+P$, 则 $L(Q)$ 是 L 中最短的 (a,b) 路. 于是

$$d(L)\geqslant \varepsilon(L(Q))=\varepsilon(P)=d(D). \tag{1.5.4}$$

另一方面, 设 $a,b\in V(L)$, 使得 $d_L(a,b)=d(L)$, 则必存在 $x,y,z,u\in V(D)$, 使得 $a=(z,x),b=(y,u)$. 于是

$$d(D)\geqslant d_D(x,y)=d_L(a,b)-1=d(L)-1. \tag{1.5.5}$$

式 (1.5.4) 和式 (1.5.5) 意味着 $d(D) \leqslant d(L) \leqslant d(D)+1$.

下面证明第二个结论. 若 D 是有向圈, 则由习题1.5.7知 $L \cong D$, 所以 $d(D)=d(L)$. 只需证明: 若 D 不是有向圈, 则 $d(L)=d(D)+1$. 令 $d=d(D)$, $x,y \in V(D)$, 使得 $d_D(x,y)=d$. 令 P 是 D 中最短 (x,y) 路. 因为 D 是强连通的, 所以 $d_D^-(x) \geqslant 1$, 且 $d_D^+(y) \geqslant 1$.

若存在 $x',y' \in V(D)$, 使得 $a=(x',x)$, $b=(y,y')$ 且 $a \neq b$, 则 $d_L(a,b)=d+1$. 若不然, 存在 $e \in E(D)$, 使得 $e=(y,x)$. 于是 $P \cup \{e\}$ 是 D 中的有向圈, 用 $C=(x_0,x_1,\cdots,x_d,x_0)$ 表示这个有向圈, 其中 $x_0=x$ 且 $x_d=y$ (见图 1.38). 因为 D 是强连通的, 但不是有向圈, 所以存在 $x_i \in V(C)$ 和 $z \in V(D)$, 使得 $(x_i,z) \in E(D)$ (z 可能是某个 x_j $(0 \leqslant j < i)$). 取这样的顶点 x_i, 使得 i $(0 \leqslant i \leqslant d)$ 尽可能大, 则 $d_D(x_{i+1},x_i)=d$. 令 $a=(x_i,x_{i+1})$ 和 $b=(x_i,z)$, 则 $d_L(a,b)=d+1$. 于是 $d+1 \geqslant d(L) \geqslant d_L(a,b)=d+1$, 即 $d(L)=d+1$. ∎

注 定理 1.5.1 中的结论对无向图不成立. 例如, 见图 1.39, 星 $K_{1,3}$ (虚线所示) 的线图是完全图 K_3 (实线所示); $d(K_{1,3})=2>1=d(K_3)$.

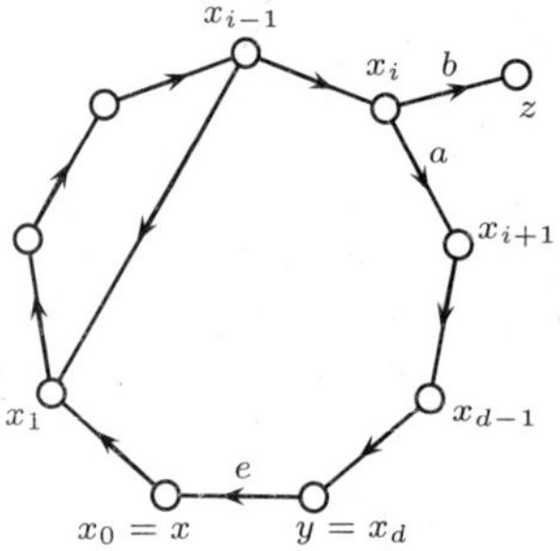

图 1.38 定理 1.5.1 证明的图示

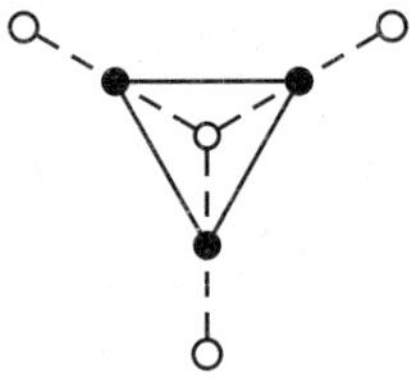

图 1.39 $K_{1,3}$ 的线图 K_3

作为定理 1.5.1 的应用, 立刻得到 de Bruijn 有向图 $B(d,n)$ 和 Kautz 有向图 $K(d,n)$ 的直径.

推论 1.5.1 $d(B(d,n))=d(K(d,n))=n$.

证明 由例 1.5.5 知 $B(d,n)=L^{n-1}(K_d^+)$ 和 $K(d,n)=L^{n-1}(K_{d+1}^*)$. 注意到, 当 $d \geqslant 2$ 时, K_d^+ 和 K_{d+1}^* 都不是有向圈, 且 $d(K_d^+)=d(K_{d+1}^*)=1$. 由定理 1.5.1 和归纳法立即有

$$d(B(d,n))=d(L^{n-1}(K_d^+))=n=d(L^{n-1}(K_{d+1}^*))=d(K(d,n)), \tag{1.5.6}$$

结论成立. ∎

本节最后介绍一类非常重要的图论运算——**笛卡尔乘积** (Cartesian product). 设 $G_1=(V_1,E_1)$ 和 $G_2=(V_2,E_2)$ 是两个有向 (或无向) 图. G_1 和 G_2 的**笛卡尔乘积**, 记为 $G_1 \times G_2$: $V(G_1 \times G_2)=V_1 \times V_2$. 对于顶点 $x=x_1x_2$ 和 $y=y_1y_2$, $(x,y) \in$

$E(G_1 \times G_2) \Leftrightarrow$ 或者 $x_1 = y_1$ 且 $(x_2, y_2) \in E(G_2)$, 或者 $x_2 = y_2$ 且 $(x_1, y_1) \in E(G_1)$.

容易验证, 作为图的运算, 在同构意义下, 图的笛卡尔乘积满足交换律和结合律. 即 $G_1 \times G_2 = G_2 \times G_1$, $(G_1 \times G_2) \times G_3 = G_1 \times (G_2 \times G_3)$. 正是由于这个简单性质, 可以定义 n 个图 $G_i = (V_i, E_i)$ $(1 \leqslant i \leqslant n)$ 的笛卡尔乘积为 $G_1 \times G_2 \times \cdots \times G_n$. 对于顶点 $x = x_1 x_2 \cdots x_n$ 和顶点 $y = y_1 y_2 \cdots y_n$, $(x, y) \in E \Leftrightarrow$ 两向量 $(x_1, x_2, \cdots, x_n)$ 和 $(y_1, y_2, \cdots, y_n)$ 有且仅有一个坐标不同, 比如, $x_i \neq y_i$ 且 $(x_i, y_i) \in E(G_i)$.

例 1.5.6 图 1.40 所示的是笛卡尔乘积, 其中 $Q_1 = K_2$, $Q_2 = K_2 \times K_2$, $Q_3 = K_2 \times Q_2 = K_2 \times K_2 \times K_2$. 一般地 (A. B. Kempe (1886) [216] 最早提出这种表示),

$$Q_n = K_2 \times Q_{n-1} = \underbrace{K_2 \times K_2 \times \cdots \times K_2}_{n\text{个}}.$$

容易验证, 它就是在例 1.2.3 中定义的 n 维**超立方体** Q_n.

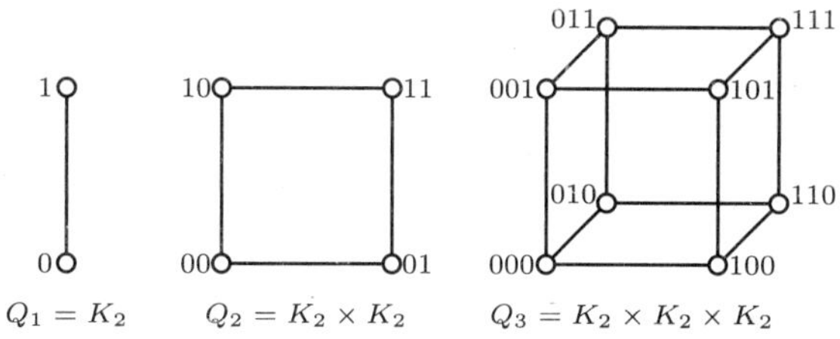

图 1.40 笛卡尔乘积的例子

下面的记号对理解笛卡尔乘积是方便的. 设 $x \in V(D_1)$, 记 $xD_2 = \{x\} \times D_2$, 则 $xD_2 \cong D_2$. 同样, 设 $y \in V(D_2)$, 记 $D_1 y = D_1 \times \{y\}$, 则 $D_1 y \cong D_1$. 在笛卡尔坐标系中, 如果把 V_1 中的点看成横坐标点, V_2 中的点看成纵坐标点, 那么 $D_1 \times D_2$ 中的点 (x, y) 就是该坐标系中的格点 (x, y) (见图 1.41). 同样, 若 $x \in V(G_1)$, $H \subseteq G_2$, 则记 $xH = \{x\} \times H$; 若 $y \in V(G_2)$, $P \subseteq G_1$, 则记 $Py = P \times \{y\}$. 下面考虑笛卡尔乘积的直径. 首先证明一个关于距离的结论.

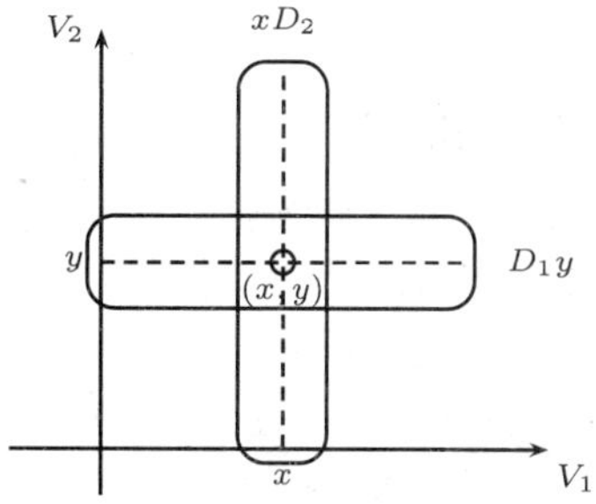

图 1.41 笛卡尔乘积图示

命题 1.5.1 设 $x = x_1 x_2$, $y = y_1 y_2 \in V(D_1 \times D_2)$, 则

$$d_{D_1 \times D_2}(x, y) = d_{D_1}(x_1, y_1) + d_{D_2}(x_2, y_2).$$

证明 只需证明: 如果 P_1 是 D_1 中最短 (x_1, y_1) 路, P_2 是 D_2 中最短 (x_2, y_2) 路, 那么 $P_1 x_2 \cup y_1 P_2$ 必是 $D_1 \times D_2$ 中最短 (x, y) 路.

不妨设 $x_1 \neq y_1, x_2 \neq y_2$. (反证) 设 $P=(x_1x_2, u_1u_2, \cdots, v_1v_2, y_1y_2)$ 是 $D_1 \times D_2$ 中最短 (x,y) 路, 则由 P 中顶点的第一个坐标 $x_1, u_1, \cdots, v_1, y_1$ 按照原来的顺序（去掉其中可能出现的重复点）确定的路 P_1' 是 D_1 中 (x_1,y_1) 路. 同样, 由 P 中顶点的第二个坐标 $x_2, u_2, \cdots, v_2, y_2$ 按照原来的顺序（去掉其中可能出现的重复点）确定的路 P_2' 是 D_2 中 (x_2,y_2) 路. 于是得到矛盾:

$$\varepsilon(P_1x_2 \cup y_1P_2) > \varepsilon(P) = \varepsilon(P_1') + \varepsilon(P_2') \geqslant \varepsilon(P_1) + \varepsilon(P_2) = \varepsilon(P_1x_2 \cup y_1P_2).$$

命题得证. ∎

定理 1.5.2 $d(D_1 \times D_2 \times \cdots \times D_n) = d(D_1) + d(D_2) + \cdots + d(D_n)$.

证明 由笛卡尔乘积的结合律和归纳法, 只需证 $d(D_1 \times D_2) = d(D_1) + d(D_2)$. 为此, 令 $D = D_1 \times D_2$.

一方面, 取 $x = x_1x_2$, $y = y_1y_2 \in V(D)$, 使得 $d(D) = d_D(x,y)$. 由命题 1.5.1 有

$$d(D) = d_D(x,y) = d_{D_1}(x_1,y_1) + d_{D_2}(x_2,y_2) \leqslant d(D_1) + d(D_2).$$

另一方面, 取 $x_i, y_i \in V(D_i)$, 使得 $d(D_i) = d_{D_i}(x_i,y_i)$ $(1 \leqslant i \leqslant 2)$. 令 $x = x_1x_2$, $y = y_1y_2$, 由命题 1.5.1 有

$$d(D) \geqslant d_D(x,y) = d_{D_1}(x_1,y_1) + d_{D_2}(x_2,y_2) = d(D_1) + d(D_2).$$

定理得证. ∎

无向图的定理 1.5.2 是由 K. Day 和 A.-E. Al-Ayyoub (1997) [81] 首先得到的.

推论 1.5.2 $d(Q_n) = n$ $(n \geqslant 1)$.

习 题 1.5

1.5.1 设 x, y, z 是强连通有向图 D 中三个不同顶点. 证明: $d_D(x,z) \leqslant d_D(x,y) + d_D(y,z)$.

1.5.2 设 G 是连通图, x 和 y 是其中相邻两顶点. 证明: 对任何 $z \in V(G)$, 均有 $|d_G(x,z) - d_G(y,z)| \leqslant 1$.

1.5.3 设 T 是竞赛图, $x \in V(T)$. 若对任何 $y \in V(T)$, 均有 $d_T(x,y) \leqslant 2$, 则称 x 是 T 的**王** (king). 证明:

(a) T 中每个最大出度顶点都是王;

(b) 不存在恰有两个王的竞赛图;

(c) 若 $v \neq 2, 4$, 则存在 v 阶竞赛图 T, 使其每个顶点都是王.

1.5.4 设 G 是简单图. 证明:

(a) 若 G 是非连通的, 则 G^c 是连通的, 而且 $d(G^c) \leqslant 2$;

(b) G 和 G^c 都是连通的 $\Leftrightarrow$ G 和 G^c 都不含支撑子图 $K_{m,n}$;

(c) 若 $d(G) > 3$, 则 $d(G^c) < 3$;

(d) 若 $d(G) = 2$ 且 $\Delta(G) = v - 2$, 则 $\varepsilon \geqslant 2v - 4$.

1.5.5 证明: 如果 D 是 (Δ,k)-Moore 有向图, 那么 D 是 Δ 正则简单图且不含长至多为 k 的有向圈, 而且对任何 $x,y\in V(D)$, D 中存在唯一长至多为 k 的 (x,y) 路.

1.5.6 证明: 设 D 是直径为 k 的 υ 阶强连通有向图, 则

$$\varepsilon(D)\leqslant \upsilon(\upsilon-k+1)+\frac{1}{2}(k^2-k-4).$$

1.5.7 设 D 是连通有向图, L 是 D 的线图. 证明:

(a) $\upsilon(L)=\varepsilon(D)$, 而且 L 在顶点 a 处有环当且仅当 a 是 D 的环;

(b) 对任何 $a=(x,y)\in E(D)$, 有 $d_L^+(a)=d_D^+(y)$, 且 $d_L^-(a)=d_D^-(x)$, 特别地, 若 D 是 d 正则的, 则 L 也是 d 正则的;

(c) 若 D 不含环, 则对任何 $x\in V(D)$, 由 $E_D^-(x)$ 和 $E_D^+(x)$ 在 L 中导出的子图是 2 部划分为 $\{E_D^-(x),E_D^+(x)\}$ 的完全 2 部有向图, 所有边的方向都是从 $E_D^-(x)$ 到 $E_D^+(x)$;

(d) $\varepsilon(L)=\sum\limits_{x\in V(D)} d_D^+(x)d_D^-(x)$;

(e) L 是强连通的 $\Leftrightarrow$ D 是强连通的;

(f) 设 D 是强连通的, 则 $D\cong L\Leftrightarrow D$ 是有向圈.

1.5.8 设 D 是强连通有向图, L 是 D 的 n 重线图. 证明:

(a) L^n 是强连通的;

(b) 若 D 是 d 正则的, 则 L^n 也是 d 正则的, 因而有 $d^n\upsilon(D)$ 个顶点;

(c) $L^n\cong D\Leftrightarrow D$ 是有向圈;

(d) 若 D 不是有向圈且直径 $d(G)=k>0$, 则 $d(L^n)=k+n$;

(e) $B(d,n)$ 是 d^n 阶 d 正则的强连通有向图;

(f) $K(d,n)$ 是 d^n+d^{n-1} 阶 d 正则的强连通有向图.

1.5.9 无向图 G 的**线图** (line graph) $L(G)$ 是以 $E(G)$ 为顶点集的图, 并且若 e_i, $e_j\in E(G)$, 则 $e_ie_j\in E(L(G))\Leftrightarrow e_i$ 和 e_j 在 G 中相邻. 令 $L=L(G)$. 证明:

(a) L 是简单图, 且 $\upsilon(L)=\varepsilon(G)$;

(b) $e=xy\in E(G)$, 有 $d_L(e)=d_G(x)+d_G(y)-2$, 因此 $\delta(L)=\xi(G)$, 特别地, 若 G 是 d 正则的, 则 L 是 $2d-2$ 正则的;

(c) 若 $x\in V(G)$, $d_G(x)=d$, 则 G 中与 x 关联的边集在 L 中的导出子图是完全图 K_d;

(d) $\varepsilon(L)=\frac{1}{2}\sum\limits_{x\in V(G)}(d_G(x))^2-\varepsilon(G)$;

(e) 设 G 是连通的, 则 $G\cong L\Leftrightarrow G$ 是圈.

1.5.10 证明: Petersen 图 P 的补图 P^c (见图 1.9) 是 K_5 的线图 $L(K_5)$, 即 $P^c\cong L(K_5)$.

1.5.11 证明: 不存在这样的无向图 G, 使得

(a) $L(G)=K_5-e$;

(b) $L(G)$ 中任何四个顶点导出子图为 $K_{1,3}$.

1.5.12 设 G 和 H 是两个简单无向图. 证明:

(a) 若 $G\cong H$, 则 $L(G)\cong L(H)$;

(b) 若 $G,H\notin\{K_3,K_{1,3}\}$, 且 $L(G)\cong L(H)$, 则 $G\cong H$.

(此结论是著名的 **Whitney 同构定理** (H. Whitney (1932) [377] 和 H. A. Jung (1966)[210] 给出简单证明 (德文), 英文证明见 [178] 中的定理 8.3.)

1.5.13 证明有向图 D_1 和 D_2 的笛卡尔乘积 $D_1\times D_2$ 有下列性质:

(a) $v(D_1\times D_2)=v(D_1)v(D_2)$, $\varepsilon(D_1\times D_2)=v(D_1)\varepsilon(D_2)+v(D_2)\varepsilon(D_1)$;

(b) 设 $u=(x,y)\in V(D_1\times D_2)$, $x\in V(D_1)$, $y\in V(D_2)$, 则

$$d^+_{D_1\times D_2}(u)=d^+_{D_1}(x)+d^+_{D_2}(y),\quad d^-_{D_1\times D_2}(u)=d^-_{D_1}(x)+d^-_{D_2}(y).$$

1.5.14 证明无向图 G_1 和 G_2 的笛卡尔乘积 $G_1\times G_2$ 有下列性质:

(a) $v(G_1\times G_2)=v(G_1)v(G_2)$, $\varepsilon(G_1\times G_2)=v(G_1)\varepsilon(G_2)+v(G_2)\varepsilon(G_1)$;

(b) 对任何 $xy\in V(G_1\times G_2)$, $d_{G_1\times G_2}(xy)=d_{G_1}(x)+d_{G_2}(y)$.

1.5.15 证明: 笛卡尔乘积满足结合律和交换律, 即

$$D_1\times D_2=D_2\times D_1,\quad (D_1\times D_2)\times D_3=D_1\times(D_2\times D_3).$$

1.5.16 设 G 是连通图, $x\in V(G)$. $e_G(x)=\max\{d_G(x,y):\ y\in V(G)\}$ 被称为 x 的**离心率** (eccentricity); $\mathrm{rad}\,(G)=\min\{e_G(x):\ x\in V(G)\}$ 被称为 G 的**半径** (radius); 使得 $e_G(x)=\mathrm{rad}\,(G)$ 的点 x 被称为 G 的**中心点** (central vertex); 所有中心点集导出的子图被称为 G 的**中心** (center). 证明:

(a) $d(G)=\max\{e_G(x):\ x\in V(G)\}$, $\mathrm{rad}\,(G)\leqslant d(G)\leqslant 2\,\mathrm{rad}\,(G)$;

(b) 对连通图 G 中任何相邻的两顶点 x 和 y, 均有 $|e_G(x)-e_G(y)|\leqslant 1$;

(c) 每个图都是某个图的中心.

1.5.17 设 G 是非平凡连通无向图或强连通有向图. 定义参数

$$m(G)=\frac{1}{v(v-1)}\sum_{x,y\in V}d_G(x,y)$$

为 G 的**平均距离** (average or mean distance). 证明:

(a) $m(K_n)=1$, $m(K_{1,n-1})=2(n-1)/n$;

(b) $m(C_n)=n/2$, 其中 C_n 是有向圈;

(c) $m(C_n)=\begin{cases}(n+1)/4, & n\ 是奇数,\\ n^2/(4n-4), & n\ 是偶数,\end{cases}$ 其中 C_n 是无向圈.

1.6 圈 与 回

闭路 (迹) 被称为圈 (回). 长为奇 (偶) 数的圈 (回) 被称为**奇** (odd) (**偶** (even)) **圈** (**回**). 图中长度最大 (小) 的圈被称为**最长** (**短**) **圈** (longest (shortest) cycle). G (或 D) 的**围长** (girth) 是指 G (或 D) 中最短圈 (或有向圈) 的长, 记为 $g(G)$ (或 $g(D)$); G (或 D) 的**周长** (circumference) 是指 G (或 D) 中最长圈 (或有向圈) 的长.

例 1.6.1 (Dirac, 1952 [88])　证明: 设 G 是无向图. 若 $\delta=\delta(G)\geqslant 2$, 则 G 含圈; 若 G 是简单图, 则 G 含长至少为 $\delta+1$ 的圈.

证明　若 G 中含环或者平行边, 则结论成立. 下设 G 为简单无向图, 并设 $P=(x_0,x_1,\cdots,x_k)$ 为 G 中最长路, $x_k\neq x_0$, 则 $N_G(x_0)\subseteq\{x_1,x_2,\cdots,x_k\}$. 由于 $|N_G(x_0)|=d_G(x_0)\geqslant\delta(G)=\delta\geqslant 2$, 所以存在 $x_i\in N_G(x_0)$ $(\delta\leqslant i\leqslant k)$. 于是, $(x_0,x_1,\cdots,x_{i-1},x_i,x_0)$ 为 G 中长至少为 $\delta+1$ 的圈 (见图 1.42 (a)). ∎

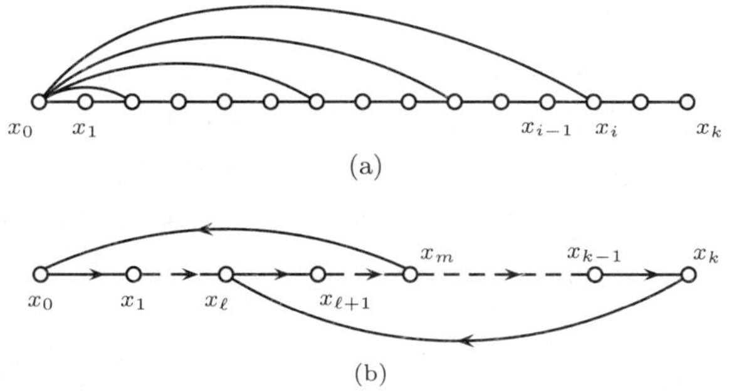

图 1.42　例 1.6.1 和例 1.6.2 证明的图示

例 1.6.2　证明: 设 D 是简单有向图, $k=\max\{\delta^+,\delta^-\}>0$, 则 D 有长至少为 $k+1$ 的有向圈.

证明　设 $P=(x_0,x_1,\cdots,x_{k-1},x_k)$ 是 D 中最长有向路. 因为 D 是简单图, 所以 $N_D^+(x_k)\subseteq V(P)$, $N_D^-(x_0)\subseteq V(P)$ (见图 1.42 (b)). 令 $\ell=\min\{i:x_i\in N_D^+(x_k)\}$, 则 $C'=(x_\ell,x_{\ell+1},\cdots,x_k,x_\ell)$ 是有向圈, 其长 $(k-\ell)+1\geqslant d_D^+(x_k)+1\geqslant\delta^++1$. 令 $m=\max\{j:x_j\in N_D^-(x_0)\}$, 则 $C''=(x_0,x_1,\cdots,x_m,x_0)$ 是有向圈, 其长 $m+1\geqslant d_D^-(x_0)+1\geqslant\delta^-+1$. 令 C 是 C' 和 C'' 中最长者, 则 C 的长至少为 $\max\{\delta^+,\delta^-\}+1=k+1$. ∎

例 1.6.3　无向图 G 中不含奇度点 $\Leftrightarrow$ G 存在平衡定向图.

证明　$(\Leftarrow)$ 显然成立.

$(\Rightarrow)$ 对边数 $\varepsilon\geqslant 0$ 用归纳法. 当 $\varepsilon=0$ 时, 结论自然成立. 假定对所有 υ 阶且不含奇度点的无向图, 只要其边数 $\varepsilon\leqslant n$, 就存在平衡定向图. 设 G 是 υ 阶、不含奇度点且边数 $\varepsilon=n+1$ 的无向图. 不妨设 G 中无独立点, 则 $\delta(G_1)\geqslant 2$. 由例 1.6.1 知 G 含圈. 设 C 是 G 中的圈, 指定 C 的正向并按此方向将 C 的边定向得有向圈, 设为 C'. 令 $G'=G-E(C)$, 则 $\upsilon(G')=\upsilon(G)=\upsilon$,

$$\varepsilon(G')=\varepsilon(G)-\varepsilon(C)<\varepsilon(G)=n+1,$$

且 G' 中无奇度点. 由归纳假设知 G' 存在平衡定向图 D'. 于是, $D=D'\cup C'$ 即为 G 的平衡定向图. ∎

设 G (或 D) 是简单图. 若对任何整数 n ($g\leqslant n\leqslant v$), G (或 D) 中存在长为 n 的圈 (有向圈), 其中 g 是 G (或 D) 的围长, 则称 G (或 D) 是 g **泛圈的** (g-pancyclic). 若对任意顶点 u 和任何整数 n ($g\leqslant n\leqslant v$), G (或 D) 中存在长为 n 且含 u 的圈 (有向圈), 则称 G (或 D) 为**点 g 泛圈的** (vertex-g-pancyclic). 若 G (或 D) 是 3 泛圈 (点 3 泛圈) 的, 则称它为**泛圈** (**点泛圈**).

定理 1.6.1 (J. W. Moon, 1966 [273]) **阶至少为 3 的强连通竞赛图是点泛圈的.**

证明 设 D 是 v ($\geqslant 3$) 阶强连通竞赛图, u 是 D 中任意顶点, n ($3\leqslant n\leqslant v$) 是任意整数. 对 $n\geqslant 3$ 用归纳法. 当 $n=3$ 时, 令 $S=N_D^+(u), T=N_D^-(u)$. 因为 D 是强连通的, 所以 $S\neq\emptyset$, $T\neq\emptyset$. 又由于 D 是竞赛图, 所以 $T\cup\{u\}=\overline{S}$. 因此由定理 1.4.3 (b) 知 $(S,T)=(S,\overline{S})\neq\emptyset$. 于是, 存在 $x\in S$, $y\in T$, 使 $(x,y)\in E(D)$, (u,x,y,u) 是 D 中长为3的有向圈且含 u (见图 1.43).

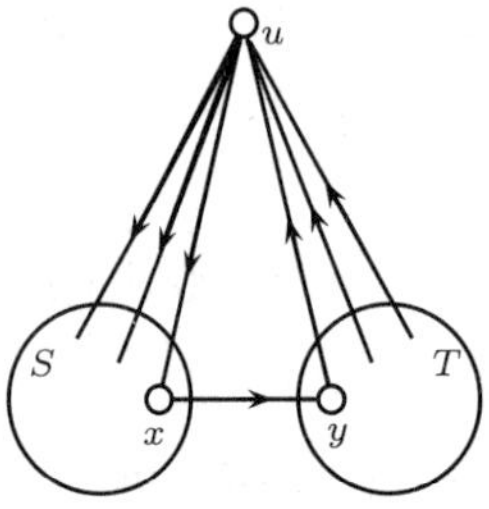

图 1.43　$n=3$

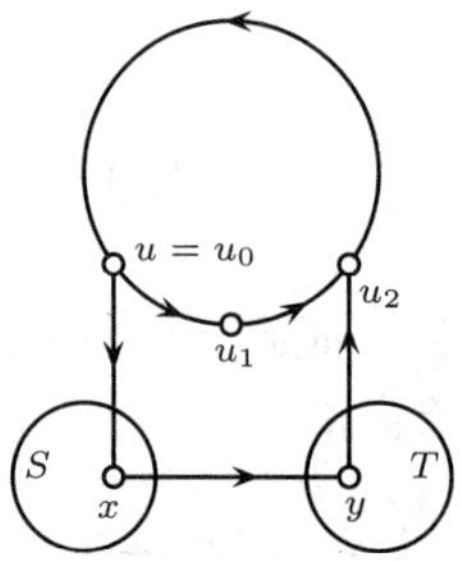

图 1.44　$n>3$

假设 u 含在长为 n ($3\leqslant n<v$) 的有向圈中, 要证明 u 也含在长为 $n+1$ 的有向圈中. 由归纳假设, 设 $C=(u_0,u_1,\cdots,u_n)$ 是 D 中长为 n 且包含 u 的有向圈, 其中 $u_0=u_n=u$. 若存在 $x\in V\setminus V(C)$, 使 $N_D^+(x)\cap V(C)\neq\emptyset$ 且 $N_D^-(x)\cap V(C)\neq\emptyset$, 则由于 D 是竞赛图, C 中存在相邻的两顶点 u_i 和 u_{i+1}, 使 $(u_i,x),(x,u_{i+1})\in E(D)$, 于是 u 含在长为 $n+1$ 的有向圈 $(u_0,u_1,\cdots,u_i,x,u_{i+1},\cdots,u_n)$ 中.

下设对任何 $x\in V\setminus V(C)$, $N_D^+(x)\cap V(C)=\emptyset$, 或者 $N_D^-(x)\cap V(C)=\emptyset$. 令

$$S=\{x\in V\setminus V(C):\ N_D^+(x)\cap V(C)=\emptyset\},$$
$$T=\{y\in V\setminus V(C):\ N_D^-(y)\cap V(C)=\emptyset\}.$$

显然, $S\neq\emptyset$, $T\neq\emptyset$ 且 $(S,T)\neq\emptyset$. 设 $x\in S$, $y\in T$, 使得 $(x,y)\in E(D)$ (见图 1.44). 于是, u 含在长为 $n+1$ 的有向圈 $(u_0,x,y,u_2,\cdots,u_n)$ 中. ∎

作为定理 1.6.1 的应用, 下面举一个例子.

例 1.6.4 设 x 和 y 是 $v(\geqslant 5)$ 阶强连通竞赛图 D 中任意两顶点, 则 D 中存在长为 $d+3$ 的 (x,y) 链, 其中 d 是 D 的直径.

证明　设 P 是 D 中最短 (x,y) 路. 由于 $0\leqslant d_D(x,y)\leqslant d\leqslant \upsilon-1$, 所以 $3\leqslant d-d_D(x,y)+3\leqslant \upsilon+2$.

若 $d-d_D(x,y)+3\leqslant \upsilon$, 则由定理 1.6.1 知 y 含在长为 $m=d-d_D(x,y)+3$ 的有向圈 C_m 中. 于是, $P\oplus C_m$ 形成 D 中 (x,y) 链, 其长为

$$d_D(x,y)+(d-d_D(x,y)+3)=d+3.$$

若 $d-d_D(x,y)+3=\upsilon+1$, 则由定理 1.6.1 和 $\upsilon\geqslant 5$ 知 y 含在长为3的有向圈 C_3 和长为 $\upsilon-2$ 的有向圈 $C_{\upsilon-2}$ 中. 于是, $P\oplus C_{\upsilon-2}\oplus C_3$ 形成 D 中 (x,y) 链, 其长为

$$d_D(x,y)+(\upsilon-2)+3=d_D(x,y)+d-d_D(x,y)+3=d+3.$$

若 $d-d_D(x,y)+3=\upsilon+2$, 则由定理 1.6.1 知 y 含在长为3的有向圈 C_3 和长为 $\upsilon-1$ 的有向圈 $C_{\upsilon-1}$ 中. 于是, $P\oplus C_{\upsilon-1}\oplus C_3$ 形成 D 中 (x,y) 链, 其长为

$$d_D(x,y)+(\upsilon-1)+3=d_D(x,y)+d-d_D(x,y)+3=d+3.$$

结论得证. ∎

定理 1.6.2 (2部图判定定理)　**强连通有向图 D 是 2 部图 $\Leftrightarrow D$ 不含奇有向回.**

证明　$(\Rightarrow)$ 设 D 是 2 部划分为 $\{X,Y\}$ 的 2 部有向图 (见图 1.45), $C=x_0a_1x_1\cdots x_{k-1}a_kx_0$ 是 D 中长为 k 的有向回. 不失一般性, 设 $x_0\in X$. 因为 D 是 2 部图, 所以 $x_1\in Y,x_2\in X,x_3\in Y,\cdots$. 一般地, $x_{2i}\in X$, $x_{2i+1}\in Y$. 由于 $x_0\in X$, 所以 $x_{k-1}\in Y$. 于是存在 i, 使 $k-1=2i+1$, 即 $k=2i+2$. 因此, C 是有向偶回.

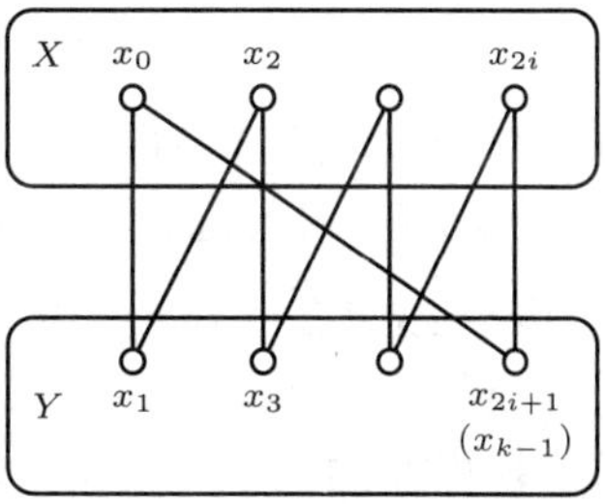

图 1.45　定理 1.6.2 证明的图示

$(\Leftarrow)$ 由于 D 不含奇有向回, 所以 D 中无环. 不妨设 $\upsilon\geqslant 2$. 任取 $u\in V(D)$. 令

$$X=\{x\in V(D):\ d_D(u,x)\equiv 0(\bmod 2)\},$$
$$Y=\{y\in V(D):\ d_D(u,y)\equiv 1(\bmod 2)\}.$$

显然, $u\in X$ 且 $Y\neq\emptyset$, $\{X,Y\}$ 是 $V(D)$ 的划分.

下证 $E(D[Y])=\emptyset$. 若 $|Y|=1$, 则不证自明. 设 $|Y|\geqslant 2$, $y,z\in Y,y\neq z$. 令 P_1 和 Q_1 分别是最短 (u,y) 路和 (u,z) 路, P_2 和 Q_2 分别是最短 (y,u) 路和 (z,u) 路 (D 的强连通性保证了这四条有向路的存在, 见图 1.46). 由 Y 的定义知 P_1 和 Q_1 的长都是奇数. 由于 D 不含奇有向回, 且 $P_1\oplus P_2$ 和 $Q_1\oplus Q_2$ 都含 D 中有向回, 所以 P_2 和 Q_2 的长也都是奇数. 因此, 若存在 $a\in E(D)$, 使 $a=(z,y)$,

则 $P_2 \oplus Q_1 \oplus a$ 是 D 中奇有向回, 矛盾于假定. 同样证明不存在 $b \in E(D)$, 使 $b=(y,z)$. 所以 Y 中任何两顶点都不相邻.

同样可证 X 中任何两顶点也不相邻, 因此 D 是 2 部图. ∎

注 在定理 1.6.2 的证明中, 其必要性成立并没有用到 D 的强连通性. 但对于充分性, 强连通性是不可少的. 例如图 1.47 所示的 3 阶竞赛图, 它不是强连通的, 而且不含有向回, 但它显然不是 2 部图.

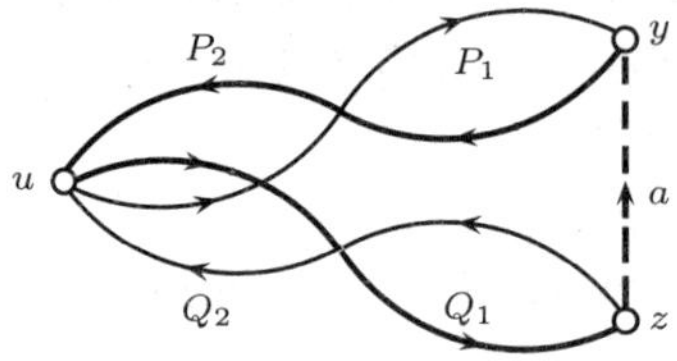

图 1.46 定理 1.6.2 证明的图示

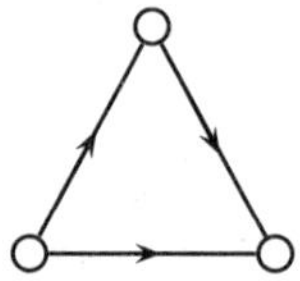

图 1.47 3 阶竞赛图

推论 1.6.2.1 **强连通有向图** D **是 2 部图** $\Leftrightarrow D$ **不含奇有向圈.**

证明 ($\Rightarrow$) 由定理 1.6.2 知 D 不含奇有向回, 因而 D 不含奇有向圈.

($\Leftarrow$) 设 D 不含奇有向圈. 首先证明 D 不含奇有向回. 若不然, 设 C 是 D 中奇有向回. 由于 D 不含奇有向圈, 所以 C 不是有向圈. 于是 (见习题 1.4.1), C 可以表示成 k 条边不交的有向圈 $C_1, C_2, \cdots, C_k$ 的并, $C = C_1 \oplus C_2 \oplus \cdots \oplus C_k$. 由于 C 的长

$$\varepsilon(C) = \varepsilon(C_1) + \varepsilon(C_2) + \cdots + \varepsilon(C_k)$$

为奇数, 所以 $\varepsilon(C_1), \varepsilon(C_2), \cdots, \varepsilon(C_k)$ 中必有一个为奇数, 矛盾于 D 不含奇有向圈的假设. 于是, 强连通图 D 不含奇有向回, 由定理 1.6.2 知 D 是 2 部图. ∎

推论 1.6.2.2 (König, 1936 [224]) **无向图** G **是 2 部图** $\Leftrightarrow G$ **不含奇圈.**

证明 由于无向图 G 是 2 部图 $\Leftrightarrow G$ 的每个连通分支都是 2 部图, 所以不妨设 G 是连通的. 考虑 G 的对称有向图 D. 显然, G 是连通的 2 部图 $\Leftrightarrow D$ 是强连通的 2 部图, G 中不含奇圈 $\Leftrightarrow D$ 中不含奇有向圈. 由推论 1.6.2.1 即知该推论成立. ∎

推论 1.6.2.3 **有向图** D **是 2 部图** $\Leftrightarrow D$ **不含奇圈.**

下面举几个例子.

例 1.6.5 含奇回的强连通有向图必含奇有向回 (因而含奇有向圈).

证明 利用定理 1.6.2 及其推论可以证明, 留给读者. 下面给出直接证明. 设

$$C = x_1 a_1 x_2 a_2 \cdots x_i a_i x_{i+1} \cdots x_{2k+1} a_{2k+1} x_1$$

是有向图 $D=(V,E)$ 中的奇回, 其中 $x_i \in V(D)$, $a_j \in E(D)$. 用 P_i 表示 D 中最短 (x_i, x_{i+1}) 路 $(1 \leqslant i \leqslant 2k)$, P_{2k+1} 表示 D 中最短 (x_{2k+1}, x_1) 路.

由于 D 是强连通的, 所以这些 P_i $(1 \leqslant i \leqslant 2k+1)$ 都是存在的. 若存在长度为偶数的 P_i, 则由 P_i 的最短性知 $a_i=(x_{i+1},x_i)$. 于是, P_i+a_i 为 D 中奇有向圈. 下设每条 P_i 的长均为奇数. 将这 $2k+1$ 条有向路 P_i 连接起来构成长为奇数的有向闭链, 设为 W. 由于 W 可以表示成 ℓ $(\geqslant 1)$ 个边不交的有向回的并, 且 W 的长是这些有向回长之和 (见习题 1.4.1), 所以其中必含奇有向回. ∎

例 1.6.6　设 G 是非 2 部简单无向图, 且 $\varepsilon > \frac{1}{4}(\upsilon-1)^2+1$, 则 G 含三角形.

证明　(反证法) 设 G 是不含三角形的非 2 部图, 则由推论 1.6.2.2 知 G 含奇圈. 取 G 中最短奇圈 C, 并令 $S=V(C)$, $n=|S|$, 则 $n\geqslant 5$. 先证

$$|(S,\overline{S})| \leqslant 2(\upsilon-n).$$

若不然, 存在 $u\in\overline{S}$, 使得 $|N_G(u)\cap S|\geqslant 3$. 令 $x,y,z\in N_G(u)\cap S$. 因为 G 不含三角形, 所以存在三个顶点 $a,b,c\in S\setminus\{x,y,z\}$ (见图 1.48). 圈 $C_1=(u,x,\cdots,a,\cdots,y,u)$, $C_2=(u,y,\cdots,b,\cdots,z,u)$ 和 $C_3=(u,z,\cdots,c,\cdots,x,u)$ 的长都小于 n, 且至少有一个是奇圈, 矛盾于 C 的选取.

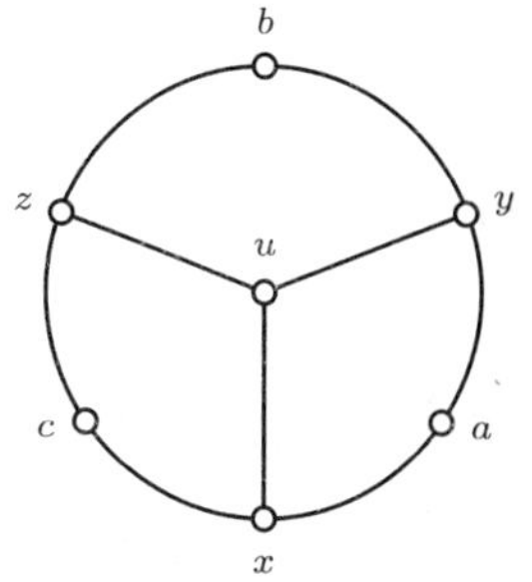

图 1.48　例 1.6.6 证明的图示

由 C 的选取知 $G[S]=C$, 即 $\varepsilon(G[S])=n$. 由于 G 不含三角形, 所以 $G[\overline{S}]$ 不含三角形. 于是, 由例 1.3.1 有

$$\begin{aligned}\varepsilon(G) =&\varepsilon(G[S])+|[S,\overline{S}]|+\varepsilon(G[\overline{S}])\\ \leqslant& n+2(\upsilon-n)+\frac{1}{4}(\upsilon-n)^2 \leqslant \frac{1}{4}(\upsilon-1)^2+1,\end{aligned}$$

矛盾于假定. 故 G 必含三角形. ∎

定理 1.6.3　**超立方体 Q_n $(n\geqslant 2)$ 是点偶泛圈的.**

证明　因为超立方体 Q_n 是 2 部图, 所以由推论 1.6.2.2 知 Q_n 不含奇圈. 设 x 是 Q_n 的任意顶点, ℓ 是任意偶数且 $4\leqslant \ell \leqslant 2^n$. 要证明 Q_n 中存在包含 x 且长为 ℓ 的圈.

对 $n\geqslant 2$ 用归纳法. 结论对 Q_2 显然成立. 假定结论对 Q_{n-1} 成立, $n\geqslant 3$. 用 L 和 R 分别表示 Q_n 中第 1 个坐标分别为 0 和 1 的点集导出的子图. 于是, L 和 R 都同构于 Q_{n-1}, 而且它们最后 $n-1$ 个坐标相同的两顶点之间有边相连. 由归纳假设, 若 $4\leqslant \ell\leqslant 2^{n-1}$, 则结论成立. 下面假定 $2^{n-1}+2\leqslant \ell \leqslant 2^n$. 因为 ℓ 是偶数, 设 $\ell=2m$ 或 $\ell=2(m-1)$, m 为偶数, $2^{n-2}+2\leqslant m\leqslant 2^{n-1}$. 不失一般性, 设 $x\in R$, 且记 $x=x_R$.

由归纳假设, 设 C_m^1 是 R 中包含 x_R 且长为 m 的圈, P_R 是 C_m^1 中长为 1 或者 2 的 x_Ry_R 路, L 中对应的圈和路分别为 C_m^0 和 P_L (见图 1.49), 则

$$C=(C_m^0-P_L)+(x_Lx_R+y_Ly_R)+(C_m^1-P_R)$$

是 Q_n 中包含 x 且长为 ℓ 的圈 (图 1.49 中粗边所示). 其中当 $\ell=2m$ 时取 $\varepsilon(P_R)=1$; 当 $\ell=2(m-1)$ 时取 $\varepsilon(P_R)=2$. 由归纳法原理, 定理得证.

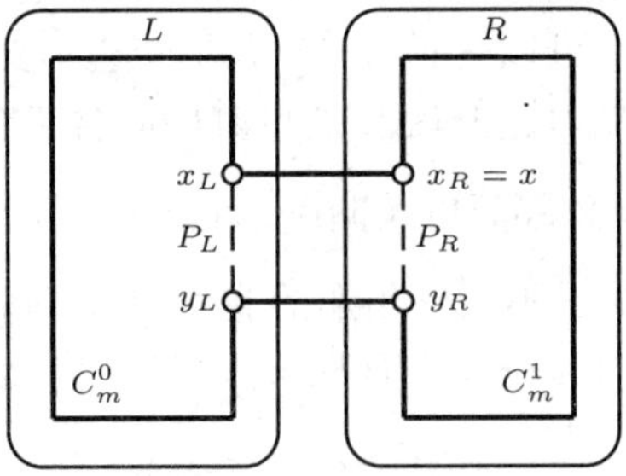

图 1.49　定理 1.6.3 证明的图示

习题 1.6

1.6.1 设 G 是简单无向图. 证明:

(a) 若 $\varepsilon \geqslant \upsilon$, 则 G 含圈;

(b) 若 G 是 2 正则连通图, 则 G 必是圈;

(c) 若 $\delta(G) \geqslant 3$, 则 G 至少含两个偶圈, 而且 G 中各圈长的最大公因子为 1 或 2;

(d) 若 $\delta(G) \geqslant 2$, 则存在点数至少为 3 的块 B, 其中至多一个点在 G 中与 $V(G) \setminus V(B)$ 中的点相邻.

1.6.2 (a) 证明: 连通的 1 正则有向图必是有向圈;

(b) 证明: 若 D 是简单有向图且 $\varepsilon > \frac{1}{2}\upsilon(\upsilon-1)$, 则 D 含有向圈;

(c) 构造不含有向圈的简单有向图 D, 使 $\varepsilon = \frac{1}{2}\upsilon(\upsilon-1)$.

1.6.3 设 D 是竞赛图. 证明:

(a) 若 $k=\max\{\delta^+,\ \delta^-\}>0$, 则 D 含长至少为 $2k+1$ 的有向圈;

(b) 若 D 是强连通的且 $\upsilon(D) \geqslant 4$, 则存在 $S \subseteq V(D)$, 使 $|S| \geqslant 2$ 且对任何 $x \in S$, $D-x$ 仍为强连通的.

1.6.4 设 D 是有向图且不含有向圈. 证明:

(a) $\delta^-=0$;

(b) D 的顶点中存在标号 $x_1, x_2, \cdots, x_\upsilon$, 使得对每个 i $(2 \leqslant i \leqslant \upsilon)$, D 中每条以 x_i 为终点的边的起点都在 $\{x_1, x_2, \cdots, x_{i-1}\}$ 中.

1.6.5 设 G 是非 2 部简单图, $k \geqslant 2$ 并且 $\delta > \left\lfloor \dfrac{2\upsilon}{2k+1} \right\rfloor$. 证明: G 中含有长至多为 $2k-1$ 的奇圈.

1.6.6 有向图 D 的**逆图** (converse) $\overleftarrow{D}$ 是指把 D 中每条边的方向都颠倒过来后得到的有向图.

(a) 证明: $d^+_{\overleftarrow{D}}(x)=d^-_D(x)$, $d_{\overleftarrow{D}}(x,y)=d_D(y,x)$;

(b) 利用习题 1.6.6 (a), 证明: 若 D 不含有向圈, 则 $\delta^+=0$.

1.6.7 设 $D_1, D_2, \cdots, D_\omega$ 是 D 的强连通分支. D 的**凝聚图** (condensation) $\hat{D}$ 是指有 ω 个顶点 $u_1, u_2, \cdots, u_\omega$ 的简单有向图, $(u_i, u_j) \in E(\hat{D}) \Leftrightarrow E_D(V(D_i), V(D_j)) \neq \emptyset$. 证明:

(a) $\hat{D}$ 不含有向圈;

(b) 简单有向图 D 不含有向圈 $\Leftrightarrow D \cong \hat{D}$.

1.6.8 设 G 是 k 正则简单无向图. 证明:

(a) 若 G 的围长为 4, 则 $v(G) \geqslant 2k$, 且 (在同构意义下) 达到这个阶数的图是唯一的;

(b) 若 G 的围长为 5, 则 $v(G) \geqslant k^2 + 1$;

(c) 若 G 的围长为 5 且直径为 2, 则 $v(G) = k^2 + 1$, 当 $k = 2, 3$ 时找出这种图来;

(J. A. Hoffman 和 R. R. Singleton (1960) [196] 已证明: 这种图仅当 $k = 2, 3, 7$, 可能还有 57 时存在, 见例 1.9.3.)

(d) 若 G 的围长为 g, 则

$$v(G) \geqslant \begin{cases} 1 + k + k(k-1) + \cdots + k(k-1)^{\frac{g-3}{2}}, & g \text{ 为奇数}, \\ 2\left[1 + (k-1) + \cdots + (k-1)^{\frac{g-2}{2}}\right], & g \text{ 为偶数}. \end{cases}$$

1.6.9 设 $D = (V, E)$ 是无对称边的简单有向图, $\forall\, x, y, z \in V(D)$. 若由 $(x, y), (y, z) \in E(D)$ 有 $(x, z) \in E(D)$, 则称 D 为**传递图** (transmissible digraph). 证明:

(a) 竞赛图 T 是传递图 $\Leftrightarrow T$ 不含有向圈;

(b) 设 T 是传递竞赛图, 则对任意 $x, y \in V(T)$, 均有 $d_T^+(x) \neq d_T^+(y)$ 且 $d_T^-(x) \neq d_T^-(y)$;

(c) 恰存在一个 v 阶传递竞赛图;

(d) 恰存在一个 v 阶不含有向圈的竞赛图;

(e) 竞赛图 T 的凝聚图 $\hat{T}$ 是传递图;

(f) 任何 2^{n-1} 阶竞赛图必含 n 阶传递竞赛子图.

1.7 Euler 图

包含图中每个点和每条边的迹 (或有向迹) 被称为该图的 **Euler 迹** (或 **Euler 有向迹**). 起点为 x 、终点为 y 的 Euler 迹 (或 Euler 有向迹) 记为 xy-Euler 迹 (或 (x, y)-Euler 迹). 闭的 Euler 迹 (Euler 有向迹) 被称为 **Euler 回** (**Euler 有向回**). 含 Euler 回的无向图和含 Euler 有向回的有向图被统称为 **Euler 图**.

人们之所以叫这些名称, 是为了纪念图论创始人、著名的瑞士数学家 L. Euler (1707~1783). 1736 年, Euler 发表了图论历史上的第一篇论文 [111], 讨论了 Königsberg 七桥问题. Pergel 河横穿 Königsberg 城, 在陆地与河心两个小岛之间架有七座桥 (见图 1.50 (a)). 一个有趣的问题是: 居民从家里出发能否经过每座桥一次且仅一次, 然后回到家?

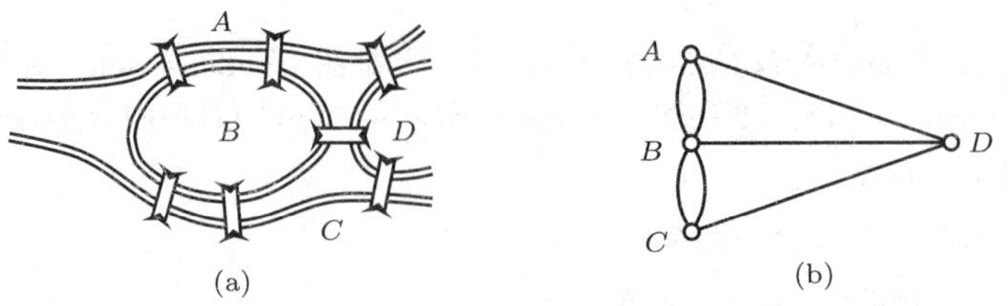

图 1.50 (a) Königsberg 七桥; (b) 它对应的图 G

用现代图论语言来说, Euler 把 Königsberg 七桥抽象成如图 1.50 (b) 所示的图 G, G 的四个顶点 A,B,C 和 D 分别表示四块陆地, G 中的边表示边两端点对应的两块陆地之间的桥①. 于是, Königsberg 七桥问题就归结为 G 是否是 Euler 图. Euler 通过研究, 对上述问题作了否定的回答 (见例 1.6.1). 下面的结论属于 D. König (1936) [224], 通常称它为 **Euler 有向图判定定理**.

定理 1.7.1 (Euler 有向图判定定理) **有向图 D 是 Euler 图 $\Leftrightarrow$ D 是连通平衡图.**

证明 ($\Rightarrow$) 设 D 是 Euler 图, 则由定义知 D 是连通的. 设 C 是 D 中 Euler 有向回. 由于 C 包含 D 中每条边和每个顶点, 所以对任意 $x\in V(C)$, 沿 C 的正向行进时, 作为 C 的顶点 x 每出现一次, 就有一条边进入 x, 同时也有一条边离开 x. 于是 $d_D^+(x)=d_D^-(x)$, 即 D 是平衡图.

($\Leftarrow$) 反证法. 取边数尽可能少的非平凡连通且不含 Euler 有向回的平衡图 D. 由于 $\delta^+=\delta^->0$, 所以 (见例 1.6.2) D 中含有向圈. 设 C 是 D 中最长有向回. 由于 D 不含 Euler 有向回, 所以 $D-E(C)$ 中存在连通分支 D', 使 $\varepsilon(D')>0$. 由于 D 和 C 都是平衡图, 所以 D' 也是平衡图且 $\varepsilon(D')<\varepsilon(D)$. 于是, 由 D 的选取知 D' 含有向 Euler 回 C'. 因为 D 是连通的, 所以 $V(C)\cap V(C')\neq\emptyset$. 于是 $C\oplus C'$ 是 D 中有向回. 但是 $\varepsilon(C\oplus C')>\varepsilon(C)$, 矛盾于 C 的选取. 所以 D 是 Euler 图. ∎

推论 1.7.1 **设 D 是非平凡连通有向图, 则 D 有 (x,y)-Euler 迹 $\Leftrightarrow$ $d_D^+(x)-d_D^-(x)=1=d_D^-(y)-d_D^+(y)$, 而且对任何 $u\in V(D)\setminus\{x,y\}$, 均有 $d_D^+(u)=d_D^-(u)$.**

证明 令在 D 中添加一条有向边 $a=(y,x)$ 后得到的有向图为 D'.

($\Rightarrow$) 设 T 是 D 中 (x,y)-Euler 迹, 则 $T\oplus a$ 是 D' 中 Euler 有向回. 由定理 1.7.1 知 D' 是平衡图. 于是

$$
\begin{aligned}
&d_D^+(u)=d_{D'}^+(u)=d_{D'}^-(u)=d_D^-(u),\quad \forall\, u\in V(D)\setminus\{x,y\},\\
&d_D^+(x)=d_{D'}^+(x)=d_{D'}^-(x)=d_D^-(x)+1,\\
&d_D^-(y)=d_{D'}^-(y)=d_{D'}^+(y)=d_D^+(y)+1.
\end{aligned}
$$

① Königsberg 七桥这种图形表示并非出现在 Euler 的文章 [111] 中, 它第一次出现在 W. W. Rouse Ball 的著作《Mathematical Recreations and Problems of Past and Present Times》(London: Macmillan, 1892. 中译本: 《数学游戏与欣赏》, 杨应辰等译. 上海: 上海教育出版社, 2001.)

是 $K(d,n)$ 中唯一的长为 n 的 (x,y) 链; 若 $y_1=x_n$, 则

$$\begin{aligned}P: x=x_1x_2\cdots x_n &\to x_2x_3\cdots x_{n-1}y_1y_2 \to x_3\cdots x_{n-1}y_1y_2y_3\\ &\to\cdots\to x_{n-1}y_1\cdots y_{n-1}\to y_1y_2\cdots y_n=y\end{aligned}$$

是 $K(d,n)$ 中唯一的长为 $n-1$ 的 (x,y) 链. 由定理 1.9.2 有 $\boldsymbol{A}^n+\boldsymbol{A}^{n-1}=\boldsymbol{J}$. ∎

图的邻接矩阵和关联矩阵在分析图的性质和结构时起到了非常重要的作用. 本节的习题中列举了一些. 下面两个结果体现了邻接矩阵在分析 (Δ,k)-Moore 图 (定义在 1.5 节) 的存在性中的应用. 虽然它们都是极为重要的结果, 但这里将它们作为例子. 通过证明介绍怎样运用线性代数知识来证明图论命题. 初学者可以暂不去读它, 因为它们不影响读者对本书后续内容的阅读和学习.

第一个结果 (例 1.9.2) 是由 J. Plesnik 和 Š. Znám (1974) [298] 首先发现的, 后来由 W. G. Bridges 和 S. Touge (1980) [48] 再次发现; 第二个结果 (例 1.9.3) 是由 A. J. Hoffman 和 R. R. Singleton (1960) [196] 发现的.

例 1.9.2　对于给定的 $\Delta\geqslant 2$ 和 $k\geqslant 2$, 不存在 (Δ,k)-Moore 有向图.

证明　(反证) 设 D 是 (Δ,k)-Moore 有向图, 它的阶 v 如式 (1.5.1) 所示. 由 (Δ,k)-Moore 有向图的性质 (见习题 1.5.5) 知 D 是 Δ 正则简单图. 设 $\boldsymbol{A}=\boldsymbol{A}(D)$ 是 D 的邻接矩阵, 则 Δ 是 $\boldsymbol{A}$ 的 1 重特征值 (习题 1.9.8 (d)). 设 r 是 $\boldsymbol{A}$ 的异于 Δ 的特征值. 由习题 1.5.5 和定理 1.9.2 易得

$$\boldsymbol{I}+\boldsymbol{A}+\boldsymbol{A}^2+\cdots+\boldsymbol{A}^k=\boldsymbol{J}. \tag{1.9.3}$$

式 (1.9.3) 意味着 $\boldsymbol{J}$ 是 $\boldsymbol{A}$ 的多项式. 因此, $\boldsymbol{A}$ 和 $\boldsymbol{J}$ 有相同的特征向量. 设 $\boldsymbol{X}$ 是 $\boldsymbol{A}$ 的属于特征值 r 的特征向量. 由于 0 是 $\boldsymbol{J}$ 的 $n-1$ 重特征值, 所以

$$\boldsymbol{AX}=r\boldsymbol{X},\quad \boldsymbol{JX}=\boldsymbol{O}.$$

由式 (1.9.3) 得关系式

$$1+r+r^2+\cdots+r^k=0. \tag{1.9.4}$$

式 (1.9.4) 说明 r 是 $k+1$ 重单位根, 即 $r^{k+1}=1$. 设 $r_1,r_2,\cdots,r_{n-1}$ 是 $\boldsymbol{A}$ 的 $n-1$ 个异于 Δ 的特征值. 由习题 1.5.5 和定理 1.9.2 知 $\boldsymbol{A}^i$ $(1\leqslant i\leqslant k)$ 的所有主对角线元素都是 0. 因此, 它们的和

$$\mathrm{Tr}\boldsymbol{A}^i=0,\quad 1\leqslant i\leqslant k.$$

这说明 $\boldsymbol{A}^i$ 的所有特征值之和

$$\Delta^i+\sum_{j=1}^{n-1}r_j^i=0,\quad 1\leqslant i\leqslant k. \tag{1.9.5}$$

因为 $r_j\overline{r}_j=|r_j|^2=1=r_j^{k+1}$, 所以 $r_j^{-1}=\overline{r}_j=r_j^k$, 其中 $\overline{r}_j$ 是 r_j 的共轭复数. 考虑式 (1.9.5) 中的 $i=1$ 和 $i=k$, 得

$$-\Delta=\sum_{j=1}^{n-1}r_j,\quad -\Delta^k=\sum_{j=1}^{n-1}r_j^k.$$

在上面第一式子两边取共轭, 并注意到 $\overline{r}_j=r_j^{-1}=r_j^k$, 得

$$-\Delta=\sum_{j=1}^{n-1}r_j^{-1}=\sum_{j=1}^{n-1}r_j^k=-\Delta^k.$$

上式成立 $\Leftrightarrow$ 或者 $k=1$ 或者 $\Delta=1$. 这与假定矛盾. 结论得证. ∎

用 $\overrightarrow{n}(\Delta,k)$ 表示最大度为 Δ 且直径至多为 k 的有向图的最大阶. 注意到 Kautz 有向图 $K(\Delta,k)$ 有 $\Delta^k+\Delta^{k-1}$ 个顶点. 于是, 对于 $\Delta\geqslant 2$ 和 $k\geqslant 2$, 有不等式

$$\Delta^{k-1}+\Delta^k\leqslant\overrightarrow{n}(\Delta,k)\leqslant\Delta+\Delta^2+\cdots+\Delta^{k-1}+\Delta^k. \tag{1.9.6}$$

由式 (1.9.6) 知 $\overrightarrow{n}(\Delta,2)=\Delta+\Delta^2$. 达到这个界的有向图是 $K(\Delta,2)$.

例 1.9.3 当 $\Delta\neq 2,3,7$ 和 57 时, 不存在 $(\Delta,2)$-Moore 无向图.

证明 当 $k=2$ 时, 由式 (1.5.2) 给出的 $(\Delta,2)$-Moore 界为 Δ^2+1.

(反证) 设 G 是阶为 n 的 $(\Delta,2)$-Moore 图, 其中 $n=\Delta^2+1$, 则 G 是 Δ 正则简单图. 设 $\boldsymbol{A}=\boldsymbol{A}(G)$ 是 G 的邻接矩阵. 因此 $\boldsymbol{A}$ 是主对角线元素全为 0 的 n 阶实对称方阵. 因为 G 是 Δ 正则的, 所以 Δ 是 $\boldsymbol{A}$ 的特征值 (习题1.9.8). 易知 n 是 $\boldsymbol{J}$ 的 1 重特征值, 0 是 $\boldsymbol{J}$ 的 $n-1$ 重特征值. 因为 G 的直径为 2, 由定理 1.9.2, $\boldsymbol{A}^2$ 的主对角线元素全为 Δ, 其余元素为 0 或者 1, 并且 $\boldsymbol{A}^2$ 的 (i,j) 元素 $a_{ij}^{(2)}$ 为 $0\Leftrightarrow$ 对应的两顶点相邻, 即 $a_{ij}=1(i\neq j)$, 因此

$$\boldsymbol{A}^2+\boldsymbol{A}-(\Delta-1)\boldsymbol{I}=\boldsymbol{J}. \tag{1.9.7}$$

这意味着 $\boldsymbol{J}$ 是 $\boldsymbol{A}$ 的多项式. 从而 $\boldsymbol{A}$ 和 $\boldsymbol{J}$ 有相同的特征向量. 设 $\boldsymbol{X}$ 是对应于特征值 Δ 的特征向量, 则

$$\boldsymbol{AX}=\Delta\boldsymbol{X},\quad \boldsymbol{JX}=n\boldsymbol{X}.$$

对于这个特征向量, 表达式 (1.9.7) 意味着 $\Delta^2+1=n$.

令 $\boldsymbol{Y}$ 是 $\boldsymbol{A}$ 对应于特征值 $r\neq n$ 的特征向量, 则

$$\boldsymbol{AY}=r\boldsymbol{Y},\quad \boldsymbol{JY}=\boldsymbol{O}.$$

由式 (1.9.7) 得关系式

$$r^2+r-(\Delta-1)=0.$$

因此, $\boldsymbol{A}$ 有另外两个不同的特征值:

$$r_1=\frac{1}{2}(-1+\sqrt{4\Delta-3}\,),\quad r_2=\frac{1}{2}(-1-\sqrt{4\Delta-3}\,).$$

因为 $\boldsymbol{A}$ 是实对称矩阵, 所以它仅有实特征值, 即 r_1 和 r_2 都是实数.

假定 Δ 的取值使得 r_1 和 r_2 都不是有理数. 因为 $\boldsymbol{A}$ 中元素都是有理数, 所以 r_1 和 r_2 是 $\boldsymbol{A}$ 的 $(n-1)/2$ 重特征值. 因为 $\boldsymbol{A}$ 的主对角线元素都是 0, 所以 $\boldsymbol{A}$ 的特征值之和为 0, 即

$$0=\Delta+\frac{1}{2}(n-1)(r_1+r_2)=\Delta-\frac{1}{2}\Delta^2. \tag{1.9.8}$$

由式 (1.9.8) 得 $\Delta=2$. 因此, $n=5$, 而且对应的 (2,2)-Moore 无向图为无向圈 C_5.

假定 Δ 的取值使得 r_1 和 r_2 都是有理数, 则存在整数 s, 使得 $s^2=4\Delta-3$. 于是

$$r_1=\frac{1}{2}(s-1),\quad r_2=-\frac{1}{2}(s+1).$$

设 r_1 的重数为 t, 则 $\boldsymbol{A}$ 的特征值之和为

$$\Delta+t\frac{s-1}{2}+(n-1-t)\frac{-s-1}{2}=0. \tag{1.9.9}$$

由关系式 $n=1+\Delta^2$ 和 $s^2=4\Delta-3$ 消去式 (1.9.9) 中的 n 和 Δ, 得

$$s^5+s^4+6s^3-2s^2+(9-32t)s=15. \tag{1.9.10}$$

因为满足方程 (1.9.10) 的 s 是整数, 所以 s 是 15 的因子, 且可能的解是

$$\begin{aligned}
&s=\pm 1, && \Delta=1, && n=2,\\
&s=\pm 3, && \Delta=3, && n=10,\\
&s=\pm 5, && \Delta=7, && n=50,\\
&s=\pm 15, && \Delta=57, && n=3\,250.
\end{aligned}$$

因为不存在 (1,2)-Moore 无向图, 所以结论成立. ∎

Petersen 图是唯一的 (3,2)-Moore 无向图. 唯一的 (7,2)-Moore 无向图已经由 Hoffman 和 Singleton (1960) 构造出来了, 其图形见 M. Miller 和 J. Širáň (2013) 的文章 [271]. 但 (57,2)-Moore 无向图是否存在, 目前还没有解决.

最大度为 Δ、直径至多为 k 的图记为 (Δ,k) 图. 具有最大阶的 (Δ,k) 图被称为**最大 (Δ,k) 图**. 显然, (Δ,k)-Moore 图一定是最大的. 最大 (Δ,k) 图的阶记为 $n(\Delta,k)$. 对于给定的 $\Delta\geqslant 3$ 和 $k\geqslant 3$, 确定 $n(\Delta,k)$ 的精确值仍然是非常困难的.

对于无向图, 目前知道的只有 $n(3,2)=10$, $n(4,2)=15$, $n(5,2)=24$, $n(7,2)=50$ 和 $n(3,3)=20$. 图 1.64 (a) 和 (b) 所示的分别是最大 (3,3) 图和最大 (4,2) 图.

可以类似地定义最大 (Δ,k) 有向图和 $\vec{n}(\Delta,k)$. 然而几乎没有见到文献中有与此相关的讨论和结果. 这是因为由式 (1.9.6) 知: 当 $\Delta\geqslant 2$ 且 $k\geqslant 2$ 时, 有 $\Delta^{k-1}+\Delta^k\leqslant\vec{n}(\Delta,k)\leqslant\Delta+\Delta^2+\cdots+\Delta^{k-1}+\Delta^k$. 达到下界的有向图是 Kautz 有向图 $K(\Delta,k)$, 最大 $(\Delta,2)$ 有向图是 Kautz 图 $K(\Delta,2)$. 对任意的 $\Delta\geqslant 2$ 且 $k\geqslant 3$, 目前还没有发现比 Kautz 图更大的 (Δ,k) 有向图.

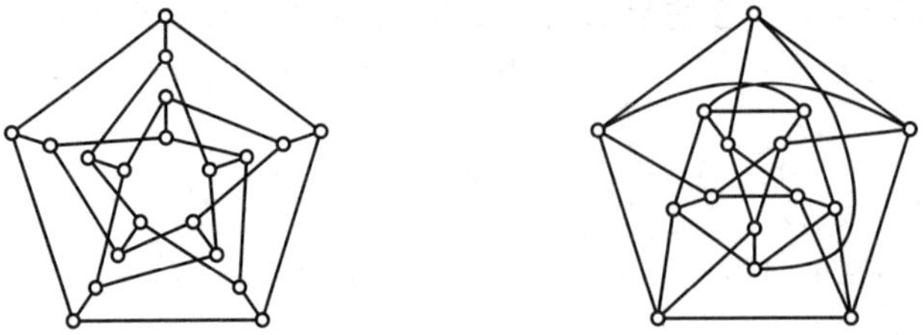

(a) 最大 $(3,3)$ 图　　(b) 最大 $(4,2)$ 图

图 1.64　两个最大 (Δ,k) 图

习 题 1.9

1.9.1 写出如图所示的有向图 D 及其基础图 G 的邻接矩阵和关联矩阵.

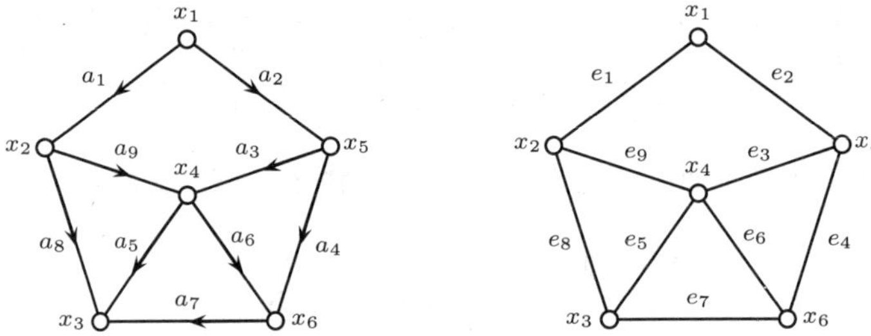

(习题 1.9.1 图)

1.9.2 设 $\boldsymbol{A}$ 是邻接矩阵.

(a) $\boldsymbol{A}$ 的行和与列和各表示什么?

(b) $\boldsymbol{A}$ 中所有元素之和表示什么?

(c) 证明: 两个同构图的邻接矩阵是置换相似的.

1.9.3 设 $\boldsymbol{M}$ 是关联矩阵. 证明:

(a) $\boldsymbol{M}(D)$ 中第 i 行正元素之和为 $d_D^+(x_i)$, 负元素之和为 $d_D^-(x_i)$, $\boldsymbol{M}(G)$ 中第 i 行元素之和为 $d_G(x_i)$;

(b) $\boldsymbol{M}(D)$ 的列和为 0, $\boldsymbol{M}(G)$ 的列和为 2;

(c) $\operatorname{rank}(\boldsymbol{M}(D))\leqslant\upsilon-\omega$;

(d) $\boldsymbol{M}$ 置换相抵于 $\begin{pmatrix}\boldsymbol{M}_{11} & \boldsymbol{O}\\ \boldsymbol{O} & \boldsymbol{M}_{22}\end{pmatrix}\Leftrightarrow D$ (或 G) 非连通;

(e) 两个同构图的关联矩阵是置换相抵的.

1.9.4 设 $\boldsymbol{A}$ 为 D (或 G) 的邻接矩阵. 证明:

(a) $\boldsymbol{A}$ 置换相似于 $\begin{pmatrix} \boldsymbol{O} & \boldsymbol{A}_{12} \\ \boldsymbol{A}_{21} & \boldsymbol{O} \end{pmatrix} \Leftrightarrow D$ (或 G) 为 2 部图;

(b) $\boldsymbol{A}$ 置换相似于 $\begin{pmatrix} \boldsymbol{A}_{11} & \boldsymbol{O} \\ \boldsymbol{O} & \boldsymbol{A}_{22} \end{pmatrix} \Leftrightarrow D$ (或 G) 非连通;

(c) $\boldsymbol{A}$ 置换相似于 $\begin{pmatrix} \boldsymbol{A}_{11} & \boldsymbol{A}_{12} \\ \boldsymbol{O} & \boldsymbol{A}_{22} \end{pmatrix} \Leftrightarrow D$ 非强连通;

(d) $\boldsymbol{A}$ 置换相似于上三角矩阵 $\Leftrightarrow D$ 不含长至少为 2 的有向圈;

(e) D 强连通 $\Leftrightarrow \boldsymbol{I}+\boldsymbol{A}+\boldsymbol{A}^2+\cdots+\boldsymbol{A}^{\upsilon-1}>0$;

(f) D 是 $\upsilon(\geqslant 5)$ 阶强连通竞赛图, 则 $\boldsymbol{A}^{d+3}>0$, 其中 d 是 D 的直径.

1.9.5 设 $\boldsymbol{A}=\boldsymbol{A}(D)$ 是图 D 的邻接矩阵. 证明:

(a) $\boldsymbol{A}$ 的各个复系数的多项式在通常的矩阵运算下构成线性空间;

(b) $\boldsymbol{I},\boldsymbol{A},\boldsymbol{A}^2,\cdots,\boldsymbol{A}^d$ 线性无关, 其中 $d=d(D)$;

(c) $\boldsymbol{I},\boldsymbol{A},\boldsymbol{A}^2,\cdots,\boldsymbol{A}^\upsilon$ 线性相关.

1.9.6 (a) 设 $\boldsymbol{A}$ 是有向图 D 的邻接矩阵. 证明: 存在多项式 $p(x)$, 使得 $\boldsymbol{J}=p(\boldsymbol{A}) \Leftrightarrow D$ 是强连通正则图, 其中 $\boldsymbol{J}$ 为全 1 矩阵.

(b) 设 C_n 是 n 阶有向圈, $\boldsymbol{A}$ 是 C_n 的邻接矩阵. 求多项式 $p(x)$, 使得 $\boldsymbol{J}=p(\boldsymbol{A})$.

1.9.7 设 G 是无环无向图, $\boldsymbol{L}$ 是 G 的 Laplace 矩阵, D 是 G 的定向图, $\boldsymbol{M}$ 是 D 的关联矩阵.

(a) 证明: $\boldsymbol{M}\boldsymbol{M}^{\mathrm{T}}=\boldsymbol{L}$.

(b) 证明: $\boldsymbol{M}\boldsymbol{M}^{\mathrm{T}}$ 中每个元素的代数余子式都相等.

(c) 对习题 1.9.1 的图, 验证 (a) 中结论并求出 $\boldsymbol{M}\boldsymbol{M}^{\mathrm{T}}$ 中 (1,1) 元素的代数余子式的值.

1.9.8 设 $\boldsymbol{A}$ 为 (有向或无向) 图 D 的邻接矩阵, $\boldsymbol{I}$ 是 υ 阶单位方阵. 多项式

$$P_D(\lambda)=\det(\lambda\boldsymbol{I}-\boldsymbol{A})=\lambda^\upsilon+c_1\lambda^{\upsilon-1}+\cdots+c_{\upsilon-1}\lambda+c_\upsilon$$

被称为 D 的**特征多项式**, $P_D(\lambda)$ 的根被称为 D 的**特征根**.

(a) 求下列两个图的特征多项式和特征根.

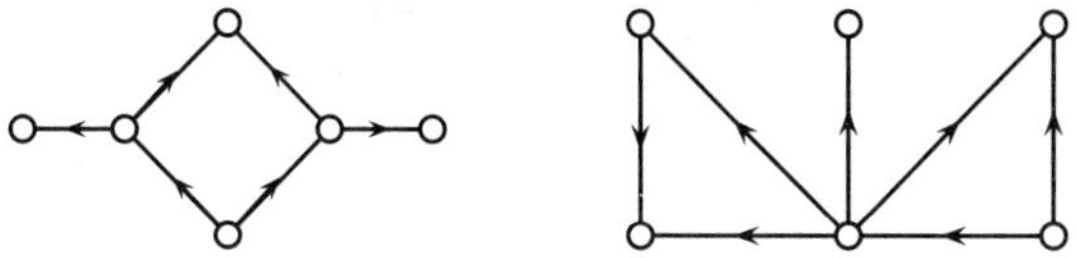

(习题 1.9.8 图)

(b) 证明:

$$c_k=\sum_{H\in\mathscr{H}_k}(-1)^{\omega(H)},\quad 1\leqslant k\leqslant\upsilon,$$

其中 $\mathscr{H}_k$ 是有向图 D 中 k 阶 1 正则子图集或者无向图 G 中 k 阶 2 正则子图集.

(Milic, 1964; Sachs, 1964; Spialter, 1964.)

(c) 证明: 设 $\lambda_1,\lambda_2,\cdots,\lambda_v$ 是有向图 D 的特征根, 则

(i) $\lambda_1+\lambda_2+\cdots+\lambda_v=-c_1$;

(ii) D 中长为 k 的有向闭链的数目为 $\lambda_1^k+\lambda_2^k+\cdots+\lambda_v^k$.

(d) 根据矩阵论的Perron-Frobenius定理(李乔, 1988 [244]): "每个非负矩阵 $\boldsymbol{A}$ 总有一个非负特征根 λ, 使得对 $\boldsymbol{A}$ 的任何特征根 r 均有 $|r|\leqslant\lambda$, 而且对应一个非负特征向量." 这样的特征根 λ 被称为 $\boldsymbol{A}$ 的**最大特征根**. 设 λ 是有向图 D 的最大特征根. 证明:

(i) $\delta^+(D)\leqslant\lambda\leqslant\Delta^+(D)$, $\delta^-(D)\leqslant\lambda\leqslant\Delta^-(D)$, 而且等号成立 $\Leftrightarrow D$ 是正则图.

(ii) 若 D 是强连通的且 $\lambda=\delta^+(D)$ (或 $=\delta^-(D)$), 则对任何 $x\in V(D)$, 均有 $d_D^+(x)=\lambda$ (或 $d_D^-(x)=\lambda$), 并且 λ 的重数是 1.

(e) 设 G 是简单无向图, λ 是 G 的任意特征根. 证明:

(i) $|\lambda|\leqslant\sqrt{2\varepsilon(v-1)/v}$;

(ii) 若 G 是 k 正则的, 则 k 是 G 的特征根, 而且 $|\lambda|\leqslant k$.

1.9.9 图 G 的**谱** (spectrum) $\operatorname{Spec}(G)=\begin{pmatrix}\lambda_1 & \lambda_2 & \cdots & \lambda_t\\ m_1 & m_2 & \cdots & m_t\end{pmatrix}$, 其中 λ_i 是邻接矩阵 $\boldsymbol{A}$ 的不同的且重数为 $m_i\,(1\leqslant i\leqslant t)$ 的特征根. 证明:

(a) $\operatorname{Spec}(K_n)=\begin{pmatrix}n-1 & -1\\ 1 & n-1\end{pmatrix}$;

(b) $\operatorname{Spec}(K_{m,n})=\begin{pmatrix}\sqrt{mn} & 0 & -\sqrt{mn}\\ 1 & m+n-2 & 1\end{pmatrix}$;

(c) $\operatorname{Spec}(P)=\begin{pmatrix}3 & 1 & -2\\ 1 & 5 & 4\end{pmatrix}$, 其中 P 是 Petersen 图.

1.9.10 设 G 是 v 阶简单无向图, $\boldsymbol{L}$ 为 G 的Laplace矩阵. 证明:

(a) $\boldsymbol{L}$ 是半正定矩阵;

(b) G 是连通的 $\Leftrightarrow \operatorname{rank}\boldsymbol{L}=v-1$. (D. Raghavarao, 1977)

应　　用

1.10 本原方阵的本原指数*

每个元素都非负的矩阵被称为**非负矩阵** (nonnegative matrix). 随着非负方阵的应用日益扩展, 研究它的基本特征已被认为是矩阵理论的经典内容之一. 本

节考虑非负方阵的一个重要组合性质——本原性. 考察下列 3 阶非负方阵:

$$B=\begin{pmatrix}0&1&0\\0&0&1\\1&0&0\end{pmatrix},\quad B^2=\begin{pmatrix}0&0&1\\1&0&0\\0&1&0\end{pmatrix},$$

$$B^3=\begin{pmatrix}1&0&0\\0&1&0\\0&0&1\end{pmatrix},\quad B^4=\begin{pmatrix}0&1&0\\0&0&1\\1&0&0\end{pmatrix}=B.$$

这说明不存在任何正整数 k, 使 B^k 中的每个元素都大于 0. 再考察下面的方阵:

$$A=\begin{pmatrix}1&1&0&0\\0&0&1&1\\0&0&0&1\\1&1&0&0\end{pmatrix},\quad A^2=\begin{pmatrix}1&1&1&1\\1&1&0&1\\1&1&0&0\\1&1&1&1\end{pmatrix},\quad A^3=\begin{pmatrix}2&2&1&2\\2&2&1&1\\1&1&1&1\\2&2&1&2\end{pmatrix}.$$

A^3 中每个元素都大于 0.

n 阶非负方阵 A 被称为**本原的** (primitive), 如果存在正整数 k, 使 A^k 的每个元素都为正数 (记为 $A^k>0$). 使 $A^k>0$ 成立的最小正整数 k 被称为 A 的**本原指数** (primitive exponent), 记为 $\gamma(A)$. 例如, 上述方阵 B 不是本原的, 而方阵 A 是本原的, 并且 $\gamma(A)=3$.

由于 n 阶非负方阵只有 2^{n^2} 个不同的零位模式, 所以由 n 阶本原方阵的本原指数所组成的正整数集 E_n 是有限集. H. Wielandt (1950) [381] 指出, 这个有限集的上确界是 $(n-1)^2+1$. 令人十分惊奇的是, 这个纯粹矩阵理论的结果却可以归结为图论结果的直接推论.

由于本原方阵的本原性及其本原指数只与方阵的零元素位置分布有关, 而与非零元素的具体数值无关, 所以可以假设所有非零元素均为 1, 即所谓的 (0,1) **方阵**.

有向图是研究 (0,1) 方阵组合结构的最有力工具 (参见柳柏濂的专著《组合矩阵论》, 2005 [246]). 事实上, 在 1.9 节已看到, 任何无平行边的有向图的邻接矩阵都是 (0,1) 方阵. 反之, 对于任何 n 阶 (0,1) 方阵 A, 总存在 n 阶无平行边的有向图 D, 使其邻接矩阵 $A(D)=A$.

例如, 设 $A=(a_{ij})$ 是 n 阶 (0,1) 方阵. 构作有向图 $D=D(A)=(V(D),E(D))$ 如下:

$$V(D)=\{x_1,x_2,\cdots,x_n\},\quad (x_i,x_j)\in E(D)\quad\Leftrightarrow\quad a_{ij}=1.$$

显然 D 是无平行边的有向图, 而且以 A 为其邻接矩阵 $A(D)$. $D=D(A)$ 被称为 A 的**伴随有向图** (associated digraph) (见图 1.65). 因此, n 阶 (0,1) 方阵 A 与 n 阶无平行边的有向图 $D=D(A)$ 一一对应.

$$A=\begin{pmatrix}1&1&0&0\\0&0&1&1\\0&0&0&1\\1&1&0&0\end{pmatrix}$$

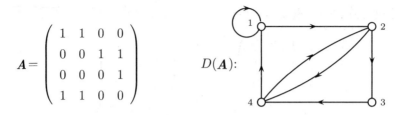

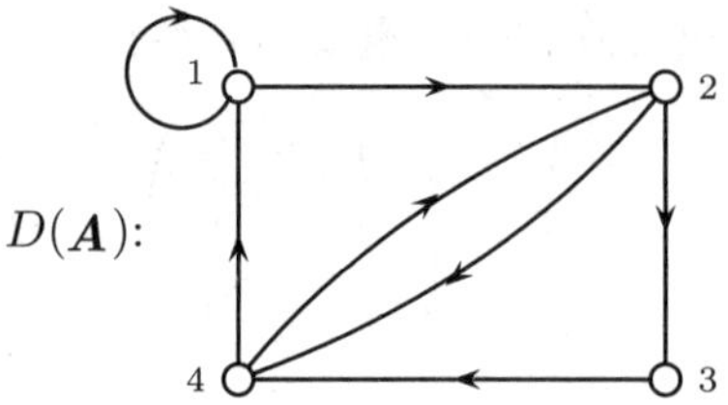

图 1.65 (0,1) 矩阵 $\boldsymbol{A}$ 和它的伴随有向图 $D(\boldsymbol{A})$

若 $\boldsymbol{A}$ 是本原方阵, 则称 $D(\boldsymbol{A})$ 为**本原有向图** (primitive digraph). 换言之, 如果 D 的邻接矩阵 $\boldsymbol{A}$ 是本原的, 则有向图 D 被称为本原的, $\gamma(\boldsymbol{A})$ 被称为 D 的**本原指数**, 记作 $\gamma(D)$. 对于 (0,1) 方阵 $\boldsymbol{A}$ 的本原性及其本原指数的研究就可以转化为研究有向图 $D(\boldsymbol{A})$ 的本原性及其本原指数这样一个等价的图论问题了.

因为图的本原性与平行边无关, 所以只需考虑无平行边的有向图. 对于一般的有向图 D, 它的本原性及其本原指数 $\gamma(D)$ 的确定一般说来并不容易. 但若已知 D 是本原的, 则确定 $\gamma(D)$ 的一个比较好的上界是很容易的.

D. Rosenblatt (1957) [310] 获得有向图为本原的一个充分必要条件: D 为强连通的而且有向圈的长度互素. 该条件的充分性的证明要用到数论中的 Frobenius 集和 Frobenius 数. 为此, 先介绍这两个概念和与条件充分性证明相关的结果, 初学者可以不读其证明.

设 $n_1,n_2,\cdots,n_\ell$ 是一组正整数. 所谓 Frobenius **集**是指数集

$$F(n_1,n_2,\cdots,n_\ell)=\{z_1n_1+z_2n_2+\cdots+z_\ell n_\ell : z_i \text{ 为非负整数}\}.$$

关于 Frobenius 集, 有个重要结论, 被称为 Schur 引理 (I. Schur, 1935)①.

命题 1.10.1 (Schur 引理) 若 $n_1,n_2,\cdots,n_e$ 互素, 即 $\gcd(n_1,n_2,\cdots,n_\ell)=1$, 则存在正整数 n_0, 使对所有的整数 $n\geqslant n_0$, 均有 $n\in F(n_1,n_2,\cdots,n_\ell)$.

证明 记 $R=n_1+n_2+\cdots+n_\ell$. 由于 $\gcd(n_1,n_2,\cdots,n_\ell)=1$, 所以存在整数(不一定非负) $z_1,z_2,\cdots,z_\ell$, 使得 $z_1n_1+z_2n_2+\cdots+z_\ell n_\ell=1$. 从而存在整数 $c_{i_j}\,(0\leqslant i\leqslant R-1, 1\leqslant j\leqslant \ell)$, 使得

$$c_{i_1}n_1+c_{i_2}n_2+\cdots+c_{i_\ell}n_\ell=i,\quad 0\leqslant i\leqslant R-1.$$

令

$$k=\max\{|c_{i_j}|:0\leqslant i\leqslant R-1,\ 1\leqslant j\leqslant \ell\},$$

且 $n_0=kR$. 当 $n\geqslant n_0$ 时, 记

$$n=qR+r,\quad 0\leqslant r\leqslant R-1,\ q\geqslant k.$$

① Schur 的这个结果出现在他的一次演讲中 (Brauer A, Shockley J E. On a problem of Frobenius. J. Reine Angew. Math, 1962 (211): 215-220).

则

$$n = qR + \sum_{j=1}^{\ell} c_{r_j} n_j = \sum_{j=1}^{\ell} (q + c_{r_j}) n_j.$$

由于

$$q \geqslant k \geqslant |c_{r_j}|, \quad j = 1, 2, \cdots, \ell,$$

所以 $q + c_{r_j} \geqslant 0$, 即 $n \in F(n_1, n_2, \cdots, n_\ell)$. ∎

满足 Schur 引理条件的最小整数 n_0 被称为 **Frobenius 数**, 记为 $\phi(n_1, \cdots, n_\ell)$. Frobenius 数的确定是个困难的问题①. 不过, 容易确定 $\phi(n_1, n_2)$.

命题 1.10.2　$\phi(n_1, n_2) = (n_1 - 1)(n_2 - 1)$②.

证明　(a) 先证 $\phi(n_1, n_2) \geqslant (n_1 - 1)(n_2 - 1)$.

若不然, 由 Schur 引理可设 $(n_1 - 1)(n_2 - 1) - 1 \in F(n_1, n_2)$, 则存在非负整数 z_1 和 z_2, 使

$$z_1 n_1 + z_2 n_2 = (n_1 - 1)(n_2 - 1) - 1,$$

即

$$z_1 n_1 + z_2 n_2 = (n_1 - 1) n_2 - n_1. \tag{1.10.1}$$

于是

$$[z_2 - (n_1 - 1)] n_2 \equiv 0 (\bmod\ n_1).$$

由于 gcd $(n_1, n_2) = 1$, 所以

$$z_2 \equiv (n_1 - 1)\ (\bmod\ n_1).$$

由于 $z_2 \geqslant 0$, 所以 $z_2 \geqslant n_1 - 1$. 由式 (1.10.1) 便得 $(z_1 + 1) n_1 \leqslant 0$. 这矛盾于 $z_1 \geqslant 0$. 故 $\phi(n_1, n_1) \geqslant (n_1 - 1)(n_2 - 1)$.

(b) 再证 $\phi(n_1, n_2) \leqslant (n_1 - 1)(n_2 - 1)$.

因为 gcd $(n_1, n_2) = 1$, 所以存在整数 p $(0 \leqslant p \leqslant n_1 - 1)$, 使得

$$p n_2 \equiv (n_1 - 1)\ (\bmod\ n_1).$$

① Frobenius 数的背景及其相关问题和研究进展参见专著: Jorge L. Ramírez Alfonsín. The Diophantine Frobenius Problem. Oxford University Press, 2005.

② Sylvester J J. [Problem] 7382 (and Solution by W. J. Curran Sharp), The Educational Times 37 (1884), 26(reprinted in Mathematical Questions, with their Solutions, from the "Educ. Times", 1884 (41): 21).

由于 $pn_2 \geqslant 0$, 所以 $pn_2 \geqslant n_1 - 1$. 于是存在非负整数 q, 使得

$$pn_2 - (n_1 - 1) = qn_1.$$

因此

$$\begin{aligned}(n_1-1)(n_2-1) &= (n_1-1-p)n_2 + pn_2 - (n_1-1)\\ &= (n_1-1-p)n_2 + qn_1 \in F(n_1,n_2).\end{aligned}$$

故有 $\phi(n_1,n_2) \leqslant (n_1-1)(n_2-1)$.

结合 (a) 和 (b), 有

$$\phi(n_1,n_2) = (n_1-1)(n_2-1).$$

命题得证. ∎

现在证明 D. Rosenblatt (1957) [310] 关于有向图为本原的充分必要条件.

定理 1.10.1 **有向图 D 是本原的 $\Leftrightarrow$ D 是强连通的, 而且 D 中所有不同有向圈长 $\ell_1,\ell_2,\cdots,\ell_c$ 的最大公约数为 1, 即** $\gcd(\ell_1,\ell_2,\cdots,\ell_c) = 1$.

证明 ($\Rightarrow$) 因为 D 是本原的 $\Leftrightarrow$ D 的邻接矩阵 $\boldsymbol{A}$ 是本原的, 所以存在正整数 k, 使 $\boldsymbol{A}^k > 0$. 由定理 1.9.2 知, 对 D 中任何两顶点 x_i 和 x_j, D 中存在长为 k 的 (x_i,x_j) 链和 (x_j,x_i) 链. 因而 D 是强连通的.

设 x_i 和 x_j 是 D 中任意两顶点, $(x_i,x_k) \in E(D)$. 由于 D 含长为 k 的 (x_k,x_j) 链 W_{kj}, 于是 $(x_i,x_k) \cup W_{kj}$ 就是 D 中长为 $k+1$ 的 (x_i,x_j) 链.

特别地, 对任何 $x_i \in V(D)$, D 含长为 k 和 $k+1$ 的 (x_i,x_i) 链.

由于 D 中任何 (x_i,x_i) 链 W_{ii} 是若干边不交有向圈的并, 故 W_{ii} 的长是 $\gcd(\ell_1,\ell_2,\cdots,\ell_c)$ 的倍数. 因而 k 和 $k+1$ 均是 $\gcd(\ell_1,\ell_2,\cdots,\ell_c)$ 的倍数, $1 = (k+1) - k$ 也是 $\gcd(\ell_1,\ell_2,\cdots,\ell_c)$ 的倍数, 即有 $\gcd(\ell_1,\ell_2,\cdots,\ell_c) = 1$. 必要性得证.

($\Leftarrow$) 设 D 是满足定理条件的有向图. 为证明 D 是本原的, 由本原的定义和定理 1.9.2, 只需证明: 存在正整数 k, 且对 D 中任意两顶点 (不必相异) x 和 y, 存在长为 k 的 (x,y) 链.

设 x 和 y 是 D 中任意两顶点, 取 D 中含所有顶点的 (x,y) 链 W_{xy} (由例 1.4.5 或者习题 1.4.2 知这条有向链是存在的), 并记 W_{xy} 的长为 d_{xy}.

由于 W_{xy} 含 D 中所有顶点, 所以它与 D 中每个有向圈都有公共顶点. 因此, 在 W_{xy} 中添加任意若干个有向圈的任意若干次后仍是一条 (x,y) 链. 于是, 若 $r \in F(\ell_1,\ell_2,\cdots,\ell_c)$, 则 $d_{xy} + r$ 也是 D 中某条 (x,y) 链的长. 由于 $\gcd(\ell_1,\ell_2,\cdots,\ell_c) = 1$, 所以由 Schur 引理 (即命题 1.10.1) 知 $\phi(\ell_1,\ell_2,\cdots,\ell_c)$ 存在. 取

$$k = \max\{d_{xy} : x,y \in V(D)\} + \phi(\ell_1,\ell_2,\cdots,\ell_c),$$

则对 D 中任意两顶点 x 和 y, 均有 $k \geqslant d_{xy} + \phi\,(\ell_1,\ell_2,\cdots,\ell_c)$. 令

$$k = d_{xy} + r, \quad r \geqslant \phi\,(\ell_1,\ell_2,\cdots,\ell_c),$$

则由 $\phi(\ell_1,\ell_2,\cdots,\ell_c)$ 的定义知 $r \in F(\ell_1,\ell_2,\cdots,\ell_c)$. 由此知 D 中含长为 k 的 (x,y) 链.

由于 x 和 y 是任意的, 且 k 与 x 和 y 的选取无关, 所以对于 D 中每个顶点有序对 (x,y), D 中存在长为 k 的 (x,y) 链. 因此 D 是本原的. ∎

推论 1.10.1.1　设 D 是 $n(\geqslant 2)$ 阶本原有向图, 则 D 中必含有长小于 n 的有向圈.

证明　由于 D 是本原的, 所以由定理 1.10.1 知 D 是强连通的. 因此对于 D 中任何两顶点 x 和 y, D 中存在 (x,y) 路 P 和 (y,x) 路 Q, $P \cup Q$ 含有向圈. 若 D 中所有有向圈的长 $\ell_1 = \ell_2 = \cdots = \ell_c = n$, 则 $\gcd\,(\ell_1,\ell_2,\cdots,\ell_c) = n \geqslant 2$. 这个事实矛盾于定理 1.10.1. 故 D 中必含有长小于 n 的有向圈. ∎

推论 1.10.1.2　竞赛图 T_n 是本原的 $\Leftrightarrow T_n$ 是强连通的且 $n \geqslant 4$; 而且若 T_n 是本原的, 则 $\gamma(T_4) = 9$, $\gamma(T_n) \leqslant n+2$, $n \geqslant 5$. ∎

证明　设 T_n 是本原的, 则由定理 1.10.1 知 T_n 是强连通的, 因此 $n \geqslant 3$. 但强连通的 T_3 是长为 3 的有向圈. 故由推论 1.10.1.1 知其不是本原的, 所以 $n \geqslant 4$.

反之, 设 $T_n\,(n \geqslant 4)$ 是强连通的. 如果 $n = 4$, 那么在同构意义下, 强连通 4 阶竞赛图只有一个 (见例 1.10.2 后面的注), 它的邻接矩阵是本原的, 且 $\gamma(T_4) = 9$.

当 $n \geqslant 5$ 时, 由推论 1.9.2 知 T_n 的邻接矩阵 $\boldsymbol{A}$ 满足 $\boldsymbol{A}^{d+3} > 0$, 其中 $d = d(T_n)$. 因而 T_n 是本原的. 由于 $d \leqslant n-1$, 所以 $\gamma(T_n) \leqslant d+3 \leqslant n+2$. ∎

注　在习题 1.10.3 中, 读者将看到: 存在 $T_n\,(n \geqslant 5)$, 使 $\gamma(T_n) = n+2$. 事实上, J. W. Moon 和 N. J. Pallman (1967) [276] 已证明: 当 $n \geqslant 7$ 时, 对于 $[3, n+2]$ 中任何整数 k, 存在 T_n, 使 $\gamma(T_n) = k$ (见习题 1.10.4).

下面的结果属于 A. L. Dulmage 和 N. S. Mendelsohn (1967) [96], 它通过圈长给出本原有向图的本原指数的上界.

定理 1.10.2　设 D 是 $n\ (n \geqslant 2)$ 阶本原有向图且含长为 s 的有向圈, 则 $\gamma(D) \leqslant n + s(n-2)$.

证明　设 $\boldsymbol{A}$ 是 D 的邻接矩阵. 欲证 $\boldsymbol{A}^{n+s(n-2)} > 0$, 由定理 1.9.2, 只需证明对 D 中任意顶点有序对 (x_i,x_j), D 中存在长恰为 $n+s(n-2)$ 的 (x_i,x_j) 链.

设 C 是 D 中长为 s 的有向圈. 由于 D 是本原的 $\Leftrightarrow \boldsymbol{A}$ 是本原的, 所以 $\boldsymbol{A}^s$ 是本原的. 设 D^s 是有向图, $V(D^s) = V(D)$, $(x,y) \in E(D^s) \Leftrightarrow D$ 中存在长为 s 的 (x,y) 链. 因为 $\boldsymbol{A}^s$ 是本原的, 所以 D^s 是本原的. 由定理 1.10.1 知 D 和 D^s 都是强连通的. 注意到: 对 C 中任何顶点 x_k, 在 D^s 中都有环. 因而在 D^s 中必存在长恰为 $n-1$ 的 (x_k,x_j) 链, 即 D 中存在长恰为 $s(n-1)$ 的 (x_k,x_j) 链, 记为 W_{kj}.

若 $x_i \in V(C)$, 设从 x_i 出发沿 C 的正向走 $n-s$ 步到达顶点 $x_k \in V(C)$, 并记这条长恰为 $n-s$ 的 (x_i,x_k) 链为 C_{ik}. 于是, $C_{ik} \oplus W_{kj}$ 就是 D 中长恰为 $(n-s)+s(n-1)=n+s(n-2)$ 的 (x_i,x_j) 链.

若 $x_i \notin V(C)$, 则取 x_i 到 C 的最短 (x_i,x_ℓ) 路 $P_{i\ell}$, 其中 $x_\ell \in V(C)$. 设 $P_{i\ell}$ 的长为 ℓ, 则 $1 \leqslant \ell \leqslant n-s$. 再设从 x_ℓ 出发沿 C 的正向走 $n-s-\ell$ 步到达顶点 $x_k \in V(C)$, 并记这条长为 $n-s-\ell$ 的 (x_ℓ,x_k) 链为 $C_{\ell k}$. 于是, $P_{i\ell} \oplus C_{\ell k} \oplus W_{kj}$ 是 D 中长恰为 $\ell+(n-s-\ell)+s(n-1)=n+s(n-2)$ 的 (x_i,x_j) 链. 定理得证. ∎

H. Wielandt (1950) [381] 给出本原方阵的本原指数的上界, 被称为 **Wielandt 定理**, 它可以作为定理 1.10.2 的推论.

定理 1.10.3 (Wielandt 定理) **设 $\boldsymbol{A}$ 是 $n\ (>1)$ 阶本原方阵, 则** $\gamma(\boldsymbol{A}) \leqslant (n-1)^2+1$.

证明 由于 $\boldsymbol{A}$ 是本原的 $\Leftrightarrow \boldsymbol{A}$ 的伴随有向图 $D(\boldsymbol{A})$ 是本原的, 由推论 1.10.1.1 知 $D(\boldsymbol{A})$ 中必含长小于 n 的有向圈. 设 C 是 D 中长为 $s\ (\leqslant n-1)$ 的有向圈. 由定理 1.10.2 有

$$\gamma(\boldsymbol{A})=\gamma(D)\leqslant n+(n-1)(n-2)=(n-1)^2+1.$$

定理得证. ∎

Dulmage 和 Mendelsohn (1967) [96] 已证明了 $\gamma(\boldsymbol{A})$ 的上界 $(n-1)^2+1$ 可以达到, 见下面的例子.

例 1.10.1 设

$$\boldsymbol{A}_2=\begin{pmatrix} 0 & 1 \\ 1 & 1 \end{pmatrix}, \quad \boldsymbol{A}_n=\begin{pmatrix} 0 & 1 & 0 & \cdots & 0 & 0 \\ 0 & 0 & 1 & \cdots & 0 & 0 \\ \vdots & \vdots & \vdots & & \vdots & \vdots \\ 0 & 0 & 0 & \cdots & 0 & 1 \\ 1 & 1 & 0 & \cdots & 0 & 0 \end{pmatrix}, \quad n \geqslant 3.$$

证明: $\gamma(\boldsymbol{A}_n)=(n-1)^2+1$.

证明 设 D_n 为 $\boldsymbol{A}_n$ 的伴随有向图 $D(\boldsymbol{A}_n)$, 如图 1.66 所示.

因为 D_n 中含经过每个顶点的有向圈, 所以 D_n 是强连通的. 又因为 D_n 中仅含一个长为 n 的有向圈和一个长为 $n-1$ 的有向圈, 并且 gcd $(n,n-1)=1$, 所以由定理 1.10.1 知 D_n 是本原的. 由定理 1.10.3 知

$$\gamma(D_n)\leqslant (n-1)^2+1. \tag{1.10.2}$$

另外, 设 W 是 D_n 中长大于 0 的 (x_1,x_1) 闭链. 显然, W 由 D_n 中若干边不交有向圈合并而成. 由于 D_n 中仅含一个长为 n 的有向圈和一个不含 x_1 且

长为 $n-1$ 的有向圈, 所以 W 至少含一个长为 n 的有向圈. 故 W 的长 ℓ 必为 $\ell=n+z_1n+z_2(n-1)$, 其中 z_1,z_2 为非负整数. 因为 $z_1n+z_2(n-1)\in F(n,n-1)$, 且 $\phi(n,n-1)-1\notin F(n,n-1)$, 所以 D_n 中不存在长为 $n+\phi(n,n-1)-1$ 的 (x_1,x_1) 闭链. 故由命题 1.10.2 得 $\gamma(D_n)\geqslant n+\phi(n,n-1)=n+(n-1)(n-2)=(n-1)^2+1$, 即

$$\gamma(D_n)\geqslant (n-1)^2+1. \tag{1.10.3}$$

由式 (1.10.2) 和式 (1.10.3), 得 $\gamma(D_n)=(n-1)^2+1$. ∎

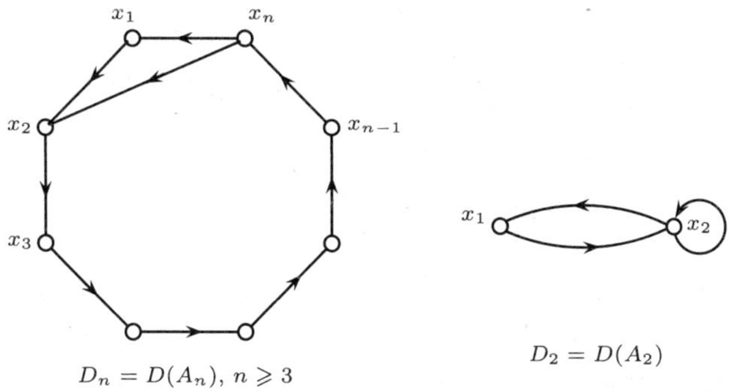

图 1.66　矩阵 $\boldsymbol{A}_n$ 的伴随有向图 D_n

例 1.10.2　设

$$\boldsymbol{B}_2=\begin{pmatrix}1&1\\1&1\end{pmatrix},\quad \boldsymbol{B}_3=\begin{pmatrix}0&1&0\\1&0&1\\1&1&0\end{pmatrix},$$

$$\boldsymbol{B}_n=\begin{pmatrix}0&1&0&0&\cdots&0&0&0\\0&0&1&0&\cdots&0&0&0\\0&0&0&1&\cdots&0&0&0\\\vdots&\vdots&\vdots&\vdots&&\vdots&\vdots&\vdots\\0&0&0&0&\cdots&0&1&0\\1&0&0&0&\cdots&0&0&1\\1&1&0&0&\cdots&0&0&0\end{pmatrix},\quad n\geqslant 4.$$

证明: $\gamma(\boldsymbol{B}_n)=(n-1)^2$.

证明　设 H_n 为 $\boldsymbol{B}_n$ 的伴随有向图 $D(\boldsymbol{B}_n)$, 如图 1.67 所示.

因为 H_n 中含经过每个顶点的有向圈, 所以 H_n 是强连通的, 而且 H_n 中仅含三个不同的有向圈, 其中一个长为 n, 另两个长为 $n-1$. 由于 $\gcd(n,n-1)=1$, 所以 H_n 是本原的.

任取 $x,y\in V(H_n)$, 令 P_{xy} 是 H_n 中最短 (x,y) 路, 并令 P_{xy} 的长为 d_{xy}, 则 $d_{xy}\leqslant n-1$. 由于 H_n 中任何顶点既含在长为 n 的有向圈中, 又含在长为 $n-1$

的有向圈中, 所以在 P_{xy} 上添加若干长为 n 的有向圈和长为 $n-1$ 的有向圈后仍是一条 (x,y) 链. 从而对任意整数 $r\in F(n,n-1)$, H_n 中存在长为 $d_{xy}+r$ 的 (x,y) 链.

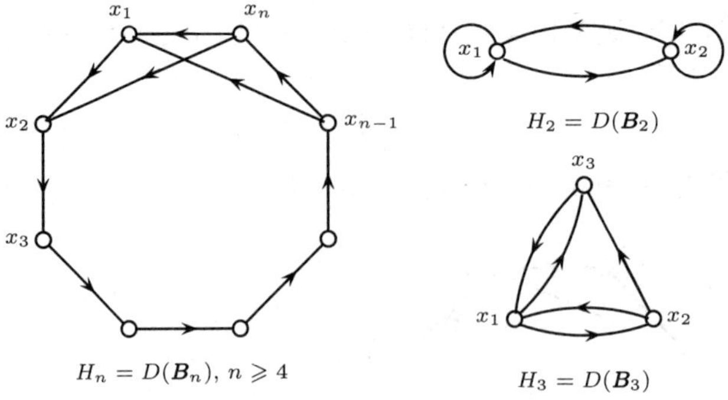

图 1.67　矩阵 $\boldsymbol{B}_n$ 的伴随有向图 H_n

令 $q=\phi(n,n-1)+n-1-d_{xy}$. 由于 $q=\phi(n,n-1)+n-1-d_{xy}\geqslant\phi(n,n-1)$, 所以 $q\in F(n,n-1)$. 于是, H_n 中存在长为 $d_{xy}+q=\phi(n,n-1)+n-1$ 的 (x,y) 链. 由 x,y 的任意性和命题 1.10.2 有 $\gamma(H_n)\leqslant\phi(n,n-1)+(n-1)=(n-1)^2$, 即

$$\gamma(H_n)\leqslant(n-1)^2. \tag{1.10.4}$$

另外, H_n 中 (x_1,x_n) 路 Q 是唯一的, 长为 $n-1$. 所以 H_n 中任何 (x_1,x_n) 链的长 ℓ 均可以表示为 $\ell=n-1+r$, 其中 $r\in F(n,n-1)$. 由于 $\phi(n,n-1)-1\notin F(n,n-1)$, 所以 H_n 中不存在长为 $n-1+\phi(n,n-1)-1$ 的有向链, 即由命题 1.10.2 得 $\gamma(H_n)\geqslant\phi(n,n-1)+n-1=(n-1)^2$, 即

$$\gamma(H_n)\geqslant(n-1)^2. \tag{1.10.5}$$

由式 (1.10.4) 和式 (1.10.5), 得 $\gamma(D_n)=(n-1)^2$. ∎

注　在例 1.10.2 中, 当 $n=4$ 时, H_n 即为图 1.68 所示的 4 阶强连通竞赛图 T_4, 因而 $\gamma(T_4)=9$ (也可以直接验证, 见习题1.10.2).

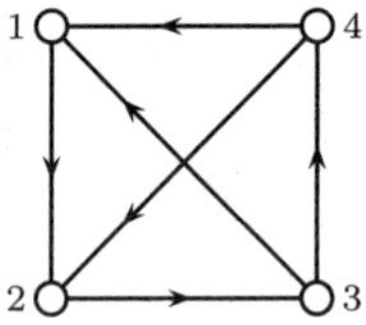

图 1.68　4 阶竞赛图

在同构的意义下, 阶为 n 且含长为 $n-1$ 的圈的强连通有向图只有两个, 如图 1.66 和图 1.67 所示. 由推论1.10.1.2 知, 如果 n 阶强连通有向图 D 含长为 $n-2$ 的圈, 那么 $\gamma(D)\leqslant n^2-3n+4$. 这说明: 不存在 n 阶本原有向图 D, 使得

$$n^2-3n+4<\gamma(D)<(n-1)^2.$$

换言之, 区间 $[1,(n-1)^2+1]$ 中所有整数, 并不都是某个本原矩阵的本原指数. 由此就提出一个问题: 如何找出本原矩阵的所有本原指数集? 国内学者邵嘉裕、柳

柏濂、李乔等在这方面做出了许多出色的工作, 研究成果《组合矩阵论》于 1992 年获得国家教委科技进步奖一等奖.

习题 1.10

1.10.1 证明:

(a) 含环的强连通有向图必是本原的;

(b) 对每个顶点都有环的强连通有向图 D, 有 $\gamma(D) \leqslant d(D)$, 其中 $d(D)$ 是 D 的直径.

1.10.2 设

$$\boldsymbol{A}=\begin{pmatrix} 0 & 1 & 0 & 0 \\ 1 & 0 & 1 & 0 \\ 0 & 0 & 0 & 1 \\ 1 & 0 & 0 & 0 \end{pmatrix}, \quad \boldsymbol{B}=\begin{pmatrix} 0 & 1 & 0 & 0 \\ 0 & 0 & 1 & 0 \\ 1 & 0 & 0 & 1 \\ 1 & 1 & 0 & 0 \end{pmatrix}.$$

(a) 画出 $\boldsymbol{A}$ 和 $\boldsymbol{B}$ 的伴随有向图.

(b) 证明: $\boldsymbol{A}$ 不是本原方阵, 而 $\boldsymbol{B}$ 是本原方阵且 $\gamma(\boldsymbol{B})=9$.

1.10.3 设

$$\boldsymbol{A}=\begin{pmatrix} 0 & 0 & 1 & 1 & 1 & 1 & \cdots & 1 & 1 & 1 \\ 1 & 0 & 0 & 1 & 1 & 1 & \cdots & 1 & 1 & 1 \\ 0 & 1 & 0 & 0 & 1 & 1 & \cdots & 1 & 1 & 1 \\ 0 & 0 & 1 & 0 & 0 & 1 & \cdots & 1 & 1 & 1 \\ \vdots & \vdots & \vdots & \vdots & \vdots & \vdots & & \vdots & \vdots & \vdots \\ 0 & 0 & 0 & 0 & 0 & 0 & \cdots & 1 & 0 & 0 \\ 0 & 0 & 0 & 0 & 0 & 0 & \cdots & 0 & 1 & 0 \end{pmatrix}$$

是 $n(\geqslant 5)$ 阶 $(0,1)$ 方阵. 证明: $\gamma(\boldsymbol{A})=n+2$.

1.10.4 设 T_n 是 $n(\geqslant 4)$ 阶强连通竞赛图. 证明:

(a) $\gamma(T_n)\neq 1,2$;

(b) 若 $n\leqslant 6$, 则 $\gamma(T_n)\neq 3$;

(c) 若 $4\leqslant k\leqslant 7$, 则存在 T_5, 使 $\gamma(T_5)=k$;

(d) 若 $4\leqslant k\leqslant 8$, 则存在 T_6, 使 $\gamma(T_6)=k$;

(e) 设 $n\geqslant 5$, 且 $3\leqslant k\leqslant n+2$. 若存在 T_n, 使 $\gamma(T_n)=k$, 则存在 T_{n+1} 和 T'_{n+1}, 使 $\gamma(T_{n+1})=k$ 且 $\gamma(T'_{n+1})=k+1$;

(f) 设 $n\geqslant 7$ 且 $3\leqslant k\leqslant n+2$, 则存在 T_n, 使 $\gamma(T_n)=k$.

1.10.5 n 阶方阵 $\boldsymbol{A}$ 被称为**可约的** (reducible), 如果存在置换方阵 $\boldsymbol{P}$, 使

$$\boldsymbol{PAP}^{\mathrm{T}}=\begin{pmatrix} \boldsymbol{A}_{11} & \boldsymbol{O} \\ \boldsymbol{A}_{21} & \boldsymbol{A}_{22} \end{pmatrix},$$

其中 $\boldsymbol{A}_{11}$ 是 ℓ 阶方阵, $1\leqslant \ell\leqslant n-1$, 右上角是 $\ell\times(n-\ell)$ 零矩阵; 否则称为**不可约的** (irreducible). 证明:

(a) $n(>1)$ 阶非负方阵 $\boldsymbol{A}$ 不可约 $\Leftrightarrow D(\boldsymbol{A})$ 是强连通的;

(b) 设 $\boldsymbol{A}$ 是不可约的非负方阵且对角线上至少有 $k(\geqslant 1)$ 个非零元素, 则 $\boldsymbol{A}$ 为本原的, 并且 $\gamma(\boldsymbol{A})\leqslant 2n-k-1$.

小结与进一步阅读的建议

正如本章开头所提醒的, 大多数图论学者在他们的著作、论文和演讲中都习惯使用自己的一套术语和记号, 甚至 "图" 这个词的意义也是不统一的. 这里定义的 "图" 是一个具有二元关系的代数结构, 图形和矩阵只是它的两种表示形式. 图的图形表示可以把图的结构特征直观地表现出来, 有利于发现和分析图的结构性质. 图的矩阵表示有利于借助代数方法来研究它, 而且有利于借助计算机, 因为图是以矩阵的形式存储在计算机中的.

本章是全书的基础部分, 主要介绍了图的基本概念、术语、记号、常用的运算、图形表示和矩阵表示以及顶点度、路、连通、距离、直径、回、圈、Euler 图、Hamilton 图、邻接矩阵和关联矩阵等和基本结果. 在本章介绍的几个基本定理中, 最主要的是图论第一定理 (定理 1.3.1 和定理 1.3.2)、2 部图判定定理 (定理 1.6.2)、Euler 图判定定理 (定理 1.7.1 和定理 1.7.2)、Hamilton 图的几个充分条件 (定理 1.8.2 $\sim$ 定理 1.8.4)、Euler 图和 Hamilton 图之间的关系 (定理 1.8.6)、关联矩阵定理 (定理 1.9.1) 和邻接矩阵定理 (定理 1.9.2). 本章还通过例题介绍了图论中常用的基本方法, 如数学归纳法、反证法、最大边法、最短路法和最长路法等. 本章涉及的概念和记号繁多, 但这些都是进一步学习后续章节所必需的, 读者应熟悉和掌握它们. 书末附有常用记号和术语索引, 供读者备查.

连通、距离和直径是重要的图论概念, 除了其图论本身意义外, 在计算机互连网络理论分析中也有着重要的应用. 因此, 对这些参数的研究也备受大量研究工作者的关注. 连通概念将贯穿本书始终, 并将在第 4 章专题讨论它. 有关直径的早期研究问题和进展, 有兴趣的读者可参阅 J. C. Bermond 和 B. Bollobás (1981) [24]、Bermond 等 (1983) [22]、F. R. K. Chung (1986) [72] 以及 J. Plesnik (1984) [297] 的综述文献. 有大量的综述文献报道了有关 (Δ, k)-Moore 图的研究进展和结果, 如 M. Miller 和 J. Širáň (2013) [271] 的文章, 其中包含 356 篇参考文献.

Euler 图是一类重要的图, 研究者们已经发现许多判断准则, 最著名的是本章介绍的 König 判断准则 (有向图) 和 Euler 判断准则 (无向图). 有关 Euler 图及其相关问题研究可参见 H. Fleischner 的专著《Eulerian Graphs and Related Topics》(1990) [123]. 本书 4.6 节和 5.5 节将介绍 Euler 回在解决 "中国投递员问题" 和 "货郎担问题" 中的应用.

Hamilton 问题与 Euler 问题虽只是 "点" 和 "边" 一字之差, 但 Hamilton 问题没有 Euler 问题那么简单. 尽管许多学者做出了不懈的努力, 但至今还没有发现判定 Hamilton 问题的充分必要条件. 事实上, 这是图论中最难的问题之一. 本章只介绍若干充分条件, 即定理 1.8.2 中所述的 Dirac 条件, 其他几个本质上是 Dirac 条件的推广. 推广 Dirac 条件是 Hamilton 问题的研究核心之一, 并已经有了许多结果, 李皓 (2013) [242] 对这些研究成果进行了全面的综述. 有向 Hamilton 圈研究见 D. Kühn 和 D. Osthus (2012) [231] 的综述文章. 本书5.5节将介绍 Hamilton 圈在解决“货郎担问题”中的应用.

本章介绍了两类重要的图的运算: 线图和笛卡尔乘积, 其中线图在图的“点”和“边”概念之间架起了桥梁. 定理 1.8.6 通过线图揭示了 Euler 有向图和 Hamilton 有向图之间的密切关系. 有关线图的基本性质、研究问题与进展, 读者可参阅 F. Harary (1972) [176] 的著作第 8 章以及 R. L. Hemminger 和 L. W. Beineke (1978) [191] 的综述文章. 有关笛卡尔乘积的基本性质将在7.4 节做进一步的介绍.

作为这两种图运算的应用, 本章介绍了三类重要的图类: n 维超立方体、de Bruijn 有向图和 Kautz 有向图. 它们都是计算机互连网络中重要的拓扑结构, 也常常出现在组合学、数论和编码理论等教科书和文献中. 它们的性质和早期研究结果可分别参阅 F. Harary 等 (1988) [181] 以及 J. C. Bermond 和 C. Peyrat (1989) [26] 的综述文献以及笔者的《组合网络理论》(2007) [392] 的第 6～8 章.

在图的矩阵表示中，本章介绍了邻接矩阵定理 (定理 1.9.2) 和邻接矩阵的应用 (见例 1.9.2 和例 1.9.3), 并通过邻接矩阵引进图的特征多项式和 Laplace 矩阵. Laplace 矩阵揭示了邻接矩阵和关联矩阵之间的密切关系. 至于关联矩阵, 本章介绍了它的一个非常重要的结果 (见定理 1.9.1), 第 2 章将介绍关联矩阵的重要应用——图的边空间和支撑树的计数. 借助代数方法来研究图论已形成图论中的一个重要分支——代数图论. 有兴趣的读者可参阅 N. L. Biggs (1974) [28] 以及 C. Godsil 和 G. Royle (2001) [148] 的《Algebraic Graph Theory》. 图的特征值 (即图的谱理论) 是代数图论的重要研究内容, 有兴趣的读者可参阅 F. R. K. Chung (1997) [73] 或者 A. E. Brouwer 和 W. H. Haemers(2012) [52] 的《Spectra of Graphs》.

应用部分介绍了图论在矩阵论中的应用——本原方阵的本原指数, 其中定理 1.9.2 起了关键作用. Rosenblatt 定理的证明, 笔者参考了李乔的《矩阵论八讲》(1988) [244] 和邵嘉裕的《组合数学》(1991) [324]. 图论方法已成为矩阵论中的基本方法之一, 有兴趣的读者可参见柳柏濂的专著《组合矩阵论》 (2005) [246].

图论中最熟知的图莫过于 Petersen 图. 但 J. Petersen (1898) [294] 的文章给出的图并不是图 1.10 所示的那个样子, 而是图 1.2 (a) 所示的样子, 它很不对称. 事实上, A. B. Kempe (见文献 [218] 中 Fig. 13) 于 1886 年就发现了图 1.2 (b) 所示的图. 据 G. Chartrand 和 R. J. Wilson (1985) [68], 图 1.10 中所示的图出自美国哲学家和逻辑学家 C. S. Peirce 在 1903 年所写的一份手稿. D. König (1936) 在他的书 [224] 中首先采用 Petersen 图这一名称 (见文献 [227] 中 Fig. 90 和 Fig.

91), 并指出它们之间的同构是由 G. Kowalewski (1930) [226] 发现的.

历史上, 图及其理论曾经被许多位数学家各自独立地建立和研究过. 这是因为图论本身就是数学的一部分, 所以出现这种情况并不是偶然的巧合. 著名的瑞士数学家 Euler [111] 于 1736 年解决 Königsberg 七桥问题的论文被公认为图论第一篇论文. 原文为拉丁文, 英文翻译由 N. L. Biggs 等 (1976) [29] 完成. 欲想了解 Euler 与 Königsberg 七桥问题的历史背景的读者可参阅 G. L. Alexanderson [4] 的历史回顾和 R. J. Wilson (1986) [384] 的纪念文章.

1878 年, 数学家 J. Sylvester [332] 第一次用到 "graph" 这个词. 1936 年, 匈牙利数学家 D. König 出版《Theory of Finite and Infinite Graphs》[224] 一书. 该书是第一本图论专著, 原文为德文. 1990 年, R. McCoart 将它翻译成英文, Tutte 逐章做了注释, 书末附有 T. Gallai 撰写的 König 的生平简介和论文概述. 早期的图论历史和研究文献见 N. L. Biggs 等人的《Graph Theory: 1736–1936》(1976) [29]. 1940～1978 年被《Mathematical Reviews》收录评论的图论研究文章由 W. G. Brown 收集在《Reviews in Graph Theory》(1980) [53] 中, 共 7 卷.

第一部中文图论教材《图的理论及其应用》出版于 1963 年, 由李修睦译自 C. Berge 的《Théorie des Graphen et ses Applications》(1958) [21]. 正是这本书, 将 "graphen" (graph) 译成 "图", 并一直沿用下来.

一般的入门参考书, 读者可参阅 J. A. Bondy 和 U. S. R. Murty 的《Graph Theory with Applications》(1976) [43]. 这是一部通俗易懂并被普遍采用的图论教科书, 书末提出 50 个未解决的问题和大量著名的图, 40 年来一直没有修订再版. 张克民、林国宁和张忠辅 (1988) [402] 已将该书的所有习题做了解答. 进一步的阅读, 建议读者参阅 G. Chartrand 和 L. Lesniak 的《Graphs and Digraphs》(2005) [67]、D. B. West (2001) [372]、R. Diestel (2016) [86] 以及 Bondy 和 Murty (2008) [44] 的《Graph Theory》. 专门阐述有向图及其研究问题和结果, 读者可参阅 J. Bang-Jensen 和 G. Gutin 的《Digraphs》(2001) [15], 书末列出了 762 条参考文献.

笔者在科学出版社出版的英文教科书《A First Course in Graph Theory》(2015) [393], 除包含本书大部分内容外, 还增加了一些拓展内容, 通过脚注简单介绍了著名图论学者及其贡献, 以及若干有趣的历史典故. 敬请有兴趣的读者参阅和引用.

第 2 章　树与图空间

当人们用图来模拟某一个系统时, 常常遇到这种情况: 代表该系统的模拟图不含圈. 例如, 城市供水、供电系统就是这样的情况. 若把供水系统中所有的阀门或供电系统中所有的开关作为模拟图的顶点, 而把供水管道或供电线路作为模拟图的边, 则这样构作出来的模拟图不含圈. 本章讨论这样一种特殊类型的图.

不含圈的连通图称为树. 几乎所有的图论学者、图论教材和图论文献都这么称呼它. 树是图论中最简单而又最重要并且应用最广泛的一类图, 也是图论中最早研究的主题之一.

本章首先介绍树的基本性质, 接着讨论支撑树与圈集以及割集之间的关系. 借助于线性代数中线性空间的理论, 引进图空间、圈向量和割向量的概念, 揭示支撑树、圈集与割集之间的密切关系. 利用图的关联矩阵, 进一步揭示有向图 D 中所有割向量构成的向量空间 $\mathscr{B}(D)$ 和所有圈向量构成的向量空间 $\mathscr{C}(D)$ 与 D 的关联矩阵中所有行向量构成的向量空间 $\mathscr{M}(D)$ 之间的密切关系: $\mathscr{B}(D)$ 与 $\mathscr{M}(D)$ 相等, 而 $\mathscr{C}(D)$ 是 $\mathscr{B}(D)$ 在图 D 的边空间 $\mathscr{E}(D)$ 中的正交补.

图空间是图论中的重要概念, 除了理论意义外, 它有非常广泛的应用, 特别是电网络分析中的重要工具之一.

在对图空间的讨论中, 支撑树起了重要作用. 每棵支撑树和余树分别生成相互正交的割向量组和圈向量组, 它们分别构成割空间 $\mathscr{B}$ 和圈空间 $\mathscr{C}$ 中的一组基. 由于圈空间 $\mathscr{C}$ 和割空间 $\mathscr{B}$ 在边空间 $\mathscr{E}$ 中正交互补, 所以任何支撑树都可以生成图的边空间 $\mathscr{E}$ 的一组基. 利用这些理论导出连通图中支撑树数目的各种计数公式, 特别是著名的矩阵 – 树定理.

应用部分将介绍求最小连接问题和最短路问题的有效算法, 以及树、圈集、割边集与图空间在电网络分析中的应用.

2.1 树与支撑树

不含圈的图被称为**林** (forest) 或**无圈图** (acyclic graph). 连通的无圈图被称为**树** (tree). 在图 2.1 中, (a) 是林, (b) 和 (c) 都是树, 其中 (c) 是有向图, 亦称为有向树. 由于 D 是林 $\Leftrightarrow D$ 的每个连通分支都是树, 而且 D 是树 $\Leftrightarrow D$ 的基础图 G 是树, 所以本节只对无向图 G 来叙述树的性质.

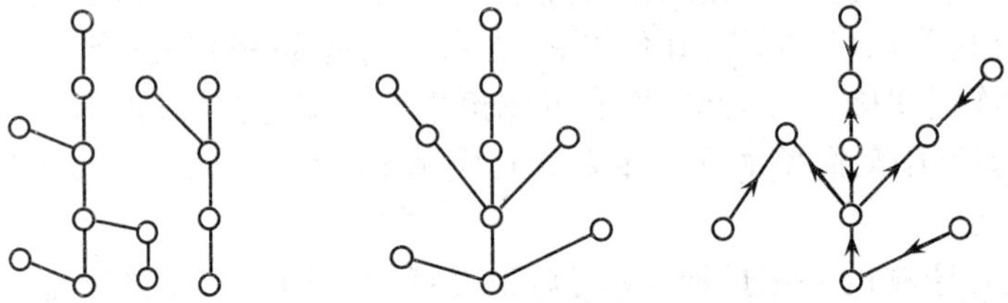

图 2.1 (a) 林; (b) 树; (c) 有向树

定理 2.1.1(D. König, 1936 [224]) G 是树 $\Leftrightarrow G$ 中无环, 并且任何不同的两顶点恰由一条路连接.

证明 ($\Rightarrow$) 由于 G 是树, 所以 G 不含环和平行边, 即 G 是简单图. 设 $x,y\in V(G)$, 并设 P_1 和 P_2 是 G 中两条不同的 xy 路, 则 $P_1\cup P_2$ 是闭链, 并且存在 $e\in E(P_1)$ 且 $e\notin E(P_2)$. 子图 $(P_1\cup P_2)-e$ 是连通的. 设 $e=uv$. 于是在 $(P_1\cup P_2)-e$ 中存在 uv 路 P, 且 $P+e$ 是 G 中的圈, 矛盾于 G 是树的假定. 所以 G 中恰有一条 xy 路.

($\Leftarrow$) 由于 G 中任何不同两顶点由一条路连接并且无环, 所以 G 是连通的简单图. 假若 G 含圈 C, 则 $v(C)\geqslant 3$. 任取 $x,y\in V(C)$. 于是在 C 上有两条连接 x 和 y 的路, 矛盾于假定. 所以 G 中不含任何圈, 即 G 是树. ∎

定理 2.1.2 G 是树 $\Leftrightarrow G$ 连通且对任何 $e\in E(G)$, 均有 $\omega(G-e)=2$.

证明 设 G 是树, 由定理 2.1.1 知 G 是简单连通图. 设 $e=xy\in E(G)$, 则 $\omega(G-e)\leqslant 2$. 由定理 2.1.1 知 xey 是 G 中唯一的 xy 路. 所以 x 和 y 在 $G-e$ 的不同连通分支中. 于是 $\omega(G-e)\geqslant 2$, 故有 $\omega(G-e)=2$.

反之, 设 G 含圈 C 且 $e\in E(C)$, $\psi_G(e)=xy$. 由于 G 是连通的且 $\omega(G-e)=2$, 所以 e 不是环, 即 x 和 y 在 $G-e$ 的不同连通分支中. 然而 $C-e$ 是 $G-e$ 中 xy 路, 矛盾于 $\omega(G-e)=2$. 所以 G 不含圈, 即 G 是树. ∎

定理 2.1.3 G 是树 $\Leftrightarrow G$ 连通且 $\varepsilon=\upsilon-1$.

证明 $(\Rightarrow)$ 因为 G 是树, 所以 G 是连通的. 下面对 $\varepsilon\geqslant 0$ 用归纳法来证明 $\varepsilon=\upsilon-1$. 当 $\varepsilon=0$ 时, 结论显然成立. 假定对于边数小于 ε 的所有树结论均成立, 并设 G 是边数为 ε $(\geqslant 1)$ 的树. 取 $e\in E(G)$. 由定理 2.1.2 知 $\omega(G-e)=2$. 设 G_1 和 G_2 是 $G-e$ 的两个连通分支, 则 G_1 和 G_2 都为树, 并且 $\varepsilon(G_i)<\varepsilon$, $i\in\{1,2\}$. 由归纳假设 $\varepsilon(G_i)=\upsilon(G_i)-1$. 于是

$$\varepsilon(G)=\varepsilon(G_1)+\varepsilon(G_2)+1=\upsilon(G_1)+\upsilon(G_2)-1=\upsilon(G)-1.$$

$(\Leftarrow)$ 对 $\upsilon\geqslant 1$, 用归纳法来证明 G 中不含圈. 当 $\upsilon=1$ 时, $\varepsilon=0$. G 是平凡图, 因而无圈. 下设任何 $\upsilon(\geqslant 1)$ 阶且 $\varepsilon=\upsilon-1$ 的连通图都不含圈, 并设 G 是 $\upsilon+1$ 阶且 $\varepsilon=\upsilon$ 的连通图. 由于 G 是连通的非空图, 所以 $\delta(G)\geqslant 1$. 若 $\delta(G)\geqslant 2$, 则由定理 1.3.2 知

$$2\upsilon=2\varepsilon=\sum_{x\in V}d_G(x)\geqslant 2(\upsilon+1),$$

这是不可能的. 所以存在 $x\in V(G)$, 使 $d_G(x)=1$. 于是 $G-x$ 是 υ 阶连通图, 并且 $\varepsilon(G-x)=\upsilon-1$. 由归纳假设 $G-x$ 不含圈, 所以 G 是连通的且不含圈, 因而是树. ∎

推论 2.1.3 G 是林 $\Leftrightarrow \varepsilon=\upsilon-\omega$.

例 2.1.1 无孤立点的林至少有 2ω 个 1 度点.

证明 设 G 是无孤立点的林, 则 $\delta(G)\geqslant 1$. 设 $X=\{x\in V(G):\ d_G(x)=1\}$. 由定理 1.3.2 和推论 2.1.3 有

$$2(\upsilon-\omega)=2\varepsilon=\sum_{x\in V}d_G(x)\geqslant |X|+2(\upsilon-|X|).$$

由此可知 $|X|\geqslant 2\omega$, 即 G 中至少有 2ω 个 1 度点. ∎

作为林或树的应用, 下面举一个例子.

例 2.1.2 (J. A. Bondy, 1972 [40]) 设 $\mathscr{A}=\{A_1,A_2,\cdots,A_n\}$ 是 $X=\{1,2,\cdots,n\}$ 的 n 个不同子集族, 则存在 $x\in X$, 使得 $A_1\setminus\{x\},A_2\setminus\{x\},\cdots,A_n\setminus\{x\}$ 互不相同.

证明 首先注意到, 若 $A,B\subset X$, $A\neq B$, 且 $A\setminus\{i\}=B\setminus\{i\}$, 则或者 $A=B\cup\{i\}$ 或者 $B=A\cup\{i\}$. 因此, A 与 B 的对称差 $A\Delta B=(A\setminus B)\cup(B\setminus A)=\{i\}$.

用反证法. 设对任何 $i\in X$, 存在 $k=k(i)$ 和 $\ell=\ell(i)$ $(1\leqslant k<\ell\leqslant n)$, 使得 $A_k\setminus\{i\}=A_\ell\setminus\{i\}$. 由于 $A_k\neq A_\ell$, 所以 $A_k\Delta A_\ell=\{i\}$. 构作简单无向图 G:

$$V(G)=X,\ \ k(i)\ell(i)\in E(G)\quad\Leftrightarrow\quad A_k\Delta A_\ell=\{i\},\ 1\leqslant i\leqslant n.$$

由假定有 $\varepsilon(G) \geqslant n = v(G)$. 由推论2.1.3 知 G 中含有圈. 设 $(i_1, i_2, \cdots, i_s, i_1)$ 是 G 中的圈. 不妨设 $i_j = j$, 则存在 k, ℓ, 使得 $i_j = k(j)$ 且 $i_{j+1} = \ell(j)$, $1 \leqslant j \leqslant s$. 于是

$$\begin{aligned}\{s\} &= A_1 \Delta A_s = (A_1 \Delta A_2)\Delta(A_2 \Delta A_3)\Delta \cdots \Delta(A_{s-1}\Delta A_s)\\ &\subset \bigcup_{j=1}^{s-1}(A_j \Delta A_{j+1}) = \{1, 2, \cdots, s-1\}.\end{aligned}$$

这显然是个矛盾, 命题得证. ∎

注意, 这个结论对 $n+1$ 不成立. 例如, 当 $\mathscr{A} = \{\emptyset, \{1\}, \{2\}, \cdots, \{n\}\}$ 时, 上述的 x 不存在.

设 F 是图 D 的支撑子图, 并且 $\omega(F) = \omega(D)$. 若 F 是林, 则称 F 为 D 的**支撑林** (spanning forest); 若 F 是树, 则称 F 为 D 的**支撑树** (spanning tree).

支撑林和支撑树的概念与边的方向无关, 只需对无向图来叙述它们的性质. 图 2.2 中粗边所示的是支撑林和支撑树.

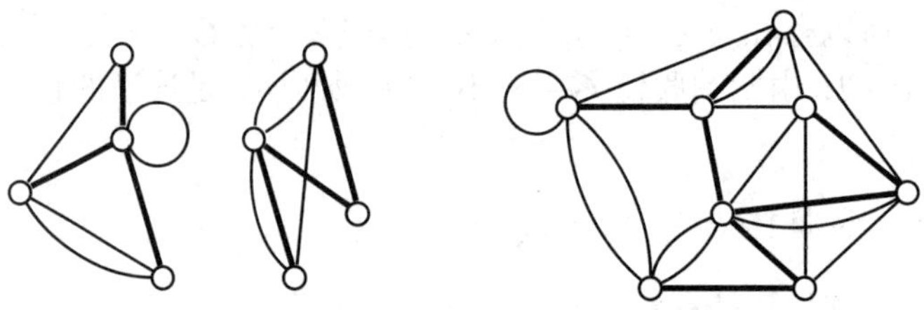

(a) (b)

图 2.2 (a) 支撑林 (粗边); (b) 支撑树 (粗边)

定理 2.1.4 **图 G 含支撑树 $\Leftrightarrow$ G 是连通的 $\Leftrightarrow$ 对任何非空子集 $S \subset V(G)$, 均有 $[S, \overline{S}] \neq \emptyset$.**

证明 由定理 1.4.3 立即得第二个结论. 只需证第一个结论. 设 G 含支撑树, 则 G 显然是连通的. 反之, 设 T 是连通图 G 的连通支撑子图且使其边尽可能少. 于是, 对任何 $e \in E(T)$, 有 $\omega(T-e) = 2$. 由定理 2.1.2 知 T 是树. ∎

推论 2.1.4 **每个图都含支撑林或者支撑树, 且** $\varepsilon \geqslant v - \omega$.

证明 设 G 是任意图. 由定理 2.1.4 知第一个结论显然成立. 设 F 是 G 中的支撑林. 再由推论2.1.3 知 $\varepsilon(F) = v - \omega$. 于是, $\varepsilon(G) \geqslant \varepsilon(F) = v - \omega$. ∎

例 2.1.3 (O. Ore, 1962 [287]) 设 G 是连通图, $x, y \in V(G)$, 则存在 G 的支撑树 T, 使得 $d_T(x,y) = d_G(x,y)$.

证明 不妨设 G 是简单图, 并设 G 的直径为 d, x 是 G 中的任意顶点. 令

$$J_i(x)=\{y\in V(G):\ d_G(x,y)=i\},\quad 0\leqslant i\leqslant d.$$

因为 G 是连通的, 所以对 G 中任何异于 x 的顶点 y, 存在 $i(1\leqslant i\leqslant d)$, 使得 $y\in J_i(x)$, 而且 y 在 $J_{i-1}(x)$ 中至少有一个邻点 x_{i-1}. 删去除 yx_{i-1} 外的所有异于 yz 的边, 其中 $z\in J_{i-1}(x)\cup J_i(x)$. 对 G 中所有异于 x 的顶点 y, 重复这个过程, 最后得到的图记为 T (见图 2.3, 其中粗边表示 T).

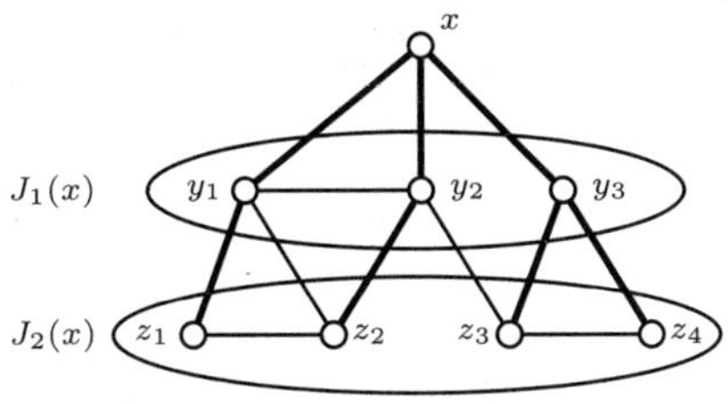

图 2.3　例 2.1.3 中支撑树的构造图示

从 T 的构造知 T 是 G 中不含圈的支撑子图, 对任何异于 x 的顶点 y, 有 $d_T(x,y)=d_G(x,y)$, 而且 T 中存在唯一的 xy 路, 所以 T 是满足要求的支撑树. ∎

计算机科学中的各种数据结构常常用有根树来模拟. 设 T 是树, x 是 T 中的固定顶点 (称为**根** (root)), y 是 T 中任意异于 x 的顶点. 由定理 2.1.1, T 中有唯一的 xy 路 P. 若 P 是有向 (x,y) 路, 则称 T 为**外向树** (out-tree); 若 P 是有向 (y,x) 路, 则称 T 为**内向树** (in-tree). 外向树和内向树被统称为**有根树** (rooted tree) 或**树形图** (arborescence or branching). 图 2.4 所示的图是根在 x 的无向树、外向树和内向树.

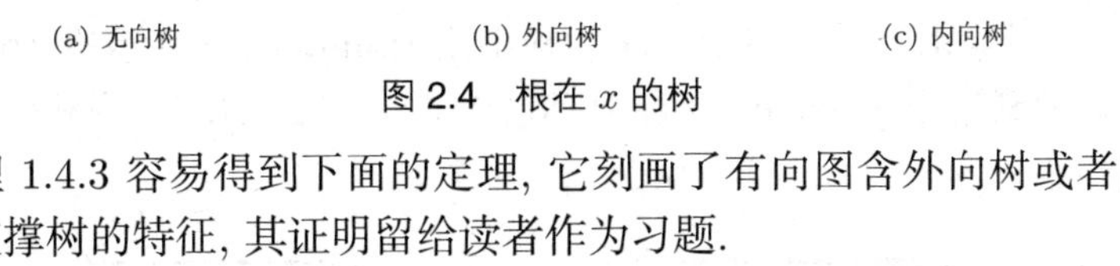

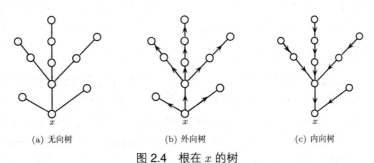

(a) 无向树　　(b) 外向树　　(c) 内向树

图 2.4　根在 x 的树

由定理 1.4.3 容易得到下面的定理, 它刻画了有向图含外向树或者内向树和无向图含支撑树的特征, 其证明留给读者作为习题.

定理 2.1.5　**设** G **是无向图,** D **是有向图,** $S\subset V(G)$ (**或** $S\subset V(D)$), $x\in S$, **则**

(a) G 含根在 x 的支撑树 $\Leftrightarrow [S,\overline{S}]\neq\emptyset$;
(b) D 含根在 x 的支撑外向树 $\Leftrightarrow (S,\overline{S})\neq\emptyset$;
(c) D 含根在 x 的支撑内向树 $\Leftrightarrow (\overline{S},S)\neq\emptyset$.

设 H 是 G 的子图, 则称 $G-E(H)$ 为 H 在 G 中的**余图** (cograph), 记为 $\overline{H}(G)$. 易知, 若 $G=K_v$, 则 $\overline{H}(K_v)=H^c$. 若 F 是 G 的支撑林 (或树), 则称 $\overline{F}(G)$ 为 G 的**余林** (**或余树**) (coforest or cotree). 在不至于引起混淆的情况下, 简记 $\overline{F}(G)$ 为 $\overline{F}$, $\overline{T}(G)$ 为 $\overline{T}$. 有时也用 $\overline{F}$ (或 $\overline{T}$) 替代 $E(\overline{F})$ (或 $E(\overline{T})$).

例如, 考虑图 2.5 (a) 所示的图 G, 粗边所示的子图是支撑树 T, 而 (b) 中所示的子图是余树 $\overline{T}(G)$. 边 $a_2\in\overline{T}$, 四条边 a_1,a_2,a_3,a_9 在 $T+a_2$ 中形成唯一圈 (见图 2.5 (c), 如粗边所示). 一般地, 有下列结果:

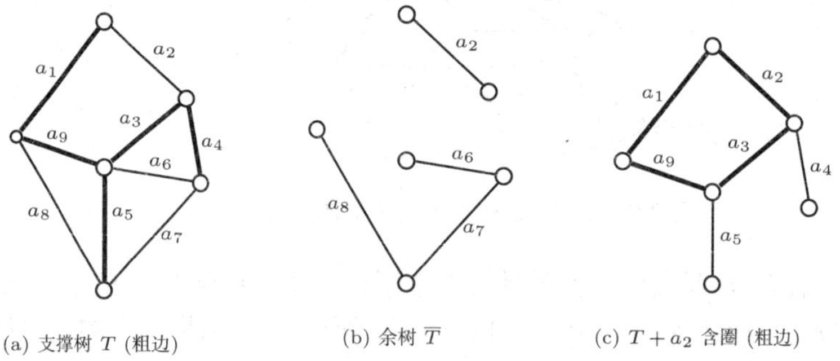

图 2.5　图 G 中的支撑树、余树和圈

定理 2.1.6 (D. König, 1936)　**设** F **是** G **的支撑林. 若存在** $e\in\overline{F}$, **则** $F+e$ **含唯一圈.**

证明　设 $e\in\overline{F}$. 由支撑林的定义知 $F+e$ 含圈. 设 $F+e$ 含两个不同的圈 C_1 和 C_2. 由于 F 不含圈, $e\in E(C_1\cap C_2)$, 因此 $(C_1\cup C_2)-e$ 是闭链, 从而含圈 C'. 易知 C' 是 F 中的圈, 这与 F 是林的假定矛盾. 故 $F+e$ 恰含一个圈. ∎

推论 2.1.6　**图** G **中至少含** $\varepsilon-v+\omega$ **个不同的圈.**

数 $\varepsilon-v+\omega$ 被称为 G 的**圈秩** (cycle rank), 亦被称为 **Betti 数** (Betti number).

设 D 是连通图, B 是 E 的非空子集. 若存在非空子集 $S\subset V(D)$, 使 $B=[S,\overline{S}]$, 则称 B 为 D 的**割** (cut). 由定理 1.4.3 知任何连通图必含割. 若割 B 的任何非空真子集都不是割, 则称 B 为**极小割** (minimal cut) 或**键** (bond). 边数为 1 的割即为**割边** (cut edge) 或**桥** (bridge). 图 2.6 所示的是割和极小割 (键) (如粗边所示).

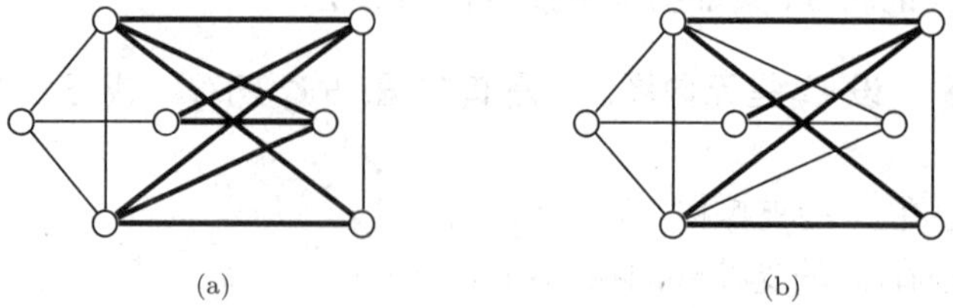

图 2.6　(a) 割 (粗边); (b) 极小割 / 键 (粗边)

显然, 若 B 是 G 的割, 则 $\omega(G-B)>\omega(G)$; 反之不成立. 例如, 设 G 是图 2.7 (a) 所示的图, B 为其中的粗边集, $G-B$ 如图 2.7 (b) 所示. 显然, $\omega(G-B)>\omega(G)$, 但不存在 $S\subset V(G)$, 使得 $B=[S,\overline{S}]$. 这说明 B 不是 G 的割. 由于割概念与边的方向无关, 以下只需考虑无向图 G.

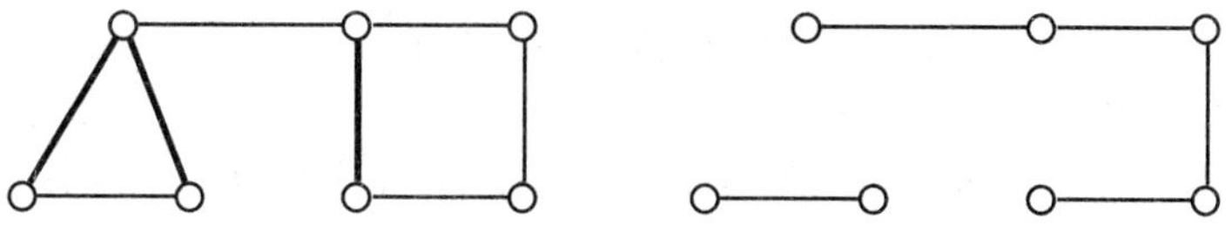

(a) 子集 $B\subset E(G)$ (粗边)　　(b) $G-B$ 是不连通的

图 2.7　非割的例子

定理 2.1.7 (D. König, 1936)　**设** F **是非空图** G **的支撑林**, $e\in E(F)$, **则**

(a) $\overline{F}$ **不含** G **中的键**;

(b) $\overline{F}+e$ **含有且仅含有** G **中一个键**.

证明　(a) 设 B 是 G 的键, 则

$$\omega(G-B)=\omega(G)+1=\omega(F)+1.$$

因而 $E(F)\cap B\neq\emptyset$. 于是, $B\not\subseteq E(\overline{F})$.

(b) 设 S 是 $F-e$ 的某连通分支的顶点集, 则 $B=[S,\overline{S}]$ 是 G 的割, 因而 $\overline{F}+e$ 含 G 的键. 设 $\overline{F}+e$ 含两个不同的键 B_1 和 B_2. 由 (a) 知 $\overline{F}$ 不含 G 中的键, 所以 $e\in B_1\cap B_2$. 因此, $(B_1\cup B_2)-e$ 含有 G 的键 B' (见习题 2.1.12), 即 $\overline{F}$ 含键 B'. 矛盾于 (a), 故 $\overline{F}+e$ 仅含一个键. ∎

推论 2.1.7　**图** G **中至少含** $\upsilon-\omega$ **个不同的键.**

习 题 2.1

2.1.1 设 G 是非平凡树. 证明:

(a) G 中最长路的两端点均为 1 度点;

(b) G 中所有最长路至少有一个公共顶点;

(c) 若 $d(G)\geqslant 2k-3$ $(k\geqslant 3)$, 则 G 至少含 $\upsilon-k$ 条长 $\geqslant k$ 的路.

2.1.2 设 G 是非平凡树, υ_i 表示 G 中 i 度点的数目. 证明:

(a) $\upsilon_1\geqslant\Delta(G)$;

(b) 若 $\upsilon_1=2$, 则 G 是一条路;

(c) 或者 $\upsilon_1\geqslant\upsilon_i$ $(2\leqslant i\leqslant\Delta)$, 或者 $\upsilon_2>\upsilon_1>\upsilon_i$ $(3\leqslant i\leqslant\Delta)$;

(d) 令 $U=\{x\in V(G):\ d_G(x)\geqslant 3\}$, 则 $\upsilon_1=2+\sum\limits_{x\in U}(d_G(x)-2)$.

2.1.3 设 T 是非平凡树. 证明:

(a) T 是 2 部图.

(b) 设 $\{X,Y\}$ 是 T 的 2 部划分, 则

(i) 若 $|X|\geqslant|Y|$, 则 X 中至少有 1 个 1 度点;

(ii) 若 $|X|=|Y|+k$, 则 X 中至少有 $k+1$ 个 1 度点.

2.1.4 设 G 是连通图, $x\in V(G)$. 证明: 设 T_1 和 T_2 是 G 的两棵支撑树, 并且 $T_1-x\cong T_2-x$, 则 $d(T_1)=d(T_2)$.

2.1.5 设 G 是恰有 $2k$ $(k\geqslant 1)$ 个奇度点的林. 证明: G 有 k 条边不交的路 $P_1,\cdots,P_k$, 使得 $E(G)=E(P_1)\cup\cdots\cup E(P_k)$.

2.1.6 设 G 是 k $(\geqslant 2)$ 阶树. 证明: 若 H 是简单无向图且 $\delta(H)\geqslant k-1$, 则 H 中存在同构于 G 的子图.

2.1.7 设 $G_i=(V_i,E_i)(1\leqslant i\leqslant k)$ 是树 G 的子树, $B=V_1\cap V_2\cap\cdots\cap V_k$. 证明:

(a) 若 $V_i\cap V_j\neq\emptyset$ $(1\leqslant i\neq j\leqslant k)$, 则 $B\neq\emptyset$;

(b) 若 $B\neq\emptyset$, 则 $G[B]$ 是 G 的子树.

2.1.8 饱和烃分子形如 C_mH_n, 其中每个碳原子的化合价为 4, 每个氢原子的化合价为 1, 并且任何化合价序列都不构成圈.

(a) 证明: 对每个正整数 m, 仅当 $n=2m+2$ 时 C_mH_n 存在.

(b) 当 $1\leqslant m\leqslant 3$ 时, 分别画出饱和烃分子模型图, 它们分别代表什么化合物?

(c) 当 $m=4$ 时, 饱和烃分子模型图有两个对应的化合物叫同分异构体. 画出这两个分子模型图并写出对应的同分异构体.

2.1.9 10 个学生参加一次考试, 试题有 10 道. 已知没有两个学生做对的题目完全相同. 证明: 在这 10 道试题中可以找到一道试题, 将这道试题取消后, 每两个学生所做对的题目仍然不会完全相同.

2.1.10 设 $\mathscr{A}=\{A_1,A_2,\cdots,A_n\}$ 是 $X=\{1,2,\cdots,n\}$ 的 n 个不同子集族. 证明: 存在 $x\in X$, 使得 $A_1\cup\{x\},A_2\cup\{x\},\cdots,A_n\cup\{x\}$ 互不相同.

2.1.11 证明:

(a) 定理 2.1.5.

(b) 设 D 是强连通有向图, $x\in V(D)$, 则 D 中存在根在 x 的外向树和内向树.

(c) 有向图 D 是根在 x 的外向树 $\Leftrightarrow D$ 不含有向圈, $d^-_D(x)=0$ 且对任何异于 x 的 $y\in V(D)$, 均有 $d^-_D(y)=1$.

(d) 设 G 是简单连通图, $x\in V(G)$, 则 G 有定向图 D, 使得 D 有支撑树 T 满足:

(i) T 是根在 x 的外向树;

(ii) 对任何 $a\in E(\overline{T})$, $T+a$ 含有向圈;

(iii) 对 D 中任何有向圈 C, 存在 $a\in E(\overline{T})$, 使得 $C\subseteq T+a$.

2.1.12 证明:

(a) 每个割都是边不交键的并.

(b) 设 B_1 和 B_2 是键, 则 B_1 和 B_2 的对称差 $B_1\Delta B_2$ 是割, 因而含键.

(c) G 中至少含 $\varepsilon-\upsilon+\omega$ 个不同的圈和 $\upsilon-\omega$ 个不同的键.

2.1.13 (a) 设 G 是连通的且 S 是 $V(G)$ 的非空真子集. 证明:

(i) 割 $E_G(S)$ 是极小的 $\Leftrightarrow G[S]$ 和 $G[\overline{S}]$ 都是连通的;

(ii) $d_G(S) = \sum\limits_{x\in S} d_G(x) - 2\varepsilon(G[S])$;

(iii) 若对任意的 $S \subset V(G)$, 均有 $d_G(S) < \delta(G)$, 则 $|S| > \delta(G)$.

(b) 举例说明: (a) 中结论 (i) 对有向图的强连通性不真.

2.1.14 证明: 设 T 是连通图 G 的支撑树, 则对称差 $\Delta_{e\in \overline{T}}(T+e)$ 不含奇度点, 其中 $T+e$ 表示 $T+e$ 中唯一的圈.

2.1.15 连通图 G 的**树图** $T^*(G)$ 是简单无向图: $V(T^*)=\{T: T$ 为 G 的支撑树 $\}$, 两棵支撑树 T_i 与 T_j 相邻 $\Leftrightarrow T_i$ 和 T_j 在 G 中恰有 $\upsilon-2$ 条公共边. 证明: T^* 是连通图.

2.1.16 设 T 是 G 的支撑树. 证明: 对 G 中任何支撑树 H, G 中存在支撑树序列 $T=T_1,T_2,\cdots,T_n=H$, 使得对每个 i $(1\leqslant i\leqslant n-1)$, T_{i+1} 是从 T_i 中删去一条边后再添加 $\overline{T}_i$ 中一条边而得到的.

2.1.17 证明: 若图 G 含 k 棵边不交支撑树, 则对 $V(G)$ 的每个划分 $\{V_1,V_2,\cdots,V_n\}$, 均有 $|E_G[V_i,V_j]|\geqslant k(n-1)\,(j\neq i)$.

(W. T. Tutte (1961) [351] 和 C. St. J. A. Nash-Williams (1961) [281] 已分别独立证明: G 含 k 棵边不交支撑树的这个必要条件也是充分条件.)

2.1.18 设 G 是连通无向图, n 是正整数. G 的 n 次幂 (n-power), 记为 G^n, 是无向图, 其中 $V(G^n)=V(G)$, $xy\in E(G^n)\Leftrightarrow 1\leqslant d_G(x,y)\leqslant n$. 证明:

(a) 若 $d_G(x,y)=d(G)$, 则 $d_{G^n}(x,y)=d(G^n)=\lceil d(G)/n\rceil$;

(b) G^3 是 Hamilton 连通的. (J. J. Karagams, 1968 [214])

(结论 (b) 意味着 G^3 是 Hamilton 图. H. Fleischner (1974) [122] 证明了无割点图 G 的 G^2 是 Hamilton 图. P. Underground (1978) [357] 证明了: 确定 G^2 是否是 Hamilton 图是 NPC 问题.)

2.2　图的向量空间

设 D 是简单有向图, $V(D)=\{u_1,u_2,\cdots,u_\upsilon\}$, $E(D)=\{a_1,a_2,\cdots,a_\varepsilon\}$. D 的**顶点空间** (vertex-space) $\mathscr{V}(D)$ 是指 $V(D)$ 到实数集 $\mathbf{R}$ 的所有函数的向量空间. D 的**边空间** (edge-space) $\mathscr{E}(D)$ 是指 $E(D)$ 到实数集 $\mathbf{R}$ 的所有函数的向量空间. 显然, $\dim \mathscr{V}(D)=\upsilon$, $\dim \mathscr{E}(D)=\varepsilon$.

设 $\boldsymbol{f}\in\mathscr{V}(D)$, $\boldsymbol{f}(u_i)=x_i$, 则通常可以写成形式和:

$$\boldsymbol{f}=\sum_{i=1}^{\upsilon} x_i\boldsymbol{u}_i,,\quad \boldsymbol{u}_i(u_j)=\begin{cases}1, & j=i,\\ 0, & j\neq i.\end{cases}$$

那么 $\boldsymbol{u}_1,\boldsymbol{u}_2,\cdots,\boldsymbol{u}_\upsilon$ 可以看成是 $\mathscr{V}(D)$ 的一组基. $(x_1,x_2,\cdots,x_\upsilon)$ 可以看作是 $\boldsymbol{f}$ 在这组基下的坐标. 记 $\boldsymbol{f}=(x_1,x_2,\cdots,x_\upsilon)$.

同样, 设 $\boldsymbol{g}\in\mathscr{E}(D)$, $\boldsymbol{g}(a_i)=y_i$, 可以写成

$$\boldsymbol{g}=\sum_{i=1}^{\varepsilon}y_i\boldsymbol{a}_i,\quad \boldsymbol{a}_i(a_j)=\begin{cases}1, & j=i,\\ 0, & j\neq i,\end{cases}$$

并称 $\boldsymbol{a}_1,\boldsymbol{a}_2,\cdots,\boldsymbol{a}_\varepsilon$ 是 $\mathscr{E}(D)$ 的一组基, $(y_1,y_2,\cdots,y_\varepsilon)$ 是 $\boldsymbol{g}$ 在这组基下的坐标, 记 $\boldsymbol{g}=(y_1,y_2,\cdots,y_\varepsilon)$.

在这两个空间中赋予通常的内积, 在这种内积下, 空间任何基中两组向量是正交的. 本节只考虑无环图 D 的边空间 $\mathscr{E}(D)$.

设 $\boldsymbol{w}\in\mathscr{E}(D)$, 称 $(D,\boldsymbol{w})$ 为**加权图** (weighted graph), $\boldsymbol{w}$ 亦称为**权函数**, $\boldsymbol{w}(a)$ 称为边 a 的**权** (weight) 或者**权值**. 权通常以矩阵的形式给出, 这样的矩阵称为**加权矩阵**. 图 2.8 所示的是加权有向图 $(D,\boldsymbol{w})$, 其中有向边旁的数字就是该边的权, 右边的矩阵 $\boldsymbol{W}=(w_{ij})$ 是对应的加权矩阵, 其中 $w_{ij}=\boldsymbol{w}(a)$, $a=(x_i,x_j)\in E(D)$. 事实上, 加权矩阵是邻接矩阵的推广, 因为当 $\boldsymbol{w}(a)\equiv 1$ 时加权矩阵就是邻接矩阵. 加权图经常出现在应用中, 根据实际问题, 权可以是距离 (**加权距离**), 也可以是费用等等. 权为距离和费用的加权矩阵分别被称为**距离矩阵**和**费用矩阵**.

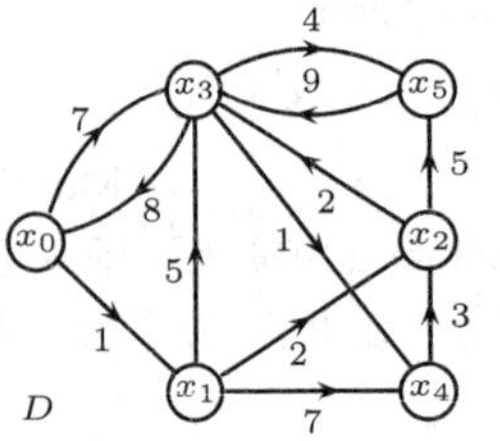

$$\boldsymbol{W}=\begin{pmatrix}0&1&0&7&0&0\\0&0&2&5&7&0\\0&0&0&2&0&5\\8&0&0&0&1&4\\0&0&3&0&0&0\\0&0&0&9&0&0\end{pmatrix}$$

图 2.8 加权有向图 $(D,\boldsymbol{w})$ 及其对应的加权矩阵 $\boldsymbol{W}$

设 $B\subseteq E(D)$. 记

$$\boldsymbol{w}(B)=\sum_{a\in B}\boldsymbol{w}(a).$$

设 $S\subset V(D)$. 记 $E_D^+(S)=(S,\overline{S})$, 即 D 中起点在 S 而终点在 $\overline{S}$ 的边集. 同样, 记 $E_D^-(S)=(\overline{S},S)$, 即 D 中起点在 $\overline{S}$ 而终点在 S 的边集.

$$\boldsymbol{w}^+(S)=\boldsymbol{w}(E_D^+(S)),\quad \boldsymbol{w}^-(S)=\boldsymbol{w}(E_D^-(S)).$$

设 $\boldsymbol{f}\in\mathscr{E}(D)$. 若

$$\boldsymbol{f}^+(u)=\boldsymbol{f}^-(u),\quad \forall\, u\in V(D),\qquad (2.2.1)$$

则称 $\boldsymbol{f}$ 为 D 的**圈向量** (cycle-vector). 图 2.9 所示的是 D 的圈向量 $\boldsymbol{f}$, 它在各边上的值标在对应的边上.

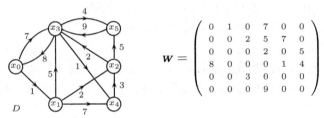

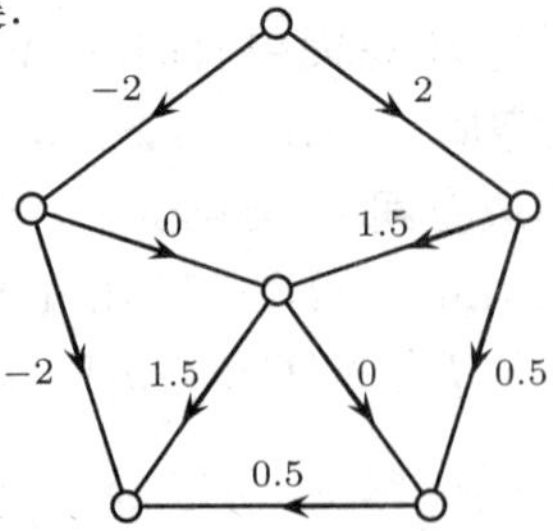

图 2.9 圈向量 $\boldsymbol{f}$

定理 2.2.1 $\mathscr{E}(D)$ 含非零圈向量 $\Leftrightarrow D$ 含圈.

证明　(⇒) 设 $\boldsymbol{f}\in\mathscr{E}(D)$ 是圈向量且 $\boldsymbol{f}\neq\mathbf{0}$, $D_{\boldsymbol{f}}$ 是 D 中由边集 $\{a\in E(D): \boldsymbol{f}(a)\neq 0\}$ 导出的支撑子图. 由圈向量的定义式 (2.2.1) 知, 对每个 $x\in V(D_{\boldsymbol{f}})$, 都有 $d_{D_{\boldsymbol{f}}}(x)\geqslant 2$, 即 $\delta(D_{\boldsymbol{f}})\geqslant 2$. 由例 1.6.1 知 $D_{\boldsymbol{f}}$ 含圈, 即 D 含圈.

(⇐) 设 C 是 D 中的圈 (不一定是有向圈), 并指定 C 的正向. 用 C^+ 表示 C 中方向与 C 的正向一致的边集; C^- 表示 C 中方向与 C 的正向相反的边集. 定义 $\boldsymbol{f}_C\in\mathscr{E}(D)$ 如下:

$$\boldsymbol{f}_C(a)=\begin{cases}1, & a\in C^+,\\ -1, & a\in C^-,\\ 0, & a\notin C.\end{cases}\tag{2.2.2}$$

例如, 在图 2.10 中, 粗边形成圈 C, 指定逆时针方向为 C 的正向, 边上的数字表示由式 (2.2.2) 定义的 $\boldsymbol{f}_C$. 显然, $\boldsymbol{f}_C\neq\mathbf{0}$, 而且满足式 (2.2.1), 即 $\boldsymbol{f}_C$ 是圈向量. ∎

由式 (2.2.2) 定义的圈向量 $\boldsymbol{f}_C$ 被称为**圈 C 的圈向量**. 不难证明, D 的所有圈向量构成 $\mathscr{E}(D)$ 的子空间 (见习题 2.2.2). 称这个子空间为 D 的圈向量空间, 简称为**圈空间** (cycle-space), 记为 $\mathscr{C}(D)$.

设 $\boldsymbol{p}\in\mathscr{V}(D)$. 按下列规则定义 $\boldsymbol{\delta_p}\in\mathscr{E}(D)$:

对任意的 $a=(x,y)\in E(D)$,

$$\delta_{\boldsymbol{p}}(a)=\boldsymbol{p}(x)-\boldsymbol{p}(y).\tag{2.2.3}$$

称 $\boldsymbol{\delta_p}$ 为 D 的**割向量** (cut-vector). 如图 2.11 所示, 顶点旁的数字是 $\boldsymbol{p}\in\mathscr{V}(D)$, 边上的数字是由式 (2.2.3) 定义的 $\boldsymbol{\delta_p}$.

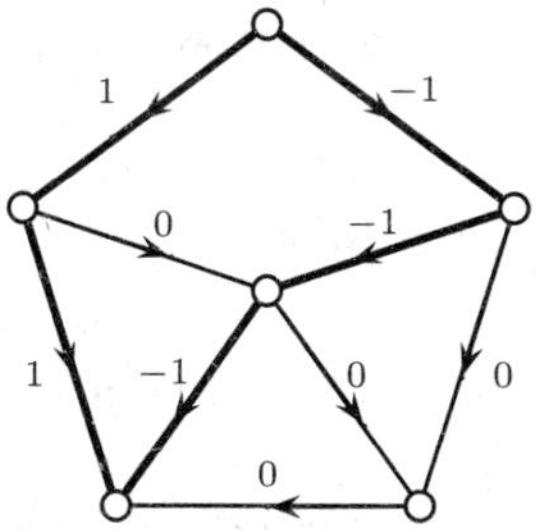

图 2.10　圈向量 $\boldsymbol{f}_C$

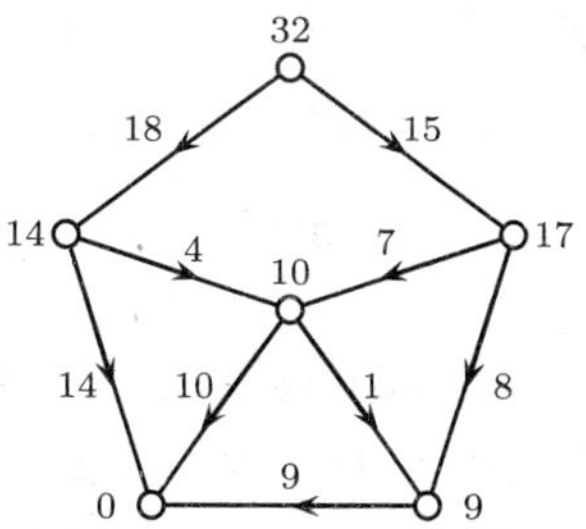

图 2.11　割向量 $\boldsymbol{\delta_p}$

定理 2.2.2　$\mathscr{E}(D)$ **含非零割向量** ⇔ D **含键**.

证明　(⇒) 设 $\boldsymbol{g}\in\mathscr{E}(D)$ 是割向量且 $\boldsymbol{g}\neq\mathbf{0}$. 由割向量的定义, 存在非零 $\boldsymbol{p}\in\mathscr{V}(D)$, 使 $\boldsymbol{\delta_p}=\boldsymbol{g}$ 满足式 (2.2.3). 任取 $u\in V(D)$, 使得 $\boldsymbol{p}(u)\neq\mathbf{0}$, 令 $S=\{w\in V(D): \boldsymbol{p}(w)=\boldsymbol{p}(u)\}$. 因为 $u\in S$, 所以 $S\neq\emptyset$, 而且对任何 $a\in E(D[S])$, 均有 $\boldsymbol{g}(a)=\mathbf{0}$. 因为 $\boldsymbol{\delta_p}=\boldsymbol{g}\neq\mathbf{0}$, 所以 $\overline{S}\neq\emptyset$, 即 $E_D[S,\overline{S}]$ 是 D 的非空割, 因而 D 含键.

(⇐) 设 $B=E_D[S,\overline{S}]$ 是 D 中的键. 定义 $\boldsymbol{g}_B\in\mathscr{E}(D)$ 如下:

$$\boldsymbol{g}_B(a)=\begin{cases}1, & a\in(S,\overline{S}),\\ -1, & a\in(\overline{S},S),\\ 0, & a\notin B.\end{cases} \tag{2.2.4}$$

显然, $\boldsymbol{g}_B\neq\mathbf{0}$. 若令

$$\boldsymbol{p}(u)=\begin{cases}1, & u\in S,\\ 0, & u\notin S,\end{cases} \tag{2.2.5}$$

则 $\boldsymbol{p}\in\mathscr{V}(D)$. 例如, 在图 2.12 所示的图 D 中, 粗边表示键 B, 边上的数字表示由式 (2.2.4) 定义的 $\boldsymbol{g}_B$, 点上数字表示由式 (2.2.5) 定义的 $\boldsymbol{p}$. 容易验证, $\boldsymbol{\delta}_{\boldsymbol{p}}=\boldsymbol{g}_B\neq 0$, 而且满足式 (2.2.3). 所以 $\boldsymbol{g}_B$ 是割向量. ∎

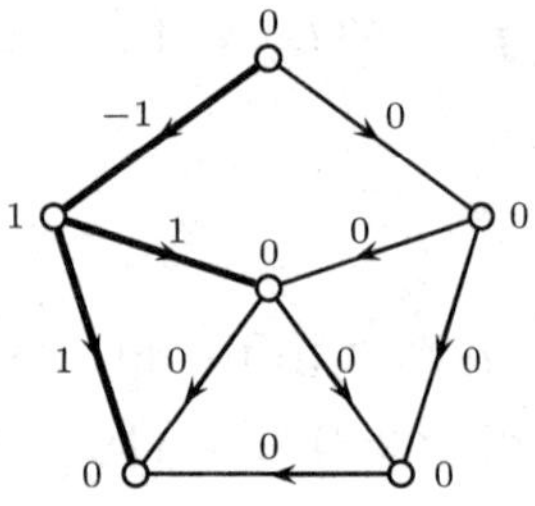

图 2.12 割向量 $\boldsymbol{g}_B$

由式 (2.2.4) 定义的割向量 $\boldsymbol{g}_B$ 被称为**键 B 的割向量**. 不难证明, D 的所有割向量构成 $\mathscr{E}(D)$ 的子空间 (见习题2.2.2). 称这个子空间为 D 的割向量空间, 简称为**割空间** (cut-space), 记为 $\mathscr{B}(D)$.

图 D 的割空间 $\mathscr{B}(D)$ 和圈空间 $\mathscr{C}(D)$ 与 D 的关联矩阵 $\boldsymbol{M}$ 的行向量空间 $\mathscr{M}$ 有如下密切关系:

定理 2.2.3 设 $\boldsymbol{M}$ 是图 D 的关联矩阵, 则 D 的割空间 $\mathscr{B}(D)$ 是 $\boldsymbol{M}$ 的行向量空间 $\mathscr{M}$, 而 D 的圈空间 $\mathscr{C}(D)$ 是它的正交补.

证明 设 $\boldsymbol{g}\in\mathscr{B}(D)$. 于是, 存在 $\boldsymbol{p}\in\mathscr{V}(D)$, 使 $\boldsymbol{\delta}_{\boldsymbol{p}}=\boldsymbol{g}$ 且 $\boldsymbol{p}$ 满足式 (2.2.3). 因此, 对任何 $a\in E(D)$ 且 $a=(x,y)$, 均有

$$\boldsymbol{g}(a)=\delta_{\boldsymbol{p}}(a)=\boldsymbol{p}(x)-\boldsymbol{p}(y)=\sum_{x\in V}m_x(a)\boldsymbol{p}(x),$$

其中 $m_x(a)$ 表示顶点 x 对应于 $\boldsymbol{M}$ 中的行向量在边 a 上的分量, 即 $\boldsymbol{g}$ 可以表示成 $\boldsymbol{M}$ 的行向量的线性组合, 即 $\mathscr{B}(D)\subseteq\mathscr{M}$.

反之, 设 $\boldsymbol{g}=(m_x(a_1),m_x(a_2),\cdots,m_x(a_\varepsilon))$ 是 $\boldsymbol{M}$ 中的任意行向量. 显然, $\boldsymbol{g}\in\mathscr{E}(D)$. 令

$$\boldsymbol{p}(u)=\begin{cases}1, & u=x,\\ 0, & u\neq x,\end{cases}$$

则 $\boldsymbol{p}\in\mathscr{V}(D)$ 且 $\boldsymbol{g}=\delta_{\boldsymbol{p}}$. 因此, $\boldsymbol{g}\in\mathscr{B}(D)$. 由于 $\boldsymbol{M}$ 中任何行向量的线性组合仍属于 $\mathscr{B}(D)$, 故 $\mathscr{M}\subseteq\mathscr{B}(D)$.

下证 $\mathscr{C}(D)$ 是 $\mathscr{B}(D)$ 在 $\mathscr{E}(D)$ 中的正交补. 设 $\boldsymbol{f}\in\mathscr{E}(D)$, 则

$$\begin{aligned}\boldsymbol{f}\ \text{满足式 (2.2.1)} &\Leftrightarrow \sum_{a\in E}m_x(a)\boldsymbol{f}(a)=\mathbf{0},\ \forall\ x\in V(D)\\ &\Leftrightarrow \boldsymbol{f}\ \text{与}\ \boldsymbol{M}\ \text{中每个行向量都正交}.\end{aligned}$$

因此, $\mathscr{C}(D)$ 是 $\mathscr{B}(D)$ 在 $\mathscr{E}(D)$ 中的正交补. ▮

推论 2.2.3　对任何图 D, 都有 $\mathscr{E}(D)=\mathscr{B}(D)\oplus\mathscr{C}(D)$.

设 $\boldsymbol{B}$ 是行由 $\mathscr{E}(D)$ 中向量组成的矩阵, $R\subseteq E(D)$, 则用 $\boldsymbol{B}|R$ 表示 $\boldsymbol{B}$ 中列限制在 R 上得到的子矩阵. 为使记号简化, 若 R 是 D 的子图, 也记 $\boldsymbol{B}|E(R)$ 为 $\boldsymbol{B}|R$.

定理 2.2.4　设 $\boldsymbol{B}$ 和 $\boldsymbol{C}$ 分别是 $\mathscr{B}(D)$ 和 $\mathscr{C}(D)$ 的基矩阵, 则对任何 $R\subseteq E(D)$,

(a) $\boldsymbol{B}|R$ 的各列线性无关 $\Leftrightarrow$ $D[R]$ 不含圈;

(b) $\boldsymbol{C}|R$ 的各列线性无关 $\Leftrightarrow$ $D[R]$ 不含键.

证明　(a) 用 $\boldsymbol{B}_a$ 表示 $\boldsymbol{B}|\{a\}$, 即 $\boldsymbol{B}$ 中对应于边 a 的列向量.

($\Leftarrow$) (反证法) 设 $\boldsymbol{B}|R$ 的各列线性相关, 则存在 $\mathbf{0}\neq\boldsymbol{f}\in\mathscr{E}(D)$,

$$\boldsymbol{f}(a)\begin{cases}\neq 0, & a\in R,\\ =0, & a\notin R,\end{cases}\qquad \text{使得}\quad \sum_{a\in R}\boldsymbol{f}(a)\boldsymbol{B}_a=\mathbf{0}.$$

由于

$$\mathbf{0}=\sum_{a\in R}\boldsymbol{f}(a)\boldsymbol{B}_a=\sum_{a\in E(D)}\boldsymbol{f}(a)\boldsymbol{B}_a=\boldsymbol{B}\boldsymbol{f}^{\mathrm{T}}.$$

所以 $\boldsymbol{f}$ 与 $\boldsymbol{B}$ 中每个行向量都正交, 即 $\boldsymbol{f}$ 与 $\mathscr{B}$ 中每个向量都正交, 也即 $\boldsymbol{f}\notin\mathscr{B}$. 由推论 2.2.3 知 $\boldsymbol{f}\in\mathscr{C}$. 因为 $\delta(D[R])\geqslant 2$, 所以 $D[R]$ 含圈, 矛盾于假定. 因此, $\boldsymbol{B}|R$ 各列必线性无关.

($\Rightarrow$) (反证法) 若 $D[R]$ 含圈, 则取 C 为 $D[R]$ 中的圈. $\boldsymbol{f}_C$ 是 D 中对应于圈 C 的非零圈向量, 即 $\mathbf{0}\neq\boldsymbol{f}_C\in\mathscr{C}(D)$. 由推论 2.2.3, $\boldsymbol{f}_C$ 与 $\boldsymbol{B}$ 中每个行向量都正交, 即

$$\sum_{a\in E}\boldsymbol{f}_C(a)\boldsymbol{B}_a=\boldsymbol{B}\boldsymbol{f}_C^{\mathrm{T}}=\mathbf{0}.$$

另一方面, 由 $\boldsymbol{f}_C$ 的定义式 (2.2.2) 有

$$\sum_{a\in E(D)}\boldsymbol{f}_C(a)\boldsymbol{B}_a=\sum_{a\in R}\boldsymbol{f}_C(a)\boldsymbol{B}_a.$$

因而, 非零向量 $\boldsymbol{f}_C$ 满足

$$\sum_{a\in R}\boldsymbol{f}_C(a)\boldsymbol{B}_a=\mathbf{0}.$$

即 $\boldsymbol{B}|R$ 的各列线性相关, 矛盾于假定, 所以 $D[R]$ 不含圈.

利用定理 2.2.2 和定义式 (2.2.4), 类似地可证 (b). ▮

推论 2.2.4　对任何无环有向图 D, 都有

(a) $\dim\mathscr{B}=\upsilon-\omega$;

(b) $\dim \mathscr{C} = \varepsilon - \upsilon + \omega$.

证明 (a) 设 $\boldsymbol{B}$ 是 $\mathscr{B}$ 的基矩阵. 根据定理 2.2.4 (a) 知

$$\text{rank}\,\boldsymbol{B} = \max\{|R| : R \subseteq E(D) \text{ 且 } D[R] \text{ 不含圈}\}.$$

上式只有当 $D[R]$ 是 D 中的支撑林时才达到最大值 $\upsilon - \omega$ (见推论 2.1.3). 由于 $\dim \mathscr{B} = \text{rank}\ \boldsymbol{B}$, 所以 $\dim \mathscr{B} = \upsilon - \omega$.

(b) 由推论 2.2.3 知 $\mathscr{B}$ 和 $\mathscr{C}$ 都是 $E(D)$ 的子空间且互为正交补, 因此 (b) 成立. ∎

利用定理 2.2.3 和推论 2.2.4, 容易得到割空间 $\mathscr{B}(D)$ 的一个基矩阵.

定理 2.2.5 **设 $\boldsymbol{K}$ 为从连通图 D 的关联矩阵 $\boldsymbol{M}$ 中删去任意一行后所得到的矩阵, 则 $\boldsymbol{K}$ 是割空间 $\mathscr{B}(D)$ 的基矩阵.**

证明 由于 D 是连通的, 所以由推论 2.2.4 知 $\dim \mathscr{B}(D) = \upsilon - 1$. 又由定理 2.2.3 知 $\mathscr{B}$ 是 $\boldsymbol{M}$ 的行向量空间 $\mathscr{M}(D)$, 因而有 $\dim \mathscr{M}(D) = \upsilon - 1$. 而 $\boldsymbol{K}$ 的行向量空间是 $\mathscr{M}(D)$ 的子空间, 所以只需证明 $\text{rank}\ \boldsymbol{K} \geqslant \upsilon - 1$.

设 $\boldsymbol{M}$ 的行向量为 $\boldsymbol{\beta}_1, \boldsymbol{\beta}_2, \cdots, \boldsymbol{\beta}_\upsilon$, 则

$$\boldsymbol{\beta}_1 + \boldsymbol{\beta}_2 + \cdots + \boldsymbol{\beta}_\upsilon = \boldsymbol{0}. \tag{2.2.6}$$

不失一般性, 设 $\boldsymbol{\beta}_1, \boldsymbol{\beta}_2, \cdots, \boldsymbol{\beta}_{\upsilon-1}$ 是 $\boldsymbol{K}$ 的行向量. 若 $\boldsymbol{\beta}_1, \boldsymbol{\beta}_2, \cdots, \boldsymbol{\beta}_{\upsilon-1}$ 线性相关, 则存在不全为零的 $\lambda_1, \lambda_2, \cdots, \lambda_{\upsilon-1}$ (为表述简单起见, 不妨设 $\lambda_1 = -1$), 使得

$$\boldsymbol{\beta}_1 = \lambda_2\boldsymbol{\beta}_2 + \lambda_3\boldsymbol{\beta}_3 + \cdots + \lambda_{\upsilon-1}\boldsymbol{\beta}_{\upsilon-1}. \tag{2.2.7}$$

于是, 由式 (2.2.6) 和式 (2.2.7) 有

$$\begin{aligned}\boldsymbol{0} &= \boldsymbol{\beta}_1 + \boldsymbol{\beta}_2 + \cdots + \boldsymbol{\beta}_\upsilon \\ &= (1+\lambda_2)\boldsymbol{\beta}_2 + (1+\lambda_3)\boldsymbol{\beta}_3 + \cdots + (1+\lambda_{\upsilon-1})\boldsymbol{\beta}_{\upsilon-1} + \boldsymbol{\beta}_\upsilon,\end{aligned}$$

即

$$\boldsymbol{\beta}_\upsilon = -(1+\lambda_2)\boldsymbol{\beta}_2 - (1+\lambda_3)\boldsymbol{\beta}_3 - \cdots - (1+\lambda_{\upsilon-1})\boldsymbol{\beta}_{\upsilon-1}.$$

因此, $\boldsymbol{\beta}_1, \boldsymbol{\beta}_2, \cdots, \boldsymbol{\beta}_\upsilon$ 中每个向量都能被 $\boldsymbol{\beta}_2, \boldsymbol{\beta}_3, \cdots, \boldsymbol{\beta}_{\upsilon-1}$ 线性表出, 即 $\text{rank}\ \boldsymbol{M} \leqslant \upsilon - 2$, 矛盾于 $\text{rank}\,\boldsymbol{M} = \dim \mathscr{M} = \dim \mathscr{B} = \upsilon - 1$. 所以, $\boldsymbol{\beta}_1, \boldsymbol{\beta}_2, \cdots, \boldsymbol{\beta}_{\upsilon-1}$ 线性无关, 即 $\text{rank}\ \boldsymbol{K} \geqslant \upsilon - 1$. ∎

现在利用支撑林来构造图 D 的割空间 $\mathscr{B}(D)$ 和圈空间 $\mathscr{C}(D)$ 的基矩阵.

设 F 是 D 的支撑林. 用 $a_1, a_2, \cdots, a_\varepsilon$ 对 D 的边进行标号, 使

$$E(F) = \{a_1, a_2, \cdots, a_{\upsilon-\omega}\}, \quad E(\overline{F}) = \{a_{\upsilon-\omega+1}, \cdots, a_\varepsilon\}.$$

如图 2.13 所示的图 D, 其中粗边表示支撑树 F, 细边表示余树 $\overline{F}$.

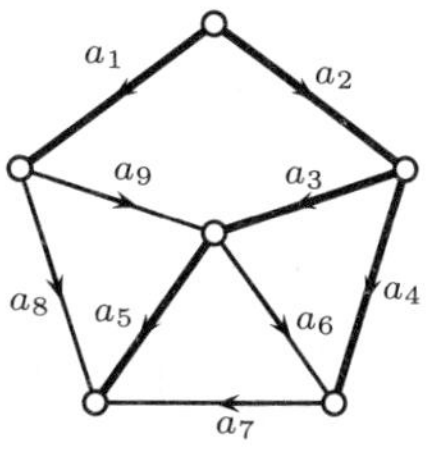

图 2.13　支撑树 F (粗边)

设 $a_i \in F$, 则由定理 2.1.7 知 $\overline{F}+a_i$ 含唯一的键, 记为 B_i, 并称它为 D 中**对应于 F 的基本键** (fundamental bond). 对每个 $i \in \{1,2,\cdots,\upsilon-\omega\}$, 用 $\boldsymbol{g}_i$ 表示对应于 B_i 且使 $\boldsymbol{g}_{_{B_i}}(a_i)=1$ 的割向量 (其定义见式 (2.2.4)). 于是, 以

$$\boldsymbol{g}_1,\ \boldsymbol{g}_2,\ \cdots,\ \boldsymbol{g}_{\upsilon-\omega} \tag{2.2.8}$$

为行构成的 $(\upsilon-\omega)\times\varepsilon$ 矩阵 $\boldsymbol{B}_F$ 必有下列分块表示形式:

$$\boldsymbol{B}_F=(\boldsymbol{I}_{\upsilon-\omega}\quad \boldsymbol{B}_1), \tag{2.2.9}$$

其中 $\boldsymbol{I}_{\upsilon-\omega}=\boldsymbol{B}_F|F$ 是 $\upsilon-\omega$ 阶单位方阵, 而 $\boldsymbol{B}_1=\boldsymbol{B}_F|\overline{F}$ 是 $(\upsilon-\omega)\times(\varepsilon-\upsilon+\omega)$ 矩阵. 由于rank $\boldsymbol{B}_F=\upsilon-\omega$, 所以由式 (2.2.8) 定义的向量组是割空间 $\mathscr{B}(D)$ 的一组基, 由式 (2.2.9) 定义的矩阵 $\boldsymbol{B}_F$ 被称为 $\mathscr{B}(D)$ 中**对应于 F 的基矩阵**.

设 $\boldsymbol{g}=(y_1,y_2,\cdots,y_\varepsilon)\in\boldsymbol{B}_{_F}$, 则 $\boldsymbol{g}$ 能表示为式 (2.2.8) 中基向量的线性组合. 因此, 存在 $\lambda_1,\lambda_2,\cdots,\lambda_{\upsilon-\omega}$, 使得

$$\boldsymbol{g}=\lambda_1\boldsymbol{g}_1+\lambda_2\boldsymbol{g}_2+\cdots+\lambda_{\upsilon-\omega}\boldsymbol{g}_{\upsilon-\omega},$$

即

$$(y_1,y_2,\cdots,y_\varepsilon)=(\lambda_1,\lambda_2,\cdots,\lambda_{\upsilon-\omega})(\boldsymbol{I}_{\upsilon-\omega}\quad \boldsymbol{B}_1). \tag{2.2.10}$$

由此得

$$\lambda_i=y_i,\quad \forall\ i\in\{1,2,\cdots,\upsilon-\omega\}. \tag{2.2.11}$$

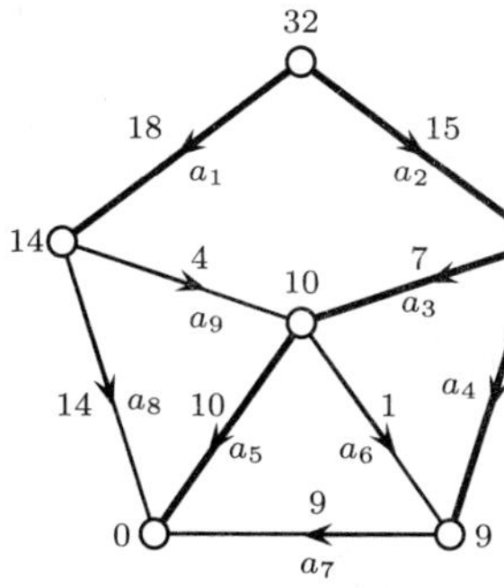

图 2.14　割向量 $\boldsymbol{g}$

这说明: $\boldsymbol{g}$ 的值由 $\boldsymbol{g}|F$ 上的值所唯一确定, 而且 $\boldsymbol{g}=(\boldsymbol{g}|F)\boldsymbol{B}_F$.

例如, 图 2.14 所示的加权图 $(D,\boldsymbol{g})$, 其中 $\boldsymbol{g}$ 是割向量, D 的边标号和支撑树 F 如图所示, $E(F)=\{a_1,a_2,a_3,a_4,a_5\}$ (粗边). D 中对应于 F 的基本割向量 $\boldsymbol{g}_i$ $(1\leqslant i\leqslant 5)$ 为

$$\begin{aligned}
\boldsymbol{g}_1&=(1,0,0,0,0,0,0,-1,-1),\\
\boldsymbol{g}_2&=(0,1,0,0,0,0,0,1,1),\\
\boldsymbol{g}_3&=(0,0,1,0,0,-1,1,1,1),\\
\boldsymbol{g}_4&=(0,0,0,1,0,1,-1,0,0),\\
\boldsymbol{g}_5&=(0,0,0,0,1,0,1,1,0).
\end{aligned}$$

$\mathscr{B}(D)$ 中对应于支撑树 F 的基矩阵

$$\boldsymbol{B}_F=\begin{pmatrix}\boldsymbol{g}_1\\ \boldsymbol{g}_2\\ \boldsymbol{g}_3\\ \boldsymbol{g}_4\\ \boldsymbol{g}_5\end{pmatrix}=\begin{array}{c}\begin{matrix}a_1 & a_2 & a_3 & a_4 & a_5 & a_6 & a_7 & a_8 & a_9\end{matrix}\\ \begin{pmatrix}1 & 0 & 0 & 0 & 0 & 0 & 0 & -1 & -1\\ 0 & 1 & 0 & 0 & 0 & 0 & 0 & 1 & 1\\ 0 & 0 & 1 & 0 & 0 & -1 & 1 & 1 & 1\\ 0 & 0 & 0 & 1 & 0 & 1 & -1 & 0 & 0\\ 0 & 0 & 0 & 0 & 1 & 0 & 1 & 1 & 0\end{pmatrix}\end{array}=(\boldsymbol{I}_5 \quad \boldsymbol{B}_1), \tag{2.2.12}$$

其中

$$\boldsymbol{I}_5=\boldsymbol{B}_F|F, \quad \boldsymbol{B}_2=\boldsymbol{B}_F|\overline{F}=\begin{pmatrix}0 & 0 & -1 & -1\\ 0 & 0 & 1 & 1\\ -1 & 1 & 1 & 1\\ 1 & -1 & 0 & 0\\ 0 & 1 & 1 & 0\end{pmatrix}.$$

由式 (2.2.10) 和式 (2.2.11), 图 2.14 所示的割向量 $\boldsymbol{g}$ 可以表示为

$$\begin{aligned}\boldsymbol{g}&=(\boldsymbol{g}(a_1),\boldsymbol{g}(a_2),\boldsymbol{g}(a_3),\cdots,\boldsymbol{g}(a_8),\boldsymbol{g}(a_9))\\ &=(18,\ 15,\ 7,\ 8,\ 10,\ 1,\ 9,\ 14,\ 4)\\ &=(18,15,7,8,10)(\boldsymbol{I}_5 \quad \boldsymbol{B}_1)\\ &=18\cdot\boldsymbol{g}_1+15\cdot\boldsymbol{g}_2+7\cdot\boldsymbol{g}_3+8\cdot\boldsymbol{g}_4+10\cdot\boldsymbol{g}_5\\ &=\sum_{i=1}^{5}\boldsymbol{g}(a_i)\boldsymbol{g}_i.\end{aligned}$$

类似地, 由定理 2.1.6, 若 $a_j\in\overline{F}$, 则 $F+a_j$ 含唯一的圈. 记这个圈为 C_j, 并称它为 D 中**对应于** F **的基本圈** (fundamental cycle). 对每个 $j\in\{\upsilon-\omega+1,\cdots,\varepsilon\}$, 用 $\boldsymbol{f}_j$ 表示对应于圈 C_j 且使 $\boldsymbol{f}_{C_j}(a_j)=1$ 的圈向量 (定义见式 (2.2.2)). 于是, 以

$$\boldsymbol{f}_{\upsilon-\omega+1},\ \boldsymbol{f}_{\upsilon-\omega+2},\ \cdots,\ \boldsymbol{f}_{\varepsilon} \tag{2.2.13}$$

为行构成的 $(\varepsilon-\upsilon+\omega)\times\varepsilon$ 矩阵 $\boldsymbol{C}_F$ 必有下列分块表示形式:

$$\boldsymbol{C}_F=(\boldsymbol{C}_1 \quad \boldsymbol{I}_{\varepsilon-\upsilon+\omega}), \tag{2.2.14}$$

其中 $\boldsymbol{I}_{\varepsilon-\upsilon+\omega}=\boldsymbol{C}_F|\overline{F}$ 为 $\varepsilon-\upsilon+\omega$ 阶单位方阵, $\boldsymbol{C}_1=\boldsymbol{C}_F|F$ 是 $(\varepsilon-\upsilon+\omega)\times(\upsilon-\omega)$ 矩阵. 由于

$$\operatorname{rank}\boldsymbol{C}_F=\varepsilon-\upsilon+\omega,$$

所以由式 (2.2.13) 定义的向量组是圈空间 $\mathscr{C}(D)$ 的一组基, 由式 (2.2.14) 定义的矩阵 $\boldsymbol{C}_F$ 被称为 $\mathscr{C}(D)$ 中**对应于** F **的基矩阵**.

设 $\boldsymbol{f}=(x_1,x_2,\cdots,x_\varepsilon)\in \boldsymbol{C}_F$, 则 $\boldsymbol{f}$ 能表示为式 (2.2.13) 中基向量的线性组合. 因此, 存在 $\lambda_{\upsilon-\omega+1},\lambda_{\upsilon-\omega+2},\cdots,\lambda_\varepsilon$, 使得

$$\boldsymbol{f}=\lambda_{\upsilon-\omega+1}\boldsymbol{f}_{\upsilon-\omega+1}+\lambda_{\upsilon-\omega+2}\boldsymbol{f}_{\upsilon-\omega+2}+\cdots+\lambda_\varepsilon\boldsymbol{f}_\varepsilon,$$

即

$$(x_1,x_2,\cdots,x_\varepsilon)=(\lambda_{\upsilon-\omega+1},\lambda_{\upsilon-\omega+2},\cdots,\lambda_\varepsilon)(\boldsymbol{C}_1\quad \boldsymbol{I}_{\varepsilon-\upsilon+\omega}). \tag{2.2.15}$$

由此得

$$x_i=\lambda_i,\quad \forall\, i\in\{\upsilon-\omega+1,\upsilon-\omega+2,\cdots,\varepsilon\}. \tag{2.2.16}$$

这说明: $\boldsymbol{f}$ 的值由 $\boldsymbol{f}|\overline{F}$ 上的值所唯一确定, 而且 $\boldsymbol{f}=(\boldsymbol{f}|\overline{F})\boldsymbol{C}_F$.

例如, 在图 2.15 所示的加权图 $(D,\boldsymbol{f})$ 中, $\boldsymbol{f}$ 是圈向量, D 的边标号和支撑树 F (粗边), $E(\overline{F})=\{a_6,a_7,a_8,a_9\}$. D 中对应于 F 的基本圈向量 $\boldsymbol{f}_j\,(6\leqslant j\leqslant 9)$ 为

$$\begin{aligned}\boldsymbol{f}_6&=(0,\ 0,\ 1,-1,\ 0,\ 1,\ 0,\ 0,\ 0),\\ \boldsymbol{f}_7&=(0,\ 0,-1,\ 1,-1,\ 0,\ 1,\ 0,\ 0),\\ \boldsymbol{f}_8&=(1,-1,-1,\ 0,-1,\ 0,\ 0,\ 1,\ 0),\\ \boldsymbol{f}_9&=(1,-1,-1,\ 0,\ 0,\ 0,\ 0,\ 0,\ 1).\end{aligned}$$

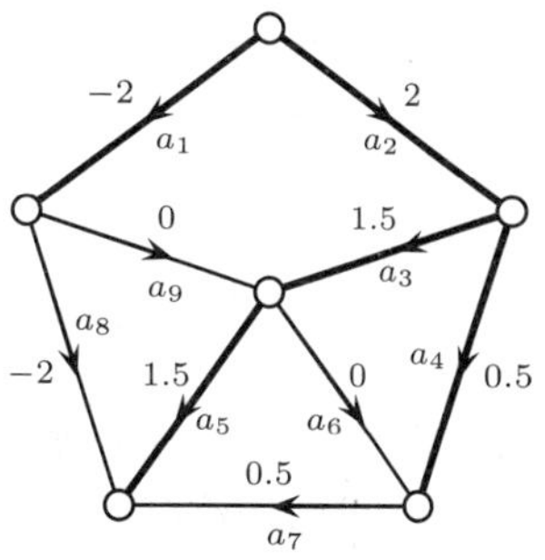

图 2.15　加权图 $(D,\boldsymbol{f})$

$\mathscr{C}(D)$ 中对应于 F 的基矩阵为

$$\boldsymbol{C}_F=\begin{pmatrix}\boldsymbol{f}_6\\ \boldsymbol{f}_7\\ \boldsymbol{f}_8\\ \boldsymbol{f}_9\end{pmatrix}=\begin{array}{c} \begin{matrix} a_1 & a_2 & a_3 & a_4 & a_5 & a_6 & a_7 & a_8 & a_9\end{matrix}\\ \begin{pmatrix}0&0&1&-1&0&1&0&0&0\\0&0&-1&1&-1&0&1&0&0\\1&-1&-1&0&-1&0&0&1&0\\1&-1&-1&0&0&0&0&0&1\end{pmatrix}\end{array}$$

$$=(\boldsymbol{C}_1\quad \boldsymbol{I}_4), \tag{2.2.17}$$

其中

$$\boldsymbol{I}_4=\boldsymbol{C}_F|\overline{F},\quad \boldsymbol{C}_1=\boldsymbol{C}_F|F=\begin{pmatrix}0&0&1&-1&0\\0&0&-1&1&-1\\1&-1&-1&0&-1\\1&-1&-1&0&0\end{pmatrix}.$$

由式 (2.2.15) 和式 (2.2.16), 图 2.15 中所示的圈向量 $\boldsymbol{f}$ 可以表示为

$$\begin{aligned}\boldsymbol{f}&=(\boldsymbol{f}(a_1),\boldsymbol{f}(a_2),\boldsymbol{f}(a_3),\cdots,\boldsymbol{f}(a_8),\boldsymbol{f}(a_9))\\&=(-2,\ 2,\ 1.5,\ 0.5,\ 1.5,\ 0,\ 0.5,\ -2,\ 0)\\&=(0,0.5,-2,0)(\boldsymbol{C}_1\quad \boldsymbol{I}_4)\end{aligned}$$

$$=0\cdot \boldsymbol{f}_6+0.5\cdot \boldsymbol{f}_7+(-2)\cdot \boldsymbol{f}_8+0\cdot \boldsymbol{f}_9$$
$$=\sum_{j=6}^{9}\boldsymbol{f}(a_j)\boldsymbol{f}_j.$$

上面讨论的结果可以叙述为下面的定理:

定理 2.2.6 设 D 是无环有向图, F 是 D 的支撑林.

(a) 由式 (2.2.8) 定义的向量组 $\{\boldsymbol{g}_1, \boldsymbol{g}_2, \cdots, \boldsymbol{g}_{\upsilon-\omega}\}$ 和式 (2.2.9) 定义的矩阵 $\boldsymbol{B}_F$ 分别是 $\mathscr{B}(G)$ 中对应于 F 的基向量和基矩阵.

(b) 由式 (2.2.13) 定义的向量组 $\{\boldsymbol{f}_{\upsilon-\omega+1}, \boldsymbol{f}_{\upsilon-\omega+2}, \cdots, \boldsymbol{f}_{\varepsilon}\}$ 和式 (2.2.14) 定义的矩阵 $\boldsymbol{C}_F$ 分别是 $\mathscr{C}(G)$ 中对应于 F 的基向量和基矩阵.

(c) 向量组 $\{\boldsymbol{g}_1, \boldsymbol{g}_2, \cdots, \boldsymbol{g}_{\upsilon-\omega}, \boldsymbol{f}_{\upsilon-\omega+1}, \boldsymbol{f}_{\upsilon-\omega+2}, \cdots, \boldsymbol{f}_{\varepsilon}\}$ 和矩阵 $(\boldsymbol{B}_F \quad \boldsymbol{C}_F)^{\mathrm{T}}$ 分别是 $\mathscr{E}(G)$ 中对应于 F 的基向量和基矩阵, 其中

$$\begin{pmatrix} \boldsymbol{B}_F \\ \boldsymbol{C}_F \end{pmatrix}=\begin{pmatrix} \boldsymbol{I}_{\upsilon-\omega} & \boldsymbol{B}_1 \\ \boldsymbol{C}_1 & \boldsymbol{I}_{\varepsilon-\upsilon+\omega} \end{pmatrix}.$$

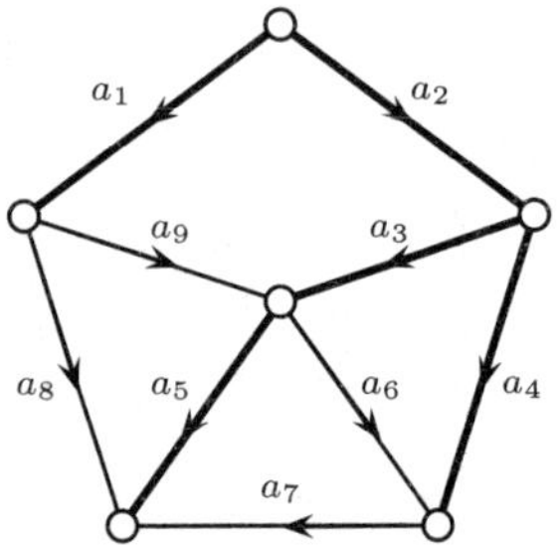

图 2.16 支撑树 F (粗边)

例如, 对于图 2.16 所示的有向图 D 和支撑树 F (粗边), $\mathscr{B}(G)$ 中对应于 F 的基向量 $\{\boldsymbol{g}_1, \boldsymbol{g}_2, \cdots, \boldsymbol{g}_{\upsilon-\omega}\}$ 和基矩阵 $\boldsymbol{B}_F$ 被定义在式 (2.2.12) 中, $\mathscr{C}(G)$ 中对应于 F 的基向量 $\{\boldsymbol{f}_{\upsilon-\omega+1}, \boldsymbol{f}_{\upsilon-\omega+2}, \cdots, \boldsymbol{f}_{\varepsilon}\}$ 和基矩阵 $\boldsymbol{C}_F$ 被定义在式 (2.2.17) 中. 因此, $\mathscr{E}(G)$ 中对应于 F 的基向量和基矩阵为

$$\begin{pmatrix} \boldsymbol{B}_F \\ \boldsymbol{C}_F \end{pmatrix}=\begin{pmatrix} \boldsymbol{g}_1 \\ \boldsymbol{g}_2 \\ \boldsymbol{g}_3 \\ \boldsymbol{g}_4 \\ \boldsymbol{g}_5 \\ \boldsymbol{f}_6 \\ \boldsymbol{f}_7 \\ \boldsymbol{f}_8 \\ \boldsymbol{f}_9 \end{pmatrix}=\begin{array}{c} \begin{array}{ccccccccc} a_1 & a_2 & a_3 & a_4 & a_5 & a_6 & a_7 & a_8 & a_9 \end{array} \\ \begin{pmatrix} 1 & 0 & 0 & 0 & 0 & 0 & 0 & -1 & -1 \\ 0 & 1 & 0 & 0 & 0 & 0 & 0 & 1 & 1 \\ 0 & 0 & 1 & 0 & 0 & -1 & 1 & 1 & 1 \\ 0 & 0 & 0 & 1 & 0 & 1 & -1 & 0 & 0 \\ 0 & 0 & 0 & 0 & 1 & 0 & 1 & 1 & 0 \\ 0 & 0 & 1 & -1 & 0 & 1 & 0 & 0 & 0 \\ 0 & 0 & -1 & 1 & -1 & 0 & 1 & 0 & 0 \\ 1 & -1 & -1 & 0 & -1 & 0 & 0 & 1 & 0 \\ 1 & -1 & -1 & 0 & 0 & 0 & 0 & 0 & 1 \end{pmatrix} \end{array}.$$

习 题 2.2

2.2.1 给出定理 2.2.4 (b) 的证明.

2.2.2 设 C 是 D 中的圈, B 是 D 中的键. 证明:

(a) $\boldsymbol{f}_C \in \mathscr{E}(D)$ 是 D 的圈向量, D 的所有圈向量构成 $\mathscr{E}(D)$ 的子空间;

(b) $\boldsymbol{g}_B \in \mathscr{E}(D)$ 是 D 的割向量, D 的所有割向量构成 $\mathscr{E}(D)$ 的子空间.

2.2.3 设有向图 D 如图所示, 粗边表示支撑树 T.

(a) 将 T 上的函数扩充为 D 的割向量 $\boldsymbol{g}$, 写出 $\mathscr{B}(D)$ 中对应于 T 的基矩阵 $\boldsymbol{B}_T$, 并写出 $\boldsymbol{g}$ 在这组基下的表达式.

(b) 将 $\overline{T}$ 上的函数扩充为 D 的圈向量 $\boldsymbol{f}$, 写出 $\mathscr{C}(D)$ 中对应于 T 的基矩阵 $\boldsymbol{C}_T$, 并写出 $\boldsymbol{f}$ 在这组基下的表达式.

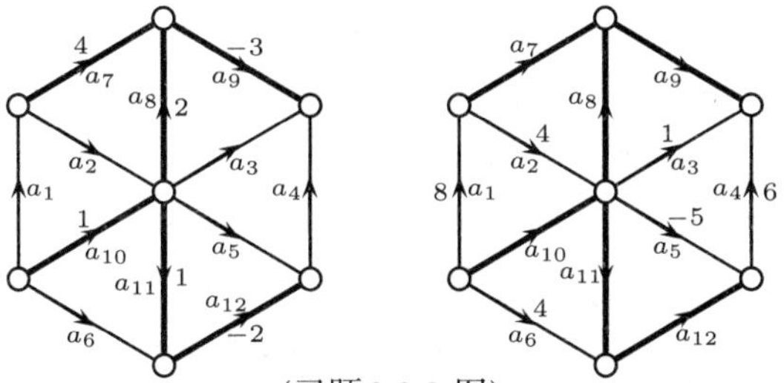

(习题 2.2.3 图)

2.2.4 设 F 是 D 的支撑林, $\boldsymbol{B}_F = (\boldsymbol{I}_{\upsilon-w} \quad \boldsymbol{B}_1)$ 和 $\boldsymbol{C}_F = (\boldsymbol{C}_1 \quad \boldsymbol{I}_{\varepsilon-\upsilon+w})$ 分别是 $\mathscr{B}(D)$ 和 $\mathscr{C}(D)$ 中对应于 F 的基矩阵. 证明:

(a) $\boldsymbol{C}_F(\boldsymbol{B}_F)^{\mathrm{T}} = \boldsymbol{0}$;　　(b) $\boldsymbol{C}_F = (\boldsymbol{I}_{\varepsilon-\upsilon+w} \ -\boldsymbol{B}_1^{\mathrm{T}})$;　　(c) $\boldsymbol{B}_F = (-\boldsymbol{C}_1^{\mathrm{T}} \ \boldsymbol{I}_{\upsilon-w})$.

2.2.5 设 $\boldsymbol{f}$ 是 D 的圈向量, $\boldsymbol{g}$ 是 D 的割向量, F 是 D 的支撑林, $\boldsymbol{B}_F$ 和 $\boldsymbol{C}_F$ 分别是割空间 $\mathscr{B}(D)$ 和圈空间 $\mathscr{C}(D)$ 中对应于 F 的基矩阵. 证明:

(a) $\boldsymbol{f}$ 由 $\boldsymbol{f}|\overline{F}$ 唯一确定, 而且 $\boldsymbol{f} = (\boldsymbol{f}|\overline{F})\boldsymbol{C}_F$;

(b) $\boldsymbol{g}$ 由 $\boldsymbol{g}|F$ 唯一确定, 而且 $\boldsymbol{g} = (\boldsymbol{g}|F)\boldsymbol{B}_F$.

2.2.6 证明:

(a) D 中任何圈都可以表示成若干基本圈的对称差;

(b) D 中任何键都可以表示成若干基本键的对称差.

2.2.7 设 $\boldsymbol{f} \in \mathscr{E}(D)$. 证明:

(a) $\boldsymbol{f} \in \mathscr{B}(D) \Leftrightarrow$ 对 D 中任何圈 C (可能某些边需要改变方向), 均有 $\boldsymbol{f}(C) = \boldsymbol{0}$;

(b) $\boldsymbol{f} \in \mathscr{C}(D) \Leftrightarrow$ 对任何 $X \subseteq V(D)$, 均有 $\boldsymbol{f}^+(X) = \boldsymbol{f}^-(X)$;

(c) 若 a 是 D 中割边, 则 $\boldsymbol{f}(a) = \boldsymbol{0}$.

2.2.8 设 $\boldsymbol{f} \in \mathscr{C}(D)$, $B \subseteq E(D)$, D' 是从 D 改变 B 中每条边的方向后得到的图, $\boldsymbol{f}' \in \mathscr{C}(D)$ 的定义如下:

$$\boldsymbol{f}'(e) = \begin{cases} \boldsymbol{f}(e), & e \notin B, \\ -\boldsymbol{f}(e), & e \in B. \end{cases}$$

证明: $\boldsymbol{f}' \in \mathscr{C}(D')$.

2.2.9 设 $\boldsymbol{f} \in \mathscr{C}(D)$ 是整数向量. 证明:

(a) 若 $B = \{e \in E(D) : \boldsymbol{f}(e) \equiv 1 \pmod 2\}$, 则 $D[B]$ 是偶图;

(b) 存在 $\boldsymbol{f} \in \mathscr{C}(D)$, 使得对任何 $e \in E(D)$, 均有 $\boldsymbol{f}(e) \in \{-1, 1\} \Leftrightarrow G$ 是无割边的偶图.

2.3 支撑树的数目

支撑树在上两节的讨论中起了一个关键作用. 本节将导出无环连通图 D 中支撑树的数目 $\tau(D)$ 的计算公式, 称 $\tau(D)$ 为 D 的**支撑树数**. 这里介绍的证明方法属于 Tutte (1965) [353].

设 D 为无环连通有向图, $\boldsymbol{B}$ 是割空间 $\mathscr{B}(D)$ 的基矩阵. 由定理 2.2.4 知, 若 $R\subseteq E(D)$ 且 $|R|=\upsilon-1$, 则子方阵 $\boldsymbol{B}|R$ 是可逆的 $\Leftrightarrow R$ 在 D 中导出子图 $D[R]$ 是 D 的支撑树. 于是, $\tau(D)$ 就等于 $\boldsymbol{B}$ 中阶为 $\upsilon-1$ 的可逆方阵的数目. 但这个数目不容易计算出来. 本节将利用幺模矩阵导出一些计算 $\tau(D)$ 的简便公式.

设 $\boldsymbol{M}$ 是 $n\times m$ 矩阵. 若 $\boldsymbol{M}$ 中的所有满阶 (即 $\min\{n,m\}$ 阶) 子方阵的行列式都取值 0, −1 或 1, 则称 $\boldsymbol{M}$ 为**幺模矩阵** (unimodular matrix); 若 $n=m$, 且 $\boldsymbol{M}$ 中的所有子方阵都是幺模的, 则称 $\boldsymbol{M}$ 为**全幺模矩阵** (totally unimodular matrix).

命题 2.3.1 设 D 是无环有向图, F 是 D 中的支撑林, $\boldsymbol{B}_F$ 和 $\boldsymbol{C}_F$ 分别是 $\mathscr{B}(D)$ 和 $\mathscr{C}(D)$ 中对应于 F 的基矩阵, 则 $\boldsymbol{B}_F$ 和 $\boldsymbol{C}_F$ 都是幺模矩阵.

证明 设 $\boldsymbol{P}$ 是 $\boldsymbol{B}_F$ 中的任意满阶子方阵. 由推论 2.2.4 (a) 知 $\boldsymbol{P}$ 是 $\upsilon-\omega$ 阶方阵. 设 R 是 $\boldsymbol{P}$ 对应于 D 中的边子集, 并设 R 在 D 中导出子图 $D[R]$ 为 F_1. 于是, $\boldsymbol{P}=\boldsymbol{B}_F|F_1$. 由定理 2.2.4 (a) 知, 若 F_1 中含有圈, 则 $\det \boldsymbol{P}=0$. 下设 F_1 是 D 中的支撑林. 设 $\boldsymbol{B}_1$ 是 $\mathscr{B}(D)$ 中对应于 F_1 的基矩阵. 由习题 2.2.5 知

$$(\boldsymbol{B}_F|F_1)\boldsymbol{B}_1=\boldsymbol{B}_F.$$

上式两边限制在 F 上, 得

$$(\boldsymbol{B}_F|F_1)(\boldsymbol{B}_1|F)=\boldsymbol{B}_F|F.$$

两边取行列式, 并注意到 $\boldsymbol{B}_F|F$ 是单位矩阵, 得

$$\det(\boldsymbol{B}_F|F_1)\cdot\det(\boldsymbol{B}_1|F)=1. \tag{2.3.1}$$

由于式 (2.3.1) 中两个行列式都是整数矩阵的行列式, 所以其值都为整数. 由此可知

$$\det \boldsymbol{P}=\det(\boldsymbol{B}_F|F_1)=\pm 1.$$

于是证明了 $\boldsymbol{B}_F$ 是幺模矩阵. 同理可证 $\boldsymbol{C}_F$ 也是幺模矩阵. ∎

命题 2.3.2 设 $\boldsymbol{M}$ 是无环有向图 D 的关联矩阵, $\boldsymbol{K}$ 是从 $\boldsymbol{M}$ 中删去任何一行后得到的子矩阵, 则 $\boldsymbol{K}$ 是幺模矩阵.

证明 设 $\boldsymbol{P}$ 是 $\boldsymbol{K}$ 的满阶子方阵. 下面用归纳法来证明 $\boldsymbol{P}$ 是全幺模的. 由于 $\boldsymbol{M}$ 是 D 的关联矩阵, 所以 $\boldsymbol{M}$ 中 (即 $\boldsymbol{P}$ 中) 的元素是 $0,-1$ 或 1. 因此, $\boldsymbol{P}$ 中任何 1 阶子方阵是全幺模的. 假定 $\boldsymbol{P}$ 中任何 n 阶子方阵是全幺模的. 要证明 $\boldsymbol{P}$ 中任何 $n+1$ 阶子方阵的行列式也为 $0,-1$ 或 1.

设 $\boldsymbol{Q}=(q_{ij})(1\leqslant i,j\leqslant n+1)$ 是 $\boldsymbol{P}$ 中的 $n+1$ 阶子方阵. 由关联矩阵 $\boldsymbol{M}$ 的定义知 $\boldsymbol{Q}$ 中每列至多有两个非零元素. 若 $\boldsymbol{Q}$ 中每列都有两个非零元素, 则 $\boldsymbol{Q}$ 中所有行向量之和为零向量. 于是, $\det\boldsymbol{Q}=0$.

下设 $\boldsymbol{Q}$ 中至少有一列至多有一个非零元素, 设为 $q_{ij}\,(=0,-1$ 或 $1)$. 将 $\det\boldsymbol{Q}$ 按第 j 列进行行列式展开. 于是

$$\det\boldsymbol{Q}=(-1)^{i+j}q_{ij}\cdot\det\boldsymbol{Q}_{ij},$$

其中 $\boldsymbol{Q}_{ij}$ 是 $\boldsymbol{Q}$ 的 n 阶子方阵. 由假定知 $\det\boldsymbol{Q}_{ij}=0,-1$ 或 1. 所以 $\det\boldsymbol{Q}=0,\pm1$. 由 n 的任意性知 $\det\boldsymbol{P}=0,\pm1$. 再由 $\boldsymbol{P}$ 的任意性知 $\boldsymbol{K}$ 是幺模矩阵. ∎

命题 2.3.1 和命题 2.3.2 说明: $\mathscr{B}(D)$ 和 $\mathscr{C}(D)$ 中存在幺模基矩阵. 幺模基矩阵具有下面的性质:

定理 2.3.1 **设 D 是无环连通有向图, $\boldsymbol{B}$ 和 $\boldsymbol{C}$ 分别是 $\mathscr{B}(D)$ 和 $\mathscr{C}(D)$ 中的幺模基矩阵, 则**

$$\tau(D)=\det\,(\boldsymbol{B}\boldsymbol{B}^{\mathrm{T}})=\det\,(\boldsymbol{C}\boldsymbol{C}^{\mathrm{T}}).$$

证明 利用两个矩阵乘积的行列式的 Binet-Cauchy 公式[①] 得

$$\det\,(\boldsymbol{B}\boldsymbol{B}^{\mathrm{T}})=\sum_{\substack{R\subseteq E(D)\\ |R|=\upsilon-1}}(\det\,(\boldsymbol{B}|R))^2. \tag{2.3.2}$$

于是, 一方面由定理 2.2.4 (a) 知式 (2.3.2) 右边中非零项的数目等于 $\tau(D)$. 另一方面, 由于 D 是连通的且 $\boldsymbol{B}$ 是幺模矩阵, 所以式 (2.3.2) 右边非零项的值都是 1. 因此, $\tau(D)=\det(\boldsymbol{B}\boldsymbol{B}^{\mathrm{T}})$.

同理可证: $\tau(D)=\det(\boldsymbol{C}\boldsymbol{C}^{\mathrm{T}})$. ∎

由定理 2.3.1 可以导出许多计算 $\tau(D)$ 的公式.

推论 2.3.1.1 **设 D 是无环连通有向图, $\boldsymbol{B}$ 和 $\boldsymbol{C}$ 分别是 $\mathscr{B}(D)$ 和 $\mathscr{C}(D)$ 中幺模基矩阵, 则**

$$\tau(D)=\pm\det\begin{pmatrix}\boldsymbol{B}\\ \boldsymbol{C}\end{pmatrix}.$$

证明 由定理 2.3.1 有

$$(\tau(D))^2=\det\,(\boldsymbol{B}\boldsymbol{B}^{\mathrm{T}})\cdot\det\,(\boldsymbol{C}\boldsymbol{C}^{\mathrm{T}})=\det\begin{pmatrix}\boldsymbol{B}\boldsymbol{B}^{\mathrm{T}} & \boldsymbol{O}\\ \boldsymbol{O} & \boldsymbol{C}\boldsymbol{C}^{\mathrm{T}}\end{pmatrix}.$$

① 参见李炯生和查建国的《线性代数》(中国科学技术大学出版社, 1989, 138 页定理 2).

由定理 2.2.3 知 $\mathscr{B}$ 和 $\mathscr{C}$ 正交. 因此, $\boldsymbol{CB}^{\mathrm{T}}=\boldsymbol{BC}^{\mathrm{T}}=\boldsymbol{O}$. 于是

$$\begin{aligned}(\tau(D))^2 &=\det\begin{pmatrix}\boldsymbol{BB}^{\mathrm{T}} & \boldsymbol{BC}^{\mathrm{T}}\\ \boldsymbol{CB}^{\mathrm{T}} & \boldsymbol{CC}^{\mathrm{T}}\end{pmatrix}=\det\left(\begin{pmatrix}\boldsymbol{B}\\ \boldsymbol{C}\end{pmatrix}\cdot\begin{pmatrix}\boldsymbol{B}^{\mathrm{T}} & \boldsymbol{C}^{\mathrm{T}}\end{pmatrix}\right)\\ &=\det\begin{pmatrix}\boldsymbol{B}\\ \boldsymbol{C}\end{pmatrix}\cdot\det\begin{pmatrix}\boldsymbol{B}^{\mathrm{T}} & \boldsymbol{C}^{\mathrm{T}}\end{pmatrix}=\left(\det\begin{pmatrix}\boldsymbol{B}\\ \boldsymbol{C}\end{pmatrix}\right)^2,\end{aligned}$$

故推论得证. ∎

推论 2.3.1.2 **设 D 是无环连通有向图, F 是 D 中的支撑树, $\boldsymbol{B}_F$ 和 $\boldsymbol{C}_F$ 分别是 $\mathscr{B}(D)$ 和 $\mathscr{C}(D)$ 中对应于 F 的基矩阵, $\boldsymbol{K}$ 是从 D 的关联矩阵 $\boldsymbol{M}$ 中删去任意一行后得到的矩阵, 则**

$$\tau(D)=\det\left(\boldsymbol{B}_F\boldsymbol{B}_F^{\mathrm{T}}\right)=\det\left(\boldsymbol{C}_F\boldsymbol{C}_F^{\mathrm{T}}\right)=\det\left(\boldsymbol{KK}^{\mathrm{T}}\right).$$

证明 由命题 2.3.1 知 $\boldsymbol{B}_F$ 和 $\boldsymbol{C}_F$ 都是幺模矩阵. 再由定理 2.3.1 有

$$\tau(D)=\det(\boldsymbol{B}_F\boldsymbol{B}_F^{\mathrm{T}})=\det(\boldsymbol{C}_F\boldsymbol{C}_F^{\mathrm{T}}).$$

由定理 2.2.5 知 $\boldsymbol{K}$ 是 $\mathscr{B}(D)$ 的基矩阵. 由命题 2.3.2 知 $\boldsymbol{K}$ 是幺模矩阵. 再由定理 2.3.1 有 $\tau(D)=\det(\boldsymbol{KK}^{\mathrm{T}})$. ∎

例 2.3 对于图 2.17 中所示的有向图 D, $\tau(D)=66$.

证明 对于图 2.17 中所示的有向图 D, 它的关联矩阵 $\boldsymbol{M}$ 为

$$\boldsymbol{M}=\begin{pmatrix}1&1&0&0&0&0&0&0&0\\ -1&0&0&0&0&0&0&1&1\\ 0&0&0&0&-1&0&-1&-1&0\\ 0&0&-1&0&1&1&0&0&-1\\ 0&-1&1&1&0&0&0&0&0\\ 0&0&0&-1&0&-1&1&0&0\end{pmatrix}.$$

令 $\boldsymbol{K}$ 为从 $\boldsymbol{M}$ 中删去最后一行所得到的矩阵, 则

$$\det\left(\boldsymbol{KK}^{\mathrm{T}}\right)=\det\begin{pmatrix}2&-1&0&0&-1\\ -1&3&-1&-1&0\\ 0&-1&3&-1&0\\ 0&-1&-1&4&-1\\ -1&0&0&-1&3\end{pmatrix}=66.$$

设 T 是 D 中由边子集 $\{a_1,a_2,a_3,a_4,a_5\}$ 导出的支撑树 F (如图 2.17 中粗边所示). 式 (2.2.12) 和式 (2.2.17) 已给出 $\mathscr{B}(D)$ 和 $\mathscr{C}(D)$ 中对应于 T 的基矩阵

$\boldsymbol{B}_F$ 和 $\boldsymbol{C}_F$, 即

$$\boldsymbol{B}_F=\begin{pmatrix}1&0&0&0&0&0&0&-1&-1\\0&1&0&0&0&0&0&1&1\\0&0&1&0&0&-1&1&1&1\\0&0&0&1&0&1&-1&0&0\\0&0&0&0&1&0&1&1&0\end{pmatrix},$$

$$\boldsymbol{C}_F=\begin{pmatrix}0&0&1&-1&0&1&0&0&0\\0&0&-1&1&-1&0&1&0&0\\1&-1&-1&0&-1&0&0&1&0\\1&-1&-1&0&0&0&0&0&1\end{pmatrix}.$$

于是

$$\boldsymbol{B}_F\boldsymbol{B}_F^{\mathrm{T}}=\begin{pmatrix}3&-2&-2&0&-1\\-2&3&2&0&1\\-2&2&5&-2&2\\0&0&-2&3&-1\\-1&1&2&-1&3\end{pmatrix},$$

$$\boldsymbol{C}_F\boldsymbol{C}_F^{\mathrm{T}}=\begin{pmatrix}3&-2&-1&-1\\-2&4&2&1\\-1&2&5&3\\-1&1&3&4\end{pmatrix}.$$

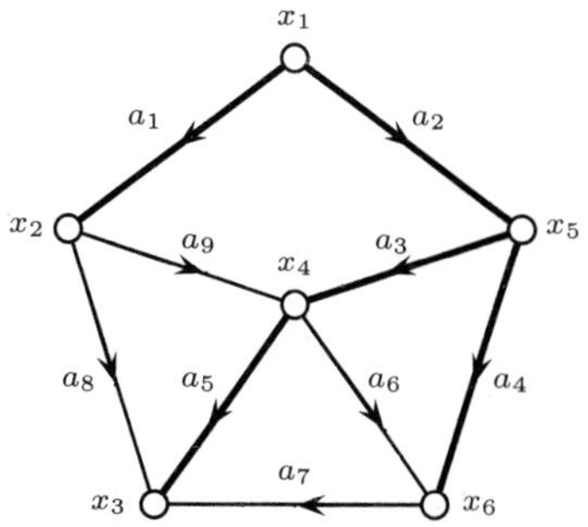

图 2.17　图 D 和支撑树 F (粗边)

因而, $\det(\boldsymbol{B}_F\boldsymbol{B}_F^{\mathrm{T}})=66=\det(\boldsymbol{C}_F\boldsymbol{C}_F^{\mathrm{T}})$.
由推论 2.3.1.2, $\tau(D)=\det(\boldsymbol{K}\boldsymbol{K}^{\mathrm{T}})=\det(\boldsymbol{B}_F\boldsymbol{B}_F^{\mathrm{T}})=\det(\boldsymbol{C}_F\boldsymbol{C}_F^{\mathrm{T}})=66.$ ∎

推论 2.3.1.3　设 T_n 表示 $n(\geqslant 2)$ 阶竞赛图, 则 $\tau(T_n)=n^{n-2}$.

证明　由推论 2.3.1.2 有

$$\tau(T_n)=\det(\boldsymbol{K}\boldsymbol{K}^{\mathrm{T}})=\det\begin{pmatrix}n-1&-1&\cdots&-1&-1\\-1&n-1&\cdots&-1&-1\\\vdots&\vdots&&\vdots&\vdots\\-1&-1&\cdots&n-1&-1\\-1&-1&\cdots&-1&n-1\end{pmatrix}_{n-1}=n^{n-2}.$$ ∎

图 2.18 给出了所示竞赛图 T_4 的16个支撑树. 不难发现, 在这16个支撑树中, 不同构的只有6个.

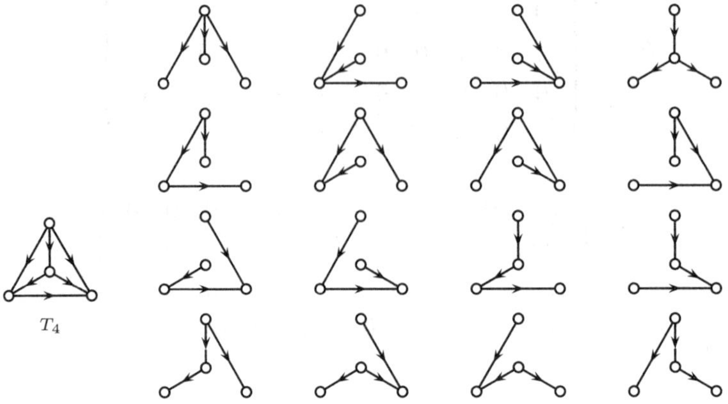

图 2.18 竞赛图 T_4 的16个支撑树

通过考虑无环连通无向图 G 的定向图, 由推论2.3.1.2立刻得到下列结果, 即著名的**矩阵–树定理**①. 早期文献认为这个结果由 G. R. Kirchhoff (1847) [219] 首先得到. 事实上, Kirchhoff 的结果与矩阵–树定理还是有很大差距的. 这里给出的表述属于 R. L. Brooks 等 (1940) [50] (见定理 1.9.1).

定理 2.3.2 (矩阵–树定理) **设 G 是无环连通无向图, 则 $\tau(G)=\det(\boldsymbol{K}\boldsymbol{K}^{\mathrm{T}})$, 其中 $\boldsymbol{K}$ 是从 G 的任意定向图 D 的关联矩阵 $\boldsymbol{M}(D)$ 中删去任意一行后得到的矩阵.**

下面考虑连通无向图 G 的 Laplace 矩阵. 设 G 是顶点集 $V=\{x_1,x_2,\cdots,x_v\}$ 的无环连通无向图, D 是 G 的任何一个定向图. 1.9 节定义了 G 的 Laplace 矩阵 $\boldsymbol{L}=\boldsymbol{B}-\boldsymbol{A}$, 其中 $\boldsymbol{A}$ 是 G 的邻接矩阵, $\boldsymbol{B}$ 是主对角元素 $b_{ii}=d_G(x_i)$ 的 v 阶对角方阵. 如果 $\boldsymbol{M}$ 是 D 的关联矩阵, 那么 $\boldsymbol{B}-\boldsymbol{A}=\boldsymbol{M}\boldsymbol{M}^{\mathrm{T}}$ (见式 (1.9.1)).

由定理 1.9.1 知 $\boldsymbol{L}$ 的所有代数余子式都等于 $\det(\boldsymbol{K}\boldsymbol{K}^{\mathrm{T}})$, 其中 $\boldsymbol{K}$ 是从 $\boldsymbol{M}$ 中删去任意一行后得到的矩阵. 由定理 2.3.2 知 $\det(\boldsymbol{K}\boldsymbol{K}^{\mathrm{T}})=\tau(G)$. 这个事实回答了1.9 节提出的问题.

设 $\mu_1,\mu_2,\cdots,\mu_v$ 是 Laplace 矩阵 $\boldsymbol{L}$ 的特征值. 易知 $0=\mu_1<\mu_2\leqslant\cdots\leqslant\mu_v$. 设 x 和 y 是 G 中的任意两顶点. 用 $\boldsymbol{L}_{xy}$ 表示 $\boldsymbol{L}$ 的 (x,y) 余子式, n_{xy} 是 $\boldsymbol{L}$ 的 (x,y) 代数余子式. 那么 $n_{xx}=\det\boldsymbol{L}_{xx}$. 因为 $\det\boldsymbol{L}=0$, 所以

$$\det(\lambda\boldsymbol{I}-\boldsymbol{L})=\lambda\prod_{i=2}^{v}(\lambda-\mu_i),\tag{2.3.3}$$

① "Matrix-Tree Theorem" 一词是 H. W. Kuhn 作为《Mathematical Review》的评论员为 R. Bott & J. P. Mayberry (1954) [46] 一文所写的评论 [MR0067067(16, 665e)] (1955) 中首次提出的.

并且 λ 的系数是 $(-1)^{\upsilon-1}\mu_2\cdots\mu_\upsilon$. 式 (2.3.3) 两边对 λ 求导, 并取 $\lambda=0$ 时的导数, 得

$$(-1)^{\upsilon-1}\mu_2\cdots\mu_\upsilon=\frac{\mathrm{d}}{\mathrm{d}\lambda}\det\,(\lambda\boldsymbol{I}-\boldsymbol{L}_{xx})\Big|_{\lambda=0}.$$

又有

$$\frac{\mathrm{d}}{\mathrm{d}\lambda}\det\,(\lambda\boldsymbol{I}-\boldsymbol{L}_{xx})=\sum_{x\in V}\det(\lambda\boldsymbol{I}-\boldsymbol{L}_{xx}).$$

因此

$$\mu_2\cdots\mu_\upsilon=\sum_{x\in V}n_{xx}=\upsilon\,\tau(G). \tag{2.3.4}$$

如果 G 是 k 正则的, 那么 k 是 $\boldsymbol{A}$ 和 $\boldsymbol{L}=k\boldsymbol{I}-\boldsymbol{A}$ 的最大特征值. 如果 $\lambda_1,\lambda_2,\cdots,\lambda_\upsilon$ 是 $\boldsymbol{A}$ 的特征值, 那么 $k-\lambda_1,k-\lambda_2,\cdots,k-\lambda_\upsilon$ 是 $\boldsymbol{L}$ 的特征值. 假设 $\lambda_1\leqslant\lambda_2\leqslant\cdots\leqslant\lambda_\upsilon$. 那么由式 (2.3.4) 得 $\upsilon\tau(G)=(k-\lambda_2)\cdots(k-\lambda_\upsilon)$.

上述结论可以叙述为下面的定理:

定理 2.3.3 **设** G **是连通无向图,** $\mu_2,\cdots,\mu_\upsilon$ **是** G **的 Laplace 矩阵** $\boldsymbol{L}$ **的非零特征值, 则**

(a) $\boldsymbol{L}$ **的所有代数余子式都等于** $\tau(G)$;

(b) $\tau(G)=\dfrac{1}{\upsilon}\mu_2\cdots\mu_\upsilon$.

如果 G 是完全图 K_n, 那么 $\mu_2=\cdots=\mu_\upsilon=n$. 由定理 2.3.3, $\tau(K_n)=n^{n-2}$. 这个结果是 A. Cayley (1889) [60] 首先发现的, 故称它为 **Cayley 公式**.

推论 2.3.3 (Cayley 公式, 1889) **设** K_n **是完全无向图, 则** $\tau(K_n)=n^{n-2}$ $(n\geqslant 2)$.

Cayley 公式有多种直接证明, 有兴趣的读者可参阅 Moon (1967) [274], Chaiken 和 Kleitman (1978) [63] 的文章.

习 题 2.3

2.3.1 证明:

(a) 有向图 D 的割空间 $\mathscr{B}(D)$ 和圈空间 $\mathscr{C}(D)$ 中对应于支撑林的基矩阵是全幺模的;

(b) 无环有向图 D 的关联矩阵是全幺模的;

(c) 简单无向图 G 的关联矩阵是全幺模的 $\Leftrightarrow G$ 是 2 部图. (J. Egerváry, 1931 [102])

2.3.2 设 $\boldsymbol{M}$ 是无环连通有向图 D 的关联矩阵, $\boldsymbol{K}$ 是从 $\boldsymbol{M}$ 中删去任意一行后得到的矩阵, $\boldsymbol{C}$ 是圈空间 $\mathscr{C}(D)$ 的幺模基矩阵. 证明:

$$\tau(D)=\pm\det\begin{pmatrix}\boldsymbol{K}\\ \boldsymbol{C}\end{pmatrix}.$$

2.3.3 设 $\boldsymbol{M}$ 是无环连通有向图 D 的关联矩阵. 证明: $\boldsymbol{M}\boldsymbol{M}^{\mathrm{T}}$ 中所有元素的代数余子式都为 $\tau(D)$ (参见定理 1.9.1).

2.3.4 设 G 是连通无向简单图, $\boldsymbol{L}$ 是 G 的 Laplace 矩阵. 证明:

(a) $\boldsymbol{L}$ 中的所有元素的代数余子式均等于 $\tau(G)$;

(b) $\tau(G)$ 是 $\boldsymbol{L}$ 的特征根;

(c) $\tau(G) = \det\,(\boldsymbol{J}+\boldsymbol{L})/v^2$.

2.3.5 设 G 是连通的 $k(\geqslant 1)$ 阶正则无向简单图, $k,\lambda_2,\cdots,\lambda_t$ 是 G 的所有特征根, k 的重数为 1, λ_j 的重数为 m_j $(2\leqslant j\leqslant t)$. 证明:

$$\tau(G) = \prod_{j=2}^{t}(k-\lambda_j)^{m_j}/v.$$

2.3.6 证明:

(a) $\tau(C_n) = n$, 其中 C_n 是以 $\{x_1,x_2,\cdots,x_n\}$ 为其顶点集的 n 阶圈;

(b) $\tau(K_n - e) = (n-2)n^n - 3$, 其中 $K_n - e$ 表示从以 $\{x_1,x_2,\cdots,x_n\}$ 为其顶点集的 K_n 中除掉任何一条边后得到的子图;

(c) $\tau(K_{m,n}) = m^{n-1}n^{m-1}$, 其中 $K_{m,n}$ 是 2 部划分为 $\{X,Y\}$ 的完全 2 部图, $X = \{x_1,x_2,\cdots,x_m\}$, $Y = \{y_1,y_2,\cdots,y_n\}$.

2.3.7 设 D 是非平凡无环连通有向图, $a\in E(D)$. 证明: $\tau(D) = \tau(D\cdot a)+\tau(D-a)$.

2.3.8 设 H 是用 k 条两端点相同的边替代简单无向图 G 中每条边后得到的图. 证明: $\tau(H) = k^{v-1}\tau(G)$.

2.3.9 设 D 不含有向圈, $x\in V(D)$, $\tau_x(D)$ 表示 D 中根在 x 的支撑外向树的数目. 证明:

$$\tau_x(D) = \prod_{y\in V\setminus\{x\}} d_G^-(y).$$

应　用

2.4 最小连接问题

假设在某地区内要修建一个连接若干个城镇的高速公路系统. 已知城 x_i 与城 x_j 之间直通高速公路的造价为 c_{ij}. 试设计一个造价最低的建造方案.

这类问题很多, 如某城市内供气、供水、供电以及通信等系统的设计. 人们通常把这类问题称为**最小连接问题** (minimum connection problem).

构造加权简单图 $(G,\boldsymbol{w})$, 其中城镇 x_i 被视为 G 的顶点, $x_ix_j \in E(G) \Leftrightarrow c_{ij} < \infty$ (若 $c_{ij} = \infty$, 则认为城 x_i 与城 x_j 之间不可能修筑公路), $\boldsymbol{w}(x_ix_j) = c_{ij}$.

于是, 最小连接问题就转化为在加权简单图 $(G,\boldsymbol{w})$ 中找出权和最小的支撑树. 人们通常称这样的支撑树为**最小树** (minimum tree).

由定理 2.1.4, G 含支撑树 $\Leftrightarrow$ G 是连通的. 因此, 最小连接问题有解 $\Leftrightarrow$ G 是连通的. 若 G 是连通图, 则由推论 2.3.3 有 $\tau(G) \leqslant \tau(K_\upsilon) = \upsilon^{\upsilon-2}$, 枚举 G 的所有支撑树, 然后比较它们的权和, 找出最小树. 用这种方法来找出 G 的最小树无疑是可以的. 但一般说来, 当 υ 很大时, 列出 $\tau(G)$ 棵支撑树并不容易. 因此有必要寻找求最小树的有效算法.

目前有许多算法可用来求加权连通简单图 $(G,\boldsymbol{w})$ 的最小树, 其中最为著名的是 Prim (1957) [300] 算法和 Kruskal (1956) [230] 算法, 算法的基本依据是定理 2.1.4: G 含支撑树 $\Leftrightarrow$ 对任何非空子集 $S \subset V(G)$, 均有 $[S,\overline{S}] \neq \emptyset$. 下面介绍 Prim 算法, 而 Kruskal 算法见习题 2.4.3.

首先考虑最简单的情形, 即对每个 $e \in E(G)$ 均有 $\boldsymbol{w}(e) = 1$. G 中任何支撑树都是最小树. 于是, 只需构造出任意支撑树. 基于定理 2.1.5 (a), 有如下递归算法:

1. 任取 $x_0 \in V(G)$, 令 $V_0 = \{x_0\}$, $T_0 = x_0$, $k = 0$.

2. 假定 V_{k-1} 和 T_{k-1} 已选好. 若 $[V_{k-1},\overline{V}_{k-1}] \neq \emptyset$, 则 (由定理 2.1.5 (a)) 任取 $e_k \in [V_{k-1},\overline{V}_{k-1}]$, 因而存在 $u \in V_{k-1}$, $x_k \in \overline{V}_{k-1}$, 使 $e_k = ux_k$. 令 $V_k = V_{k-1} \cup \{x_k\}$, $T_k = T_{k-1} + e_k$.

3. 若 $k = \upsilon - 1$, 则停止. 若 $k < \upsilon - 1$ 且 $[V_k,\overline{V}_k] \neq \emptyset$, 则用 k 替代 $k-1$ 并转入第 2 步; 否则停止, G 中不存在支撑树.

这个算法是可行的, 算法的关键是第 2 步的递归执行. 只要 $\overline{V}_{k-1} \neq \emptyset$, 定理 2.1.5 (a) 就确保了边 e_k 的存在性. 每步构造出的是顶点集为 V_k 的子树 T_k. 由于 G 是连通的, 所以该算法必停止于 $V_{\upsilon-1} = V(G)$ 和 G 中支撑树 T_υ.

Prim 推广了上述算法到一般情形. 在 Prim 算法中, 试图求出函数 $\boldsymbol{l} \in \mathscr{V}(D)$, 顶点子集序列 V_k 和以 V_k 为顶点集的子树序列 T_k $(0 \leqslant k \leqslant \upsilon - 1)$. 算法开始时, 任取 $x_0 \in V(G)$, 并令

$$\boldsymbol{l}_0(x) = \begin{cases} 0, & x = x_0, \\ \infty, & x \neq x_0, \end{cases}$$

并令 $V_0 = \{x_0\}$, $T_0 = x_0$. 在算法进行过程中, 通过不断修改 $\boldsymbol{l}(x)$ 而递归构造出 $V_k = V_{k-1} \cup \{x_k\}$ 和 $T_k = T_{k-1} + e_k$.

Prim 算法

1. 任取 $x_0 \in V(G)$, $\boldsymbol{l}(x_0)=0$, $\boldsymbol{l}(x)=\infty(x\neq x_0)$, $V_0=\{x_0\}$, $T_0=x_0$ 且 $k=0$.

2. 对任何 $x\in N_G(x_{k-1})\cap\overline{V}_{k-1}$, 若 $\boldsymbol{w}(x_{k-1}x)<\boldsymbol{l}(x)$, 则用 $\boldsymbol{w}(x_{k-1}x)$ 替代 $\boldsymbol{l}(x)$. 选取 $x_k\in\overline{V}_{k-1}$, 使 $\boldsymbol{l}(x_k)=\min\{\boldsymbol{l}(x):x\in\overline{V}_{k-1}\}$. 设 $e_k=ux_k$, $u\in V_{k-1}$, 使 $\boldsymbol{w}(e_k)=\boldsymbol{l}(x_k)$. 令 $V_k=V_{k-1}\cup\{x_k\}$, $T_k=T_{k-1}+e_k$.

3. 若 $k=\upsilon-1$, 则停止. 若 $k<\upsilon-1$ 且 $[V_k,\overline{V}_k]\neq\emptyset$, 则用 k 替代 $k-1$ 并转入第 2 步; 否则停止, G 中不存在支撑树.

例 2.4 作为 Prim 算法的应用, 考虑图 2.19 (a) 所示的加权图 $(G,\boldsymbol{w})$.

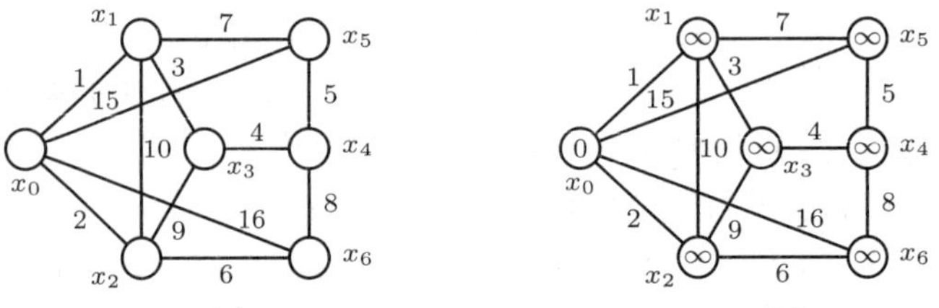

(a) (b)

图 2.19 Prim 算法的应用 (I)

Prim 算法的执行过程如下:

1. 令 $\boldsymbol{l}(x_0)=0$, $\boldsymbol{l}(x)=\infty$ $(x\neq x_0)$ (见图 2.19 (b) 中顶点上的数字). 取 $k=0$, 并令 $V_0=\{x_0\}$, $T_0=x_0$.

2. 需要重复执行 6 次 (因为 $\upsilon=7$).

   (1) $N_G(x_0)\cap\overline{V}_0=\{x_1,x_2,x_5,x_6\}$. 对每个 $i\in\{1,2,5,6\}$, 由于 $\boldsymbol{w}(x_0x_i)<\boldsymbol{l}(x_i)=\infty$, 将 $\boldsymbol{l}(x_i)$ 中的 ∞ 修改为 $\boldsymbol{w}(x_0x_i)$. 由于 $\min\{\boldsymbol{l}(x):x\in\overline{V}_0\}=1=\boldsymbol{l}(x_1)=\boldsymbol{w}(x_0x_1)$, 取 $e_1=x_0x_1$, $k=1$, 并令 $V_1=\{x_0,x_1\}$ 且 $T_1=T_0+e_1$ (图 2.20 (a) 中粗边所示).

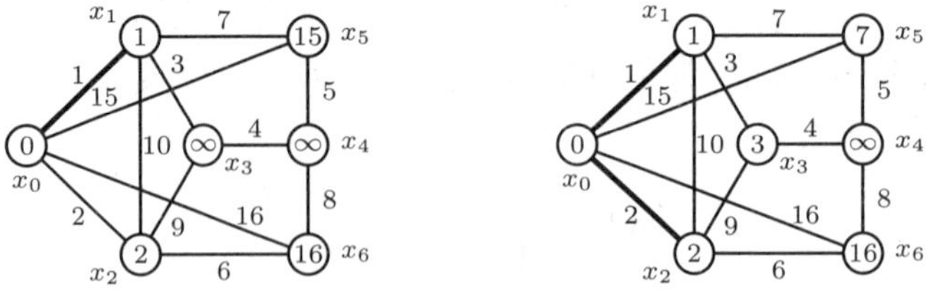

(a) (b)

图 2.20 Prim 算法的应用 (Ⅱ)

   (2) $N_G(x_1)\cap\overline{V}_1=\{x_2,x_3,x_5\}$. 对每个 $i=2,3,5$, 由于 $\boldsymbol{w}(x_1x_3)=3<\infty=\boldsymbol{l}(x_3)$ 且 $\boldsymbol{w}(x_1x_5)=7<15=\boldsymbol{l}(x_5)$, 将 $\boldsymbol{l}(x_3)$ 中的 ∞ 修改为 3,

将 $\boldsymbol{l}(x_5)$ 中的 15 修改为 7. 由于 $\min\{\boldsymbol{l}(x):\ x\in\overline{V}_1\}=2=\boldsymbol{l}(x_2)=\boldsymbol{w}(x_0x_2)$, 取 $e_2=x_0x_2$, $k=2$, 并令 $V_2=V_1\cup\{x_2\}=\{x_0,x_1,x_2\}$ 且 $T_2=T_1+e_2$ (图 2.20 (b) 中粗边所示).

(3) $N_G(x_2)\cap\overline{V}_2=\{x_3,x_6\}$. 对每个 $i=3,6$, 由于 $\boldsymbol{w}(x_2x_3)=9>3=\boldsymbol{l}(x_3)$ 且 $\boldsymbol{w}(x_2x_6)=6<16=\boldsymbol{l}(x_6)$, 将 $\boldsymbol{l}(x_6)$ 中的 16 修改为 6. 由于 $\min\{\boldsymbol{l}(x):\ x\in\overline{V}_2\}=3=\boldsymbol{l}(x_3)=\boldsymbol{w}(x_1x_3)$, 取 $e_3=x_1x_3$, $k=3$, 并令 $V_3=V_2\cup\{x_3\}=\{x_0,x_1,x_2,x_3\}$ 且 $T_3=T_2+e_3$ (图 2.21 (a) 中粗边所示).

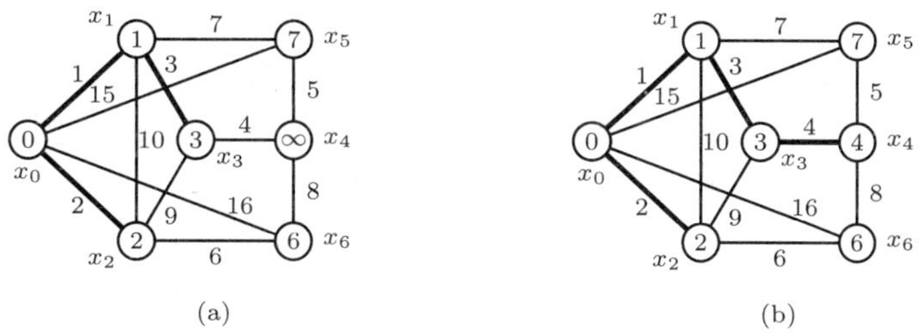

图 2.21　Prim 算法的应用 (Ⅲ)

(4) $N_G(x_3)\cap\overline{V}_3=\{x_4\}$. 由于 $\boldsymbol{w}(x_3x_4)=4<\infty=\boldsymbol{l}(x_4)$, 将 $\boldsymbol{l}(x_4)$ 中的 ∞ 修改为 4. 由于 $\min\{\boldsymbol{l}(x):\ x\in\overline{V}_3\}=4=\boldsymbol{l}(x_4)=\boldsymbol{w}(x_3x_4)$, 取 $e_4=x_3x_4$, $k=4$, 并令 $V_4=V_3\cup\{x_4\}=\{x_0,x_1,x_2,x_3,x_4\}$ 且 $T_4=T_3+e_4$ (图 2.21 (b) 中粗边所示).

(5) $N_G(x_4)\cap\overline{V}_4=\{x_5,x_6\}$. 由于 $\boldsymbol{w}(x_4x_5)=5<7=\boldsymbol{l}(x_5)$, 将 $\boldsymbol{l}(x_5)$ 中的 7 修改为 5. 由于 $\min\{\boldsymbol{l}(x):\ x\in\overline{V}_4\}=5=\boldsymbol{l}(x_5)=\boldsymbol{w}(x_4x_5)$, 取 $e_5=x_4x_5$, $k=5$ 并令 $V_5=V_4\cup\{x_5\}=\{x_0,x_1,x_2,x_3,x_4,x_5\}$ 且 $T_5=T_4+e_5$ (图 2.22 (a) 中粗边所示).

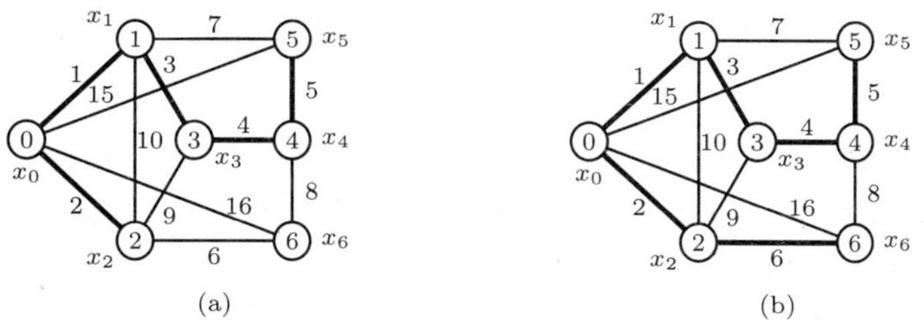

图 2.22　Prim 算法的应用 (Ⅳ)

(6) $N_G(x_5)\cap\overline{V}_5=\emptyset$. 由于 $\min\{\boldsymbol{l}(x):\ x\in\overline{V}_5\}=6=\boldsymbol{l}(x_6)=\boldsymbol{w}(x_2x_6)$, 取 $e_6=x_2x_6$, $k=6$, 并令 $V_6=V_5\cup\{x_6\}=\{x_0,x_1,x_2,x_3,x_4,x_5,x_6\}$ 且 $T_6=T_5+e_6$ (图 2.22 (b) 中粗边所示).

3. 算法停止, 因为 $k=6=\upsilon-1$. 算法执行结束时得到的最小树 T_6 如图 2.22 (b) 所示, 它的权等于顶点标号 $\boldsymbol{l}(x_i)$ 之和, 即 $\boldsymbol{w}(T_6)=21$.

Prim 算法的执行过程是最小树的增长过程. 下述定理确保了由 Prim 算法求出的 $T_{\upsilon-1}$ 是 G 的最小树.

定理 2.4 **由 Prim 算法求出的** $T_{\upsilon-1}$ **是加权连通图** $(G,\boldsymbol{w})$ **的最小树**.

证明 只需证明 T_k 是 G 中某最小树的子图. 对 $k\geqslant 0$ 用归纳法. 当 $k=0$ 时, 结论显然成立. 假设结论对 $k-1$ 成立. 考虑 $T_k=T_{k-1}+e_k$.

先证 T_k 是树. 由归纳假设 T_{k-1} 是树. 因为 $V(T_{k-1})=V_{k-1}$, $e_k\in[V_{k-1},\overline{V}_{k-1}]$ (定理 2.1.4 保证了 e_k 的存在性), 所以 T_k 是连通的. 又因为 $e_k=ux_k$, $u\in V_{k-1}$, $x_k\in\overline{V}_{k-1}$, 故 x_k 是 T_k 中 1 度点, 即 $T_k=T_{k-1}+e_k$ 无圈, 因而 T_k 是树.

下面证明 T_k 是 G 中某最小树的子图. 由归纳假设 T_{k-1} 是 G 中最小树 T^* 的子图. $T_k=T_{k-1}+e_k$. 若 $e_k\in T^*$, 则 T_k 是 T^* 的子图. 若 $e_k\notin T^*$, 则由定理 2.1.6 知 T^*+e_k 含唯一圈 C. 由于 $e_k\in[V_{k-1},\overline{V}_{k-1}]$, 所以存在 $e'_k\in C$, 并且 $e'_k\in[V_{k-1},\overline{V}_{k-1}]$, $e'_k\neq e_k$. 令

$$T'=(T^*+e_k)-e'_k,$$

则 $T_k\subseteq T'$. 于是, 只需证明 T' 也是 G 的最小树. 由于 T' 是连通的, 并且 $\varepsilon(T')=\upsilon-1$, 所以由定理 2.1.3 知 T' 是 G 的另一棵支撑树, 并且

$$\boldsymbol{w}(T')=\boldsymbol{w}(T^*)+\boldsymbol{w}(e_k)-\boldsymbol{w}(e'_k). \tag{2.4.1}$$

在 Prim 算法中选取的边 $e_k\in[V_{k-1},\overline{V}_{k-1}]$ 且具有最小的权, 所以

$$\boldsymbol{w}(e_k)\leqslant\boldsymbol{w}(e'_k). \tag{2.4.2}$$

结合式 (2.4.1) 和式 (2.4.2), 有 $\boldsymbol{w}(T')\leqslant\boldsymbol{w}(T^*)$, 即 T' 也是 G 的最小树. 由归纳原理, 定理得证. ▮

稍加修改 Prim 算法的第 2 步, 就可以用来求无对称边有向加权图 D 中根在 x_0 的最小支撑外向树了 (如果该图存在根在 x_0 的支撑外向树的话, 即 D 满足定理 2.1.5). 留给读者练习.

现在估计用 Prim 算法求最小树最多需要计算的次数.

第 1 步需要执行 $\upsilon+3$ 次.

第 3 步需要执行 $\upsilon-1$ 次.

第 2 步需要执行 $\upsilon-1$ 次. 第 k 次执行第 2 步中"用 $\boldsymbol{w}(x_{k-1}x)$ 替代 $\boldsymbol{l}(x)$"时, 检查 $N_G(x_{k-1})\cap\overline{V}_{k-1}$ 中顶点标号 $\boldsymbol{l}(x)$, 最多需要 $|\overline{V}_{k-1}|=\upsilon-k$ 次替代; 而执行"选取 $x_k\in\overline{V}_{k-1}$, 使 $\boldsymbol{l}(x_k)=\min\{\boldsymbol{l}(x):\ x\in\overline{V}_{k-1}\}$"时最多需要做 $\upsilon-k$ 次比较;

在执行 "$e_k = ux_k, u \in V_{k-1}$, 使 $\boldsymbol{w}(e_k) = \boldsymbol{l}(x_k)$" 时, $u \in N_G(x_k) \cap V_{k-1}$, 故最多需要 $k-1$ 次比较, 再加上两次赋值于 V_k 和 T_k. 因此第 2 步最多需要计算的次数为

$$\sum_{k=1}^{\upsilon-1}((\upsilon-k)+(\upsilon-k)+(k-1)+2) = \frac{3}{2}\upsilon^2 + \frac{3}{2}\upsilon - 1.$$

于是, 该算法计算的总次数最多为

$$(\upsilon+3) + \left(\frac{3}{2}\upsilon^2 + \frac{3}{2}\upsilon - 1\right) + (\upsilon - 1) = \frac{3}{2}\upsilon^2 + \frac{7}{2}\upsilon + 1.$$

怎样来判断算法的优劣? J. Edmonds (1965) [97] 提出一个判定标准. 图论算法称为**多项式算法** (polynomial algorithm), 如果在任何图上执行这个算法所需要的计算次数都可以 υ 和 ε 的多项式 (例如 $3\upsilon^2\varepsilon$) 为其上界. 这个上界, 习惯上被称为**计算复杂度**, 简称为**复杂度** (complexity). 例如, Prim 算法的复杂度为 $\frac{3}{2}\upsilon^2 + \frac{7}{2}\upsilon + 1$, 记为 $O(\upsilon^2)$. 算法的复杂度若为指数 (例如 2^υ) 或 $\upsilon!$, 则当 υ 较大时, 该算法是无效的. 多项式算法亦称为**有效算法** (efficient algorithm) 或**好算法** (good algorithm). Prim 算法是个有效算法.

对于问题 T, 如果存在多项式算法来求解, 则称 T 为 P 问题 (polynomial problem). Prim 算法是个多项式算法, 即最小连接问题是 P 问题. 统称目前还没有找到多项式算法来求解的问题为 NP 难问题 (NP-hard problem). NP 难问题按其难度有许多分类, 其中最为著名的一类问题是**不确定多项式问题** (non-deterministic polynomial problem), 简称 NP 问题: 对于问题中的任意实例和它的猜测解, 都可以在多项式时间内验证这个解. 显然, NP 问题包含 P 问题. S. A. Cook (1971) [78] 发现 NP 问题中有一类问题, 若能判断其一是 P 问题, 则这类问题都是 P 问题. 这类问题被称为 NP **完备问题** (NP complete problem), 简称 NPC 问题 [139]. 这类 NPC 问题中最为容易陈述和理解的代表是 Hamilton 问题.

习 题 2.4

2.4.1 利用 Prim 算法求本题加权图中的最小树.

2.4.2 证明: 若加权连通简单图 G 中每条边的权不同, 则由 Prim 算法求得的最小树是唯一的.

2.4.3 求加权连通简单图 $(G, \boldsymbol{w})$ 中最小树的 **Kruskal 算法**如下:

1. 选取 $e_1 \in E(G)$, 使 $\boldsymbol{w}(e_1)$ 尽可能小.
2. 若 $e_1, e_2, \cdots, e_i$ 选定, 则取 $e_{i+1} \in E(G) \setminus \{e_1, \cdots, e_i\}$, 使 $G[\{e_1, \cdots, e_i, e_{i+1}\}]$ 不含圈而且 $\boldsymbol{w}(e_{i+1})$ 尽可能小.
3. 若 $i < \upsilon - 1$, 则转第 2 步; 若 $i = \upsilon - 1$, 则停止.

(a) 证明: 由 Kruskal 算法构作的 G 的子图必是 G 的最小树.

(b) 利用 Kruskal 算法求出下图的最小树.

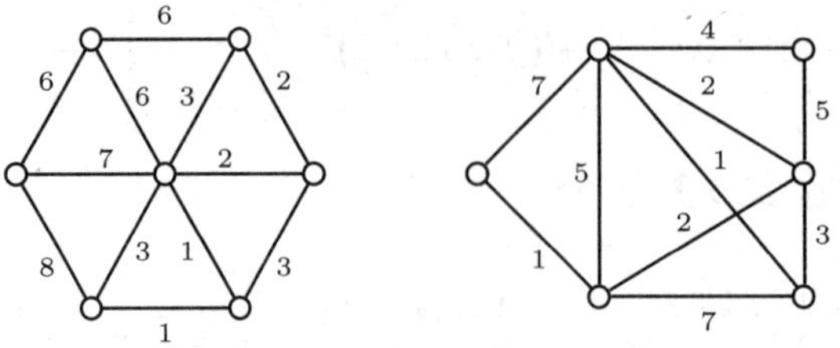

(习题 2.4.1 和习题 2.4.3 图)

2.4.4 Prim 算法和 Kruskal 算法是否可以用来求加权连通简单图中的最大权支撑树? 若可以, 怎样实现?

2.4.5 修改 Prim 算法求加权无对称边简单有向图 $(D,\boldsymbol{w})$ 中根在 x_0 的最小支撑外向树 (如果存在的话).

2.5 最短路问题

设有一个铁路系统连接着若干个城市, x_0 是该系统中的一个固定城市 (比如是首都或者某省会城市). 在该系统中, 试求从 x_0 到其他各城市的最短路线. 这个问题被称为**最短路问题** (shortest path problem).

用一个具有正值权 $\boldsymbol{w}$ 的加权简单无向图 $(G,\boldsymbol{w})$ 来表示这个铁路系统, 其中 $\boldsymbol{w}\in\mathscr{E}(G)$. 边 $e=xy$ 上的值 $\boldsymbol{w}(e)$ 表示城市 x 和城市 y 之间的铁路里程. 于是, 最短路问题就转化为在 $(G,\boldsymbol{w})$ 中找出根在 x_0 且权和最小的支撑树.

最短路问题更一般的提法是: 设 $(D,\boldsymbol{w})$ 是有正值加权的简单有向图, x_0 是 D 中固定点. 寻找根在 x_0 且到每个点距离最小的支撑外向树. 由定理 2.1.5, D 中存在包含根在 x_0 的支撑外向树 $\Leftrightarrow$ 对任何包含 x_0 的子集 $S\subset V(D)$, 均有 $(S,\overline{S})\neq\emptyset$.

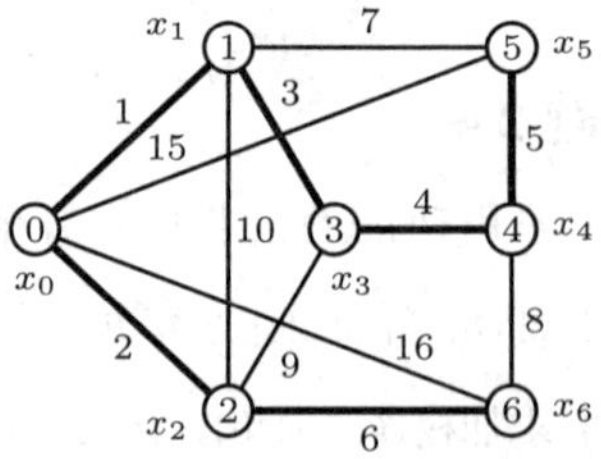

图 2.23　最小支撑树

乍看起来, 最短路问题与最小连接问题很相似, 其实不然. 即使是无向图中最短路问题, Prim 算法也无能为力. 例如, 图 2.23 中粗边所示的是例 2.4 由 Prim 算法得到的最小支撑树 T. 由习题 2.4.2 知 T 是唯一的最小树. 沿着 T 的边, 从 x_0 到 x_5 的路 P 的长度为 13. 但从 x_0 出发, 经过 x_1, 沿边 x_1x_5 到达 x_5 的路 Q 的长度为 8.

因此, P 不是最短 x_0x_5 路. 于是, 为求解最短路问题, 必须寻找另外的方法.

下面叙述的算法是由 E. F. Moore (1957) [277], E. W. Dijkstra (1959) [87], G. B. Dantzig (1960) [79] 以及 P. D. Whiting 和 J. A. Hillier (1960) [374] 各自独立发现的. 该算法基于定理 2.1.5, 修改了 Prim 算法第 2 步. 在整个算法中, 试图求一个函数 $\boldsymbol{l} \in \mathscr{V}(D)$ 和含 x_0 的顶点子集序列 S_k 和以 S_k 为顶点集的根在 x_0 的外向树序列 T_k $(0 \leqslant k \leqslant \upsilon - 1)$. 算法开始时, 令

$$\boldsymbol{l}(x) = \begin{cases} 0, & x = x_0, \\ \infty, & x \neq x_0, \end{cases} \qquad S_0 = \{x_0\} = P_0.$$

在算法执行过程中, 通过不断修改 $\boldsymbol{l}(x)$ 的值而递归地构造出 S_{k+1} 和根在 x_0 的外向树 T_{k+1}, 只要 $(S_k, \overline{S}_k) \neq \emptyset$ (由定理 2.1.5).

Moore-Dijkstra 算法

1. $\boldsymbol{l}(x_0) = 0$, $\boldsymbol{l}(x) = \infty$ $(x \neq x_0)$, $S_0 = x_0$, $T_0 = x_0$ 且 $k = 0$.
2. $(S_k, \overline{S}_k) \neq \emptyset$, 对每个 $x \in N_D^+(x_k) \cap \overline{S}_k$, 用 $\min\{\boldsymbol{l}(x), \boldsymbol{l}(x_k) + \boldsymbol{w}(x_k, x)\}$ 替代 $\boldsymbol{l}(x)$. 取 $x_{k+1} \in N_D^+(S_k) \cap \overline{S}_k$ 和 x_j $(j \leqslant k) \in S_k$, 使 $(x_j, x_{k+1}) \in E(D)$ 并且
$$\boldsymbol{l}(x_{k+1}) = \min\{\boldsymbol{l}(x) : \ x \in \overline{S}_k\} = \boldsymbol{l}(x_j) + \boldsymbol{w}(x_j, x_{k+1}).$$
令 $S_{k+1} = S_k \cup \{x_{k+1}\}$, $T_{k+1} = T_k + (x_j, x_{k+1})$.
3. 若 $k = \upsilon - 1$, 则停止. 若 $k < \upsilon - 1$ 且 $(S_{k+1}, \overline{S}_{k+1}) \neq \emptyset$, 则用 $k+1$ 替代 k 并转第 2 步; 否则停止, D 中不存在根在 x_0 的外向支撑树.

例 2.5.1　作为 Moore-Dijkstra 算法的应用, 考虑图 2.24 (a) 所示的加权图 $(D, \boldsymbol{w})$. Moore-Dijkstra 算法执行如下:

1. 对每个顶点进行标号: $\boldsymbol{l}(x_0) = 0, \boldsymbol{l}(y_i) = \infty$ $(1 \leqslant i \leqslant 5)$ (见图 2.24 (b) 顶点上的数字). 取 $k = 0$, 令 $S_0 = \{x_0\}$, $T_0 = \{x_0\}$.

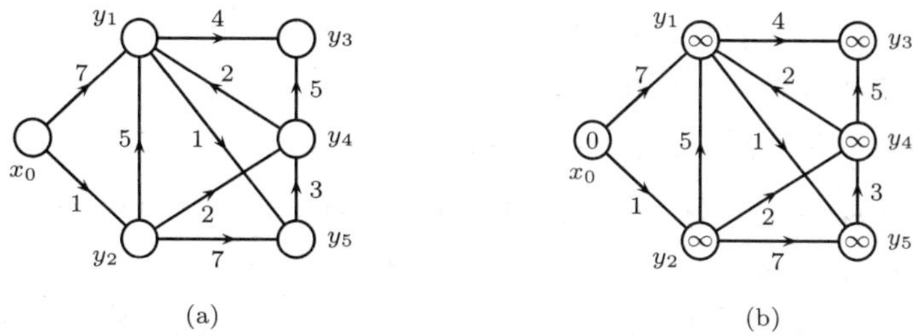

图 2.24　Moore–Dijsktra 算法的应用 (I)

2. 需要执行 5 次, 详述如下:

(1) $N_D^+(x_0)\cap\overline{S}_0=N_D^+(S_0)\cap\overline{S}_0=\{y_1,y_2\}$.

$\boldsymbol{l}(y_1)=\min\{\infty,\boldsymbol{l}(x_0)+\boldsymbol{w}(x_0,y_1)\}=\min\{\infty,0+7\}=7$;

$\boldsymbol{l}(y_2)=\min\{\infty,\boldsymbol{l}(x_0)+\boldsymbol{w}(x_0,y_2)\}=\min\{\infty,0+1\}=1=\boldsymbol{l}(x_0)+\boldsymbol{w}(x_0,y_2)$.

将 $\boldsymbol{l}(y_1)$ 和 $\boldsymbol{l}(y_2)$ 中的 ∞ 分别修改为 7 和 1. 取 $x_1=y_2$, $k=1$. 令 $S_1=S_0\cup\{x_1\}=\{x_0,x_1\}$, $T_1=T_0+(x_0,x_1)$ (如图 2.25 (a) 中粗边所示).

(2) $N_D^+(x_1)\cap\overline{S}_1=N_D^+(S_1)\cap\overline{S}_1=\{y_1,y_4,y_5\}$.

$\boldsymbol{l}(y_1)=\min\{\boldsymbol{l}(y_1),\boldsymbol{l}(x_1)+\boldsymbol{w}(x_1,y_1)\}=\min\{7,1+5\}=6$;

$\boldsymbol{l}(y_4)=\min\{\boldsymbol{l}(y_4),\boldsymbol{l}(x_1)+\boldsymbol{w}(x_1,y_4)\}=\min\{\infty,1+2\}=\boldsymbol{l}(x_1)+\boldsymbol{w}(x_1,y_4)$;

$\boldsymbol{l}(y_5)=\min\{\boldsymbol{l}(y_5),\boldsymbol{l}(x_1)+\boldsymbol{w}(x_1,y_5)\}=\min\{\infty,1+7\}=8$.

将 $\boldsymbol{l}(y_1)$ 中的 7 修改为 6, 将 $\boldsymbol{l}(y_4)$ 和 $\boldsymbol{l}(y_5)$ 中的 ∞ 分别修改为 3 和 8. 取 $x_2=y_4$, $k=2$. 令 $S_2=S_1\cup\{x_2\}=\{x_0,x_1,x_2\}$, $T_2=T_1+(x_1,x_2)$ (见图 2.25 (b), 其中 T_2 如两条粗边所示).

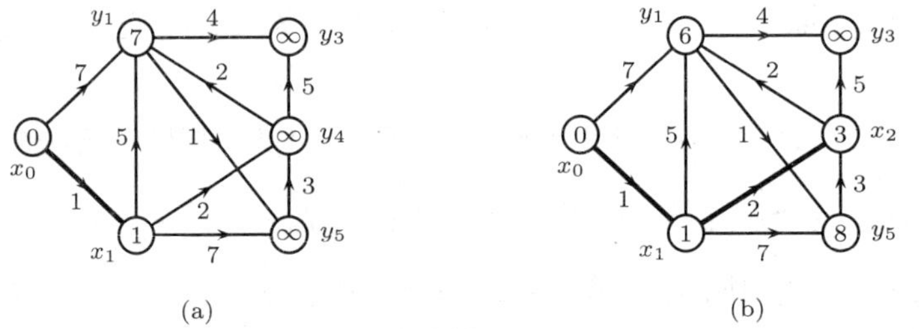

图 2.25 Moore–Dijsktra 算法的应用 (Ⅱ)

(3) $N_D^+(x_2)\cap\overline{S}_2=\{y_1,y_3\}$, $N_D^+(S_2)\cap\overline{S}_2=\{y_1,y_3,y_5\}$.

$\boldsymbol{l}(y_1)=\min\{\boldsymbol{l}(y_1),\boldsymbol{l}(x_2)+\boldsymbol{w}(x_2,y_1)\}=\min\{6,3+2\}=5=\boldsymbol{l}(x_2)+\boldsymbol{w}(x_2,y_1)$;

$\boldsymbol{l}(y_3)=\min\{\boldsymbol{l}(y_3),\boldsymbol{l}(x_2)+\boldsymbol{w}(x_2,y_3)\}=\min\{\infty,3+5\}=8$;

$\boldsymbol{l}(y_5)=8$.

将 $\boldsymbol{l}(y_1)$ 中的 6 修改为 5, $\boldsymbol{l}(y_3)$ 中的 ∞ 修改为 8. 取 $x_3=y_1$, $k=3$. 令 $S_3=S_2\cup\{x_1\}=\{x_0,x_1,x_2,x_3\}$, $T_3=T_2+(x_2,x_3)$ (见图 2.26 (a), 其中 T_3 如三条粗边所示).

(4) $N_D^+(x_3)\cap\overline{S}_3=N_D^+(S_3)\cap\overline{S}_3=\{y_3,y_5\}$.

$\boldsymbol{l}(y_5)=\min\{\boldsymbol{l}(y_5),\boldsymbol{l}(x_3)+\boldsymbol{w}(x_3,y_5)\}=\min\{8,5+1\}=6=\boldsymbol{l}(x_3)+\boldsymbol{w}(x_3,y_5)$;

$\boldsymbol{l}(y_3)=8$.

将 $\boldsymbol{l}(y_5)$ 中的 8 修改为 6. 取 $k=4$, $x_4=y_5$. 令 $S_4=S_3\cup\{x_4\}=\{x_0,x_1,x_2,x_3,x_4\}$, $T_4=T_3+(x_3,x_4)$ (见图 2.26 (b), 其中 T_4 如四条粗边所示).

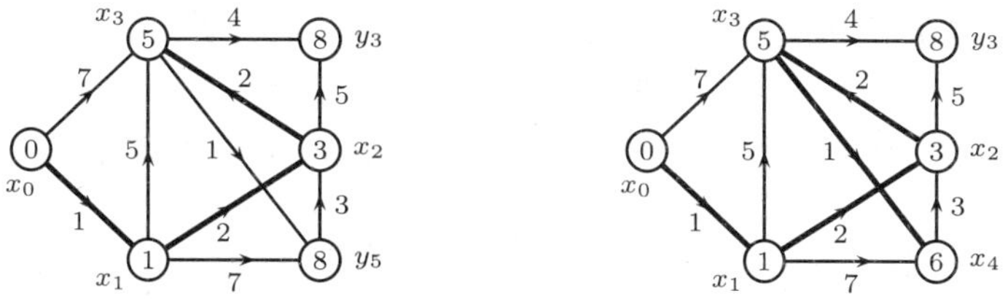

(a)　　　　　　　　　　(b)

图 2.26　Moore–Dijsktra 算法的应用 (Ⅲ)

(5) $N_D^+(x_4)\cap\overline{S}_4=\emptyset$, $N_D^+(S_4)\cap\overline{S}_4=\{y_3\}$.

$\boldsymbol{l}(y_3)=8=\boldsymbol{l}(x_2)+\boldsymbol{w}(x_2,y_3)$. 取 $k=5$, $x_5=y_3$. 令 $S_5=S_4\cup\{x_5\}=\{x_0,x_1,x_2,x_3,x_4,x_5\}$, $T_5=T_4+(x_2,x_5)$ (见图 2.27 (a), 其中 T_5 如五条粗边所示).

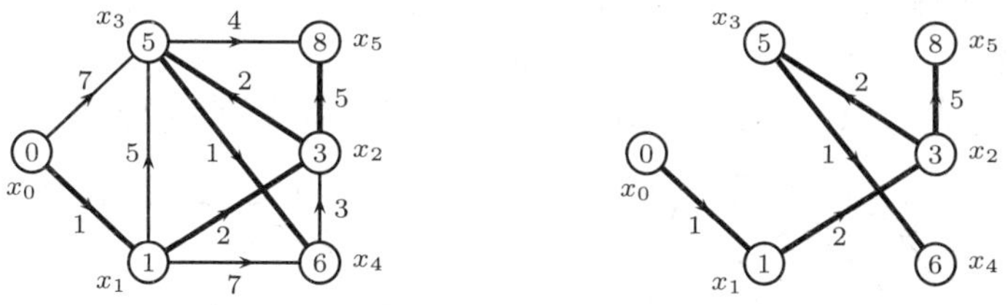

(a)　　　　　　　　　　(b)

图 2.27　Moore–Dijsktra 算法的应用 (Ⅳ)

3. 算法停止, 因为 $k=5=6-1$.

图 2.27 (b) 所示的图就是算法结束时得到的根在 x_0 的外向支撑树 T, 对每个 $k\in\{1,2,\cdots,5\}$, 顶点 x_k 的标号 $\boldsymbol{l}(x_k)$ 是 $(D,\boldsymbol{w})$ 中有向 (x_0,x_k) 路的最小权. ∎

如果 D 满足定理 2.1.5, 那么 Moore-Dijkstra 算法执行过程实际上是 D 中根在 x_0 的支撑外向树的生长过程. 算法的第 2 步每次执行获得一个新顶点 x_{k+1} 和一条新边 e_{k+1}. 若第 2 步执行了 $\upsilon-1$ 次, 则算法结束时得到 D 的支撑子图 T, 它是有 $\upsilon-1$ 条边的连通简单图, 而且对每个 $k\in\{1,2,\cdots,\upsilon-1\}$, 均有 $d_T^-(x_0)=0$ 和 $d_T^-(x_k)=1$. 由习题2.1.11, T 是根在 x_0 的外向树. 下述定理确保了对每个 $x_k\in V(D)$ $(1\leqslant k\leqslant\upsilon-1)$, T 中 (x_0,x_k) 路都是 $(D,\boldsymbol{w})$ 中最短 (x_0,x_k) 路, 顶点标号 $\boldsymbol{l}(x_k)$ 就是从 x_0 到 x_k 的加权距离 $d_D(x_0,x_k)$.

定理 2.5　**设 D 满足定理 2.1.5, T 是 $(D,\boldsymbol{w})$ 中由 Moore-Dijkstra 算法求出的根在 x_0 的支撑外向树, 则对每个 $x\in V(D)$, T 中 (x_0,x) 路都是 D 中最短 (x_0,x) 路.**

证明　只需证明对每个 $x\in V(D)$, 均有 $d_D(x_0,x)=\boldsymbol{l}(x)$.

一方面, 由 T 的构造知 T 中存在长为 $\boldsymbol{l}(x)$ 的 (x_0,x) 路 P. 因此, $d_D(x_0,x)\leqslant \boldsymbol{l}(x)$, 而且存在 k, $x_j\in V(T)$ 和 T 中 (x_0,x_j) 路 P_j, 使 $x\in \overline{S}_k$, $x_j\in S_k$ 且 $P=P_j+(x_j,x)$. 另一方面, 设 Q 是 D 中最短 (x_0,x) 路, 并设 Q 与 $\overline{S}_k$ 的第一个公共顶点为 y. 于是, y 将 Q 分成长度分别为 ℓ_1 和 ℓ_2 的两段 $Q(x_0,y)$ 和 $Q(y,x)$. 由于 $y\in \overline{S}_k$, 所以 $\ell_1\geqslant \boldsymbol{l}(y)\geqslant \boldsymbol{l}(x),\ell_2\geqslant 0$. 故 Q 的长度 $d_D(x_0,x)=\ell_1+\ell_2\geqslant \boldsymbol{l}(x)$. 这就证明了 $d_D(x_0,x)=\boldsymbol{l}(x)$. ∎

Moore-Dijkstra 算法是个好算法, 其复杂度为 $O(v^2)$, 留给读者自己运算 (见习题 2.5.1).

由 Moore-Dijkstra 算法可求出从 x_0 到另外任何顶点 x 的最短路和距离 $\boldsymbol{l}(x)$. 由于 x_0 是任意取定的顶点, 所以当 x_0 取遍图中所有顶点时, 即 Moore-Dijkstra 算法重复执行 v 次以后就能求出图 D 的直径 $d(D)$.

例如, 在图 2.28 所示的加权有向图 $(D,\boldsymbol{w})$ 上执行 6 次后求出 D 中根在 x_i 的支撑外向树 T_i $(0\leqslant i\leqslant 5)$, 如图 2.28 所示, 其中根在 x_0 的支撑外向树如图 2.27(b) 所示. 对于根在 x_i 的支撑外向树 T_i, 顶点 x_j $(0\leqslant i,j\leqslant 5)$ 上的标号即为距离 $d_D(x_i,x_j)$. 以 $d_D(x_i,x_j)$ 作为 (i,j) 元素所构成的6 阶方阵

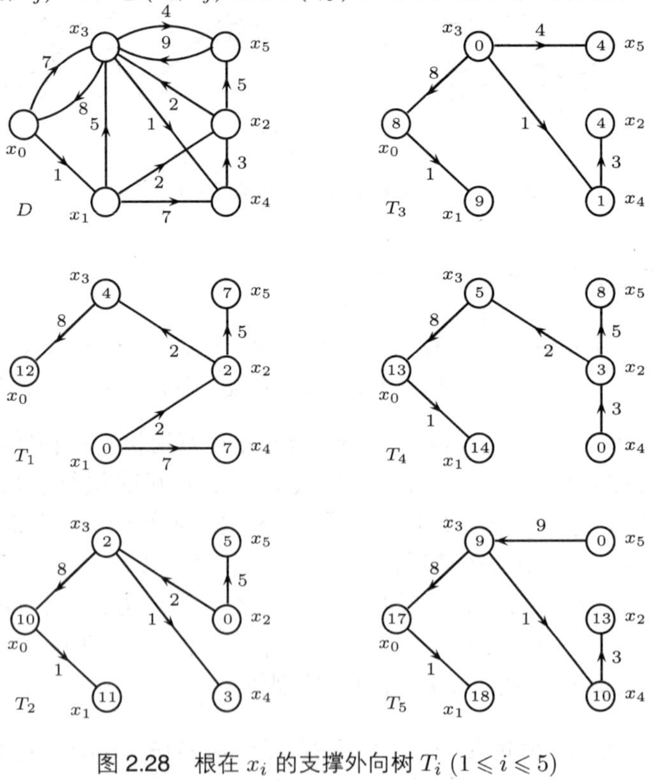

图 2.28 根在 x_i 的支撑外向树 T_i $(1\leqslant i\leqslant 5)$

$$\begin{pmatrix} 0 & 1 & 3 & 5 & 6 & 8 \\ 12 & 0 & 2 & 4 & 7 & 7 \\ 10 & 11 & 0 & 2 & 3 & 5 \\ 8 & 9 & 4 & 0 & 1 & 4 \\ 13 & 14 & 3 & 5 & 0 & 8 \\ 17 & 18 & 13 & 9 & 10 & 0 \end{pmatrix},$$

被称为**距离矩阵** (distance matrix). 比较距离矩阵中的元素, 即得 D 的直径

$$d(D) = \max\{d_D(x_i, x_j) : 0 \leqslant i, j \leqslant 5\} = 18.$$

由于求 $d(D)$ 需重复执行 Moore-Dijkstra 算法 v 次, 然后对距离矩阵中 v^2 个元素进行比较, 所以该算法求直径的计算复杂度为 $O(v^5)$.

最后, 介绍一个民间流传甚广的有趣游戏题.

例 2.5.2　设有 A, B, C 三只水桶, 容积分别为12升、9升和5升, A 中盛满12升水. 试问: 如何利用空桶 B 和 C 来把 A 中的水平分成两半?

这个问题看起来很简单, 解起来却不容易. 任何一个人都不会用这三只桶翻来覆去地倾倒来做试验, 而是把所需要做的试验步骤制成一张表. 如表 2.1 所示.

表 2.1

A (12 升)	7	7	2	2	11	11	6	6
B (9 升)	0	5	5	9	0	1	1	6
C (5 升)	5	0	5	1	1	0	5	0

按表中第 1,2,$\cdots$,8 列的顺序依次倾倒. 例如:

第一步 (列): 把 C 装满, B 空着, A 中剩下 7 升;

第二步 (列): 把 C 中水倒入 B 中, C 空着, A 中仍有 7 升;

第三步 (列): 从 A 中倒出 5 升到 C 中, 此时 B 和 C 中均有 5 升, A 中剩下 2 升;

第四步 (列): 用 C 中水把 B 灌满, 此时 B 中有 9 升, C 中有 1 升, A 中有 2 升;

第五步 (列): 将 B 中 9 升水倒入 A 中, 此时 A 中有 11 升, C 中有 1 升, B 空着;

第六步 (列): 将 C 中 1 升水倒入 B 中, 此时 A 中有 11 升, B 中有 1 升, C 空着;

第七步 (列): 将 A 中水把 C 灌满, 此时 A 中有 6 升, B 中有 1 升, C 中有 5 升;

第八步 (列): 将 C 中 5 升水倒入 B 中, 此时 C 是空的, A 和 B 中各有 6 升.

表 2.1 是一系列试验得出的结果, 并没有一般的规律可循. 是否存在少于 8 次倾倒的解? 我们通过求图中最短路来给出此类游戏的一般解法.

用有序数值 (b,c) 表示桶 B 和桶 C 中水的数量分布. 例如, (0,0) 表示 B 和 C 都是空的; (6,0) 表示 B 中有 6 升水, 而 C 是空的, 等等. 由于 b 和 c 都是非负整数且 $b+c\leqslant 12$, 所以 (b,c) 只有以下 26 种取值:

$$\begin{gathered}(0,0),(1,0),(2,0),(3,0),(4,0),(5,0),(6,0),(7,0),(8,0),\\(9,0),(0,1),(0,2),(0,3),(0,4),(0,5),(1,5),(2,5),(3,5),\\(4,5),(5,5),(6,5),(7,5),(8,4),(9,1),(9,2),(9,3).\end{gathered}$$

用 26 个顶点 x_{bc} 代表这 26 个分布 (b,c), 顶点 x_{bc} 和 $x_{b'c'}$ 之间有一条边相连 $\Leftrightarrow$ 分布 (b,c) 和 (b',c') 之间可以通过一次倾倒而相互得到. 例如, 对于分布 (3,5), 将 C 中 5 升水倒入 B 中, 则得分布 (8,0); 反之, 对于分布 (8,0), 用 B 中水灌满 C 便得到分布 (3,5). 于是, 代表这两个分布的两个顶点 x_{35} 和 x_{80} 之间连一条边. 这样得到 26 阶简单无向图 G, 如图 2.29 所示.

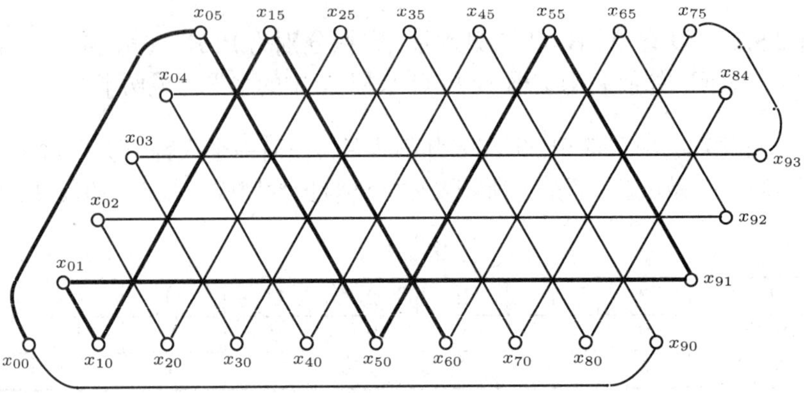

图 2.29 例 2.5.2 的说明图 (Ⅰ)

由于从分布 (b,c) 到分布 (b',c') 是通过将 B 和 C 之一中水倒空或者灌满得到的, 所以 G 是 2 正则的. 于是, 问题归结为在这样的 2 正则简单图 G 中求一条从 x_{00} 到 x_{60} 的最短路. 由 Moore-Dijkstra 算法求出这样一条最短 (x_{00},x_{60}) 路 (图 2.29 中粗边所示):

$$P=(x_{00},x_{05},x_{50},x_{55},x_{91},x_{01},x_{10},x_{15},x_{60}).$$

这条路所示的方法就是前面表中所述的倾倒方法. 由此也说明: 至少需要 8 次倾倒才能把 A 中的水平分成两半.

在同样的问题中, 若将例 2.5.2 中 C 的容积修改为 7 升, 其余的不变, 则不可能将 A 中的水平分成两半. 这是因为对应的 2 正则图不连通, 而且 x_{00} 与 x_{06}, x_{60} 或 x_{66} 不在同一个连通分支中. 事实上, x_{06}, x_{60} 和 x_{66} 所在的分支是由这三个点组成的三角形, 如图 2.30 所示. ∎

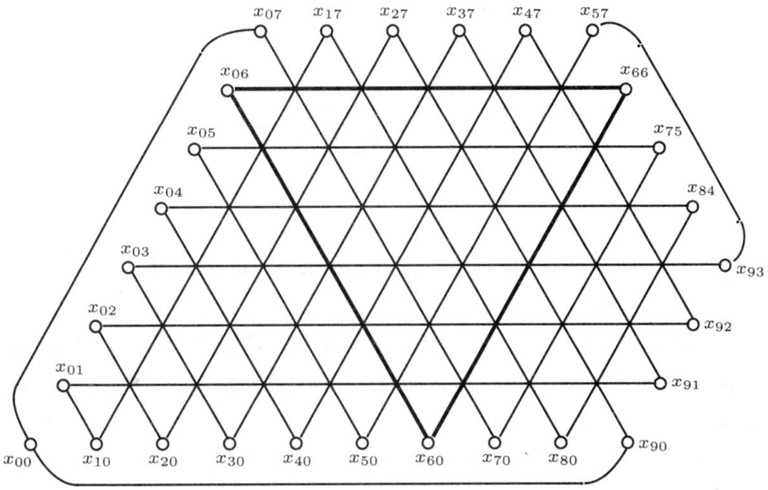

图 2.30　例 2.5.2 的说明图 (Ⅱ)

习题 2.5

2.5.1 证明: Moore-Dijkstra 算法的复杂度为 $O(\upsilon^2)$.

2.5.2 一只狼、一头山羊和一箩卷心菜都在河的同一侧. 摆渡人要将它们运到河对岸. 摆渡人每次只能载一样东西过河. 显然, 不管是狼和山羊, 还是山羊和卷心菜, 都不能在无人监视的情况下留在一起. 问摆渡人怎样把它们运过河去? 试为这位摆渡人设计一个最佳的运送方案.

2.5.3 在本题的加权图中找出从 x_0 到所有其他点的最短有向路.

2.5.4 修改 Moore-Dijkstra 算法, 求简单加权有向图 $(D,\boldsymbol{w})$ 中根在 x_0 的最小支撑内向树 (若该图存在根在 x_0 的支撑内向树), 并利用此算法求出图中根在 x_0 的最小支撑内向树.

2.5.5 某公司在六个城市 $x_1,x_2,\cdots,x_6$ 中都设有分公司. 从 x_i 到 x_j 的直接航程票价由上面的矩阵的 (i,j) 元素给出 (∞ 表示无直达航线). 试为该公司制作一张任意两城市之间的最廉价路线表.

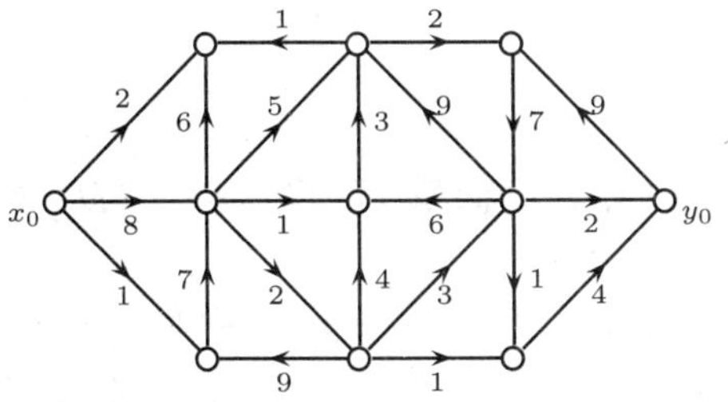

(习题 2.5.3 和习题 2.5.4 图)

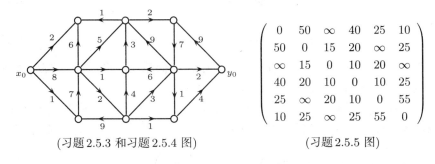

$$\begin{pmatrix} 0 & 50 & \infty & 40 & 25 & 10 \\ 50 & 0 & 15 & 20 & \infty & 25 \\ \infty & 15 & 0 & 10 & 20 & \infty \\ 40 & 20 & 10 & 0 & 10 & 25 \\ 25 & \infty & 20 & 10 & 0 & 55 \\ 10 & 25 & \infty & 25 & 55 & 0 \end{pmatrix}$$

(习题 2.5.5 图)

2.5.6 有只容积为 8 升的桶盛满了水, 还有两只容积分别为 5 升和 3 升的空桶. 试问:

(a) 能否利用这两只空桶平分 8 升水? 若能, 平分水的最简单方法应当怎样?

(b) 能否利用两只容积分别为 5 升和 7 升的空桶来平分 8 升水?

2.6 电网络方程$^{\Delta}$

1847年, G. R. Kirchhoff [219] 发表经典报告, 以公式形式总结出电网络理论中两条最重要的定律, 即:

Kirchhoff 电流定律 (KCL): **电网络中每个节点上各支路电流代数和为零.**

Kirchhoff 电压定律 (KVL): **电网络中每一圈路内各支路电压代数和为零.**

根据这两个定律列出的电网络方程并不是独立的. 当网络已知时, 如何确定独立方程的数目? 如何列出这些独立方程? Kirchhoff (1847) 把电网络与图联系起来, 利用树的概念回答了上述问题. 他的这一伟大创举被认为是图论发展的重要标志之一. 他所创立的这一分析方法至今仍是电网络中的基本分析方法.

电网络可以抽象成加权图 $(D,\boldsymbol{w})$. 节点视为顶点, 支路视为边, 其方向与电流 (或电压) 方向一致, 支路上电流 (或电压) 视为对应边的权. 显然, D 是连通的. 例如, 图 2.31 中所示的是电网络和对应的有向图 D.

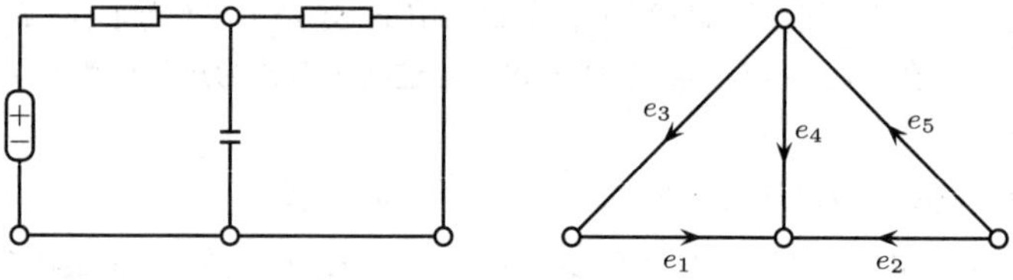

图 2.31 电网络及其对应的有向图 D

用图论语言, KCL 和 KVL 可以分别表达为

$$\boldsymbol{M}\boldsymbol{w}=\boldsymbol{O}, \tag{2.6.1}$$

$$\boldsymbol{C}\boldsymbol{u}=\boldsymbol{O}, \tag{2.6.2}$$

其中 $\boldsymbol{M}$ 为 D 的关联矩阵, $\boldsymbol{w}\in\mathscr{E}(D)$ 被称为电流列向量, 而 $\boldsymbol{C}$ 为以 $\mathscr{C}(D)$ 中所有向量为行组成的矩阵, $\boldsymbol{u}\in\mathscr{E}(D)$ 被称为电压列向量.

设 F 是 D 的支撑树, 并给 $E(D)$ 中元素适当标号, 使 $\mathscr{B}(D)$ 中对应于 F 的基矩阵 $\boldsymbol{B}_F=(\boldsymbol{B}_1\quad \boldsymbol{I}_{\upsilon-1})$, $\mathscr{C}(D)$ 中对应于 F 的基矩阵 $\boldsymbol{C}_F=(\boldsymbol{I}_{\varepsilon-\upsilon+1}\quad \boldsymbol{C}_2)$. 令

$$\boldsymbol{w}=\begin{pmatrix}\boldsymbol{w}_{\rm c}\\ \boldsymbol{w}_{\rm t}\end{pmatrix},\qquad \boldsymbol{u}=\begin{pmatrix}\boldsymbol{u}_{\rm c}\\ \boldsymbol{u}_{\rm t}\end{pmatrix},$$

其中 $\boldsymbol{w}_{\rm c}=\boldsymbol{w}|\overline{F}$, $\boldsymbol{w}_{\rm t}=\boldsymbol{w}|F$, $\boldsymbol{u}_{\rm c}=\boldsymbol{u}|\overline{F}$, $\boldsymbol{u}_{\rm t}=\boldsymbol{u}|F$.

由于 rank $\boldsymbol{M}=\upsilon-1$, 所以方程组 (2.6.1) 中的方程只有 $\upsilon-1$ 个是独立的, 并且与方程组 $\boldsymbol{B}_F\boldsymbol{w}=\boldsymbol{O}$ 同解, 故有 $\boldsymbol{w}_{\mathrm{t}}=-\boldsymbol{B}_1\boldsymbol{w}_{\mathrm{c}}$. 这说明支撑树 F 各边上的电流可以用余树 $\overline{F}$ 各边上的电流表示出来.

另外, 由于满足方程组 (2.6.1) 的列向量 $\boldsymbol{w}$ 的转置 $\boldsymbol{w}^{\mathrm{T}}$ 是 $\mathscr{E}(D)$ 中的圈向量, 所以 $\boldsymbol{w}^{\mathrm{T}}\in\mathscr{C}(D)$. 因此, $\boldsymbol{w}^{\mathrm{T}}$ 可以表示成 $\boldsymbol{C}_F$ 中行向量的线性组合, 并且 (由习题 2.2.5), $\boldsymbol{w}^{\mathrm{T}}=(\boldsymbol{w}_{\mathrm{c}})^{\mathrm{T}}\boldsymbol{C}_F$, 即 $\boldsymbol{w}=(\boldsymbol{C}_F)^{\mathrm{T}}\boldsymbol{w}_{\mathrm{c}}$. 这说明 D 中各边上的电流可以用余树 $\overline{F}$ 各边上的电流表示出来.

同样, 方程组 (2.6.2) 与 $\varepsilon-\upsilon+1$ 个独立方程组 $\boldsymbol{C}_F\boldsymbol{u}=\boldsymbol{O}$ 同解, 并有 $\boldsymbol{u}_{\mathrm{c}}=-\boldsymbol{C}_2\boldsymbol{u}_{\mathrm{t}}$. 这说明余树 $\overline{F}$ 各边上的电压可以用支撑树 F 各边上的电压表示出来.

另外, 由于满足方程组 (2.6.2) 的列向量 $\boldsymbol{u}$ 的转置 $\boldsymbol{u}^{\mathrm{T}}$ 与 $\mathscr{C}(D)$ 中任何向量都正交, 所以 $\boldsymbol{u}^{\mathrm{T}}\in\mathscr{B}(D)$. 因此, $\boldsymbol{u}^{\mathrm{T}}$ 可以表示成 $\boldsymbol{B}_F$ 中行向量的线性组合, 并且 (由习题 2.2.5), $\boldsymbol{u}^{\mathrm{T}}=\boldsymbol{u}_{\mathrm{t}}^{\mathrm{T}}\boldsymbol{B}_F$, 即 $\boldsymbol{u}=(\boldsymbol{B}_F)^{\mathrm{T}}\boldsymbol{u}_{\mathrm{t}}$. 这说明 D 中各边上的电压可以用支撑树 F 各边上的电压表示出来.

作为例子, 考虑图 2.31 所示的电网络以及图 2.32 对应的有向图 D 和支撑树 F (如粗边所示). $\mathscr{C}(D)$ 和 $\mathscr{B}(D)$ 中对应于 F 的基矩阵 $\boldsymbol{C}_F$ 和 $\boldsymbol{B}_F$ 分别为

$$\boldsymbol{C}_F=\begin{pmatrix}1&0&1&-1&0\\0&1&0&-1&-1\end{pmatrix},\quad \boldsymbol{B}_F=\begin{pmatrix}-1&0&1&0&0\\1&1&0&1&0\\0&1&0&0&1\end{pmatrix}.$$

电流和电压的列向量分别为

$$\boldsymbol{w}=\begin{pmatrix}w_1\\w_2\\w_3\\w_4\\w_5\end{pmatrix},\quad \boldsymbol{u}=\begin{pmatrix}u_1\\u_2\\u_3\\u_4\\u_5\end{pmatrix}$$

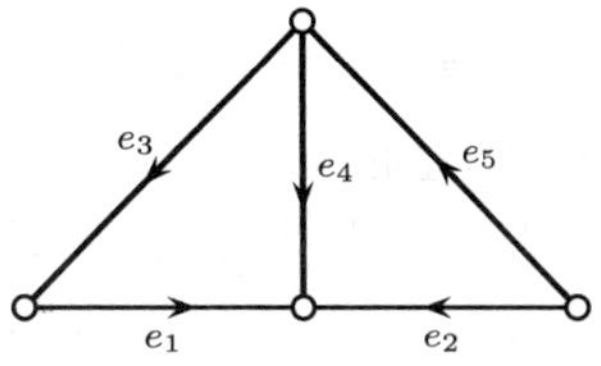

图 2.32　支撑树 F (粗边)

对应的 KCL 和 KVL 的独立方程分别为

$$\boldsymbol{O}=\boldsymbol{B}_F\boldsymbol{w}=\begin{pmatrix}-1&0&1&0&0\\1&1&0&1&0\\0&1&0&0&1\end{pmatrix}\begin{pmatrix}w_1\\w_2\\w_3\\w_4\\w_5\end{pmatrix}=\begin{pmatrix}-w_1+w_3\\w_1+w_2+w_4\\w_2+w_5\end{pmatrix},$$

$$\boldsymbol{O}=\boldsymbol{C}_F\boldsymbol{u}=\begin{pmatrix}1&0&1&-1&0\\0&1&0&-1&-1\end{pmatrix}\begin{pmatrix}u_1\\u_2\\u_3\\u_4\\u_5\end{pmatrix}=\begin{pmatrix}u_1+u_3-u_4\\u_2-u_4-u_5\end{pmatrix},$$

而且

$$\boldsymbol{w}=(\boldsymbol{C}_F)^{\mathrm{T}}\boldsymbol{w}_{\mathrm{c}}=\begin{pmatrix}1&0\\0&1\\1&0\\-1&-1\\0&-1\end{pmatrix}\begin{pmatrix}w_1\\w_2\end{pmatrix}=\begin{pmatrix}w_1\\w_2\\w_1\\-w_1-w_2\\-w_2\end{pmatrix},$$

$$\boldsymbol{u}=(\boldsymbol{B}_F)^{\mathrm{T}}\boldsymbol{u}_{\mathrm{t}}=\begin{pmatrix}-1&1&0\\0&1&1\\1&0&0\\0&1&0\\0&0&1\end{pmatrix}\begin{pmatrix}u_3\\u_4\\u_5\end{pmatrix}=\begin{pmatrix}-u_3+u_4\\u_4+u_5\\u_3\\u_4\\u_5\end{pmatrix}.$$

本书不考虑电网络方程的具体解法, 有兴趣的读者可参见陈树柏主编的《网络图论及其应用》(1982) [69] 一书.

习 题 2.6

2.6.1 设 $F=\{e_1,e_2,e_4\}$ 是图 2.32 中有向图 D 中的支撑树. 分别写出:

(a) KCL 的独立方程;　　(b) KVL 的独立方程;

(c) $\boldsymbol{w}$ 关于 $\boldsymbol{w}_{\mathrm{c}}$ 的表达式;　　(d) $\boldsymbol{u}$ 关于 $\boldsymbol{u}_{\mathrm{t}}$ 的表达式.

2.6.2 证明 Tellegen 定理: 若两电网络 N 和 $\overline{N}$ 对应同一个有向图 D, 并用 $\boldsymbol{u}$, $\overline{\boldsymbol{u}}$ 和 $\boldsymbol{w}$,$\overline{\boldsymbol{w}}$ 分别表示 N 和 $\overline{N}$ 的支路电压和电流列向量, 则

(a) $\boldsymbol{u}^{\mathrm{T}}\overline{\boldsymbol{w}}=\boldsymbol{O}$;　　(b) $\boldsymbol{w}^{\mathrm{T}}\overline{\boldsymbol{u}}=\boldsymbol{O}$.

小结与进一步阅读的建议

树是发现最早、结构最简单, 而且是最重要、应用最广泛的一类图. 早在 1847 年, 德国物理学家 G. R. Kirchhoff (1847) [219] 在研究电网络中一类线性方程组时就通过树的结构发现了电线 (wires) 数 n、节点 (junctions) 数 m 和不同圈 (closed figure) 数 μ 之间的关系: $\mu=n-m+1$. 另一位德国数学家 K. G. C. von Staudt (1847) [328] 在他的书《Geometrie der Lage》第 20～21 页中借助树的结构证明了 Euler 多面体公式 (见本书3.4 节公式 (3.4.1)). 1857 年, 英国数学家 A. Cayley [61] 在考查给定碳原子数 n 的饱和碳氢化合物 C_nH_{2n+2} 的同分异构物 (见习题2.1.8) 时首次提出树 (tree) 一词, 并提出树的计数问题.

1869 年, 法国数学家 C. Jordan [209] 也独立地发现了作为纯数学对象的树的结构.

这一章介绍了树和支撑树的基本性质和理论, 从各个方面刻画了树和支撑树的基本特征, 利用树与余树概念讨论了割与圈集的对偶关系. 借助线性代数中线性空间的理论引进了图空间概念, 并利用线性代数的分析方法深入揭示了图的关联矩阵行向量空间与割空间、割空间与圈空间之间的密切联系, 并由此导出了许多求支撑树的计数公式. 从这些讨论中可以看出支撑树对研究图的结构起了重要作用. 以后还将继续介绍支撑树的应用. 割和圈之间的密切联系将在 3.3 节做进一步的讨论.

由树与余树、割与圈, 以及割空间与圈空间之间的这种对偶联系可导出一个新的数学理论——拟阵论 (matroid theory), 是由 H. Whitney (1935) [379] 提出的. 欲做进一步了解的读者可参阅 D. J. A. Walsh (1967) [367] 和 J. G. Oxley (1992)[292] 的《Matroid Theory》以及刘桂真、陈庆华的《拟阵》(1994) [247] 和赖虹建的《拟阵论》(2003) [235].

本章的应用部分介绍了求解最小连接问题的 Prim 算法 (Kruskal 算法 ①) 和最短路问题的 Moore-Dijkstra 算法. 这两个算法的理论依据基于简单事实, 即定理 2.1.4 和定理 2.1.5. 也许图论中没有哪个问题能像最小连接问题和最短路问题那样引人注目, 因为许多问题都可以归结为最小连接问题或者最短路问题, 而且存在许多有效的算法来解决这些问题. 读者从本书应用章节中介绍的算法可以看到, 这些有效算法是解决许多其他问题的算法基础.

关于最小连接问题的历史和应用综述见 R. L. Graham 和 P. Hell (1985) [155] 的文章. 作者在文章开头就指出: 最小支持树问题是组合优化中最典型和最著名的问题之一; 其处理方法虽然简单, 但不仅集中体现了现在组合学的重要思想, 而且在计算机算法设计中起到了核心作用.

最小连接问题的推广是所谓的 **Steiner 树问题**, 即求连接加权图各顶点和 (如果必要的话) 某些另外顶点的最小支撑树. 它已被证明是 NPC 问题, 一篇综述文献见 [250](刘振宏和马仲蕃,1991), 一个近似解的有效算法见 [70] (S. K. Chang, 1976).

电网络分析是图论的发源地之一 (见 2.6 节). G. R. Kirchhoff (1847) [219] 把电网络与图联系起来, 解决了电网络方程组中的独立方程数目问题. 他的这一伟大创举被认为是图论发展的重要标志之一, 他所创立的这一分析方法至今仍是电网络中的基本分析方法. 欲进一步了解的读者可参阅陈树柏等的《网络图论及其应用》(1982) [69].

树图被广泛应用于计算机科学的数据结构和数据压缩及算法设计中. 有兴趣

---

① 据史料记载, 捷克数学家 O. Boruvka (Ojistém problému minimálním. Acta Societ. Scient. Natur. Moravicase, 1926(3): 37-58) 最早提出解最小连接问题算法, 只是当时没有引起重视. 直到 1956 年, 美国贝尔实验室 J. B. Kruskal 根据这个算法发表了熟知的 Kruskal 算法 (黄光明. 旗落帆升. 数学传播, 1990, 14 (2):1-7) 才被人知晓.

的读者可参阅计算机学科的相关教材.

如上所述, 1857 年, A. Cayley [61] 在考查碳原子数为 n 的饱和碳氢化合物 C_nH_{2n+2} 的同分异构物时发现了树, 并提出树的计数问题. 因此, 化学被公认为图论的发源地之一. 事实上, 图论在化学领域中有着广泛的应用并日益发挥着重要作用. 有兴趣的读者可参阅 A. T. Balaban (1976) [13] 主编的《图论在化学中的应用》.

有许多介绍图论算法的参考书, 如 M. Gondran, M. Minoux (1984) [150] 和 A. Gibbons (1985) [146] 的著作. 图论中有许多问题属于 NPC 问题, 欲做进一步了解的读者可参阅 M. R. Garey 和 D. S. Johnson (1979) [139] 的著作. 有关复杂性理论也可参阅 I. Wegener (2005) [370] 的著作.

第 3 章 平图与平面图

第 2 章已讨论了一类最简单的图——林和树. 林和树的图形表示都可以画在平面上, 使其边仅在端点处相交, 而且每条边都可以画成直线段. 这个事实对任何图都成立吗? 本章讨论并回答这个问题.

若图 D 存在平面图形表示使它的边仅在端点处相交, 则称 D 为平面图. D 的这种图形表示被称为平图. 平面图或者平图是一类非常重要的图. 它不仅是图论中最早的研究领域之一, 而且还留下了许多诱人的至今尚未解决的难题, 如 "四色猜想" 的逻辑证明 (见 6.4 节).

平图在实际生产和生活中也有许多重要的应用. 例如, 电路图可以看成是无向图, 其中顶点代表电子元件, 而边代表导线. 集成电路板是通过印刷制成的, 被印刷的电路图必须是平图才能确保它能被印刷在同一层板上而使导线不发生短路.

这就提出一系列需要解决的问题: 怎么判断给定的图是平面图? 如果是平面图, 又怎么给出它的平面表示? 任意平面图是否存在平面表示使其边都是直线段?

这一章将要解决这一系列问题. 首先研究了平图或平面图的性质, 介绍了刻画平图的顶点数、边数与面数之间关系的 Euler 公式, 平图直线化定理; 通过讨论平面图的 Hamilton 性, 证明了著名的 Tutte 图是非 Hamilton 图, 从而否定了历史上关于 "四色猜想" 的错误证明; 介绍了若干平面图判定准则: Kuratowski 定理、MacLane 定理和 Wagner 定理. 两个非常重要的非平面图 K_5 和 $K_{3,3}$ 在刻画这些平面图特征中担任了重要角色. 还介绍了最著名的 Kuratowski 定理的最简单证明. 利用圈空间和割空间的理论讨论了平图的几何对偶和组合对偶, 给出了平面图另一个判定准则: Whitney 定理.

本章应用部分将利用 Euler 多面体公式来证明 "仅有五个正多面体" 这个古希腊人早在两千多年前就知道的结果; 介绍了一个好算法, 利用这个算法, 可以判定任意给定的图是否是平面图, 并给出了平面图的平面嵌入. 它有效地解决了印刷电路板的布线问题.

3.1 平图与Euler公式

已经知道, 所谓图的图形表示, 是指将图画在平面上. 当把图画在平面上时, 不需要考虑图的边是否相交. 但有时候需要考虑当图画在平面上时, 它们的边仅在端点处相交. 当然, 图也可以画在一般的曲面上. 设 S 是个给定的曲面, 比如平面、球面、双环面等等. 如果图 D 能画在曲面 S 上使它的边仅在端点处相交, 则称 D **可嵌入曲面** (embeddable in the surface) S. D 在 S 上的这种画法 $\widetilde{D}$ 被称为 D 在 S 上的**表示** (representation).

图是否能嵌入曲面 S 与图中边的方向无关. 在下面的讨论中只需考虑无向图 G 的嵌入问题. 本章只讨论 S 是平面或球面的情形. 事实上, 下列结论成立:

定理 3.1.1 (A. Sainte-Laguë, 1926 [317]) **图 G 可嵌入球面 $S \Leftrightarrow G$ 可嵌入平面 P.**

证明 考虑球极平面射影 (见图 3.1). 设球面 S 与平面 P 相切, 过切点的直径的另一端点为 z. 定义映射 $\varphi: S \to P$ 如下:

$$\varphi(s)=\begin{cases} p, & s \neq z, p \neq \infty \text{ 且 } z,p,s \text{ 共线}, \\ \infty, & s=z. \end{cases}$$

易知 φ 是双射.

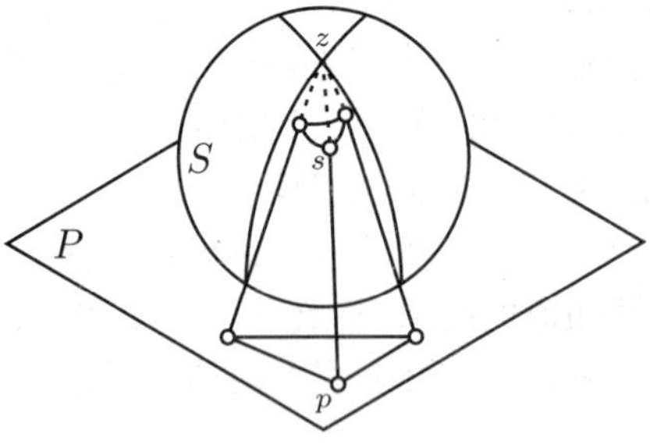

图 3.1 球极平面射影

设 $\widetilde{G}$ 是 G 在 P 上的表示, 则 $\varphi^{-1}(\widetilde{G})$ 就是 G 在球面 S 上的表示. 反之, 设 $\widetilde{G'}$ 是 G 在 S 上的表示. 不妨设 z 不在 $\widetilde{G'}$ 的顶点上, 也不在 $\widetilde{G'}$ 的边上, 则 $\varphi(\widetilde{G'})$ 即为 G 在 P 上的表示. 因此, G 可嵌入球面 $S \Leftrightarrow G$ 可嵌入平面 P. ∎

由定理 3.1.1 知图可嵌入平面与球面是一回事. 所以, 在以下的讨论中只考虑图的平面嵌入.

若图 G 可嵌入平面 (或球面), 则称 G 为**平面图** (planar graph) [375]. 不能嵌入平面 (或球面) 的图被称为**非平面图** (non-planar graph). G 的平面表示记为 $\widetilde{G}$. $\widetilde{G}$ 本身可看作是同构于 G 的图. 为简单起见, 人们习惯称 G 的平面表示 $\widetilde{G}$ 为**平图** (plane graph) 或者**地图** (map).

图 3.2 所示的是平面图 G 及其平面表示 $\widetilde{G}$, 其中 $G=K_{3,3}^-$ (表示从 $K_{3,3}$ 中除掉任何一条边后得到的图, 这里 $G=K_{3,3}-zw$). $K_{3,3}^-$ 的这种平面表示 $\widetilde{G}$ 也可以看成是它在四面体上的嵌入, 使其顶点和边都在该四面体的棱上. 这种表示将在定理 3.2.1 的证明中用到.

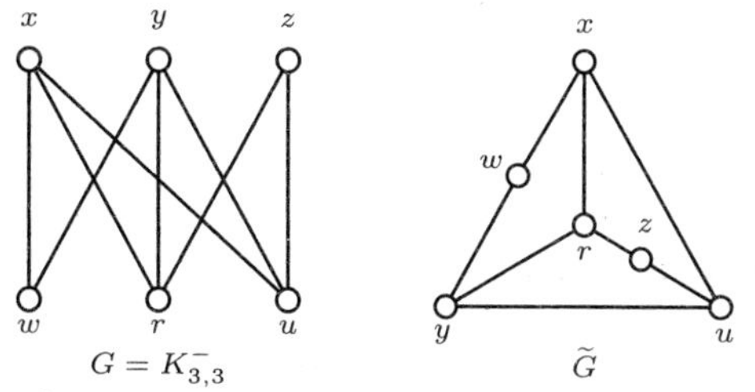

图 3.2　$K_{3,3}-zw$ 及其平面表示

从直观上看, 非空平面图的平面表示 $\widetilde{G}$ 把平面 P 划分成若干个连通区域, 称这些区域为 G 的**面** (face). 在平面图 G 的任何平面表示 $\widetilde{G}$ 中, 有且恰有一个面含平面 P 中 ∞ 点, 称该面为 $\widetilde{G}$ 的**外部面** (exterior face); 称不含平面 P 中 ∞ 点的面为 $\widetilde{G}$ 的**内部面** (interior face). 例如, 在图 3.3 所示的图 G 中, 用 f_i $(0\leqslant i\leqslant 5)$ 表示 G 中的面, f_0 是外部面, 其余的面都是内部面.

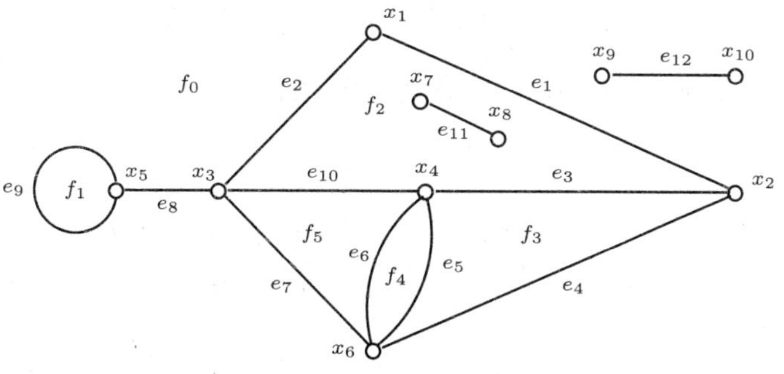

图 3.3　平图的面

设 G 是平图, f 是它的面, f 的**边界** (boundary), 记为 $B_G(f)$, 是指 f 中的边集. 不难证明 (习题 3.1.2), 对任何平面图 G 及其中任意顶点 x, 存在 G 的平面表示 $\widetilde{G}$, 使得 x 在 $\widetilde{G}$ 的外部面的边界上. 也容易看到, $B_G(f)$ 构成 G 中一条闭链

或者若干条点不交的闭链之并. 例如图 3.3 所示的平图 G, 面 f_0 的边界 $B_G(f_0)$ 构成下面的两条闭链:

$$x_1\,e_1\,x_2\,e_4\,x_6\,e_7\,x_3\,e_8\,x_5\,e_9\,x_5\,e_8\,x_3\,e_2\,x_1 \quad 和 \quad x_9\,e_{12}\,x_{10}\,e_{12}\,x_9;$$

而面 f_2 的边界 $B_G(f_2)$ 构成下面的两条闭链:

$$x_1\,e_1\,x_2\,e_3\,x_4\,e_{10}\,x_3\,e_2\,x_1 \quad 和 \quad x_7\,e_{11}\,x_8\,e_{11}\,x_7.$$

面 f 的**度** (degree), 记为 $d_G(f)$, 是指 $B_G(f)$ 中边的数目. 如图 3.3 中的图 G, 有 $d_G(f_0)=9$, $d_G(f_1)=1$, $d_G(f_2)=6$, $d_G(f_3)=3$, $d_G(f_4)=2$, $d_G(f_5)=3$.

用 $F(G)$ 和 $\phi(G)$ 分别表示平图 G 的面集和面的数目. 例如, 对于图 3.3 所示的平图 G,

$$F(G)=\{f_0,f_1,f_2,f_3,f_4,f_5\}, \quad \phi(G)=|F(G)|=6.$$

易知, 对于任何平图 G, 均有 $\phi(G)\geqslant 1$, 而且 $\phi(G)=1 \Leftrightarrow G$ 是林, $\phi(G)\geqslant 2 \Leftrightarrow G$ 中含圈.

平图 G 的面度 $d_G(f)$ 和边数 $\varepsilon(G)$ 有下列关系:

定理 3.1.2　对于任何平图 G, 均有

$$\sum_{f\in F(G)} d_G(f)=2\varepsilon(G).$$

证明　若 G 是空图, 定理自然成立. 下设 G 非空. 设 e 是 G 的任意边, 则 e 要么在某两个面的公共边界上 (如图 3.3 中 G 的边 e_1 在面 f_0 和面 f_2 的公共边界上), 要么在某个面的边界上出现两次 (如上例中的边 e_8 和 e_{12} 在面 f_0 的边界上都出现两次). 因此

$$\sum_{f\in F(G)} d_G(f)=2\varepsilon(G).$$

定理得证. ∎

下面的著名公式是 L. Euler (1753) [112] 首先发现的, 故称之为 **Euler 公式**.

定理 3.1.3 (Euler 公式)　**设 G 是连通平图, 则**

$$\upsilon-\varepsilon+\phi=2. \tag{3.1.1}$$

证明　有许多方法来证明 Euler 公式, 这里提供两种证明方法.

方法 1　设 G 是连通的平图, T 是 G 的支撑树, 则 $\phi(T)=1$. 由定理 2.1.3 知 $\varepsilon(\overline{T})=\varepsilon-\upsilon+1$.

由定理 2.1.6 知, 从 G 中每次去掉 $\overline{T}$ 中一条边导致 G 的面减少一个. 所以

$$\phi(G)\geqslant\phi(T)+\varepsilon-\upsilon+1. \tag{3.1.2}$$

另外, 在 T 中每添加 $\overline{T}$ 中一条边将增加 G 的一个面. 所以

$$\phi(G)\leqslant\phi(T)+\varepsilon-\upsilon+1. \tag{3.1.3}$$

于是, 由式 (3.1.2) 和式 (3.1.3) 有

$$\phi(G)=\phi(T)+\varepsilon-\upsilon+1=\varepsilon-\upsilon+2,$$

即 Euler 公式 (3.1.1) 成立.

方法 2 对 $\phi\geqslant 1$ 用归纳法. 当 $\phi=1$ 时, G 是无圈的连通图, 所以 G 是树. 由定理 2.1.3 知 $\varepsilon=\upsilon-1$, 于是结论成立. 假设结论对面数 $\phi<n$ 的所有连通平图都成立. 设 G 是有 $\phi(G)=n\geqslant 2$ 个面的连通平图. 因而 G 含有圈 C. 任取 $e\in E(C)$, 则 $G-e$ 是连通平图, 且 $\phi(G-e)=n-1$. 由归纳假设有

$$\upsilon(G-e)-\varepsilon(G-e)+\phi(G-e)=2.$$

再由关系式

$$\upsilon(G-e)=\upsilon(G),\quad \varepsilon(G-e)=\varepsilon(G)-1,\quad \phi(G-e)=\phi(G)-1,$$

就有

$$\upsilon(G)-\varepsilon(G)+\phi(G)=2.$$

由归纳原理知定理得证. ∎

推论 3.1.3.1 **设** G **是平图, 则** $\upsilon-\varepsilon+\phi=1+\omega$.

推论 3.1.3.2 **平面图** G **的所有平面表示** $\widetilde{G}$ **都有相同的面数**.

推论 3.1.3.3 **设** G **是** $\upsilon\,(\geqslant 3)$ **阶简单 2 部连通平面图, 则** $\varepsilon\leqslant 2\upsilon-4$.

证明 设 $\widetilde{G}$ 是 G 的平面表示. 若 $\widetilde{G}$ 是树, 则由定理 2.1.3, $\varepsilon=\upsilon-1\leqslant 2\upsilon-4$. 下设 $\widetilde{G}$ 中含有圈. 由于 $\widetilde{G}$ 是 2 部图, 所以 $\widetilde{G}$ 不含奇圈. 因此对每个 $f\in F(\widetilde{G})$, 均有 $d_{\widetilde{G}}(f)\geqslant 4$. 由定理 3.1.2 有

$$4\phi\leqslant\sum_{f\in F(\widetilde{G})}d_{\widetilde{G}}(f)=2\varepsilon,$$

即 $\varepsilon\geqslant 2\phi$. 于是, 由 Euler 公式 (3.1.1) 得 $\varepsilon\leqslant 2\upsilon-4$. ∎

推论 3.1.3.4 $K_{3,3}$ **不是平面图**.

证明 由于 $K_{3,3}$ 是 2 部图, 并且 $\varepsilon(K_{3,3})=9$, 且 $\upsilon(K_{3,3})=6$, 所以若 $K_{3,3}$ 是平面图, 则由推论 3.1.3.3 应有

$$9=\varepsilon(K_{3,3})\leqslant 2\upsilon(K_{3,3})-4=8.$$

这不可能, 故 $K_{3,3}$ 不是平面图. ∎

设 G 是简单平面图, x 和 y 是 G 中任意两个不相邻的顶点. 若 $G+xy$ 是非平面图, 则称 G 为**极大平面图** (maximal planar graph). 称极大平面图的平面表示为**三角剖分平图** (triangulation of a plane graph), 简称**三角剖分图** (triangulation).

由定义立即可知, 任何 $v\ (\geqslant 3)$ 阶极大平面图 G 的任何平面表示 $\widetilde{G}$ 中的每个面都是三角形. 例如, 图 3.4 (a) 所示的图 $G=K_5-yz_3$ 是极大平面图, 图 (b) 所示的图是它的平面表示 $\widetilde{G}$, 是个三角剖分图.

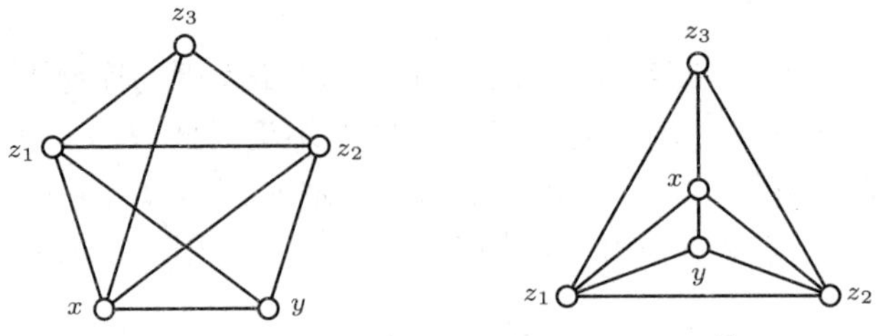

(a) $G=K_5-yz_3$　　(b) $\widetilde{G}$

图 3.4　极大平面图

定理 3.1.4　**设** G **是** $v(\geqslant 3)$ **阶简单平面图, 则** G **是极大的** $\Leftrightarrow \varepsilon=3v-6$.

证明　由于 G 是 $v(\geqslant 3)$ 阶简单平面图, 所以 G 的平面表示 $\widetilde{G}$ 是极大的 $\Leftrightarrow$ 对每个 $f\in F(\widetilde{G})$, 均有 $d_{\widetilde{G}}(f)=3$. 于是

$$\sum_{f\in F(\widetilde{G})} d_{\widetilde{G}}(f)=3\phi.$$

再由定理 3.1.2 有 $2\varepsilon=3\phi$. 从而由 Euler 公式得

$$v-\varepsilon+\frac{2}{3}\varepsilon=2,$$

即有 $\varepsilon=3v-6$. ∎

推论 3.1.4.1　**设** G **是** $v(\geqslant 3)$ **阶简单平面图, 则** $\varepsilon\leqslant 3v-6$.

推论 3.1.4.2　**设** G **是简单平面图, 则** $\delta\leqslant 5$.

证明　当 $v=1,2$ 时, 结论显然成立. 若 $v\geqslant 3$, 则由定理 1.3.2 和推论 3.1.4.1 有

$$\delta v\leqslant \sum_{x\in V} d_G(x)=2\varepsilon\leqslant 6v-12,$$

即得 $\delta\leqslant 5$. ∎

推论 3.1.4.3　K_5 **不是平面图**.

证明　若 K_5 是平面图, 则由推论 3.1.4.1 应有

$$10=\varepsilon(K_5)\leqslant 3v(K_5)-6=9,$$

矛盾. 所以 K_5 不是平面图. ∎

为美观或者应用需要, 人们希望用直线段画出平面图的平面表示. 例如, 对图 3.5 (a), 虽然是用平面直线段把它表示出来的, 但很难看出它是平面图. 它确实

是平面图, 用平面直线段把它表示出来, 如图 3.5 (b) 所示, 平面性一目了然, 而且也很美观. 事实上, 所有平面图都具有这个特征, 它是由 K. Wagner (1936) [364] 和 I. Fáry (1948) [116] 独自发现的.

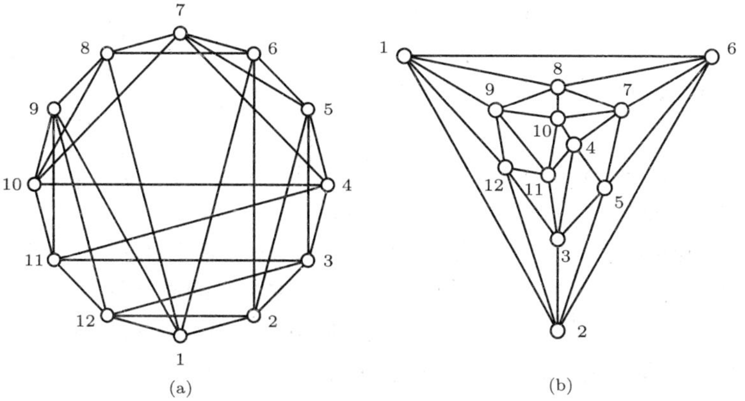

图 3.5　平面图和它的平面直线段表示

定理 3.1.5　**简单平面图 G 有平面表示 $\widetilde{G}$, 使其每条边都是直线段.**

证明　只要对极大平面图 G 来证明定理成立就可以了. 对阶数 $\upsilon(\geqslant 3)$ 用归纳法. 当 $\upsilon=3$ 时, G 是三角形, 定理显然成立. 假设定理对所有阶数小于 υ 的极大平面图都成立, 并设 G 是 $\upsilon(\geqslant 4)$ 阶极大平面图. 不妨设 G 是三角剖分图. 选取 $x\in V(G)$, 使 x 不是外部面边界上的点. 取 $y\in N_G(x)$. 于是 xy 仅是某两个内部三角形的公共边. 不妨设这两个三角形分别为 (z_1,x,y) 和 (z_2,x,y) (见图 3.6 (a)). 考虑边 xy 的收缩图 $G\cdot xy$. 令 $G\cdot xy$ 中 x 和 y 收缩为点 p, 并令 G' 为 $G\cdot xy$ 中删去重边后得到的图 (见图 3.6 (b)). 显然 G' 是平面图, 而且由定理 3.1.4 有

$$\varepsilon(G')=\varepsilon(G)-3=3(\upsilon(G)-1)-6=3\upsilon(G')-6.$$

再由定理 3.1.4 知 G' 是 $\upsilon-1$ 阶极大平面图. 由归纳假设, G' 有平面表示 $\widetilde{G}'$, 使其每条边都是直线段.

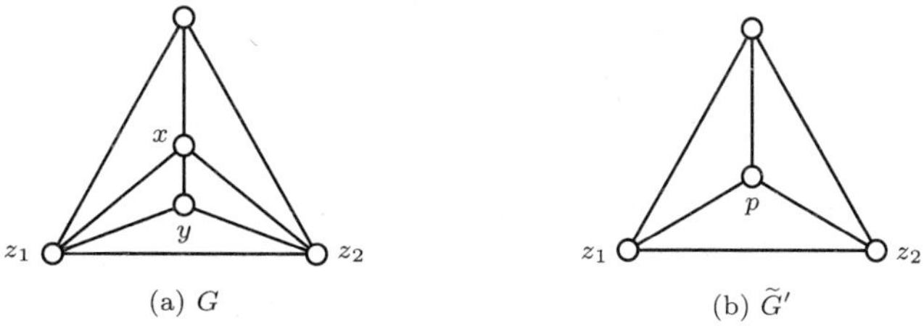

图 3.6　定理 3.1.5 证明的辅助图

考虑 $\widetilde{G}'$ 中边 pz_1 和 pz_2. 将它们分成两个三角形 (见图 3.6 (b) 和 (a)). 这

样得到的图 $\widetilde{G}$ 就是 G 的平面表示, 而且每条边都是直线段. 由归纳原理, 定理得证. ∎

平面图的研究与四色猜想有关, 而四色猜想与 Hamilton 问题有关. 本节最后介绍平面图的 Hamilton 性.

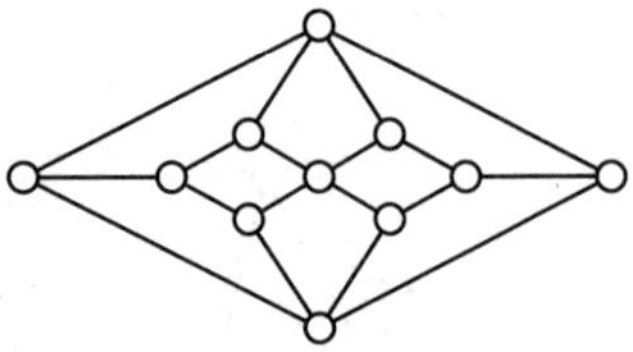

图 3.7　Herschel 图

非 Hamilton 平面图是存在的. 例如, 图 3.7 所示的图是由 A. S. Herschel (1862) [192] 发现的, 因而叫 Herschel 图. Herschel 图是平面图且不含奇圈, 因而是 2 部图. 它有 11 个点, 所以它是非 Hamilton 图. 事实上, Herschel 图是最小的非 Hamilton 平面图.

设 G 是平面, C 是其中的一个圈. C 将 G 中所有的面划分为两部分, 一部分在 C 的内部, 另一部分在 C 的外部, 分别记为 $\mathrm{Int}(C)$ 和 $\mathrm{Ext}(C)$ (见习题3.1.2). 下面的结果给出平面图是 Hamilton 图的必要条件, 是由 È. Ja. Grinberg (1968) [157] 首先发现的, 故称 **Grinberg** 定理.

定理 3.1.6 (Grinberg 定理)　**设 G 是无环 Hamilton 平图, C 是 G 中 Hamilton 圈, ϕ_i' 和 ϕ_i'' 分别表示包含在 Int(C) 和 Ext(C) 中度为 i 的面的数目, 则**

$$\sum_{i=1}^{\upsilon}(i-2)(\phi_i'-\phi_i'')=0. \tag{3.1.4}$$

证明　令 E' 是 $E(G)\setminus E(C)$ 中被包含在 $\mathrm{Int}(C)$ 的边集, $\varepsilon'=|E'|$, 则 $\mathrm{Int}(C)$ 包含 $\varepsilon'+1$ 个面 (见图 3.8), 因此

$$\sum_{i=1}^{\upsilon}\phi_i'=\varepsilon'+1. \tag{3.1.5}$$

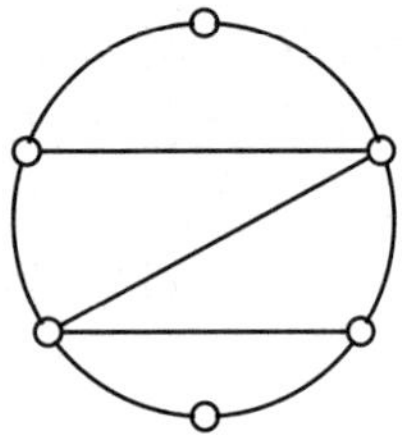

图 3.8　定理 3.1.6 证明的辅助图

因为 E' 中每条边落在 $\mathrm{Int}(C)$ 中两个面的边界上, 而 C 中每条边落在 $\mathrm{Int}(C)$ 中一个面的边界上, 所以

$$\sum_{i=1}^{\upsilon}i\,\phi_i'=2\varepsilon'+\upsilon. \tag{3.1.6}$$

由式 (3.1.5) 和式 (3.1.6) 得

$$\sum_{i=1}^{\upsilon}(i-2)\,\phi_i'=\upsilon-2. \tag{3.1.7}$$

由同样的讨论可以得

$$\sum_{i=1}^{\upsilon}(i-2)\,\phi_i''=\upsilon-2. \tag{3.1.8}$$

由式 (3.1.7) 和式 (3.1.8) 立刻得到式 (3.1.4). ∎

Grinberg 定理是非常有用的, 根据这个定理可以容易地证明某些平面图的非 Hamilton 性. 下面举两个例子来说明 Grinberg 定理的应用.

例 3.1.1 Grinberg 图 (见图 3.9 (a)) 是非 Hamilton 图.

证明 (反证) 假设 Grinberg 图 G 是 Hamilton 图, 并设 C 是 G 中 Hamilton 圈. 因为它仅有 5 度面、8 度面和 9 度面, 所以由定理 3.1.6 中条件式 (3.1.4) 得

$$3(\phi'_5-\phi''_5)+6(\phi'_8-\phi''_8)+7(\phi'_9-\phi''_9)=0,$$

即得

$$7(\phi'_9-\phi''_9)\equiv 0(\mathrm{mod}\ 3). \tag{3.1.9}$$

注意到 G 含唯一的 9 度面, 记为 F_9, 所以 $|\phi'_9-\phi''_9|=1$. 当 F_9 属于 $\mathrm{Int}(C)$ 时, $\phi'_9-\phi''_9=1$; 当 F_9 属于 $\mathrm{Ext}(C)$ 时, $\phi'_9-\phi''_9=-1$. 因此, 式 (3.1.9) 左边的值是 7 或者 -7. 这说明式 (3.1.9) 不可能成立. 因此, Grinberg 图是非 Hamilton 图. ∎

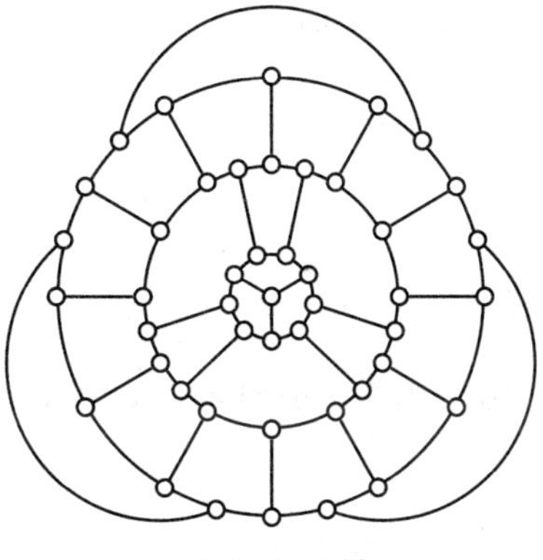

(a) Grinberg 图

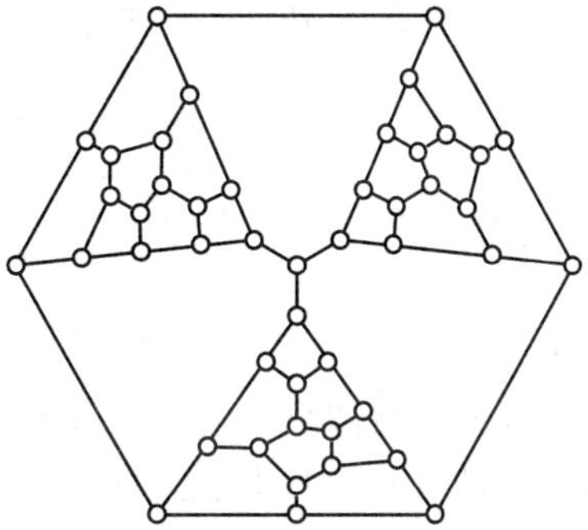

(b) Tutte 图

图 3.9　Grinberg 图和 Tutte 图

人们对平面图的 Hamilton 性的研究兴趣可以追溯到 P. G. Tait (1880) [334] 对“四色猜想”(见 6.4 节) 的错误证明. 连通图 G 被称为 3 连通的, 如果使它不连通至少要删去 3 个顶点 (见 4.3 节). Tait 在“每个 3 正则 3 连通平面图都是 Hamilton 图”的假设下给出了四色猜想的“证明”. 六十多年后, W. T. Tutte (1946) [346] 构造了一个 3 正则 3 连通非 Hamillton 平面图, 即 Tutte 图 (见图 3.9 (b)), 从而否定了 Tait 的证明. 下面要证明 Tutte 图是非 Hamillton 图.

图 3.10 (a) 所示的图被称为 **Tutte 子图** (Tutte's fragment). 下面的例子陈述了 Tutte 子图具有的重要性质, 它在 Tutte 图的非 Hamilton 性证明中起了关键作用.

例 3.1.2 Tutte 子图 (见图 3.10 (a)) 不含 xy-Hamilton 路.

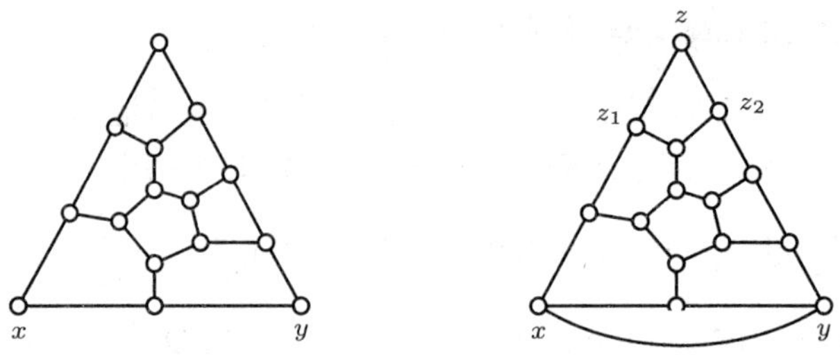

(a) Tutte 子图G　　(b) 图 $H=G+xy$

图 3.10　Tutte 子图 G 和图 H

证明　设 G 是 Tutte 子图.（反证）假定 G 含 xy-Hamilton 路 P. 因为 x 和 y 在 G 中不相邻, 所以图 $H=G+xy$ 是 Hamilton 图 (见图 3.10 (b)), 其中 $C=P+xy$ 是 H 中 Hamilton 圈. 注意到 H 仅含 3 度、4 度、5 度和 8 度面. 由定理 3.1.6 得

$$1(\phi_3'-\phi_3'')+2(\phi_4'-\phi_4'')+3(\phi_5'-\phi_5'')+6(\phi_8'-\phi_8'')=0. \tag{3.1.10}$$

因为 xy 是 H 的边且 H 的外部面属于 $\mathrm{Ext}(C)$, 所以

$$\phi_3'-\phi_3''=1-0=1,\quad \phi_8'-\phi_8''=0-1=-1. \tag{3.1.11}$$

由式 (3.1.10) 和式 (3.1.11) 得

$$2(\phi_4'-\phi_4'')+3(\phi_5'-\phi_5'')=5. \tag{3.1.12}$$

注意到 H 中有两个 4 度面 (见图 3.9 (b)). 因为 $d_H(z)=2$, zz_1 和 zz_2 都是 C 中的边, 所以 $\phi_4'\geqslant 1$. 因此, 有

$$\phi_4'-\phi_4''=1-1=0 \quad 或 \quad \phi_4'-\phi_4''=2-0=2. \tag{3.1.13}$$

由式 (3.1.12) 和式 (3.1.13) 中第一个式子得 $3(\phi_5'-\phi_5'')=5$; 由式 (3.1.12) 和式 (3.1.13) 中第二个式子得 $3(\phi_5'-\phi_5'')=1$. 两者是不可能的. 因此, G 不包含 xy-Hamilton 路. ∎

例 3.1.3　Tutte 图 (见图 3.9) 是非 Hamilton 图.

证明　设 G 是 Tutte 图, 则 G 是平图 (见图 3.11).（反证）假定 G 是 Hamilton 图, 并设 C 是一个 Hamilton 圈. 考虑 G 中面 f_1,f_2 和 f_3. 假定其中两个, 比如 f_1 和 f_2 属于 $\mathrm{Ext}(C)$. 因为 G 的外部面属于 $\mathrm{Ext}(C)$, 所以边 $e_1,e_2\notin E(C)$. 但这是不可能的, 因为 G 中任何 Hamilton 圈必含三条边 e,e_1 和 e_2 中的两条. 于是, 三个面中最多有一个属于 $\mathrm{Ext}(C)$, 至少有两个属于 $\mathrm{Int}(C)$. 不妨设 f_1 和 f_2 属于 $\mathrm{Int}(C)$. 这意味着它们的边界上公共边 e 不属于 C, 而 e_1 和 e_2 必在 C 中.

令 H 是包含 z 的 $G-\{e,e_1,e_2\}$ 的连通分支, 则 C 包含 H 中一条 xy-Hamilton 路. 然而, 这是不可能的. 这是因为 H 是 Tutte 子图, 由例 3.1.2 知 H 中不含 xy-Hamilton 路. 因此, Tutte 图是非 Hamilton 图. ∎

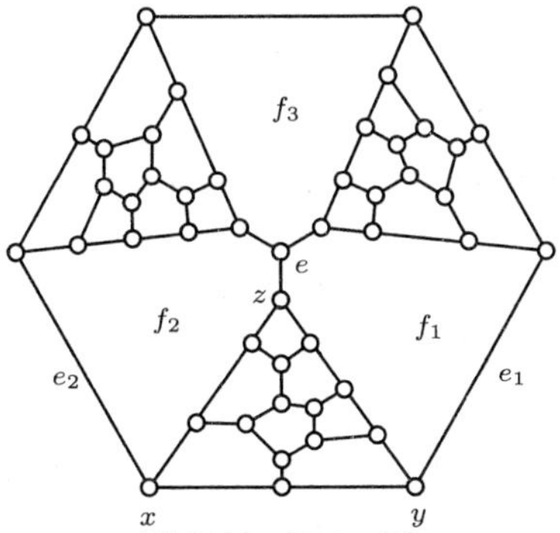

图 3.11　Tutte 图

Tutte 子图是个非常有用的图, 它能用来构造许多非 Hamilton 平面图. 例如, 如图 3.12 所示, Tutte 图是用 Tutte 子图替代完全图 K_4 中三个黑色顶点后得到的图 (按 1,2,3 顺序) (图的替代将在 7.4 节详细介绍).

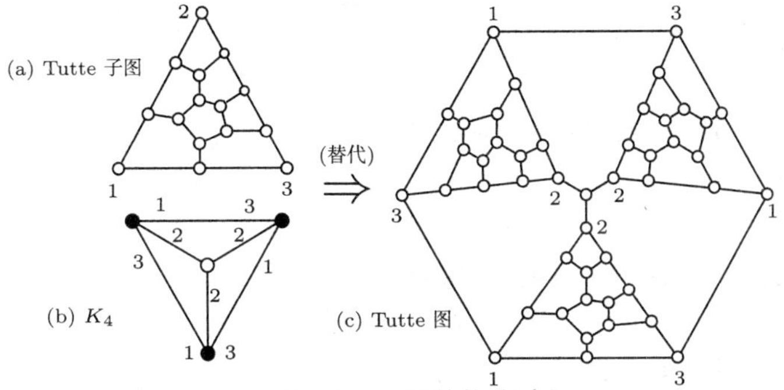

图 3.12　Tutte 图的构造过程

自从 Grinberg 给出 Hamilton 平图的必要条件 (见定理 3.1.6) 后, 人们发现了许多 Tait 假设的反例. 最小的反例是 38 个顶点, 它是用 Tutte 子图替代 5 轮柱 ($C_5\times K_2$) 中某两个顶点后得到的图, 其中之一为用 Tutte 子图替代图 3.13 所示的 5 轮柱中两个黑色顶点后得到的图 (按 1,2,3 顺序). 有兴趣的读者可以参阅 D. A. Holton & B. D. McKay (1988) [197] 的著作.

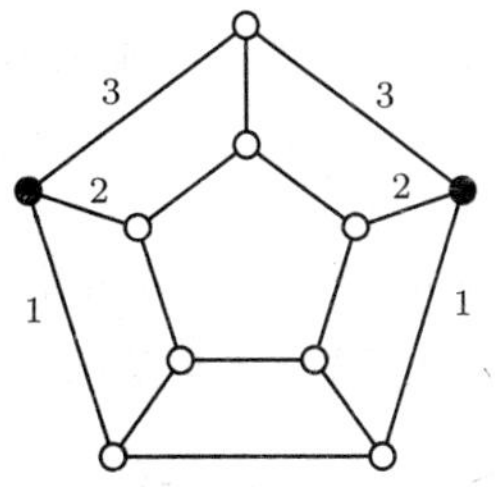

图 3.13　5 轮柱 $C_5\times K_2$

习题 3.1

3.1.1 证明:

(a) G 是平面图 $\Leftrightarrow G$ 的每个连通分支都是平面图;

(b) 若 G 是平面图, 则 $\upsilon-\varepsilon+\phi=\omega+1$;

(c) G 是平面图 $\Leftrightarrow G$ 中每个块都是平面图.

3.1.2 设 G 是平面图. 证明:

(a) 对任何 $x\in V(G)$ (或者 $e\in E(G)$), 存在平面表示 $\widetilde{G}$, 使得 x (或者 e) 在 $\widetilde{G}$ 的外部面的边界上;

(b) 对 G 中任何圈 C, 存在平面表示 $\widetilde{G}$, 使 C 将 $\widetilde{G}$ 的所有面分成两部分: 一部分在 C 的内部, 而另一部分在 C 的外部.

3.1.3 证明: 每个简单平图都是某三角剖分图 ($\upsilon\geqslant 3$) 的支撑子图.

3.1.4 设 G 是 $\upsilon(\geqslant 4)$ 阶平图, $\Delta=\Delta(G)$, υ_i 表示 G 中 i 度点的数目. 证明:

(a) 若 G 是三角剖分图, 则 $3\upsilon_3+2\upsilon_4+\upsilon_5=\upsilon_7+2\upsilon_8+\cdots+(\Delta-6)\upsilon_\Delta+12$;

(b) 若 G 是树, 则 $\upsilon_1=\upsilon_3+2\upsilon_4+3\upsilon_5+\cdots+(\Delta-2)\upsilon_\Delta+2$;

(c) 若 G 是连通的, 围长 $g\geqslant 3$, 且任何 2 度点之间的距离不小于 3, 则 $3\phi(G)\leqslant 2\varepsilon-\upsilon_2$.

3.1.5 证明: 若连通平图 G 的每个面都是 4 度面, 则 $\varepsilon=2\upsilon-4$.

3.1.6 设 G 是连通的 3 正则平图, ϕ_i 表示面度为 i 的面数. 证明:

(a) $12=5\phi_1+4\phi_2+3\phi_3+2\phi_4+\phi_5-\phi_7-2\phi_8-\cdots$;

(b) G 中存在面度小于 6 的面.

3.1.7 证明:

(a) 若 G 是围长 $g\geqslant 3$ 的连通平面图, 则 $\varepsilon\leqslant g(\upsilon-2)/(g-2)$;

(b) Petersen 图是非平面图.

3.1.8 (a) 证明: 若 G 是 υ ($\geqslant 11$) 阶简单平面图, 则 G^c 是非平面图.

(W. T. Tutte (1963) [352] 证明此命题对 $\upsilon\geqslant 9$ 成立, 也见 J. Battle 等 (1962) [17].)

(b) 构造一个 8 阶简单平面图 G 使 G^c 也是平面图.

3.1.9 设 G 是简单平面图. 证明:

(a) 若 $\upsilon\geqslant 4$, 则 G 中至少有 4 个度 $\leqslant 5$ 的顶点;

(b) 存在且仅存在一个 4 正则三角剖分图;

(c) 若 $\delta(G)=5$, 则 G 中至少有 12 个 5 度点.

3.1.10 设 $S=\{x_1,x_2,\cdots,x_n\}$ 是平面上有 $n(\geqslant 3)$ 个点的集, 其中任何两点之间的距离大于或等于 1.

证明: 最多有 $3n-6$ 个点对, 其距离恰好为 1.

3.1.11 给出下图的平面表示, 使其所有的边都是直线段.

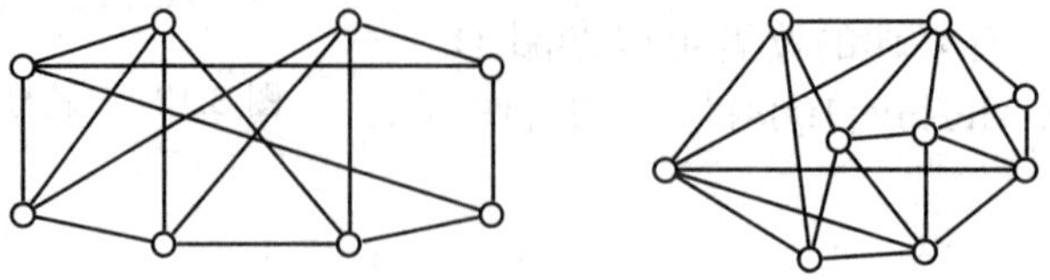

(习题 3.1.11 图)

3.1.12 设 G 是 υ 阶简单平面图. 证明:

(a) $\sum_{x\in V} d_G(x)^2 \leqslant 2(\upsilon+3)^2-62 \quad (\upsilon \geqslant 4)$;

(b) $\sum_{x\in V} d_G(x)^2 < 2(\upsilon+3)^2-62 \quad (\delta \geqslant 4)$.

3.1.13 设 G 是平面图, $g(G)$ 是围长. 证明:

(a) $\delta(G) \leqslant 3$, 如果 $g(G) \geqslant 4$;

(b) $\delta(G) \leqslant 2$, 如果 $g(G) \geqslant 6$.

3.1.14 设 G 是非平面图. 若 G 中每个真子图都是平面图, 则称 G 为**极小非平面图** (minimal non-planar graph). 证明:

(a) K_5 和 $K_{3,3}$ 都是极小非平面图;

(b) 极小非平面图不含割点.

3.1.15 若图 D 可以画在三维空间 $\mathbb{R}^3$ 中, 使得 D 中任何两条边不在非顶点处相交, 则称 D **可嵌入** $\mathbb{R}^3$. 证明:

(a) 任何图都可以嵌入 $\mathbb{R}^3$;

(b) 任何简单无向图都可以直线段嵌入 $\mathbb{R}^3$.

3.1.16 设 G 是连通的平图, $e=xy\in E(G)$, $f_G^1(e)$ 和 $f_G^2(e)$ 是以 e 为公共边界的两个面的面度. 令

$$D_G(e)=\frac{1}{d_G(x)}+\frac{1}{d_G(y)}+\frac{1}{f_G^1(e)}+\frac{1}{f_G^2(e)}-1.$$

证明:

$$\sum_{e\in E(G)} D_G(e)=\upsilon(G)+\phi(G)-\varepsilon(G)=2.$$

3.1.17 将 G 表示成 k 个边不交平面图的并, 这个 k 的最小值称为 G 的**厚度** (thickness), 记为 $t(G)$. 于是, $t(G)=1 \Leftrightarrow G$ 是平面图.

(a) 设 G 是简单图. 证明: 当 $\upsilon \geqslant 3$ 时,

(i) $t(G) \geqslant \left\lceil \frac{\varepsilon}{3\upsilon-6} \right\rceil$;

(ii) $t(K_n) \geqslant \left\lceil \frac{n(n-1)}{6n-12} \right\rceil$, 且等号对所有 $n\,(3\leqslant n\leqslant 8)$ 成立;

(iii) $t(K_n) \geqslant \left\lfloor \frac{n+7}{6} \right\rfloor$.

(现已证明除 $t(K_9)=t(K_{10})=3$ 外, 对所有的 n $(n\geqslant 3,\ n\neq 9,10)$ 等号成立.)

(b) 构作三个 9 阶平面图 G_1,G_2,G_3 和三个 10 阶平面图 H_1,H_2,H_3, 使 $K_9=G_1\oplus G_2\oplus G_3$; $K_{10}=H_1\oplus H_2\oplus H_3$.

(c) 对 $n=3,4,5,6,7,8$, 验证 (a) 中的 (ii) 和 (iii).

3.1.18 将 G 画在平面上, 两条边相交的最小数目称为 G 的**交叉数** (crossing number), 记为 $r(G)$. 显然, $r(G)=0 \Leftrightarrow G$ 是平面图. 证明:

(a) $r(K_5)=1$, $r(K_6)=3$, $r(K_{3,3})=1$, $r(K_{4,4})=4$, $r(K_{2,2,3})=2$;

(b) 若 $r(G)\leqslant 5$, 则 $\delta(G)\leqslant 5$.

3.2 平面图的判定准则

这一节将刻画平面图的特征及判定准则. 上一节介绍了平面图的若干必要条件, 但这些必要条件都不是充分条件. 然而, 利用这些必要条件证明了 K_5 和 $K_{3,3}$ 都为非平面图. 读者将看到这两个非平面图在刻画平面图的特征中起了重要作用. 本节介绍平面图的若干判定准则.

第一个平面图的判定准则涉及图论概念——图的细分. 设 $e \in E(G)$ 且 $e=xy$. 边 e 的**细分** (subdivision) 是指从 G 中删去 e 并用一条与 G 的内部点不交的长为 2 的路连接 x 和 y, 如图 3.14 所示.

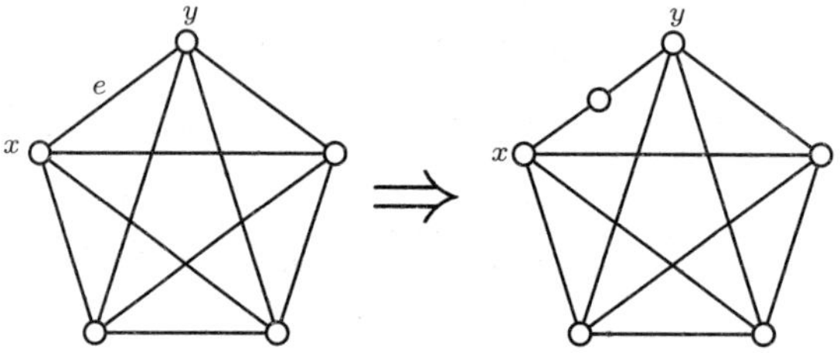

图 3.14　K_5 中边 e 的细分

图 G 的**细分图** (subdivision of a graph), 是把 G 的边进行一系列细分而得到的图. 例如, 图 3.15 (a) 所示的是 $K_{3,3}$ 的一个细分图. 仍记它的 "2 部划分" 为 $\{X,Y\}$, 其中 $X=\{x_1,x_2,x_3\}$, $Y=\{y_1,y_2,y_3\}$. 图中通过细分边 x_iy_j 而得到的 x_iy_j 路 $P_{x_iy_j}$ 仍记为 "边" $P_{x_iy_j}$. 这个细分图是 Petersen 图的子图 (见图 3.15 (b)), 表明 Petersen 图包含 $K_{3,3}$ 的细分图.

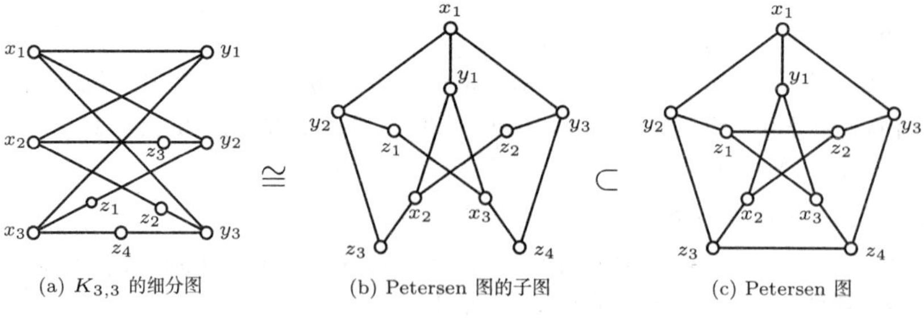

图 3.15　Petersen 图包含 $K_{3,3}$ 的细分图

以下几个概念和记号不仅用在 Kuratowski 定理的证明中, 还将用在3.5节中.

设 H 是 G 的子图, 在 $E(G) \setminus E(H)$ 中定义关系 "$\sim$" 如下: $e_1 \sim e_2 \Leftrightarrow$ 在 $G - E(H)$ 中存在一条链 W, 使得

(i) W 的第一条边和最后一条边分别是 e_1 和 e_2;

(ii) W 的内部点与 H 是不交的.

容易验证 "$\sim$" 是 $E(G) \setminus E(H)$ 中的等价关系. 由关系 "$\sim$" 的等价类导出的 $G - E(H)$ 中的子图被称为 G 的 H **分支**.

从定义中直接推出: 若 B 是 G 的 H 分支, 则 B 是连通的, 并且 B 的任何两顶点都由与 H 的内部点不交的路连接着, 而且任何两个不同的 H 分支是边不交的. 对于 H 分支 B, 记 $V_G(B, H) = V(B) \cap V(H)$, 并称它为 B 和 H 在 G 中的**接触点集**. 在图 3.16 所示的图 G 中, 子图 H 为圈 $(x_1, x_2, x_3, x_4, x_5, x_6, x_7, x_8, x_9, x_1)$, B_1, B_2, B_3, B_4 是四个 H 分支, $V_G(B_1, H) = V_G(B_2, H) = \{x_1, x_2, x_3\}$, $V_G(B_3, H) = \{x_4, x_6, x_7, x_9\}$ 且 $V_G(B_4, H) = \{x_5, x_8\}$.

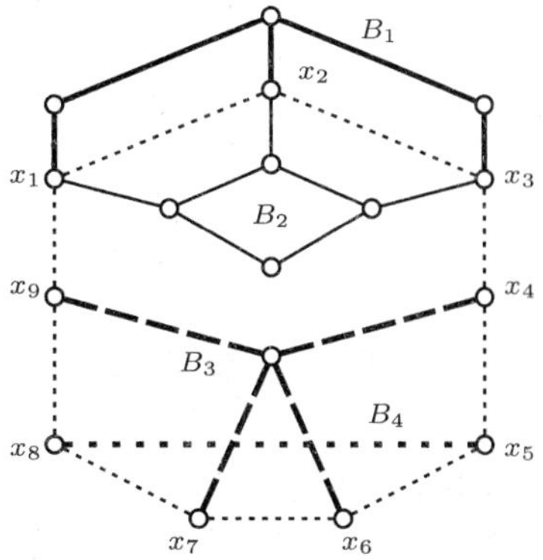

图 3.16　G 的 H 分支

人们在对平面图的研究中发现了许多平面图判定准则. 下面的定理是第一个平面图判定准则, 它是波兰数学家 C. Kuratowski (1930)[233]、美国数学家 O. Frink & P. A. Smith (1930)[130] 和苏联数学家 L. S. Pontryagin[1] (参见 J. W. Kennedy 等 (1985)[217]) 几乎同时独立发现的, 一般文献中都称它为 Kuratowski **定理**. 这里给出的是 F. Harary & W. T. Tutte (1965)[185] 的表述 (也可参阅 F. Harary(1981)[177]) 和 H. Tverberg (1989)[224] 的证明.

定理 3.2.1 (Kuratowski定理)　G **是平面图** $\Leftrightarrow$ G **不含** K_5 **或** $K_{3,3}$ **的细分图**.

证明　必要性显然 (见习题3.2.1). 下证充分性. 显然只需对连通的简单图来证明. 对阶 $\upsilon \le 5$ 的图, 易验证其充分性成立 (见习题3.2.2).

(反证法) 下设 G 是阶 υ (≥ 6) 尽可能小且不含 K_5 或 $K_{3,3}$ 的细分图的极小非平面简单图, 则 G 是块, 即 G 不含割点 (见习题3.1.14). 不妨假定 G 含子图 H, 其中 H 是 K_5^- (K_5 去掉一边) 或 $K_{3,3}^-$ ($K_{3,3}$ 去掉一边) 的细分图.

---

[1] L. S. Pontryagin (Lev Semenovich Pontryagin, 1908~1988) 是苏联最传奇的数学家. 他出生在莫斯科, 14 岁时因汽化煤油灶爆炸而失去视力. 尽管双目失明, 他也成为了 20 世纪最伟大的数学家之一, 是他母亲 Tatyana Andreevna 念当代著名数学家 (如 H. Hopf, J. H. C. Whitehead, H. Whitney) 的著作和文献给他听的. 他的贡献在数学的各个领域, 其中包括代数拓扑和微分拓扑.

设 H 是 K_5^- 的某个细分图 (图 3.17(a) 所示的是 $H=K_5-xz$). 由于 H 是平面图, G 是非平面图, 所以必存在 G 的 H 分支 B 与 H 至少有两个接触点 x 和 y (因 G 不含割点). 设 P 是 B 中一条 xy 路 (如图 3.17(a) 中粗边所示), 则 $xy\in E(H)$ (否则 G 含 K_5 的细分图). 由于 G 是简单图, 所以 $\upsilon(P)\geqslant 3$ 且 $H\cup P$ 含 $K_{3,3}^-$ 的细分图(见图 3.17(b)). 这说明: 如果 H 是 K_5^- 的细分图, 那么 H 必含 $K_{3,3}^-$ 的细分图. 因此, 不妨假定 H 是 $K_{3,3}^-$ 的细分图, 它的 " 2 部划分" 为 $\{X,Y\}$, 其中 $X=\{x,y,z\}$, $Y=\{r,u,w\}$, 且不含 "边" P_{zw} (见图 3.17(b)).

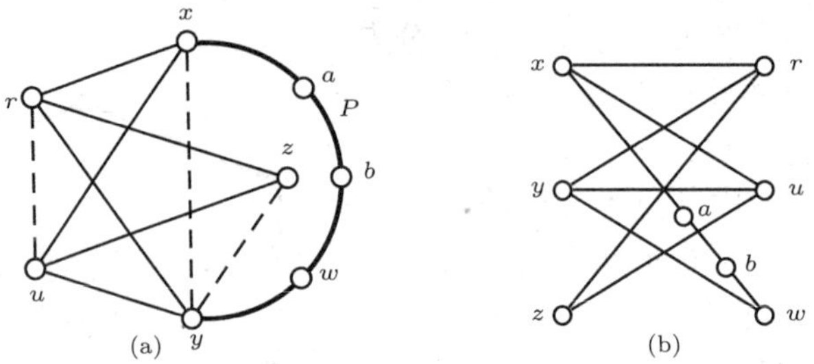

图 3.17 (a) G 中子图 $H\cup P$; (b) $H\cup P$ 中子图 $K_{3,3}^-$ 的细分图

考虑到平面嵌入与球面嵌入是等价的, 下面将 G 嵌入四面体的表面来导致矛盾. 设四面体 T 的四个顶点为 x,y,r,u, 平面图 H 的顶点除 x,y,r,u 外全嵌在 T 的棱上. 因此, H 中至少还有两个顶点, 比如 w 和 z 嵌在 T 的异面棱上. 不妨设 w 和 z 分别嵌在 T 的棱 xy 和 ru 上 (见图 3.18). 由 G 的非平面性和 $\upsilon(G)$ 的最小性知 $d_G(w)\geqslant 3$ 且 $d_G(z)\geqslant 3$, 所以 w 和 z 都是某些 H 分支的接触点.

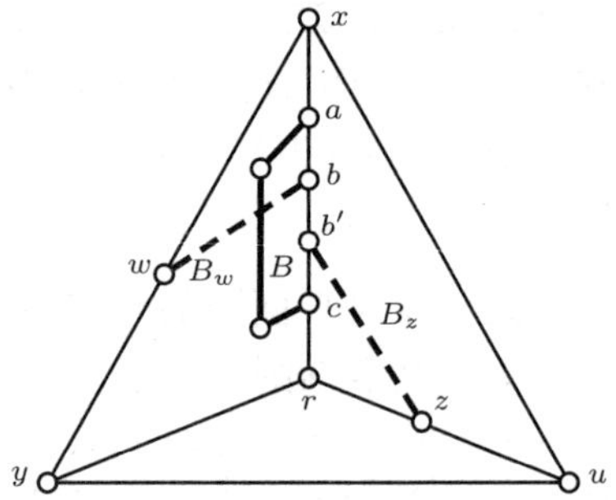

图 3.18 定理 3.2.1 证明的辅助图

设 B 是 H 分支. 由于 G 不含 $K_{3,3}$ 的细分图, 所以 B 与 H 的接触点不在 T 的异面边界上. 例如, 若点 w 和 z 在 B 上, 则 G 中含 $K_{3,3}$ 的细分图. 于是 B 与 H 的接触点或者全在 T 的一条棱上 (此时称 B 为小分支), 或者在 T 的某个面的两条或三条边界上 (此时称 B 为大分支). 因此, G 的每个分支都在 T 的某一个面上.

设 B_w 和 B_z 分别是其含点 w 和 z 的 H 分支. 由 $\upsilon(G)$ 的最小性知 $G-w$ 和 $G-z$ 都能嵌入 T. 所以, 若 B_w 是小分支, 则不影响其余分支嵌入 T. 因此, 若 G 不能嵌入 T, 则 B_w 必是大分支. 同理, B_z 也是大分支. 但由于 B_w 和 B_z 都不影响其余大分支的嵌入, 所以 B_w 和 B_z 必影响某个小分支 B 嵌入 T. 不妨设 B 与 H 的接触点在 T 的棱 xr 上. 于是在棱 xr 上存在点 a,b,b', c, 其中 b, b' (可能有 $b'=b$) 在 a 与 c 之间, 且 a 与 c 是 B 与 H 的接触点, b 和 b' 分别是 B_w 和 B_z 与 H 的接触点 (见图 3.18). 令将 H 中沿 T 的棱 xr 上的 ac 路换成

B 中的 ac 路 (如图 3.18 中粗边所示) 而得到的子图为 H'. 并令 P 是由 B_w 中的 wb 路和在 T 中棱 xr 上 bb' 路以及 B_z 中 $b'z$ 路的并得到的 wz 路 (如图 3.18 中粗虚边所示), 则 $H' \cup P$ 为 $K_{3,3}$ 的细分图, 矛盾于假定. 充分性得证. ∎

由 Kuratowski 定理, 立刻可以断定所有树都是平面图, 同时也可以断定 Petersen 图不是平面图, 因为它含有 $K_{3,3}$ 的细分图, 如图 3.15 所示, 其中 "2 部划分" 为 $\{X,Y\}$, $X=\{x_1,x_2,x_3\}$, $Y=\{y_1,y_2,y_3\}$.

下面的定理给出平面图的另一个判定准则, 属于 S. MacLane (1937) [266], 文献中亦称 **MacLane 定理**.

定理 3.2.2 (MacLane 定理)　**G 是平面图 $\Leftrightarrow G$ 中每条边出现在任何基本圈集的最多两个圈中.**

证明　因为图是平面的 $\Leftrightarrow$ 它的每个连通分支都是平面的 (见习题 3.1.1), 所以可以假定 G 是连通的. 设 T 是 G 的支撑树, $\mathscr{C}_T=\{C_1,C_2,\cdots,C_{\varepsilon-\upsilon+1}\}$ 是 G 中对于 T 的基本圈集.

($\Rightarrow$) 设 G 是连通平面图, $\widetilde{G}$ 是 G 的平面嵌入. 那么 $\mathscr{C}_T$ 是 $\widetilde{G}$ 的面集 (不包括外部面). 因为 $\widetilde{G}$ 的每条边包含在最多两个不同面的边界中, 所以 G 中每条边出现在 $\mathscr{C}_T$ 的最多两个圈中.

($\Leftarrow$) 假定连通图 G 中每条边出现在任何基本圈集的最多两个圈中. 对 $\varepsilon(G)\,(\geqslant \upsilon-1)$ 进行归纳来证明 G 是平面图.

当 $\varepsilon(G)=\upsilon-1$ 时, 由定理 2.1.3 知 G 是树, 结论自然成立. 假定 $\varepsilon(G)\geqslant \upsilon$. 任取 $e\in \overline{T}$, 并令 $C_1=T+e$ 且 $G'=G-e$. 那么 $\varepsilon(G')=\varepsilon(G)-1\geqslant \upsilon$, T 是 G' 的支撑树, $\mathscr{C}'_T=\{C_2,\cdots,C_{\varepsilon-\upsilon+1}\}$ 是 G' 中对于 T 的基本圈集, 并且其中每条边出现在 $\mathscr{C}'_T$ 的最多两个圈中. 由归纳假设, G' 是平面图. 因此 $G=G'+e$ 也是平面图. ∎

第 3 个平面图判定定理需要用到图论的重要概念——小图.

设 G 和 H 是两个无向图. 如果 H 是从 G 中通过删去边、收缩边、删去顶点后而得到的, 则称 H 为 G 的**小图** (minor).

图 3.19 所示的 H 是 G 的小图, 它是从 G 中首先删去虚边, 然后收缩细边并删去孤立点后得到的图.

K. Wagner (1937) [364] 首先提出小图概念, 并给出平面图的判定准则, 亦称 **Wagner 定理**, 其证明留给读者作为习题.

定理 3.2.3 (Wagner 定理)　**G 是平面图 $\Leftrightarrow G$ 不含小图 K_5 或 $K_{3,3}$.**

值得一提的是, 我国数学家吴文俊和刘彦佩也获得了平面图的判定准则, 被欧洲《组合学杂志》三主编之一的 P. Rosenstiehl (1980) [311] 称为 "吴–刘判别准则" 和 "吴–刘定理". 由于涉及更深的代数知识, 这里不做介绍, 有兴趣的读者可参阅吴文俊 (1973) [389] 和刘彦佩 (1978) [249] 的文章.

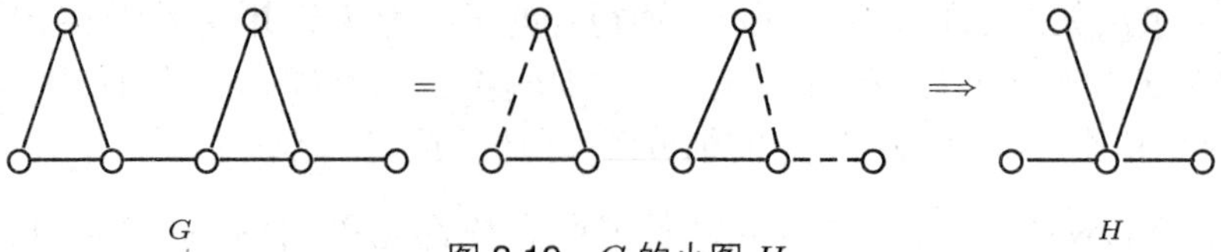

图 3.19　G 的小图 H

下一节将通过图的组合对偶来介绍另一个属于 H. Whitney (1932) 的众所周知的平面图判定准则.

本节最后介绍外平面图的概念和判定准则.

由定理 3.1.1, 读者容易看到: 对于平面图 G 中任意顶点 x, 存在 G 的平面表示 $\widetilde{G}$, 使得 x 在 $\widetilde{G}$ 的外部面的边界上. 但不能确保该平面图的所有顶点同时具有这个性质. 例如完全图 K_4 和完全 2 部图 $K_{2,3}$ (见图 3.20), 它们的任何平面嵌入都不能把所有顶点嵌在外部面的边界上.

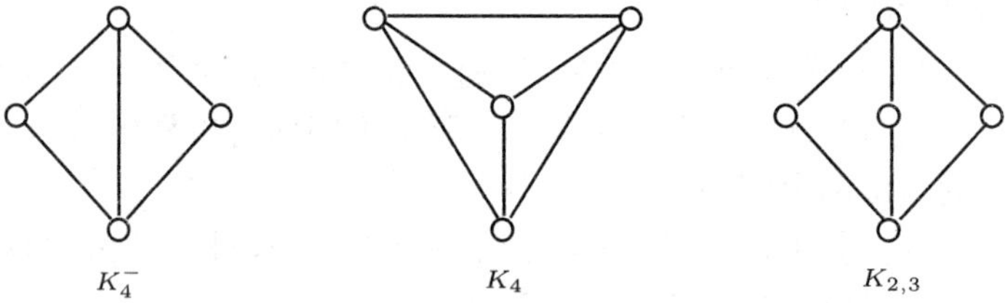

图 3.20　两个非外平面图

设 G 是平面图, 如果存在平面表示 $\widetilde{G}$, 使其所有的顶点都在 $\widetilde{G}$ 的外部面的边界上, 则称 G 为**外平面图** (outerplanar graph); 否则称为**非外平面图** (non-outerplanar graph).

例如, 在图 3.20 所示的图中, K_4^- 是外平面图, 因为它有一个平面嵌入, 使其所有的顶点都在外部面的边界上; 而 K_4 和 $K_{2,3}$ 都是非外平面图.

G. Chartrand 和 F. Harary (1967) [66] 提出外平面图概念, 并且得到类似于 Kuratowski 定理的外平面图判定准则, 称为 **Chartrand-Harary 定理**.

定理 3.2.4 (Chartrand-Harary 定理)　**G 是外平面图 $\Leftrightarrow$ G 不含 K_4 或者 $K_{2,3}$ 的细分图.**

证明　必要性显然成立, 因为含 K_4 或者 $K_{2,3}$ 的任何细分图都不是外平面图.

为证明充分性, 设 G 是不含 K_4 或者 $K_{2,3}$ 的细分图的非外平面图. 若 G 是非平面图, 则由 Kuratowski 定理, G 必含 K_5 或者 $K_{3,3}$ 的细分图, 因而必含 K_4 或者 $K_{2,3}$ 的细分图. 因此, G 是平面图. 因为 G 是非外平面图, 所以 G 包含一个块 B, 它至少有两个顶点而且是非外平面图. 令 $\widetilde{B}$ 是 B 的平面嵌入, 使其外部面 C 含尽可能多的顶点. 因为 G 是非外平面图, 所以 C 不是 Hamilton 圈. 于是,存在至少一个顶点落在 C 的内部面中. 选取这样的点 x, 使其与 C 中某点 y 相邻. 因为 B 是块, 所以 $d_B(x) \geqslant 2$. 因此, C 中存在异于 y 的点 z 且 B 中存在 xz 路 P 与 C 内点不交(见图 3.21 (a)).

若 $yz \notin E(C)$, 则由 C 的极大性易知 $C \cup P$ 是 B 中同构于 $K_{2,3}$ 的细分图(见图 3.21 (a)).

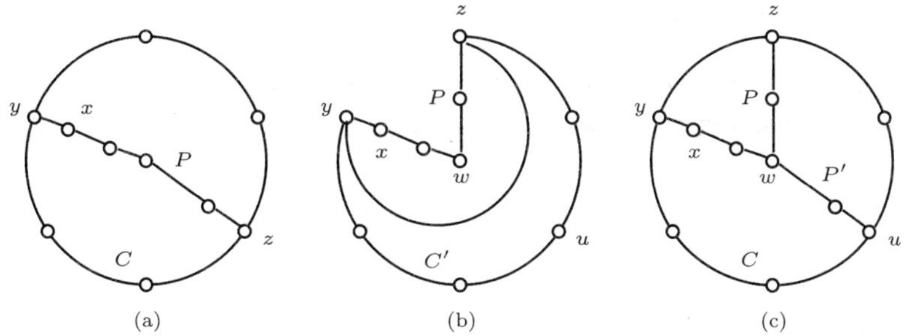

图 3.21　定理 3.2.4 证明的辅助图

下设 $yz \in E(C)$. 如果 P 中所有内部点都是 2 度点, 则令 $C' = (C - yz) \cup P$. 于是, 存在 B 的平面嵌入 $\widetilde{B}'$ 以 C' 为外部面(见图 3.21 (b)). C' 包含比 C 更多的顶点, 矛盾于 $\widetilde{B}$ 的选取. 所以, P 中存在某个内部点 w, 使得 $d_B(w) \geqslant 3$. 因此, C 中存在一个点 u 且 B 中存在一条与 $C \cup P$ 的内部点不交的 wu 路 P' (见图 3.21 (c)). 由 C 的极大性易知, $C \cup P \cup P'$ 是 B 中同构于 K_4 的细分图. ∎

习题 3.2

3.2.1 证明:

(a) 若 G 是非平面图, 则 G 的每个细分图也都是非平面图;

(b) 若 G 是平面图, 则 G 的每个子图也都是平面图;

(c) 若 G 是平面图, 则 G 不含 K_5 或 $K_{3,3}$ 的细分图;

(d) 若 $\varepsilon < 9$ 或者 $\upsilon < 5$, 则 G 必是平面图.

3.2.2 证明 Wagner 定理: 图 G 是平面图 $\Leftrightarrow G$ 不含小图 K_5 或 $K_{3,3}$.

3.2.3 设 x, y, z 是简单平面图 G 的任意三个点. 证明:

$$d_G(x) + d_G(y) + d_G(z) \leqslant 2\upsilon + 2.$$

3.2.4 证明: 若 G 是极大平面图, 则 G 有一个基本圈集, 它与另一个圈的并正好含 G 中每条边两次.

3.2.5 设 G 是奇阶平图. 证明: 若 G 是 Hamilton 图, 则 G 有偶数 ($\geqslant 2$) 个奇度面.

3.2.6 设 G 是简单平面图, $\upsilon \geqslant 5$ 且 $\Delta(G) = \upsilon - 1$. 证明:

(a) 若 $\upsilon > 5$, 则 G 最多包含两个度为 $\upsilon - 1$ 的顶点;

(b) 若 G 有两个度为 $\upsilon - 1$ 的顶点, 则 G 不包含度为 $5 \sim \upsilon - 2$ 的顶点;

(c) G 中存在不相邻的两顶点, 使顶点度都不大于 3.

3.2.7 证明:

(a) G 是外平面图 $\Leftrightarrow G$ 中每个块都是外平面图;

(b) 外平面图 G 是 Hamilton 图 $\Leftrightarrow G$ 无割点, 而且 G 的任何平面表示 $\widetilde{G}$ 的外部边界构成唯一的 Hamilton 圈.

3.2.8 (a) 证明: 阶至少为 7 的外平面图的补图不是外平面图.

(b) 构造一个 6 阶外平面图, 它的补图也是外平面图.

3.2.9 设 G 是简单外平面图, x 和 y 是 G 中任意两个不相邻的顶点. 若 $G+xy$ 是非外平面图, 则称 G 为**极大外平面图** (maximal outerplanar graph). 设 G 是阶 $\upsilon \geqslant 3$ 的极大外平面图. 证明:

(a) 若 υ 个顶点全在外部面上, 则 G 有 $\upsilon-2$ 个内部面;

(b) $\varepsilon = 2\upsilon - 3$;

(c) G 至少有 3 个顶点的度不超过 3;

(d) G 至少有 2 个 2 度点;

(e) 对任何 2 度点 y, $G-y$ 仍为极大外平面图;

(f) G 是点泛圈. (M-C Li 等, 2000 [243])

3.2.10 设 G 是无向图, σ 是 $V(G)$ 上的置换. σ **置换图** (σ-permutation graph) $P_\sigma(G)$ 是由两个 G 和它们之间的 $\upsilon(G)$ 条连接由置换 σ 确定的两个点的边而构成的图. 图 H 被称为**置换图**, 如果存在图 G 和 $V(G)$ 上的置换 σ, 使得 $H = P_\sigma(G)$. 证明:

(a) Petersen 图是置换图;

(b) 设 G 是不含割点的平面图, 则 $P_\sigma(G)$ 图是平面图 $\Leftrightarrow G$ 是外平面图, 而且 σ 是二面体群 D_n 中的任意元素. (Chartrand, Harary, 1967 [66])

3.3 对 偶 图*

设 G 是平图, $F(G)=\{f_1, f_2, \cdots, f_\phi\}$. 定义图 G^* 如下: $V(G^*)=\{f_1^*, f_2^*, \cdots, f_\phi^*\}$, f_i^* 和 f_j^* 有边 e^* 连接 $\Leftrightarrow G$ 中面 f_i 和面 f_j 的边界有公共边 e. G^* 被称为 G 的**几何对偶图** (geometric dual graph), 是由 H. Whitney (1931) [375] 首先提出来的. 图 3.22 所示的是平图 G (如细线所示) 及其几何对偶图 G^* (如黑点和粗线所示).

容易看出, 平图 G 的几何对偶图 G^* 仍是平图 (见习题 3.3.2). 值得注意的是, 同构的平图可以有不同构的几何对偶图. 例如, 图 3.23 所示的两个平图是同构的, 但它们的几何对偶图不同构. 因为图 (a) 有一个 5 度的面, 而图 (b) 没有这样的面. 因此, 几何对偶图的概念仅对平图是有意义的, 一般不能推广到平面图. 从 G^* 的

定义立即有

$$\begin{cases} \upsilon(G^*)=\phi(G), & \varepsilon(G^*)=\varepsilon(G), \\ d_{G^*}(f^*)=d_G(f), & \forall\ f\in F(G). \end{cases} \tag{3.3.1}$$

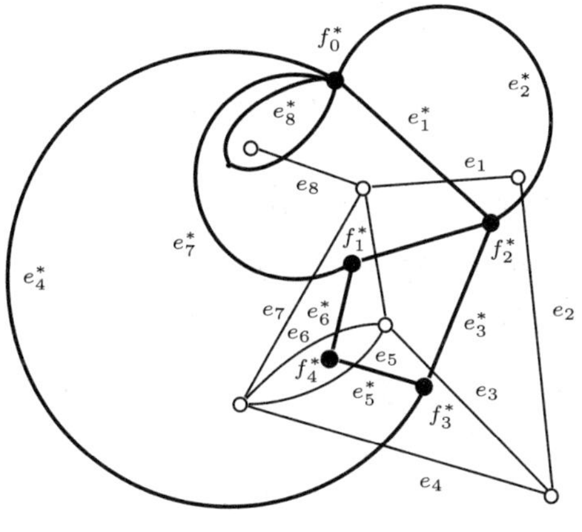

图 3.22　平图 G (如细线所示) 的几何对偶图 G^* (如黑点和粗线所示)

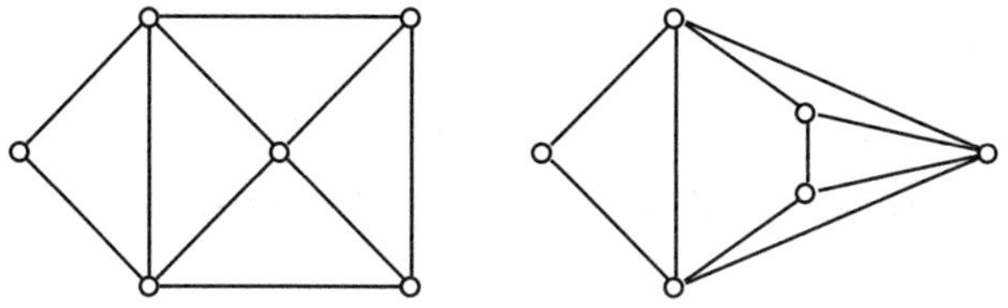

图 3.23　G 的几何对偶图不同构的两个同构平图

定理 3.3.1　**设** G^* **是平图** G **的几何对偶**, $B\subseteq E(G)$, $B^*=\{e^*\in E(G^*):e\in B\}$, **则**

(a) $G[B]$ **是** G **的圈** $\Leftrightarrow B^*$ **是** G^* **的键**;

(b) B **是** G **的键** $\Leftrightarrow G^*[B^*]$ **是** G^* **的圈**.

证明　(a) ($\Leftarrow$) 设 B^* 是 G^* 的键, 要证明 $G[B]$ 是 G 中的圈. 由于 B^* 是 G^* 的键, 所以 $V(G^*)$ 存在两个不交的非空真子集 F_1^* 和 F_2^*, 使 $B^*=E_{G^*}[F_1^*,F_2^*]$. 由于 $V(G^*)=F(G)$, 所以 $G[B]$ 将 $F(G)$ 划分成两个不交的非空真子集 F_1 和 F_2, 其中 F_i $(1\leqslant i\leqslant 2)$ 是 G 中对应于 F_i^* 的面集. 由习题 2.1.13 知 $G^*[F_i^*](1\leqslant i\leqslant 2)$ 是连通的. 令 G_i 为 F_i $(1\leqslant i\leqslant 2)$ 中面的并. 由于 $F_i\neq\emptyset$, 所以 G_1 有边界 H 且 $E(H)=B$. 由于 $G^*[F_1^*]$ 是连通的, 所以 G_1 的外部面边界 $H=G[B]$ 是连通的. 又由于 H 中每条边是 G_1 中的面和 G_2 中的面的公共边界, 所以 $H=G[B]$ 中顶点都是 2 度点, 于是 H 是 G 的圈.

(⇒) 设 $G[B]$ 是 G 中的圈, 要证明 B^* 是 G^* 中的键. 由于 $G[B]$ 是 G 中的圈, 所以它将 G 的面集 $F(G)$ 划分成两个不交的非空真子集 F_1 和 F_2. 令 F_i^* $(1 \leqslant i \leqslant 2)$ 是 G^* 中对应于 F_i 的顶点集. 不妨设 F_1 在 $G[B]$ 的内部. 于是 $G[B]$ 是 F_1 中面之并的外部面边界, 即 B 中任何一条边都在 F_1 中某个面和 F_2 中某个面的公共边界上. 换言之, B 中任何一条边 e 都在 $G[B]$ 的内部面和外部面的公共边界上, 因而 e^* 连接 F_1^* 中顶点和 F_2^* 中顶点, 即 B^* 是 G^* 的割 $E_{G^*}(F_1^*,F_2^*)$. 由于 $G^*[F_1^*]$ 和 $G^*[F_2^*]$ 都是连通的, 所以由习题2.1.13知 $B^* = E_{G^*}[F_1^*,F_2^*]$ 是 G^* 的键.

(b) 的证明类似于 (a) 的证明, 留给读者作为习题. ∎

推论 3.3.1.1 设 T 是连通平图 G 的支撑树, $E^* = \{e^* \in E(G^*) : e \in E(\overline{T})\}$, 则 $T^* = G^*[E^*]$ 是 G^* 的支撑树.

证明 当 $\phi(G)=1$ 时, $G=T$, $E^*=\emptyset$, G^* 和 T^* 是平凡图, 结论成立. 下设 $\phi(G) \geqslant 2$. 由于 G 的每个面的边界都含 $E(\overline{T})$ 中的边, 所以 G^* 的每个顶点都与 E^* 中的边关联, 即 T^* 是 G^* 的支撑子图. 若 T^* 中含 G^* 的圈, 则由定理 3.3.1 知 $E(\overline{T})$ 含 G 的键, 矛盾于定理 2.1.7. 所以 T^* 不含圈. 又由于 $E(\overline{T})$ 中每条边 e 都在 G 中某两个面的公共边界上, 即 $\phi(G-e)=\phi(G)-1$, 所以

$$1=\phi(G-E(\overline{T}))=\phi(G)-\varepsilon(\overline{T})=\upsilon(G^*)-\varepsilon(T^*),$$

即 $\varepsilon(T^*)=\upsilon(G^*)-1$. 由定理 2.1.3 知 T^* 是 G^* 的支撑树. ∎

推论 3.3.1.2 设 G 是连通平图, G^* 是 G 的几何对偶, 则

(a) $\mathscr{C}(G^*) \cong \mathscr{B}(G)$;

(b) $\mathscr{B}(G^*) \cong \mathscr{C}(G)$.

由定理 3.3.1, H. Whitney (1932) [376] 给出了图的组合对偶图定义.

设 G 和 G' 是两个图. 若对任意的 $B \subseteq E(G)$, 存在双射 $\varphi: E(G) \to E(G')$, 使 $G[B]$ 是 G 的圈 $\Leftrightarrow \varphi(B)=\{e' \in E(G'):\ \varphi(e)=e'\}$ 是 G' 的键, 则称 G' 是 G 的**组合对偶图** (combinatorial dual graph).

例如, 图 3.24 所示的是图 G 及其组合对偶图 G', 其中

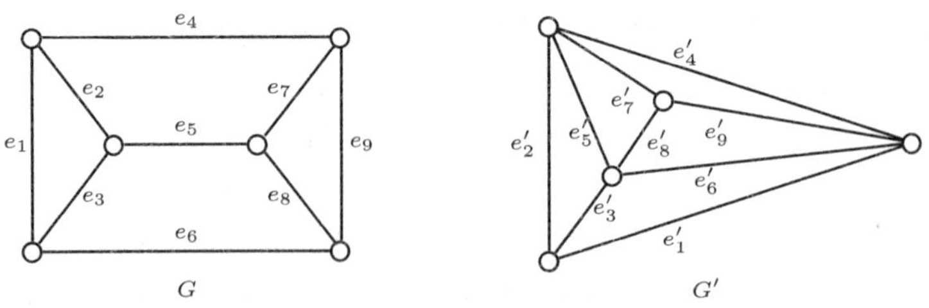

图 3.24 图 G 及其组合对偶图 G'

$$\varphi: E(G) \to E(G'),$$
$$e_i \mapsto \varphi(e_i) = e_i', \quad 1 \leqslant i \leqslant 9.$$

令 $B = \{e_3, e_5, e_6, e_8\}$, 则 $G[B]$ 是 G 的圈. $\varphi(B) = \{e_3', e_5', e_6', e_8'\}$ 是 G' 的键.

一般说来, 验证两个图是否是组合对偶非常困难, 因为要验证 G 的每个圈.

组合对偶图定义中虽然没有明言 G 或 G' 是否是平图, 但有下列结果.

定理 3.3.2　**若 G 是平图, 则 G 的几何对偶图 G^* 必是 G 的组合对偶图, 而且 G 也是 G^* 的组合对偶图.**

证明　设 G 是平图, G^* 是 G 的几何对偶. 定义

$$\varphi: E(G) \to E(G^*),$$
$$e \mapsto \varphi(e) = e^*.$$

易证, φ 是双射, 并由组合对偶的定义和定理 3.3.1 知该定理成立. ∎

利用组合对偶, H. Whitney (1932) [376] 给出了下面的平面图判断准则.

定理 3.3.3 (Whitney 定理)　**G 是平面图 $\Leftrightarrow$ G 有组合对偶图.**

证明　($\Rightarrow$) 设 G 是平面图, $\widetilde{G}$ 是它的平面表示. 由定理 3.3.2 知 $\widetilde{G}$ 的几何对偶图 $\widetilde{G}^*$ 是 G 的组合对偶图.

($\Leftarrow$) 设 G 有组合对偶图, 要证 G 是平面图. (反证法) 设 G 是非平面图. 由 Kuratowski 定理, 不妨设 G 是 K_5 或 $K_{3,3}$ (因为由组合对偶图的定义, 可知 G 的每个连通分支或者 G 的每个细分图都有组合对偶 (见习题 3.3.2)).

(a) 若 G' 是 K_5 的组合对偶图, 则因为 K_5 不含奇数条边的键, 所以 G' 不含奇圈, 因而是 2 部简单图. 由于 K_5 不含长小于 2 的圈, 所以 G' 的最小度至少为 3. 由于阶小于 7 的简单 2 部图最多只有 9 条边, 所以 $v(G') \geqslant 7$. 于是得到如下矛盾:

$$10 = \varepsilon(K_5) = \varepsilon(G') \geqslant \frac{1}{2} \cdot 7 \cdot 3 > 10.$$

(b) 若 G' 是 $K_{3,3}$ 的几何对偶图, 则因为 $K_{3,3}$ 不含边数小于 3 的键, 且不含长度小于 4 的圈, 所以 G' 是最小度 $\delta(G') \geqslant 4$ 的简单图, 因而 $v(G') \geqslant 5$. 于是

$$9 = \varepsilon(K_{3,3}) = \varepsilon(G') \geqslant \frac{1}{2} \cdot 5 \cdot 4 = 10,$$

矛盾. ∎

习 题 3.3

3.3.1 设 G 是平图, G^* 是 G 的几何对偶图.

(a) 证明: G^* 是连通的平图.

(b) 举例说明 G 不一定是 G^* 的几何对偶图.

(c) 证明定理 3.3.1 (b).

3.3.2 证明:

(a) G 有几何 (组合) 对偶 $\Leftrightarrow G$ 的每个连通分支都有几何 (组合) 对偶图;

(b) G 有几何 (组合) 对偶 $\Leftrightarrow G$ 的每个细分图都有几何 (组合) 对偶图.

3.3.3 证明: 设 G 是平图且不含奇度点, 则 G 的几何对偶是 2 部图.

3.3.4 设 G 是平图. 证明: $G^{**}\cong G\Leftrightarrow G$ 是连通的.

3.3.5 证明: 任何三角剖分图的几何对偶图都是无割边 3 正则简单图.

3.3.6 证明: 任何平图不存在这样的五个面, 使它们两两有公共边界.

3.3.7 若平图 G 及其几何对偶图 G^* 同构, 则称 G 为**自对偶平图** (self-dual plane graph).

(a) 证明: 若 G 是自对偶平图, 则 $\varepsilon=2v-2$.

(b) 对每个 $n\geqslant 4$, 找出 n 阶自对偶平图.

(c) 证明: **轮** (wheel) $W_n\,(=K_1\vee C_{n-1})$ 是自对偶平图 (见习题 1.3.10).

3.3.8 设 G 是连通平图, G^* 是 G 的几何对偶图. 证明: $\tau(G)=\tau(G^*)$.

应　　用

3.4 正多面体$^{\Delta}$

平图的理论与凸多面体的研究有着紧密的联系. 事实上, 每个凸多面体都对应着一个平图. 设 P 是凸多面体, 以 P 的顶点为顶点、P 的棱为边得到的平图 $G(P)$ 被称为对应于 P 的平图, 则易知 $G(P)$ 是连通的, 而且 $\delta(G(P))\geqslant 3$, P 的面就是 $G(P)$ 的面, 而且 $G(P)$ 的每条边正好在两个面的边界上. 凸多面体 P 和对应于 P 的平图 $G(P)$ 如图 3.23 所示.

习惯上, 用 V,E,F 分别表示凸多面体 P 的顶点数、棱数和面数, 所以 Euler 公式可以写成

$$V-E+F=2. \tag{3.4.1}$$

式 (3.4.1) 就是著名的 **Euler 凸多面体公式**. 为方便起见, 用 V_n 和 F_n 分别表示凸多面体 P (或对应的平图 $G(P)$) 的 n 度点和 n 度面的数目. 于是 $n \geqslant 3$, 并且由定理 1.3.2 和定理 3.1.2 有

$$2E = \sum_{n\geqslant 3} nV_n = \sum_{n\geqslant 3} nF_n. \tag{3.4.2}$$

定理 3.4.1　每个凸多面体都至少有一个 n 度面, 其中 $3 \leqslant n \leqslant 5$.

证明　(反证法) 设 $F_3 = F_4 = F_5 = 0$. 则由式 (3.4.2) 有

$$2E = \sum_{n\geqslant 6} nF_n \geqslant \sum_{n\geqslant 6} 6F_n = 6\sum_{n\geqslant 6} F_n = 6F,$$

即

$$F \leqslant \frac{1}{3} E. \tag{3.4.3}$$

另外, 由式 (3.4.2) 有

$$2E = \sum_{n\geqslant 3} nV_n \geqslant 3\sum_{n\geqslant 3} V_n = 3V,$$

即得

$$V \leqslant \frac{2}{3} E. \tag{3.4.4}$$

于是, 由不等式 (3.4.3) 和 (3.4.4) 得

$$V + F - 2 \leqslant \frac{2}{3} E + \frac{1}{3} E - 2 = E - 2,$$

这矛盾于公式 (3.4.1). 定理得证. ∎

每个面都相等并且每个多面角都相等的凸多面体被称为**正多面体** (regular polyhedron), 亦被称为 **Plato 体**. 对应的平图称为 Plato 图 (见图 3.25).

下述定理是 Euclid (约公元前 330~前 275) 的 13 卷《几何原本》的最后一个结果. 下面利用 Euler 凸多面体公式来给出它的证明.

定理 3.4.2　仅有五个正多面体 (如图 3.25 所示).

证明　设 P 是正多面体且 $G(P)$ 是对应的平图. 由式 (3.4.1) 和式 (3.4.2), 对任何凸多面体, 均有

$$\begin{aligned} -8 &= 4E - 4V - 4F = 2E + 2E - 4V - 4F \\ &= \sum_{n\geqslant 3} nF_n + \sum_{n\geqslant 3} nV_n - 4\sum_{n\geqslant 3} V_n - 4\sum_{n\geqslant 3} F_n \\ &= \sum_{n\geqslant 3} (n-4)F_n + \sum_{n\geqslant 3} (n-4)V_n. \end{aligned} \tag{3.4.5}$$

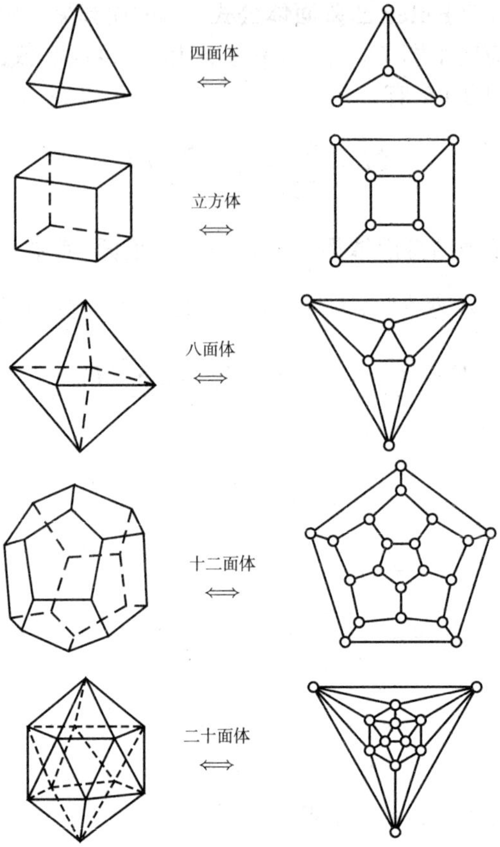

图 3.25　正多面体

因为 P 是正多面体, 所以存在两个整数 $h(\geqslant 3)$ 和 $k(\geqslant 3)$, 使 $F=F_h$ 且 $V=V_k$. 因此, 由式 (3.4.5) 有

$$-8=(h-4)F_h+(k-4)V_k, \tag{3.4.6}$$

并且由式 (3.4.1) 有

$$hF_h=2E=kV_k. \tag{3.4.7}$$

由定理 3.4.1 知 $3\leqslant h\leqslant 5$.

情形 1　当 $h=3$ 时, 由式 (3.4.6) 和式 (3.4.7) 得

$$12=(6-k)V_k. \tag{3.4.8}$$

因此有 $3\leqslant k\leqslant 5$. 由式 (3.4.8) 和式 (3.4.6) 可知

当 $k=3$ 时, $V_3=4$, $F_3=4$, 因此 P 是四面体;

当 $k=4$ 时, $V_4=6$, $F_3=8$, 因此 P 是八面体;

当 $k=5$ 时, $V_5=12$, $F_3=20$, 因此 P 是二十面体.

情形 2　当 $h=4$ 时, 由式 (3.4.6) 有 $8=(4-k)V_k$. 所以 $k=3, V_3=8, F_4=6$, 即 P 是立方体.

情形 3　当 $h=5$ 时, 由式 (3.4.6) 和式 (3.4.7) 有 $20=(10-3k)V_k$. 所以 $k=3, V_3=20, F_5=12$, 即 P 是十二面体. ∎

习 题 3.4

3.4.1 证明: 不存在这样的凸多面体, 它有奇数个面, 而且每个面都有奇数条棱.

3.4.2 证明: 任何凸多面体至少有 6 条棱.

3.4.3 证明: 不存在 7 条棱的凸多面体.

3.4.4 证明: 除四面体外, 不存在这样的凸面体, 它的每个顶点与其余点之间都有棱相连.

3.4.5 证明: 任何凸多面体至少有一个三角形的面或一个三面角的顶点.

3.5　印刷电路板的设计*

当设计和生产印刷电路板时, 首先遇到的问题是判定给定的电路图能否被印刷在同一层板上而使导线不发生短路. 若能, 怎样给出具体的布线方案? 这个问题称为**印刷电路板设计问题** (layout of printed circuits).

将所要印刷的电路图看成是无向图 (实际上是简单的连通图) G, 其中顶点代表电子元件, 而边代表导线. 于是上述问题归结为判定 G 是否是平面图的问题. 若 G 是平面图, 则怎样给出它的平面表示?

遗憾的是 Kuratowski 等人的判定定理并没有提供这样的方法. 本节将介绍由 Demoucron, Malgrange 和 Pertuiset (1964) [84] 提供的好算法, 简记为 DMP 算法.

在介绍这种算法之前, 先对图 G 进行下列预先处理可以大大简化运算量:

(a) 若 G 不连通, 则分别判定它的每个分支, 若 G 有割点, 则分别判定它的块;

(b) 删去 G 中的环而不影响其平面性, 删去平行边而不影响其平面性;

(c) 用一条边替代 G 中 2 度点和与之相关联的两条边而不影响其平面性.

最后两个简化步骤应当反复且交错地使用直到不能使用为止. 在做了上述简化后, 在简单图 G 中利用两个基本判别法:

(d) 若 $\varepsilon<9$ 或 $\upsilon<5$, 则 G 必是平面图;

(e) 若 $\varepsilon>3\upsilon-6$ 或 $\delta>5$, 则 G 必是非平面图.

DMP 算法的陈述涉及下列概念.

设 G 是平面图, $H\subseteq G$, $\widetilde{H}$ 是 H 的平面表示. 若存在 G 的平面表示 $\widetilde{G}$, 使 $\widetilde{H}\subseteq\widetilde{G}$, 则称 $\widetilde{H}$ 是 G **容许的** (admissible). 例如, 图 3.26 (a) 是平面图 G, 图 (b) 和 图 (c) 是 G 中子图 $G-xy$ 的两个平面表示 $\widetilde{G}_1$ 和 $\widetilde{G}_2$. 显然, $\widetilde{G}_1$ 是 G 容许的, 而 $\widetilde{G}_2$ 不是. 设 B 是 G 的 H 分支 (H 分支的定义见 3.2 节), f 是 $\widetilde{H}$ 的面. 若 B 和 H 在 G 中的接触点集 $V_G(B,H)\subseteq B_{\widetilde{H}}(f)$, 则称 B 可在 f **内画出** (drawable).

用 $F_G(B,\widetilde{H})$ 表示 $F(\widetilde{H})$ 中 B 在其内可画的面集, 即 $F_G(B,\widetilde{H})=\{f\in F(\widetilde{H}):$ B 可在 f 内画出$\}$. 例如, 设图 G 是图 3.26 (a) 所示的图, $H=G-xy$, $\widetilde{H}$ 是 G 容许的 (见图 3.26 (b)). G 中唯一的 H 分支 B 是边 xy, 它能在 $\widetilde{H}$ 的一个面中画出. 一般地, 下面的结论成立, 它提供了 G 是平面图的一个必要条件.

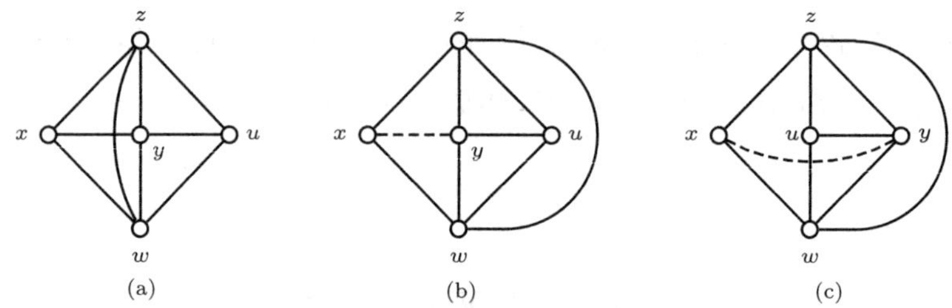

图 3.26 (a) 平面图 G; (b) G 容许子图 $\widetilde{G}_1$; (c) 非 G 容许子图 $\widetilde{G}_2$

定理 3.5.1 **设 G 是平面图, $H\subseteq G$, $\widetilde{H}$ 是 H 的平面表示. 若 $\widetilde{H}$ 是 G 容许的, 则对 G 的任何 H 分支 B, 均有 $F_G(B,\widetilde{H})\neq\emptyset$.**

证明 由于 $\widetilde{H}$ 是 G 容许的, 由定义知存在 G 的平面表示 $\widetilde{G}$, 使 $\widetilde{H}\subseteq\widetilde{G}$. 显然, H 分支 B 所对应的 $\widetilde{G}$ 的子图必定在 $\widetilde{H}$ 的一个面中. 因此 $F_G(B,\widetilde{H})\neq\emptyset$. ∎

DMP 平面性算法:

1. 设 G_1 是 G 中的圈 (因为无圈图必是平面图), 给出 G_1 的平面表示 $\widetilde{G}_1$. 令 $i=1$.

2. 若 $E(G)\setminus E(\widetilde{G}_i)=\emptyset$, 则停止 ($G$ 是平面图, $\widetilde{G}_i$ 是它的平面表示).

   若 $E(G)\setminus E(\widetilde{G}_i)\neq\emptyset$, 则确定 G 的所有 $\widetilde{G}_i$ 分支, 并对每个 $\widetilde{G}_i$ 分支 B, 给出集 $F_G(B,\widetilde{G}_i)$.

3. 若存在 $\widetilde{G}_i$ 分支 B, 使 $F_G(B,\widetilde{G}_i)=\emptyset$, 则停止 (由定理 3.5.1 知 G 是非平面图).

   若存在 $\widetilde{G}_i$ 分支 B, 使 $|F_G(B,\widetilde{G}_i)|=1$, 则令 $\{f\}=F_G(B,\widetilde{G}_i)$.

   否则, 令 B 是任何一个 $\widetilde{G}_i$ 分支, 并且任取 $f\in F_G(B,\widetilde{G}_i)$.

4. 取 $x,y\in V_G(B,G_i)$ (可能 $x=y$) 和一条 xy 路 $P_i\subseteq B$. 令 $G_{i+1}=G_i\cup P_i$, 并把 P_i 画在 $\widetilde{G}_i$ 的面 f 内得 G_{i+1} 的平面表示 $\widetilde{G}_{i+1}$. 用 $i+1$ 替代 i 并转入第 2 步.

下面举例说明 DMP 平面性算法的应用.

例 3.5.1　用 DMP 平面性算法来验证图 3.27 (a) 所示的图 G 是平面图, 并给出 $\widetilde{G}$.

DMP 平面性算法从图 3.27 (b) 所示的圈 $\widetilde{G}_1=(2,3,4,5,6,7,2)$ 开始执行.

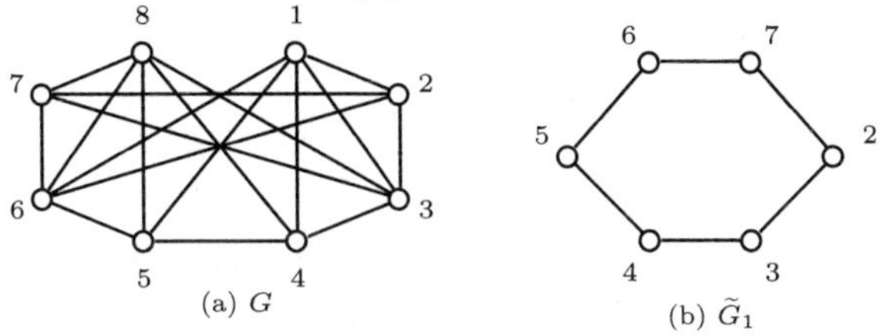

图 3.27　DMP 平面性算法的应用 (Ⅰ)

DMP 平面性算法需要执行 10 次, 每次执行结束获得 $\widetilde{G}_i$ $(2\leqslant i\leqslant 11)$, 并且列出 G 中所有的 $\widetilde{G}_i$ 分支 (为简单起见, 用它们的边集表示), 并用黑体标出使得 $|F(B,\widetilde{G}_i)|=1$ 的 $\widetilde{G}_i$ 分支 B $(1\leqslant i\leqslant 10)$. 整个执行过程详述如下:

(1) $E(G)\setminus E(\widetilde{G}_1)\neq\emptyset$, $\{12,13,14,15,16\}$, $\{26\}$, $\{37\}$ 和 $\{38,48,58,68,78\}$ 为 G 中所有的 G_1 分支, 而且对每个分支 B 均有 $|F(B,\widetilde{G}_1)|>1$. 选取一条路 $P_1=\{26\}$, 并令 $\widetilde{G}_2=\widetilde{G}_1+P_1$, 如图 3.28 (a) 所示, 其中 P_1 如粗线所示.

(2) $E(G)\setminus E(\widetilde{G}_2)\neq\emptyset$, $\{12,13,14,15,16\}$, $\{37\}$ 和 $\{38,48,58,68,78\}$ 为 G 的所有 $\widetilde{G}_2$ 分支. 选取一条路 $P_2=\{37\}$, 令 $\widetilde{G}_3=\widetilde{G}_2+P_2$, 如图 3.28 (b) 所示, 其中 P_2 如粗线所示.

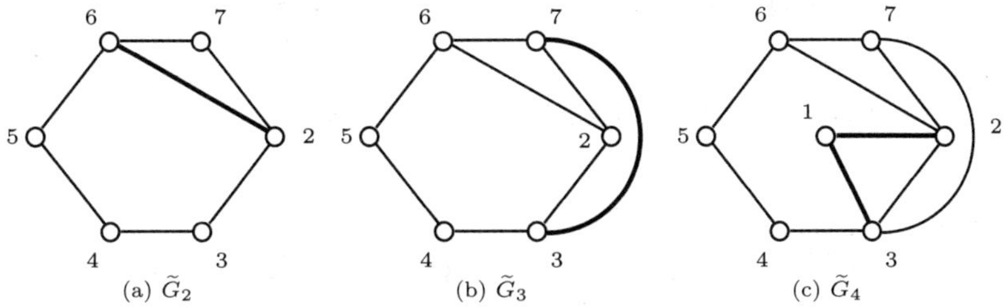

图 3.28　DMP 平面性算法的应用 (Ⅱ)

(3) $E(G)\setminus E(\widetilde{G}_3)\neq\emptyset$, $\{12,13,14,15,16\}$ 和 $\{38,48,58,68,78\}$ 为 G 中所有的 $\widetilde{G}_3$ 分支. 选取一条路 $P_3=\{12,13\}$, 令 $\widetilde{G}_4=\widetilde{G}_3+P_3$, 如图 3.28 (c) 所示, 其中 P_3 如粗线所示.

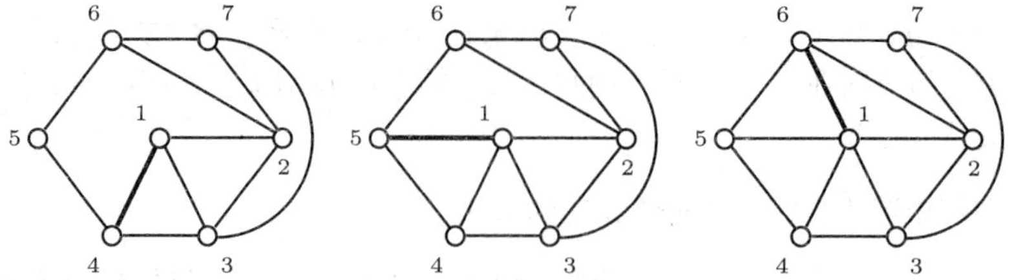

(a) $\widetilde{G}_5$ (b) $\widetilde{G}_6$ (c) $\widetilde{G}_7$

图 3.29 DMP 平面性算法的应用 (Ⅲ)

(4) $E(G)\setminus E(\widetilde{G}_4)\neq\emptyset$, G 中所有的 $\widetilde{G}_4$ 分支为 $\{14\},\{15\},\{16\}$, $\{38,48,58,68,78\}$. 选取路 $P_4=\{14\}$, 令 $\widetilde{G}_5=\widetilde{G}_4+P_4$, 如图 3.29 (a) 所示, 其中 P_4 如粗线所示.

(5) $E(G)\setminus E(\widetilde{G}_5)\neq\emptyset$, G 中所有的 $\widetilde{G}_5$ 分支为 $\{15\},\{16\}$, $\{38,48,58,68,78\}$.
取 $P_4=\{15\}$, $\widetilde{G}_6=\widetilde{G}_5+P_5$, 如图 3.29 (b) 所示, 其中 P_5 如粗线所示.

(6) $E(G)\setminus E(\widetilde{G}_6)\neq\emptyset$, G 中所有的 $\widetilde{G}_6$ 分支为 $\{16\}$, $\{38,48,58,68,78\}$.
取 $P_6=\{16\}$, $\widetilde{G}_7=\widetilde{G}_6+P_6$, 如图 3.29 (c) 所示, 其中 P_6 如粗线所示.

(7) $E(G)\setminus E(\widetilde{G}_7)\neq\emptyset$, $\{38,48,58,68,78\}$ 是 G 中唯一的 $\widetilde{G}_7$ 分支.
取 $P_7=\{48,58\}$, $\widetilde{G}_8=\widetilde{G}_7+P_7$, 如图 3.30 (a) 所示, 其中 P_7 如粗线所示.

(8) $E(G)\setminus E(\widetilde{G}_8)\neq\emptyset$, G 有三个 $\widetilde{G}_8$ 分支: $\{38\}$, $\{68\}$ 和 $\{78\}$.
取 $P_8=\{38\}$, $\widetilde{G}_9=\widetilde{G}_8+P_8$, 如图 3.30 (b) 所示, 其中 P_8 如粗线所示.

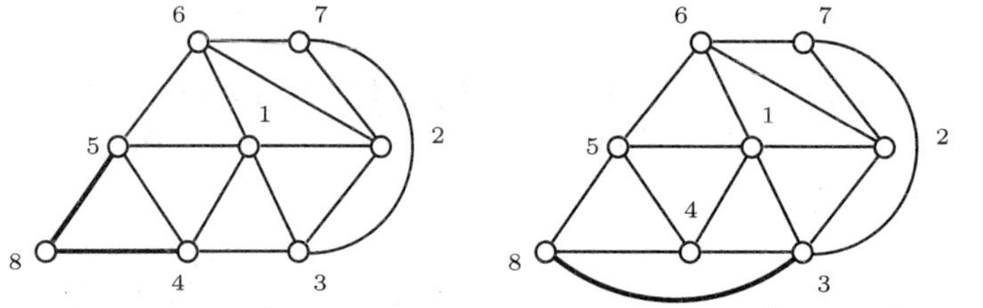

(a) $\widetilde{G}_8$ (b) $\widetilde{G}_9$

图 3.30 DMP 平面性算法的应用 (Ⅳ)

(9) $E(G)\setminus E(\widetilde{G}_9)\neq\emptyset$, G 有两个 $\widetilde{G}_9$ 分支: $\{68\}$ 和 $\{78\}$.
取 $P_9=\{68\}$, $\widetilde{G}_{10}=\widetilde{G}_9+P_9$, 如图 3.31 (a) 所示, 其中 P_9 如粗线所示.

(10) $E(G)\setminus E(\widetilde{G}_{10})\neq\emptyset$, G 有唯一的 $\widetilde{G}_{10}$ 分支 $\{78\}$.
取 $P_{10}=\{78\}$, $\widetilde{G}_{11}=\widetilde{G}_{10}+P_{10}$, 如图 3.31 (b) 所示, 其中 P_{10} 如粗线所示.

(11) $E(G)\setminus E(\widetilde{G}_{11})=\emptyset$, 算法终止于 G 的平面嵌入 $\widetilde{G}_{11}$.

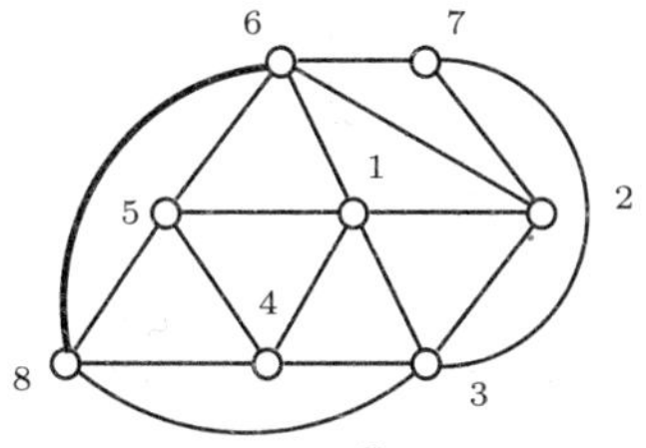

(a) $\widetilde{G}_{10}$

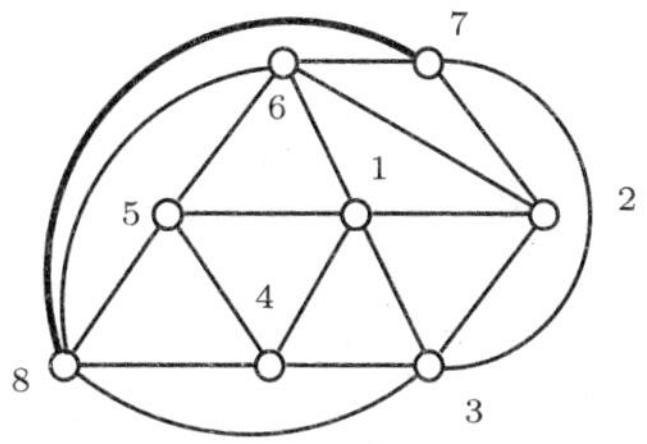

(b) $\widetilde{G}_{11}$

图 3.31 DMP 平面性算法的应用 (V)

于是, G 是平面图, $\widetilde{G}_{11}$ 是 G 的平面表示. ∎

定理 3.5.2 DMP 平面性算法是有效的.

证明 首先注意到, 若 G 是连通的平面图, 则对 G 的任何平面表示, 均有 $\phi = \varepsilon - \upsilon + 2$.

设 G 是无割点的连通图. DMP 平面性算法是从 G 的圈 $\widetilde{G}_1$ 开始的, 故 $\phi(\widetilde{G}_1) = 2$. 在算法的执行中, 每当用 $i+1$ 替代 i 时, 添加的是一条路, 故面数增加 1, 即 $\phi(\widetilde{G}_{i+1}) = \phi(\widetilde{G}_i) + 1 = i + 2$. 所以若 G 是平面图, 则算法结束时必产生序列 $\widetilde{G}_1, \cdots, \widetilde{G}_{\varepsilon-\upsilon+1}$, 其中 $\widetilde{G}_{\varepsilon-\upsilon+1}$ 是 G 的一个平面表示.

假定算法结束时得到 $\widetilde{G}_k$. 若 $k < \varepsilon - \upsilon + 1$, 则 $E(G) \setminus E(\widetilde{G}_k) \neq \emptyset$, 且存在 $\widetilde{G}_k$ 分支 B, 使 $F_G(B, \widetilde{G}_k) = \emptyset$. 由定理 3.5.1 知 G 是非平面图. 假定 $k = \varepsilon - \upsilon + 1$. 因此, 只需证明: 若 G 是平面图, 则 $\widetilde{G}_1, \widetilde{G}_2, \cdots, \widetilde{G}_{\varepsilon-\upsilon+1}$ 都是 G 容许的.

对 $k \geqslant 2$ 用归纳法. 当 $k = 2$ 时, $\widetilde{G}_1$ 仅含一个圈, $\widetilde{G}_1$ 显然是 G 容许的. 假设对每个 $i (1 \leqslant i \leqslant k < \varepsilon - \upsilon + 1)$, $\widetilde{G}_i$ 都是 G 容许的. 根据定义, 存在 G 的平面表示 $\widetilde{G}$, 使得 $\widetilde{G}_k \subseteq \widetilde{G}$. 下面证明 $\widetilde{G}_{k+1}$ 是 G 容许的.

令 B 和 f 是算法第 3 步得到的 $\widetilde{G}_k$ 分支和 $F_G(B, \widetilde{G_k})$ 中的面. 若 $F_G(B, \widetilde{G}_k) = \{f\}$, 即 B 能画在唯一的面 f 中, 则由算法构造出来的 $\widetilde{G}_{k+1}$ 显然满足 $\widetilde{G}_k \subseteq \widetilde{G}_{k+1} \subseteq \widetilde{G}$, 即 $\widetilde{G}_{k+1}$ 是 G 容许的. 下面假设对 G 中任何 $\widetilde{G}_k$ 分支 B' 都有 $|F_G(B', \widetilde{G}_k)| > 1$, 即 B 可以画在至少两个面中.

假定 B 被画在 $F_G(B, \widetilde{G}_k)$ 的另一个面 f' 中. 由于 G 是无割点的连通图, 所以对 G 中每个 $\widetilde{G}_k$ 分支 B' 都有 $|V_G(B', \widetilde{G}_k)| \geqslant 2$. 因此 B' 正好能画在两个面中. 于是, G 中每个使 $V_G(B', \widetilde{G}_k)$ 含在 f 和 f' 的公共边界上的 $\widetilde{G}_k$ 分支 B', 既可以画在 f 中, 也可以画在 f' 中. 对于这样的 B', 按下述方法得到 G 的另一个平面表示 $\widetilde{G'}$.

若 B' 在 $\widetilde{G}$ 的面 f' 中, 则改画 B' 在 $\widetilde{G'}$ 的面 f 中; 若 B' 在 $\widetilde{G}$ 的面 f 中, 则改画 B' 在面 f' 中 (例如, 见图 3.32, 分支 B 和面 f 是算法第 3 步中选取的, 但 B 画在面 f' 中. 于是将 f' 中两个分支 B 和 B_2 画在 f 中, 而将面 f 中的分支 B_1 画在 f' 中). 故 $\widetilde{G}_{k+1} \subseteq \widetilde{G'}$, 即 $\widetilde{G}_{k+1}$ 是 G 容许的. ∎

最后, 举一个例子说明 DMP 平面性算法可以用来验证非平面图.

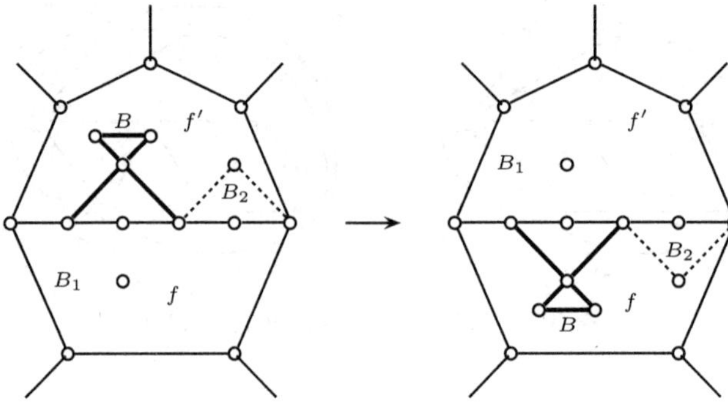

图 3.32　定理 3.5.2 证明的辅助图

例 3.5.2　利用 DMP 平面性算法验证图 3.33 (a) 所示的图 H 是非平面图.

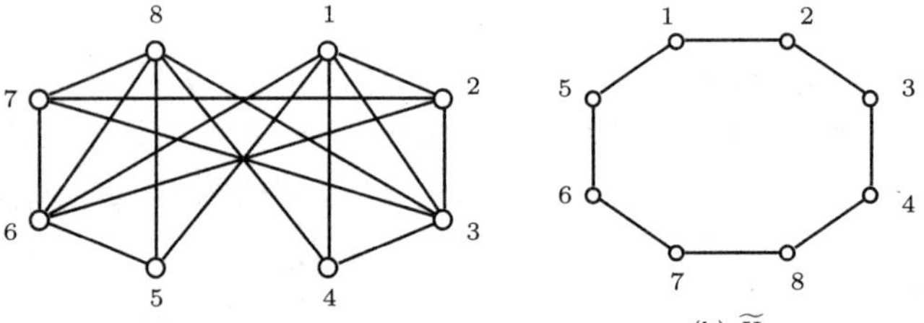

(a) H　　(b) $\widetilde{H}_1$

图 3.33　DMP 平面性算法的应用 (Ⅵ)

DMP 平面性算法从图 3.33 (b) 所示的圈 $\widetilde{H}_1=(1,2,3,4,8,7,6,5,1)$ 开始执行, 需要执行 6 次. 执行过程详述如下.

1. $E(H)\setminus E(\widetilde{H}_1)\neq\emptyset$, H 的所有 $\widetilde{H}_1$ 分支为 $\{13\}$, $\{14\}$, $\{26\}$, $\{27\}$, $\{36\}$, $\{37\}$, $\{58\}$ 和 $\{68\}$, 对每个分支 B, 均有 $|F(B,\widetilde{H}_1)|>1$.
   选取路 $P_1=\{13\}$, 并且令 $\widetilde{H}_2=\widetilde{H}_1+P_1$, 如图 3.34 (a) 所示, 其中 P_1 如粗线所示.

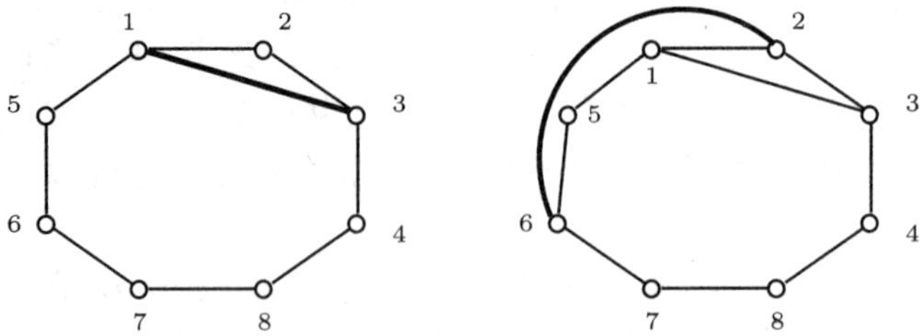

(a) $\widetilde{H}_2$　　(b) $\widetilde{H}_3$

图 3.34　DMP 平面性算法的应用 (Ⅶ)

2. $E(H)\setminus E(\widetilde{H}_2)\neq\emptyset$, H 的所有 $\widetilde{H}_2$ 分支为 $\{26\}$, $\{27\}$, $\{14\}$, $\{36\}$, $\{37\}$,

$\{58\}$ 和 $\{68\}$. 对于前两个分支 B, 有 $|F(B,\widetilde{H}_2)|=1$.
取 $P_2=\{26\}$, $\widetilde{H}_3=\widetilde{H}_2+P_2$, 如图 3.34 (b) 所示, 其中 P_2 如粗线所示.

3. $E(H)\setminus E(\widetilde{H}_3)\neq\emptyset$, H 的所有 $\widetilde{H}_3$ 分支为 $\{14\}$, $\{27\}$, $\{36\}$, $\{37\}$, $\{58\}$ 和 $\{68\}$. 对于前两个分支 B, 有 $|F(B,\widetilde{H}_3)|=1$.
取 $P_3=\{14\}$, $\widetilde{H}_4=\widetilde{H}_3+P_3$, 如图 3.35 (a) 所示, 其中 P_3 如粗线所示.

4. $E(H)\setminus E(\widetilde{H}_4)\neq\emptyset$, H 的所有 $\widetilde{H}_4$ 分支为 $\{27\}$, $\{36\}$, $\{37\}$, $\{58\}$ 和 $\{68\}$. 对每个 $\widetilde{H}_4$ 分支 B, 均有 $|F(B,\widetilde{H}_4)|=1$.
取 $P_4=\{27\}$, $\widetilde{H}_5=\widetilde{H}_4+P_4$, 如图 3.35 (b) 所示, 其中 P_4 如粗线所示.

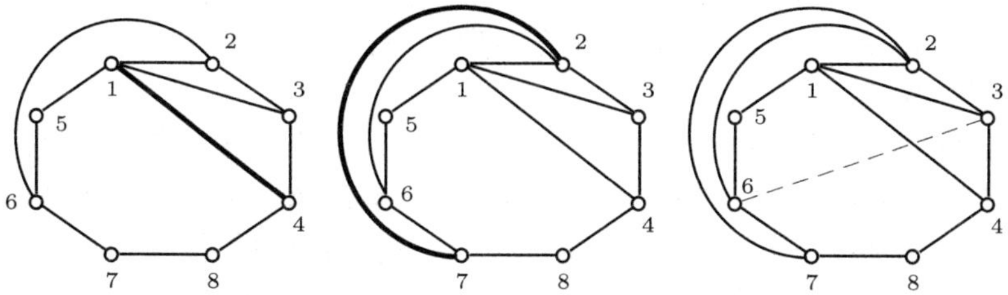

(a) $\widetilde{H}_4$　　(b) $\widetilde{H}_5$　　(c) $|F(36,\widetilde{H}_5)|=0$

图 3.35　DMP 平面性算法的应用 (Ⅷ)

5. $E(H)\setminus E(\widetilde{H}_5)\neq\emptyset$, H 的所有 $\widetilde{H}_5$ 分支为 $\{36\}$, $\{37\}$, $\{58\}$ 和 $\{68\}$. 对于分支 $B=\{36\}$ (如图 3.35 (c) 中虚线所示), 有 $|F(B,\widetilde{H}_5)|=0$. 算法终止 (第 3 步). 由定理 3.5.1, H 是非平面图. ∎

DMP 平面性算法是多项式算法, 留给读者作为习题 (见习题 3.5.3).

习题 3.5

3.5.1 利用 DMP 平面性算法验证下列图的平面性.

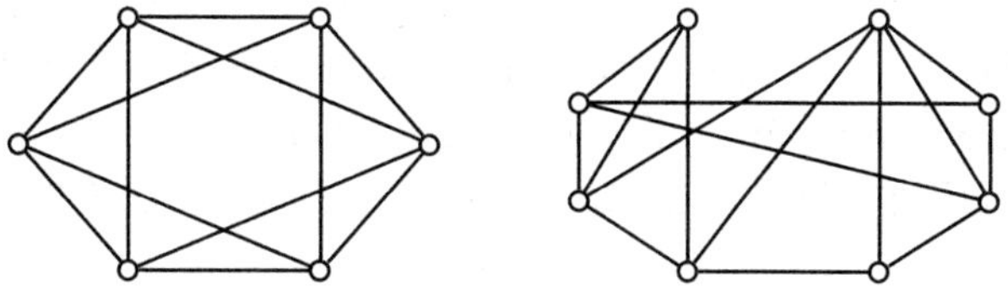

(习题 3.5.1 图)

3.5.2 利用 DMP 平面性算法验证 $K_5, K_{3,3}$ 和 Petersen 图的非平面性.

3.5.3 证明: DMP 平面性算法是多项式算法.

小结与进一步阅读的建议

这一章介绍了平图和平面图的基本性质, 获得了两个最简单的必要条件, 即最小度 $\delta \leqslant 5$ 和边数 $\varepsilon \leqslant 3\upsilon - 6$, 以及两个极小非平面图 K_5 和 $K_{3,3}$, 证明了两个最基本的定理: 连通平图的 Euler 公式 (定理 3.1.3) 和平面图判定准则 (定理 3.2.1). 通过平图的几何对偶, 进一步弄清了圈与键的对偶关系 (定理 3.3.1). 通过圈与键的对偶关系引进了一般图的组合对偶, 并且讨论了几何对偶与组合对偶的关系 (定理 3.3.2).

在对平面图的研究中, 不少学者各自独立发现了平面图的判定准则, 最为著名的是 Kuratowski 定理: 图 G 是平面图 $\Leftrightarrow G$ 不含 K_5 或 $K_{3,3}$ 的细分图[177]. Kuratowski 定理有许多证明[336], 第一个给出简单证明的是 G. A. Dirac 和 S. Shuster (1954)[93]. 本章给出的证明属于 H. Tverberg (1989)[356].

本章特别提及定理 3.2.1 所陈述的平面图判定准则是由波兰数学家 C. Kuratowski[233]、美国数学家 O. Frink 和 P. A. Smith[130]、苏联数学家 L. S. Pontryagin[217] 几乎同时独立发现的. C. Thomassen (1981)[336] 也提到这一事实. 图论文献和教科书之所以称它为 Kuratowski 定理, 或许是因为 D. König (1936)[224] 在他的书中称它为 Kuratowski 定理吧.

据史料记载, Kuratowski 于 1929 年 6 月 21 日向波兰数学会宣布了这个结果, 正式文章发表在杂志《Fundamenta Mathematicae》(1930) 上. 在 Kuratowski 的文章发表之前, Frink 和 Smith 在杂志《Bulletin of the American Mathematical Society》(1930) 上发表摘要文章宣布了这个结果, 但没有发表其证明 (据说其证明思路与 Kuratowski 的证明基本一样). L. Pontryagin 的发现只出现在他未发表的笔记中, 但 Kuratowski (1930) 在他文章的脚注中提到了 "Pontryagin 也发现了这个结果". 这说明 Pontryagin 的发现可能比 Kuratowski 更早. J. W. Kennedy 等人 (1985)[217] 对这个平面图判定准则的归属做了详细介绍. 在苏联, 该判定准则被称为 Kuratowski-Pontryagin 定理 (M. Burstein, 1978[54]). 这样看来, 图论文献和教科书在陈述这个结果时, 只提 Kuratowski, 而不提另外几位发现者, 笔者认为有失公平.

平图与平面图是图论中重要研究分支——**拓扑图论** (topological graph theory) 的重要研究内容. L. Euler[112] 于 1753 年发现了 Euler 公式而成为拓扑图论的奠基人, 接着中断了 170 多年. 1930 年左右, 平面图判定准则 (定理 3.2.1) 被发现后, 这方面的研究才开始复苏.

拓扑图论的另几位先驱者 H. Whitney, S. MacLane 和 K. Wagner 分别创立了

各自的理论, 得到了图嵌入平面的许多性质. 例如, Whitney (1932) [376] 给出了平面图判定准则: G 是平面图 $\Leftrightarrow G$ 有组合对偶图 (定理 3.3.3). MacLane (1937) [266] 给出了平面图判定准则: G 是平面图 $\Leftrightarrow G$ 中每条边出现在任何基本圈集的最多两个圈中 (定理 3.2.3). Wagner (1936) [364] 提出小图概念并给出平面图判定准则: G 是平面图 $\Leftrightarrow G$ 不含小图 K_5 或 $K_{3,3}$ (定理 3.2.2).

国内数学家在平面性判定方面也作出了杰出贡献. 早在 20 世纪 50 年代, 吴文俊 (1955) [388] 基于代数拓扑学中的上同调理论发现了图的平面性判定准则. W. Tutte (1970) [355] 基于实域上链群的理论也发现了一个判定准则. 刘彦佩 (1988) [249] 证明这两个判定准则从二元域 ($GF(2)$) 上的空间理论来看是同一的.

最早给出判定平面性有效算法的是 L. Auslander 和 S. V. Parter (1961) [12]. 目前最有效的算法的复杂度为 $O(v)$ (S. Even, R. E. Tarjan, 1976 [113]; Tarjan 获 1986 年图灵奖). 在 20 世纪 70 年代, 吴文俊 (1973) [389] 利用代数拓扑的方法把平面性判定问题转化成模 2 代数方程组的求解问题, 得到判定平面性的 $O(v^6)$ 算法. 随后, 刘彦佩 (1978) [249] 把判定图的平面性问题转化为在辅助图上求支撑树的问题, 改进了吴文俊的结果, 得到 $O(v)$ 算法. 由吴文俊和刘彦佩所创立的方法, 早在 1980 年就被欧洲《组合学杂志》三位主编之一的 P. Rosenstiehl (1980) [311] 称为“吴 – 刘判定准则”和“吴 – 刘定理”.

对平面图的 Hamilton 性研究可以追溯到 P. G. Tait (1880) [334] 对“四色猜想” (见本书 6.4 节) 的错误证明. 连通图 G 被称为 n 连通的, 如果使它不连通至少要删去 n 个顶点 (见本书 4.3 节). Tait 在“每个 3 正则 3 连通平面图都是 Hamilton 图”的假设下给出了四色猜想的“证明”. 60 多年后, W. T. Tutte (1946) [346] 构造了一个 3 正则 3 连通非 Hamillton 平面图 (见图 3.12), 从而否定了 Tait 的证明. 自从 Grinberg (1968) [157] 给出 Hamilton 平图的必要条件后, 人们发现了许多这样的图. 寻找最小反例成为当时的研究热点, 这些反例都不是 2 部图. Tutte 猜想: 每个 3 正则 3 连通 2 部图都是 Hamilton 图, 但被 Horton 图 (Bondy, Murty, 1976 [43], 240 页) 否定. D. W. Barnette (1969) [16] 提出猜想: 每个 3 正则 3 连通 2 部平面图都是 Hamilton 图. 这个猜想至今还没有解决. M. R. Garey 等人 (1976) [141] 已证明确定 3 正则 3 连通平面图是否是 Hamilton 图的问题是 NPC 问题. 然而, Tutte (1956) [346] 证明了: 每个 4 连通平面图都是 Hamilton 图.

非平面图和图的曲面嵌入是拓扑图论研究的重要内容之一. 本章没有涉及它, 有兴趣的读者可参阅刘彦佩的专著《图的可嵌入性理论》(1995) [250] 和 B. Mohar, C. Thomassen 的《Graphs on Surfaces》(2001) [272].

第 4 章　网络流与连通度

1.4 节定义了连通图的割点和割边的概念. 从这些概念的定义知, 如果图中含有割点或者割边, 那么存在两顶点使得连接它们之间且含割点或者割边的路是唯一的, 因而删去一个割点或者一条割边就导致该图不连通, 这说明该图的连通程度是很差的. 用图来模拟计算机互连网络是很自然的, 其中点表示电子元件, 边表示元件之间的连线. 换句话说, 一个元件或者一条连线发生故障就导致系统瘫痪的网络显然是不理想的. 一个自然的问题是: 如果连通图中不含割点和割边, 那么要使它不连通, 至少需要删去多少个顶点或者多少条边？任意两顶点之间存在多少条内点（或者边）不交的路？

本章将推广割点和割边概念, 提出连通度概念, 用来度量图的连通程度. 连通度是图论中的重要概念, 也是最基本的概念. 关于连通度的重要结果, 即著名的 Menger 定理(或者 k 连通判别准则), 被认为是图论及其应用中最基本的、最经常被使用的结果, 它不仅回答了上面提到的问题, 而且能导出图论中许多著名的结果, 如 Hall 定理、Tutte 定理和 König 定理等 (见第 5 章), 还能导出数学其他领域, 如线性规则、矩阵论、组合数学中许多著名的结果. 除此之外, Menger 定理也是计算机和通信网络可靠性分析的基础.

网络流分析方法不仅是线性规划和信息论中重要的研究方法, 也是研究图论的重要方法. 这个方法的核心是 Ford-Fulkerson 的最大流最小截定理. 图论中的许多结果, 例如 Menger 定理, 通过适当选择网络和流之后, 可以容易地获得证明.

本章以最大流最小截定理和 Menger 定理为主线, 介绍网络流和连通度的基本理论、方法和应用. 这两个定理是独立发现的, 但它们是等价的.

应用部分主要介绍网络流的应用. 首先介绍运输方案 (网络最大流) 和最优运输方案 (最小费用最大流) 的设计, 它们是线性规划中两个基本问题; 介绍解决这两个问题的有效算法: Ford-Fulkerson 的标号法和 Klein 算法. 接着介绍中国投递员问题和解决这个问题的 Edmonds-Johnson 算法; 介绍矩形的完美剖分这一经典的组合问题和解决这个问题的方法, 这些方法都归结为网络流问题.

4.1 网 络 流

所谓**网络** (network) 是指具有两个不同的特定顶点 x 和 y 的加权连通图 $(D,\boldsymbol{w})$, $\boldsymbol{w}\in\mathscr{E}(D)$, 记为 $N=(D_{xy},\boldsymbol{w})$, 分别称 x 和 y 为**发点** (source) 和**收点** (sink). 若 $\boldsymbol{w}$ 为非负的**容量函数** (capacity function) $\boldsymbol{c}$, 则称网络 $N=(D_{xy},\boldsymbol{c})$ 为**容量网络** (capacity network), 称 $\boldsymbol{c}$ 在边 a 上的值 $\boldsymbol{c}(a)$ 为边 a 的**容量** (capacity). 若对任何 $a\in E(D)$,$\boldsymbol{c}(a)$ 都是非负整数, 则称 N 为**整容量网络** (integer capacity network). 图 4.1 (a) 所示的是整容量网络, 边 a 上的数值为 $\boldsymbol{c}(a)$.

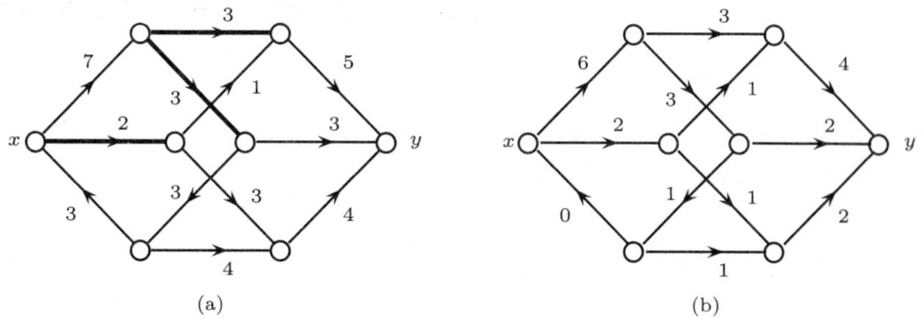

图 4.1　(a) 网络 $N=(D_{xy},\boldsymbol{c})$; (b) N 中 (x,y) 流 $\boldsymbol{f}$

设 $N=(D_{xy},\boldsymbol{c})$ 为容量网络. 若存在 $\boldsymbol{f}\in\mathscr{E}(D)$, 使得

$$0\leqslant \boldsymbol{f}(a)\leqslant \boldsymbol{c}(a),\quad \forall\, a\in E(D), \tag{4.1.1}$$

并且

$$\boldsymbol{f}^{+}(u)=\boldsymbol{f}^{-}(u),\quad \forall\, u\in V(D)\setminus\{x,y\}. \tag{4.1.2}$$

则称 $\boldsymbol{f}$ 是 N 中从 x 到 y 的**流** (flow), 简记为 (x,y) 流.

图 4.1 (b) 所示的是图 4.1(a) 中整容量网络 $N=(D_{xy},\boldsymbol{c})$ 的 (x,y) 流 $\boldsymbol{f}$, 边 a 上的数值为 $\boldsymbol{f}(a)$.

由条件式 (4.1.2) 容易验证, 对于 $N=(D_{xy},\boldsymbol{c})$ 中任何 (x,y) 流 $\boldsymbol{f}$, 均有

$$\boldsymbol{f}^{+}(x)-\boldsymbol{f}^{-}(x)=\boldsymbol{f}^{-}(y)-\boldsymbol{f}^{+}(y). \tag{4.1.3}$$

(x,y) 流 $\boldsymbol{f}$ 的**流量** (value of a flow), 记为 $\mathrm{val}\,\boldsymbol{f}$, 是指式 (4.1.3) 中等号两边的值. 例如, 图 4.1 (b) 所示的 (x,y) 流 $\boldsymbol{f}$ 的流量 $\mathrm{val}\,\boldsymbol{f}=8$.

若对 N 中任何 (x,y) 流 $\boldsymbol{f}'$, 均有 $\mathrm{val}\,\boldsymbol{f}'\leqslant \mathrm{val}\,\boldsymbol{f}$, 则称 $\boldsymbol{f}$ 为 N 中最大 (x,y) 流, 简称**最大流** (maximum flow).

D 中 (x,y) **割** ((x,y)-cut) B 是指形如 $(S,\overline{S})$ 的有向边集, 其中 $x \in S$, $y \in \overline{S}$. (x,y) 割 B 的**容量**, 记为 $\text{cap}\,B$, 定义为

$$\text{cap}\,B = \boldsymbol{c}(B) = \sum_{a \in B} \boldsymbol{c}(a).$$

例如, 在图 4.1 (a) 所示的容量网络 $N = (D_{xy}, \boldsymbol{c})$ 中, 粗边所示的是 (x,y) 割 B, 其容量 $\text{cap}\,B = 8$.

若对 N 中任何 (x,y) 割 B', 均有 $\text{cap}\,B \leqslant \text{cap}\,B'$, 则称 B 为 N 中最小 (x,y) 割, 简称**最小割** (minimum cut).

4.4 节将介绍求最大流和最小割的有效算法. 这里先证明关于最大流量和最小割容量之间关系的**最大流最小割定理**, 是 L. R. Jr. Ford 和 D. R. Fulkerson (1956) [125] 首先发现的.

定理 4.1.1(最大流最小割定理) **在任何容量网络 N 中, 最大流量等于最小割容量.**

证明 设 $N = (D_{xy}, \boldsymbol{c})$ 是容量网络, $\boldsymbol{f}$ 是 N 中最大流而 $B = (S, \overline{S})$ 是 N 中最小割. 由流和流量的定义, 对任何 $u \in S$, 有

$$\boldsymbol{f}^+(u) - \boldsymbol{f}^-(u) = \begin{cases} \text{val}\,\boldsymbol{f}, & u = x, \\ 0, & u \in S \setminus \{x\}. \end{cases}$$

于是 (见习题 4.1.2)

$$\begin{aligned} \text{val}\,\boldsymbol{f} &= \boldsymbol{f}^+(x) - \boldsymbol{f}^-(x) = \sum_{u \in S} (\boldsymbol{f}^+(u) - \boldsymbol{f}^-(u)) \\ &= \boldsymbol{f}^+(S) - \boldsymbol{f}^-(S) \leqslant \boldsymbol{f}^+(S) \leqslant \boldsymbol{c}(S) = \text{cap}\ B. \end{aligned}$$

下面只需证明 $\text{val}\,\boldsymbol{f} \geqslant \text{cap}\ B$. 为此, 用 D' 表示在 D 中每条边 a 的两端点之间添加一条与 a 方向相反的新边 $\overleftarrow{a}$ 后得到的图. 定义 $\widetilde{\boldsymbol{f}} \in \mathscr{E}(D')$ 如下:

$$\widetilde{\boldsymbol{f}}(a) = \begin{cases} \boldsymbol{c}(a) - \boldsymbol{f}(a), & a \text{ 是老边}, \\ \boldsymbol{f}(a), & a \text{ 是新边}. \end{cases}$$

例如, 图 4.2 (a) 所示的网络就是图 4.1 中网络按上述方法得到的图 D', 其中有向曲边表示新添加的边 $\overleftarrow{a}$. 边 a 上的数值为 $\widetilde{\boldsymbol{f}}$ 在 a 上的值 $\widetilde{\boldsymbol{f}}(a)$.

令 D^* 为 D' 中由边集 $\{a \in E(D') : \widetilde{\boldsymbol{f}}(a) \neq 0\}$ 导出的支撑图. 例如图 4.2中, 图 (b) 就是图 (a) 中图 D' 由 $\widetilde{\boldsymbol{f}}$ 导出的支撑图 D^*. 断定 D^* 中不存在 (x,y) 路.

若不然, 设 P 是 D^* 中 (x,y) 路. 令

$$\sigma = \min\{\widetilde{\boldsymbol{f}}(a) : a \in E(P)\}.$$

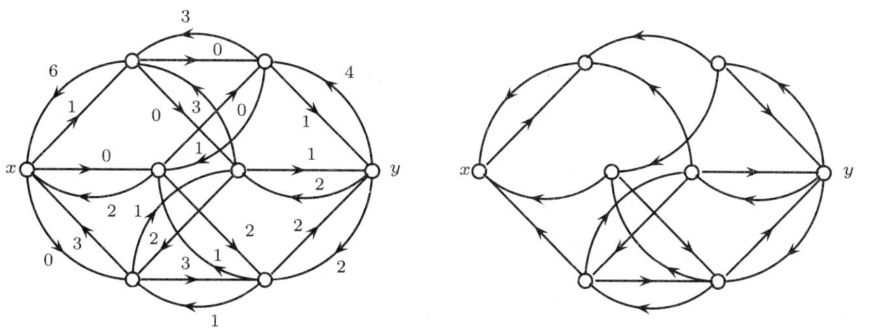

(a)　(b)

图 4.2　(a) D' 和 $\widetilde{\boldsymbol{f}}$; (b) $D^*=D'_{\widetilde{\boldsymbol{f}}}$

则 $\sigma>0$. 定义 $\boldsymbol{f}'\in\mathscr{E}(D)$ 如下:

$$\boldsymbol{f}'(a)=\begin{cases}\boldsymbol{f}(a)+\sigma, & a\in E(P),\\ \boldsymbol{f}(a)-\sigma, & \overleftarrow{a}\in E(P),\\ \boldsymbol{f}(a), & \text{其他}.\end{cases}$$

于是, $\boldsymbol{f}'$ 是 N 中 (x,y) 流, 并且 $\mathrm{val}\,\boldsymbol{f}'=\mathrm{val}\,\boldsymbol{f}+\sigma>\mathrm{val}\,\boldsymbol{f}$ (见习题4.1.3), 矛盾于 $\boldsymbol{f}$ 的最大性. 所以 D^* 中不含 (x,y) 路. 令

$$S'=\{u\in V(D^*):\ D^*\ \text{中存在}\ (x,u)\text{路}\},$$

则 $x\in S'$, $y\notin S'$. 于是, $B'=(S',\overline{S'})$ 是 D 中 (x,y) 割, 而且在 D' 中 (见习题4.1.3) 有

$$\widetilde{\boldsymbol{f}}(a)=\begin{cases}0, & a\in(S',\overline{S'}),\\ \boldsymbol{f}(a), & a\in(\overline{S'},S').\end{cases}\tag{4.1.4}$$

于是, 在 D 中有

$$\boldsymbol{f}(a)=\begin{cases}\boldsymbol{c}(a), & a\in(S',\overline{S'}),\\ 0, & a\in(\overline{S'},S').\end{cases}$$

因此, 对于 D 中 (x,y) 割 $B'=(S',\overline{S'})$, 有

$$\mathrm{val}\,\boldsymbol{f}=\boldsymbol{f}^+(S')-\boldsymbol{f}^-(S')=\boldsymbol{f}^+(S')=\mathrm{cap}\ B'\geqslant\mathrm{cap}\ B.$$

定理得证. ∎

定理 4.1.2 (整数最大流最小割定理)　**任何整容量网络中都存在整数最大流, 而且其流量等于最小割容量.**

证明留给读者作为习题.

最大流最小割定理是网络流分析方法的基础. 以后将看到, 通过这个定理不仅可以求出网络中的最大流和最小割, 而且可以导出图论中许多著名的定理.

习题 4.1

4.1.1 求下列整容量网络中所有 (x,y) 割和一个流量为 2 的 (x,y) 流 $\boldsymbol{f}$, 并证明它是最大流.

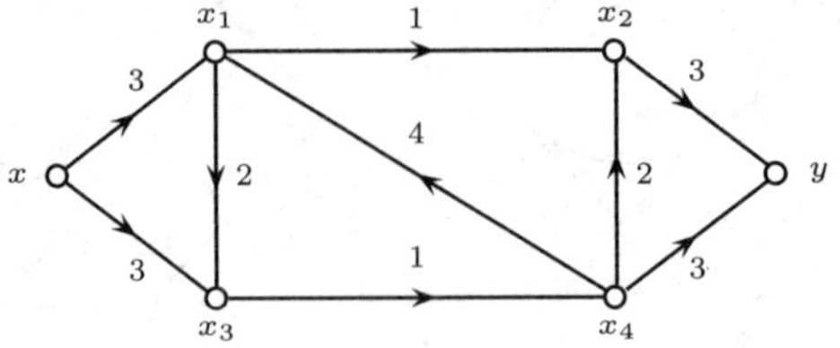

(习题 4.1.1 图)

4.1.2 (a) 证明: 对于 N 中任何 (x,y) 流 $\boldsymbol{f}$ 和 $\emptyset \neq S \subset V(D)$, 均有

$$\sum_{u \in S}(\boldsymbol{f}^+(u) - \boldsymbol{f}^-(u)) = \boldsymbol{f}^+(S) - \boldsymbol{f}^-(S).$$

(b) 举例说明:

$$\sum_{u \in S}\boldsymbol{f}^+(u) \neq \boldsymbol{f}^+(S), \qquad \sum_{u \in S}\boldsymbol{f}^-(u) \neq \boldsymbol{f}^-(S).$$

4.1.3 证明:

(a) 在定理 4.1.1 证明中的断言: $\boldsymbol{f}'$ 是 N 中的 (x,y) 流, 并且 $\mathrm{val}\,\boldsymbol{f}' = \mathrm{val}\,\boldsymbol{f} + \sigma$;

(b) 式 (4.1.4) 和定理 4.1.2;

(c) 最大流的存在性.

4.1.4 设 $\boldsymbol{f}$ 是 N 中 (x,y) 流, $B = (S, \overline{S})$ 是 D 中 (x,y) 割. 证明:

(a) $\mathrm{val}\,\boldsymbol{f} = \boldsymbol{f}^+(S) - \boldsymbol{f}^-(S)$;

(b) $\mathrm{val}\,\boldsymbol{f} \leqslant \mathrm{cap}\,B$;

(c) $\mathrm{val}\,\boldsymbol{f} = \mathrm{cap}\,B \Leftrightarrow \boldsymbol{f}(a) = \begin{cases} \boldsymbol{c}(a), & a \in (S, \overline{S}) \\ 0, & a \in (\overline{S}, S) \end{cases}$

$\Leftrightarrow \boldsymbol{f}$ 是最大 (x,y) 流, 而 B 是最小 (x,y) 割.

4.1.5 设 $(S, \overline{S})$ 和 $(T, \overline{T})$ 都是 N 的最小 (x,y) 割. 证明: $(S \cup T, \overline{S \cup T})$ 和 $(S \cap T, \overline{S \cap T})$ 都是 N 的最小 (x,y) 割.

4.2 Menger 定理

Menger 定理是图论的核心定理之一. 本节将通过整数最大流最小割定理 (定理 4.1.2) 来导出它.

设 x 和 y 是图 D 中不同的顶点, $\mathscr{P}_{xy}(D)$ 是 D 中 (x,y) 路集, $P_i, P_j \in \mathscr{P}_{xy}(D)$. 若 $V(P_i) \cap V(P_j) = \{x, y\}$, 则称 P_i 和 P_j 是**内点不交的** (internally vertex-disjoint); 若 $E(P_i)\cap E(P_j)=\emptyset$, 则称 P_i 和 P_j 是**边不交的** (edge disjoint). 若对任意的 $P_i,P_j\in\mathscr{P}_{xy}(D)$, P_i 和 P_j 都是内点不交 (或者边不交) 的, 则称 $\mathscr{P}_{xy}(D)$ 是 D 中内点不交 (或者边不交) 的 (x,y) 路集. 用 $\zeta_D(x,y)$ 和 $\eta_D(x,y)$ 分别表示 D 中内点不交和边不交的 (x,y) 路的最大条数.

4.1 节定义了 D 中 (x,y) 割, 它是 D 中形如 $(S,\overline{S})$ 的有向边集, 其中 $x\in S$, $y\in\overline{S}$. D 中最小 (x,y) 割中的边数定义为 D 的 (x,y) **边连通度** ((x,y)-edge-connectivity), 记为 $\lambda_D(x,y)$. 对于无向图 G, 同样定义 $\lambda_G(x,y)$.

因为每条 (x,y) 路必经过 D 中任何一个 (x,y) 割, 所以由定义立即有

$$\eta_D(x,y)\leqslant\lambda_D(x,y). \tag{4.2.1}$$

事实上, 式 (4.2.1) 中等号是成立的. 这个结果是 L. R. Ford 和 D. R. Fulkerson(1956) [125], P. Elias, A. Feinstain 和 C. F. Shannon (1956) [103] 在研究网络理论时独立发现的. 文献中通常称它为**边形式 Menger 定理**.

定理 4.2.1 (边形式 Menger 定理) **设 x 和 y 是 D 中不同的顶点, 则**

$$\eta_D(x,y)=\lambda_D(x,y).$$

证明 定义 $\boldsymbol{c}\in\mathscr{E}(D)$ 如下: $\boldsymbol{c}(a)\equiv 1,\ \forall\ a\in E(D)$.

考虑整容量网络 $N=(D_{xy},\boldsymbol{c})$. 由定理 4.1.2 知 N 中存在整数最大 (x,y) 流 $\boldsymbol{f}$ 和最小 (x,y) 割 $B=(S,\overline{S})$ (参见图 4.3 (a), 其中 B 如粗边所示), 使得

$$\mathrm{val}\,\boldsymbol{f}=\mathrm{cap}\,B. \tag{4.2.2}$$

由于显然有 $\lambda_D(x,y)\leqslant|B|=\mathrm{cap}\ B$, 所以由式 (4.2.1) 和式 (4.2.2), 只需证明

$$\eta_D(x,y)\geqslant\mathrm{val}\,\boldsymbol{f},\quad \mathrm{cap}\ B\geqslant\lambda_D(x,y). \tag{4.2.3}$$

令 H 是由 D 中边集 $\{a\in E(D):\ \boldsymbol{f}(a)\neq 0\}$ 导出的子图 (见图 4.3 (b)).

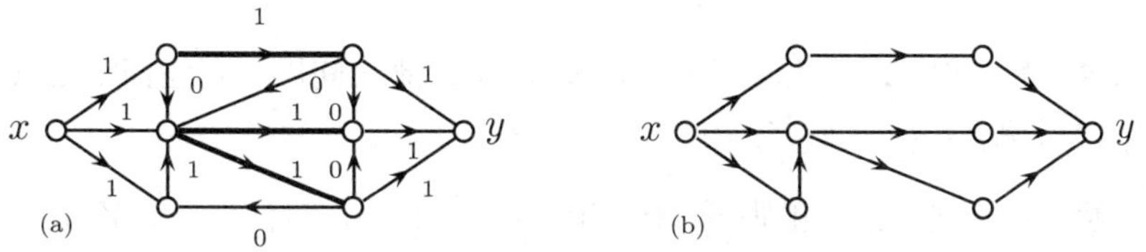

图 4.3 (a) 最大 (x,y) 流 $\boldsymbol{f}$ 和最小 (x,y) 割 B; (b) $H=D_{\boldsymbol{f}}$

由于对任何 $a\in E(D)$, 均有 $\boldsymbol{c}(a)=1$, 所以对任何 $a\in E(H)$, 均有 $\boldsymbol{f}(a)=1$. 因此可得

$$\begin{cases} d_H^+(x)-d_H^-(x)=\mathrm{val}\,\boldsymbol{f}=d_H^-(y)-d_H^+(y),\\ d_H^+(u)=d_H^-(u),\quad \forall\ u\in V(H)\setminus\{x,y\}.\end{cases}$$

所以 H 是 $\operatorname{val}\boldsymbol{f}$ 条边不交的 (x,y) 路之并, 即 $\eta_D(x,y)\geqslant \operatorname{val}\boldsymbol{f}$.

由于 $B=(S,\overline{S})$ 是 (x,y) 割, N 是单位容量网络且有 $\operatorname{cap} B=\operatorname{val}\boldsymbol{f}$, 所以 $\operatorname{cap} B=|B|\geqslant \lambda_D(x,y)$. 式 (4.2.3) 得证, 因而定理得证. ∎

推论 4.2.1.1 **设** D **是有向图,** $x,y\in V(D)$, k **是正整数, 则** $\eta_D(x,y)\geqslant k\Leftrightarrow$ **对任何包含** x **但不包含** y **的子集** $S\subset V(D)$, **均有** $d_D(S)=\min\{d_D^+(S),d_D^-(S)\}\geqslant k$.

推论 4.2.1.2 **设** x **和** y **是无向图** G **中任意两顶点, 则** $\eta_G(x,y)=\lambda_G(x,y)$.

证明 考虑 G 的对称有向图 D (即用端点相同且方向相反的两条有向边替代 G 中每条边而得到的有向图), 则 G 中 k 条边不交的连接 x 和 y 的路对应 D 中 k 条边不交的 (x,y) 路; 反之亦然. 于是

$$\eta_G(x,y)=\eta_D(x,y).$$

另外, $E_G[S,\overline{S}]$ 是 G 的 xy 割, $x\in S$, $y\in\overline{S}\Leftrightarrow E_D(S,\overline{S})$ 是 D 的 (x,y) 割, 而且 $|E_G[S,\overline{S}]|=|E_D(S,\overline{S})|$. 注意到

$$|E_D(S,\overline{S})|\geqslant \lambda_D(x,y),\quad |E_G[S,\overline{S}]|\geqslant \lambda_G(x,y).$$

于是, 一方面, 若 $E_G[S,\overline{S}]$ 是 G 的最小 xy 割, 则由定理 4.2.1 有

$$\lambda_G(x,y)=|E_G[S,\overline{S}]|\geqslant \lambda_D(x,y)=\eta_D(x,y)=\eta_G(x,y).$$

另一方面, 若 $E_D(S,\overline{S})$ 是 D 的最小 (x,y) 割, 则由定理 4.2.1 有

$$\eta_G(x,y)=\eta_D(x,y)=\lambda_D(x,y)=|E_D(S,\overline{S})|\geqslant \lambda_G(x,y).$$

推论成立. ∎

对于无向图 G, W. Mader (1973) [258] 证明了: 存在不同的两顶点 x 和 y, 使得 $\eta_G(x,y)=\min\{d_G(x),d_G(y)\}$ (见习题 4.2.6). 然而, 对于给定的 x 或 y, 这个结论不一定成立. 对于 k 正则 2 部无向图, Y. O. Hamidoune 等 (1988) [173] 获得了下面的结果.

例 4.2.1 设 $G=(X\cup Y,E)$ 是 k 正则 2 部无向图. 对任何 $x\in X$, 都存在 $y\in Y$, 使得 $\eta_G(x,y)=k$.

证明 由于 G 是 k 正则的, 显然有 $\eta_G(x,y)\leqslant k$, 对任何 $y\in Y$ 成立. 因此只需证明: $\eta_G(x,y)\geqslant k$ 对某个 $y\in Y$ 成立. 对图的阶 $v\geqslant 2$ 运用归纳法.

当 $v=2$ 时, 结论显然成立. 假定 $v\geqslant 3$, 且令 $x\in V(G)$. 若对任何包含 x 的子集 $S\subset V(G)$, 均有 $d_G(S)\geqslant k$, 则由推论 4.2.1.1 知结论成立. 假定存在包含 x 的子集 $S\subset V(G)$, 使得 $d_G(S)<k$, 选取这样的 S, 使得 $d_G(S)$ 尽可能小.

令 $\{e_1,e_2,\cdots,e_m\}$ 是 $E_G(S)$ 中端点在 $X\cap S$ 中的边集, $\{f_1,f_2,\cdots,f_n\}$ 是 $E_G(S)$ 中端点在 $Y\cap S$ 中的边集 (见图 4.4 (a)). 用两种方法计算 $E_G[X\cap S,Y\cap S]$

中的边数, 得

$$k|S\cap X|-m=|E_G[X\cap S,Y\cap S]|=k|S\cap Y|-n.$$

因为 $m+n\leqslant d_G(S)<k$, 所以 $m=n$.

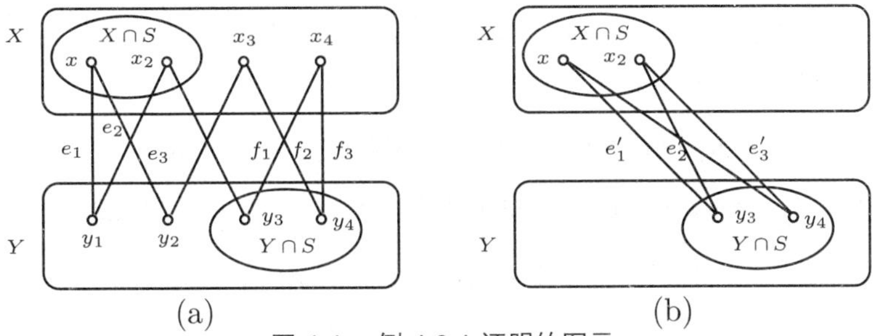

图 4.4　例 4.2.1 证明的图示

令 G' 是在 $G[S]$ 中添加边集 $\{e'_i$: 连接 e_i 在 $X\cap S$ 中端点和 f_i 在 $Y\cap S$ 中端点, $1\leqslant i\leqslant m\}$ 后得到的图 (见图 4.4 (b)). 显然, G' 是 k 正则 2 部图且 $\upsilon(G')<\upsilon(G)$. 由归纳假设, G' 中存在点 $y\in S\cap Y$ 和 k 条内点不交的 xy 路 $P'_1,P'_2,\cdots,P'_k$.

令 G'' 是从 G 中收缩 S 为 x 并删去所有环后得到的图. 由 $d_G(S)=2m$ 的最小性和推论 4.2.1.1, 对任何 $z\in Y\setminus S$, 均有 $\eta_{G''}(x,z)\geqslant 2m$. 令 $R_1,R_2,\cdots,R_m$, $T_1,T_2,\cdots,T_m$ 是 G'' 中 $2m$ 条边不交 xz 路, 其中标号满足 $E(R_i)\cap E_G(S)=\{e_i\}$ 和 $E(T_i)\cap E_G(S)=\{f_i\}$ $(1\leqslant i\leqslant m)$. 对每个 $j\in\{1,2,\cdots,k\}$, 令 P_j 是用 $R_i\cup T_i$ 替代 P'_j 中的边 e'_i 而得到的路. 显然, $P_1,P_2,\cdots,P_k$ 是 G 中满足要求的路. ∎

例 4.2.1 中的结果已由笔者(1993) [390] 推广到强连通 2 部有向图 (见习题2.4.7).

下述推论 (必要性属于 A. Kotzig(1962)[225], 充分性属于 L. Lovász(1973)[251]) 给出了 Euler 图与边形式的 Menger 定理之间的关系, 其充分性证明有一定的难度, 初学者可以暂时不读.

推论 4.2.1.3　D **是 Euler 图** $\Leftrightarrow$ D **是连通的且** $\eta_D(x,y)=\eta_D(y,x)$, $\forall\ x,y\in V(D)$.

证明　($\Rightarrow$) 设 x 和 y 是 Euler 图 D 中不同的顶点. 由定理 4.2.1 知 D 中存在 (x,y) 割 $(S,\overline{S})$, 使得

$$|(S,\overline{S})|=\eta_D(x,y),\quad \forall\ x\in S,y\in\overline{S}.$$

由于 D 是 Euler 图, 所以由定理 1.7.1 知 D 是平衡有向图. 由例 1.3.3 知 $|(\overline{S},S)|=|(S,\overline{S})|$, 而 $(\overline{S},S)$ 是 (y,x) 割, 所以 $\eta_D(y,x)\leqslant|(\overline{S},S)|=\eta_D(x,y)$. 同理

可证 $\eta_D(x,y)\leqslant\eta_D(y,x)$. 因而有

$$\eta_D(x,y)=\eta_D(y,x),\quad \forall\, x,y\in V(D).$$

$(\Leftarrow)$ 任取 $x\in V(D)$, 由定理 1.7.1, 只需证明 $d_D^+(x)=d_D^-(x)$.

考虑 $N_D^+(x)$ 中顶点 y. 由定理 4.2.1, 存在 $Y\subseteq V\setminus\{x\}$, 使 $y\in Y$ 且 $d_D^-(Y)=\eta_D(x,y)$. 称 Y 为以 y 为核心的正则集. 设 $Y_1,Y_2,\cdots,Y_k$ 是 k 个不同的分别以 $y_1,y_2,\cdots,y_k\in N_D^+(x)$ 为核心的最大正则集, 则 $y_i\notin Y_j$ $(i\neq j)$.

事实上, 设 $y_i\in Y_i\cap Y_j$ $(j\neq i)$, 则由正则集的定义有

$$d_D^-(Y_i)=\eta_D(x,y_i),\quad d_D^-(Y_j)=\eta_D(x,y_j).$$

由于 $E_D^-(Y_i\cap Y_j)$ 是 D 中 (x,y_i) 割 (见习题4.1.5), 所以由定理 4.2.1 有

$$d_D^-(Y_i\cap Y_j)\geqslant\lambda_D(x,y_i)=\eta_D(x,y_i).$$

于是 (见习题1.3.6)

$$\begin{aligned}d_D^-(Y_i\cup Y_j)+\eta_D(x,y_i)\leqslant& d_D^-(Y_i\cup Y_j)+d_D^-(Y_i\cap Y_j)\leqslant d_D^-(Y_i)+d_D^-(Y_j)\\=&\eta_D(x,y_i)+\eta_D(x,y_j),\end{aligned}$$

即有

$$d_D^-(Y_i\cup Y_j)\leqslant\eta_D(x,y_j).$$

因为 $D_D^-(Y_i\cup Y_j)$ 是 D 中 (x,y_j) 割, 所以由定理 4.2.1 有

$$d_D^-(Y_i\cup Y_j)\geqslant\lambda_D(x,y_j)=\eta_D(x,y_j).$$

因而有

$$d_D^-(Y_i\cup Y_j)=\eta_D(x,y_j),$$

即 $Y_i\cup Y_j$ 是以 y_j 为核心的正则集, 且 $|Y_i\cup Y_j|>|Y_j|$, 矛盾于 Y_j 的最大性. 令

$$V_i=Y_i\setminus\bigcup_{j\neq i}Y_j.$$

由上述说明知 $y_i\in V_i$ $(1\leqslant i\leqslant k)$. 因此, 由定理 4.2.1 知

$$\begin{aligned}&d_D^+(V_i)\geqslant\lambda_D(y_i,x)=\eta_D(y_i,x)=\eta_D(x,y_i)=d_D^-(Y_i),\\&\sum_{i=1}^k d_D^+(V_i)\geqslant\sum_{i=1}^k d_D^-(Y_i).\end{aligned}$$

注意到被计算在上式左端中的边, 或者是进入 x 的边 (设有 ℓ 条), 或者是形如 (V_i,Y_j) $(j\neq i)$ 的边, 而且这些边仅计算一次. 另外, 被计算在上式右端的边是进入 Y_j 的边, 至少被计算一次, 而且离开 x 的每条边都被计算. 所以

$$0\leqslant\sum_{i=1}^k d_D^+(V_i)-\sum_{i=1}^k d_D^-(Y_i)\leqslant\ell-d_D^+(x)\leqslant d_D^-(x)-d_D^+(x).$$

考虑 $N_D^-(x)$ 中顶点, 同理可证, $d_D^-(x) \leqslant d_D^+(x)$. ∎

下面讨论顶点形式的 Menger 定理.

设 D 是有向图, $x,y \in V(D)$. 若存在 $S \subseteq V(D) \setminus \{x,y\}$, 使 $D-S$ 中不存在 (x,y) 路, 则称 S 为 (x,y) **分离集** (separating set). 若对任何 (x,y) 分离集 S', 均有 $|S| \leqslant |S'|$, 则称 S 为**最小** (x,y) **分离集**. D 的 (x,y) **点连通度** ((x,y)-vertex-connectivity), 记为 $\kappa_D(x,y)$, 是指 D 中最小 (x,y) 分离集中的点数.

图 4.5 所示的是有向图 D 和无向图 G 中 (x,y) 分离集 S. 注意, 对于有向图 D, S 是 (x,y) 分离集, 但不一定是 (y,x) 分离集; 而对无向图 G, 若 S 是 (x,y) 分离集, 则 S 必是 (y,x) 分离集, 故写成 xy 分离集.

记号 $E_D(x,y)$ 表示 D 中以 x 为起点、以 y 为终点的有向边集. 若 $E_D(x,y) = \emptyset$ (或 x 和 y 在 G 中不相邻), 则 D (或 G) 中 (x,y) 分离集一定存在.

用 $\zeta_D(x,y)$ 表示 D 中内点不交的 (x,y) 有向路的最大条数. 由定义立即有

$$\zeta_D(x,y) \leqslant \kappa_D(x,y). \tag{4.2.4}$$

事实上, 式 (4.2.4) 中等号是成立的, 这就是下面著名的 Menger 定理. 这里将用定理 4.2.1 来导出它, 其证明要用到**顶点分裂运算** (split of a vertex).

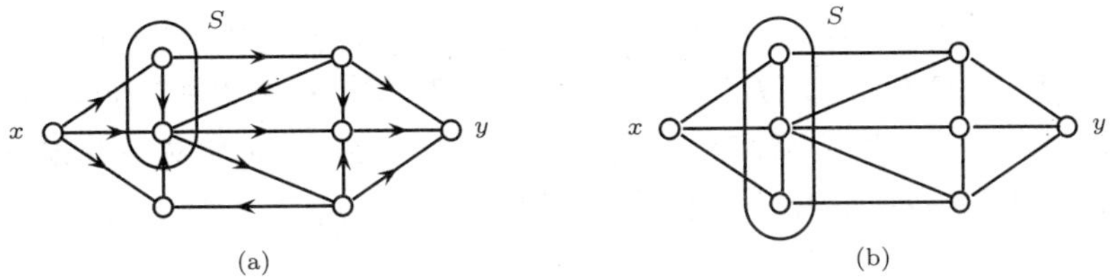

图 4.5 (a) 有向图 D 和 (x,y) 分离集 S; (b) 无向图 G 和 xy 分离集 S

设 $u \in V(D)$, 分裂 u 为 u' 和 u'' 是指这样一个运算: 在 D 中用两个新顶点 u' 和 u'' 代替 u, 添加新边 (u',u''), 并把 D 中以 u 为起点的边用以 u'' 为起点的新边来代替, 而把 D 中以 u 为终点的边用以 u' 为终点的新边来代替. 图 4.6说明了这种运算.

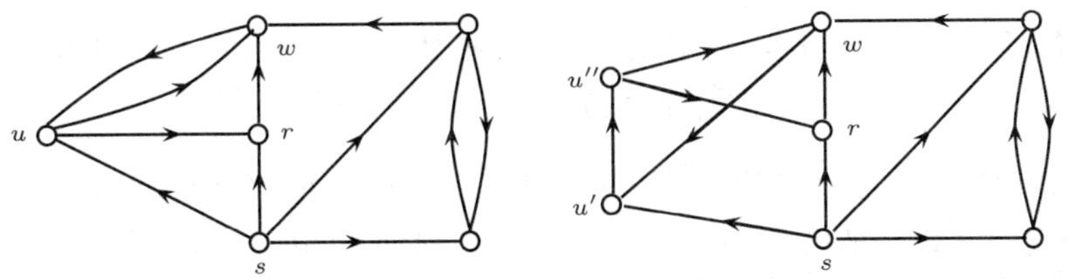

图 4.6 顶点 u 分裂运算

下面的定理是由 K. Menger(1927) [267] 证明的, 故称之为 **Menger 定理**.

定理 4.2.2 (点形式 Menger 定理) **设** x **和** y **是** D **中不同的顶点, 且** $E_D(x,y)=\emptyset$, **则** $\zeta_D(x,y)=\kappa_D(x,y)$.

证明 令 D 中分裂每个 $u\in V(D)\setminus\{x,y\}$ 之后所得到的图为 H (见图 4.7). 由定理 4.2.1 有 $\lambda_H(x,y)=\eta_H(x,y)$. 由式 (4.2.4), 只需证明

$$\zeta_D(x,y)\geqslant\eta_H(x,y),\quad \lambda_H(x,y)\geqslant\kappa_D(x,y). \tag{4.2.5}$$

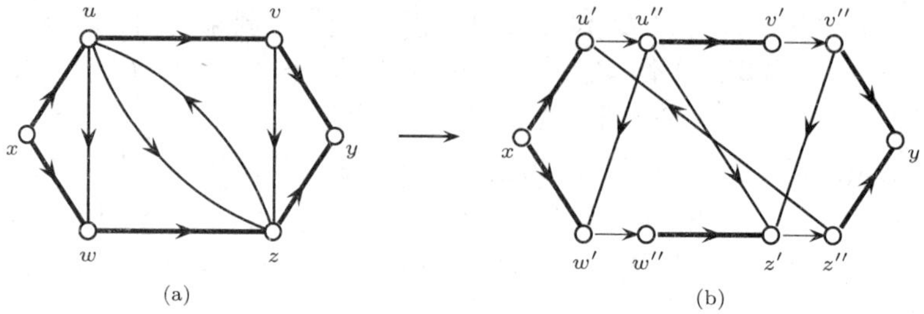

图 4.7 (a) 有向图 D; (b) D 的分裂图 H

由于 H 中每条 (x,y) 路都对应着收缩所有形如 (u',u'') 的边之后得到的 D 中一条 (x,y) 路, 而且 H 中两条有向路边不交, D 中与之对应的有向路内部点也不交 (参见图 4.7 粗边所示的路), 所以 $\zeta_D(x,y)\geqslant\eta_H(x,y)$.

设 B 是 H 中最小 (x,y) 割, 于是 $|B|=\lambda_H(x,y)$, 并且 $V(H)$ 存在划分 $\{V',V''\}$, 使 $E_H(V',V'')=B$ 且 $x\in V',y\in V''$. 令 B 中边的起点集为 S, 则 $|S|\leqslant|B|$, 而且 $H-S$ 中不存在 (x,y) 路. 令 S' 为 D 中与 S 对应的顶点集, 则 $|S'|\leqslant|S|$, 而且在 $D-S'$ 中不存在 (x,y) 路.

因此

$$\kappa_D(x,y)\leqslant|S'|\leqslant|S|\leqslant|B|=\lambda_H(x,y).$$

式 (4.2.5) 得证, 因而定理得证. ∎

推论 4.2.2 **若** x **和** y **是** G **中不相邻的顶点, 则** $\zeta_G(x,y)=\kappa_G(x,y)$.

证明留给读者作为习题. 下面举个例子, 属于 M. Imase 等 (1986) [203], 这里给出直观而简单的证明.

例 4.2.2 设 x 和 y 是 de Bruijn 有向图 $B(d,n)$ 中任意两个不同的顶点, 则存在 $d-1$ 条内点不交且长度都不超过 $n+1$ 的 (x,y) 路.

证明 对 $n\geqslant1$ 进行归纳. 当 $n=1$ 时, $B(d,1)=K_d^+$ (见例 1.5.5), 结论显然成立. 假定 $n\geqslant2$ 且结论对 $B(d,n-1)$ 中任意两个不同的顶点都成立. 设 x 和 y 是 $B(d,n)$ 中任意两个不同的顶点.

先假定 $(x,y)\notin E(B(d,n))$. 由例 1.5.5 中线图定义, $B(d,n)=L(B(d,n-1))$, x 和 y 分别对应于 $B(d,n-1)$ 中的两条边, 设为 $x=(u,u')$ 和 $y=(v,v')$. 因为

$(x,y)\notin E(B(d,n))$, 所以 $u'\neq v$. 由归纳假设, $B(d,n-1)$ 中存在 $d-1$ 条内点不交且长度都不超过 n 的 (u',v) 路集 P. 由线图的定义, 从 P 能构造出 $B(d,n)$ 中 $d-1$ 条内点不交且长度都不超过 $n+1$ 的 (x,y) 路(见图 4.8, 其中由虚线边构成 $B(d,n-1)$ 中两条内点不交的 (u',v) 路, 而实线边构成 $B(d,n)$ 中两条内点不交的 (x,y) 路).

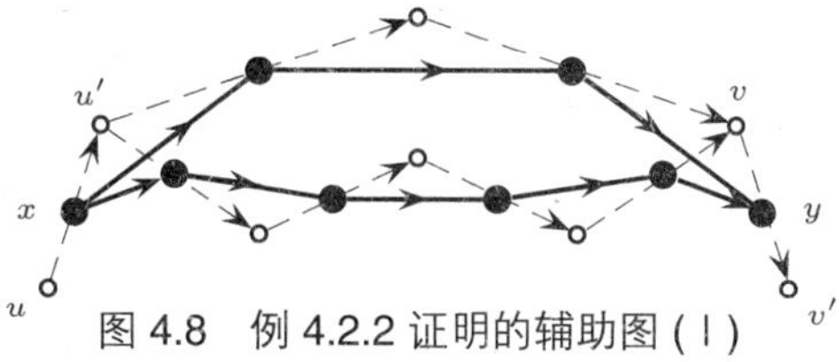

图 4.8　例 4.2.2 证明的辅助图 (Ⅰ)

现在假定 $(x,y)\in E(B(d,n))$. 由例 1.7.2 的定义, x 和 y 可以写成

$$x=x_1x_2\cdots x_{n-1}x_n,\quad y=x_2x_3\cdots x_ny_n.$$

为方便, 将边 (x,y) 写成 $x_1\cdots x_{n-1}x_ny_n$. $B(d,n)$ 中 $d-1$ 条 (x,y) 链 $P_1,\cdots,P_{d-1}$ 构造如下:

$$P_1=x_1x_2\cdots x_{n-1}x_ny_n,$$

$$P_j=x_1x_2\cdots x_nu_jx_2x_3\cdots x_ny_n,\quad j=2,3,\cdots,d-1,$$

其中 $u_2,\cdots,u_{d-1}$ 是 $\{0,1,\cdots,d-1\}\setminus\{x_1,y_1\}$ 中 $d-2$ 个不同的元素. 显然, P_1 的长度为 1, 对每个 $j\in\{2,3,\cdots,d-1\}$, P_j 的长度为 $n+1$. 为了证明这 $d-1$ 条 (x,y) 链内点不交, 只需证明 $P_2,P_3,\cdots,P_{d-1}$ 是内点不交的.

（反证）假定存在 i 和 j $(2\leqslant i\neq j\leqslant d-1)$, 使得 P_i 和 P_j 内点相交, 并设 u 是从 x 到 y 的第一个交点. 令 $P_i(x,u)$ 和 $P_j(x,u)$ 的长度分别为 a 和 b, 则 $1\leqslant a,b\leqslant n-1$, 而且至少有一个大于 1, 因为 $B(d,n)$ 不含平行边. 令 u' 和 u'' 分别是 u 在 P_i 和 P_j 上的内邻点, 则 $u'\neq u''$ (见图 4.9, 其中 P_i 如粗线所示).

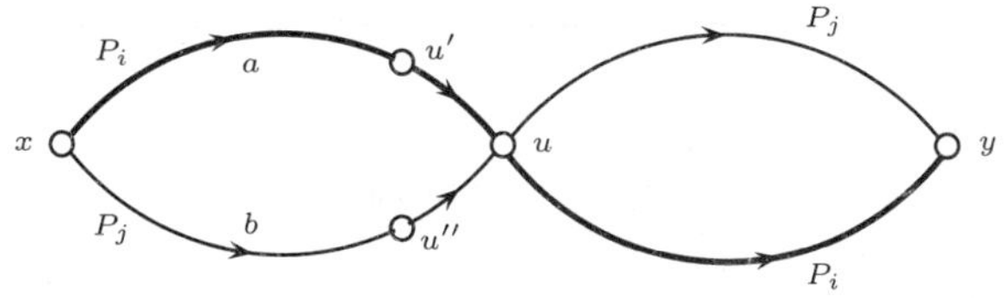

图 4.9　例 4.2.2 证明的辅助图 (Ⅱ)

因为从 x 开始分别沿着 P_i 和 P_j 走 a 步和 b 步到达 u, 所以 u 可以写成

$$u=x_{a+1}x_{a+2}\cdots x_nu_ix_2\cdots x_a=x_{b+1}x_{b+2}\cdots x_nu_jx_2\cdots x_b.$$

比较它们的坐标可以得到 $x_a=x_b$. 因此

$$u'=x_ax_{a+1}\cdots x_nu_ix_2\cdots x_{a-1}=x_bx_{b+1}\cdots x_nu_jx_2\cdots x_{b-1}=u''.$$

这矛盾于 u 的选取. 所以, $P_2,\cdots,P_{d-1}$ 是内点不交的. 注意到 $P_2,\cdots,P_{d-1}$ 是链, 可能不是路, 但每条链必含路. 结论成立. ∎

本节利用最大流最小割定理导出了 Menger 定理. 然而 Menger 定理的发现是独立的. 为了保留其独立性, 下面给出它的直接证明, 初学者可以不读. 下面的证明属于 W. McCuaig (1984) [263], 其原文非常短. 为了便于读者理解其证明, 这里配上辅助图.

定理 4.2.2 的直接证明 因为 $E_D(x,y)=\emptyset$, 所以 (x,y) 分离集存在. 由于 $\zeta_D(x,y)\leqslant\kappa_D(x,y)$ 显然成立, 所以只需证明 $\zeta_D(x,y)\geqslant\kappa_D(x,y)$. 对 $\kappa_D(x,y)=n$ 用归纳法.

当 $n=1$ 时, 显然有 $\zeta_D(x,y)\geqslant\kappa_D(x,y)$. 设 $n\geqslant 1$ 且 $\kappa_G(x,y)=n+1$. 由归纳假设, D 中存在 n 条内点不交的 (x,y) 路 $P_1,\cdots,P_n$. 因为 $d_D^+(x)\geqslant n+1$, 所以 D 中存在一条 (x,y) 路 P, 它的第一条边不在任何 P_i 上. 令 u 是 P 与某条 P_i 第一个异于 x 的公共点, 并令 $P_{n+1}=P(x,u)$, 即 P 从 x 到 u 段. 选取这样的 $P_1,\cdots,P_n,P_{n+1}$ 和 u 使得距离 $d_{D-x}(u,y)$ 尽可能小 (见图 4.10 (a)).

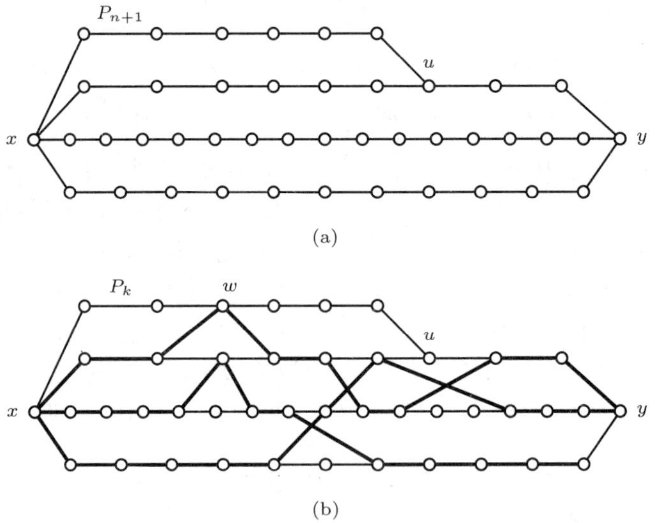

图 4.10 定理 4.2.2 证明的辅助图 (Ⅲ)

若 $u=y$, 则结论成立. 现假定 $u\neq y$. 由归纳假设, $D-u$ 中存在 n 条内点不交的 (x,y) 路, 选取 (x,y) 路 $Q_1,\cdots,Q_n$, 使其被包含在 $B=E(G)\setminus E(P_1\cup\cdots\cup P_n\cup P_{n+1})$ 中的边数 m 尽可能小 (见图 4.10 (b), 其中粗边表示 $Q_1,Q_2,\cdots,Q_n$).

令 $H=G[V(Q_1\cup\cdots\cup Q_n)\cup\{u\}]$. 选取某条 $P_k\ (1\leqslant k\leqslant n+1)$, 使得其第一条边不在 $E(H)$ 中. 令 w 是 P_k 和 $V(H)$ 第一个异于 x 的公共点 (见图 4.10 (b)).

若 $w=y$, 则 $Q_1,\cdots,Q_n,P_k$ 是 D 中 $n+1$ 条内点不交的 (x,y) 路 (见图 4.10 (b)). 下面证明 $w=y$. (反证) 假定 $w\neq y$.

若 $w=u$, 令 R 是 $D-x$ 中最短 (u,y) 路, z 是 R 与 Q_j 的第一个公共点. 因为 u 不在任何 Q_i 中, 所以 $d_{G-x}(z,y)<d_{G-x}(u,y)$. 将 $Q_1,\cdots,Q_n$ 替代 $P_1,\cdots,P_n$, $P_k(x,u)\cup R(u,z)$ 替代 P_{n+1}, z 替代 u, 就得到与 $P_1,\cdots,P_n,P_{n+1}$ 和 u 的选取矛盾 (见图 4.11 (a)).

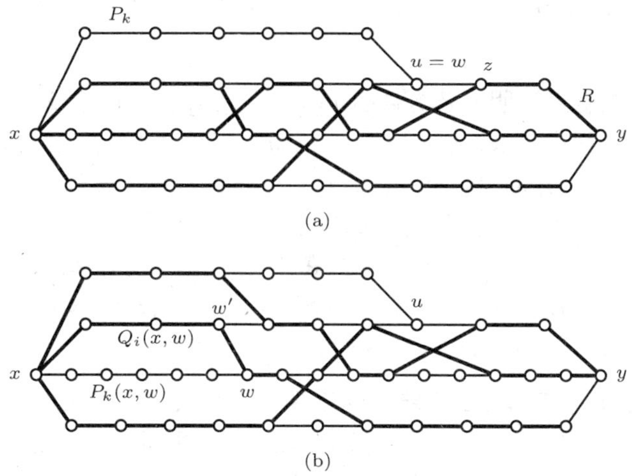

图 4.11　定理 4.2.2 证明的辅助图 (Ⅳ)

若 $w\neq u$, 则 w 必在某条 Q_i 上且 $Q_i(x,w)$ 有一条边在 B (例如, 边 $w'w$ 如图 4.11 (b) 所示), 否则, w 是 $\{P_1,\cdots,P_n,P_{n+1}\}$ 中某两条的公共点. 用 $P_k(x,w)$ 替代 $Q_i(x,w)$, 就得到 $D-u$ 中 n 条内点不交的 (x,y) 路, 它们被包含在 B 中的边数就小于 m (见图 4.11 (b)). 这矛盾于 $Q_1,\cdots,Q_n$ 的选取. ∎

下面给出定理 4.2.1 的直接证明, 先证下面的引理.

引理　设 x 和 y 是 D 中不同的顶点. 若 $\lambda_D(x,y)\geqslant 1$, 则 D 中存在最短 (x,y) 路 P, 使得 $\lambda_{D_P}(x,y)\geqslant\lambda_D(x,y)-1$, 其中 $D_P=D-E(P)$.

证明　因为 $\lambda_D(x,y)\geqslant 1$, 所以 D 中存在 (x,y) 路. 对 $d_D(x,y)=n\geqslant 1$ 用归纳法.

若 $d_D(x,y)=1$, 则 $E_D(x,y)\neq\emptyset$. 任取 $a\in E_D(x,y)$, 并令 $P=xay$, 则 a 必属于 D 的任何一个 (x,y) 割. 于是, $\lambda_{D_P}(x,y)\geqslant\lambda_D(x,y)-1$, 结论成立. 假设对任何图 H 和 H 中任何不相同的两点 x 和 y, 只要 $d_H(x,y)\leqslant n$, 引理就成立. 设 x 和 y 是 D 中两个不同顶点且 $d_D(x,y)=n+1\geqslant 2$, 并设 P' 是 D 中长为 $n+1$ 的 (x,y) 路. 取 $a\in E(P')$ 和 $x'\in N_D^+(x)$, 使 $a=(x,x')$, 并令 H 为 D 中边 a 收缩图 $D\cdot a$, 则 $d_H(x,y)=n$. 由归纳假设知 H 中存在一条最短 (x,y) 路 P'', 使得 $\lambda_{H_{P''}}(x,y)\geqslant\lambda_H(x,y)-1$.

设 $P''=xa_1x_1a_2\cdots a_{n-1}x_{n-1}a_ny$. 于是, $P=xax'a_1x_1\cdots x_na_ny$ 是 D 中长为 $n+1$ 的 (x,y) 路. 下证 P 是所求的 (x,y) 路. 设 $\lambda_{D_P}(x,y)=m$, 并设 $B\subseteq E(D)$

是 D_P 中的最小 (x,y) 割. 若 B 也是 $H_{P''}$ 中的 (x,y) 割, 则

$$\lambda_{D_P}(x,y)=m\geqslant\lambda_{H_{P''}}(x,y)\geqslant\lambda_H(x,y)-1\geqslant\lambda_D(x,y)-1.$$

若 B 不是 $H_{P''}$ 中的 (x,y) 割, 则 $D-B$ 中每条 (x,y) 路必含 a. 所以 $B\cup\{a\}$ 是 D 中的 (x,y) 割. 于是, $\lambda_{D_P}(x,y)+1=|B\cup\{a\}|\geqslant\lambda_D(x,y)$. 由归纳原理, 引理得证. ∎

定理 4.2.1 的直接证明 只需证明 $\eta_D(x,y)\geqslant\lambda_D(x,y)$. 若 $\lambda_D(x,y)=0$, 即 D 中不含 (x,y) 路, 因而 $\eta_D(x,y)=0=\lambda_D(x,y)$. 下设 $\lambda_D(x,y)=m\geqslant 1$. 由引理知 D 中存在最短的 (x,y) 路 P_1, 使 $\lambda_{D_{P_1}}(x,y)\geqslant m-1$. 若 $\lambda_{D_{P_1}}(x,y)\geqslant 1$, 则由引理知 D_{P_1} 中存在最短的 (x,y) 路 P_2, 使 $\lambda_{D_{P_1P_2}}(x,y)\geqslant\lambda_{D_{P_1}}(x,y)-1\geqslant m-2$.

一般地, 若 $\lambda_{D_{P_1P_2\cdots P_{i-1}}}(x,y)\geqslant 1$, 则在 $D_{P_1P_2\cdots P_{i-1}}$ 中存在最短的 (x,y) 路 P_i, 使 $\lambda_{D_{P_1P_2\cdots P_{i-1}P_i}}(x,y)\geqslant m-i$. 令 $i=m$, 则 $\lambda_{D_{P_1P_2\cdots P_m}}(x,y)\geqslant 0$, 且 $P_1,P_2,\cdots,P_m$ 边不交, 即 $\eta_D(x,y)\geqslant\lambda_D(x,y)$. ∎

定理 4.2.1 与定理 4.2.2 的等价性证明 在前文中, 已从定理 4.2.1 导出定理 4.2.2. 以下只需从定理 4.2.2 导出定理 4.2.1, 线图 (定义见 1.5 节) 在其中起了桥梁作用. 由式 (4.2.1), 只需证明 $\eta_D(x,y)\geqslant\lambda_D(x,y)$.

设 x 和 y 是 D 中两个不同的顶点. 令 D 中分裂 x 和 y 后得到的图为 D', $a=(x',x'')$, $b=(y',y'')\in E(D')$, H 是 D' 的线图 $L(D')$. 于是, 由定理 4.2.2 有 $\zeta_H(a,b)=\kappa_H(a,b)$. 因此, 只需证明

$$\eta_D(x,y)\geqslant\zeta_H(a,b),\quad \kappa_H(a,b)\geqslant\lambda_D(x,y).$$

因为 H 中每条 (a,b) 路对应 D 中一条 (x,y) 路, 而且如果 H 中两条 (a,b) 路的内部点不交, 则 D 中与之对应的两条 (x,y) 路边不交, 所以 $\eta_D(x,y)\geqslant\zeta_H(a,b)$.

H 中每个 (a,b) 分离集对应 D 中一个 (x,y) 割, 故有 $\kappa_H(a,b)\geqslant\lambda_D(x,y)$. ∎

定理 4.2.1 与定理 4.1.2 的等价性证明 在前文中, 已从定理 4.1.2 导出定理 4.2.1, 以下只需从定理 4.2.1 导出定理 4.1.2.

设 $N=(D_{xy},\boldsymbol{c})$ 是发点 x 和收点 y 的整容量网络, $\boldsymbol{f}$ 是 N 中整数最大的 (x,y) 流, 且 $B=(S,\overline{S})$ 是最小 (x,y) 割, $D_{\boldsymbol{f}}$ 是由 $E'=\{a\in E(D):\ \boldsymbol{f}(a)\neq 0\}$ 导出的子图. 对任何 $a\in E(D_{\boldsymbol{f}})$, 用 $\boldsymbol{c}(a)(\geqslant 1)$ 条平行于 a 的边来代替 $D_{\boldsymbol{f}}$ 中的边 a. 令这样得到的新图为 D'. 容易看出 D' 是 $\mathrm{val}\,\boldsymbol{f}$ 条边不交的 (x,y) 路之并. 于是, $\mathrm{val}\,\boldsymbol{f}=\eta_{D'}(x,y)$.

由于 $\boldsymbol{f}$ 是最大 (x,y) 流, $B=E_D^+(S)$ 是最小 (x,y) 割, 所以 (见习题 4.1.4) 对任何 $a\in B$, $\boldsymbol{f}(a)=\boldsymbol{c}(a)>0$. 因此, D' 中与 $a\in B$ 对应的 $\boldsymbol{c}(a)$ 条边全在 $E_{D'}^+(S)$ 中. 反之, $E_{D'}^+(S)$ 中边平行于某条边 $a\in B$. 因此, $E_{D'}^+(S)$ 是 D' 中最小 (x,y) 割, 且 $\lambda_{D'}(x,y)=|E_{D'}^+(S)|=\mathrm{cap}\,B$. 再由定理 4.2.1 得

$$\mathrm{val}\,\boldsymbol{f}=\eta_{D'}(x,y)=\lambda_{D'}(x,y)=\mathrm{cap}\ B.$$ ∎

习题 4.2

4.2.1 (Menger 定理) 设 G 是无向图, x 和 y 是 G 中两个不同顶点. 证明:

(a) $\eta_G(x,y)=\lambda_G(x,y)$ (推论 4.2.1.2);

(b) 若 x 和 y 在 G 中不相邻, 则 $\zeta_G(x,y)=\kappa_G(x,y)$ (推论 4.2.2).

4.2.2 举例说明下列论述不真:

(a) 若 D 中任何 (x,y) 路和 (y,x) 路都有公共边, 则存在 $a\in E(D)$, 使每条 (x,y) 路和 (y,x) 路都含 a;

(b) 若 D 中有 $k(\geqslant 1)$ 条边不交的 (x,y) 路, 则 D 中存在 k 条边不交的 (y,x) 路;

(c) 若 $\eta_D(x,y)\geqslant k(\geqslant 1)$, 且 $\eta_D(y,x)\geqslant k$, 则 D 中存在 $2k$ 条边不交的有向路 $P_1,\cdots,P_k$, $Q_1,\cdots,Q_k$, 使 P_i 为 (x,y) 路且 Q_i 为 (y,x) 路 $(1\leqslant i\leqslant k)$.

4.2.3 设 x 和 y 是 D 中两个不同顶点. 证明:

(a) 若 D 是连通的, D 中异于 x 和 y 的顶点都是平衡点, 且 $d_D^+(x)-d_D^-(y)=k$, 则 $\eta_D(x,y)\geqslant k$;

(b) 若 D 是平衡图, 则习题 4.2.2 中三个论述都成立.

4.2.4 设 G 是直径为 2 的简单无向图, $x,y\in V(G)$, $k=\min\{d_G(x),d_G(y)\}$. 证明: G 中至少存在 k 条边不交的 xy 路, 并且每条路的长不超过 4. (C. Peyrat, 1984 [295])

4.2.5 设 D 是 k 正则图, $k\geqslant 2$. 证明: 如果对 D 中任何两顶点, 都存在 k 条内点不交的路, 那么存在两顶点 x 和 y, 使得 k 条内点不交的 (x,y) 路中至少存在一条, 它的长至少是 $d(D)+1$, 其中 $d(D)$ 是 D 的直径.

4.2.6 (a) 证明: 任何连通无向图 G 都存在两个顶点 x 和 y, 使得 $\eta_G(x,y)=\min\{d_G(x),d_G(y)\}$. (W. Mader, 1973 [258])

(b) 举例说明: 对于给定的 x 或 y, 结论 (a) 不成立.

4.2.7 设 D 是 2 部划分为 $\{X,Y\}$ 的 k 正则强连通 2 部有向图. 证明: 对任何 $x\in X$, 存在 $y\in Y$, 使 D 中存在 $2k$ 条边不交的有向路 $P_1,\cdots,P_k,Q_1,\cdots,Q_k$, 其中 P_i 为 (x,y) 路, 而 Q_i 为 (y,x) 路, $i\in\{1,2,\cdots,k\}$. (徐俊明,1993 [390])

4.2.8 设 $A_1,\cdots,A_m$ 是集 S 的子集. $\mathscr{A}=\{A_1,\cdots,A_m\}$ 的相异代表系是指 S 的子集 $\{a_1,a_2,\cdots,a_m\}$, 其中 $a_i\in A_i\,(1\leqslant i\leqslant m)$ 并且 $a_i\neq a_j\,(i\neq j)$. 应用定理 4.2.2 证明: 设 $A_1,\cdots,A_m$ 和 $B_1,\cdots,B_m$ 都是集 S 的子集, 则 $\mathscr{A}=\{A_1,\cdots,A_m\}$ 和 $\mathscr{B}=\{B_1,\cdots,B_m\}$ 有公共相异代表系 $\Leftrightarrow$

$$\Big|\Big(\bigcup_{i\in I}A_i\Big)\cap\Big(\bigcup_{j\in J}B_j\Big)\Big|\geqslant |I|+|J|-m,\quad \forall\, I,J\subseteq\{1,2,\cdots,m\}.$$

(L. R. Jr. Ford, D. R. Fulkerson, 1958 [127])

4.3 连 通 度

4.2 节定义了两个参数 $\kappa_D(x,y)$ 和 $\lambda_D(x,y)$, 它们分别被称为**局部点连通度**和**局部边连通度** (local connectivity). 本节讨论图的**整体连通度** (total connectivity).

设 D 是强连通图, 非空集 $S\subset V(D)$. 若 $D-S$ 是非强连通的, 则称 S 为 D 的**分离集** (separating set). 显然, 若 D 中不含支撑子图 K_υ^*, 则 D 必有分离集. 这是因为, 若 D 中不含支撑子图 K_υ^*, 则 D 的直径 $d(D)\geqslant 2$. 令 $x,y\in V(D)$, 使 $d_D(x,y)=d(D)$. 于是, $V(D)\setminus\{x,y\}$ 就是 D 的分离集. 定义

$$\kappa(D)=\begin{cases}0, & D\text{ 是非强连通的},\\ \upsilon-1, & D\text{ 含支持子图}K_\upsilon^*,\\ \min\{|S|:\ S\text{ 是 }D\text{ 的分离集}\}, & \text{其他}\end{cases}$$

为 D 的**连通度** (connectivity). 这个概念是由 H. Whitney (1932)[376] 首先提出来的. 若 $\kappa(D)\geqslant k$, 则称 D 为 k **连通的**. 例如, 完全有向图 K_υ^* 是 $\upsilon-1$ 连通的, 有向圈是 1 连通的. 点数为 $\kappa=\kappa(D)$ 的分离集称为 κ **分离集**. 显然, 当 D 不含 K_υ^* 时,

$$\kappa(D)=\min\{\kappa_D(x,y):\ \forall\ x,y\in V(D),E_D(x,y)=\emptyset\}.$$

设 D 是强连通有向图, S 是 $V(D)$ 的真子集. 若 S 非空, 则称 $(S,\overline{S})$ 为 D 的**有向割** (directed cut). 由定理 1.4.3 知非平凡强连通有向图必含有向割. 回顾在 2.1 节定义的割为 $[S,\overline{S}]$. 对于强连通有向图, 割必含有向割, 但有向割不一定是割. 而对于连通的无向图 G, 这两个概念是一致的. 定义

$$\lambda(D)=\begin{cases}0, & D\text{ 的阶是 1 或者 }D\text{ 是非强连通的},\\ \min\{|B|:\ B\text{ 是 }D\text{ 的有向割}\}, & \text{其他}\end{cases}$$

为 D 的**边连通度** (edge-connectivity). 若 $\lambda(D)\geqslant k$, 则称 D 为 k **边连通图**. 例如, 完全有向图 K_υ^* 是 $\upsilon-1$ 边连通图, 有向圈是 1 边连通图. 边数为 $\lambda=\lambda(D)$ 的有向割被称为 λ **割**. 不难看出

$$\lambda(D)=\min\{\lambda_D(x,y):\ \forall\ x,y\in V(D)\}.$$

类似地, 可以定义无向图 G 的连通度 $\kappa(G)$ 和边连通度 $\lambda(G)$.

下面的结论是显然的.

对 n 阶完全图 K_n, 无论它是有向的还是无向的, 均有 $\kappa(K_n)=\lambda(K_n)=n-1$.

对 $n(\geqslant 3)$ 阶圈 C_n, 有 $\kappa(C_n)=\lambda(C_n)=\begin{cases}1, & \text{它是有向的,}\\ 2, & \text{它是无向的.}\end{cases}$

对任何阶 $\upsilon \geqslant 2$ 的树 T, 均有 $\kappa(T)=\lambda(T)=\begin{cases}0, & \text{它是有向的,}\\ 1, & \text{它是无向的.}\end{cases}$

设 G 是无向图, D 是 G 的对称有向图. 容易看出: S 是 G 的分离集 $\Leftrightarrow S$ 是 D 的分离集; $[S,\overline{S}]$ 是 G 的割 $\Leftrightarrow (S,\overline{S})$ 是 D 的有向割. 因此, 若 D 是 G 的对称有向图, 则

$$\kappa(G)=\kappa(D), \quad \lambda(G)=\lambda(D).$$

本节只讨论有向图, 所述有关 κ 和 λ 的结果对无向图自然成立, 不再另述.

令 $\delta(D)=\min\{\delta^+(D),\delta^-(D)\}$. 参数 $\kappa(D)$, $\lambda(D)$ 与 $\delta(D)$ 之间有下列关系, 其无向图形式属于 H. Whitney (1932) [377], D. Geller 和 F. Harary (1971) [142] 推广它到有向图. 现在图论文献习惯称它为 Whitney 不等式①.

定理 4.3.1 (Whitney 不等式)　$\kappa(D)\leqslant\lambda(D)\leqslant\delta(D)$.

证明　不妨假设 D 是非平凡强连通无环有向图, 并设 $x\in V(D)$, 使 $d_D^+(x)=\delta(D)$. 由于 $E_D^+(x)$ 是 D 的有向割, 所以 $\lambda(D)\leqslant d_D^+(x)=\delta(D)$. 以下对 $\lambda\geqslant 1$ 用归纳法来证明 $\kappa(D)\leqslant\lambda(D)$ 对任何非平凡强连通图 D 成立.

当 $\lambda=1$ 时, 结论显然成立. 假定 $\kappa(H)\leqslant\lambda(H)$ 对任何 $\lambda(H)<k$ 的图 H 都成立, 并设 $\lambda(D)=k\geqslant 2$. 于是, 存在有向割 B, 使 $|B|=\lambda(D)=k$. 令 $a\in B, H=D-a$, 则 $\lambda(H)=k-1\geqslant 1$. 由归纳假设知 $\kappa(H)\leqslant\lambda(H)=k-1$.

若 H 含支撑子图 K_υ^*, 则 $K_\upsilon^*\subset D$. 因此

$$\kappa(D)=\upsilon-1=\kappa(H)\leqslant\lambda(H)=k-1<k=\lambda(D).$$

若 H 不含 K_υ^*, 则 H 中存在分离集 S, 使 $|S|=\kappa(H)$. 若 $D-S$ 不是强连通的, 则

$$\kappa(D)\leqslant|S|=\kappa(H)\leqslant\lambda(H)=k-1<k=\lambda(D).$$

若 $D-S$ 是强连通的, 并且 $\upsilon(D-S)=2$, 则

$$\kappa(D)\leqslant\upsilon-1=|S|+1=\kappa(H)+1\leqslant\lambda(H)+1=k=\lambda(D).$$

下设 $D-S$ 是强连通的, 并且 $\upsilon(D-S)>2$. 设 $a=(x,y)$, 则 $S\cup\{x\}$ 或 $S\cup\{y\}$ 是 D 的分离集. 于是

$$\kappa(D)\leqslant|S|+1=\kappa(H)+1\leqslant\lambda(H)+1=k=\lambda(D).$$

由归纳法原理, 定理得证. ∎

① 虽然文献 [377] 没有直接提到这个不等式, 也没有边连通度的概念, 但文中定理 5 蕴含着这个不等式. D. Geller 和 F. Harary (1971) [142] 也将不等式 $\kappa(G)\leqslant\lambda(G)$ 归功于 Whitney.

推论 4.3.1.1 对任何无向图 G, 均有 $\kappa(G)\leqslant\lambda(G)\leqslant\delta(G)$.

推论 4.3.1.2 对任何简单平面图 G, 均有 $\kappa(G)\leqslant\lambda(G)\leqslant 5$.

对图 4.12 所示的图 G, 有 $\kappa(G)=2,\lambda(G)=3$, $\delta(G)=4$. 事实上, 对任何三个正整数 κ,λ 和 δ $(\kappa\leqslant\lambda\leqslant\delta)$, 均存在无向图 G, 使 $\kappa(G)=\kappa,\lambda(G)=\lambda$ 且 $\delta(G)=\delta$ (见习题4.3.6). 注意, 考虑 G 的对称有向图 D, 即知也存在满足上述条件的有向图.

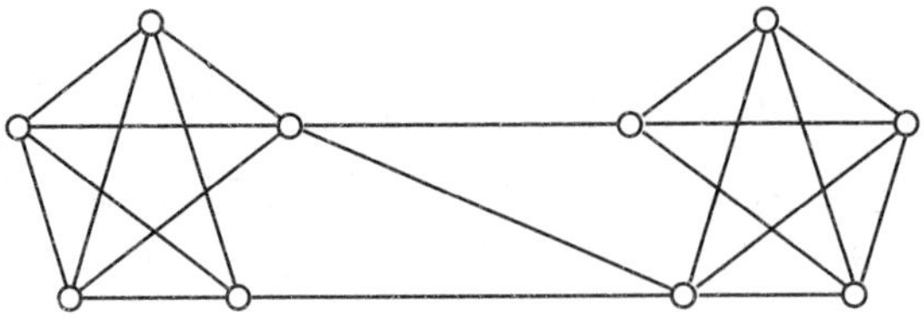

图 4.12 $\kappa(G)=2,\lambda(G)=3,\delta(G)=4$

对于一般的无向图或有向图, 寻找使 $\kappa=\delta$ 或使 $\lambda=\delta$ 成立的条件是很有意义的. 下面的例子给出使 $\lambda=\delta$ 的充分条件 (J. L. Jolivet, 1972 [208]; 它的无向图形式由 J. Plesník (1975) [296] 得到).

例 4.3.1 设 D 是强连通简单有向图, 直径 $d(D)\leqslant 2$, 则 $\lambda(D)=\delta(D)$.

证明 若 $d(D)=0$, 则 D 是平凡图. 于是有 $\lambda(D)=0=\delta(D)$. 若 $d(D)=1$, 则 $D\cong K_v^*$. 所以有 $\lambda(D)=v-1=\delta(D)$. 下设 $d(D)=2$. 由 Whitney 不等式 (定理 4.3.1), 只需证明 $\lambda(D)\geqslant\delta(D)$.

令 B 是 D 的有向割, 使 $|B|=\lambda(D)=\lambda$, 则存在 $V(D)$ 的非空真子集 S, 使 $B=(S,\overline{S})$. 设 B 在 S 中起点集为 X, 在 $\overline{S}$ 中终点集为 Y.

断定 $|S\setminus X|\cdot|\overline{S}\setminus Y|=0$. 若不然, 取 $x\in S\setminus X,y\in\overline{S}\setminus Y$, 则 $d_D(x,y)>2$, 矛盾于 $d(D)=2$. 不妨设 $\overline{S}\setminus Y=\emptyset$, 并设 $Y=\{y_1,y_2,\cdots,y_b\}$. 令

$$s_i=|N_D^-(y_i)\cap X|,\quad 1\leqslant i\leqslant b.$$

因为 D 是简单图, 所以

$$\sum_{i=1}^{b}s_i=\lambda(D)\geqslant b\geqslant 1.$$

由于 $\delta=\delta(D)=\min\{\delta^+(D),\delta^-(D)\}$, 所以

$$\delta\leqslant d_D^-(y_i)\leqslant s_i+(b-1).$$

于是

$$b\delta\leqslant\sum_{i=1}^{b}s_i+b(b-1)=\lambda+b(b-1),$$

即 (注意到 $\delta \geqslant \lambda \geqslant b \geqslant 1$)

$$\lambda \geqslant b\delta - b(b-1) = \delta + (\delta - b)(b-1) \geqslant \delta.$$ ∎

设 G 是简单无向图. 由例 4.3.1 知 $d(G) \leqslant 2$ 是 $\lambda(G) = \delta(G)$ 的一个充分条件. 由此可以得到另一个充分条件:

$$d_G(x) + d_G(y) > \upsilon, \quad \forall\, x, y \in V(G). \tag{4.3.1}$$

因为在这个条件下必有 $d(G) \leqslant 2$. D. L. Goldsmith 和 A. T. White(1978) [149] 推广充分条件式 (4.3.1) 为：G 中有 $\lfloor \upsilon/2 \rfloor$ 个顶点对 (x,y), 使得 $d_G(x) + d_G(y) > \upsilon$. 笔者 (1994) [391] 将这个充分条件推广到有向图.

下面的例子给出图 G 是 k 连通的充分条件, 它由 J. A. Bondy (1969) [39] 和 F. T. Boesch (1974) [35] 分别得到.

例 4.3.2　设 G 是简单无向图, $V(G) = \{x_1, x_2, \cdots, x_\upsilon\}, d_i = d_G(x_i)$ 且 $d_1 \leqslant d_2 \leqslant \cdots \leqslant d_\upsilon$, $\upsilon \geqslant 2, 1 \leqslant k \leqslant \upsilon - 1$. 若对每个 $i \in \{1, 2, \cdots, \lfloor (\upsilon - k + 1)/2 \rfloor\}$, 有 $d_i \leqslant k + i - 2 \Rightarrow d_{\upsilon-k+1} \geqslant \upsilon - i$, 则 $\kappa(G) \geqslant k$.

证明　(反证法) 设 $\kappa(G) < k$. 由于 $1 \leqslant k \leqslant \upsilon - 1$, 所以 G 中存在分离集 S, 使 $\kappa(G) \leqslant |S| = k - 1$. 令 H 是 $G - S$ 中阶数最小的连通分支, 并且令 H 的阶 $\upsilon(H) = i$, 则 $i \leqslant \lfloor (\upsilon - k + 1)/2 \rfloor$, 即 $k \leqslant \upsilon - 2i + 1$. 于是对每个 $x \in V(H)$, 有

$$d_G(x) \leqslant \upsilon(H) - 1 + |S| = i + k - 2 \leqslant \upsilon - i - 1.$$

因为 $i = \upsilon(H), i \leqslant \lfloor (\upsilon - k + 1)/2 \rfloor$ 且 $d_i \leqslant k + i - 2$, 所以由题设知 $d_{\upsilon-k+1} \geqslant \upsilon - i$. 由于对任何 $x_j \in V(G) \setminus (V(H) \cup S)$, 有 $d_j \leqslant \upsilon - i - 1$, 所以 D 中使 $d_j \geqslant \upsilon - i$ 的顶点 x_j 全在 S 中. 又因为 $d_\upsilon \geqslant d_{\upsilon-1} \geqslant \cdots \geqslant d_{\upsilon-k+1} \geqslant \upsilon - i$, 所以

$$|S| \geqslant \upsilon - (\upsilon - k + 1) + 1 = k.$$

这矛盾于 $|S| = k - 1$. 所以 $\kappa(G) \geqslant k$. ∎

注　只要把无向图 G 换成有向图 D, 并令 $d_i = \min\{d_D^+(x_i), d_D^-(x_i)\}$, 上例中的条件即为 D 是 k 连通的充分条件, 其证明也只需做稍微修改.

下面的定理给出图是 k 连通或 k 边连通的充要条件. 它的无向图形式首先是由 H. Whitney (1932) [377] 给出的, 故称它为 Whitney k **连通判定准则**, 它是定理 4.2.1 和定理 4.2.2 的另一种表述形式.

定理 4.3.2 (k 连通判定准则)　**设** k ($\geqslant 1$) **是整数,** D **是** υ ($\geqslant k+1$) **阶有向图, 则**

(a) $\kappa(D) \geqslant k \Leftrightarrow \zeta_D(x,y) \geqslant k,\ \forall\, x, y \in V(D)$;

(b) $\lambda(D) \geqslant k \Leftrightarrow \eta_D(x,y) \geqslant k,\ \forall\, x, y \in V(D)$.

证明 (a) 当 $k=1$ 时, 由强连通有向图和 ζ_D 的定义立即知结论成立. 下设 $k\geqslant 2$.

($\Rightarrow$) 设 x 和 y 是 k 连通有向图 D 中两个不同顶点. 若 $E_D(x,y)=\emptyset$, 则由定理 4.2.2 知 $k\leqslant\kappa(D)\leqslant\kappa_D(x,y)=\zeta_D(x,y)$.

下设 $E_D(x,y)\neq\emptyset$, 并令 $\mu=|E_D(x,y)|$. 若 $\mu\geqslant k$, 则

$$\zeta_D(x,y)\geqslant|E_D(x,y)|=\mu\geqslant k.$$

下设 $\mu<k$, 并设 $D'=D-E_D(x,y)$. 在这种情形下仍能证明 $\zeta_D(x,y)\geqslant k$.

(反证) 若 $\zeta_D(x,y)<k$, 则 $1\leqslant\zeta_{D'}(x,y)<k-\mu$. 因而由 Menger 定理知在 D' 中存在 (x,y) 分离集 $S\subseteq V\setminus\{x,y\}$, 使 $|S|=\zeta_{D'}(x,y)\leqslant k-\mu-1$. 于是

$$|V|-|S|\geqslant k+1-(k-\mu-1)=\mu+2,$$

即存在 $z\in(V\setminus\{x,y\})\setminus S$. 若 $E_{D'}(x,z)\neq\emptyset$, 则 $\zeta_{D'-S}(x,z)\geqslant 1$. 若 $E_{D'}(x,z)=\emptyset$, 则由 Menger 定理知 $\zeta_D(x,z)\geqslant k$. 因而 $\zeta_{D'}(x,z)\geqslant k-\mu$. 由于 $|S|\leqslant k-\mu-1$, 所以仍有 $\zeta_{D'-S}(x,z)\geqslant 1$.

同样可以证明 $\zeta_{D'-S}(z,y)\geqslant 1$. 因此有 $\zeta_{D'-S}(x,y)\geqslant 1$, 矛盾于 S 是 D' 中 (x,y) 分离集的假设. 故当 $E_D(x,y)\neq\emptyset$ 时, 仍有 $\zeta_D(x,y)\geqslant k$.

($\Leftarrow$) 由于 $k\geqslant 1$, 由假设知 D 是强连通的. 假设 D 含支撑子图 K_v^*, 则 $\kappa(D)=v-1\geqslant k$. 假设 D 不含 K_v^*, 并设 S 是 D 的 κ 分离集. 于是 $D-S$ 不是强连通的, 因而存在 $x,y\in V(D)$, 使 $D-S$ 中不存在 (x,y) 有向路, 即 S 是 D 中 (x,y) 分离集. 于是 $|S|\geqslant\kappa_D(x,y)$. 由假定知 $\zeta_D(x,y)\geqslant k$, 所以由 Menger 定理有

$$\kappa(D)=|S|\geqslant\kappa_D(x,y)=\zeta_D(x,y)\geqslant k.$$

利用边形式的 Menger 定理 (定理 4.2.1), 同样能证明 (b), 留给读者作为习题. ∎

推论 4.3.2 设 D 是强连通有向图, 则

(a) $\kappa(D)\geqslant k\Rightarrow\begin{cases}\kappa(D-x)\geqslant k-1, & \forall\ x\in V(D),\\ \kappa(D-a)\geqslant k-1, & \forall\ a\in E(D);\end{cases}$

(b) $\lambda(D)\geqslant k\Rightarrow\lambda(D-a)\geqslant k-1,\ \ \forall\ a\in E(D)$. ∎

例 4.3.3 (a) 对 de Bruijn 有向图 $B(d,n)$, $\kappa(B(d,n))=\lambda(B(d,n))=d-1$;

(b) 对 Kautz 有向图 $K(d,n)$, $\kappa(K(d,n))=\lambda(K(d,n))=d$;

(c) 对超立方体 Q_n, $\kappa(Q_n)=\lambda(Q_n)=n$.

证明 (a) 设 $D=B(d,n)$. 由例 4.2.2 知对任何 $x,y\in V(D)$, 有 $\zeta_D(x,y)\geqslant d-1$. 由定理 4.3.2 有 $\kappa(D)\geqslant d-1$, 即 $B(d,n)$ 是 $d-1$ 连通的. 再由 Whitney 不等式 (定理 4.3.1) 有 $d-1\leqslant\kappa(D)\leqslant\lambda(D)\leqslant\delta(D)=d-1$. 结论成立.

(b) 和 (c) 的证明留给读者作为习题 (见习题4.3.7 和 4.3.8). ∎

现在介绍一个很有用的概念——**扇** (fan).

设 k 是整数, D 是图, $x\in V(D)$, $Y\subseteq V(D-x)$ 且 $|Y|\geqslant k$, F 是 D 的子图. 若 $F=P_1\cup P_2\cup\cdots\cup P_k$ 满足条件: 对每个 $i\in\{1,2,\cdots,k\}$,

(a) P_i 是 (x,y_i) 路, $y_i\in Y$;

(b) $P_i\cap Y=\{y_i\}$ 且 $P_i\cap P_j=\{x\}$ $(i\neq j)$,

则称 F 为宽度为 k 的 (x,Y) **扇**, 记为 $F_k(x,Y)=\{P_1,P_2,\cdots,P_k\}$, 其中 k 是 F 的宽度, $y_1,y_2,\cdots,y_k$ 是 F 在 Y 中的端点 (见图 4.13). 因为 $F_k(x,Y)$ 是树, 对 Y 中任意 $u,v\in Y$, $F_k(x,Y)$ 中存在唯一的 uv 路, 记为 F_{uv} (图 4.13 中粗线所示的是 $F_{y_2y_3}$).

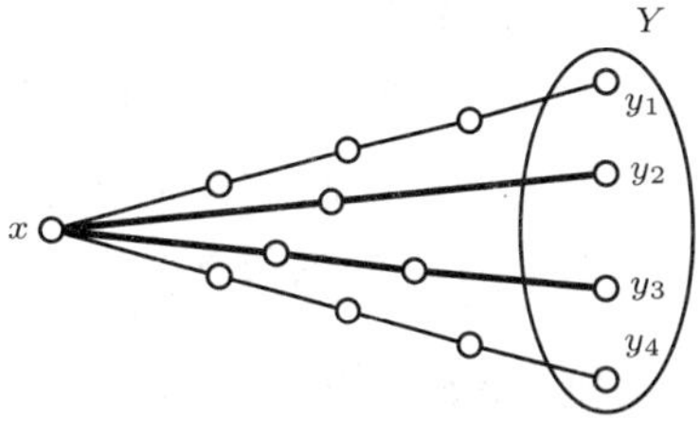

图 4.13　(x,Y) 扇 $F_4(x,Y)$

下面的结果是著名的**扇引理**, 属于 G. A. Dirac (1960) [91].

定理 4.3.3 (扇引理)　**设 G 是 k 连通无向图**, $x\in V(G)$, $Y\subseteq V(G-x)$, $|Y|\geqslant k$, **则 G 中存在宽度为** $\min\{|Y|,k\}$ **的** (x,Y) **扇**.

证明　设 $t=\min\{|Y|,k\}$, $\{y_1,y_2,\cdots,y_t\}\subseteq Y$. 构造新图 H, 它是由 G 和新顶点 y 并添加边集 $\{yy_i:\ 1\leqslant i\leqslant t\}$ 得到的图. 因为 G 是 k 连通的且 $k\geqslant t$, 易知 H 是 t 连通的. 由 Menger 定理 (定理 4.2.2), H 中存在 t 条内点不交的 xy 路 $Q_1,Q_2,\cdots,Q_t$, 而且每条必经过 Y. 将这些路限制在 G 和 Y 上得到的路集 $\{P_1,P_2,\cdots,P_t\}$ 是 G 中宽度为 t 的 (x,Y) 扇. ∎

作为定理 4.3.3 的应用, 下面举两个例子.

例 4.3.4 (Dirac, 1960 [91])　设 G 是 $k(\geqslant 2)$ 连通无向图, $X\subset V(G)$ 且 $|X|=k$, 则 G 中存在包含 X 的圈.

证明　当 $k=2$ 时, 令 $X=\{x,y\}$. 由 k 连通判定准则 (定理 4.3.2), G 中存在两条内点不交的 xy 路 P_1 和 P_2, 则 $P_1\cup P_2$ 是一条包含 x 和 y 的圈, 结论成立. 下面假定 $|X|=k\geqslant 3$. 令 C 是 G 中包含 X 中的点尽可能多的圈. 令 $Y=V(C)$, $m=|X\cap Y|$. 由 $k=2$ 时的证明知 $m\geqslant 2$. 为了完成证明, 仅需要证明 $m=k$.

(反证) 假定 $m<k$. 设 $x\in X\setminus Y$, $t=\min\{|Y|,k\}$. 因为 G 是 k 连通的, 由定理 4.3.3, 存在 (x,Y) 扇 $F_t(x,Y)$ (见图 4.14). 令 T 是 $F_t(x,Y)$ 在 C 中的端点集, 则 $|T|=t$.

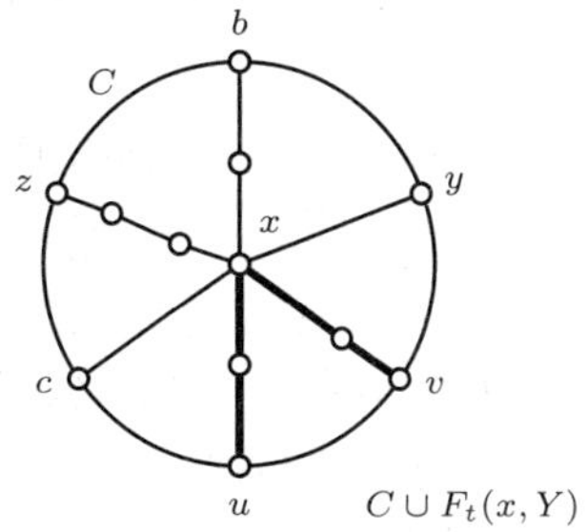

图 4.14　例 4.3.4 证明的图示

若 $|Y|=m$, 则 $T=Y$. 任取边 $uv\in E(C)$, 并令 P_{uv} 是 $F_t(x,Y)$ 中 uv 路

(图 4.14 中粗边所示), 则 $C' = (C - uv) \cup P_{uv}$ 是 G 包含 X 中 $m+1$ 个点的圈 (见图 4.14), 矛盾于 C 的选取.

现在假设 $|Y| \geqslant m+1$. T 中的点把 C 划分成 t 段. 因为 $t = \min\{|Y|, k\} \geqslant m+1 = |X \cap Y| + 1$, 所以存在一段 C_{uv}, 它的内点不含 X 中的点. 令 T_{uv} 是 C_{uv} 的内点集, 并令 $C' = (C - T_{uv}) \cup P_{uv}$, 则 C' 是包含 X 中至少 $m+1$ 个点的圈 (x 在 C' 中), 矛盾于 C 的选取.

因此, 当 $m = k$ 时, 结论成立. ∎

例 4.3.4 说明: 任何 $k(\geqslant 2)$ 连通无向图包含长度至少为 k 的圈. 事实上, $k(\geqslant 2)$ 连通无向图包含长度比 k 更大的圈.

例 4.3.5 设 G 是 $k(\geqslant 2)$ 连通无向图. 若 $\upsilon \geqslant 2k$, 则 G 包含长度至少为 $2k$ 的圈.

证明 设 C 是 G 中最长圈, $Y = V(C)$. 由例 4.3.4 知 $|Y| \geqslant k$. (反证) 假定 $|Y| < 2k$. 因为 $\upsilon(G) \geqslant 2k$, 所以存在某个 $x \in V(G - Y)$. 由定理 4.3.3, 存在扇 $F_k(x, Y)$, 它在 Y 中端点把 C 划分为 k 段. 因为 $|Y| < 2k$, 所以必有一段仅为一条边 uv. 令 $C' = (C - uv) \cup F_{uv}$, 则 C' 是 G 中的圈, $\upsilon(C') \geqslant \upsilon(C) + 1$, 这矛盾于 C 的最大性. 因此, $\upsilon(C) \geqslant 2k$. ∎

习题 4.3

4.3.1 证明定理 4.3.2 (b)、推论 4.3.1.1、推论 4.3.1.2 和推论 4.3.2.

4.3.2 设 $B = (S, \overline{S})$ 是无向图 G 的 λ 割. 证明: 子图 $G[S]$ 和 $G[\overline{S}]$ 都是连通的.

4.3.3 (a) 证明: 若 G 是简单图, $1 \leqslant k \leqslant \upsilon - 1$, 并且 $\delta(G) \geqslant \lceil (\upsilon + k - 2)/2 \rceil$, 则 $\kappa(G) \geqslant k$.

(b) 举例说明, 对于每个正整数 k, $1 \leqslant k \leqslant \upsilon - 1$, 存在 υ 阶简单图 G, 使

$$\delta(G) = \lceil (\upsilon + k - 3)/2 \rceil, \quad \kappa(G) < k.$$

4.3.4 (a) 证明: 若 G 是简单图, 且 $\delta \geqslant \upsilon - 2$, 则 $\kappa = \delta$.

(b) 举例说明: 存在 $\upsilon(\geqslant 4)$ 阶简单图 G, 使 $\delta = \upsilon - 3$, 并且 $\kappa < \delta$.

4.3.5 (a) 证明: 若 G 是简单图且 $\delta \geqslant \lfloor \upsilon/2 \rfloor$, 则 $\lambda = \delta$.

(b) 举例说明: 存在简单图 G, 使 $\delta = \lfloor \upsilon/2 \rfloor - 1$, 并且 $\lambda < \delta$.

4.3.6 设 υ, δ, κ 和 λ 都是给定的非负整数. 证明: 存在 υ 阶简单图 G, 使得 $\delta(G) = \delta$, $\kappa(G) = \kappa$, $\lambda(G) = \lambda \Leftrightarrow$ 下列条件之一成立:

(a) $0 \leqslant \kappa \leqslant \lambda \leqslant \delta \leqslant \lfloor \upsilon/2 \rfloor$;

(b) $1 \leqslant 2\delta + 2 - \upsilon \leqslant \kappa \leqslant \lambda \leqslant \delta < \upsilon - 1$;

(c) $\kappa = \lambda = \delta = \upsilon - 1$.

4.3.7 证明:

(a) 若 L 是 D 的线图, 则 $\lambda(D) \leqslant \kappa(L)$;

(b) $\kappa(K(d, n)) = \lambda(K(d, n)) = d$, 其中 $K(d, n)$ 是 Kautz 有向图.

4.3.8 设 x 和 y 是超立方体 Q_n 中两个不同顶点, $d(Q_n;x,y)=d$. 证明:

(a) Q_n 中存在 n 条内点不交的 xy 路, 其中

(i) n 条长为 n, 如果 $d=n$;

(ii) d 条长为 d, 其余 $n-d$ 条的长为 $d+2$, 如果 $d\leqslant n-1$;

(b) $\kappa(Q_n)=\lambda(Q_n)=n$.

4.3.9 证明: 任何 2 连通图 G 中都存在相邻两个顶点 x 和 y, 使 $G-\{x,y\}$ 仍是连通的.

4.3.10 设 G 是 3 连通图, $\upsilon\geqslant 5$. 证明: 存在 $e\in E(G)$, 使 $\kappa(G\cdot e)\geqslant 3$. (W. T. Tutte, 1961)

4.3.11 证明: 若 D 是 k $(\geqslant 1)$ 连通图, 则 D 的围长 $g(D)\leqslant\lceil \upsilon/k\rceil$.

4.3.12 证明: 若 D 是强连通简单有向图, 则 $\upsilon\geqslant\kappa(D)(d(D)-3)+\delta^{+}+\delta^{-}+2$.

4.3.13 设 G 是无向图. 证明:

(a) 若 D 是 G 的定向图, 且 $\lambda(D)\geqslant k$, 则 $\lambda(G)\geqslant 2k$;

(b) 若 $\lambda(G)\geqslant 2$, 则存在定向图 D, 使 $\lambda(D)\geqslant 1$;

(c) 若 G 是 Euler 图且 $\lambda(G)\geqslant 2k$, 则存在定向图 D, 使 $\lambda(D)\geqslant k$.

(Nash Williams (1960) [280] 证明: 若 $\lambda(G)\geqslant 2k$, 则 G 存在定向图 D, 使 $\lambda(D)\geqslant k$.)

4.3.14 证明: $2k$ 边连通图必含 k 个边不交支撑树. (Nash-Williams [281], Tutte [351], 1961)

应　用

4.4 运输方案的设计

商品从产地运到销地必经之途构成一个交通系统. 假若此交通系统各段运输容量给定. 试设计一个运输方案, 由此方案将商品从产地运到销地有最大的输送量. 如果再想提高输送量, 需要增加哪些路段的运输容量?

若将此交通系统看作容量网络 $N=(D_{x,y},\boldsymbol{c})$, 其中 D 是由这个交通系统构成的简单连通图, 发点 x 和收点 y 分别看作商品的产地和销地, 容量函数 $\boldsymbol{c}\in\mathscr{E}(D)$ 看成运输容量. 于是, 上述问题归结为在 N 中求一个最大 (x,y) 流和最小容量的 (x,y) 割. 本节将介绍解这个问题的有效算法.

设 $\boldsymbol{f}\in\mathscr{E}(D)$ 是 $N=(D_{xy},\boldsymbol{c})$ 中的 (x,y) 流, u 是 D 中顶点, $u\neq x$. 并设 P 是 D 中连接 x 和 u 的路 (不一定是有向路). 给定 P 从 x 到 u 的方向为正向, 用

P^+ 和 P^- 分别表示 $E(P)$ 中与 P 的正向和反向一致的边集. 令

$$\sigma(a)=\begin{cases}\boldsymbol{c}(a)-\boldsymbol{f}(a), & a\in P^+,\\ \boldsymbol{f}(a), & a\in P^-,\end{cases}$$
$$\sigma_P(u)=\min\{\sigma(a):\ a\in E(P)\}.$$

显然, $\sigma_P(u)\geqslant 0$. 若 $\sigma_P(u)=0$, 则称 P 是 $\boldsymbol{f}$ **饱和路** (saturated path). 若 $\sigma_P(u)>0$, 则称 P 是 $\boldsymbol{f}$ **非饱和路** (unsaturated path). 称 $\boldsymbol{f}$ 非饱和的 xy 路为 $\boldsymbol{f}$ **增广路** (incrementing path), 之所以称它为增广路, 是因为 $\boldsymbol{f}$ 的流量沿路 P 是可以增加的. 事实上, 由

$$\tilde{\boldsymbol{f}}(a)=\begin{cases}\boldsymbol{f}(a)+\sigma_P(y), & a\in P^+,\\ \boldsymbol{f}(a)-\sigma_P(y), & a\in P^-,\\ \boldsymbol{f}(a), & \text{其他}\end{cases}\tag{4.4.1}$$

所定义的 $\tilde{\boldsymbol{f}}\in\mathscr{E}(D)$ 是 N 中 (x,y) 流并且 $\mathrm{val}\,\tilde{\boldsymbol{f}}=\mathrm{val}\,\boldsymbol{f}+\sigma_P(y)$ (见习题4.4.1), 并称 $\tilde{\boldsymbol{f}}$ 为基于 $\boldsymbol{f}$ 增广路 P 的**修正流** (revised flow).

例 4.4.1 考察图 4.15 (a) 所示的网络 $N=(D_{xy},\boldsymbol{c})$.

边上的有序数对是流 $\boldsymbol{f}$ 和容量 $\boldsymbol{c}$ 的值, $\mathrm{val}\,\boldsymbol{f}=6$. $P=x(s,x)s(w,s)w(w,y)y$ 是 D 中连接 x 和 y 的路 (图 4.15(a) 中粗边所示). 给定 P 的正向为从 x 到 y. 于是

$$P^+=\{(w,y)\},\quad P^-=\{(s,x),\ (w,s)\},$$
$$\sigma((w,y))=\boldsymbol{c}((w,y))-\boldsymbol{f}((w,y))=3-0=3,$$
$$\sigma((s,x))=\boldsymbol{f}((s,x))=2,\quad (s,x)\in P^-,$$
$$\sigma((w,s))=\boldsymbol{f}((w,s))=3,\quad (w,s)\in P^-,$$
$$\sigma_P(y)=\min\{\sigma((w,y)),\sigma((s,x)),\sigma((w,s))\}=\min\{3,2,3\}=2>0.$$

所以 P 是 $\boldsymbol{f}$ 非饱和的 xy 路, 也是 $\boldsymbol{f}$ 增广路. 按式 (4.4.1) 定义的修正流 $\tilde{\boldsymbol{f}}$ 如图 4.15 (b) 所示, $\mathrm{val}\,\tilde{\boldsymbol{f}}=\mathrm{val}\,\boldsymbol{f}+2=8$. ∎

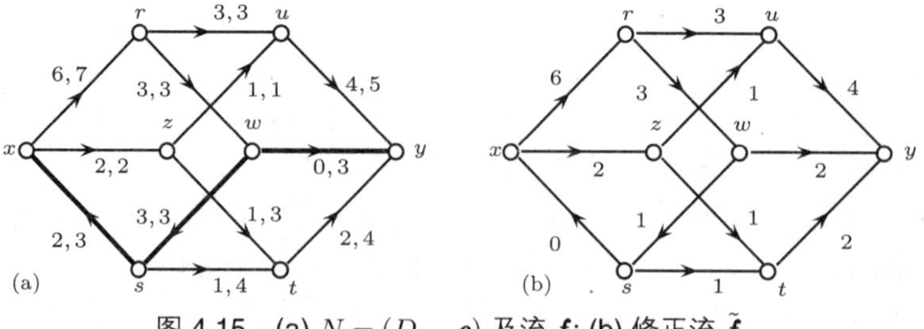

图 4.15 (a) $N=(D_{xy},\boldsymbol{c})$ 及流 $\boldsymbol{f}$; (b) 修正流 $\tilde{\boldsymbol{f}}$

利用 $\boldsymbol{f}$ 增广路概念, L. R. Ford 和 D. R. Fulkerson (1957) [126] 给出了 $\boldsymbol{f}$ 是最大流的充分必要条件.

定理 4.4.1　$N=(D_{xy},\boldsymbol{c})$ **中的** (x,y) **流** $\boldsymbol{f}$ **是最大的** $\Leftrightarrow$ N **中不含** $\boldsymbol{f}$ **增广路.**

证明　($\Rightarrow$) 若 N 中含 $\boldsymbol{f}$ 增广路 P, 则基于 P 的修正流 $\tilde{\boldsymbol{f}}$ 比 $\boldsymbol{f}$ 有更大的流量. 所以 N 中不含 $\boldsymbol{f}$ 增广路.

($\Leftarrow$) 设 N 中不含 $\boldsymbol{f}$ 增广路. 令 $S=\{u\in V(D):\ N$ 中存在 $\boldsymbol{f}$ 非饱和的 xu 路$\}$, 则 $x\in S$, $y\notin S$. 因此, $B=(S,\overline{S})$ 是 D 的 (x,y) 割. 任取 $a\in(S,\overline{S})$, 并令 $a=(u,w)$, 则 $u\in S$, $w\in\overline{S}$. 由于 $u\in S$, 所以存在 $\boldsymbol{f}$ 非饱和的 xu 路 Q.

若 $\boldsymbol{f}(a)<\boldsymbol{c}(a)$, 则 $Q+a$ 是 N 中 $\boldsymbol{f}$ 非饱和的 xw 路, 即 $w\in S$. 这矛盾于 $w\notin S$. 所以 $\boldsymbol{f}(a)=\boldsymbol{c}(a)$.

同样可以证明: 若 $a\in(\overline{S},S)$, 则 $\boldsymbol{f}(a)=0$. 于是, $\mathrm{val}\,\boldsymbol{f}=\mathrm{cap}\,B$.

设 B^* 是 N 中容量最小的 (x,y) 割, $\boldsymbol{f}^*$ 是 N 中最大 (x,y) 流, 则由最大流最小割定理知 $\mathrm{val}\,\boldsymbol{f}\leqslant\mathrm{val}\,\boldsymbol{f}^*=\mathrm{cap}\,B^*\leqslant\mathrm{cap}\,B=\mathrm{val}\,\boldsymbol{f}$. 由此知 $\boldsymbol{f}$ 是 N 的最大 (x,y) 流, 而 B 是最小容量的 (x,y) 割. ∎

定理 4.4.1 提供了求整容量网络中最大流最小割的有效算法. 这个算法被称为**标号法** (labelling method). 它是由 L. R. Ford 和 D. R. Fulkerson (1957) [126] 首先提出的, 然后由 J. Edmonds 和 R. M. Karp (1972) [101] 稍加修正的.

标号法的基本思想是从 N 中任何已知 (x,y) 流 $\boldsymbol{f}$ (例如零流) 开始, 递归地构作出其流量不断增加的流序列, 并且终止于最大流. 得到新流 $\boldsymbol{f}$ 后, 如果存在 $\boldsymbol{f}$ 增广路 P, 则作出基于 P 的修正流 $\tilde{\boldsymbol{f}}$, 然后将 $\tilde{\boldsymbol{f}}$ 作为初始流重新执行算法. 如果不存在 $\boldsymbol{f}$ 增广路, 则算法停止. 由定理 4.4.1 知 $\boldsymbol{f}$ 是最大流.

标号法的具体做法是从已知 (x,y) 流 $\boldsymbol{f}$ 开始, 求出 D 的顶点标号序列. 首先把 x 标为 $(-,\infty)$, 并令 $L=\{x\}$. 设 $z\in V(D)$, 如果 D 中存在 $\boldsymbol{f}$ 非饱和的 xz 路 P, 那么记 $\sigma(z)=\sigma_P(z)$. 设 P 上顶点 z 前面一个顶点为 u. 若 $(u,z)\in E(D)$, 则 z 标以 $(u^+,\sigma(z))$; 若 $(z,u)\in E(D)$, 则 z 标以 $(u^-,\sigma(z))$, 并将 z 添入 L 中. 在算法执行过程中, 已标号的顶点依次进入 L, 又依次从 L 中删去. 算法结束时, 如果 y 被标号, 则 $\boldsymbol{f}$ 不是最大流. 于是存在 $\boldsymbol{f}$ 增广路 P 并且得到一个基于这条 $\boldsymbol{f}$ 增广路 P 的修正流 $\tilde{\boldsymbol{f}}$. 如果 y 未被标号, 但 $L=\emptyset$, 则表明 $\boldsymbol{f}$ 是最大流, 而已被标号顶点集 S 到未被标号顶点集 $\overline{S}$ 的边集 $(S,\overline{S})$ 构成一个最小容量的 (x,y) 割.

在算法的执行过程中, D 中顶点被分成三类: 未被标号 (即未曾进入 L) 的、已被标号但未被删去 (即仍在 L 中) 的、已被标号且已被删去 (即已从 L 中删去) 的. 标号程序中应本着“先标号先删去”, 即“先进先出”的原则, 即在删去 z 之前应先删去在 z 之前已被标号过的顶点. 这样做的目的是确保选择一条最短 $\boldsymbol{f}$ 增广路. 本节结束之前将指出这样的限制并非没有意义.

标号法

1. 任取 N 中 (x,y) 流 $\boldsymbol{f}$ (例如零流), 并给 x 以标号 $(-,\infty)$, 并令 $L=\{x\}$.

2. 删去 L 中最前面元素 u. 若 $L=\emptyset$, 则停止. $\boldsymbol{f}$ 是最大流. 若 $L\neq\emptyset$, 则取

未被标号的顶点 z, 并将 z 列入 L 的后面.

(1) 若 $a=(u,z)\in E(D)$, 并且 $\boldsymbol{f}(a)<\boldsymbol{c}(a)$, 则给 z 以标号 $(u^{+},\sigma(z))$;

(2) 若 $a=(z,u)\in E(D)$, 并且 $\boldsymbol{f}(a)>0$, 则给 z 以标号 $(u^{-},\sigma(z))$.

3. 若 y 被标号, 则进入第 4 步; 若 y 未被标号, 则转入第 2 步.

4. 已被标号的顶点构成 D 中 $\boldsymbol{f}$ 增广路 P: $x(=x_0)a_1x_1a_2x_2\cdots x_{n-1}a_n(x_n=)y$, 其中对每个 $i\in\{1,2,\cdots,n\}$, 当 $a_i=(x_{i-1},x_i)$ 时, x_i 的标号为 $(x_{i-1}^{+},\sigma(x_i))$; 当 $a_i=(x_i,x_{i-1})$ 时, x_i 的标号为 $(x_{i-1}^{-},\sigma(x_i))$. 在第一种情况下, 用 $\boldsymbol{f}(a_i)+\sigma(y)$ 替代 $\boldsymbol{f}(a_i)$; 在第二种情况下, 用 $\boldsymbol{f}(a_i)-\sigma(y)$ 替代 $\boldsymbol{f}(a_i)$ 而得新流 $\tilde{\boldsymbol{f}}$. 除掉所有标号并以 $\tilde{\boldsymbol{f}}$ 替代 $\boldsymbol{f}$, 转入第 1 步.

例 4.4.2 考察图 4.16 (a) 所示的 $N=(D_{xy},\boldsymbol{c})$, 边上的数值分别表示流值和容量.

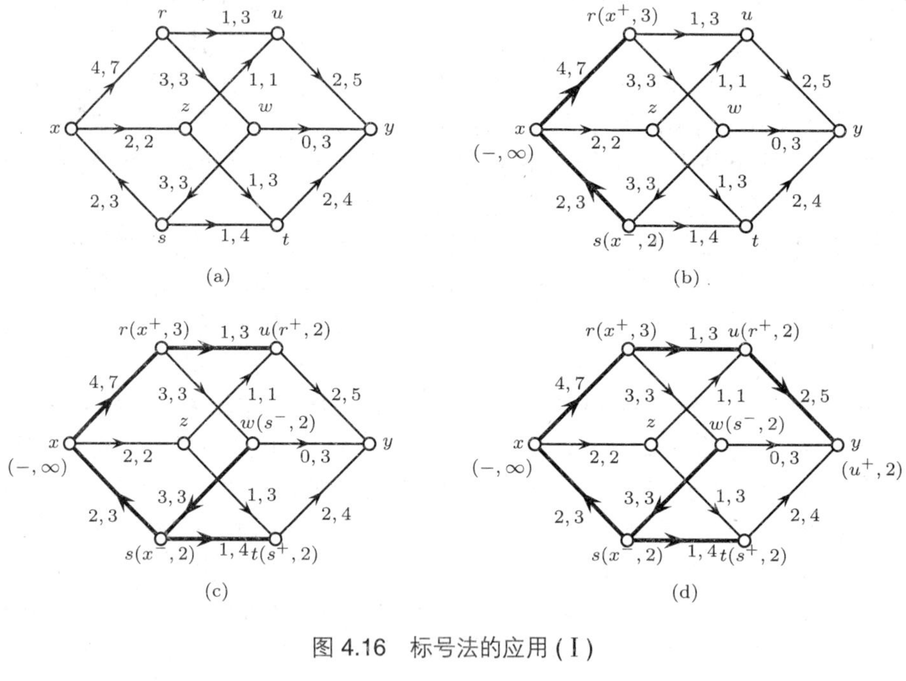

图 4.16　标号法的应用 (Ⅰ)

1. 取初始流 $\boldsymbol{f}$ (见图 4.16 (a)), $\operatorname{val}\boldsymbol{f}=4$, x 被标上 $(-,\infty)$, $L=\{x\}$.
2. 执行过程见表 4.1.

上述过程见图 4.16 (b) ~ (d) 所示.

最后得到 $\boldsymbol{f}$ 增广路 $P: x\ (x,r)\ r\ (r,u)\ u\ (u,y)\ y$, 其中 $\sigma_P(y)=2$, $\boldsymbol{f}$ 基于 P 的修正流 $\tilde{\boldsymbol{f}}$ 如图 4.17 (a) 所示, 边 a 上的数值分别是 $\tilde{\boldsymbol{f}}(a)$ 和 $\boldsymbol{c}(a)$.

表 4.1

顶点标号过程	L
$x:(-,\infty)$	$\{x\}$
$\nearrow r:(x^+,3)$ $x:(-,\infty)\leftarrow\ s:(x^-,2)$	$\{r,s\}$
$\nearrow r:(x^+,3)\ \rightarrow\ u:(r^+,2)$ $x:(-,\infty)\qquad\qquad\swarrow w:(s^-,2)$ $\nwarrow\ s:(x^-,2)\ \rightarrow\ t:(s^+,2)$	$\{u,w,t\}$
$\nearrow r:(x^+,3)\ \rightarrow\ u:(r^+,2)\ \rightarrow\ y:(u^+,2)$ $x:(-,\infty)\qquad\qquad\swarrow w:(s^-,2)$ $\nwarrow\ s:(x^-,2)\ \rightarrow\ t:(s^+,2)$	$\{w,t,y\}$

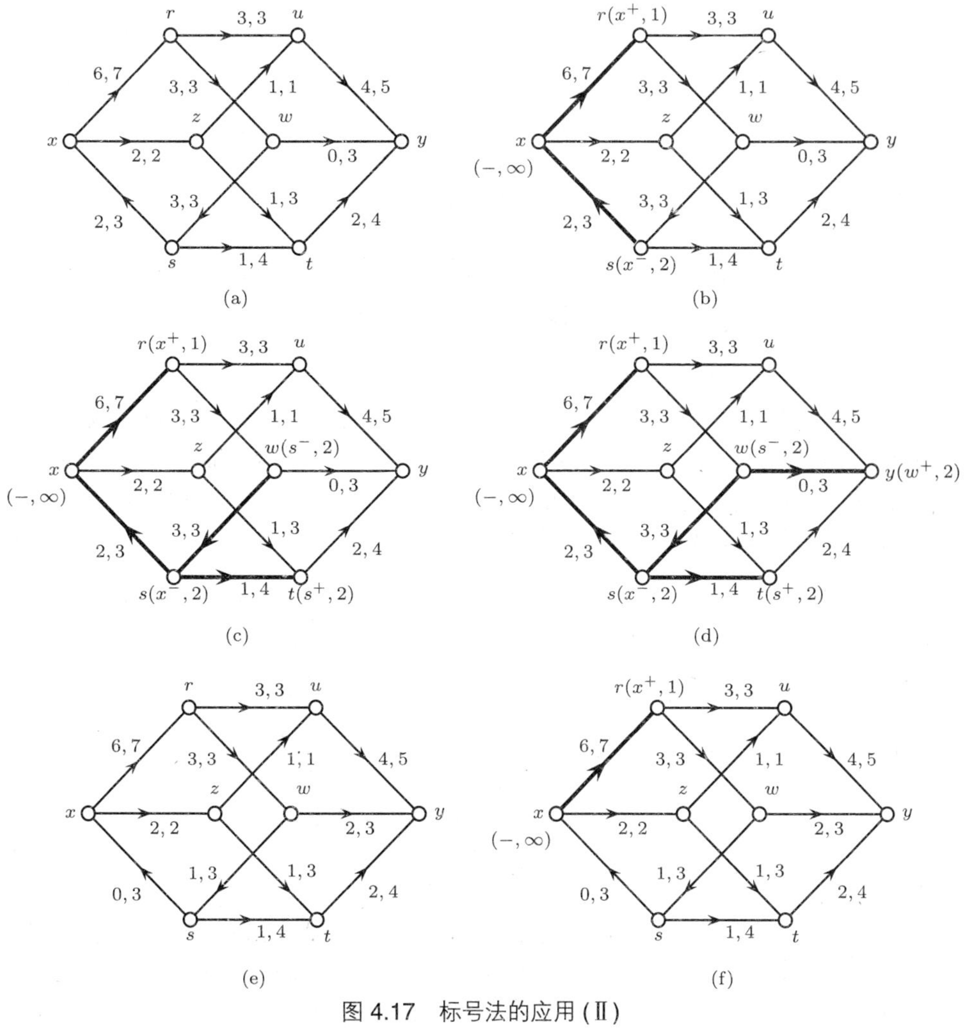

图 4.17　标号法的应用 (Ⅱ)

再把 $\tilde{\boldsymbol{f}}$ 作为初始流继续执行标号法, 具体过程如图 4.17 (b) ~ (d) 所示. 在图 4.17 (d) 中, $\tilde{\boldsymbol{f}}$ 增广路 $\tilde{P}=x\,(s,x)\,s\,(w,s)\,w\,(w,y)\,y$, 其中 $\sigma_{\tilde{\boldsymbol{f}}}(y)=2$, $\mathrm{val}\,\tilde{\boldsymbol{f}}=6$. $\tilde{\boldsymbol{f}}$ 基于 $\tilde{P}$ 的修正流 $\boldsymbol{f}^*$ 如图 4.17 (e) 所示, 边 a 上的数值分别是 $\boldsymbol{f}^*(a)$ 和 $\boldsymbol{c}(a)$. 将 $\boldsymbol{f}^*$ 作为初始流, 再继续执行标号法. 然而在删去顶点 r 时 (见图 4.17 (f)), 即从 L 中删去 r 时, $L=\emptyset$, 并且 y 未被标号. 所示 $\boldsymbol{f}^*$ 是最大流, 而对应的最小容量的 (x,y) 割是 $(S,\overline{S})$, 其中 $S=\{x,r\}$, $\mathrm{val}\,\boldsymbol{f}^*=8$.

若将图 4.17 (f) 看成一个交通系统, 则图上所示的流 $\boldsymbol{f}$ 就是一个商品运输方案. 用此方案调运商品, 输送量为 8. 割 $(S,\overline{S})$ 表示此交通系统的 "瓶颈" 地段. 欲提高输送量, 就必须增加 $(S,\overline{S})$ 的容量. 例如, 若将 $\boldsymbol{c}(x,z)$ 由 2 提高到 4, 则输送量可由 8 提高到 10. ∎

定理 4.4.2　设 N 是整容量网络, 并设 $\boldsymbol{f}$ 和 S 分别是标号法终止时得到的 (x,y) 流和已标号的顶点集, 则 $\boldsymbol{f}$ 是最大 (x,y) 流, $(S,\overline{S})$ 是最小容量的 (x,y) 割.

证明　若在算法的第 2 步中有 $L=\emptyset$, 则 N 中不存在 $\boldsymbol{f}$ 增广路. 于是由定理 4.4.1 知 $\boldsymbol{f}$ 是最大 (x,y) 流, 而 $(S,\overline{S})$ 是最小容量的 (x,y) 割, 其中 S 为已被标号的顶点集. 如果 $L\neq\emptyset$, 每次当完成算法中的第 4 步时, 就构造出其流量比 $\boldsymbol{f}$ 更大的流 $\tilde{\boldsymbol{f}}$. 由于对 N 中任何 (x,y) 流 $\tilde{\boldsymbol{f}}$, 均有

$$\mathrm{val}\,\tilde{\boldsymbol{f}}\leqslant \mathrm{cap}(E_D^+(x)),$$

其中 $E_D^+(x)$ 表示 D 中以 x 为起点的边集, 并且由于 N 是整容量网络, 所以第 4 步最多重复 $\mathrm{cap}(E_D^+(x))$ 步, 该算法可以在有限步内结束. ∎

必须注意, 标号程序应本着 "先标号先删去" 的原则. 考虑图 4.18 所示的容量网络 $N=(D_{xy},\boldsymbol{c})$. 显然, N 中存在流量为 $2m$ 的 (x,y) 流 $\boldsymbol{f}$. 若从零流开始, 交错地选取 (x,x_1,x_2,x_5,x_6,y) 和 (x,x_4,x_5,x_2,x_3,y) 作为增广路, 每次修正流增加单位流量, 需要进行 $2m+1$ 次标号过程. 因为 m 是任意的, 所以执行标号算法所需要的计算次数不能以 υ 和 ε 的多项式函数为其上界. 换言之, 它不是有效算法.

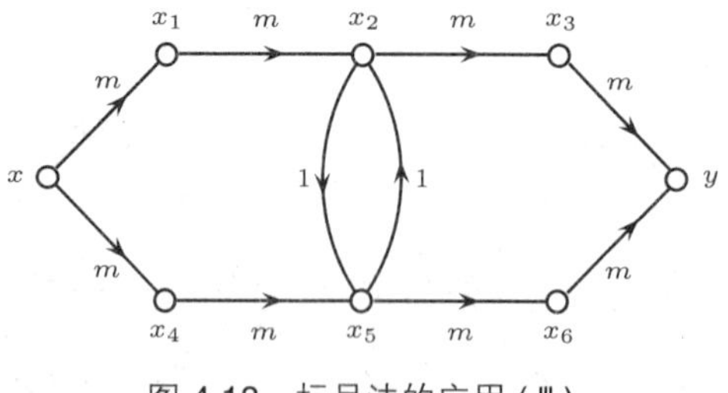

图 4.18　标号法的应用 (Ⅲ)

若按 "先标号先删去" 的原则, 标号程序只需进行 2 次就可获得最大流. 事实上, 对于一般的整容量网络 N, 可以证明 (见习题 4.4.5): 若每次修正流 $\boldsymbol{f}$ 是通过最短 $\boldsymbol{f}$ 增广路获得的, 则标号程序至多进行 $\upsilon\varepsilon/2$ 次就可以获得最大流.

应该指出的是, 对无理数容量, Ford 和 Fulkerson 在《Flows in Networks》(1962) [128] 中给出例子, 说明标号法不能在有限步内停止, 并且计算过程中得到的流序列也不收敛于最大流.

注　当 $\boldsymbol{c}\equiv 1$ 时, 标号法求出的最大流 $\boldsymbol{f}$ 满足 $\lambda_D(x,y)=\mathrm{val}\,\boldsymbol{f}$. 换言之, 标号法为求图的强边连通度提供了一个有效算法.

习题 4.4

4.4.1 证明: 由式 (4.4.1) 给出的 $\tilde{\boldsymbol{f}}\in\mathscr{E}(D)$ 是 N 中 (x,y) 流且满足

$$\mathrm{val}\,\tilde{\boldsymbol{f}}=\mathrm{val}\,\boldsymbol{f}+\sigma_P(y).$$

4.4.2 求下列容量网络中最大 (x,y) 流和最小 (x,y) 割.

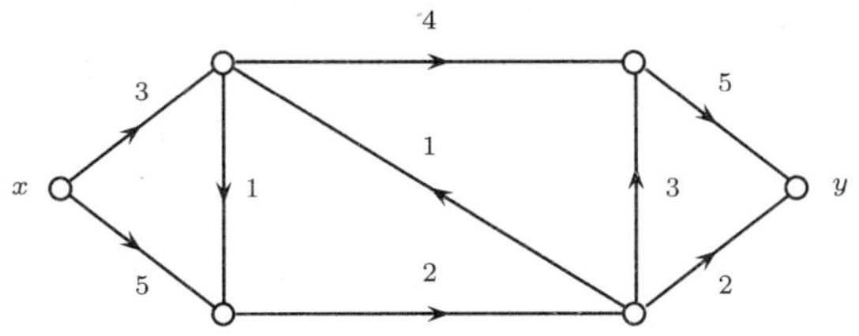

(习题 4.4.2 图)

4.4.3 有批商品从产地 $\{x_1,x_2\}$ 要通过下面的交通网络运到销地 $\{y_1,y_2,y_3\}$. 设计一个运输量尽可能大的运输方案.

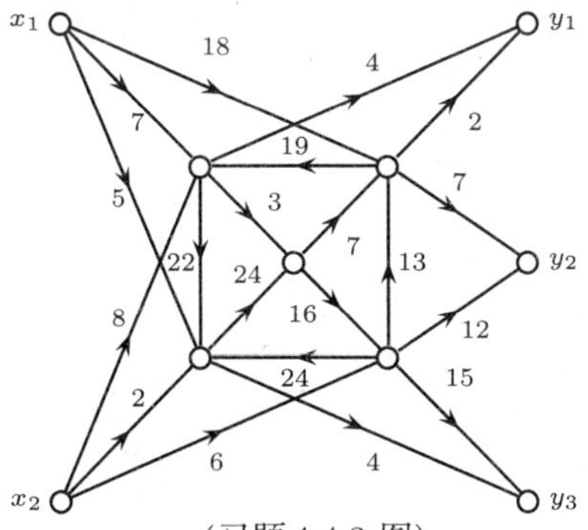

(习题 4.4.3 图)

4.4.4 证明: 标号法可以推广到容量函数为非负有理数的容量网络.

4.4.5 设 N 是整容量网络. 证明:

(a) 在标号法中, 若每次修正流 $\tilde{\boldsymbol{f}}$ 是通过最短 $\boldsymbol{f}$ 增广路获得的, 则标号程序至多进行 $\upsilon\varepsilon/2$ 次就可以获得最大流;

(b) 标号法是有效算法, 其复杂度为 $O(\upsilon\varepsilon^2)$.

4.5 最优运输方案的设计

在上一节利用标号法设计运输方案时, 仅考虑流量, 而不考虑费用(或者说仅考虑在各路段上单位输送量的费用都相等). 在实际问题中, 由于各路段的运输设备不同, 所以单位输送量的费用不尽相等. 这就要求设计一个输送量最大且总的运输费用最小的运输方案. 这样的运输方案被称为**最优运输方案**.

用**费用容量网络** $N=(D_{xy},\boldsymbol{b},\boldsymbol{c})$ 表示该交通系统, 其中 $\boldsymbol{b}\in\mathscr{E}(D)$ 表示单位流量**费用函数**, $\boldsymbol{c}\in\mathscr{E}(D)$ 是**容量函数**. 图 4.13 (a) 所示的是费用容量网络 $N=(D_{xy},\boldsymbol{b},\boldsymbol{c})$, 其中边 a 上的有序数对分别表示费用函数 $\boldsymbol{b}$ 和容量函数 $\boldsymbol{c}$ 在边 a 上的值 $\boldsymbol{b}(a)$ 和 $\boldsymbol{c}(a)$. 设 $\boldsymbol{f}$ 是 N 中 (x,y) 流, 则 $\boldsymbol{f}$ 的**费用** (cost) 被定义为

$$\boldsymbol{b}(\boldsymbol{f})=\sum_{a\in E(D)}\boldsymbol{f}(a)\boldsymbol{b}(a).$$

若对 N 中流量等于 $\operatorname{val}\boldsymbol{f}$ 的任何 (x,y) 流 $\boldsymbol{f}'$, 均有 $\boldsymbol{b}(\boldsymbol{f})\leqslant\boldsymbol{b}(\boldsymbol{f}')$, 则称 $\boldsymbol{f}$ 为**最小费用流**. 用网络的语言, 最优运输方案的设计就是在费用容量网络 $N=(D_{xy},\boldsymbol{b},\boldsymbol{c})$ 中求最大 (x,y) 流 $\boldsymbol{f}$ 且使费用 $\boldsymbol{b}(\boldsymbol{f})$ 最小, 称这样的流为**最小费用最大流** (minimum cost maximum flow).

设 $N=(D_{xy},\boldsymbol{b},\boldsymbol{c})$ 为费用容量网络, $\boldsymbol{f}$ 是 N 中 (x,y) 流. 不妨假设 D 含圈, 并设 C 是 D 中有指定正向的圈. 令

$$\sigma_{\boldsymbol{f}}(a)=\begin{cases}\boldsymbol{c}(a)-\boldsymbol{f}(a), & a\in C^+,\\ \boldsymbol{f}(a), & a\in C^-,\end{cases}\tag{4.5.1}$$

$$\sigma_{\boldsymbol{f}}(C)=\min\{\sigma_{\boldsymbol{f}}(a):a\in E(C)\}.\tag{4.5.2}$$

显然, $\sigma_{\boldsymbol{f}}(C)\geqslant 0$. 若 C 存在定向使 $\sigma_{\boldsymbol{f}}(C)>0$, 则称 C 为 $\boldsymbol{f}$ **增广圈** (increment cycle). 对 $\boldsymbol{f}$ 增广圈 C 和任意 $\sigma\,(0<\sigma\leqslant\sigma_{\boldsymbol{f}})$, 定义

$$\tilde{\boldsymbol{f}}_\sigma(a)=\begin{cases}\boldsymbol{f}(a)+\sigma, & a\in C^+,\\ \boldsymbol{f}(a)-\sigma, & a\in C^-,\\ \boldsymbol{f}(a), & \text{其他}.\end{cases}\tag{4.5.3}$$

容易验证, $\tilde{\boldsymbol{f}}_\sigma$ 是 N 中 (x,y) 流, 而且 $\operatorname{val}\tilde{\boldsymbol{f}}=\operatorname{val}\boldsymbol{f}$ (见习题4.5.1), 并称 $\tilde{\boldsymbol{f}}_\sigma$ 为基于 $\boldsymbol{f}$ 增广圈 C 和 $\sigma_{\boldsymbol{f}}$ 的**保值修正流** (value-preserving revised flow).

例 4.5.1 考察图 4.19 (a) 所示的网络 $N=(D_{xy},\boldsymbol{b},\boldsymbol{c})$. 在例 4.4.2 中, 已求出最大 (x,y) 流 $\boldsymbol{f}$, 如图 4.19 (b) 所示.

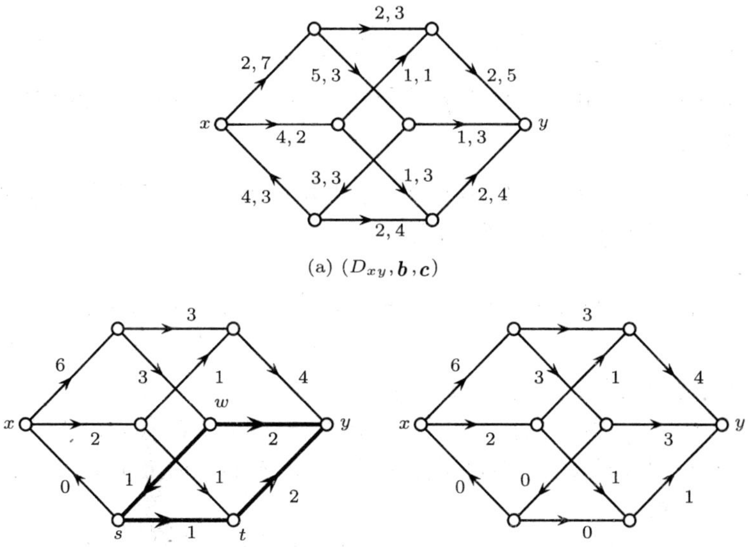

(a) $(D_{xy},\boldsymbol{b},\boldsymbol{c})$

(b) 圈 C (粗边)　　(c) 保值修正流 $\tilde{\boldsymbol{f}}$

图 4.19 保值修正流的获得过程

设 D 中圈 $C=s\ (w,s)\ w\ (w,y)\ y\ (t,y)\ t\ (s,t)\ s$ (如图 4.19 (b) 中粗边所示) 的正向与顺时针方向一致. 于是

$$\begin{aligned}
&C^+=\{(w,y)\},\quad C^-=\{(w,s),(t,y),(s,t)\}.\\
&\sigma_{\boldsymbol{f}}((w,y))=\boldsymbol{c}((w,y))-\boldsymbol{f}((w,y))=3-2=1,\\
&\sigma_{\boldsymbol{f}}((w,s))=\boldsymbol{f}((w,s))=1,\quad \sigma_{\boldsymbol{f}}((t,y))=\boldsymbol{f}((t,y))=2,\\
&\sigma_{\boldsymbol{f}}((s,t))=\boldsymbol{f}((s,t))=1,\\
&\sigma_{\boldsymbol{f}}(C)=\min\{\sigma_{\boldsymbol{f}}(a):\ a\in E(C)\}=\min\{1,2\}=1>0.
\end{aligned}$$

所以 C 是 $\boldsymbol{f}$ 增广圈. 按式 (4.5.3) 定义的保值修正流 $\tilde{\boldsymbol{f}}$ 如图 4.19 (c) 所示, $\operatorname{val}\boldsymbol{f}=8=\operatorname{val}\tilde{\boldsymbol{f}}$. 通过计算, 有 $\boldsymbol{b}(f)=62$, 而 $\boldsymbol{b}(\tilde{\boldsymbol{f}})=56$.

一般说来, $\boldsymbol{b}(\tilde{\boldsymbol{f}})\leqslant\boldsymbol{b}(\boldsymbol{f})$ 不一定成立. 设 C 为 $\boldsymbol{f}$ 增广圈, 定义 C 的费用为

$$\boldsymbol{b}(C,\boldsymbol{f})=\sum_{a\in C^+}\boldsymbol{b}(a)-\sum_{a\in C^-}\boldsymbol{b}(a)\tag{4.5.4}$$

则

$$\boldsymbol{b}(\tilde{\boldsymbol{f}})-\boldsymbol{b}(\boldsymbol{f})=\sigma_{\boldsymbol{f}}(C)\left(\sum_{a\in C^+}\boldsymbol{b}(a)-\sum_{a\in C^-}\boldsymbol{b}(a)\right)=\sigma_{\boldsymbol{f}}(C)\boldsymbol{b}(C,\boldsymbol{f}).\tag{4.5.5}$$

所以只有当 $\boldsymbol{b}(C,\boldsymbol{f})\leqslant 0$ 时，才有 $\boldsymbol{b}(\tilde{\boldsymbol{f}})\leqslant\boldsymbol{b}(\boldsymbol{f})$.

例如，在例 4.5.1 中，$\sigma_{\boldsymbol{f}}(C)=1$, $\boldsymbol{b}(C,\boldsymbol{f})=-6$，故

$$\boldsymbol{b}(\tilde{\boldsymbol{f}})=\boldsymbol{b}(\boldsymbol{f})-6=62-6=56.$$

事实上，有下面的最小费用流的判定准则.

定理 4.5.1 N 中 (x,y) 流 $\boldsymbol{f}$ 是最小费用流 $\Leftrightarrow$ 对每个 $\boldsymbol{f}$ 增广圈 C，都有 $b(C,\boldsymbol{f})\geqslant 0$.

证明 $(\Rightarrow)$ 设 $\boldsymbol{f}$ 是最小费用流，C 是 $\boldsymbol{f}$ 增广圈，并设 $\tilde{\boldsymbol{f}}$ 为基于 $\boldsymbol{f}$ 增广圈 C 的保值修正流. 因为 $\boldsymbol{f}$ 是最小费用流，所以

$$0\leqslant\boldsymbol{b}(\tilde{\boldsymbol{f}})-\boldsymbol{b}(\boldsymbol{f})=\sigma_{\boldsymbol{f}}(C)\left(\sum_{a\in C^+}\boldsymbol{b}(a)-\sum_{a\in C^-}\boldsymbol{b}(a)\right)=\sigma_{\boldsymbol{f}}(C)\boldsymbol{b}(C,\boldsymbol{f}).$$

由于 $\sigma_{\boldsymbol{f}}(C)>0$，所以从上式推出 $\boldsymbol{b}(C,\boldsymbol{f})\geqslant 0$.

$(\Leftarrow)$ 设 $\boldsymbol{f}$ 是 N 中 (x,y) 流，并对每个 $\boldsymbol{f}$ 增广圈 C 都有 $\boldsymbol{b}(C,\boldsymbol{f})\geqslant 0$. 欲证 $\boldsymbol{f}$ 具有最小费用，只需证明 N 中对于流量等于 $\mathrm{val}\,\boldsymbol{f}$ 的任何最小费用 (x,y) 流 $\boldsymbol{f}^*$ 都有 $\boldsymbol{b}(\boldsymbol{f}^*)\geqslant b(\boldsymbol{f})$. 令

$$a'=(y,x),\quad D'=D+a'$$

并补充定义

$$\boldsymbol{c}(a')=+\infty,\quad \boldsymbol{b}(a')=0.$$

于是得到新网络 $N'=(D'_{xy},\boldsymbol{b},\boldsymbol{c})$. 若再补充定义

$$\boldsymbol{f}(a')=\boldsymbol{f}^*(a')=\ \mathrm{val}\,\boldsymbol{f},$$

则 $\boldsymbol{f}$ 和 $\boldsymbol{f}^*$ 都是 D' 的圈空间 $\mathscr{C}(D')$ 中的圈向量.

设 T 是 D 的支撑树，$E(\overline{T})=\{a_1,a_2,\cdots,a_n,a_{n+1}\}$，其中 $n=\varepsilon-v+1,a_{n+1}=a'$，$(\boldsymbol{f}_1,\boldsymbol{f}_2,\cdots,\boldsymbol{f}_{n+1})$ 是圈空间 $\mathscr{C}(D')$ 中对应于 T 的基向量，其中 $\boldsymbol{f}_i$ 是对应于圈 $C_i=T+a_i$ 的圈向量，$i\in\{1,2,\cdots,n+1\}$. 于是，由定理 2.2.6 有

$$\boldsymbol{f}=\sum_{i=1}^{n+1}\boldsymbol{f}(a_i)\,\boldsymbol{f}_i,\quad \boldsymbol{f}^*=\sum_{i=1}^{n+1}\boldsymbol{f}^*(a_i)\,\boldsymbol{f}_i.$$

对每个 $i\in\{1,2,\cdots,n,n+1\}$，令 $\alpha_i=\boldsymbol{f}^*(a_i)-\boldsymbol{f}(a_i)$，则

$$\boldsymbol{f}^*=\sum_{i=1}^{n+1}(\boldsymbol{f}(a_i)+\alpha_i)\,\boldsymbol{f}_i=\boldsymbol{f}+\sum_{i=1}^{n+1}\alpha_i\,\boldsymbol{f}_i. \tag{4.5.6}$$

若存在 i $(1\leqslant i\leqslant n)$，使 $\alpha_i>0$，则 $\boldsymbol{c}(a_i)-\boldsymbol{f}(a_i)>0$. 若 $\sigma_{\boldsymbol{f}}(C_i)=0$，则由式 (4.5.4) 知 $\boldsymbol{b}(C_i,\boldsymbol{f})=0$. 若 $\sigma_{\boldsymbol{f}}(C_i)>0$，则 C_i 是 $\boldsymbol{f}$ 增广圈. 由假定有 $\boldsymbol{b}(C_i,\boldsymbol{f})\geqslant 0$. 于是

$$\alpha_i\boldsymbol{b}(C_i,\boldsymbol{f}_i)=\alpha_i\boldsymbol{b}(C_i,\boldsymbol{f})\geqslant 0. \tag{4.5.7}$$

同样, 若存在 $i\ (1 \leqslant i \leqslant n)$, 使 $\alpha_i < 0$, 则考虑 C_i 的逆向圈 $\overleftarrow{C}_i$, 不妨设它是最小费用流 $\boldsymbol{f}^*$ 增广圈. 由必要性知 $\boldsymbol{b}(\overleftarrow{C}_i,\boldsymbol{f}^*) \geqslant 0$. 所以

$$\boldsymbol{b}(C_i,\boldsymbol{f}_i) = -\boldsymbol{b}(\overleftarrow{C}_i,\boldsymbol{f}_i) = -\boldsymbol{b}(\overleftarrow{C}_i,\boldsymbol{f}^*) \leqslant 0. \tag{4.5.8}$$

由式 (4.5.7) 和式 (4.5.8), 并注意到 $\alpha_{n+1} = 0$, 有

$$\alpha_i \boldsymbol{b}(C_i,\boldsymbol{f}_i) \geqslant 0, \quad \forall\, i \in \{1,2,\cdots,n,n+1\}. \tag{4.5.9}$$

于是, 由式 (4.5.6) 和式 (4.5.9) 得

$$\boldsymbol{b}(\boldsymbol{f}^*) = \boldsymbol{b}(\boldsymbol{f}) + \sum_{i=1}^{n+1}\alpha_i\, \boldsymbol{b}(\boldsymbol{f}_i) = \boldsymbol{b}(\boldsymbol{f}) + \sum_{i=1}^{n+1}\alpha_i\, \boldsymbol{b}(C_i,\boldsymbol{f}) \geqslant \boldsymbol{b}(\boldsymbol{f}),$$

充分性得证. 从而, 定理得证. ∎

定理 4.5.1 提供了解最小费用最大流问题的算法. 这个算法是由 M. Klein (1967) [218] 提出的. 算法的基本想法是: 从 N 中任何一个 (x,y) 最大流 $\boldsymbol{f}$ 出发, 检查每个 $\boldsymbol{f}$ 增广圈. 若所有 $\boldsymbol{f}$ 增广圈的费用都是非负的, 则 $\boldsymbol{f}$ 就是所求的最小费用最大流. 若存在 $\boldsymbol{f}$ 增广圈 C 使得 $\boldsymbol{b}(C,\boldsymbol{f}) < 0$, 则用修正流 $\tilde{\boldsymbol{f}}$ 替代 $\boldsymbol{f}$, 再重复上述过程.

由式 (4.5.5), 从一个流 $\boldsymbol{f}$ 过渡到另一个费用更小的流 $\tilde{\boldsymbol{f}}$ 的关键是寻找费用为负的 $\boldsymbol{f}$ 增广圈. Klein 是通过构造辅助图 $D(\boldsymbol{f})$ 来实现这一点的.

设 $a \in E(D)$, 用 $\overleftarrow{a}$ 表示改变 a 的方向后得到的新边. 定义加权图 $(D(\boldsymbol{f}),\boldsymbol{w})$ 如下: $V(D(\boldsymbol{f})) = V(D)$.

设 $a \in E(D)$.

若 $\boldsymbol{f}(a) = 0$, 则 $a \in E(D(\boldsymbol{f}))$ 且 $\boldsymbol{w}(a) = \boldsymbol{b}(a)$;

若 $\boldsymbol{f}(a) = \boldsymbol{c}(a)$, 则 $\overleftarrow{a} \in E(D(\boldsymbol{f}))$, 且 $\boldsymbol{w}(\overleftarrow{a}) = -\boldsymbol{b}(a)$;

若 $0 < \boldsymbol{f}(a) < \boldsymbol{c}(a)$, 则 $a, \overleftarrow{a} \in E(D(\boldsymbol{f})), \boldsymbol{w}(a) = \boldsymbol{b}(a)$ 且 $\boldsymbol{w}(\overleftarrow{a}) = -\boldsymbol{b}(a)$.

例如, 图 4.20 (a) 所示的图就是图 4.19 (b) 所示的 (x,y) 流 $\boldsymbol{f}$ 的 $D(\boldsymbol{f})$, 其中曲有向边表示 $\overleftarrow{a}$.

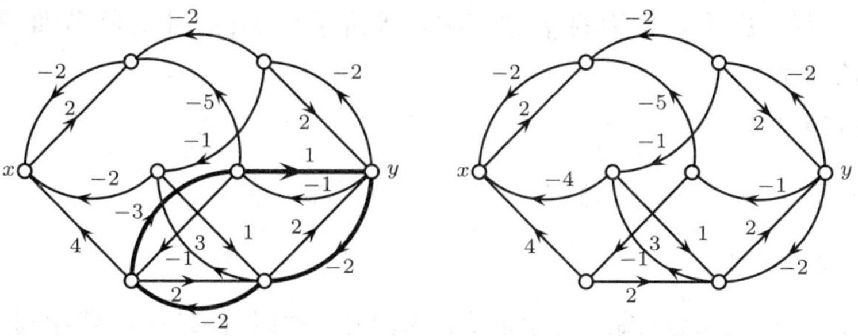

(a) $(D(\boldsymbol{f}),\boldsymbol{w})$　　(b) $(D(\tilde{\boldsymbol{f}}),\boldsymbol{w})$

图 4.20　Klein 算法的应用

定理 4.5.2 D **中存在负费用的** $\boldsymbol{f}$ **增广圈** $\Leftrightarrow$ $D(\boldsymbol{f})$ **中存在负权和的有向圈(负圈).**

证明 设 C 是 D 中 $\boldsymbol{f}$ 增广圈, 则 C 存在定向, 使 $\sigma_{\boldsymbol{f}}(C)>0$. 于是对任何 $a\in E(C)$, 均有 $0<\boldsymbol{f}(a)<\boldsymbol{c}(a)$. 因而, $a,\overleftarrow{a}\in E(D(\boldsymbol{f}))$. 设 $\overleftarrow{C}$ 是 $D(\boldsymbol{f})$ 中对应于 C 的有向圈, 使得 $C^+\subseteq E(\overleftarrow{C})$. 令 $\overleftarrow{C}^+=C^+,\overleftarrow{C}^-=E(\overleftarrow{C})\setminus\overleftarrow{C}^+$, 则 C 的费用

$$\begin{aligned}\boldsymbol{b}(C,\boldsymbol{f})&=\sum_{a\in C^+}\boldsymbol{b}(a)-\sum_{a\in C^-}\boldsymbol{b}(a)=\sum_{a\in\overleftarrow{C}^+}\boldsymbol{w}(a)-\sum_{\overleftarrow{a}\in\overleftarrow{C}^-}(-\boldsymbol{w}(\overleftarrow{a}))\\&=\sum_{a\in E(\overleftarrow{C})}\boldsymbol{w}(a)=\boldsymbol{w}(\overleftarrow{C}).\end{aligned}$$

反之, 设 $\overleftarrow{C}$ 是 $D(\boldsymbol{f})$ 中有向圈, 令

$$\overleftarrow{C}^+=\{a\in E(\overleftarrow{C}):\ \boldsymbol{w}(a)>0\},\quad \overleftarrow{C}^-=E(\overleftarrow{C})\setminus\overleftarrow{C}^+,$$

则 $\overleftarrow{C}^+\subset E(D)$ 且 $\overleftarrow{C}^-$ 中的边全为 $\overleftarrow{a}$. 令

$$C^+=\overleftarrow{C}^+,\quad C^-=\{a\in E(D):\ \overleftarrow{a}\in\overleftarrow{C}^-\}.$$

容易验证, $C^+\cup C^-$ 构成 D 中 $\boldsymbol{f}$ 增广圈, 并且

$$\begin{aligned}\boldsymbol{w}(\overleftarrow{C})&=\sum_{a\in E(\overleftarrow{a})}\boldsymbol{w}(a)=\sum_{a\in\overleftarrow{a}^+}\boldsymbol{w}(a)-\sum_{\overleftarrow{a}\in\overleftarrow{C}^-}(-\boldsymbol{w}(\overleftarrow{a}))\\&=\sum_{a\in C^+}\boldsymbol{b}(a)-\sum_{a\in C^-}\boldsymbol{b}(a)=\boldsymbol{b}(C,\boldsymbol{f}).\end{aligned}$$

定理得证. ∎

由定理 4.5.1 和定理 4.5.2 立即得到 (R. G. Busacker, T. L. Saaty, 1965 [56]):

定理 4.5.3 N **中** (x,y) **流** $\boldsymbol{f}$ **是最小费用流** $\Leftrightarrow$ $D(\boldsymbol{f})$ **中不含负圈.**

于是, 寻找 D 中负费用的 $\boldsymbol{f}$ 增广圈就等价于在 $D(\boldsymbol{f})$ 中寻找负圈. 现在概述 Klein 算法如下.

Klein 算法

1. 求 N 中最大 (x,y) 流 $\boldsymbol{f}$;
2. 构造 $D(\boldsymbol{f})$;
3. 求 $D(\boldsymbol{f})$ 中的负圈. 若无负圈, 则停止, 此时 $\boldsymbol{f}$ 是最小费用最大流. 若 $D(\boldsymbol{f})$ 含负圈 $\overleftarrow{C}$, 则 $C^+\cup C^-$ 是 $\boldsymbol{f}$ 增广圈 (其正向与 $\overleftarrow{C}$ 的方向一致), 做保值修正流 $\tilde{\boldsymbol{f}}$, 并用 $\tilde{\boldsymbol{f}}$ 代替 $\boldsymbol{f}$, 转入第 1 步.

例 4.5.2　考察图 4.19 (a) 所示的网络, 其中边 a 上的有序数对分别是 $\boldsymbol{b}(a)$ 和 $\boldsymbol{c}(a)$. 例 4.4.2 已求得最大流 $\boldsymbol{f}$ 如图 4.19 (b) 所示. 由 Klein 算法构作的 $D(\boldsymbol{f})$ 如图 4.20 (a) 所示, 粗弧表示的是负圈, 对应的 $\boldsymbol{f}$ 增广圈如图 4.19 (b) 中粗边所示. 基于这个 $\boldsymbol{f}$ 增广圈的修正流 $\tilde{\boldsymbol{f}}$ 如图 4.19 (c) 所示. 再执行 Klein 算法构作 $D(\tilde{\boldsymbol{f}})$, 如图 4.20 (b) 所示, $D(\tilde{\boldsymbol{f}})$ 中无负圈, 所以 $\tilde{\boldsymbol{f}}$ 是最小费用最大流. 事实上, $\boldsymbol{b}(\boldsymbol{f})=62>56=\boldsymbol{b}(\tilde{\boldsymbol{f}})$.

习题 4.5

4.5.1 证明: 由式 (4.5.3) 给出的 $\tilde{\boldsymbol{f}}\in\mathscr{E}(D)$ 是 N 中 (x,y) 流, 并且 $\operatorname{val}\tilde{\boldsymbol{f}}=\operatorname{val}\boldsymbol{f}$.

4.5.2 利用Klein算法, 求下列两个网络的最小费用最大流, 边 a 上的有序数对分别为 $\boldsymbol{b}(a)$ 和 $\boldsymbol{c}(a)$.

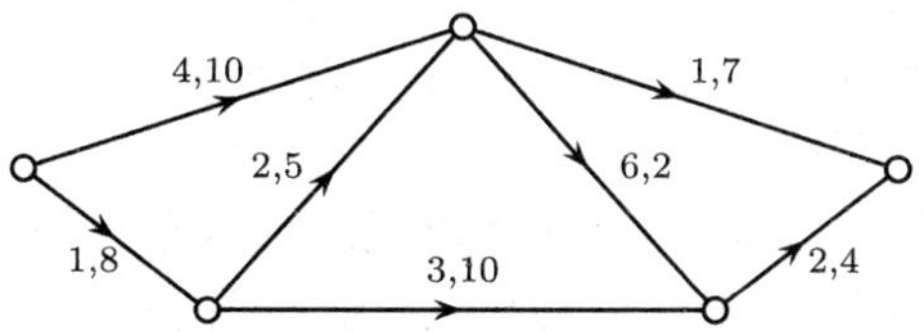

(a)

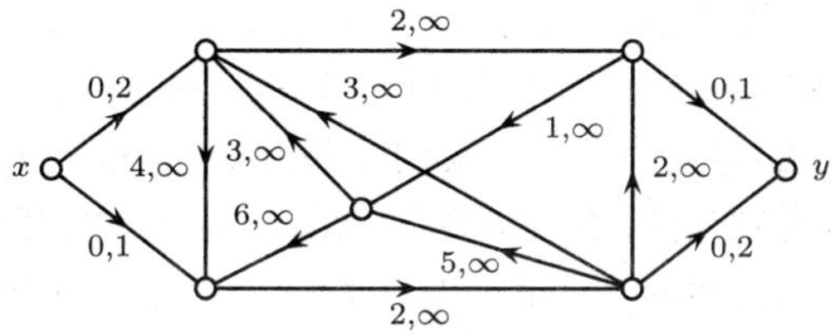

(b)

(习题4.5.2 图)

4.5.3 设 $\boldsymbol{f}$ 是 (x,y) 流, P 是所有 $\boldsymbol{f}$ 增广路中费用 $\boldsymbol{b}(P,\boldsymbol{f})$ 最小的一条, $\tilde{\boldsymbol{f}}$ 是基于 P 的修正流.

(a) 证明: 若 $\boldsymbol{f}$ 是最小费用流, 则 $\tilde{\boldsymbol{f}}$ 也是最小费用流.

(b) 证明: 求 D 中最小费用 $\boldsymbol{f}$ 增广路 $\Leftrightarrow$ 求 $D(\boldsymbol{f})$ 中最短 xy 路.

(c) 利用 (a) 和 (b) 设计求最小费用最大流的算法, 并用此算法验证习题4.5.2求出的流是最小费用最大流.　(R. G. Busacker, P. J. Gowen, 1961 [55])

4.6 中国投递员问题

投递员从邮局出发, 走遍他所负责区域内的每条街道, 完成投递后回到邮局. 他应怎样选择路线使所走的总路程最短? 这个问题是由国内学者管梅谷 (1960) [160] 首先提出并进行研究的, 文献上称之为**中国投递员问题** (Chinese postman problem).

投递员所负责的区域可以看成一个连通的加权有向图 $(D,\boldsymbol{w})$, 其中 D 的顶点视为街道的交叉口, 街道 (单向) 视为边, 权视为街道的长 (当然是正数). 经过 D 中每条边至少一次的有向闭链被称为**邮路** (postal route), 具有最小权的邮路被称为**最优邮路** (optimal postal route). 中国投递员问题就是在连通的加正权图 $(D,\boldsymbol{w})$ 中找出一条最优邮路.

在现实生活中, 有许多问题, 比如城市里的洒水车、扫雪车、垃圾清扫车和参观展览馆等最佳行走路线问题都可以归结为中国投递员问题. 中国投递员问题的广泛应用, 引起了人们极大的研究兴趣, 许多好的解决方法被提出. 本节介绍的中国投递员问题的有效算法是由 Edmonds 和 Johnson(1973) [100] 首先提出来的.

设 $D=(V,E)$ 是有向图. 首先考虑 D 是 Euler 图的情形, D 中任何 Euler 有向回都是一条通过 D 的每条边正好一次的邮路, 因而是最优邮路. 在这种情形下, 中国投递员问题是容易解决的, 存在着确定 Euler 有向回的有效算法. 因为 D 是 Euler 图, 所以 D 是强连通的. 于是, 对任何 $x_0\in V(D)$, D 中存在根在 x_0 的支撑树. 利用 Moore-Dijkstra 算法 (见 2.5 节) 可以求出一棵根在 x_0 的支撑树 T. 对应于 T, 可以给出求 Euler 有向回的算法.

Edmonds-Johnson 有向回算法

1. 任取 $x_0\in V(D)$, 求出根在 x_0 的支撑树 T, 并令 $P_0=x_0$.

2. 设有向迹 $P_i=x_ia_ix_{i-1}\cdots x_1a_1x_0$ 已确定. 取 $a_{i+1}\in E(D)\setminus\{a_1,a_2,\cdots,a_i\}$, 使

   (1) $a_{i+1}=(x_{i+1},x_i)$;

   (2) $a_{i+1}\notin E(T)$, 除非没有别的边可供选择.

3. 若第 2 步不能再执行, 则停止.

定理 4.6.1 **上述算法终止时构造出的有向迹是 D 中 Euler 有向回.**

证明　设 $P_n=x_na_nx_{n-1}a_{n-1}\cdots x_1a_1x_0$ 是上述算法终止时构造的有向迹. 因为 D 是 Euler 图, 所以由定理 1.7.1 知 D 是平衡图. 故有 $x_n=x_0$, 即 P_n 是有向闭迹.

若 P_n 不是 Euler 有向回, 则存在 $b_1\in E(D)$ 且 $b_1\notin E(P_n)$. 设 $b_1=(x_i,x_j)$. 由算法第 2 步 (2), 不妨设 $b_1\in E(T)$. 由于 $d^+_D(x_i)=d^-_D(x_i)$, 且 $d^+_{P_n}(x_i)=d^-_{P_n}(x_i)$, 所以必存在 $b_2\in E(D)$ 且 $b_2\notin E(P_n)$, 使 $b_2=(x_k,x_i)$. 由算法第 2 步 (2), 不妨设 $b_2\in E(T)$. 同理, 存在 $b_3\in E(D)$ 且 $b_3\notin E(P_n)$, 使 $b_3=(x_\ell,x_k)$, $b_3\in E(T)$. 于是得到一系列边 $b_1,b_2,b_3,\cdots$, 它们沿着 T 上从 x_0 到 x_j 的有向路一直退到 $x_0=x_n$. 由于 $d^+_D(x_n)=d^-_D(x_n)$ 且 $d^+_{P_n}(x_n)=d^-_{P_n}(x_n)$, 所以存在 $a'\in E^-_D(x_n)$, 使 $a'\notin E(P_n)$. 这矛盾于算法第 3 步. 因此 P_n 是 Euler 有向回. ∎

例 4.6.1　考察图 4.21 所示的图 D. 因为 D 是连通的平衡图, 所以由定理 1.7.1 知 D 是 Euler 有向图. 考虑根在 x_1 的支撑树 T (如图 4.21 中粗边所示). 由上述算法得到 Euler 有向回: $P=x_1\ a_{15}\ x_2\ a_{14}\ x_3\ a_{13}\ x_4\ a_{12}x_5\ a_{11}\ x_2\ a_{10}\ x_4\ a_9\ x_5\ a_8\ x_3\ a_7\ x_4\ a_6\ x_5\ a_5\ x_1\ a_4\ x_3\ a_3\ x_4\ a_2\ x_5\ a_1\ x_1$.

下面讨论图 D 不含 Euler 有向回的情形. 首先解决此情形下的邮路存在性问题. 如图 4.22 所示的图 D 中不存在邮路, 这是因为 D 中不存在从 $\{y_1,y_2,y_3\}$ 到 $\{x_1,x_2,x_3\}$ 的有向路, 即 D 不是强连通的.

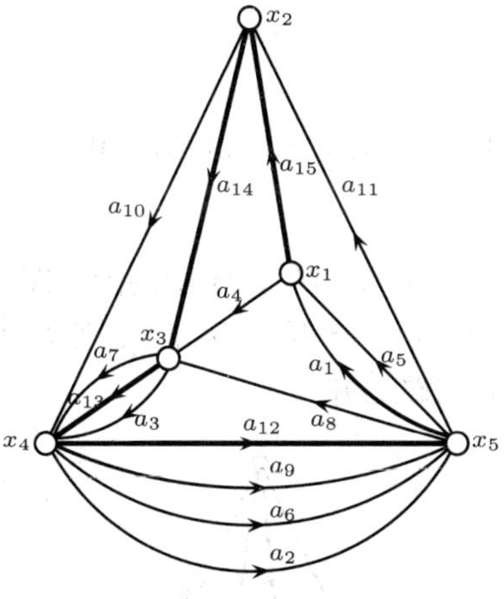

图 4.21　D 中根在 x_1 的支撑树 T

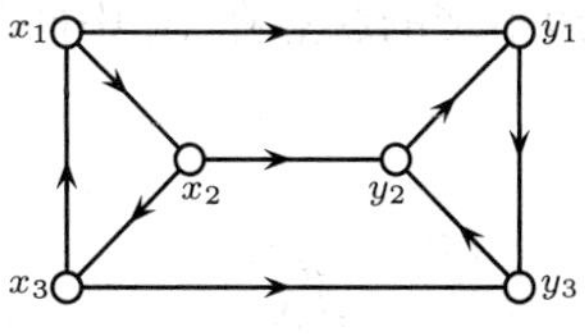

图 4.22　不存在邮路的有向图

定理 4.6.2　**图 D 有邮路 $\Leftrightarrow$ D 强连通.**

证明　($\Rightarrow$) 由邮路的定义立即知 D 是强连通的.

($\Leftarrow$) 设 $D=(V,E)$ 是强连通图, 则 D 中必含有向圈. 取 D 中有向闭链 C, 使其含 D 的边尽可能地多. 若 C 不是邮路, 则必存在 $a\in E(D)$, 使得 $a\notin E(C)$. 设 $a=(x,y)$. 取 $u\in V(C)$. 由于 D 是强连通的, 所以 D 中存在 (u,x) 路 P 和

(y,u) 路 Q. 于是, $C' = C \oplus (P+a) \oplus Q$ 为 D 中有向闭链, 且 C' 含 D 的边比 C 至少多一条 (例如 a), 矛盾于 C 的选取. 所以 C 是 D 的邮路. ∎

设 $(D,\boldsymbol{w})$ 是非平衡的强连通加权图, 并设 P 是 D 的邮路. 因此某些边在 P 中重复出现. 用 $p(a)$ 表示 $a \in E(D)$ 在 P 中重复出现的次数 (即 a 在 P 中出现 $p(a)+1$ 次). 对任何 $a \in E(D)$, 用 D^* 表示将 $p(a)$ 条与 a 有相同方向的边替代 D 中的边 a 得到的 (重) 图. D^* 是 D 的母图而且是平衡的. 因此 D 中邮路将对应母图 D^* 中 Euler 有向回. 于是, 中国投递员问题可以重叙如下:

给定强连通加权图 $(D,\boldsymbol{w})$, $\boldsymbol{w} > 0$.

(i) 构造 D 的平衡母图 D^*, 使添加的边集 E^* 有最小权.

(ii) 求 D^* 中 Euler 有向回.

Edmonds-Johnson 有向回算法已提供了求解 (ii) 的有效算法. 下面讨论求解 (i) 的算法, 它也是由 J. Edmonds 和 E. L. Johnson (1973) [100] 提出的.

设 $x \in V(D)$. 令 $\rho(x) = d_D^-(x) - d_D^+(x)$, 并令

$$X = \{x \in V(D):\ \rho(x) > 0\}, \quad Y = \{y \in V(D):\ \rho(y) < 0\}.$$

由于 D 是非平衡图, 所以由定理 1.7.1 知 $X \neq \emptyset$, $Y \neq \emptyset$, 并且

$$\sum_{x \in X} \rho(x) = -\sum_{y \in Y} \rho(y).$$

记上式两边的值为 $\rho(D)$.

例如, 对于图 4.23 中加权有向图 D, 有

$$\rho(x_1) = -1, \quad \rho(x_5) = -2, \quad \rho(x_4) = 1, \quad \rho(x_3) = 2, \quad \rho(x_2) = 0.$$

于是, $X = \{x_3, x_4\}$, $Y = \{x_1, x_5\}$, $\rho(D) = 3$.

假定满足 (i) 中要求的母图 D^* 及 E^* 已选定. 例如, 图 4.24 中的图为图 4.23 中图 D 的母图 D^*, 其中 E^* 中的边由曲有向边表示. 令 $H = D^*[E^*]$, 则 H 是由 $\rho(D)$ 条边不交的起点在 X 中而终点在 Y 中有向路的并.

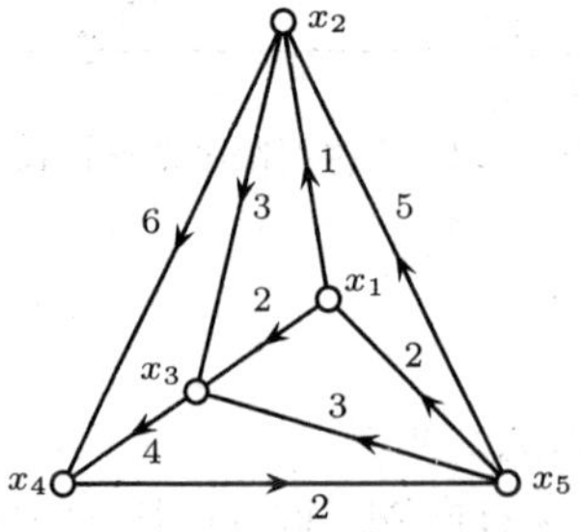

图 4.23 加权有向图 $(D,\boldsymbol{w})$

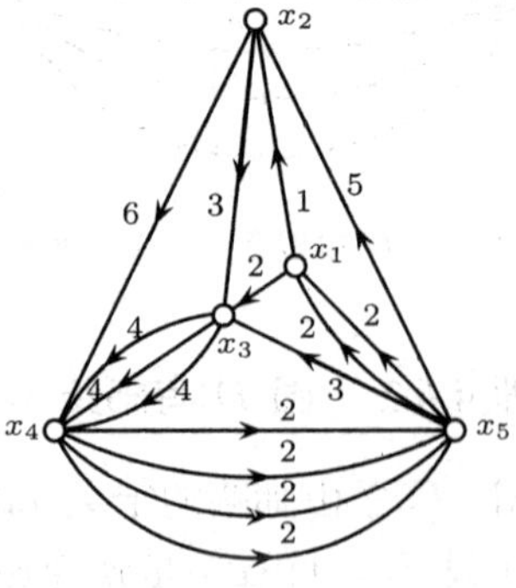

图 4.24 图 $(D^*,\boldsymbol{w}^*)$

例如, 图 4.24 中由曲有向边集 E^* 导出的子图 H 如图 4.25 所示, 其中有 $\rho(D)=3$ 条边不交有向路:

$P_1=x_3a_1x_4a_2x_5a_3x_1$　(粗线所示),

$P_2=x_3a_4x_4a_5x_5$　(细线所示),

$P_3=x_4a_6x_5$　(虚线所示).

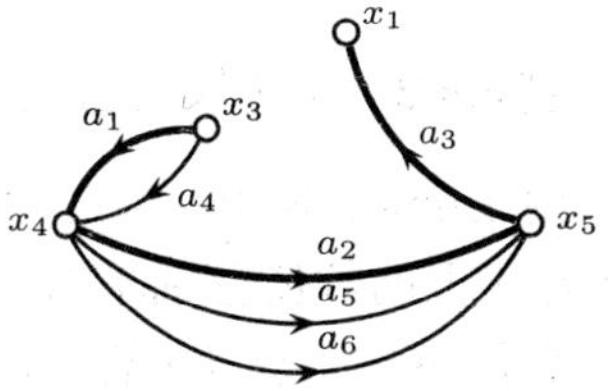

图 4.25　$H=G^*[E^*]$

反之, 任何 $\rho(D)$ 条起点在 X 中而终点在 Y 中且权最小的有向路的边集 E^* (若边 a 是 m 条有向路的公共边, 则计算 m 次) 都是 (i) 的解 (因为此时 D^* 为平衡图). 于是, (i) 的解归结为在 D 中选取 $\rho=\rho(D)$ 条起点在 X 中而终点在 Y 中且边不交的有向路 $P_1,P_2,\cdots,P_\rho$, 使权和 $\boldsymbol{w}(P_1)+\boldsymbol{w}(P_2)+\cdots+\boldsymbol{w}(P_\rho)$ 最小.

为此, 构作费用容量网络 $N=(D'_{x_0y_0},\boldsymbol{b},\boldsymbol{c})$, 其中 D' 为在 D 中添加两个新顶点 x_0 和 y_0, 然后用容量为 $\rho(x)$、费用为 0 的起点 x_0 的边连接 x_0 到 X 中每个顶点 x; 用容量为 $-\rho(y)$、费用为 0 的终点为 y_0 的边连接 Y 中每个顶点 y 到 y_0. 当 $a\in E(D)$ 时, $\boldsymbol{b}(a)=\boldsymbol{w}(a)$, $\boldsymbol{c}(a)=\infty$.

对应于图 4.26 (a) (即图 4.23) 中所示的加权图 $(D,\boldsymbol{w})$, 按上述方法构造出的有向图 D' 和费用容量网络 $N=(D'_{x_0y_0},\boldsymbol{b},\boldsymbol{c})$ 如图 4.26 (b) 所示.

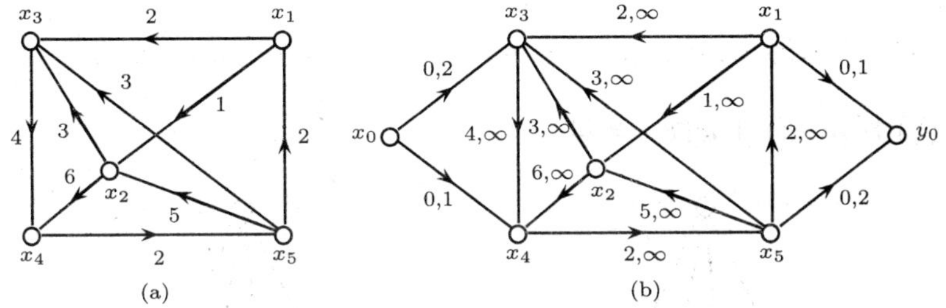

图 4.26　(a) 加权图 $(D,\boldsymbol{w})$; (b) 费用容量网络 $N=(D'_{x_0y_0},\boldsymbol{b},\boldsymbol{c})$

于是, N 中每个单位 (x_0,y_0) 流 $\boldsymbol{f}_0$ 都可以视为 D 的一条 (x,y) 路 P_0, 其中 $x\in X$, $y\in Y$. $\boldsymbol{f}_0$ 的费用 $\boldsymbol{b}(f_0)=\boldsymbol{w}(P_0)$. 由于 $E^+_{D'}(x_0)$ 和 $E^-_{D'}(y_0)$ 都是 D' 的 (x_0,y_0) 割且容量均为 $\rho(D)$, 任何其他 (x_0,y_0) 割都有容量 ∞. 于是 $E^+_{D'}(x_0)$ 和 $E^-_{D'}(y_0)$ 都是 N 中具有最小容量的 (x_0,y_0) 割. 由最大流最小割定理 (定理 4.1.1) 知 N 中最大 (x_0,y_0) 流 $\boldsymbol{f}$ 的流量 $\mathrm{val}\,\boldsymbol{f}=\rho(D)$.

因此, 求解 (i) 的问题归结为求 N 中最小费用最大流问题. 而求后者已有 Klein 算法 (见 4.5 节). 归纳上述过程, 叙述 Edmonds-Johnson 算法如下.

Edmonds-Johnson 算法

1. 构造 D' 和 $N=(D'_{x_0y_0},\boldsymbol{b},\boldsymbol{c})$;

2. 求 N 中最小费用最大流;

3. 构造 D^*;

4. 求 D^* 中 Euler 有向回, 即 $(D,\boldsymbol{w})$ 最优邮路.

例 4.6.2 考虑图 4.26 (a) (即图 4.23) 中所示的强连通加权图 $(D,\boldsymbol{w})$.

由 Edmonds-Johnson 算法, 先构作 D' 和 $N=(D'_{x_0y_0},\boldsymbol{b},\boldsymbol{c})$. 如图 4.26 (b) 所示, 边 a 上的数值分别是费用 $\boldsymbol{b}(a)$ 和容量 $\boldsymbol{c}(a)$.

利用 Klein 算法 (见 4.5 节. 当然, 这里通过观察就可以) 求出最小费用最大流 $\boldsymbol{f}$ 如图 4.27 所示, 其中 $\boldsymbol{f}(a)$ 表示边 a 在 E^* 中重复出现的次数.

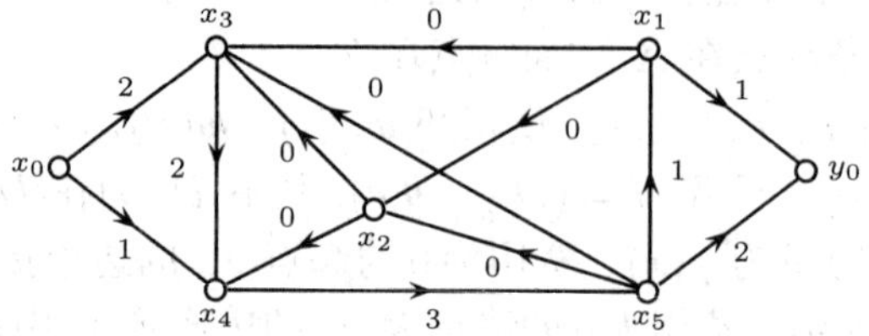

图 4.27 N 中最小费用最大流

$D^*=D\oplus E^*$ 如图 4.28 (a) 所示. D^* 是 Euler 有向图, 其中 Euler 有向回, 即最优邮路 (仅用边表示) 为

$$P=(a_1,a_2,a_3,a_4,a_5,a_6,a_7,a_8,a_9,a_{10},a_{11},a_{12},a_{13},a_{14},a_{15}),$$

如图 4.28 (b) 所示, 而且 $\boldsymbol{w}(P)=44$. ∎

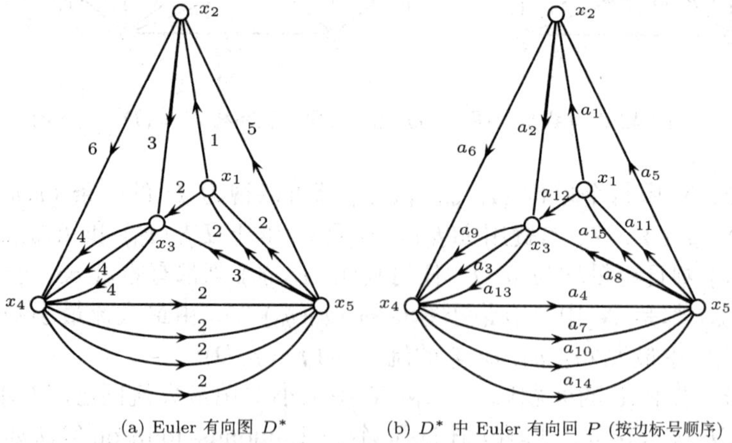

图 4.28 例 4.6.2 中的图

习题 4.6

4.6.1 设 $G=(V,E)$ 是 Euler 无向图. 求 G 中 Euler 回有下列有效的 **Fleury 算法**:

1. 令 $P_0 = x_0$;
2. 假设 $P_i = x_0e_1x_1\cdots x_{i-1}e_ix_i$ 已确定. 取 $e_{i+1}\in E(G)\setminus\{e_1,e_2,\cdots,e_i\}$, 使得
   (i) $e_{i+1}=x_ix_{i+1}$;
   (ii) 除非无别的边选择, e_{i+1} 不是 $G_i = G-\{e_1,e_2,\cdots,e_i\}$ 的割.
3. 当第 2 步不能再执行时, 停止.

(a) 证明: 若 G 是 Euler 图, 则由 Fleury 算法构造出的迹 P 是 G 中 Euler 回.

(b) 利用 Fleury 算法求出下图 G 中 Euler 回.

4.6.2 利用 Edmonds-Johnson 有向回算法求下图中 Euler 有向回.

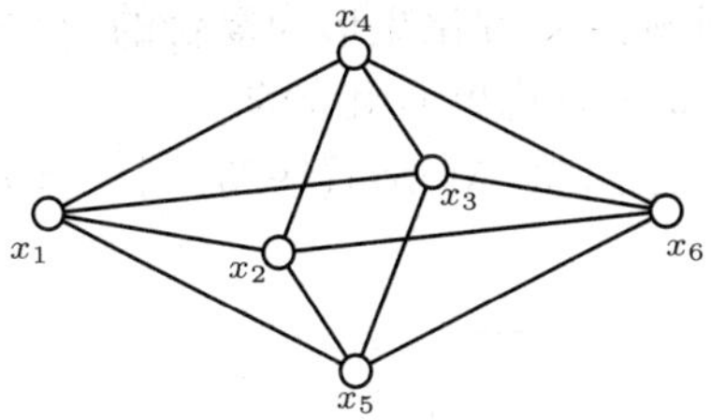

(习题 4.6.1 图)

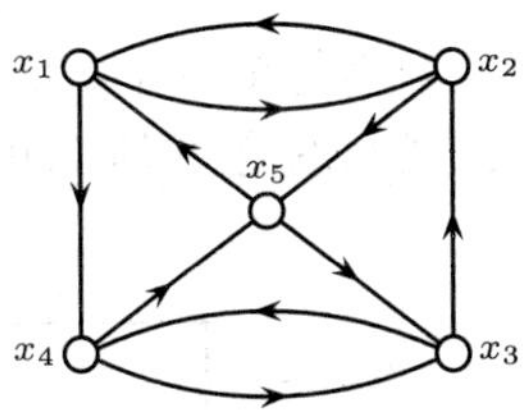

(习题 4.6.2 图)

4.6.3 求下面加权图中最优邮路, 并求其权和.

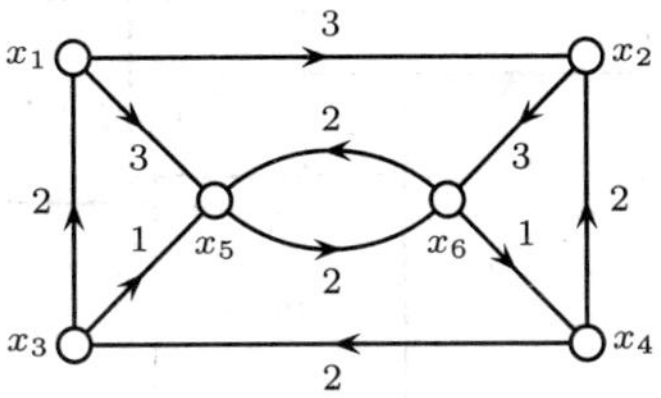

(习题 4.6.3 图)

4.6.4 证明: 加权无向图 $(G,\boldsymbol{w})$ 中邮路 P 是最优的当且仅当它满足:

(i) P 中没有二重以上的边;

(ii) 在 G 的每个圈 C 中, 属于重复边集 E^* 的边权之和 $\leqslant \dfrac{1}{2}\boldsymbol{w}(C)$. (管梅谷, 1960 [160])

4.6.5 求下面的加权无向图中最优邮路, 并求其权和.

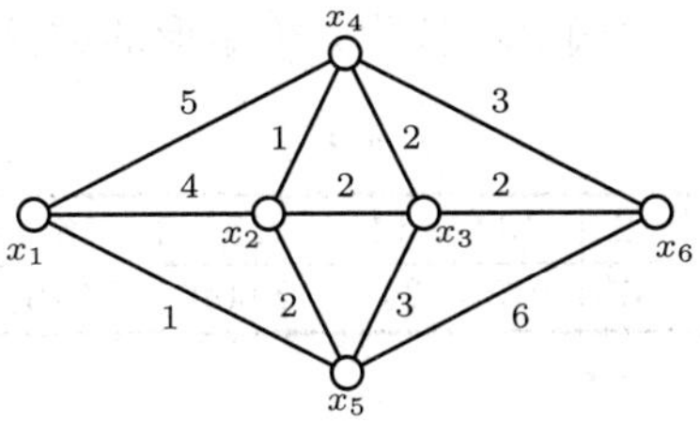

(习题 4.6.5 图)

4.7 方化矩形的构造*

方化矩形 (squared rectangle) 是指可以剖分成有限个 (至少两个) 正方形的矩形. 若剖分出的任意两个正方形的大小均不相等, 则称这个方化矩形是**完美的** (perfect). 剖分出来的正方形的数目被称为这个方化矩形的**阶** (order). 若剖分出的正方形中包含一个较小的方化正方形, 则称这个方化矩形为**复合的**, 反之称之为**简单的**. 显然每个方化矩形均是由若干个简单方化矩形组成的.

图 4.29 展示的是 9 阶简单完美矩形, 它是由 Z. Moroń (1925) [278] 首先发现的.

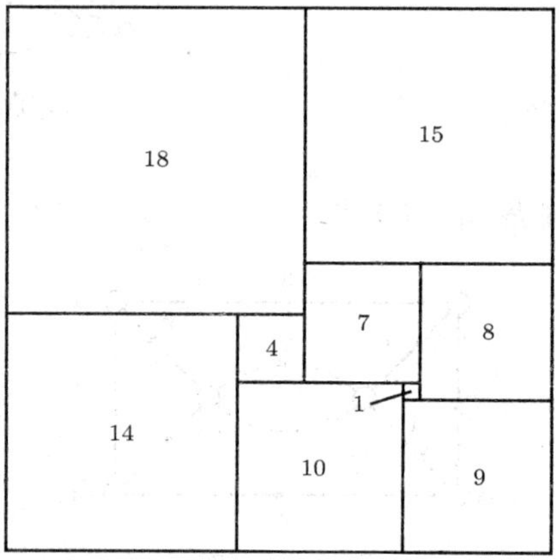

图 4.29 9 阶 33× 32 简单完美矩形

方化矩形问题是个典型的组合数学问题, 自 20 世纪 30 年代起, 它引起了人们的兴趣. 到了 40 年代, R. L. Brooks 和 W. T. Tutte 等人 (1940) [50] 利用图论把完美矩形的构造发展成系统化的方法, 首先给出 9~11 阶完美矩形的明细表, 并证明了完美矩形的最低阶是 9. 后来 C. J. Bouwkamp 等人 (1964) [47] 用电子计算机列出了 9~18 阶的所有完美矩形. 各阶完美矩形的数目如表 4.2 所示 (2016) [8].

表 4.2

阶数	9	10	11	12	13	14	15	16	17	18
数目	2	6	22	67	213	744	2 609	9 016	31 426	110 384

在很长一段时间内, 人们不知道有完美正方形. R. Sprague (1939) [326] 通过把已求出的完美矩形中的某些拼起来, 从而第一次发现了一个边长为 4 205 的 55

阶完美正方形. W. T. Tutte 等人 (1940) [50] 也利用这个方法得到一个边长为 608 的 26 阶完美正方形. 1967 年, J. C. Wilson [382] 利用电子计算机找出一个边长为 112 的 25 阶完美正方形. 直到 1978 年, A. J. W. Duijvestijn [95] 用电子计算机找到一个边长为 112 的 21 阶完美正方形 (见图 4.30). 它是唯一的 21 阶完美正方形而且是最低阶的完美正方形.

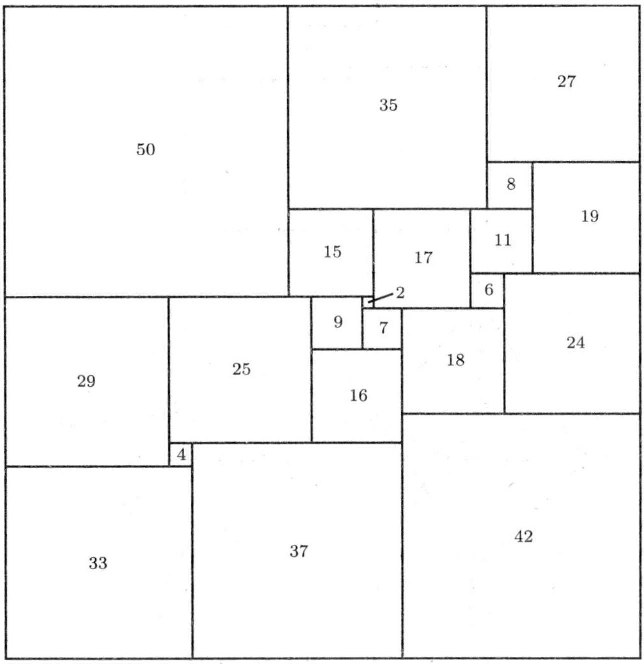

图 4.30　21 阶简单完美正方形

到目前为止, 几个较低阶的简单完美正方形的数目如表 4.3 所示 (2016) [8] .

表 4.3

阶数	21	22	23	24	25	26	27	28	29	30	31
数目	1	8	12	26	160	441	1 152	3 001	7 901	20 566	54 541

从表 4.3 可以看出, 已经找出的完美正方形还很少.

网页 [8] 列出了至今所知的小阶完美矩形和完美正方形. 现在看来, 要找到新的完美矩形和完美正方形需要借助于计算机. 因此需要一种系统的方法来构造完美矩形或者完美正方形.

本节将 Tutte 等人 (1940) [50] 构造完美矩形的系统化方法做个简短介绍.

首先说明怎样把 n 阶方化矩形 R 与简单有向图 D 联系起来. 把 R 剖分成若干正方形的水平线段被称为水平剖分线. 在图 4.31 中, 水平剖分线用粗线标出.

设 $H_1,H_2,\cdots,H_m$ 是 R 的所有水平剖分线. 定义图 D 如下:

$$V(D)=\{x_1,x_2,\cdots,x_m\},$$
$$(x_i,x_j)\in E(D)\Leftrightarrow H_i \text{ 和 } H_j \text{ 分别是某个正方形的上底和下底.}$$

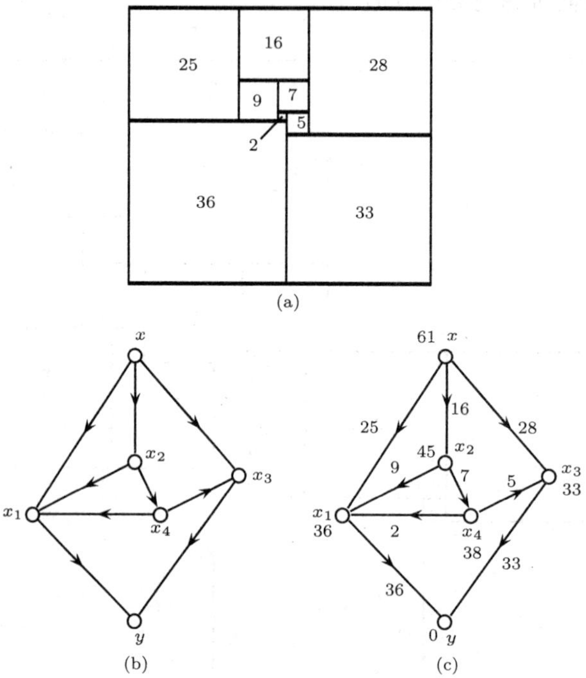

图 4.31　方化矩形和对应的有向图

易知 $\varepsilon(D)=n$. 图 4.31 (b) 表示图 4.31 (a) 中的方化矩形所对应的图 D. 对应于 R 的上底和下底的顶点分别用 x 和 y 表示. 定义 $\boldsymbol{p}\in\mathscr{V}(D)$, 对每个 $x_i\in V(D)$, $\boldsymbol{p}(x_i)$ 为 x_i 对应的水平剖分线的高 (超过 R 下底的高度). 若将 x 和 y 分别看成发点和收点, 则 D 可以看成具有充分大容量的网络. 容易验证 (见习题4.7.1), 由割向量 $\boldsymbol{g}\in\mathscr{E}(D)$,

$$\boldsymbol{g}(a)=\boldsymbol{p}(x_i)-\boldsymbol{p}(x_j),\quad \forall\ a=(x_i,x_j)\in E(D) \tag{4.7.1}$$

确定了一个 (x,y) 流. 例如, 见图 4.31 (c), 其中 (x,y) 流 $\boldsymbol{g}$ 的流量 $\mathrm{val}\,\boldsymbol{g}=69$.

设 D 是对应于方化矩形 R 的有向图, 并设 G 是 D 的基础图, 则 $G+xy$ 称为 R 的**水平图**. Brooks 和 Tutte 等人 (1940) [50] 得到下面的结果 (这里省略其证明).

定理 4.7.1　任何简单方化矩形的水平图都是3连通平面图. 反之, 若 H 是3连通平面图, 并且 $xy\in E(H)$, 则 $H-xy$ 中任何由割向量确定的 (x,y) 流确定一个方化矩形.

于是, 定理 4.7.1 提供一个寻找 n 阶完美矩形的可能的方法.

(1) 列出所有具有 $n+1$ 条边的3连通平面图;

(2) 对每个这样的图 H 以及 H 中每条边 xy, 在 $H-xy$ 中求出由割向量确定的 (x,y) 流.

下面介绍如何计算图 D 中这样的 (x,y) 流. 设 $\boldsymbol{g}\in\mathscr{B}(D)$ 是 (x,y) 流, 并设 $\mathrm{val}\,\boldsymbol{g}=\sigma$, 则

$$\sum_{a\in E(D)} m_x(a)\boldsymbol{g}(a)=\sigma, \tag{4.7.2}$$

而对任何 $x_i\in V(D)\setminus\{x,y\}$, 有

$$\sum_{a\in E(D)} m_{x_i}(a)\boldsymbol{g}(a)=\mathbf{0}, \tag{4.7.3}$$

其中 $m_{x_i}(a)$ 表示 D 的关联矩阵 $\boldsymbol{M}(D)$ 中顶点 x_i 所在行对应于边 a 的元素. 由于 $\boldsymbol{g}$ 是 D 的割向量, 所以由定理 2.2.3 知它正交于每个圈向量, 即有

$$\boldsymbol{C}\boldsymbol{g}^{\mathrm{T}}=\boldsymbol{O}, \tag{4.7.4}$$

其中 $\boldsymbol{C}$ 是圈空间 $\mathscr{C}(D)$ 中对应于某支撑树 T 的基矩阵, 而 $\boldsymbol{g}^{\mathrm{T}}$ 是向量 $\boldsymbol{g}$ 的转置. 由式 (4.7.2)~ 式 (4.7.4) 得到矩阵方程:

$$\begin{pmatrix}\boldsymbol{K}\\ \boldsymbol{C}\end{pmatrix}\boldsymbol{g}^{\mathrm{T}}=\begin{pmatrix}\sigma\\ \boldsymbol{O}\end{pmatrix}, \tag{4.7.5}$$

其中 $\boldsymbol{K}$ 是从 D 的关联矩阵 $\boldsymbol{M}$ 中删去顶点 y 所在行后得到的矩阵. 这个矩阵方程可以用 Cramer 法则求解. 由于 (见习题 2.3.1)

$$\det\begin{pmatrix}\boldsymbol{K}\\ \boldsymbol{C}\end{pmatrix}=\pm\tau(D),$$

所以当 $\sigma=\tau(D)$ 时方程 (4.7.5) 有整数解. 于是, 在计算流 $\boldsymbol{g}$ 时, 取值 $\mathrm{val}\,\boldsymbol{g}=\tau(D)$ 是合适的.

下面举个例子来说明上述方法.

例 4.7 考察图 4.32 (a) 所示的3连通平面图 G, 图 4.32(b) 所示的是 $G-x_1x_3$ 的定向图 $D=(V(D),E(D))$, 其中

$$V(D)=\{x_1,x_2,x_3,x_4,x_5,x_6\},\quad E(D)=\{a_1,a_2,a_3,a_4,a_5,a_6,a_7,a_8,a_9\}.$$

图 4.32 (b) 所示的有向图 D 就是图 2.17 所示的有向图. 对于这样的有向图 D, 例 2.3 已经计算出 $\tau(D)=\det(\boldsymbol{K}\boldsymbol{K}^{\mathrm{T}})=66$, 其中 $\boldsymbol{K}$ 为 D 的关联矩阵 $\boldsymbol{M}$ 去

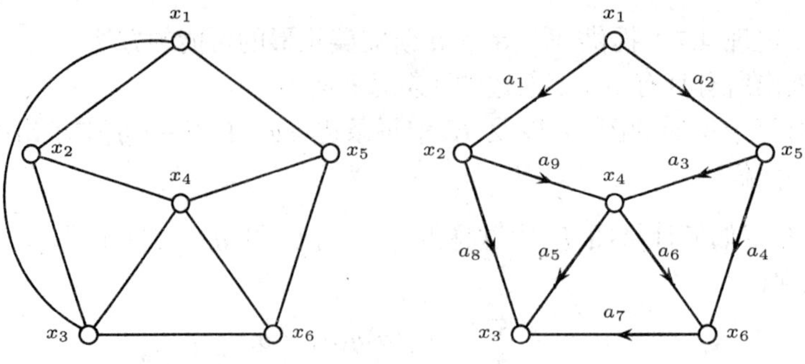

(a) 3连通平面图 G　　　(b) $G-x_1x_3$ 的定向图 D

图 4.32　例 4.7 中的图

掉 x_3 所在行后得到的矩阵, 即

$$\boldsymbol{K}=\begin{pmatrix} 1 & 1 & 0 & 0 & 0 & 0 & 0 & 0 & 0\\ -1 & 0 & 0 & 0 & 0 & 0 & 0 & 1 & 1\\ 0 & 0 & 0 & 1 & 0 & 1 & -1 & 0 & 0\\ 0 & 0 & -1 & 0 & 1 & 1 & 0 & 0 & -1\\ 0 & -1 & 1 & 1 & 0 & 0 & 0 & 0 & 0 \end{pmatrix}.$$

令 T 是由 $\{a_1,a_2,a_3,a_4,a_5\}$ 导出的支撑树. 于是, 圈空间 $\mathscr{C}(D)$ 中对应于支撑树 T 的基矩阵 C 为 (见 2.2 节中的例子)

$$\boldsymbol{C}=\begin{pmatrix} 0 & 0 & 1 & -1 & 0 & 1 & 0 & 0 & 0\\ 0 & 0 & -1 & 1 & -1 & 0 & 1 & 0 & 0\\ 1 & -1 & -1 & 0 & -1 & 0 & 0 & 1 & 0\\ 1 & -1 & -1 & 0 & 0 & 0 & 0 & 0 & 1 \end{pmatrix}.$$

设所要求的割向量 $\boldsymbol{g}\in\mathscr{E}(D)$ 为

$$\boldsymbol{g}=(g_1,g_2,g_3,g_4,g_5,g_6,g_7,g_8,g_9),\quad g_i=\boldsymbol{g}(a_i),\ \forall\ a_i\in E(D),$$

则由式 (4.7.5) 得下述由 9 个方程组成的方程组:

$$\begin{pmatrix} 1 & 1 & 0 & 0 & 0 & 0 & 0 & 0 & 0\\ -1 & 0 & 0 & 0 & 0 & 0 & 0 & 1 & 1\\ 0 & 0 & 0 & 1 & 0 & 1 & -1 & 0 & 0\\ 0 & 0 & -1 & 0 & 1 & 1 & 0 & 0 & -1\\ 0 & -1 & 1 & 1 & 0 & 0 & 0 & 0 & 0\\ 0 & 0 & 1 & -1 & 0 & 1 & 0 & 0 & 0\\ 0 & 0 & -1 & 1 & -1 & 0 & 1 & 0 & 0\\ 1 & -1 & -1 & 0 & -1 & 0 & 0 & 1 & 0\\ 1 & -1 & -1 & 0 & 0 & 0 & 0 & 0 & 1 \end{pmatrix}\begin{pmatrix} g_1\\ g_2\\ g_3\\ g_4\\ g_5\\ g_6\\ g_7\\ g_8\\ g_9 \end{pmatrix}=\begin{pmatrix} 66\\ 0\\ 0\\ 0\\ 0\\ 0\\ 0\\ 0\\ 0 \end{pmatrix}.$$

这个方程组的解是

$$\boldsymbol{g} = (g_1, g_2, g_3, g_4, g_5, g_6, g_7, g_8, g_9) = (36, 30, 14, 16, 20, 2, 18, 28, 8).$$

基于这个割向量的方化矩形恰好是图 4.29 所示完美矩形中所有尺寸都放大一倍而得到的. ∎

习 题 4.2

4.7.1 证明: 由式 (4.7.1) 定义的割向量 $\boldsymbol{g} \in \mathscr{B}(D)$ 是 (x,y) 流.

4.7.2 利用Brooks和Tutte等人的方法确定图 4.32 (b) 所示的图 D 中 (x,y) 流 $\boldsymbol{g} \in \mathscr{B}(D)$, 并指出这个流所对应的方化矩形是什么.

4.7.3 证明: 任何方化矩形的相邻两边长之比为有理数.
(属于 M. Dehn (1930) [83], R. Sprague (1940) [327] 推广了这个结果, 并证明了: 矩形能被完美方化的充分必要条件是这个矩形的两条相邻边长之比是有理数.)

4.7.4 证明: 不存在阶数小于 9 的完美方化矩形.

4.7.5 有两个 9 阶方化矩形, 一个如图 4.29 所示. 通过 69×61 矩形, 构造出另一个 (见图 4.31 (a)).

4.7.6 **完美等边三角形**是指能剖分为有限个 (至少两个) 较小等边三角形的一种等边三角形, 且其中任两个小三角形的面积都不相等. 证明: 不存在完美等边三角形.

4.7.7 **完美立方体**是指能剖分为有限个 (至少两个) 较小立方体的一种立方体, 且其中任两个小立方体的体积都不相同. 证明: 不存在完美立方体.

小结与进一步阅读的建议

本章介绍了连通度和网络流的基本理论和应用. 主要结论有: 最大流最小割定理 (定理 4.1.1)、Menger 定理 (定理 4.2.1 和 定理 4.2.2)、Whitney 不等式 (定理 4.3.1) 和 Whitney 的 k 连通判定准则 (定理 4.3.2). 通过 Menger 定理给出 Euler 图的另一个判定准则 (推论 4.3.2). 通过四个经典实例, 介绍图论和网络流在运输方案的设计、最优运输方案的设计、中国投递员问题和方化矩形构造中的应用和有效算法.

Menger 定理与最大流最小割定理是等价的. 它们有一个共同的特点, 即: 已知两个函数 f 和 g, 显然有 $f \leqslant g$. 要证明 $\max f = \min g$. 这就是所谓的最小最大定理 (minmax theorem). 图论中这类定理还很多, 第 5 章还要介绍一些. 有关这方面的材料, 读者可参阅 L. Lovász (1976) [253], D. R. Woodall (1978) [386] 和 A. Schrijver (1982) [319] 的综述文章.

Menger 定理是本章, 乃至图论的核心定理之一, 本章是通过最大流最小割定理来导出它的. Menger 定理 (定理 4.2.2) 是由 K. Menger (1927) [267] 发现的, 原始叙述和证明用了拓扑语言, 很长时间不为外界知晓. 1930 年春天, Menger 在布达佩斯见到 König, 并得知他正在写一本图论书. Menger 希望 König 把他的这个结果写入书中. König 起初怀疑这个结果, 并试图找出反例, "失眠一夜" 仍无果. 最后, König 把它写入书 [224] 的最后一节中, 才使 Menger 的结果得以重视和广泛流传. Menger 定理的背景材料见 Menger (1981) [268] 和 A. Schrijver (1993) [320] 的著作. G. A. Dirac (1963) [92] 最先利用现代图论语言给出证明; 随后许多作者给出简单证明, 例如 J. S. Pym (1969) [302], C. St. J. A. Nash-Williams 和 W. T. Tutte (1977) [283], W. McCuaig (1984) [263], F. Göring (2000) [152].

1966 年, Tutte [354] 发表了连通度研究专著《Connectivity in Graphs》. 关于连通度研究进展的早期结果可参阅 W. Mader (1979) [260], J. C. Bermond 等 (1989) [25] 和 R. J. Faudree (1993) [117] 的综述文献以及 Bollobás (1978) [37] 的著作第一章, 近期的综述文章见 A. Hellwig 和 L. Volkmann (2008) [190] 的文章.

连通度概念和 Menger 定理是计算机互连网络理论的研究基础, 根据网络应用实际提出许多变型和推广. 例如, 20 世纪 80 年代左右, L. Lovász 等 (1978) [254] 提出有界连通度概念 (参见《组合网络理论》 [392] 第 13 章), F. Boesch 等 (1984) [36] 提出超连通度概念, 掀起当时对连通度研究的高潮. 80 年代初, F. Harary (1983) [178] 提出各种条件连通度概念, 直到 90 年代左右才有为数不多的几篇文章讨论其中两种 (连通分支在度或者点数限制条件下的) 连通度, 如 S. L. Hakimi 等 (1988) [110], S. Latifi 等 (1994) [234] 和 M. A. Fiol 等 (1996) [115]. 直到 21 世纪初, 国内学者的介入才将条件连通度研究推入新的阶段 (参见《组合网络理论》 [392] 第 16 章).

网络流理论是 Ford 和 Fulkerson 建立和发展起来的. 有兴趣的读者可参阅他们的原著《Flows in Networks》(1962) [128], 也可参阅 R. K. Ahuja 等的著作 (1993) [1] 和 A. Schrijver (1982) [319] 的综述文章. 最大流最小割定理 (定理 4.1.1) 的发现和应用密切了图论与运筹学, 特别是线性规划之间的关系. 正因为这种密切关系, 图论已作为运筹学的必修课程, 国内的科学分类中将图论列为运筹学的范畴.

20 世纪 70 年代之后, 围绕降低最大流算法的复杂度相继出现了许多改进的方法. 有兴趣的读者可参阅田丰和马仲蕃的著作《图与网络流理论》(1987) [339] 的第九章. 求最大流量最小费用流的 Klein 算法依赖于负圈的验证, 因而是指数型算法. 但通过适当选取负圈可以得到多项式算法, 有兴趣的读者可参阅 M. Shigeno 等 (2000) [325] 的综述文章. 2002 年, T. Yamada 和 H. Kinoshita [396] 提出求加权有向图中所有负圈的有效算法.

中国投递员问题是由国内学者管梅谷首先提出并进行研究的. 管梅谷的研究论文 (1960) [160] 是用中文发表的, 没有引起国外学者的注意; 其英文

版 (1962) [161] 在美国发表, 引起美国国家标准和技术研究院 (NIST) 研究群体的兴趣. A. Goldman 向 J. Edmonds 建议将此问题命名为中国投递员问题 (Chinese Postman Problem), 并第一次出现在文章 (1965) [98] 中. 关于这段历史可参阅管梅谷 (2015) [163], M. Grötschel 和 Y.-X. Yuan (袁亚湘) (2012) [159] 的著作. 关于中国投递员问题的研究背景、进展、算法改进、问题的变型和推广以及各方面的应用, 可参见管梅谷 (1984) [162] 的综述报告以及 W. Yu 和 R. Batta (2011) [398] 的专题文章.

方化矩形是经典的组合问题. 时为英国剑桥大学本科生的 Tutte 和他的三位朋友 (1940) [50] 提出寻找方化矩形的系统方法. 加拿大滑铁卢大学校园内的 Tutte 路旁竖立绘有方化矩形的路牌, 以纪念 Tutte 在方化矩形研究方面做出的贡献. 方化矩形的历史及其研究进展可参见 P. J. Federico (1979) [118] 的综述文章. S. E. Anderson (悉尼储备银行保安员, 数学爱好者) 为方化矩形的研究历史、主要学者和研究进展制作了网页 (2016) [8], 供对此问题感兴趣的学者查阅. 本节材料主要来源于 Bondy 和 Murty (1976) [43] 的著作第 12 章.

连通度在计算机和通信网络中有着重要的应用, 是大规模并行和互连容错网络可靠性和有效性分析的基础. 基于 Menger 定理和网络应用背景, 人们提出大量的图论概念和问题, 鉴于篇幅有限, 本书不作介绍, 有兴趣的读者可参阅《组合网络理论》(2007) [392].

第 5 章　匹配与独立集

图论中许多概念都是“边”和“点”对应提出来的, 但刻画起来有本质上差别, 如 Euler 图和 Hamilton 图等. 已经找到许多刻画 Euler 图的充要条件, 但对 Hamilton 图至今还没有找到; 判定任意给定的图是否是 Euler 图的问题是 P 问题, 而是否是 Hamilton 图却是 NP 难问题. 图论中还有许多这类问题, 本章将介绍一对: 匹配和独立集.

匹配概念源自一个有趣的婚配游戏: 某村庄有 n 对小伙子和姑娘达到婚配年龄, 每个小伙子心仪 $k(\leqslant n)$ 个姑娘, 每个姑娘心仪 k 个小伙子. 怎样进行婚配使得每对小伙子和姑娘都相互心仪? 这个问题就归结为在 k 正则 2 部图中寻找 n 条互不相邻的边子集 – 匹配.

本章主要介绍匹配的基本理论和应用. 很多问题通过构造适当的图就可以直接归结为匹配问题. 有些问题虽然不能直接归结为匹配问题, 但其中某些子问题的解决需要借助于匹配, 如 5.5 节中的货郎担问题. 在第 6 章还将看到, 所谓图的边色数就是该图中边不交匹配的最小数目. 本章介绍的有关匹配理论, 如 Hall 定理、König 定理以及 Tutte 定理都是 Menger 定理或者最大流最小割定理的直接应用. 因此, 这一章实质上是第 4 章内容的延续和发展. 这些定理的发现是相互独立的, 然而它们之间都是等价的. 正是这些等价定理把图论、组合数学、矩阵论和线性规划紧密地联系在一起的. 这绝不是偶然的巧合, 而恰恰是从各个不同的角度揭示了图论的数学本质.

与匹配相对应的“点”的概念是顶点独立集 (即互不相邻的顶点子集). 独立集也是图论中的重要概念之一, 将在 5.2 节介绍它. 还介绍最大独立集与连通度、Hamilton 圈之间的关系.

应用部分介绍人员安排问题 (或婚配问题) 和最优安排问题的两种有效算法, 即匈牙利算法和 Kuhn-Munkres 算法, 其实质是判定已知 2 部图中是否存在完备匹配和求最大权或最小权完备匹配. 作为匹配理论和 Kuhn-Munkres 算法的应用, 将给出货郎担问题的近似解.

5.1 匹　配

设 D 是无环非空图, M 是 $E(D)$ 的非空子集. 若 M 中任何两条边在 D 中均不相邻, 则称 M 为 D 的**匹配** (matching). 例如, 在图 5.1 所示的图中, 粗边所示的边集是该图的一个匹配.

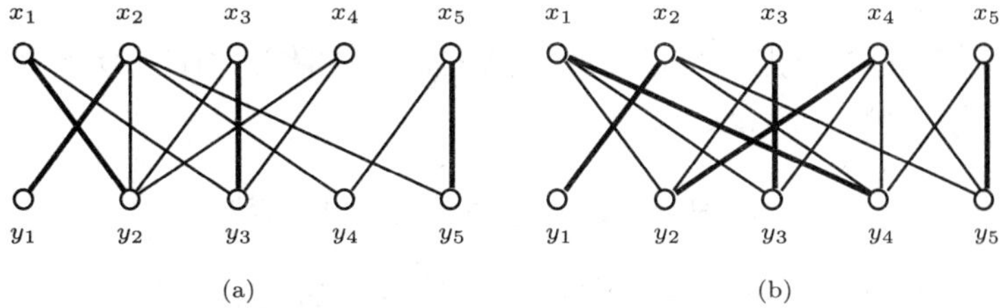

图 5.1　(a) 最大匹配; (b) 完备匹配

设 $x \in V(D)$. 若 x 与 M 中的边关联, 则称 x 为 M **饱和点** (saturated vertex); 反之称为 M **非饱和点** (unsaturated vertex). 设 $X \subseteq V(D)$. 若 X 中每点都是 M 饱和点, 则称 M **饱和** X. 若 M 饱和 $V(D)$, 则称 M 为 D 的**完备匹配** (perfect matching). 若对 D 的任何匹配 M', 均有 $|M'| \leqslant |M|$, 则称 M 为 D 的**最大匹配** (maximum matching). 显然, 每个完备匹配都是最大匹配, 反之不真.

由于这些概念均与边的方向无关, 所以只需讨论无向图 G 中的匹配问题. 图 5.1 中粗边所示的匹配分别是该图的最大匹配和完备匹配.

图 G 应满足什么条件才有完备匹配呢? 这是本节关心的主要问题. 先看 G 是 2 部图的情形. 下面的判定准则是由 P. Hall (1935) [167] 首先发现的, 故称它为 Hall 定理, 是组合学中最基本的定理之一. 它有各种表达形式, C. Berge [21] 把它表示成图论形式:

定理 5.1.1　设 G 是 2 部划分为 $\{X,Y\}$ 的 2 部图, 则 G 有饱和 X 的匹配 $\Leftrightarrow$

$$|S| \leqslant |N_G(S)|, \quad \forall\, S \subseteq X. \tag{5.1.1}$$

证明　($\Rightarrow$) 设 M 是 G 中饱和 X 的匹配, 并设 $S \subseteq X$. 由于 M 将 S 中每个顶点与 $N_G(S)$ 中顶点配对, 所以应有 $|N_G(S)| \geqslant |S|$.

($\Leftarrow$) 令 M 是 G 中最大匹配. 只需证明 $|M| \geqslant |X|$. 令 H 是由 G 的每条边给定从 X 到 Y 的方向后所得到的定向图. 构造有向图 D (见图 5.2):

$$V(D) = V(H) \cup \{x,y\},$$
$$E(D) = E(H) \cup \{(x,x'):\ x' \in X\} \cup \{(y',y):\ y' \in Y\}.$$

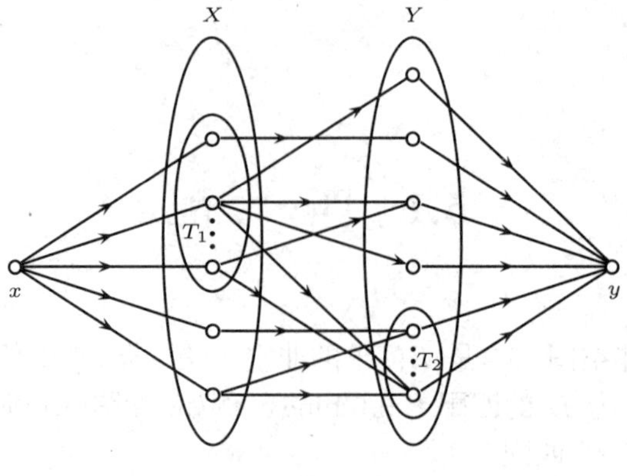

图 5.2 定理 5.1.1 证明的辅助图

因此, D 的内部点不交的 (x,y) 路的最大条数为 $|M|$. 令 T 是 D 中最小 (x,y) 分离集. 由定理4.2.2 有

$$|M|=\zeta_D(x,y)=\kappa_D(x,y)=|T|.$$

令 $T_1=T\cap X$, $T_2=T\cap Y$, 则 $N_D^+(X\setminus T_1)\subseteq T_2$. 所以

$$\begin{aligned}|M|=&|T|=|T_1|+|T_2|\geqslant|T_1|+|N_D^+(X\setminus T_1)|\\=&|T_1|+|N_G(X\setminus T_1)|\geqslant|T_1|+|X\setminus T_1|=|X|.\end{aligned}$$

定理得证. ∎

这里是从 Menger 定理导出 Hall 定理, 但也可以从 Hall 定理导出 Menger 定理, 其证明留给读者 (习题5.1.11).

Hall 定理 (定理 5.1.1) 有许多个直接证明. 下面给出两个, 以飨读者, 初学者可以不读. 只需证明条件式 (5.1.1) 的充分性.

证法1 (P. R. Halmos, H. E. Vaughan, 1950 [168]) 对 $|X|\geqslant 1$ 用归纳法. 当 $|X|=1$ 时, 条件式 (5.1.1) 显然是充分的, 以下进行归纳步骤.

假设对任何 $\emptyset\neq S\subseteq X$, 均有 $|N_G(S)|\geqslant|S|+1$. 取 $x\in S$, $y\in N_G(x)$, 则 $G'=G-\{x,y\}$ 是 2 部图且满足条件式 (5.1.1). 由归纳假设, G' 中有饱和 $(X\setminus\{x\})$ 的匹配 M'. 因此, $M=M'\cup\{xy\}$ 是 G 中饱和 X 的匹配.

假设存在 $\emptyset\neq S\subseteq X$, 使 $|N_G(S)|=|S|$. 令 $G_1=G[S\cup N_G(S)]$, $G_2=G-(S\cup N_G(S))$, 则 G_1 和 G_2 都是 2 部图, 而且 G_1 显然满足条件式 (5.1.1). 任取 $\emptyset\neq S'\subseteq X\setminus S$, 则

$$\begin{aligned}|N_{G_2}(S')|\geqslant&|N_G(S\cup S')|-|N_{G_1}(S)|\\\geqslant&|S\cup S'|-|S|=|S'|.\end{aligned}$$

所以 G_2 也满足条件式 (5.1.1). 由归纳假设, G_1 中存在饱和 S 的匹配 M_1, G_2 中存在饱和 $(X\setminus S)$ 的匹配 M_2. 因此 $M=M_1\cup M_2$ 是 G 中饱和 X 的匹配.

证法 2　(R. Rado, 1967 [303]) 设 G 是满足条件式 (5.1.1) 而且边尽可能少的图. 只需证明 G 的边集正好是由 $|X|$ 条边组成的匹配.

(反证法) 若不然, 则存在两条边 x_1y, x_2y, 其中 $x_1, x_2 \in X$, $y \in Y$. 由 G 的极小性, 删去这两条边中任何一条都将导致条件式 (5.1.1) 不成立. 于是存在子集 $X_1, X_2 \subset X$, 使得 $|N(X_i)| = |X_i|$, 且 x_i 是 X_i 中唯一与 y 相邻的顶点 $(1 \leqslant i \leqslant 2)$, 即有

$$\begin{aligned}|N(X_1)\cap N(X_2)| &= |N(X_1\setminus x_1)\cap N(X_2\setminus x_2)|+1\\ &\geqslant |N(X_1\cap X_2)|+1 \geqslant |X_1\cap X_2|+1.\end{aligned}$$

由此得

$$\begin{aligned}|N(X_1\cup X_2)| &= |N(X_1)\cup N(X_2)| = |N(X_1)|+|N(X_2)|-|N(X_1)\cap N(X_2)|\\ &\leqslant |X_1|+|X_2|-|X_1\cap X_2|-1\\ &= |X_1\cup X_2|-1.\end{aligned}$$

这矛盾于条件式 (5.1.1). ∎

显然, 2 部图 G 有完备匹配的必要条件是 G 为等 2 部图. 由 Hall 定理, 立即得到等 2 部图是否有完备匹配的下列判定准则.

推论 5.1.1.1 (婚姻定理, G. Frobenius, 1917 [131])　**等 2 部图 $G = (X \cup Y, E)$ 有完备匹配 $\Leftrightarrow$ 对任何 $S \subseteq X$ (或 Y), 均有 $|N_G(S)| \geqslant |S|$.**

推论 5.1.1.2 (D. König, 1916 [222])　**$k\,(>0)$ 正则 2 部图必有完备匹配.**

证明　设 G 是 2 部划分为 $\{X,Y\}$ 的 k 正则 2 部图, 则

$$k|X| = |E(G)| = k|Y|.$$

由于 $k \neq 0$, 所以 $|X| = |Y|$, 即 G 是等 2 部图. 任取 $S \subseteq X$, 并用 E_1 和 E_2 分别表示 G 中与 S 和 $N_G(S)$ 中点关联的边集, 则 $E_1 \subseteq E_2$. 因而

$$k|N_G(S)| = |E_2| \geqslant |E_1| = k|S|,$$

即

$$|N_G(S)| \geqslant |S|, \quad \forall\, S \subseteq X.$$

由 Hall 定理 (定理 5.1.1) 知 G 有饱和 X 的匹配 M. 由于 $|X| = |Y|$, 所以 M 是完备匹配. ∎

注　推论 5.1.1.2 中条件 “G 是 2 部图” 不可少. 事实上, 对任何 k $(\geqslant 2)$, 存在 k 正则简单图使其不含完备匹配 (习题 5.1.2 (c)).

推论 5.1.1.3　**设 G 是 2 部划分为 $\{X,Y\}$ 的简单 2 部图, 而且 $|X| = |Y| = n$. 若 $\delta(G) \geqslant n/2$, 则 G 有完备匹配.**

证明 任取 $S\subseteq X$. 若 $|N(S)|<|S|$, 则由于 G 是简单 2 部图且 $\delta(G)\geqslant n/2$, 所以 $|S|>|N(S)|\geqslant\delta(G)\geqslant n/2$, 而且 $Y\setminus N(S)\neq\emptyset$. 令 $u\in Y\setminus N(S)$, 则 $N(u)\subseteq X\setminus S$, 即

$$\delta(G)\leqslant d_G(u)=|N(u)|\leqslant|X|-|S|<n-\frac{n}{2}=\frac{n}{2},$$

矛盾于 $\delta(G)\geqslant n/2$. 故有

$$|N(S)|\geqslant|S|,\quad\forall\, S\subseteq X.$$

由 Hall 定理和 $|X|=|Y|$ 知 G 有完备匹配. ∎

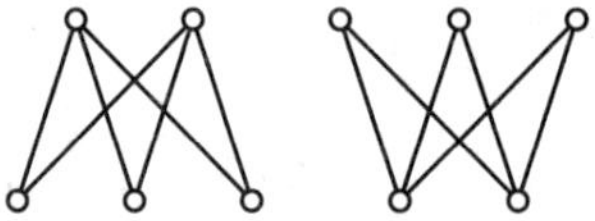

图 5.3 $G=K_{2,3}+K_{3,2}$

注 条件 "$\delta(G)\geqslant n/2$" 不能修改为 "$\delta(G)\geqslant\lfloor n/2\rfloor$". 例如, $G=K_{2,3}+K_{3,2}$ (见图 5.3) 中不含完备匹配.

推论 5.1.1.4 (Balbuena et al., 2011 [14]) **设 G 是 2 部划分为 $\{X,Y\}$ 的简单 2 部图, 而且 $|X|=|Y|=n$. 若 $\delta(G)\geqslant 1$ 且 $\varepsilon(G)\geqslant n^2-n$, 则 G 有完备匹配.**

证明 由 Hall 定理, 只需证明: $|S|\leqslant|N_G(S)|,\forall\, S\subseteq X$.

设 $S\subseteq X$. 由于 $\delta(G)\geqslant 1$, 若 $|S|=1$, 则 $|N_G(S)|\geqslant 1=|S|$; 若 $S=X$, 则 $N_G(S)=Y$, 即每个 $y\in Y$ 都有邻点在 X 中, 因此 $|X|=|N_G(X)|$. 下面假定 $2\leqslant|S|\leqslant n-1$.

（反证）假定 $|N_G(S)|<|S|$, 并令 $|S|=s$, 则

$$\varepsilon(G)=|[S,N_G(S)]|+|[X\setminus S,Y]|\leqslant s(s-1)+(n-s)n.$$

由假定和上式有

$$n^2-n\leqslant\varepsilon(G)\leqslant s(s-1)+(n-s)n,$$

即 $0\leqslant(s-n)(s-1)$. 这是不可能的, 因为 $1<s<n$. 从而对任何 $S\subset X$, 均有 $|N_G(S)|\geqslant|S|$. ∎

任意给定的图有完备匹配的充要条件是由 W. T. Tutte (1947) [347] 获得的. 下面的定理有许多证明, 这里给出 W. Mader (1973) [258] 的证明.

定理 5.1.2 (Tutte 定理) **G 有完备匹配 $\Leftrightarrow$**

$$o(G-S)\leqslant|S|,\quad\forall\, S\subset V(G).\tag{5.1.2}$$

其中 $o(G-S)$ 是 $G-S$ 的奇阶连通分支数目.

证明 显然, 只需对简单图证明定理就行了.

($\Rightarrow$) 设 M 是 G 的完备匹配, $S\subset V(G)$, G_1, G_2, $\cdots$, G_n 是 $G-S$ 的奇阶连通分支. 所以存在 $u_i\in V(G_i)$ 和 $w_i\in S$, 使 $\{u_iw_i:\ 1\leqslant i\leqslant n\}\subseteq M$. 于是

$$o(G-S)=n=|\{w_1,w_2,\cdots,w_n\}|\leqslant|S|.$$

($\Leftarrow$) 当 $S=\emptyset$ 时, 由式 (5.1.2) 有 $o(G-S)=0$, 所以 v 为偶数. 对偶数 $v\geqslant 2$ 用归纳法. 当 $v=2$ 时, 结论显然成立. 假设结论对任何小于 v (偶) 阶且满足式 (5.1.2) 的图成立, 并设 G 是满足式 (5.1.2) 的 $v(\geqslant 4$, 偶) 阶图. 设 U 是 $V(G)$ 中使式 (5.1.2) 等号成立的最大非空子集.

令 $|U|=m$, 并令 $G_1,G_2,\cdots,G_m$ 是 $G-U$ 的奇分支 (见图 5.4).

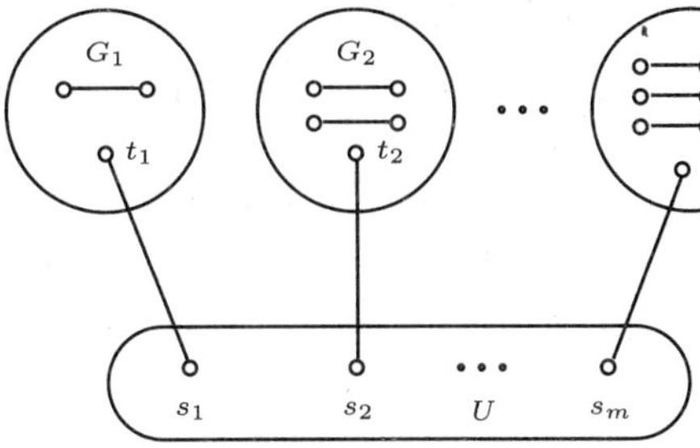

图 5.4　定理 5.1.2 证明的辅助图

首先证明下列三个结论.

(i) $G-U$ 无偶分支.

事实上, 设 H 是 $G-U$ 的偶分支, $u\in V(H)$, 则

$$m+1\leqslant o(G-(U\cup\{u\}))\leqslant |U\cup\{u\}|=m+1,$$

即 $o(G-(U\cup\{u\}))=|U\cup\{u\}|$, 矛盾于 U 的选取.

(ii) 任取 $x\in G_i$, 则 G_i-x 有完备匹配.

（反证）若不然, 由归纳假设, 存在 $S_i\subset V(G_i-x)$, 使得 $o((G_i-x)-S_i)>|S_i|$. 由于 $o((G_i-x)-S_i)$ 与 $|S_i|$ 有相同的奇偶性, 所以

$$o((G_i-x)-S_i)\geqslant |S_i|+2.$$

于是

$$\begin{aligned}|U|+1+|S_i|=&|U\cup S_i\cup\{x\}|\geqslant o(G-(U\cup S_i\cup\{x\}))\\=&o(G-U)-1+o((G_i-x)-S_i)\\\geqslant&|U|+1+|S_i|,\end{aligned}$$

即

$$o(G-(U\cup S_i\cup\{x\}))=|U\cup S_i\cup\{x\}|>|U|,$$

矛盾于 U 的选取.

(iii) G 含匹配 $M=\{s_it_i:\ s_i\in U,\ t_i\in V(G_i),\ 1\leqslant i\leqslant m\}$.

事实上, 考虑 2 部划分为 $\{V_1,V_2\}$ 的 2 部图 H, 其中 $V_1=\{G_1,\cdots,G_m\}$, $V_2=U$, G_i 与 U 中的点 s 在 H 中相邻 $\Leftrightarrow G$ 含从 s 到 G_i 中点的边. 于是,

(iii) 成立 $\Leftrightarrow H$ 有饱和 V_1 的匹配. 任取 $A\subseteq V_1$, 并令 $B=N_H(A)\subseteq V_2$, 则由于 A 中元素都是 $G-B$ 的奇分支, 再由式 (5.1.2) 有

$$|A|\leqslant o(G-B)\leqslant |B|=|N_H(A)|,$$

即 A 满足 Hall 定理中条件式 (5.1.1). 于是, (iii) 成立.

综合 (i), (ii), (iii) (见图 5.4), 定理得证. ∎

推论 5.1.2.1　偶阶 $k-1$ 边连通 $k(\geqslant 1)$ 正则图有完备匹配.

证明　当 $k=1$ 时, 结论显然成立. 以下假定 $k\geqslant 2$. 令 S 是偶阶 $k-1$ 边连通 k 正则图 G 的非空顶点子集, $G_1,G_2,\cdots,G_n$ 是 $G-S$ 的奇分支, $m_i=|E_G(V(G_i),S)|$, $v_i=v(G_i)$. 由于 $\lambda(G)\geqslant k-1$, 所以

$$m_i\geqslant k-1\,(1\leqslant i\leqslant n).$$

若存在某个 $i\,(1\leqslant i\leqslant n)$, 使 $m_i=k-1$, 则

$$\varepsilon(G_i)=\frac{1}{2}(kv_i-k+1)=\frac{1}{2}k(v_i-1)+\frac{1}{2}.$$

上式右端不为整数, 所以 $m_i\geqslant k\ (1\leqslant i\leqslant n)$,

$$o(G-S)=n\leqslant \frac{1}{k}\sum_{i=1}^{n} m_i\leqslant \frac{1}{k}\sum_{u\in S} d_G(u)=|S|.$$

当 $S=\emptyset$ 时, 由于 v 为偶数, 所以 $o(G-S)=o(G)=0=|\emptyset|$. 因此

$$o(G-S)\leqslant |S|,\quad \forall\ S\subset V(G).$$

所以, S 满足式 (5.1.2). 由 Tutte 定理知 G 有完备匹配. ∎

推论 5.1.2.2 (J. Petersen,1891 [293]) **2 边连通 3 正则图有完备匹配.**

证明　因为 G 是 3 正则图, 所以由推论 1.3.2 知 G 是偶阶. 再由推论 5.1.2.1, 立即可知该结论成立. ∎

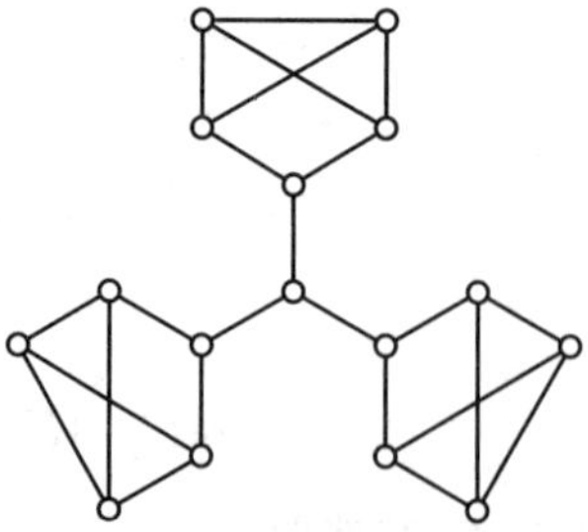

图 5.5　无完备匹配的 3 正则图

注　推论 5.1.2.2 中条件 "2 边连通" 是不可缺少的. 一个著名的例子如图 5.5 所示. 因为 $o(G-x)=3$, 所以由 Tutte 定理知其不含完备匹配.

由推论 5.1.2.1 知 $K_{2n}\,(n\geqslant 1)$ 有完备匹配. 事实上, 可以直接构造出 K_{2n} 的 $2n-1$ 个互不相交的完备匹配. 作为推论 5.1.2.1 的推论叙述如下.

推论 5.1.2.3　**完全图 K_{2n} 有 $2n-1$ 个互不相交的完备匹配.**

证明　当 $n=1$ 时, 结论显然成立. 下设 $n\geqslant 2$. 令 $V(K_{2n})=\{x_1,x_2,\cdots,x_{2n}\}$, 并对每个 $i\in\{1,2,\cdots,2n-1\}$, 令 $E(K_{2n})$ 的子集

$$M_i=\{x_ix_{2n}\}\cup\{x_{i-j}x_{i+j}:\ 1\leqslant j\leqslant n-1\},$$

其中 $i-j$ 和 $i+j$ 都是 $\bmod(2n-1)$ 的. 也可以按下列方法得到 M_i: 将平面上正 $2n-1$ 边形的点代表 $x_1,x_2,\cdots,x_{2n-1}$, 而该正边形的中心代表 x_{2n}, 并用直线段连接每对顶点. 于是, M_i 的边即为 x_ix_{2n} 和所有与 x_ix_{2n} 垂直的边. 例如, 当 $n=3$ 时, M_i 如图 5.6 所示.

如此得到的 $M_i\,(1\leqslant i\leqslant 2n-1)$ 为 K_{2n} 的 $2n-1$ 个互不相交的完备匹配. ▮

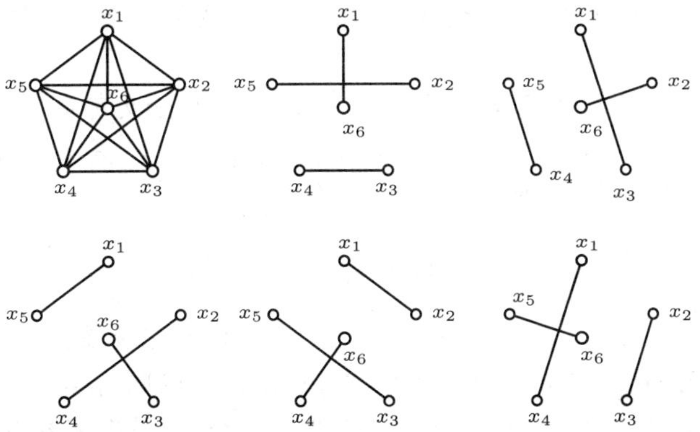

图 5.6　K_6 的 5 个互不相交的完备匹配

Tutte 定理 (定理 5.1.2) 是从 Hall 定理 (定理 5.1.1) 导出的. 事实上, 也可以从 Tutte 定理导出 Hall 定理, 其证明留给读者 (见习题 5.1.11).

下面给出 L. Lovász (1975) [252] 对定理 5.1.2 的直接证明. 只需证明条件式 (5.1.2) 的充分性.

（反证法）设 $V(G)$ 的任何真子集 S 满足式 (5.1.2) 但 G 没有完备匹配. 不妨设 G 是没有完备匹配的极大简单图 G^* 的支撑子图. 这里的极大是指在 G^* 的任何不相邻两顶点之间添加一条边 e, 则 G^*+e 含有完备匹配. 由于 $G-S$ 是 G^*-S 的支撑子图, 所以 $o(G^*-S)\leqslant o(G-S)$. 因而由式 (5.1.2) 有

$$o(G^*-S)\leqslant |S|,\quad \forall\, S\subset V(G^*).\tag{5.1.3}$$

特别令 $S=\emptyset$, 则得 $o(G^*)=0$. 因而, $v(G^*)=v(G)$ 为偶数. 令

$$U=\{u\in V(G^*):\ d_{G^*}(u)=v-1\},$$

则 $U\neq V(G^*)$. 若不然, G^* 是偶阶完全图, 因而由推论 5.1.2.3 知 G^* 有完备匹配, 矛盾于 G^* 的假设. 由于 $v(G^*)$ 是偶数, 所以 $|U|$ 与 $o(G^*-U)$ 有相同的奇偶性.

下面证明 G^*-U 的每个分支都是完全图. 若不然, 设 G_i 是 G^*-U 中非完全图的分支, 则有 $v(G_i)\geqslant 3$. 于是必存在 $x,y,z\in V(G_i)$, 使得 $xy,yz\in E(G_i)$, 而且 $xz\notin E(G_i)$. 由于 $y\notin U$, 所以存在 $w\in V(G^*-U)$, 使得 $yw\notin E(G^*)$.

由于 G^* 是不含完备匹配的极大图, 所以 G^*+xz 和 G^*+yw 都含有完备匹配, 分别为 M_1 和 M_2. 用 H 表示 $G^*\cup\{xz,yw\}$ 中由 $M_1\Delta M_2$ 导出的子图. 由于对每个 $u\in V(H)$, 均有 $d_H(u)=2$, 所以 H 的每个分支都是其边在 M_1 和 M_2 中交错出现的偶圈. 分两种情形:

情形 1 xz 和 yw 分别在 H 的不同分支中. 设 yw 在 H 的圈 C 中, 则 $(M_1\cap E(C))\cup(M_2\setminus E(C))$ 是 G^* 的一个完备匹配, 矛盾于 G^* 的选择.

情形 2 xz 和 yw 在 H 的同一分支 C 中. 由 x 和 z 的对称性, 不妨设 x,y,w,z 在 C 中依次出现, 并设 M_1 在 C 的 $yw\cdots z$ 段中的边集为 M_1', M_2 在 C 的 $yw\cdots z$ 段中的边集为 M_2'. 于是 $M_1'\cup\{yz\}\cup(M_2\setminus M_2')$ 是 G^* 的完备匹配, 矛盾于对 G^* 的假定.

综合情形 1 和情形 2, 于是证明了 G^*-U 的每个分支都是完全图.

令 $\omega=\omega(G^*-U)$, 并令 $G_1,G_2,\cdots,G_o,G_{o+1},\cdots,G_\omega$ 是 G^*-U 的分支, 其中 $G_1,G_2,\cdots,G_o$ 为奇分支. 取 $x_i\in V(G_i)$, 令

$$G_i'=G_i-x_i,\quad 1\leqslant i\leqslant o.$$

于是, $G_i'(1\leqslant i\leqslant o)$ 和 $G_j(o+1\leqslant j\leqslant\omega)$ 都是偶阶完全图, 因而存在完备匹配 $M_j(1\leqslant j\leqslant\omega)$. 由式 (5.1.3) 有 $o(G^*-U)\leqslant|U|$, 所以取 $y_i\in U(1\leqslant i\leqslant o)$. 由于 $U\setminus\{y_1,y_2,\cdots,y_o\}$ 在 G^* 中的导出子图是偶阶完全图, 故有完备匹配 $M_{\omega+1}$. 再令

$$M_{\omega+2}=\{x_iy_i:1\leqslant i\leqslant o\}.$$

于是

$$M=M_1\cup M_2\cup\cdots\cup M_{\omega+1}\cup M_{\omega+2}$$

是 G^* 中完备匹配, 矛盾于 G^* 的假定. 故 G 有完备匹配. ∎

在组合学中, 还有一个与 Hall 定理等价的结果, 即 König 定理. 为叙述 König 定理, 需要下述概念.

设 G 是无环非空图, S 是 $V(G)$ 的非空子集. 若 $E(G)$ 中每条边都与 S 中某点关联, 则称 S 为 G 的**点覆盖** (vertex covering). 如果对 G 中任何异于 S 的点覆盖 S' 均有 $|S'|\geqslant|S|$, 则称 S 为**最小点覆盖** (minimum vertex covering). 点覆盖 S 称为**极小的** (minimal), 若对任何 $x\in S$, $S\setminus\{x\}$ 都不是点覆盖.

显然, 最小点覆盖一定是极小点覆盖, 反之不真. 例如, 图 5.7 中所示的三个图. 图中实顶点构成的集是该图的一个极小点覆盖, 其中图 5.7 (b) 和 (c) 中点覆盖都是最小点覆盖.

G 的**点覆盖数** (vertex covering number) 是 G 中最小点覆盖中的点数, 记为 $\beta(G)$. G 的**匹配数** (matching number) 是 G 中最大匹配中的边数, 记为 $\alpha'(G)$.

易知

$$\beta(K_n)=n-1,\quad \alpha'(K_n)=\lfloor n/2\rfloor,$$
$$\beta(C_n)=\lceil n/2\rceil,\quad \alpha'(C_n)=\lfloor n/2\rfloor,$$
$$\beta(K_{m,n})=\min\{m,n\}=\alpha'(K_{m,n}).$$

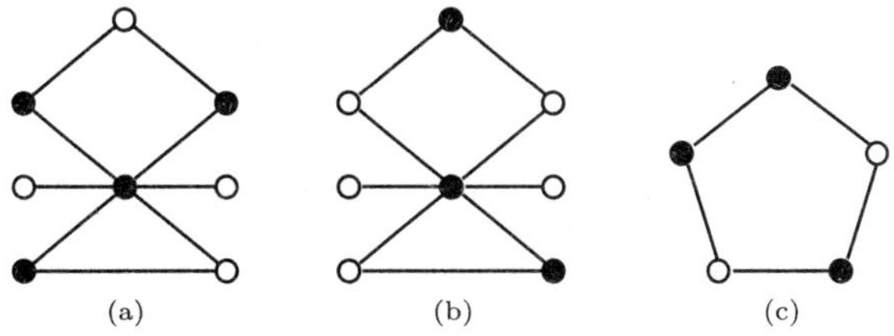

图 5.7　极小和最小点覆盖

设 G 是任意无环图, S 是 G 中的任意点覆盖, M 是 G 中任意匹配. 由于 M 中任何边 e 的两端点至少有一个属于 S, 因此

$$\alpha'(G)\leqslant\beta(G).\tag{5.1.4}$$

由上述例子看出, 式 (5.1.4) 中等号对一般图不成立. 然而, 式 (5.1.4) 中等号对 2 部图恒成立. 这就是下列著名的 König 定理, 是 D. König (1931) [223] 首先发现的.

定理 5.1.3 (König 定理)　**对任何 2 部图** G, **有** $\alpha'(G)=\beta(G)$.

证明　利用 Menger 定理 (定理 4.2.2) 进行类似于 Hall 定理 (定理 5.1.1) 的证明立即可得, 其中 $\alpha'(G)=|M|$, $\beta(G)=|T|$ (见图 5.2). 下面利用 Hall 定理来给出证明. 由式 (5.1.4), 只需证明 $\beta(G)\leqslant\alpha'(G)$.

设 G 是 2 部划分为 $\{X,Y\}$ 的 2 部图, Z 是 G 的最小点覆盖, 并令

$$S=Z\cap X,\quad T=Z\cap Y,\quad S'=X\setminus S,\quad T'=Y\setminus T.$$

由点覆盖的定义知 S' 与 T' 之间无边相连. 考虑 G 的 2 部子图 $H=G[S\cup T']$. 因为 Z 是 G 的最小点覆盖, 所以对 S 的任何子集 R, 均有 $|N_H(R)|\geqslant|R|$. 由 Hall 定理知 H 中存在饱和 S 的匹配, 记为 M_1. 同样, $G[S'\cup T]$ 中存在饱和 T 的匹配, 设为 M_2. 由于 $M_1\cup M_2$ 是 G 的匹配, 而且 $M_1\cap M_2=\emptyset$, 所以

$$\beta(G)=|Z|=|S|+|T|=|M_1|+|M_2|\leqslant\alpha'(G).$$

定理得证. ∎

König 定理的发现早于 Hall 定理, 其正确性当然不依赖于 Hall 定理. 事实上, 这两个定理等价, 其证明留给读者 (见习题 5.1.12).

下面给出 L. Lovász (1975) [252] 对 König 定理的直接证明.

设 G 是 2 部划分为 $\{X,Y\}$ 的 2 部图. 对 $\varepsilon\geqslant 1$, 用归纳法来证明 $\beta(G)\leqslant\alpha'(G)$. 若 $\Delta(G)\leqslant 1$, 则结论显然成立. 不妨设存在 $x\in X$, 使 $d_G(x)\geqslant 2$. 取 $e_1,e_2\in E(G)$, 使 $e_1=xy,e_2=xz$. 设存在 $G-e_1$ 的点覆盖 S_1, 使 $|S_1|=\beta(G)-1$, 且存在 $G-e_2$ 的点覆盖 S_2, 使 $|S_2|=\beta(G)-1$. 易见 $x\notin S_1,x\notin S_2,y\in S_2\setminus S_1,z\in S_1\setminus S_2$. 于是

$$|((S_1\cap S_2)\cap X)\cup((S_1\cup S_2)\cap Y)|\geqslant\beta(G),$$
$$|((S_1\cup S_2\cup x)\cap X)\cup((S_1\cap S_2)\cap Y)|\geqslant\beta(G).$$

两式相加, 得

$$|S_1\cup S_2|+|S_1\cap S_2|+1\geqslant 2\beta(G).$$

于是

$$2\beta(G)-2=|S_1|+|S_2|\geqslant 2\beta(G)-1.$$

这是不可能的. 于是, $\beta(G-e_1)=\beta(G)$ 或 $\beta(G-e_2)=\beta(G)$. 不妨设 $\beta(G-e_1)=\beta(G)$. 于是, 由归纳假设有

$$\beta(G)=\beta(G-e_1)\leqslant\alpha'(G-e_1)\leqslant\alpha'(G).$$

定理得证. ∎

推论 5.1.3 设 G 是 2 部划分为 $\{X,Y\}$ 的 2 部简单图, $k\geqslant 1$. 若 $|X|=|Y|=n$, 且 $\varepsilon>(k-1)n$, 则 $\alpha'(G)\geqslant k$.

证明 因为 G 是 2 部简单图, 并且 $|X|=|Y|=n$, 所以 $\Delta(G)\leqslant n$. 于是, G 的每个顶点最多覆盖 n 条边. 由于 $\varepsilon>(k-1)n$, 所以断定 $\beta(G)\geqslant k$. 若不然, 设 $\beta(G)\leqslant k-1$, 则 $\varepsilon(G)\leqslant\beta(G)n\leqslant(k-1)n$, 矛盾于 $\varepsilon>(k-1)n$ 的假定. 由 König 定理 (定理 5.1.3), 立即有 $\alpha'(G)=\beta(G)\geqslant k$. ∎

匹配理论有许多很有趣的应用, 列举几个如下.

例 5.1.1 图 5.8 (a) 所示的图形是由 14 个大小相同的正方形组成的. 试证明: 不论如何用剪刀沿着图形中所画的直线对它进行裁剪, 总剪不出七个由相邻的两个小正方形组成的矩形来①.

证明 将图形中方格从 1 到 14 编号. 以方格为顶点集作简单无向图 $G=(V,E)$, $ij\in E(G)\Leftrightarrow i$ 和 j 所在的方格在图形中相邻. 这样得到的图 G 如图 5.8 (b) 所示. 若能剪出七个由相邻的两个小正方形组成的矩形来, 则这七个矩形代表 G 中的七条边是 G 中一个完备匹配. 但这是不可能的. 因为 G 中无奇圈, 所以由推论 1.4.2 知 G 是 2 部划分为 $\{X,Y\}$ 的 2 部图, 其中 $X=\{1,3,4,6,9,11,12,14\}$, $Y=\{2,5,7,8,10,13\}$, $|X|=8>6=|Y|$. 由推论 5.1.1.1 知 G 中不存在完备匹配. ∎

① 中国科学技术大学 1977 年少年班招收试题第 2 题.

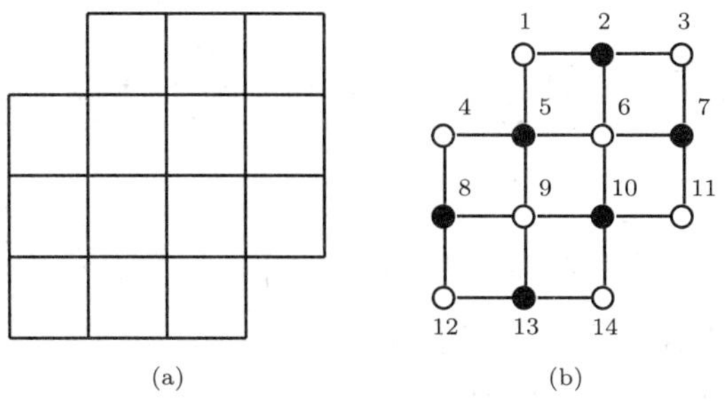

图 5.8　例 5.1.1 证明的辅助图

例 5.1.2 (P. Hall, 1935 [167])　设 H 是有限群, K 是 H 的子群. 证明: 存在元素 $h_1,h_2,\cdots,h_n\in H$, 使得 $h_1K,h_2K,\cdots,h_nK$ 是 K 的左陪集, $Kh_1,Kh_2,\cdots,Kh_n$ 是 K 的右陪集.

证明　因为 H 中任何两个左陪集 aK 和 bK 或者恒等或者不相交, 所以 H 可按左陪集划分成 k 个左陪集的并, 其中 k 等于商集 H/K 的元素个数. 作 2 部划分为 $\{X,Y\}$ 的 2 部无向图 G, 其中 $X=\{hK:\ h\in H\}$, $Y=\{Kh:\ h\in H\}$; $x\in X$, $y\in Y$, x 与 y 之间有 ℓ 条平行边相连 $\Leftrightarrow hK$ 与 Kh 有 ℓ 个公共元素. 易知 G 是 k 正则的. 由推论 5.1.1.2 知 G 有完备匹配 M. 设 $|M|=n$, 并设与 M 中边 e_i 对应的左、右陪集公共元素为 h_i. 于是 $h_1,h_2,\cdots,h_n$ 即为所求. ∎

例 5.1.3 (G. Birkhoff, 1946 [33]; J. von Neuman, 1953 [363])　设 $\boldsymbol{Q}$ 是行元素之和与列元素之和均为 1 的 $m\times n$ 非负实矩阵 (这样的矩阵被称为**双随机矩阵** (doubly stochastic matrix)), 则

(a) $\boldsymbol{Q}$ 是方阵;

(b) $\boldsymbol{Q}$ 中存在不同行不同列的 n 个非零元素;

(c) $\boldsymbol{Q}$ 能表示成置换方阵的凸线性组合, 即存在实数 c_i, 使

$$\boldsymbol{Q}=c_1\boldsymbol{P}_1+c_2\boldsymbol{P}_2+\cdots+c_k\boldsymbol{P}_k,$$

其中 $\boldsymbol{P}_i$ $(1\leqslant i\leqslant k)$ 为置换方阵, 并且 $c_1+c_2+\cdots+c_k=1$.

证明　(a) 即证明 $m=n$. 事实上, 由于 $\boldsymbol{Q}=(q_{ij})_{m\times n}$ 的行元素之和与列元素之和均为1, 所以

$$n=\sum_{j=1}^{n}\left(\sum_{i=1}^{m}q_{ij}\right)=\sum_{i=1}^{m}\left(\sum_{j=1}^{n}q_{ij}\right)=m.$$

(b) 构造简单 2 部图 $G=(X\cup Y,E)$, X 和 Y 分别是 $\boldsymbol{Q}=(q_{ij})$ 的行号集和列号集, $x_i\in X$, $y_j\in Y$, $x_iy_j\in E(G)\Leftrightarrow q_{ij}>0$.

任取 $S\subseteq X$. 不妨设 $S=\{x_1,x_2,\cdots,x_k\}$, $Y\setminus N_G(S)=\{y_1,y_2,\cdots,y_\ell\}$, 则 $q_{ij}=0\ (1\leqslant i\leqslant k,1\leqslant j\leqslant \ell)$. 由于$\boldsymbol{Q}$是双随机矩阵, 对任何 $1\leqslant j\leqslant \ell$, 有 $\sum\limits_{i=1}^{n}q_{ij}=1$,

所以

$$\ell=\sum_{j=1}^{\ell}\Big(\sum_{i=1}^{n}q_{ij}\Big)=\sum_{i=k+1}^{n}\Big(\sum_{j=1}^{\ell}q_{ij}\Big)\leqslant\sum_{i=k+1}^{n}\Big(\sum_{j=1}^{n}q_{ij}\Big)=n-k,$$

即有

$$|S|=k\leqslant n-\ell=|N_G(S)|,\quad \forall\ S\subseteq X.$$

由 Hall 定理知 G 中存在饱和 X 的匹配 M. 由 (a) 知 $|X|=|Y|$, 所以 M 是 G 的完备匹配, 即 $\boldsymbol{Q}$ 的任何行与列有一个公共的非零元素.

(c) 对 n 阶双随机方阵中正元素数目 r 用归纳法. 由双随机方阵的定义知 $r\geqslant n$. 当 $r=n$ 时, 任何双随机方阵都是置换方阵, 结论成立. 假定正元素数目 $r<m$ $(m\geqslant n+1)$ 的所有 n 阶双随机方阵都能表示成置换方阵的凸线性组合. 设 $\boldsymbol{Q}$ 是 n 阶双随机方阵且有 m $(\geqslant n+1)$ 个正元素.

设 M 中的边对应 $\boldsymbol{Q}$ 中的正元素分别为 $q_{1j_1},q_{2j_2},\cdots,q_{nj_n}$. 令

$$c_1=\min\{q_{kj_k}:\ 1\leqslant k\leqslant n\}.$$

由于 $\boldsymbol{Q}$ 中有 m $(\geqslant n+1)$ 个正元素, 并且这些正元素之和为 n, 所以 $0<c_1<1$. 令 P_1 是与 $\begin{pmatrix}1 & 2 & \cdots & n\\ j_1 & j_2 & \cdots & j_n\end{pmatrix}$ 对应的置换方阵, 并令 $\boldsymbol{Q}_1=\boldsymbol{Q}-c_1\boldsymbol{P}_1$, 则 $\boldsymbol{Q}_1$ 仍是非负方阵, 而且 $\dfrac{1}{1-c_1}\boldsymbol{Q}_1$ 是双随机方阵. 由于 $\boldsymbol{Q}_1$ 中正元素数目比 $\boldsymbol{Q}$ 中正元素数目至少减少一个, 即 $\dfrac{1}{1-c_1}\boldsymbol{Q}_1$ 中正元素数目小于 m. 由归纳假设, 存在 n 阶置换方阵 $\boldsymbol{P}_2,\boldsymbol{P}_3,\cdots,\boldsymbol{P}_k$ 和 $c_2',c_3',\cdots,c_k'$, 使 $c_2'+c_3'+\cdots+c_k'=1$, 并且

$$\frac{1}{1-c_1}\boldsymbol{Q}_1=c_2'\boldsymbol{P}_2+c_3'\boldsymbol{P}_3+\cdots+c_k'\boldsymbol{P}_k.$$

于是

$$\begin{aligned}\boldsymbol{Q}=&c_1\boldsymbol{P}_1+\boldsymbol{Q}_1=c_1\boldsymbol{P}_1+(1-c_1)\left(\frac{1}{1-c_1}\boldsymbol{Q}_1\right)\\=&c_1\boldsymbol{P}_1+(1-c_1)(c_2'\boldsymbol{P}_2+c_3'\boldsymbol{P}_3+\cdots+c_k'\boldsymbol{P}_k)\\=&c_1\boldsymbol{P}_1+(1-c_1)c_2'\boldsymbol{P}_2+(1-c_1)c_3'\boldsymbol{P}_3+\cdots+(1-c_1)c_k'\boldsymbol{P}_k\\=&c_1\boldsymbol{P}_1+c_2\boldsymbol{P}_2+c_3\boldsymbol{P}_3+\cdots+c_k\boldsymbol{P}_k,\end{aligned}$$

其中 $c_i=(1-c_1)c_i'$ $(2\leqslant i\leqslant k)$, 并且

$$c_1+c_2+\cdots+c_k=c_1+(1-c_1)(c_2'+c_3'+\cdots+c_k')=1.$$

由归纳法原理, (c) 得证. ∎

习题 5.1

5.1.1 设 G 是无孤立点图. 证明: $\left\lceil \dfrac{v}{1+\Delta} \right\rceil \leqslant \alpha'(G) \leqslant \left\lfloor \dfrac{v}{2} \right\rfloor$.

5.1.2 证明:

(a) 超立方体图 Q_n 有完备匹配;

(b) K_{2n} 中不同完备匹配的数目为 $(2n-1)!!$;

(c) 对任何 $k(\geqslant 2)$, 存在 k 正则简单图, 使其没有完备匹配.

5.1.3 证明: 8×8 格棋盘移去对角上的两个方格后, 不可能用 1×2 长方形填满而不重叠.

5.1.4 矩阵的行或列被称为线. 证明: (0,1) 矩阵中包含所有 1 的线集的最小数目等于没有两个在同一条线上的 1 的最大个数. (D. König, 1931 [223])

5.1.5 设 $A_1,\cdots,A_m$ 是集 S 的子集. $\{A_1,\cdots,A_m\}$ 的相异代表系是指 S 的子集 $\{a_1,\cdots,a_m\}$, 其中 $a_i\in A_i$ $(1\leqslant i\leqslant m)$ 并且 $a_i\neq a_j\,(i\neq j)$. 证明: $\{A_1,\cdots,A_m\}$ 有相异代表系 $\Leftrightarrow$

$$\left|\bigcup_{i\in J} A_i\right| \geqslant |J|, \quad \forall\, J\subseteq\{1,2,\cdots,m\}.$$ (P. Hall, 1935 [167])

5.1.6 证明: 树 G 有完备匹配 $\Leftrightarrow$ $o(G-x)=1$ 对任何 $x\in V(G)$ 都成立.

5.1.7 证明: 任何 $v(\geqslant 4)$ 阶极大平面图都含有 $\dfrac{2}{3}\varepsilon$ 条边的 2 部子图.

5.1.8 证明: 设 M 是 2 部图 $G=(X\cup Y,E)$ 的最大匹配, 则

$$|M|=|X|-\max\{|S|-|N(S)|:\ \forall\, S\subseteq X\}.$$ (O. Ore, 1955 [285])

5.1.9 证明: 设 M 是 G 的最大匹配,

$$r=\max\{o(G-S)-|S|:\ \forall\, S\subset V(G)\},$$

则 $|M|=\dfrac{1}{2}(v-r)$. (C. Berge 1958 [21])

5.1.10 设 $\boldsymbol{A}$ 是 $m\times n$ $(m\leqslant n)$ 矩阵. $\boldsymbol{A}$ 的**积和式** (permanent) Per $(\boldsymbol{A})$ 定义为所有位于 $\boldsymbol{A}$ 的不同行不同列的 m 个元素乘积之和. 设 G 是 2 部划分为 $\{X,Y\}$ 的 2 部图, $|X|=m$, $|Y|=n$, $\boldsymbol{Q}$ 是 G 的邻接矩阵 $\boldsymbol{A}(G)$ 中 X 对应的行与 Y 对应的列所导出的子矩阵. 证明:

(a) 当 $m>n$ 时, G 中没有饱和 X 的匹配;

(b) 当 $m\leqslant n$ 时, G 中饱和 X 的匹配数目为 $\mathrm{Per}(\boldsymbol{Q})$;

(c) $K_{n,n}$ 中有 $n!$ 个不同的完备匹配.

5.1.11 G 的 k 正则支撑子图被称为 G 的 k **因子** (k-factor) **图**, 若 G 存在边不交的 k 因子 $G_1,\cdots,G_n$, 使得 $G=G_1\oplus\cdots\oplus G_n$, 称 G 是 k **因子可分解的** (k-factorable). 证明:

(a) G 含 1 因子 $\Leftrightarrow$ G 有完备匹配;

(b) K_{2n} 和 $k_{n,n}$ 是 1 因子可分解的;

(c) K_{2n+1} 是 2 因子可分解的;

(d) 简单图 G 是 2 因子可分解的 $\Leftrightarrow$ G 是 $2k\,(k\geqslant 1)$ 正则的;

(e) Petersen 图是非 1 因子可分解的;

(f) 每个 $2k\,(k\geqslant 1)$ 正则图有 2 因子分解 $\Leftrightarrow$ 每个 $k(\geqslant 1)$ 正则 2 部图有 1 因子分解.

5.1.12 证明:

(a) Tutte 定理 (定理 5.1.2) ⇒ Hall 定理 (定理 5.1.1);

(b) König 定理 (定理 5.1.3) ⇒ Hall 定理 (定理 5.1.1);

(c) Menger 定理 (定理 4.2.1) ⇒ König 定理 (定理 5.1.3);

(d) 最大流最小割定理 (定理 4.1.2) ⇒ König 定理 (定理 5.1.3);

(e) Hall 定理 (定理 5.1.1) ⇒ Menger 定理 (定理 4.2.2).

5.2 独立集

这一节介绍与匹配对应的“点”概念——独立集.

设 D 是无环图, S 是 $V(D)$ 的非空子集. 若 S 中任何两顶点在 D 中均不相邻, 则称 S 为 D 的**独立集** (independent set). 设 S 是 D 的独立集, 若对 D 中任何独立集 S', 均有 $|S'|\leqslant|S|$, 则称 S 为**最大的** (maximum); 若对任何 $x\in V\setminus S$, $S\cup\{x\}$ 不是独立集, 则称 S 为**极大的** (maximal). 图 5.9 给出了这些例子. 显然, 最大独立集一定是极大的, 反之不真.

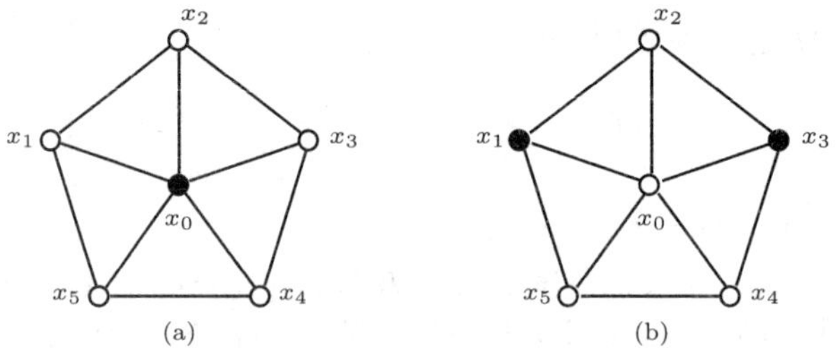

图 5.9 (a) 极大独立集 $S'=\{x_0\}$; (b) 最大独立集 $S=\{x_1,x_3\}$

因为独立集概念与图中边的方向无关, 只与顶点之间是否相邻有关, 所以只需讨论简单无向图的情形.

G 的**独立数** (independent number) 是 G 中最大独立集中的点数, 记为 $\alpha(G)$. 易知

$$\begin{aligned}&\alpha(G)=1 \Leftrightarrow G\cong K_v, \quad \alpha(G)=v \Leftrightarrow G\cong K_v^{\mathrm{c}},\\&\alpha(K_{m,n})=\max\{m,n\},\\&\alpha(C_{2n})=n, \quad \alpha(C_{2n+1})=n.\end{aligned}$$

对于一般的图, 确定 $\alpha(G)$ 是个极其困难的问题. 独立集与点覆盖满足下列关系:

定理 5.2.1 (T. Gallai, 1959 [136]) **设 $S\subseteq V(G)$, 则 S 是 G 的独立集 $\Leftrightarrow$ $V(G)\setminus S$ 是 G 的点覆盖.**

证明　由定义, S 是 G 的独立集 $\Leftrightarrow G$ 中每条边的两端点都不同时属于 S $\Leftrightarrow G$ 的每条边至少有一端点在 $V\setminus S$ 中 $\Leftrightarrow V\setminus S$ 是 G 的点覆盖. ∎

推论 5.2.1.1　S 是 G 的极大独立集 $\Leftrightarrow V(G)\setminus S$ 是 G 的极小点覆盖.

推论 5.2.1.2　$\alpha+\beta=\upsilon$.

证明　设 S 是 G 的最大独立集, K 是 G 的最小点覆盖. 由定理 5.2.1 知 $V\setminus S$ 是点覆盖, $V\setminus K$ 是独立集. 因而

$$\upsilon-\alpha=|V\setminus S|\geqslant\beta,\quad \upsilon-\beta=|V\setminus K|\leqslant\alpha.$$

由此得 $\alpha+\beta=\upsilon$. ∎

与点覆盖对应的"边"概念是边覆盖. 设 B 是 $E(G)$ 的非空子集. 若 G 的每个顶点都与 B 中某条边关联, 则称 B 为 G 的**边覆盖** (edge covering). G 的边如果对 G 中任何边覆盖 B', 均有 $|B|\leqslant|B'|$, 则覆盖 B 被称为**最小的** (minimum). 易知 G 有边覆盖 $\Leftrightarrow\delta(G)>0$.

G 的**边覆盖数** (edge covering number) 是最小边覆盖中的边数, 记为 $\beta'(G)$. 边覆盖数 β' 和匹配数 $\alpha'(G)$ 之间有下列关系:

$$\alpha'(G)\leqslant\beta'(G),\quad \text{等号成立} \Leftrightarrow G \text{ 中存在完备匹配}.$$

匹配与边覆盖之间没有类似于 König 定理 (定理 5.1.3) 的关系. 例如

$$\alpha'(K_{1,n})=1,\quad \beta'(K_{1,n})=n=\varepsilon(K_{1,n}).$$

然而类似于推论 5.2.1.2 的关系存在.

定理 5.2.2 (T. Gallai, 1959[136])　**设 G 是任意图. 若 $\delta(G)>0$, 则 $\alpha'+\beta'=\upsilon$.**

证明　设 M 是 G 的最大匹配, U 是 M 非饱和点集, 则 $G[U]$ 是无边图. 由于 $\delta(G)>0$, 所以 G 中存在 $|U|$ 条边的边集 E', 它的每条边都与 U 中的点关联 (见图 5.10). 显然, $M\cup E'$ 是 G 的边覆盖, 因而 $\beta'\leqslant|M\cup E'|=\alpha'+(\upsilon-2\alpha')=\upsilon-\alpha'$, 即得 $\alpha'+\beta'\leqslant\upsilon$.

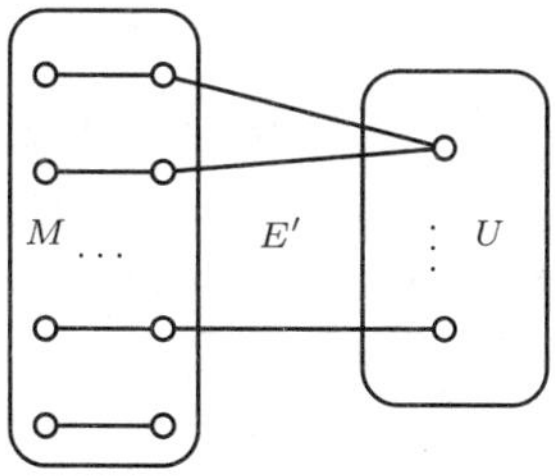

图 5.10　定理 5.2.2 证明的辅助图

设 B 是 G 的最小边覆盖. 令 $H=G[B]$, 则 $V(H)=V(G)$. 设 M 是 H 的最大匹配, U 为 H 中 M 非饱和点集, 则 $H[U]$ 是无边图, 从而

$$|B|-|M|=|B\setminus M|\geqslant|U|=\upsilon-2|M|,$$

即 $|B|+|M|\geqslant\upsilon$. 又因为 H 是 G 的支撑子图, 所以 M 也是 G 的匹配. 故 $\alpha'+\beta'\geqslant|M|+|B|\geqslant\upsilon$. ∎

下述结果在形式上与 König 定理极为相似.

定理 5.2.3 **设 G 是 2 部图. 若 $\delta(G)>0$, 则 $\alpha(G)=\beta'(G)$.**

证明 设 G 是 2 部图, 并且 $\delta(G)>0$. 由推论5.2.1.2 和定理 5.2.2 有 $\alpha+\beta=\alpha'+\beta'$. 再由定理 5.1.3 推知 $\alpha'=\beta$. 于是, $\alpha=\beta'$. ∎

虽然独立集的概念类似于匹配的概念, 只是“点”和“边”一字之差, 但不存在与前节匹配理论相仿的独立集理论, 特别是目前还不知道求图最大独立集的有效算法. 这两个概念可以通过线图把它们联系起来, 并且不难证明 (见习题5.2.3):

$$\alpha'(G)=\alpha(L(G)),$$

其中 $L(G)$ 是 G 的线图. 下面的结果给出了独立集与连通度之间的关系.

定理 5.2.4 (J. A. Bondy, 1978 [41]) **设 G 是 $v\ (\geqslant 2)$ 阶简单无向图, 且对 G 中任何不相邻顶点 x 和 y, 均有 $d_G(x)+d_G(y)\geqslant v$, 则 $\alpha(G)\leqslant\kappa(G)$.**

证明 由条件易证 G 是连通的. 若 G 为完全图 K_v, 则 $\alpha(K_v)=1\leqslant v-1=\kappa(K_v)$, 结论成立. 下设 G 是非完全图.

设 $\alpha=\alpha(G)$, $\kappa=\kappa(G)$. (用反证法) 设 $\alpha\geqslant\kappa+1$, 并设 I 和 S 分别是 G 中最大独立集和最小分离集, 则 $|I|=\alpha\geqslant 2$, $|S|=k$. 设 $G_1,G_2,\cdots,G_\ell$ 是 $G-S$ 的连通分支, $\ell\geqslant 2$, 则

$$|N_G(x)\cup N_G(y)|\leqslant v-\alpha,\quad \forall\ x,y\in I. \tag{5.2.1}$$

于是, 由假定和式 (5.2.1), 对任何 $x,y\in I$, 有

$$\begin{aligned}|N_G(x)\cap N_G(y)|=&|N_G(x)|+|N_G(y)|-|N_G(x)\cup N_G(y)|\\ \geqslant&v-(v-\alpha)=\alpha\geqslant\kappa+1>|S|.\end{aligned}$$

这表明在 $G-S$ 中仅有一个连通分支含 I 中的点. 不妨设 $I\subseteq V(G_1)\cup S$. 因为 $\alpha\geqslant k+1$, 所以存在 $x\in I\cap V(G_1)$. 令 $z\in V(G_2)$ (见图 5.11), 则 z 的邻点全在 $V(G_2)\cup S$ 中. 于是

$$\begin{aligned}|N_G(x)\cup N_G(z)|\leqslant&v-2-|I\cap V(G_1)|+1\\ =&v-\alpha+|I\cap S|-1.\end{aligned} \tag{5.2.2}$$

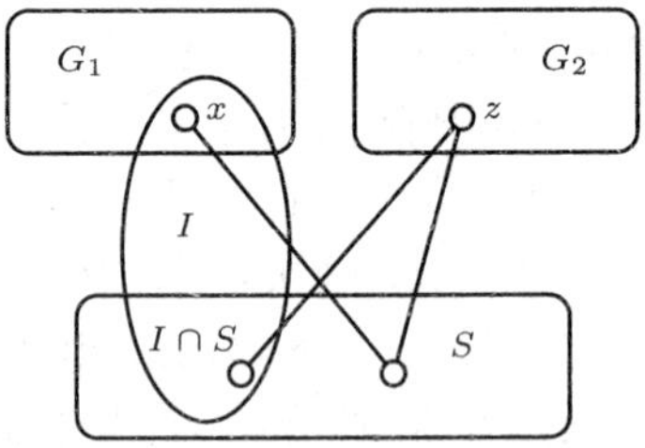

图 5.11 定理 5.2.4 证明的辅助图

因为 $N_G(x)\cap N_G(z)\subseteq S\setminus I$, 所以

$$|N_G(x)\cap N_G(z)|\leqslant\kappa-|I\cap S|. \tag{5.2.3}$$

于是, 由式 (5.2.2) 和式 (5.2.3) 得

$$v\leqslant d_G(x)+d_G(z)=|N_G(x)\cup N_G(z)|+|N_G(x)\cap N_G(z)|$$

$$\leqslant(\upsilon-\alpha+|I\cap S|-1)+(\kappa-|I\cap S|)$$
$$=\upsilon-\alpha+\kappa-1\leqslant\upsilon-2,$$

矛盾于假定. 所以 $\alpha(G)\leqslant\kappa(G)$. ∎

推论 5.2.4　**设** G **是** $\upsilon(\geqslant 2)$ **阶简单无向图,** $\delta(G)\geqslant\upsilon/2$, **则** $\alpha(G)\leqslant\kappa(G)$.

下面的结果给出了独立集、连通度与 Hamilton 图之间的关系.

定理 5.2.5 (V. Chvátal, P. Erdős, 1972 [75])　**设** G **是** $\upsilon\ (\geqslant 3)$ **阶简单图. 若** $\kappa(G)\geqslant\alpha(G)$**, 则** G **是 Hamilton 图.**

证明　若 $\alpha(G)=1$, 则 G 是 $\upsilon\ (\geqslant 3)$ 阶完全图, 因而是 Hamilton 图. 下设 $\alpha(G)\geqslant 2$. 由于 $\kappa(G)\geqslant\alpha(G)\geqslant 2$, 所以 G 含圈. 设 C 是 G 中最长圈. 下面要证明 C 是 Hamilton 圈.

若 C 不含 G 中所有点, 则 $V(G)\setminus V(C)$ 非空. 令 H 是 $G-V(C)$ 的任何一个连通分支, 并令 $\{x_1,x_2,\cdots,x_s\}$ 是 C 中与 H 相邻的顶点集. 由于 $\kappa(G)\geqslant 2$, 所以 $s\geqslant 2$. 由 C 的最大性和 H 的连通性知 $x_1,x_2,\cdots,x_s$ 在 C 上互不相邻. 因此, $\upsilon(C)>s$ 且 $\{x_1,x_2,\cdots,x_s\}$ 是 G 的分离集. 所以 $\kappa(G)\leqslant s$.

给圈 C 一个确定的方向得有向圈 $\overrightarrow{C}$ (见图 5.12). 令

$$Y=\{y_i:(x_i,y_i)\in E(\overrightarrow{C}),\ 1\leqslant i\leqslant s\}.$$

则由 x_i 在 C 上的不相邻性知 $|Y|=s\geqslant 2$. 可以断定 Y 是 G 的独立集:

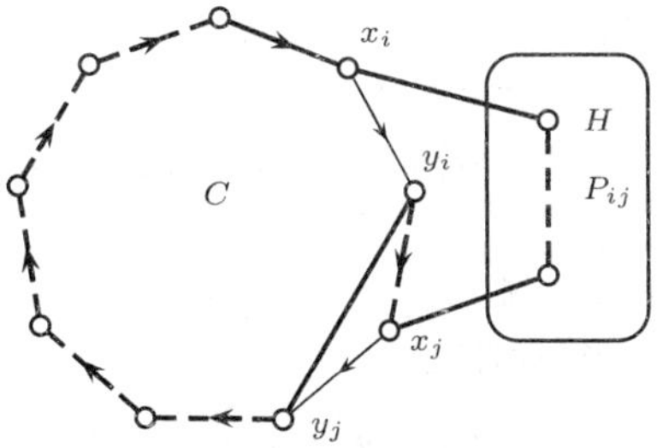

图 5.12　定理 5.2.5 证明的辅助图

（反证）若 Y 不是 G 的独立集, 则存在 $y_iy_j\in E(G)$. 令通过 H 中顶点连接 x_i 和 x_j 的 x_ix_j 路为 P_{ij}, 则 $C-x_iy_i-x_jy_j+y_iy_j+P_{ij}$ 是 G 中一条比 C 更长的圈 (见图 5.12), 矛盾于 C 是 G 中最长圈的假设. 于是 Y 是 G 的独立集.

由于 y_i 与 x_i 相邻, 所以 y_i 不与 H 中任何顶点相邻. 任取 $y_0\in V(H)$, 则 $S=\{y_0,y_1,\cdots,y_s\}$ 是 G 的独立集, 且 $\alpha(G)\geqslant|S|=s+1\geqslant\kappa(G)+1$, 矛盾于假定. 所以 C 是含 G 中所有顶点的圈, 即 G 是 Hamilton 图. ∎

习题 5.2

5.2.1 证明:

(a) G 是 2 部图 $\Leftrightarrow$ 对 G 的每个子图 H, 均有 $\alpha(H) \geqslant \frac{1}{2}v(H)$;

(b) G 是 2 部图 $\Leftrightarrow$ 对 G 的每个满足 $\delta(H)>0$ 的子图, 均有 $\alpha(H)=\beta'(H)$.

5.2.2 设 $\{V_1,V_2,\cdots,V_p\}$ 是 $V(G)$ 的划分, 并且对每个 $i(1\leqslant i\leqslant p)$, V_i 都是 G 的极大独立集. H 是 p 阶简单图, 其中 $V(H)=\{u_1,u_2,\cdots,u_p\}$, $u_iu_j\in E(H) \Leftrightarrow E_G[V_i,V_j]\neq\emptyset$. 证明: H 是 p 阶完全图.

5.2.3 证明 $\alpha'(G)=\alpha(L(G))$, 其中 $L(G)$ 是 G 的线图.

5.2.4 (a) 举例说明:

(i) 定理 5.2.4 中的条件 " $d_G(x)+d_G(y)\geqslant v$" 不能修改为 "$d_G(x)+d_G(y)\geqslant v-1$";

(ii) 推论 5.2.4 中的条件 " $\delta(G)\geqslant v/2$" 不能修改为 "$\lfloor v/2\rfloor$";

(iii) 定理 5.2.5 中的条件 " $\kappa(G)\geqslant\alpha(G)$" 不能修改为 "$\kappa(G)\geqslant\alpha(G)-1$".

(b) 利用定理 5.2.4 证明推论 5.2.4; 利用定理 5.2.5 证明定理 1.8.3.

5.2.5 证明: 若 G 是 $v(=2k+1)$ 阶 $k(\geqslant 2)$ 连通 k 正则简单图, 则 G 是 Hamilton 图.

5.2.6 设 G 是 $v(\geqslant 3)$ 阶简单无向图. 令 $T=\{x\in V(G): d_G(x)=v-1\}$. 证明: 若 $|T|\geqslant\alpha(G)$, 则 G 是 Hamilton 图.

5.2.7 设 G 是简单图. 证明: 若 $\delta(G)\geqslant\frac{1}{3}(v(G)+\kappa(G))$, 则 $\alpha(G)\leqslant\delta(G)$.

5.2.8 设 D 是无环有向图. 证明: D 有独立集 S 和 $x\in S$, 使得对每个 $y\in V\setminus S$, 均有 $d_D(x,y)\leqslant 2$. (V. Chvátal, L. Lovász, 1974 [77])

5.2.9 如果对每条边 $e\in E(G)$, 均有 $\alpha(G-e)>\alpha(G)$, 则称图 G 是 α **临界的** (α-critical). 证明:

(a) α 临界图是简单图;

(b) 阶大于 2 的连通 α 临界图是 2 连通的.

5.2.10 如果对每条边 $e\in E(G)$, 均有 $\beta(G-e)<\beta(G)$, 则称图 G 是 β **临界的** (β-critical). 证明:

(a) G 是 β 临界图 $\Leftrightarrow G$ 是 α 临界图;

(b) 阶大于 2 的连通的 β 临界图是 2 连通的;

(c) 若 G 是连通的, 则 $\beta\leqslant\frac{1}{2}(\varepsilon+1)$.

5.2.11 如果 G 中每个顶点或者在 S, 或者与 S 中某顶点相邻, 则 $V(G)$ 的非空子集 S 被称为 G 的**控制集** (dominating set). G 中最小控制集中的顶点数被称为 G 的**控制数** (dominating number), 记为 $\gamma(G)$. 证明: $\gamma(G)\leqslant\alpha(G)$; 若 G 是连通的, 则 $\gamma(G)\leqslant\lfloor\frac{1}{2}v(G)\rfloor$.

(著名的 Vizing 控制数猜想 (1968) [360] "$\gamma(G\times H)\geqslant\gamma(G)\gamma(H)$" 至今没有解决.)

应　用

5.3　人员安排问题

某公司准备安排 n 个职员 $x_1,x_2,\cdots,x_n$ 从事 n 项工作 $y_1,y_2,\cdots,y_n$. 已知每个职员能胜任其中一项或几项工作. 试问: 能否把所有职员都安排一项他所胜任的工作, 而且每项工作都被安排？这个问题被称为**人员安排问题** (personnel assignment problem).

构造等 2 部简单图 $G=(X\cup Y,E)$, 其中 $X=\{x_1,x_2,\cdots,x_n\}$, $Y=\{y_1,y_2,\cdots,y_n\}$, $x_iy_j\in E(G)\Leftrightarrow$ 职员 x_i 胜任工作 y_j. 于是问题转化为判定等 2 部图 G 中是否有完备匹配问题.

本节介绍一种有效算法, 它是由 H. W. Kuhn (1955) [232] 基于两位匈牙利数学家 D. König (1931) [223] 和 J. Egerváry (1931) [102] 的早期研究结果 (即定理 5.1.3 和它在加权图上的推广) 而提出来的, 故称之为**匈牙利算法** (Hungarian method). 这里给出的是 J. Edmonds (1965) [97] 的叙述, 它基于 Hall 定理 (定理 5.1.1) 及下述概念和结果.

设 M 和 M' 是 $E(G)$ 的两个不交的非空真子集. (M,M') **交错路** (alternating path) 是指其边在 M 和 M' 中交错出现的路. 若 $\overline{M}=E(G)\setminus M$, 则简称 $(M,\overline{M})$ 交错路为 M **交错路**. 设 M 是 G 的匹配, P 是 M 交错路. 若 P 的两端点不同且都是 M 非饱和的, 则称 P 为 M **增广路** (augmenting path).

引理 5.3　设 M 和 M^* 是 G 的两个不同的非空匹配, $H=G[M\Delta M^*]$, 则 H 的每个连通分支必是下列三种类型之一:

(a) 孤立点;

(b) (M,M^*) 交错偶圈;

(c) (M,M^*) 交错路.

证明　由于 H 中每个顶点至多与 M 和 M^* 中一条边关联, 所以 $0\leqslant\Delta(H)\leqslant 2$. 而且对 H 中顶点 x, $d_H(x)=2\Leftrightarrow x$ 既与 M 中一条边关联, 又与 M^* 中一条边关联 (见图 5.13).

设 P 是 H 中任意连通分支. 若 P 是孤立点, 则 (a) 成立. 下设 $1\leqslant\Delta(P)\leqslant 2$.

若 P 中顶点全是 2 度点, 则由上述说明知 P 中每个顶点既与 M 中一条边关联, 又要与 M^* 中一边关联, 所以 P 是一个 (M,M^*) 交错偶圈, 故 (b) 成立.

若 P 中含 1 度点, 设为 x, 则由推论 1.3.2 知 P 中必含另一个 1 度点, 设为 y. 由于 $\Delta(P)\leqslant 2$, 所以 P 是一条以 x 和 y 为端点的路, P 中内部点 (若存在的话) 都是 2 度点. 因而 P 是 (M,M^*) 交错路, (c) 成立. ∎

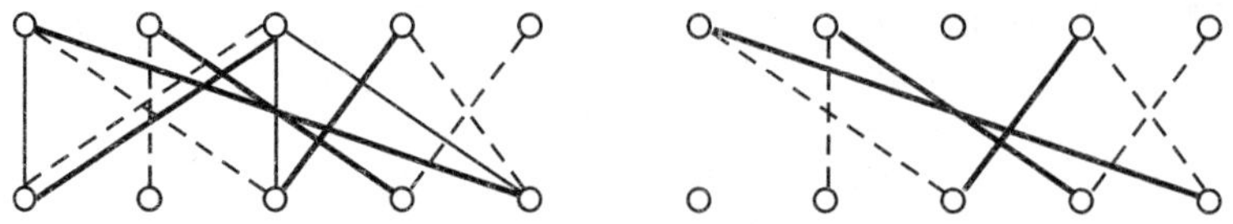

(a) (b)

图 5.13 (a) G 的匹配 M (粗边) 和 M^* (虚边); (b) $H=G[M\Delta M^*]$

定理 5.3.1 (C. Berge, 1957 [20]) **设 M 是 G 的匹配, 则 M 是最大的 $\Leftrightarrow G$ 中不含 M 增广路.**

证明 ($\Rightarrow$)（反证）设 M 是 G 的最大匹配, 并设 $P=x_0e_1x_1e_2\cdots e_mx_m$ 是 G 中 M 增广路, 则 m 为奇数, 并且 $e_1,e_3,\cdots,e_m\notin M$, 而 $e_2,e_4,\cdots,e_{m-1}\in M$. 令

$$M'=M\Delta E(P)=(M\setminus\{e_2,e_4,\cdots e_{m-1}\})\cup\{e_1,e_3,\cdots,e_m\},$$

则 M' 是 G 的匹配, 并且 $|M'|=|M|+1$, 矛盾于 M 的最大性.

($\Leftarrow$)（反证）设 M 不是 G 的最大匹配, M^* 是 G 的最大匹配, 则 $|M^*|>|M|$. 令 $H=G[M\Delta M^*]$. 由引理 5.3 知 H 的每个连通分支或是孤立点, 或是 (M,M^*) 交错路, 或是 (M,M^*) 交错偶圈. 由于 $|M^*|>|M|$, 所以 $|E(H)\cap M^*|>|E(H)\cap M|$. 因而 H 必有连通分支 P, 它是一条开始于 M^* 中的边并且终止于 M^* 中边的 (M^*,M) 交错路. 于是 P 是 M 增广路 (见图 5.13), 矛盾于假定. ∎

定理 5.3.2 **设 M 是 2 部图 $G=(X\cup Y,E)$ 的匹配, $x\in X$ 是 M 非饱和点, Z 是 G 中由起点为 x 的 M 交错路所能连接的顶点集, $S=Z\cap X$, $T=Z\cap Y$, 则**

(a) $T\subseteq N_G(S)$.

(b) **下述三条等价:**

(b1) G **中不存在以 x 为端点的 M 增广路;**

(b2) x **是 Z 中唯一的 M 非饱和点;**

(b3) $T=N_G(S)$ **且** $|T|=|S|-1$.

证明 (a) 任取 $y\in T$, 则 G 中存在以 x 和 y 为端点的 M 交错路 P. 令 $z\in N_P(y)$. 由于 G 是 2 部图且 $y\in T\subseteq Y$, 所以 $z\in Z\cap X=S$, 即 $y\in N_G(S)$. 因而有 $T\subseteq N_G(S)$.

(b) (b1)$\Rightarrow$(b2)（反证）设 y 是 Z 中异于 x 的 M 非饱和点, 则 G 中存在以 x 和 y 为端点的 M 交错路 P. P 是 G 中以 x 为端点的 M 增广路, 与 (b1) 的假定矛盾, 所以 (b2) 成立.

(b2)⇒(b1) (反证)设 G 中存在以 x 为端点的 M 增广路 P, 并设 P 的另一端点为 $y\ (\neq x)$, 则 y 是 M 非饱和点. 由 Z 的定义知 $y\in Z$, 矛盾于 (b2) 的假定, 所以 (b1) 成立.

(b2)⇒(b3) 任取 $y\in N_G(S)\subseteq Y$, 于是存在 $u\in S=Z\cap X$ 和 $e\in E(G)$, 使 $e=uy$. 若 $u=x$, 则显然有 $y\in T$, 下设 $u\neq x$. 于是, G 中存在以 x 和 u 为端点的 M 交错路 P. 由于 x 是 M 非饱和点, 所以 u 为 M 饱和点. 若 P 不含 y, 则 $e\notin M$. 由 Z 的定义知 $y\in Z\cap Y=T$. 因而有 $N_G(S)\subseteq T$. 再由 (a), $T=N_G(S)$. 由于 x 是 Z 中唯一的 M 非饱和点, 所以 T 中的点全是 M 饱和点. 又由于 X 中通过 M 与 T 中的点配对的点全在 S 中, 且 $T=N_G(S)$, 所以 $S\setminus\{x\}$ 中的点与 T 中的点由 M 配对, 故有 $|T|=|S|-1$, 即 (b3) 成立.

(b3)⇒(b2) 任取 $z\in S\setminus\{x\}$. 设 P 是 G 中以 x 和 z 为端点的 M 交错路. 由于 G 是 2 部图, 并且 $x,z\in X$, 所以 P 的长为偶数. 又由于 x 是 M 非饱和点, 所以 z 是 M 饱和点. 由 $z\in S\setminus\{x\}$ 的任意性知 $S\setminus\{x\}$ 中的点全是 M 饱和点, 它们与 $N_G(S)$ 中的点由 M 配成对. 由于 $N_G(S)=T$ 且 $|T|=|S|-1$, 所以 T 中的点全是 M 饱和点, 即知 x 是 Z 中唯一的 M 非饱和点, (b2) 成立. ∎

利用定理 5.3.1 和定理 5.3.2, 可以给出 Hall 定理 (定理 5.1.1) 中条件式 (5.1.1) 充分性的证明.

Hall 定理的证明 (反证)设 M 是 G 的最大匹配且不饱和 X, 则存在 $x\in X$ 是 M 非饱和点. 令 Z 是 G 中由起点为 x 的 M 交错路所能连接的顶点集. 由于 M 是最大匹配, 所以由定理 5.3.1 知 G 中不存在以 x 为端点的 M 增广路. 令 $S=Z\cap X$, $T=Z\cap Y$, 则由定理 5.3.2 应有 $|N_G(S)|=|T|<|S|$, 矛盾于式 (5.1.1). 所以 M 饱和 X. ∎

利用定理 5.3.2 和定理 5.3.3, 也可以立即导出下面的重要结论.

定理 5.3.3　非空 2 部图必有饱和所有最大度点的最大匹配.

证明 设 G 是 2 部划分为 $\{X,Y\}$ 的 2 部图, M 是 G 中最大的匹配并尽可能多地饱和最大度点.

(反证)设存在最大度点 x 是 M 非饱和的. 令 Z 是 G 中以 x 为起点的 M 交错路所能连接的顶点集. 不妨设 $x\in X$, 并令 $S=Z\cap X$, $T=Z\cap Y$. 由于 M 是 G 中最大匹配, 所以由定理 5.3.1, G 中不存在以 x 为起点的 M 增广路. 再由定理 5.3.2, $|T|=|S|-1$ 且 $N_G(S)=T$. 若 S 中的点全是最大度点, 则

$$\Delta(|S|)=\sum_{u\in S}d_G(u)=|[S,T]|\leqslant\sum_{u\in T}d_G(u)\leqslant\Delta(|T|),$$

即有 $|S|\leqslant|T|=|S|-1$, 矛盾. 于是, S 中存在非最大度点, 设为 z, 则 $z\neq x$. 令 $P=xe_1x_1e_2\cdots e_{m-1}x_{m-1}e_mz$ 是 G 中 M 交错路, 其中 $e_1,e_3,\cdots,e_{m-1}\notin M$, 而

$e_2, e_4, \cdots, e_m \in M$, 则 z 是 M 饱和点. 由于 $x, z \in X$, 所以 m 为偶数. 于是, 令

$$M' = M\Delta E(P) = (M \setminus \{e_2, e_4, \cdots, e_m\}) \cup \{e_1, e_3, \cdots, e_{m-1}\},$$

则 $|M'| = |M|$, 即 M' 是 G 中最大匹配. 但 M' 饱和最大度点的数目比 M 饱和最大度点的数目至少多 1 (即 x), 矛盾于 M 的选取. ∎

推论 5.3.4 (D. König, 1916 [222]) **任何 2 部图 G 的边集 $E(G)$ 可以划分成 $\Delta(G)$ 个边不交匹配.**

下面给出判定等 2 部图 $G(X \cup Y, E)$ 是否有完备匹配的匈牙利算法.

匈牙利算法的基本思想是简单的. 从 G 的任何匹配 M 开始. 若 M 饱和 X, 则 M 是 G 的完备匹配. 若 M 不能饱和 X, 则在 X 中选择一个 M 非饱和点 x. 若 G 中存在以 x 为起点的 M 增广路 P, 则由定理 5.3.1 知 M 不是 G 的最大匹配, 而且 $\hat{M} = M\Delta E(P)$ 是比 M 更大的匹配, 因而饱和 X 中更多的点. 然后用 $\hat{M}$ 替代 M 并重复上述程序. 若 G 中不存在以 x 为起点的 M 增广路, 则令 Z 是 G 中由起点为 x 的 M 交错路所能连接的顶点集, 并令 $S = Z \cap X$, $T = Z \cap Y$, 则由定理 5.3.3 知 x 是 Z 中唯一的 M 非饱和点, 而且

$$N_G(S) = T, \quad |N_G(S)| = |T| = |S| - 1 < |S|.$$

由 Hall 定理 (定理 5.1.1) 知 G 没有完备匹配.

匈牙利算法

1. 任取 G 的匹配 M. 若 M 饱和 X, 则停止. 若 M 不能饱和 X, 则取 X 的 M 非饱和点 x. 令 $S = \{x\}$, $T = \emptyset$.
2. 若 $N(S) = T$, 则停止, 此时 G 中无完备匹配. 若 $N(S) \neq T$, 则取 $y \in N(S) \setminus T$.
3. 若 y 是 M 饱和的, 则存在 $z \in X \setminus S$, 使 $yz \in M$. 用 $S \cup \{z\}$ 替代 S, $T \cup \{y\}$ 替代 T, 并转入第 2 步. 若 y 是 M 非饱和的, 则 G 中存在以 x 为起点且以 y 为终点的 M 增广路 P. 用 $\hat{M} = M\Delta E(P)$ 替代 M 并转入第 1 步.

下面举例说明匈牙利算法的应用.

例 5.3.1 图 5.14 (a) 所示的等 2 部图没有完备匹配.

证明 设 G 是图 5.14 (a) 所示的等 2 部图 $(X \cup Y, E)$, 其中 $X = \{x_1, x_2, x_3, x_4, x_5\}$, $Y = \{y_1, y_2, y_3, y_4, y_5\}$.

由匈牙利算法, 取初始匹配 $M_0 = \{x_2y_2, x_3y_3, x_5y_5\}$ (见图 5.14 (a)). x_1 是 X 中 M_0 非饱和点. 令 $S_0 = \{x_1\}$, $T_0 = \emptyset$. 因为 $N(S_0) = \{y_2, y_3\} \supset T_0$, 所以

取 $y_2 \in N(S_0)\setminus T_0$. y_2 是 M_0 饱和点, $x_2 \in X$, 使 $x_2y_2 \in M_0$. 令 $S_1 = \{x_1,x_2\}$, $T_1 = \{y_2\}$, 则 $N(S_1) = \{y_1,y_2,y_3,y_4,y_5\} \supset T_1$. 取 $y_1 \in N(S_1)\setminus T_1$. y_1 是 M_0 非饱和点, 所以 $P_0 = x_1y_2x_2y_1$ 是 M_0 增广路 (见图 5.14 (b)). 令 (见图 5.14 (c))

$$M_1 = M_0 \Delta E(P_0) = \{x_1y_2, x_2y_1, x_3y_3, x_5y_5\}.$$

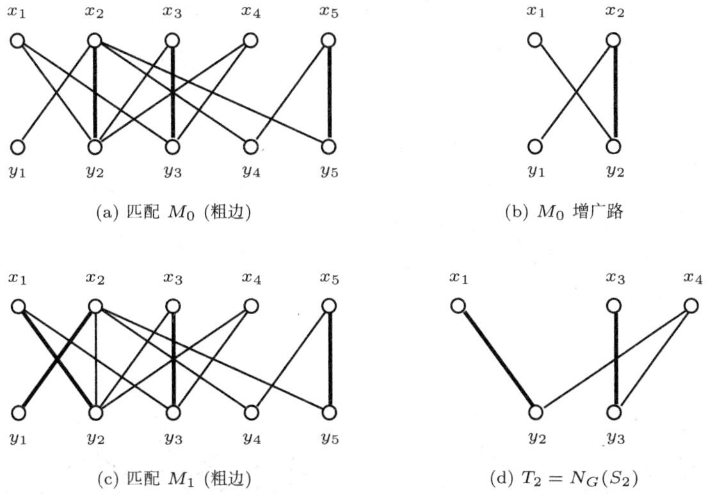

图 5.14　匈牙利算法的应用 (Ⅰ)

用 M_1 替代 M_0 再执行第 1 步. $x_4 \in X$ 是 M_1 非饱和点. 令 $S_0 = \{x_4\}$, $T_0 = \emptyset$, 则

$$N(S_0) = \{y_2, y_3\} \supset T_0.$$

取 $y_2 \in N(S_0)\setminus T_0$, y_2 是 M_1 饱和点, 并且 $x_1y_2 \in M_1$. 令

$$S_1 = \{x_1, x_4\}, \quad T_1 = \{y_2\}.$$

由于

$$N(S_1) = \{y_2, y_3\} \supset T_1,$$

取 $y_3 \in N(S_1)\setminus T_1$, y_3 是 M_1 饱和的, 而且 $x_3y_3 \in M_1$. 令

$$S_2 = \{x_1, x_3, x_4\}, \quad T_2 = \{y_2, y_3\} = N(S_2)$$

(见图 5.14 (d)). 匈牙利算法停止. 因为有 $|N(S_2)| < |S_2|$, 故 G 没有完备匹配. ∎

例 5.3.2　图 5.15 (a) 所示的等 2 部图有完备匹配.

证明　设 G 是图 5.15 (a) 所示的等 2 部图 $(X \cup Y, E)$, 其中 $X = \{x_1, x_2, x_3, x_4, x_5\}$, $Y = \{y_1, y_2, y_3, y_4, y_5\}$.

由匈牙利算法, 取初始匹配 $M_0=\{x_1y_4,x_4y_1,x_5y_5\}$. x_2 是 X 中 M_0 非饱和点. 令 $S_0=\{x_2\}$, $T_0=\emptyset$, 则 $N(x_2)=\{y_1,y_4,y_5\}\supset T_0$. 取 $y_1\in N(S_0)\setminus T_0$. y_1 是 M_0 饱和点, 并且 $x_4y_1\in M_0$. 令 $S_1=\{x_2,x_4\}$, $T_1=\{y_1\}$, 则 $N(S_1)=\{y_1,y_2,y_3,y_4,y_5\}=Y\supset T_1$. 取 $y_2\in N(S_1)\setminus T_1$. y_2 是 M_0 非饱和点. $P_0=x_2y_1x_4y_2$ 是 M_0 增广路 (见图 5.15 (b)). 令

$$M_1=M_0\Delta E(P_0)=\{x_1y_4,x_2y_1,x_4y_2,x_5y_5\}$$

(如图 5.15 (c) 中粗边所示) 是 G 中匹配, 但它不是完备匹配, 因为它没有饱和点 $x_3\in X$.

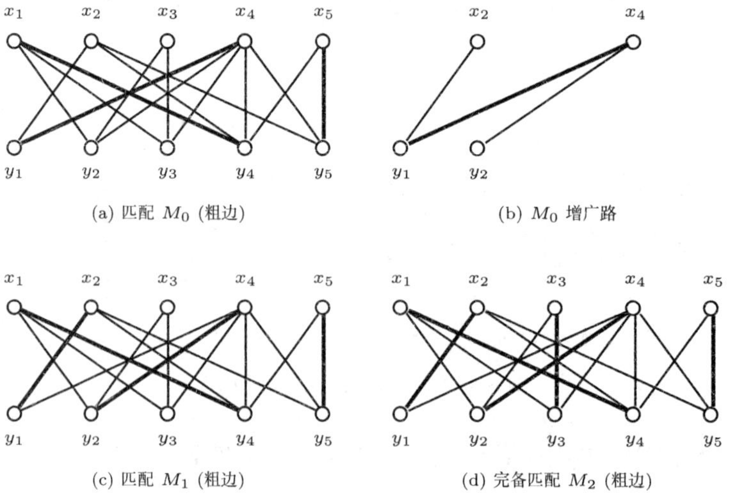

图 5.15　匈牙利算法的应用 (II)

取 M_1 为初始匹配再执行算法. x_3 是 X 中 M_1 非饱和点. 令 $S_0=\{x_3\},T_0=\emptyset$, 则 $N(x_3)=\{y_2,y_3\}\supset T_0$. 取 $y_3\in N(S_0)\setminus T_0$, y_3 是 M_1 非饱和点. 则 $P_1=x_3y_3$ 是 M_1 增广路. 令

$$M_2=M_1\Delta E(P_1)=\{x_1y_4,x_2y_1,x_3y_3,x_4y_2,x_5y_5\}$$

(如图 5.15 (d) 中粗边所示). M_2 饱和了 X, 因而是 G 的完备匹配. ∎

匈牙利算法的复杂度是 $O(v\varepsilon^2)$ (见习题 5.3.4), 因而是有效的. 把匈牙利算法中的程序稍加修改就可以获得求 2 部图的最大匹配 (见习题 5.3.4).

习题 5.3

5.3.1 证明: 任何林至多有一个完备匹配.

5.3.2 设 M 和 N 是 G 中两个不交匹配, 并且 $|M|>|N|$. 证明: G 中必存在两个不交匹配 M' 和 N', 使得

$$M'\cup N'=M\cup N,\quad |M'|=|M|-1,\quad |N'|=|N|+1.$$

5.3.3 设 G 是 2 部图且整数 $p \geqslant \Delta$, 则 G 中存在 p 个不交匹配 $M_1, M_2, \cdots, M_p$, 使得 $E(G) = M_1 \cup M_2 \cup \cdots \cup M_p$, 并且有

$$\left\lfloor \frac{\varepsilon}{p} \right\rfloor \leqslant |M_i| \leqslant \left\lceil \frac{\varepsilon}{p} \right\rceil, \quad 1 \leqslant i \leqslant p.$$

5.3.4 (a) 证明: 匈牙利算法是 $O(v\varepsilon^2)$ 算法.

(b) 叙述怎样用匈牙利算法求 2 部图的最大匹配.

5.3.5 利用匈牙利算法判定下列两个 2 部图是否有完备匹配. 若没有完备匹配, 求包含所有最大度点的最大匹配.

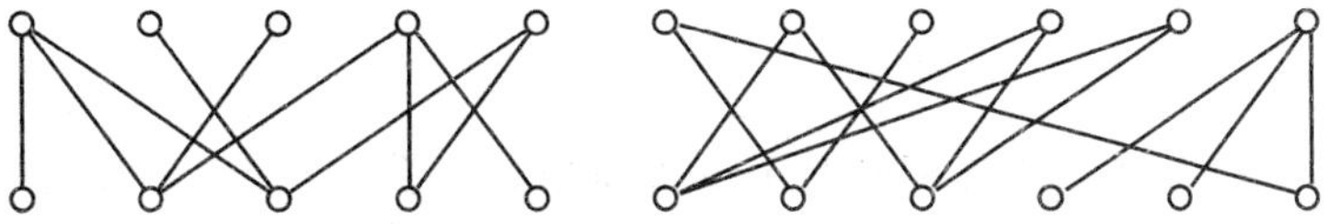

(a)　(b)

(习题 5.3.5 图)

5.3.6 设 S 是 n 个元素集. 由 S 中元素组成的**拉丁矩形** (Latin rectangle) 是指 $r \times s$ 矩阵 $\boldsymbol{A} = (a_{ij})$, 其中 $r \leqslant n$, $s \leqslant n$, $a_{ij} \in S$, 而且 $\boldsymbol{A}$ 的每行和每列元素互不相同. 若 $r = s = n$, 则称这个拉丁矩形为 n 阶**拉丁方** (Latin square). 证明:

(a) 下面的矩阵 $\boldsymbol{A}$ 必可以补上两行而成为 5 阶拉丁方, 其中

$$\boldsymbol{A} = \begin{pmatrix} 1 & 2 & 3 & 4 & 5 \\ 3 & 4 & 2 & 5 & 1 \\ 5 & 1 & 4 & 2 & 3 \end{pmatrix};$$

(b) 对任意的 r 行、n 列拉丁矩形 $(r < n)$, 必可以补上 $n - r$ 行而成为 n 阶拉丁方.

5.4 最优安排问题

上一节利用匈牙利算法解决了人员安排问题. 如果那种安排方案不止一种或者说每个职员都能胜任每项工作, 则人员安排就要考虑每个职员对各项工作的效率, 比如熟练程度等. 怎样给出安排方案使总效率达到最大? 求这种安排问题被称为**最优安排问题** (optimal assignment problem).

考察 2 部划分为 $\{X, Y\}$ 的加权完全 2 部图 $(K_{n,n}, \boldsymbol{w})$, 其中 $X = \{x_1, x_2, \cdots, x_n\}$, $Y = \{y_1, y_2, \cdots, y_n\}$, 边 x_iy_j 上的权 $\boldsymbol{w}(x_iy_j)$ 表示职员 x_i 做工作 y_j 的效率. 最优人员安排问题就等价于在这个加权图 $(K_{n,n}, \boldsymbol{w})$ 中求**最大权完备匹配** (maximum weight perfect matching).

当然, 若枚举所有 $n!$ 个完备匹配, 然后比较它们的权, 这种方法无疑是可以的. 但是当 n 很大时, 这种方法显然是无效的. 本节将介绍求最大权完备匹配的有效算法, 它属于 H. W. Kuhn (1955) [232] 和 J. Munkres (1957) [279].

设 $\boldsymbol{l} \in \mathscr{V}(K_{n,n})$. 若

$$\boldsymbol{l}(x)+\boldsymbol{l}(y) \geqslant \boldsymbol{w}(e), \quad \forall\ e=xy \in E(K_{n,n}),$$

则称 $\boldsymbol{l}$ 为 $(K_{n,n},\boldsymbol{w})$ 的**可行标号** (feasible labelling). 可行标号总是存在的. 例如, $\boldsymbol{l} \in \mathscr{V}(K_{n,n})$ 定义如下:

$$\begin{cases} \boldsymbol{l}(x)=\max\limits_{y\in Y}\boldsymbol{w}(xy), & x \in X, \\ \boldsymbol{l}(y)=0, & y \in Y. \end{cases}$$

通常称这种可行标号为**平凡标号** (trivial labelling). 设 $G=K_{n,n}$, 并设 $\boldsymbol{l}$ 是 $(G,\boldsymbol{w})$ 的可行标号, 令

$$E_{\boldsymbol{l}}=\{xy \in E(G):\ \boldsymbol{l}(x)+\boldsymbol{l}(y)=\boldsymbol{w}(xy)\}.$$

并令 $G_{\boldsymbol{l}}$ 为 G 中以 $E_{\boldsymbol{l}}$ 为边集的支撑子图, 称 $G_{\boldsymbol{l}}$ 为 $\boldsymbol{l}$ **等子图** (equality subgraph).

例 5.4.1 求出加权完全 2 部图 $(K_{5,5},\boldsymbol{w})$ 的等子图 $G_{\boldsymbol{l}}$, 其中 $\boldsymbol{w}$ 如图 5.16 (a) 中矩阵所示, $\boldsymbol{l}$ 为平凡标号.

解 设 G 是完全 2 部图 $K_{5,5}$, 其中 $X=\{x_1,x_2,\cdots,x_5\}$, $Y=\{y_1,y_2,\cdots,y_5\}$, 边 x_iy_j 上的权 $\boldsymbol{w}(x_iy_j)=w_{ij}$ 如图 5.16 (a) 中矩阵 $\boldsymbol{w}=(w_{ij})$ 所示; 平凡标号 $\boldsymbol{l}$ 如图 5.16 (b) 所示矩阵 $\boldsymbol{w}$ 的右旁和下边的数值, 即

$$\boldsymbol{l}(x_1)=5, \quad \boldsymbol{l}(x_2)=2, \quad \boldsymbol{l}(x_3)=4, \quad \boldsymbol{l}(x_4)=1, \quad \boldsymbol{l}(x_5)=3,$$
$$\boldsymbol{l}(y_1)=\boldsymbol{l}(y_2)=\boldsymbol{l}(y_3)=\boldsymbol{l}(y_4)=\boldsymbol{l}(y_5)=0.$$

图 5.16(b) 中矩阵的黑体元素表示 $K_{5,5}$ 中对应的边属于 $E_{\boldsymbol{l}}$. 它的 $\boldsymbol{l}$ 等子图 $G_{\boldsymbol{l}}$ 如图 5.16 (c) 所示. ∎

定理 5.4.1 **设 $\boldsymbol{l}$ 是 $(G,\boldsymbol{w})$ 的可行标号. 若 $\boldsymbol{l}$ 等子图 $G_{\boldsymbol{l}}$ 有完备匹配 M^*, 则 M^* 是 G 的最大权完备匹配.**

证明 由于 $G_{\boldsymbol{l}}$ 是 G 的支撑子图, M^* 是 $G_{\boldsymbol{l}}$ 的完备匹配, 所以 M^* 也是 G 的完备匹配. 又由于对每个 $e \in M^*$ 都属于这个 $\boldsymbol{l}$ 等子图 $G_{\boldsymbol{l}}$, 而且 M^* 中每条边覆盖每个顶点正好一次, 所以

$$\boldsymbol{w}(M^*)=\sum_{e\in M^*}\boldsymbol{w}(e)=\sum_{x\in V}\boldsymbol{l}(x) \tag{5.4.1}$$

对 G 的任何完备匹配 M, 有

$$\boldsymbol{w}(M)=\sum_{e\in M}\boldsymbol{w}(e)\leqslant\sum_{x\in V}\boldsymbol{l}(x) \tag{5.4.2}$$

结合式 (5.4.1) 和式 (5.4.2), 有 $\boldsymbol{w}(M^*)\geqslant\boldsymbol{w}(M)$, 所以 M^* 是 G 的最大权完备匹配. ∎

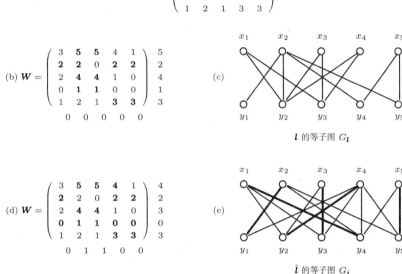

$$\text{(a) } \boldsymbol{W}=\begin{pmatrix}3&5&5&4&1\\2&2&0&2&2\\2&4&4&1&0\\0&1&1&0&0\\1&2&1&3&3\end{pmatrix}$$

$$\text{(b) } \boldsymbol{W}=\begin{pmatrix}3&\mathbf{5}&\mathbf{5}&4&1\\\mathbf{2}&\mathbf{2}&0&\mathbf{2}&\mathbf{2}\\2&\mathbf{4}&\mathbf{4}&1&0\\0&\mathbf{1}&\mathbf{1}&0&0\\1&2&1&\mathbf{3}&\mathbf{3}\end{pmatrix}\begin{matrix}5\\2\\4\\1\\3\end{matrix}$$
$$\begin{matrix}0&0&0&0&0\end{matrix}$$

(c)

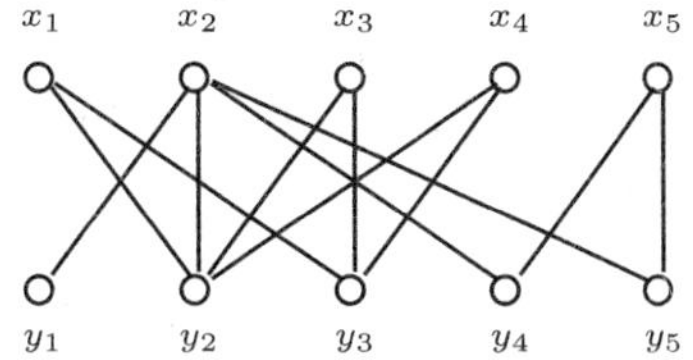

$\boldsymbol{l}$ 的等子图 $G_{\boldsymbol{l}}$

$$\text{(d) } \boldsymbol{W}=\begin{pmatrix}3&\mathbf{5}&\mathbf{5}&\mathbf{4}&1\\\mathbf{2}&2&0&\mathbf{2}&\mathbf{2}\\2&\mathbf{4}&\mathbf{4}&1&0\\\mathbf{0}&\mathbf{1}&\mathbf{1}&\mathbf{0}&\mathbf{0}\\1&2&1&\mathbf{3}&\mathbf{3}\end{pmatrix}\begin{matrix}4\\2\\3\\0\\3\end{matrix}$$
$$\begin{matrix}0&1&1&0&0\end{matrix}$$

(e)

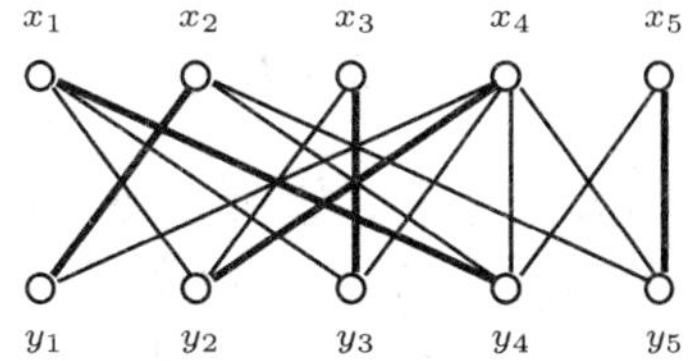

$\hat{\boldsymbol{l}}$ 的等子图 $G_{\hat{\boldsymbol{l}}}$

图 5.16　Kuhn–Munkres 算法的应用

基于定理 5.4.1, H. W. Kuhn (1955) [232] 和 J. Munkres (1957) [279] 提出在加权完全 2 部分图 $(K_{n,n},\boldsymbol{w})$ 中求最大权完备匹配的有效算法. 算法的基本思想如下.

首先给出 $(K_{n,n},\boldsymbol{w})$ 任意的可行标号 $\boldsymbol{l}$ (如平凡标号), 然后决定 $G_{\boldsymbol{l}}$. 在 $G_{\boldsymbol{l}}$ 中执行匈牙利算法. 若在 $G_{\boldsymbol{l}}$ 中找到完备匹配, 则由定理 5.4.1 知这个完备匹配就是 G 的最大权完备匹配. 否则, 匈牙利算法终止于 $S\subset X$, $T\subset Y$ 且 $N_{G_{\boldsymbol{l}}}(S)=T$. 令

$$\alpha_l=\min\{\boldsymbol{l}(x)+\boldsymbol{l}(y)-\boldsymbol{w}(xy):\ x\in S, y\in Y\setminus T\},$$

则由

$$\hat{\boldsymbol{l}}=\begin{cases}\boldsymbol{l}(u)-\alpha_l, & u\in S,\\ \boldsymbol{l}(u)+\alpha_l, & u\in T,\\ \boldsymbol{l}(u), & \text{其他}\end{cases}$$

确定一个新的可行标号 $\hat{\boldsymbol{l}}$. 此时 $\alpha_{\boldsymbol{l}}>0$, 且 $T\subset N_{G_{\hat{\boldsymbol{l}}}}(S)$ (见习题 5.4.1). 以 $\hat{\boldsymbol{l}}$ 替代 $\boldsymbol{l}$. 连续进行这种修改, 直到存在一个等子图含完备匹配时止. 由于最大权完备匹配必存在, 所以这种修改必在有限步内结束.

Kuhn-Munkres 算法

1. 从任意可行标号 (例如平凡标号) $\boldsymbol{l}$ 开始, 确定 $\boldsymbol{l}$ 等子图 G_l, 并且在 G_l 中选取匹配 M. 若 M 饱和 X, 则 M 是完备匹配, 并由定理 5.4.1 知 M 是最优匹配, 算法停止; 否则转入第 2 步.

2. 匈牙利算法终止于 $S\subset X$, $T\subset Y$, 使 $N_{G_l}(S)=T$. 计算 α_l, 确定新的可行标号 $\hat{\boldsymbol{l}}$, 并以 $\hat{\boldsymbol{l}}$ 替代 $\boldsymbol{l}$, 以 $G_{\hat{l}}$ 替代 G_l, 转入第 1 步.

例 5.4.2 利用 Kuhn-Munkres 算法求出例 5.4.1 中加权图 $(K_{5,5},\boldsymbol{w})$ 的最大权完备匹配.

解 对于平凡顶点标号 $\boldsymbol{l}$, 它的等子图 G_l 如图 5.16 (c) 所示. 例 5.3.1 指出它没有完备匹配, 而且匈牙利算法终止于 $S=\{x_1,x_3,x_4\}$, $T=\{y_2,y_3\}=N(S)$. 通过计算, 有

$$\alpha_l=\min\{\boldsymbol{l}(x)+\boldsymbol{l}(y)-\boldsymbol{w}(xy):\ x\in S, y\in Y\setminus T\}=1.$$

修改后的可行标号 $\hat{\boldsymbol{l}}$ 如图 5.16 (d) 中矩阵的右旁和下边数值所示. 矩阵中黑体元素表示 $K_{5,5}$ 中对应的边属于 $E_{\hat{l}}$. $\hat{\boldsymbol{l}}$ 等子图 $G_{\hat{l}}$ 如图 5.16 (e) 所示. 这就是例 5.3.2 中考察过的图, 用匈牙利算法已经求出该图的完备匹配 (如粗边所示):

$$M=\{x_1y_4,x_2y_1,x_3y_3,x_4y_2,x_5y_5\}.$$

由定理 5.4.1 知 M 是 $K_{5,5}$ 中最大权完备匹配, 其权和为 $\boldsymbol{w}(M)=14$. ∎

注 (1) Kuhn-Munkres 算法是有效算法 (见习题 5.4.2).

(2) 最大权完备匹配不是唯一的. 例如, 图 5.16 (e) 中, $M'=\{x_1y_3,x_2y_5,x_3y_2,x_4y_1,x_5y_4\}$ 是与 M 不相交的最大权完备匹配.

(3) Kuhn-Munkres 算法可以用来求 $(K_{n,n},\boldsymbol{w})$ 中**最小权完备匹配**. 它基于下列结果.

定理 5.4.2 **设** a **是** $(K_{n,n},\boldsymbol{w})$ **的加权矩阵** $\boldsymbol{W}=(w_{ij})_n$ **中元素最大值,** $\boldsymbol{J}_n$ **是** n **阶全 1 方阵,** $\boldsymbol{W}^*=(w^*_{ij})_n=a\boldsymbol{J}_n-\boldsymbol{W}$ **是** $(K_{n,n},\boldsymbol{w}^*)$ **的加权矩阵, 则** M^* **是** $(K_{n,n},\boldsymbol{w}^*)$ **中最大权完备匹配** $\Leftrightarrow M^*$ **是** $(K_{n,n},\boldsymbol{w})$ **中最小权完备匹配, 而且** $\boldsymbol{w}(M^*)=na-\boldsymbol{w}^*(M^*)$.

证明 设 $K_{n,n}$ 是 2 部划分为 $\{X,Y\}$ 的完全 2 部图, 其中 $X=\{x_1,x_2,\cdots,x_n\}$, $Y=\{y_1,y_2,\cdots,y_n\}$. 显然, $K_{n,n}$ 有完备匹配. 设 $M=\{x_{i_1}y_{j_1},x_{i_2}y_{j_2},\cdots,x_{i_n}y_{j_n}\}$ 是 $K_{n,n}$ 中完备匹配, 则

$$\boldsymbol{w}^*(M)=\sum_{l=1}^{n}w^*_{i_lj_l}=\sum_{l=1}^{n}(a-w_{i_lj_l})=na-\sum_{l=1}^{n}w_{i_lj_l}=na-\boldsymbol{w}(M). \tag{5.4.3}$$

设 M^* 和 M' 分别是 $(K_{n,n},\boldsymbol{w}^*)$ 和 $(K_{n,n},\boldsymbol{w})$ 中最大权完备匹配和最小权完备匹配, 则由式 (5.4.3) 有

$$\boldsymbol{w}^*(M') \leqslant \boldsymbol{w}^*(M^*) = na - \boldsymbol{w}(M^*) \leqslant na - \boldsymbol{w}(M') = \boldsymbol{w}^*(M').$$

因此, 有

$$\boldsymbol{w}^*(M^*) = na - \boldsymbol{w}(M'). \tag{5.4.4}$$

由式 (5.4.3) 和式 (5.4.4), 有 $\boldsymbol{w}(M^*) = \boldsymbol{w}(M')$ 和 $\boldsymbol{w}^*(M') = \boldsymbol{w}^*(M^*)$, 并且 $\boldsymbol{w}(M') = na - \boldsymbol{w}^*(M')$, $\boldsymbol{w}(M^*) = na - \boldsymbol{w}^*(M^*)$. ∎

例 5.4.3　利用定理 5.4.2 和 Kuhn-Munkres 算法求出例 5.4.1 中加权图 $(K_{5,5},\boldsymbol{w})$ 的最小权完备匹配.

解　对于这个图, 定理 5.4.2 中 $a = 5$, 矩阵 $\boldsymbol{W}^* = 5\boldsymbol{J}_5 - \boldsymbol{W}$, 如图 5.17 所示.

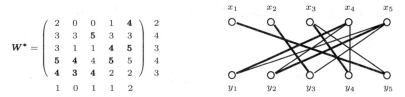

$$\boldsymbol{W}^* = \left(\begin{array}{ccccc} 2 & 0 & 0 & 1 & \mathbf{4} \\ 3 & 3 & \mathbf{5} & 3 & 3 \\ 3 & 1 & 1 & \mathbf{4} & \mathbf{5} \\ \mathbf{5} & \mathbf{4} & 4 & \mathbf{5} & 5 \\ \mathbf{4} & \mathbf{3} & \mathbf{4} & 2 & 2 \end{array}\right)\begin{array}{c} 2 \\ 4 \\ 3 \\ 4 \\ 3 \end{array}$$
$$\begin{array}{ccccc} 1 & 0 & 1 & 1 & 2 \end{array}$$

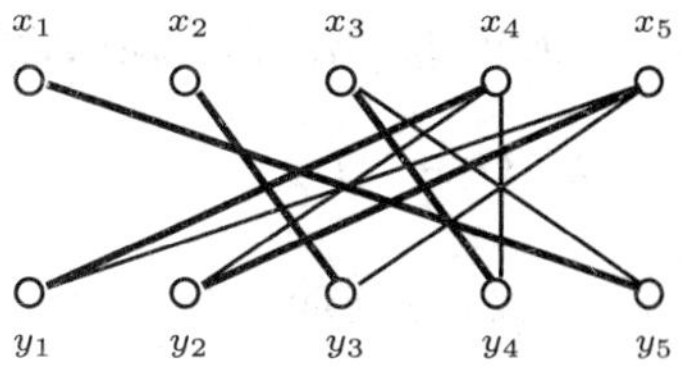

图 5.17　例 5.4.3 的辅助图

利用 Kuhn-Munkres 算法, 从平凡标号开始, 最后得到对应于 $\boldsymbol{w}^*$ 的可行标号如图 5.17 中矩阵右旁和下边的数值所示. 矩阵中黑体元素表示 $K_{5,5}$ 中对应的边属于 $E_{\boldsymbol{l}}$, $\boldsymbol{l}$ 等子图 $G_{\boldsymbol{l}}$ 如图 5.17 所示. 它的完备匹配 (如粗边所示), 即最大权完备匹配为 $M^* = \{x_1y_5, x_2y_3, x_3y_4, x_4y_1, x_5y_2\}$. $\boldsymbol{w}^*(M^*) = 21$. 所以由定理 5.4.2 知 M^* 是 $(K_{5,5},\boldsymbol{w})$ 中最小权匹配, 权和为 $\boldsymbol{w}(M^*) = 25 - \boldsymbol{w}^*(M^*) = 25 - 21 = 4$.

由此可知, 对 $(K_{5,5},\boldsymbol{w})$ 的任何完备匹配 M, 其权满足 $4 \leqslant \boldsymbol{w}(M) \leqslant 14$. 为了提高工作效率, 选择一个最佳工作分配方案是完全必要的. ∎

作为上述方法的应用, 考虑**工作排序问题** (sequencing problem of jobs).

例 5.4.4　有一台机床加工 n 种不同的零部件 $J_i\,(1 \leqslant i \leqslant n)$. 每加工完一个零部件后, 须将机床加以调整才能加工另一个零部件. 设加工完 J_i 后, 在加工 J_j 之前机床调整时间为 t_{ij}. 问如何安排这些零部件的加工顺序使调整机床所耗总时间最短?

解　例如, 有六种零部件需要加工, 调整机床所耗时间 t_{ij} (单位: 分钟) 如下面的矩阵所示:

$$
\boldsymbol{T}=(t_{ij})=\begin{pmatrix} 0 & 5 & 3 & 4 & 2 & 1 \\ 1 & 0 & 1 & 2 & 3 & 2 \\ 2 & 5 & 0 & 1 & 2 & 3 \\ 1 & 4 & 4 & 0 & 1 & 2 \\ 1 & 3 & 4 & 5 & 0 & 5 \\ 4 & 4 & 2 & 3 & 1 & 0 \end{pmatrix}.
$$

如果按

$$
J_1 \xrightarrow{5} J_2 \xrightarrow{1} J_3 \xrightarrow{1} J_4 \xrightarrow{1} J_5 \xrightarrow{5} J_6
$$

的顺序安排加工, 则调整机床总耗时为13(=5+1+1+1+5)分钟. 但如果按

$$
J_1 \xrightarrow{4} J_4 \xrightarrow{4} J_3 \xrightarrow{5} J_2 \xrightarrow{3} J_5 \xrightarrow{5} J_6
$$

的顺序安排加工, 则调整机床总耗时间为 21(= 4 + 4 + 5 + 3 + 5) 分钟. 由此看来, 为提高工作效率, 必须寻找一个好的排序.

为寻找好的加工排序, 构造加权简单有向图 $(D,\boldsymbol{T}')$, 其中

$$
V(D)=\{J_1,J_2,J_3,J_4,J_5,J_6\}, \quad (J_i,J_j)\in E(D) \ \Leftrightarrow \ t_{ij}\leqslant t_{ji},
$$

且权为 t_{ij}. 这样得到加权有向图 $(D,\boldsymbol{T}')$, 如图 5.18 所示.

$$
\boldsymbol{T}'=(t'_{ij})=\begin{pmatrix} 0 & 0 & 0 & 0 & 0 & 1 \\ 1 & 0 & 1 & 2 & 3 & 2 \\ 2 & 0 & 0 & 1 & 2 & 0 \\ 1 & 0 & 0 & 0 & 1 & 2 \\ 1 & 3 & 0 & 0 & 0 & 0 \\ 0 & 0 & 2 & 0 & 1 & 0 \end{pmatrix}
$$

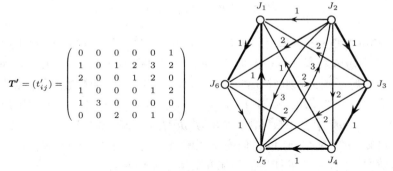

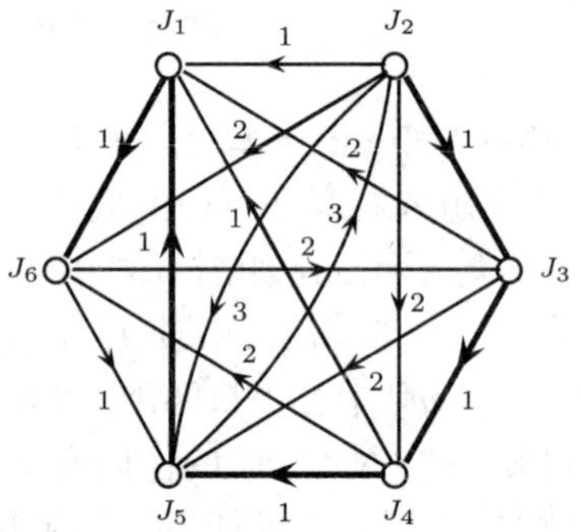

图 5.18　例 5.4.4 的辅助图 (Ⅰ)

D 含支撑竞赛图, 因而由定理 1.4.2 知 D 含 Hamilton 有向路. 显然, 任何好的加工排序一定是 D 中 Hamilton 有向路. 反之, D 中任何 Hamilton 有向路对应一个加工排序. 例如, $(J_2,J_3,J_4,J_5,J_1,J_6)$ 是 D 中 Hamilton 有向路 (如图 5.18 中粗边所示). 按这条 Hamilton 有向路的顺序安排加工的总耗时为5分钟. 于是, 要寻找最短耗时的加工排序, 首先找出所有 Hamilton 有向路, 然后比较它们的权. 权最小的 Hamilton 有向路对应的加工顺序必是最好的. 但一般说来, 这是很难做到的. 下面, 利用 Kuhn-Munkres 算法求出它的近似解.

假设最好的加工顺序已安排好, 它对应 D 中具有最小权的 Hamilton 有向路, 设为 P^*. 考虑对应于 D 的伴随 2 部图 G (其定义在1.2 节), 如图 5.19 (a) 所示, 其中权 $\boldsymbol{w}(J'_iJ''_j)=t_{ij}$. 注意, 由于 D 无环, 所以这样的 2 部图 G 不含边

$J'_iJ''_i$ $(1 \leqslant i \leqslant 6)$. 于是, D 中任何 (J_i, J_j)-Hamilton 路 P 就对应于 $G-\{J'_j, J''_i\}$ 中一个完备匹配 M, 并且与 P 有相等的权. 例如, 设

$$P=(J_2,J_3,J_4,J_5,J_1,J_6)$$

是 D 中 (J_2,J_6)-Hamilton 路 (如图 5.18 中粗边所示). 它对应于 $G-\{J'_6,J''_2\}$ 中完备匹配 M, 如图 5.19 (a) 中粗边所示. 它们的权都是 5. 这个事实的逆不成立. 例如, 图 5.19 (a) 所示的 $G-\{J'_4,J''_1\}$ 中完备匹配

$$M'=\{J'_1J''_6, J'_2J''_5, J'_3J''_4, J'_5J''_2, J'_6J''_3\}$$

不对应 D 中任何有向 Hamilton 向路. 这个事实给问题的解决带来了困难. 若能在 G 中找到两顶点 J'_j 和 $J''_i (i \neq j)$, 并能在 $G-\{J'_j,J''_i\}$ 中找到最小权完备匹配 M, 使它对应 D 中 (J_i,J_j)-Hamilton 路 P, 则 P 就可以作为 P^* 的近似解, 而且 $\boldsymbol{w}(P^*) \leqslant \boldsymbol{w}(P) = \boldsymbol{w}(M)$.

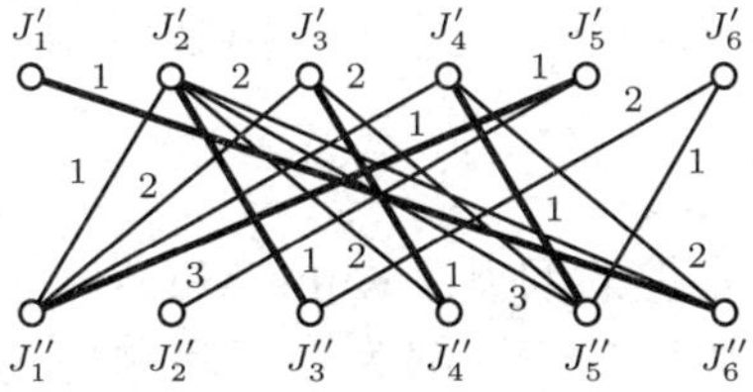

(a)

$$\boldsymbol{W}'=\begin{pmatrix} 0 & 0 & 2 & 1 & 3 & \mathbf{4} \\ \mathbf{4} & 0 & \mathbf{4} & 3 & 2 & 3 \\ 3 & 0 & 0 & \mathbf{4} & 3 & 2 \\ \mathbf{4} & 1 & 1 & 0 & \mathbf{4} & 3 \\ \mathbf{4} & 2 & 1 & 0 & 0 & 0 \\ 1 & 1 & 3 & 2 & \mathbf{4} & 0 \end{pmatrix}\begin{matrix} 4 \\ 4 \\ 4 \\ 4 \\ 4 \\ 4 \end{matrix}$$
$$\begin{matrix} 0 & 1 & 1 & 0 & 0 & 0 \end{matrix}$$

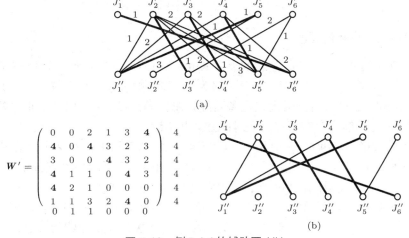

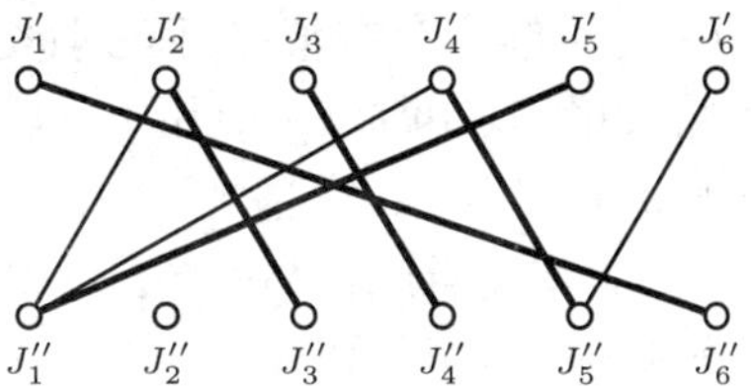

(b)

图 5.19　例 5.4.4 的辅助图 (Ⅱ)

下面, 利用 Kuhn-Munkres 算法求出满足上述要求的匹配. 考虑 2 部加权图 $(K_{6,6},\boldsymbol{w})$, 其中加权矩阵为

$$\boldsymbol{W}=\boldsymbol{T}+5\boldsymbol{I}=\begin{pmatrix} 5 & 5 & 3 & 4 & 2 & 1 \\ 1 & 5 & 1 & 2 & 3 & 2 \\ 2 & 5 & 5 & 1 & 2 & 3 \\ 1 & 4 & 4 & 5 & 1 & 2 \\ 1 & 3 & 4 & 5 & 5 & 5 \\ 4 & 4 & 2 & 3 & 1 & 5 \end{pmatrix}.$$

欲求 $(K_{6,6},\boldsymbol{w})$ 中最小权完备匹配, 只需求 $(K_{6,6},\boldsymbol{w}')$ 中最大权完备匹配, 其中 $\boldsymbol{W}'=5\boldsymbol{J}-\boldsymbol{W}$ (如图 5.19 所示). 平凡标号 $\boldsymbol{l}$ 和 $\boldsymbol{l}$ 等子图 $G_{\boldsymbol{l}}$ 如图 5.19 (b) 所示.

$G_l-\{J_6',J_2''\}$ 有完备匹配 (如图 5.19 粗边所示):

$$M^*=\{J_1'J_6'',J_2'J_3'',J_3'J_4'',J_4'J_5'',J_5'J_1''\}.$$

$\boldsymbol{w}'(M^*)=4\cdot 5=20$. M^* 是 $G_l-\{J_6',J_2''\}$ 中最小权完备匹配, 且权为 5. 它对应 D 中 Hamilton 有向路是 $(J_2,J_3,J_4,J_5,J_1,J_6)$. 于是, 按

$$J_2\xrightarrow{1}J_3\xrightarrow{1}J_4\xrightarrow{1}J_5\xrightarrow{1}J_1\xrightarrow{1}J_6$$

的顺序加工零件, 调整机床总耗时是 5 分钟, 因而是最好的 (因为调整机床总耗时至少要 5 分钟). 图 5.19 (c) 所示的 $G_l-\{J_5',J_2''\}$ 中完备匹配

$$M=\{J_1'J_6'',J_2'J_3'',J_3'J_4'',J_4'J_1'',J_6'J_5''\}$$

对应 D 中 Hamilton 有向路是 $(J_2,J_3,J_4,J_1,J_6,J_5)$. 按这条路的顺序

$$J_2\xrightarrow{1}J_3\xrightarrow{1}J_4\xrightarrow{1}J_1\xrightarrow{1}J_6\xrightarrow{1}J_5$$

安排零件加工也是最好的. ∎

本节最后提及一个有趣的问题. Kuhn-Munkres 算法能有效地解决最优人员安排问题. 如果把加权矩阵理解为婚配问题中的男女心仪程度, 那么由 Kuhn-Munkres 算法得到最大权完备匹配是总体满意度最高的婚配. 但这样得到的婚配方案, 可能会存在某些男女对此方案并不满意.

例如, 如图 5.20所示, x_i 和 y_i $(1\leqslant i\leqslant 5)$ 分别表示男士和女士, (a) 中矩阵 $\boldsymbol{W}$ 是男女心仪矩阵, 数字越大, 爱得越深; 图 5.20(b) 中所示是由 Kuhn-Munkres 算法得到的总体满意度最高的婚配 (如粗边所示) (见例 5.4.1 和例 5.4.2). 从这个心仪矩阵和婚配方案可以看出: 男士 x_1 最心仪的是女士 y_2 或者 y_3, 却娶了心仪差一点的女士 y_4; 女士 y_2 最心仪的男士是 x_1, 其次是 x_3, 却嫁给了心仪最差的男士 x_4. 这隐含女士 y_2 与男士 x_1 或者 x_3 有私奔的可能性, 导致婚姻的不稳定.

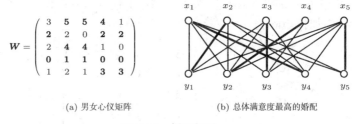

$$\boldsymbol{W}=\begin{pmatrix} 3 & \mathbf{5} & \mathbf{5} & \mathbf{4} & 1\\ \mathbf{2} & 2 & 0 & \mathbf{2} & \mathbf{2}\\ 2 & \mathbf{4} & \mathbf{4} & 1 & 0\\ \mathbf{0} & \mathbf{1} & \mathbf{1} & \mathbf{0} & \mathbf{0}\\ 1 & 2 & 1 & \mathbf{3} & \mathbf{3}\end{pmatrix}$$

(a) 男女心仪矩阵

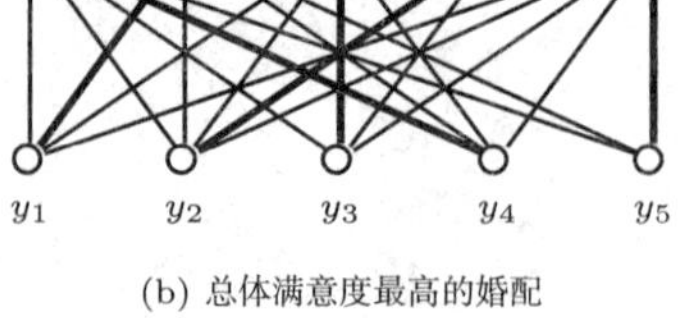

(b) 总体满意度最高的婚配

图 5.20 婚配问题

怎样设计一个使每对男女都满意的稳定婚配? D. Gale 和 L. S. Shapley (1962) [134] 证明了稳定婚配方案的存在性并给出解决此问题的算法. 限于篇幅, 这里不再详细介绍. 值得一提的是, 正是这种稳定婚配理论和算法在经济领域中

的应用, 时任加州大学洛杉矶分校 L. S. Shapley 教授和哈佛大学 A. E. Roth 教授获得了 2012 年诺贝尔经济学奖. 戏剧性的是, Gale 和 Shapley 的文章当时差点被拒了.

习题 5.4

5.4.1 证明: $\alpha_l > 0$, 且 $T \subset N_{G_l}(S)$.

5.4.2 证明: Kuhn-Munkres算法是有效算法.

5.4.3 求加权图 $(K_{5,5},\boldsymbol{w})$ 和 $(K_{5,5},\boldsymbol{w}')$ 中最大权完备匹配和最小权完备匹配, 这里

$$\boldsymbol{W}=\begin{pmatrix} 9 & 8 & 5 & 3 & 2 \\ 6 & 7 & 8 & 6 & 9 \\ 5 & 8 & 1 & 4 & 7 \\ 7 & 7 & 0 & 3 & 6 \\ 9 & 8 & 6 & 4 & 5 \end{pmatrix}, \quad \boldsymbol{W}'=\begin{pmatrix} 3 & 2 & 1 & 2 & 3 \\ 1 & 4 & 2 & 1 & 2 \\ 5 & 1 & 2 & 3 & 1 \\ 3 & 2 & 6 & 4 & 1 \\ 1 & 2 & 3 & 1 & 2 \end{pmatrix}.$$

5.4.4 已知工人 x_1,x_2,x_3,x_4,x_5 做工作 y_1,y_2,y_3,y_4,y_5 的效率 w_{ij} 如下面的矩阵所示:

$$\boldsymbol{W}=(w_{ij})=\begin{pmatrix} 3 & 4 & 1 & 2 & 2 \\ 0 & 1 & 2 & 3 & 1 \\ 0 & 5 & 5 & 1 & 3 \\ 2 & 2 & 1 & 0 & 5 \\ 1 & 4 & 2 & 1 & 3 \end{pmatrix}.$$

(a) 给出一种工作效率最大的分配方案. 最高工作效率为多少?

(b) 给出一种工作效率最低的分配方案. 最低工作效率为多少?

5.4.5 n 阶方阵中两两不同行、不同列的 n 个元素的集称为该方阵的一条对角线. 对角线的权是它的 n 个元素之和.

(a) 分别找出下列矩阵 $\boldsymbol{A}$ 和 $\boldsymbol{B}$ 有最大权和最小权的对角线. 其权各为多少?

(b) 证明: 矩阵 $\boldsymbol{B}$ 中所有对角线的权都相等.

$$\boldsymbol{A}=\begin{pmatrix} 4 & 5 & 8 & 10 & 11 \\ 7 & 6 & 5 & 7 & 4 \\ 8 & 5 & 12 & 9 & 6 \\ 6 & 6 & 13 & 10 & 7 \\ 4 & 5 & 7 & 9 & 8 \end{pmatrix}, \quad \boldsymbol{B}=\begin{pmatrix} 9 & 8 & 0 & 0 & 0 \\ 0 & 0 & 8 & 6 & 9 \\ 0 & 8 & 0 & 4 & 7 \\ 0 & 7 & 0 & 3 & 6 \\ 9 & 8 & 6 & 4 & 0 \end{pmatrix}.$$

5.4.6 现有六种零部件需要在一台机床上加工. 设调整机床所消耗时间 t_{ij} (分钟) 如下面的矩阵所示:

$$\boldsymbol{T}=(t_{ij})=\begin{pmatrix} 0 & 3 & 2 & 5 & 1 & 3 \\ 2 & 0 & 4 & 5 & 4 & 1 \\ 1 & 3 & 0 & 1 & 2 & 2 \\ 4 & 2 & 2 & 0 & 1 & 3 \\ 3 & 1 & 4 & 5 & 0 & 2 \\ 2 & 5 & 3 & 1 & 2 & 0 \end{pmatrix}.$$

求一个加工顺序, 使调整机床所消耗的总时间尽可能地短.

5.5 货郎担问题

一位货郎挑着商品去他所在的区域内所有村镇进行推销. 他应怎样选择一条总路程最短的行走路线, 使每个村镇恰好或者至少去一次, 然后回到出发点? 这个问题被称为**货郎担问题** (traveling salesman problem).

货郎担问题与中国投递员问题 (见 4.6 节) 颇为相似 ("点" 和 "边" 之差), 但其求解与中国投递员问题有着本质上的差别. 虽然存在解中国投递员问题的有效算法, 但还没有找到求解货郎担问题的有效算法. 现已证明货郎担问题属于 NPC 问题.

货郎链 (salesman route) 是指经过 G 中每个顶点至少一次的闭链. 用图论语言, 说得更广义些, 货郎担问题就是在给定的加权连通无向图 $(G,\boldsymbol{w})$ ($\boldsymbol{w}$ 可以是距离函数, 也可以是其他函数, 如费用函数等) 中找一条权和最小的 Hamilton 圈或者权和最小的货郎链, 简称前者为**最优圈** (optimal cycle), 后者为**最优链** (optimal route).

一般说来, 货郎担问题这两种定义会产生不同的解. 例如, 图 5.21 (a) 所示的加权图 $(G,\boldsymbol{w})$ 中有权和为 5 的最优圈 (x,y,z,x), 也有权和为 4 的最优链 (x,y,x,z,x). 明智的货郎当然会放弃前者而选择后者.

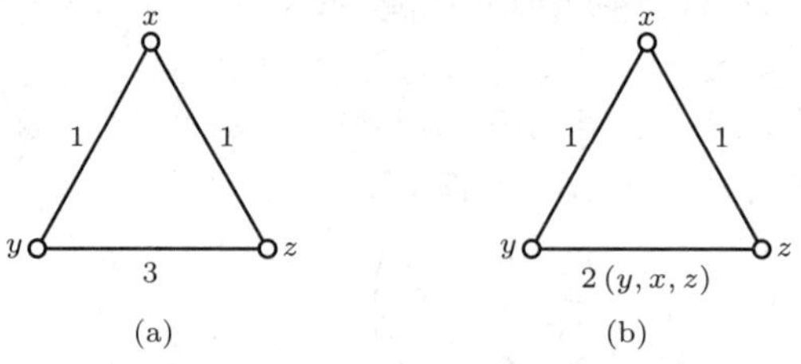

图 5.21 (a) 最优圈; (b) 最优链

一般的加权连通图中并不一定存在最优圈. 然而最优链总是存在的. 本节讨论货郎担问题时采用第二种定义, 即在给定的加权连通图 $(G,\boldsymbol{w})$ 中找一条最优链.

设 $(G,\boldsymbol{w})$ 是加权连通图. 若对 G 中任何两个不同顶点 x 和 y, 均有

$$\boldsymbol{w}(x,y) \leqslant \boldsymbol{w}(x,z)+\boldsymbol{w}(z,y), \quad \forall\, z \in V(G)\setminus\{x,y\},$$

其中 $\boldsymbol{w}(x,y)$ 为 x 和 y 之间的 (加权) 距离, 则称 $(G,\boldsymbol{w})$ 满足**三角不等式**.

值得注意的是, 若 $\boldsymbol{w}$ 是距离函数, 则在实际问题中加权图 $(G,\boldsymbol{w})$ 几乎都满足三角不等式. 这是因为在现实中, 某两地之间已有一条经过第三地的最短路 P, 人

们一般不会再去修一条比 P 更长的路. 但若 $\boldsymbol{w}$ 是其他函数, 例如费用函数, 则 $(G,\boldsymbol{w})$ 不一定满足三角不等式. 例如图 5.21 (a) 所示的加权图不满足三角不等式.

对于加权连通图 $(G,\boldsymbol{w})$, 构造加权完全图 $(K_v,\boldsymbol{w}')$, 其中 $V(K_v)=V(G)$, K_v 中边 xy 的权 $\boldsymbol{w}'(xy)$ 定义为 G 中 x 和 y 的 (加权) 距离 $\boldsymbol{w}(x,y)$. 显然, $(K_v,\boldsymbol{w}')$ 满足三角不等式, 且 K_v 中边 xy 对应 G 中边 xy 使 $\boldsymbol{w}'(xy)=\boldsymbol{w}(xy)$, 或者 xy 路 P 使 $\boldsymbol{w}'(xy)=\boldsymbol{w}(P)$. 例如, 图 5.21 (b) 所示的 $(K_3,\boldsymbol{w}')$ 就是由 (a) 所示的加权图 $(G,\boldsymbol{w})$ 构造出来的, 其中 $yz\in E(K_3)$ 对应 G 中的路 $P=(y,x,z)$, $\boldsymbol{w}'(yz)=\boldsymbol{w}(P)=2$. 因此, $(G,\boldsymbol{w})$ 中最优链 (x,y,x,z,x) 对应 $(K_3,\boldsymbol{w}')$ 中最优圈 (x,y,z,x) 且权都为 4. 反之亦然. 一般地, 有下述结果.

引理 5.5 设 $(K_v,\boldsymbol{w}')$ 是由 $(G,\boldsymbol{w})$ 按上述方法构造的加权完全图, 则

(a) 对 $(K_v,\boldsymbol{w}')$ 中 Hamilton 圈 C, $(G,\boldsymbol{w})$ 中存在货郎链 R, 使得 $\boldsymbol{w}(R)=\boldsymbol{w}'(C)$;

(b) 对 $(G,\boldsymbol{w})$ 中最优链 R, $(K_v,\boldsymbol{w}')$ 中存在 Hamilton 圈 C, 使得 $\boldsymbol{w}(R)=\boldsymbol{w}'(C)$.

证明 (a) 设 C 是 $(K_v,\boldsymbol{w}')$ 中 Hamilton 圈. 构造 $(G,\boldsymbol{w})$ 货郎链 R 如下: 对于 $xy\in E(C)$, 若 $xy\in E(G)$, 则 $\boldsymbol{w}(xy)=\boldsymbol{w}'(xy)$, 并且令 $xy\in R$; 若 $xy\notin E(G)$, 则 G 包含 xy 路 P, 使得 $\boldsymbol{w}(P)=\boldsymbol{w}'(xy)$. 于是, 令 $P\subseteq R$.

(b) 设 R 是 $(G,\boldsymbol{w})$ 中最优链. 构造 K_v 中 Hamilton 圈如下：从顶点 x 开始, 沿着 R 依次删去已经访问过的顶点. 剩下的顶点按 R 中原来的顺序就得到 $(K_v,\boldsymbol{w}')$ 中 Hamilton 圈 C, 且满足 $\boldsymbol{w}'(C)=\boldsymbol{w}(R)$. ∎

定理 5.5.1 **加权连通图** $(G,\boldsymbol{w})$ **中最优链对应** $(K_v,\boldsymbol{w}')$ **中最优圈且权相等. 反之,** $(K_v,\boldsymbol{w}')$ **中最优圈对应** $(G,\boldsymbol{w})$ **中最优链且权相等.**

证明 假定 R 是 $(G,\boldsymbol{w})$ 中最优链. 由引理 5.5 (b), $(K_v,\boldsymbol{w}')$ 中存在 Hamilton 圈 C, 使得 $\boldsymbol{w}'(C)=\boldsymbol{w}(R)$. 如果 C 不是最优的, 而 C^* 是 $(K_v,\boldsymbol{w}')$ 中最优圈, 那么 $\boldsymbol{w}'(C^*)<\boldsymbol{w}'(C)$. 由引理 5.5 (a), $(G,\boldsymbol{w})$ 中存在货郎链 R', 使得 $\boldsymbol{w}(R')=\boldsymbol{w}'(C^*)$. 于是

$$\boldsymbol{w}(R)\leqslant\boldsymbol{w}(R')=\boldsymbol{w}'(C^*)<\boldsymbol{w}'(C)=\boldsymbol{w}(R).$$

这个矛盾意味着 C 是 $(K_v,\boldsymbol{w}')$ 中最优圈.

反之, 假定 C 是 $(K_v,\boldsymbol{w}')$ 中最优圈. 那么由引理 5.5 (a), $(G,\boldsymbol{w})$ 中存在货郎链 R, 使得 $\boldsymbol{w}(R)=\boldsymbol{w}'(C)$. 如果 R 不是最优的, 而 R' 是 $(G,\boldsymbol{w})$ 中最优链, 那么由引理 5.5 (b), $(K_v,\boldsymbol{w}')$ 中存在 Hamilton 圈 C', 使得 $\boldsymbol{w}'(C')=\boldsymbol{w}(R')$. 于是

$$\boldsymbol{w}'(C')=\boldsymbol{w}(R')<\boldsymbol{w}(R)=\boldsymbol{w}'(C)\leqslant\boldsymbol{w}'(C').$$

这个矛盾说明 R 是 $(G,\boldsymbol{w})$ 中最优链. ∎

由定理 5.5.1 知求一般加权图 $(G,\boldsymbol{w})$ 中最优链可以归结为求满足三角不等式的加权完全图 $(K_v,\boldsymbol{w}')$ 中最优圈. 若 $(G,\boldsymbol{w})$ 满足三角不等式, 则 G 是 K_v 的支

撑子图, $\boldsymbol{w}=\boldsymbol{w}'|E(G)$. 因此, 若 $(G,\boldsymbol{w})$ 满足三角不等式且有最优圈 C, 则 C 必是 $(K_v,\boldsymbol{w}')$ 中 Hamilton 圈, 且 $\boldsymbol{w}(C)\geqslant\boldsymbol{w}'(C)=\boldsymbol{w}(C'')$, 其中 C'' 是 $(G,\boldsymbol{w})$ 中最优链. 反之, 设 C' 是 $(K_v,\boldsymbol{w}')$ 中最优圈. 若 $C'\subseteq G$, 则 C' 也是 $(G,\boldsymbol{w})$ 中最优圈; 若 $C'\nsubseteq G$, 则与之对应的 C'' 是 $(G,\boldsymbol{w})$ 中最优链, 而且 $\boldsymbol{w}(C'')=\boldsymbol{w}'(C')$.

因此, 若 $(G,\boldsymbol{w})$ 满足三角不等式, 则与 $(K_v,\boldsymbol{w}')$ 中最优圈对应的可能是 $(G,\boldsymbol{w})$ 中最优链, 也可能是 $(G,\boldsymbol{w})$ 中最优圈. 但是, 若 $(G,\boldsymbol{w})$ 不满足三角不等式, 则与 $(K_v,\boldsymbol{w}')$ 中最优圈对应的是 $(G,\boldsymbol{w})$ 中最优链, 而不是最优圈.

由定理 5.5.1, 只需讨论求满足三角不等式加权完全图 $(K_v,\boldsymbol{w})$ 中最优圈. 一个很自然的方法是枚举 K_v 中所有 Hamilton 圈, 然后比较它们的权, 权最小的圈即为所求. 但 K_v 有 $\frac{1}{2}(v-1)!$ 个不同的 Hamilton 圈. 当 v 较大时, 它会带来使人们难以接受的计算量.

事实上, 现已被证明, 货郎担问题属于一类 NPC 问题. 因此, 希望找到有效算法以获得比较好的近似解, 称这种算法为**近似算法** (approximation algorithm). 设 L_0 是由近似算法获得的 Hamilton 圈的权和, 而 L 是最优圈的权和. 比值 L_0/L 被称为该近似算法的**性能比** (performance ratio). 显然

$$1\leqslant\frac{L_0}{L}\leqslant\alpha.$$

人们希望获得近似算法使 α 为尽可能接近于1的常数. 近似算法称为 α **近似算法**, 如果它的性能比不超过常数 α.

下面介绍解货郎担问题的 3/2 近似算法, 它属于 N. Christofides (1976) [71].

Christofides 近似算法

1. 求 $(G,\boldsymbol{w})$ 的加权距离矩阵 $\boldsymbol{W}'$, 并构造 $(K_v,\boldsymbol{w}')$.

2. 求 $(K_v,\boldsymbol{w}')$ 中最小树 T.

3. 找出 T 中奇度点集 V', 并求出 $G'=K_v[V']$ 中最小权完备匹配 M.

4. 在 $G^*=T\oplus M$ 中求 Euler 回 $C_0=(x,y,z,\cdots,x)$.

5. 从 x 开始, 沿 C_0 依次删去 C_0 中重复出现的顶点 (最后一个 x 除外) 后, 剩余的顶点 (不改变它们在 C_0 中的顺序) 形成 K_v 中 Hamilton 圈 C, 即为所求的近似最优圈.

该算法第 1 步利用 Moore-Dijkstra 算法 (见 2.5 节) 求加权距离矩阵.

第 2 步利用 Prim 算法 (见 2.4 节) 求最小树 T.

第 3 步中 $V'\neq\emptyset$, 而且由推论 1.3.2 知 $|V'|$ 为偶数. 由于 $G'=K_v[V']$ 是偶阶完全图, 由推论 5.1.2.3 知 G' 中必存在完备匹配. 存在许多求最大 (小) 权完备匹配的有效算法, 例如 Edmonds-Johnson (1970) [99] 算法.

第 4 步中, G^* 中顶点都是偶度点, 故为 Euler 图. 利用 Edmonds-Johnson 算法 (见 4.6 节) 或者 Fleury 算法 (见习题4.6.1), 求出 G^* 的 Euler 回 C_0.

因为上述提到的算法都是有效算法, 所以 Christofides 算法是有效算法 (υ^3).

例 5.5　举例说明 Christofides 近似算法的应用.

解　考虑图 5.22, 其中图 (a) 所示的是加权图 $(G,\boldsymbol{w})$, 它满足三角不等式; 图 (b) 所示的是 (加权) 距离矩阵 $\boldsymbol{W}'$; 图 (c) 所示的是 $(K_6,\boldsymbol{w}')$ 和由 Prim 算法求出的支撑树 T (如粗边所示), $V'=\{x_2,x_3,x_4,x_6\}$. 易知 $M=\{x_2x_3,x_4x_6\}$ 是 $(K_6[V'],\boldsymbol{w}')$ 中最小权完备匹配. 构造出的 G^* 如图 (d) 所示, 它的 Euler 回 $C_0=(x_1,x_5,x_2,x_3,x_2,x_4,x_6,x_1)$. 删去 C_0 中重复出现的顶点后得 $C=(x_1,x_5,x_2,x_3,x_4,x_6,x_1)$, 即为 $(K_6,\boldsymbol{w}')$ 中 Hamilton 圈, $\boldsymbol{w}'(C)=12$. 由于 C 中边 $x_3x_4\notin E(G)$, 所以 C 对应于 $(G,\boldsymbol{w})$ 中货郎闭链 $P=(x_1,x_5,x_2,x_3,x_2,x_4,x_6,x_1)$, $\boldsymbol{w}(P)=\boldsymbol{w}'(C)=12$.

注意, $(G,\boldsymbol{w})$ 中仅有一个 Hamilton 圈 (如图 5.22(a) 中粗边所示, 因而是最优的): $C^*=(x_1,x_3,x_2,x_5,x_4,x_6,x_1)$, $\boldsymbol{w}(C^*)=13>12=\boldsymbol{w}(P)$. ∎

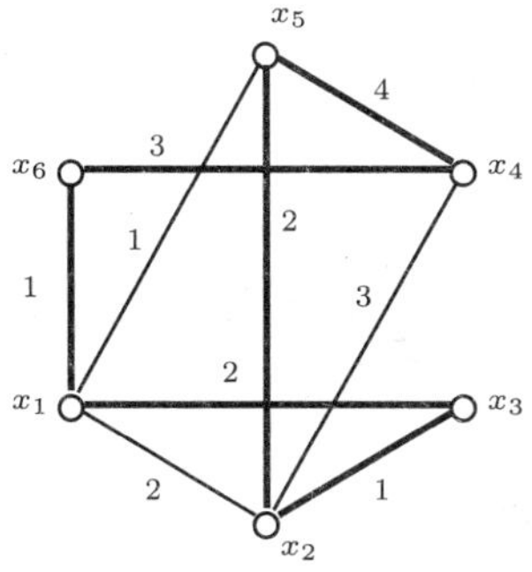

(a) $(G,\boldsymbol{w})$ 和最优圈 C^*

$$
\boldsymbol{W}'=\begin{pmatrix}
0 & 2 & 2 & 4 & 1 & 1\\
2 & 0 & 1 & 4 & 2 & 3\\
2 & 1 & 0 & 4 & 3 & 3\\
4 & 3 & 4 & 0 & 4 & 3\\
1 & 2 & 3 & 4 & 0 & 2\\
1 & 3 & 3 & 3 & 2 & 0
\end{pmatrix}
$$

(b) $(G,\boldsymbol{w})$ 的加权距离矩阵

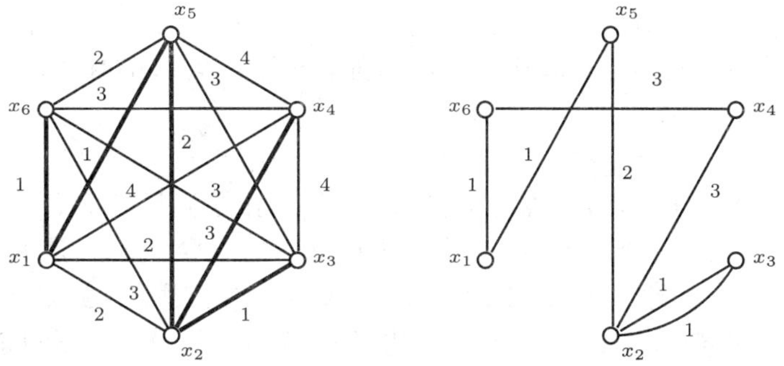

(c) $(K_6,\boldsymbol{w}')$ 和最小树 T　　(d) $G^*=T\oplus M$

图 5.22　Christofides 近似算法的应用

定理 5.5.2　对于满足三角不等式的 $(K_\upsilon,\boldsymbol{w})$, **Christofides** 近似算法的性能

比小于 3/2.

证明 设 $(K_v,\boldsymbol{w})$ 满足三角不等式, C_0 和 C 是由 Christofides 算法求出的 Euler 回和 Hamilton 圈, 则

$$\boldsymbol{w}(C) \leqslant \boldsymbol{w}(C_0) = \boldsymbol{w}(T) + \boldsymbol{w}(M), \tag{5.5.1}$$

其中 T 是 $(K_v,\boldsymbol{w})$ 中最小树, M 是 $G' = K_v[V']$ 中最小权完备匹配, V' 是 T 中奇度点集. 设 C^* 是 $(K_v,\boldsymbol{w})$ 中最优圈, 则从 C^* 中删去任何一条边得到支撑树 T'. 于是

$$\boldsymbol{w}(T) \leqslant \boldsymbol{w}(T') < \boldsymbol{w}(C^*). \tag{5.5.2}$$

令 C' 为 $G' = K_v[V']$ 中按 C^* 的顺序形成的 Hamilton 圈. 由于 $(K_v,\boldsymbol{w})$ 满足三角不等式, 所以 $\boldsymbol{w}(C') \leqslant \boldsymbol{w}(C^*)$. 又由于 C' 是偶圈, 因而 C' 可分解为两个边不交的完备匹配 M_1 和 M_2 的并. 不妨设 $\boldsymbol{w}(M_1) \leqslant \boldsymbol{w}(M_2)$. 于是, M_1 是 G' 的完备匹配, 并且

$$\boldsymbol{w}(M) \leqslant \boldsymbol{w}(M_1) \leqslant \frac{1}{2}\boldsymbol{w}(C') \leqslant \frac{1}{2}\boldsymbol{w}(C^*). \tag{5.5.3}$$

由式 (5.5.1)~式 (5.5.3) 有

$$\boldsymbol{w}(C) < \boldsymbol{w}(C^*) + \frac{1}{2}\boldsymbol{w}(C^*) = \frac{3}{2}\boldsymbol{w}(C^*).$$

因此

$$\frac{L_0}{L} = \frac{\boldsymbol{w}(C)}{\boldsymbol{w}(C^*)} < \frac{3}{2}.$$

定理得证. ∎

目前还没有发现比 Christofides 算法更接近于最优圈的有效近似算法. 而且, S. Sahni 和 T. Gonzalez (1976) [316] 已证明: 除非 NPC 和 P 相同, 否则不可能存在性能比为常数的有效近似算法来求解不满足三角不等式的加权图 $(K_v,\boldsymbol{w})$ 中最优圈问题.

事实上, 由 Christofides 算法求出的近似解给出了满足三角不等式的加权完全图 $(K_v,\boldsymbol{w})$ 中最优圈的上界. 现在考虑最优圈的下界. 设 C 是 $(K_v,\boldsymbol{w})$ 中最优圈, x 是 K_v 中任意顶点. 那么, $C-x$ 是 K_v-x 中支撑树. 如果 T 是 K_v-x 中最小树, e 和 f 是与 x 关联的两条边且权和 $\boldsymbol{w}(e)+\boldsymbol{w}(f)$ 尽可能小, 那么, $\boldsymbol{w}(T)+\boldsymbol{w}(e)+\boldsymbol{w}(f) \leqslant \boldsymbol{w}(C)$.

例如, 考虑图 5.22 中所示的加权完全图 $(K_6,\boldsymbol{w})$. 利用 Prim 算法求出 K_6-x_3 的支撑树, 权和为 7, 与 x_3 关联的两条边的最小权和为 3. 于是, $10 \leqslant \boldsymbol{w}(C) \leqslant 12$.

习题 5.5

5.5.1 利用Christofides算法求本题加权图中近似最优链.

5.5.2 设六个城市 x_1,x_2,x_3,x_4,x_5,x_6 之间的里程如图所示, 利用Christofides 算法求出货郎担问题的近似解.

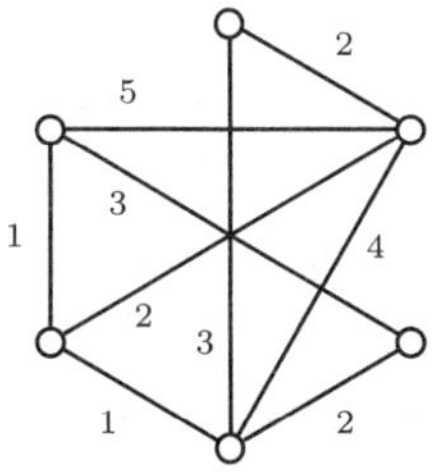

(习题5.5.1 图)

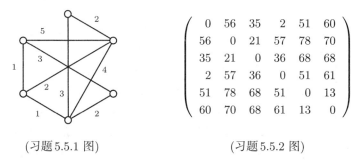

$$\begin{pmatrix} 0 & 56 & 35 & 2 & 51 & 60 \\ 56 & 0 & 21 & 57 & 78 & 70 \\ 35 & 21 & 0 & 36 & 68 & 68 \\ 2 & 57 & 36 & 0 & 51 & 61 \\ 51 & 78 & 68 & 51 & 0 & 13 \\ 60 & 70 & 68 & 61 & 13 & 0 \end{pmatrix}$$

(习题5.5.2 图)

5.5.3 设 $(K_v,\boldsymbol{w})$ 是满足三角不等式的加权图. 求 $(K_v,\boldsymbol{w})$ 中最优圈的近似算法如下:
首先, 任取一个 Hamilton 圈 $C=(x_1,x_2,\cdots,x_v,x_1)$. 若存在 i 和 j, 使得

$$\boldsymbol{w}(x_ix_j)+\boldsymbol{w}(x_{i+1}x_{j+1})<\boldsymbol{w}(x_ix_{i+1})+\boldsymbol{w}(x_jx_{j+1}),$$

则用圈

$$C_{ij}=(x_1,x_2,\cdots,x_i,x_j,x_{j-1},\cdots,x_{i+1},x_{j+1},x_{j+1},\cdots,x_v,x_1)$$

替代 C. 继续进行这个过程, 直到不能进行为止. 最后得到的 Hamilton 圈作为最优圈的近似值.

用该算法求习题5.5.2 中问题的近似解, 初始 Hamilton 圈 $C=(x_1,x_2,x_3,x_4,x_5,x_6,x_1)$.

5.5.4 设 $(K_v,\boldsymbol{w})$ 是满足三角不等式的加权图. 证明: 若 C 是 $(K_v,\boldsymbol{w})$ 中最优圈, 而 T 是 $(K_v,\boldsymbol{w})$ 中最优树, 则 $\boldsymbol{w}(C)\leqslant 2\boldsymbol{w}(T)$.

小结与进一步阅读的建议

本章的匹配理论部分主要介绍了 Hall 定理 (定理 5.1.1)、Tutte 定理 (定理 5.1.2) 和 König 定理 (定理 5.1.3) 三个基本定理. 证明方法是从 Menger 定理导出 Hall 定理, 从 Hall 定理导出 Tutte 定理, 从 Tutte 定理导出 König 定理. 还给出这三个定理的独立证明. 事实上, 这三个定理与 Menger 定理 (定理 4.2.1) 和最大流最小割定理 (定理 4.1.1) 等价. 正如本章开头所说的: 这些等价定理从各个不同的角度揭示了图论的数学本质, 又密切了图论、运筹学、线性规划、管理科学、组合学及矩阵论等学科领域之间的联系.

事实上, Menger 定理与许多数学定理等价, 有兴趣的读者可以参阅 P. F. Reichmeider 的博士论文《The Equivalence of Some Combinatorial Matching

Theorem》(1984) [306], 该论文给出七个定理的等价性证明 (没有提及 Tutte 定理, 有些定理对之间等价性证明不是直接的, 需要借助其他工具).

本章介绍了求 2 部图中最大匹配和最大权完备匹配的匈牙利算法和 Kuhn-Munkres 算法. 它们不仅有效地解决了人员安排问题和最优人员安排问题, 而且也有效地解决了本章开始提到的婚配问题. 有趣的是, 婚配问题只提到男女双方是否满意, 但如果加上双方父母是否满意, 那么问题就变成与 Hamilton 问题等价的难解问题了. 有兴趣的读者可参阅 M. R. Garey 和 D. S. Johnson (1979) 的著作 [139] 中的 3.1.2 节"3-Dimensional Matching".

本章5.4 节末尾提到 Kuhn-Munkres 算法得到的婚配有不稳定因素, Gale-Shapley 算法有效地解决了稳定婚配问题. 2012 年诺贝尔经济学奖颁给哈佛大学 A. E. Roth 教授及加州大学洛杉矶分校 L. S. Shapley 教授. 授奖理由为: 以鼓励他们在稳定分配理论和市场设计实践上所作出的贡献. 这个理论就是 L. S. Shapley 和 D. Gale(1962) [134] 提出的 Gale-Shapley 算法, 它有效地解决了稳定匹配问题 (stable matching problem). 颇有意思的是, 这篇文章在发表之前曾被两位审稿人拒绝, 理由是: 太简单, 没有数学公式. 论文作者在发表的文末对此评论进行了批驳: 这里给出的论证不需要数学符号, 不存在障碍或者术语, 不需要微积分预备知识, 几乎不需要怎样去计算.

对于求一般图中最大匹配和最大权匹配的有效算法已由 J. Edmonds (1965) [97], J. Edmonds 和 E. Johnson (1970) [99] 给出. 由于篇幅的限制, 本书没有作介绍, 有兴趣的读者可参阅原始文献, 或者参阅田丰和马仲蕃的著作《图与网络流理论》(1987) [339] 的第四章, 或者 A. Gibbonsr (1985) [146] 的著作第五章.

关于匹配理论及其相关问题, 有兴趣的读者可参阅 L. Lovász 和 M. D. Plummer 的专著《Matching Theory》(1986) [255].

正如这一章开头所说的: 独立集概念是图论中的重要概念之一, 它与匹配概念相似, 只是"点"和"边"之差, 但没有类似于匹配的理论. 求一般图中最大匹配和最大权匹配都存在有效算法. 然而求图的独立数问题与 Hamilton 问题一样难, 都属于一类 NPC 问题, 甚至目前还没有找到性能比较理想的有效近似算法来求图的独立数. 虽然容易看到图 G 的匹配数与它的线图 $L(G)$ 的独立数之间的关系式 $\alpha'(G)=\alpha(L(G))$, 但确定给定图是否是某个图的线图问题没有解决. 由此引起人们对线图的研究兴趣, 早期结果见 R. L. Hemminger 和 L. W. Beineke (1978) [191] 的综述文献, 最新研究进展见 H.-J. Lai (赖虹建) 和 Ľ. Šoltés (2001) [236] 的文章. 不过, N. D. Roussopoulos (1973) [312] 和 P. G. H. Lehot (1974) [241] 分别给出线性算法判定给定图 G 是否是线图, M. M. Syslo (1982) [333] 将这些方法推广到有向线图.

作为应用, 本章彻底有效地解决了人员安排问题和最优安排问题, 但只能给出货郎担问题和排序问题的近似解, 因为它们的解都归结为 Hamilton 圈或者 Hamilton 路问题. 本章介绍一般加权图中的货郎担问题, 最优解不一定是 Hamilton 圈. 无论加权图是否满足三角不等式, 货郎担问题都可以归结为满足三角不等式的加权完全图中的最小权 Hamilton 问题. 这就是为什么有些教科书 (如 [44]) 直接在加权完全图中讨论货郎担问题 (即求最小权 Hamilton 问题) 的原因.

本章介绍的求解货郎担问题的 Christofides 近似解法与支撑树理论、Euler 理论、网络流理论和匹配理论等密切相关. 事实上, 之所以在这一章介绍这种算法, 除了在证明它的性能比时需要用到匹配理论外, 整个算法几乎用到前面介绍过的所有理论和算法 (除平面性理论和算法外). 值得一提的是, Christofides 近似解法只是一个技术报告, 虽然没有在任何杂志上公开发表, 却得到同行的广泛认可, 是经典的图论算法之一. 据 Google 学术搜索 (2018 年 3 月 6 日的数据), 该技术报告被引用次数高达 1800 次.

货郎担问题来源于生活实际, 陈述简单易懂, 是 NPC 问题中的重要代表, 难倒了当今所有的人. 尽管如此, 许多学者为解货郎担问题作了大量研究, 最为突出的, 又被认为是组合优化历史上最重要的事件之一的工作是 G. B. Dantzig, D. R. Fulkerson 和 S. M. Johnson (1954) [80] 所做的. 欲作进一步了解的读者可参阅 M. R. Garey 和 D. S. Johnson (1979) [139] 的著作. 关于货郎担问题的研究与进展已有大量的文献, 有兴趣的读者可参阅 E. L. Lawler 等 (1986) [240] 和 L. D. Applegate 等 (2007) [11] 的著作.

第 6 章　染色理论

第 5 章讨论了图的匹配和独立集. 在它们的应用中, 有许多实际问题可以归结为求图中的匹配或者独立集. 出于其他诸因素的考虑, 人们希望知道：对于给定的图, 它的边集至少能划分成多少个边不交的匹配, 或者它的顶点集至少能划分成多少个点不交的独立集, 这些“最小数目”是多少.

例如, 如果用 2 部图的 2 部划分 $X=\{x_1,x_2,\cdots,x_m\}$ 和 $Y=\{y_1,y_2,\cdots,y_n\}$ 分别表示某所学校的教师和班级, x_i 和 y_j 之间的 p_{ij} 条边表示教师 x_i 每周需要给班级 y_j 上 p_{ij} 节课. 那么同一个课时的教学安排就对应该 2 部图中一个匹配, 而边不交匹配的最小数目就是最小的周课时数.

又例如, 如果用简单图的顶点 $x_1,x_2,\cdots,x_n$ 表示某所学校期末考试课程, x_i 和 x_j 之间的边表示 x_i 和 x_j 被同一名学生选修. 那么同一场次考试就对应该图的一个独立集, 而点不交独立集的最小数目就是该校期末考试至少需要安排的场次.

由此看来, 求出图中最小匹配数目和最小独立集数目是十分重要的. 如果将图中同一个匹配中所有边染上同一种颜色, 不同匹配中的边染上不同颜色, 那么染遍图中所有边所需要的颜色的最小数目就是该图边不交匹配的最小数目. 同样, 如果将图中同一个独立集中所有顶点染上同一种颜色, 不同独立集中顶点染上不同颜色, 那么染遍图中所有顶点所需要的颜色的最小数目就是该图点不交独立集的最小数目. 由此导出图的染色概念. 由于图中边的匹配划分和点的独立集划分概念不易被人接受, 而染色概念简单易懂, 不需要深奥的图论概念和理论, 因而被广泛接受使用. 从这个意义上讲, 染色是图论（甚至整个数学科学）概念通俗化的典范.

本章介绍图染色的基本概念、基本结果和问题的困难性. 染色理论与图中边的方向无关, 所以只需讨论无向图的染色问题.

在图论历史上, 对图的染色理论研究与著名的“四色猜想”有关. 这个猜想是图论乃至整个数学领域中最为著名的猜想之一. 本章将介绍四色猜想的由来、研究进展和计算机证明方法, 还将介绍若干与四色猜想等价的命题及试图解决四色猜想的可行方法, 如整数流.

6.1 点 染 色

图 G 中点的 k **染色** (vertex k-coloring) π 是指 k 种颜色 $1,2,\cdots,k$ 对 G 中顶点的一种分配, 使得相邻两顶点所染颜色不同. 换句话说, G 中点 k 染色 π 是映射

$$\pi:\ V(G)\to\ \{1,2,\cdots,k\},$$

使得对每个 $i\in\{1,2,\cdots,k\}$,

$$V_i=\{x\in V(G):\ \pi(x)=i\}$$

是独立集或者空集, 记

$$\pi=\{V_1,V_2,\cdots,V_k\}.$$

图 6.1 分别给出了 C_5 和 Petersen 图中点的 3 染色 $\pi=\{V_1,V_2,V_3\}$, 其中圈中数字表示该点所染的颜色. 对于圈 C_5, $V_1=\{x_1,x_4\}$, $V_2=\{x_2,x_5\}$, $V_3=\{x_3\}$; 对于 Petersen 图, $V_1=\{y_1,y_4,y_7,y_8\}$, $V_2=\{y_3,y_5,y_9\}$, $V_3=\{y_2,y_6,y_{10}\}$.

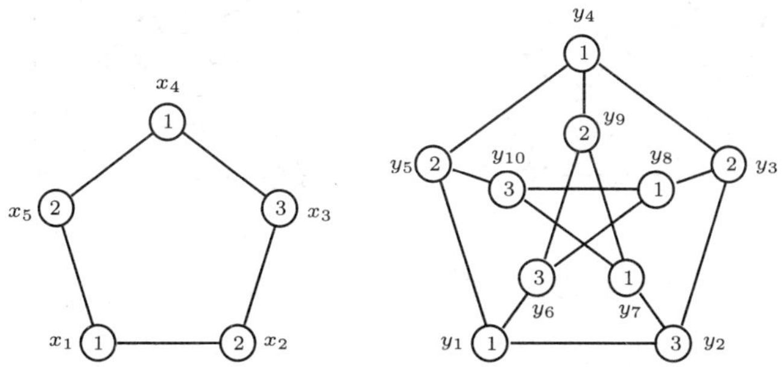

图 6.1　两个 3 染色图

若 G 中的点存在 k 染色, 则称 G 中的**点 k 色可染** (vertex k-colorable). 显然, 每个图中的点 v 色可染, 而且若 G 中的点 k 色可染, 则对每个 $\ell(\geqslant k)$, G 中的点 ℓ 色可染. 由图 6.1 给出的染色知 C_5 和 Petersen 图中的点 3 色可染. 参数

$$\chi(G)=\min\{k:\ G\text{ 中点 }k\text{ 色可染}\}$$

被称为 G 的**点色数**, 简称**色数** (chromatic number).

由定义, 若 $\chi(G)=k$, 则 G 的任何点 k 染色 $\pi=\{V_1,V_2,\cdots,V_k\}$ 中每个 V_i 都是非空的独立集. 换言之, G 的色数 $\chi(G)$ 是 G 中的点不交独立集的最小数目.

容易看到:

$\chi(G)=1 \Leftrightarrow G \cong K_v^c$; $\chi(G)=2 \Leftrightarrow G$ 是非空 2 部图;

$\chi(G)=v \Leftrightarrow G \cong K_v$; $\chi(C_{2n+1})=3\ (n\geqslant 1)$, $\chi(C_{2n})=2\ (n\geqslant 2)$.

若 $\chi(G)=k$, 则称 G 为 k **色图** (k-chromatic graph). 例如, K_v^c 是 1 色图; 非空 2 部图是 2 色图; 偶圈 C_{2n} $(n\geqslant 2)$ 是 2 色图, 奇圈 C_{2n+1} $(n\geqslant 1)$ 和 Petersen 图都是 3 色图, K_v 是 v 色图.

点染色理论中的基本问题是：给定图 G, 确定 $\chi(G)$ 的值. 由于点染色只与顶点之间是否相邻有关, 所以对点染色问题只需讨论连通的简单无向图就够了.

设 $\chi(G)=k\geqslant 2$. 若对任何 $H\subset G$, 均有 $\chi(H)<k$, 则称 G 为**临界 k 色图** (critical k-chromatic graph). 容易看到任何 k 色图都包含临界 k 色子图.

容易看到:

G 是临界 2 色图 $\Leftrightarrow G\cong K_2$; G 是临界 3 色图 $\Leftrightarrow G$ 是奇圈.

对于 $k\geqslant 4$, 人们还没有找到临界 k 色图的特征.

1959 年, H. Grötzsch [158] 发现了一个临界 4 色图, 被称为 **Grötzsch 图** (见图 6.2 (a)). 它是有 11 个顶点、最大度为 5、不含三角形的非正则图. Grötzsch 图之所以著名, 是因为它是唯一最小的不含三角形的 4 色图.

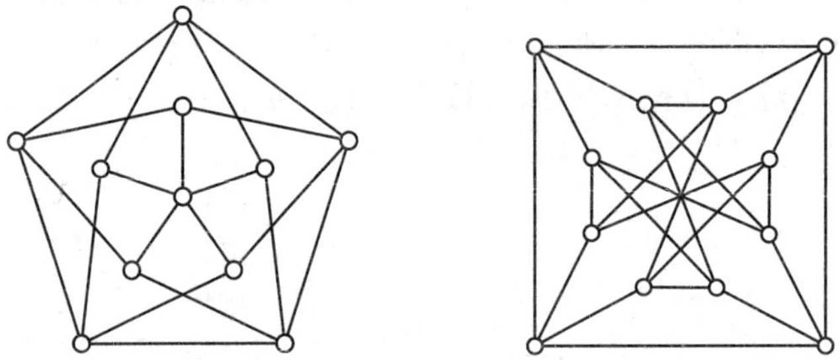

(a) (b)

图 6.2 (a) Grötzsch 图; (b) Chvátal 图

1970 年, Chvátal [74] 发现了一个图, 被称为 **Chvátal 图** (见图 6.2 (b)), 它是最小 (12 个顶点) 的不含三角形的 4 正则 4 色图.

临界 k 色图的概念是由 G. A. Dirac (1952) [89] 首先提出来的, 它在研究染色问题中起了重要作用. 下述定理揭示了色数与边连通度之间的关系, 它可以由 König 定理 (定理 5.1.3) 导出.

定理 6.1.1 设 G 是临界 k $(\geqslant 2)$ 色图, 则 $\lambda(G)\geqslant k-1$.

证明 设 G 是临界 k $(\geqslant 2)$ 色图. 若 $k=2$, 则 $G\cong K_2$. 于是, $\lambda(G)=1$. 下设 $k\geqslant 3$, 并且 (反证) 设 $\lambda(G)<k-1$. 于是, 存在 $S\subset V(G)$, 使 $|(S,\overline{S})|=\lambda(G)<k-1$. 因为 G 是临界 k 色图, 所以 $G_1=G[S]$ 和 $G_2=G[\overline{S}]$ 中的点 $k-1$ 色可染.

设

$$\pi_1 = \{U_1, U_2, \cdots, U_{k-1}\} \quad 和 \quad \pi_2 = \{W_1, W_2, \cdots, W_{k-1}\}$$

分别是 G_1 和 G_2 中的点 $k-1$ 染色. 构造简单 2 部图 $H = (X \cup Y, E)$, 其中 (见图 6.3)

$$X = x_1, x_2, \cdots, x_{k-1}, \quad Y = y_1, y_2, \cdots, y_{k-1},$$
$$x_i y_j \in E(H) \quad \Leftrightarrow \quad E_G(U_i, W_j) = \emptyset.$$

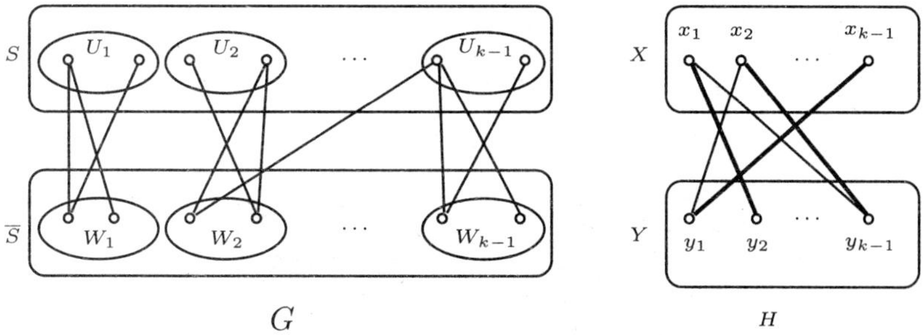

图 6.3　定理 6.1.1 证明的辅助图

由于 $|E_G(S, \overline{S})| = \lambda(G) < k-1$, 所以

$$\varepsilon(H) > (k-1)^2 - (k-1) = (k-1)(k-2).$$

由推论 5.1.3 知 H 中存在完备匹配, 设为 M. 令

$$M = \{x_i y_{j_i} : 1 \leqslant i \leqslant k-1\}, \quad V_i = U_i \cup W_{j_i}, \quad 1 \leqslant i \leqslant k-1,$$

则 $V_i\,(1 \leqslant i \leqslant k-1)$ 是 G 的独立集, 即 $\pi = \{V_1, \cdots, V_{k-1}\}$ 是 G 中的点 $k-1$ 染色, 矛盾于 $\chi(G) = k$. 故有 $\lambda(G) \geqslant k-1$. ∎

推论 6.1.1　设 G 是临界 k 色图, 则 $\delta(G) \geqslant k-1$.

证明　由 Whitney 不等式 (定理 4.3.1) 和定理 6.1.1, 立即有 $\delta(G) \geqslant \lambda(G) \geqslant k-1$. ∎

定理 6.1.2　对任何简单图 G, 均有 $\chi(G) \leqslant \Delta(G) + 1$.

证明　设 $\chi(G) = k$ 且 H 是 G 的临界 k 色子图. 由推论 6.1.1 有 $\delta(H) \geqslant k-1$. 因此, $\Delta(G) \geqslant \Delta(H) \geqslant \delta(H) \geqslant k-1 = \chi(G) - 1$. ∎

定理 6.1.2 给出了图 G 点色数的上界 $\Delta(G)+1$. 这个上界是可以达到的, 如奇圈 C_{2k+1} 和完全图 $K_{\Delta+1}$. R. L. Brooks (1941) [49] 发现, 满足 $\chi(G) = \Delta + 1$ 的简单图 G 只有这两类. 这就是著名的 **Brooks 定理**. 定理的证明利用一种染色方法对图的顶点进行染色, Δ 种颜色就够了. 这种染色方法被称为**顺序染色法** (sequential coloring). 下面以 Grötzsch 图 G 为例, 介绍顺序染色法 (见图 6.4).

首先, 任取 $z\in V(G)$ 和它的两个邻点 x_1 和 x_2, 则 $x_1x_2\notin E(G)$, 因为 G 不含三角形. 令 $H=G-\{x_1,x_2\}$, 对每 $x\in V(H)$, 计算 z 到 x 的距离 $d_H(z,x)$, 具体数值标在图 6.4 (a) 相应的点上.

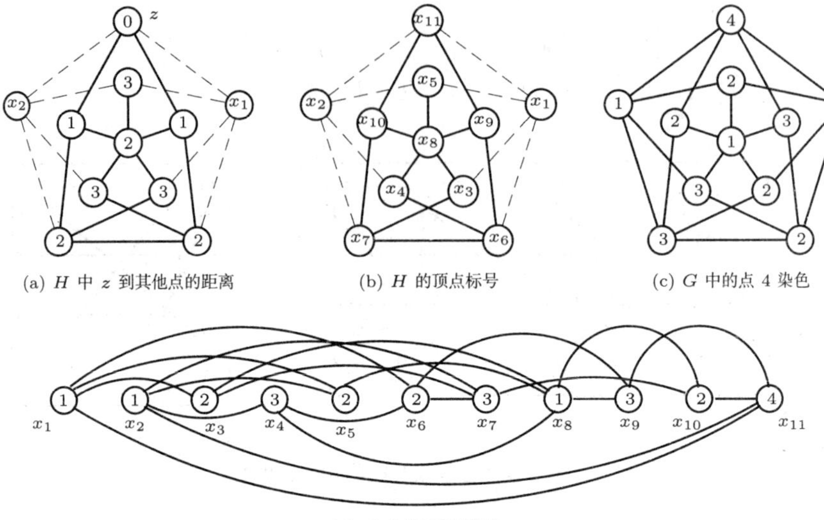

(a) H 中 z 到其他点的距离　　(b) H 的顶点标号　　(c) G 中的点 4 染色

(d) G 中点的顺序染色

图 6.4　Grötzsch 图的顺序染色过程

其次, 用 $x_3,x_4,\cdots,x_{11}$ 对 H 的顶点进行标号, 使得对每个 $i\in\{3,4,\cdots,11\}$ 满足 $d_H(z,x_i)\geqslant d_H(z,x_{i+1})$. 于是, $z=x_{11}$. 这样得到 G 的顶点标号如图 6.4 (b) 所示. 注意到这种顶点标号具有性质: 对每个 i $(1\leqslant i\leqslant 10)$, 存在 $j>i$ $(2\leqslant j\leqslant 11)$, 使 $x_ix_j\in E(H)$ (见图 6.4 (d)).

最后, 用 $\{1,2,3,4\}$ 中的颜色对 G 的顶点按标号顺序进行染色. 首先将 x_1 和 x_2 染上颜色 1, 然后按颜色 1,2,3,4 的顺序依次给顶点 $x_3,x_4,\cdots,x_{11}$ 染色, 使相邻两顶点所染的颜色不同 (见图 6.4 (d)). 例如, 假设 $x_1,x_2\cdots,x_7$ 已染好, 考虑 x_8. 由于 $x_3,x_4,x_5\in N_G(x_8)$, 并已分别染上颜色 2, 3 和 2, 所以将 x_8 染上颜色 1. 于是得到 G 中点的 4 染色, 如图 6.4 (c) 所示, 顶点上的数值代表颜色.

下面陈述和证明 Brooks 定理. 这里给出的证明属于 Lovász (1975) [252].

定理 6.1.3　**既不是奇圈也不是完全图的连通简单图** G **的色数** $\chi(G)\leqslant\Delta(G)$.

证明　设 $\chi(G)=k$, 并设 H 是 G 的临界 k 色子图. 若 H 是完全图, 则 $\Delta(H)=\Delta(K_k)=k-1$, 并且 $\Delta(H)\leqslant\Delta(G)-1$. 所以 $\chi(G)=k=\Delta(H)+1\leqslant\Delta(G)$. 若 H 是奇圈, 则由于 G 不是奇圈, 所以 $\Delta(G)\geqslant 3$, 于是 $\chi(G)=\chi(H)=3\leqslant\Delta(G)$.

下设 H 既不是完全图也不是奇圈, 则 $k\geqslant 4$. 由推论 6.1.1 知 $\delta(H)\geqslant 3$; 由习题 6.1.3 知 H 无割点. 令 H 的阶是 p, $\Delta=\Delta(H)$, 则 $p\geqslant 5$. 选取 $z,x,y\in V(H)$, 使得 $xz,yz\in E(H)$, $xy\notin E(H)$ 且 $H-\{x,y\}$ 连通 (习题 6.1.3). 令 $R=H-\{x,y\}$.

令 $x=x_1,y=x_2$, 并在 R 中根据到 z 的距离, 用 $x_3,x_4,\cdots,x_p$ 对 R 的顶点进行标号, 使对每个 $i\in\{3,4\cdots,p\}$, $d_R(z,x_i)\geqslant d_R(z,x_{i+1})$. 因此, $x_p=z$, 并且对每个 $i\in\{1,2,\cdots,p-1\}$, 存在 $j>i$, 使 $x_ix_j\in E(R)$. 由于 $d_H(z)\geqslant 3$, 所以 $x_{p-1}x_p\in E(R)$ (参见图 6.5, 如实线所示). 因此, 对每个 $i\in\{1,2,\cdots,p-1\}$, x_i 与 $x_1,x_2,\cdots,x_{i-1}$ 中最多有 $\Delta-1$ 个顶点相邻.

下面利用顺序染色法给出 H 中点的 Δ 染色. 首先将 x_1 和 x_2 染上颜色 1. 然后按颜色号 $1,2,\cdots,\Delta$ 的顺序依次给 $x_3,x_4,\cdots,x_p$ 染色, 使相邻两顶点所染的颜色不同. 设 $x_1,x_2,\cdots,x_{i-1}$ 已染好. 考虑 x_i $(3\leqslant i\leqslant p-1)$. 由于 x_i 与 $\{x_1,x_2,\cdots,x_{i-1}\}$ 中最多 $\Delta-1$ 个顶点相邻, 所以 $1,2,\cdots,\Delta$ 中至少有一种颜色 α 在 $N_H(x_i)\cap\{x_1,x_2,\cdots,x_{i-1}\}$ 中未用过, 故将 x_i 染以颜色 α. 由于 $x_p=z$ 与 x_1 和 x_2 相邻, 而且 x_1 和 x_2 染的颜色相同, 所以同样存在一种颜色 β 在 $N_H(x_p)$ 中未用过. 故将 x_p 染以颜色 β. 这样得到 H 中点的 $\Delta(H)$ 染色, 即有 $\chi(G)=\chi(H)\leqslant\Delta(H)\leqslant\Delta(G)$. ∎

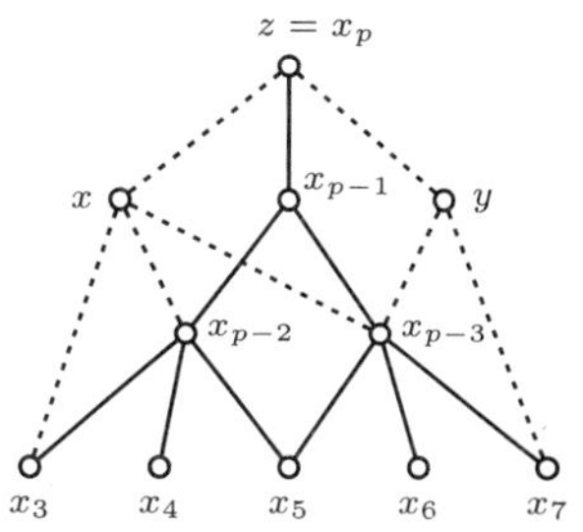

图 6.5　证明定理 6.1.3 的辅助图

例 6.1.1　Petersen 图是 3 色图.

证明　由于 Petersen 图 G 含奇圈, 所以 G 不是 2 部图, 因而 $\chi(G)\geqslant 3$. 另外, 由于 G 既不是奇圈, 也不是完全图, 由定理 6.1.3 知 $\chi(G)\leqslant\Delta(G)=3$. 所以 Petersen 图是 3 色图. ∎

由定理 6.1.3, 人们自然想到: 对给定的 $k\geqslant 1$, 给出图 G 的刻画, 使得 $\chi(G)=k$. 容易得到 $\chi(G)=1\Leftrightarrow G\cong K_v^c$, $\chi(G)=2\Leftrightarrow G$ 是非空 2 部图. 当 $k\geqslant 3$ 时却无法刻画 k 色图, 因为 L. Stockmeyer (1973) [329] (M. R. Garey 等, 1976 [140]) 证明了: 确定对给定的图 (即使是平面图) G 是否有 $\chi(G)=3$ 的问题是 NP 难问题.

对于平面图, P. J. Heawood (1890) [188] 证明了如下著名的**五色定理**.

定理 6.1.4　**对于每个平面图** G, **均有** $\chi(G)\leqslant 5$.

证明　(反证) 不妨设 G 是临界 6 色图. 由 G 是平面图知 $\delta(G)\leqslant 5$; 由推论6.1.1 知 $\delta(G)\geqslant 5$. 因此, $\delta(G)=5$. 设 $u\in V(G)$, 使 $d_G(u)=5$, $N_G(u)=\{u_1,u_2,u_3,u_4,u_5\}$, $\pi=\{V_1,V_2,V_3,V_4,V_5\}$ 是 $G-u$ 中点的5染色. 由于 $\chi(G)=6$, 所以不妨设 $u_i\in V_i$ $(1\leqslant i\leqslant 5)$ (见图 6.6, 其中颜色标在该点上).

令 $G_{ij}=G[V_i\cup V_j]$. 若存在 i,j, 使 u_i 和 u_j 在 G_{ij} 中不连通, 则将 G_{ij} 中含 u_i 的分支中颜色 i 与颜色 j 对换就空出颜色 i, 并将 u 染成颜色 i 就得 G 中点的 5 染色, 矛盾于 $\chi(G)=6$. 所以对任何 i,j $(1\leqslant i\neq j\leqslant 5)$, G_{ij} 是连通的, 用 P_{ij} 表示其中的 (u_i,u_j) 路.

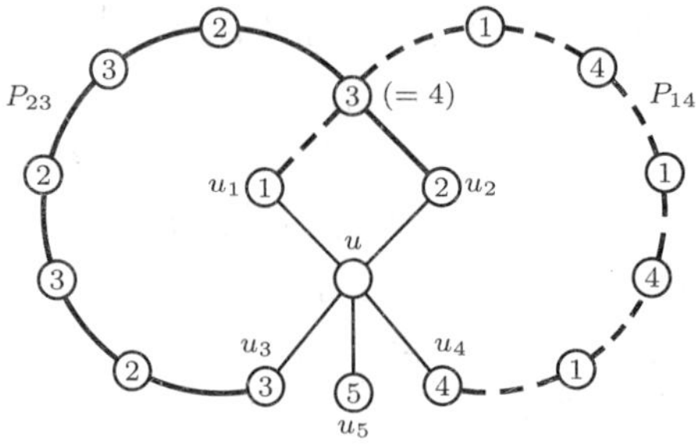

图 6.6　五色定理证明的辅助图

不失一般性, 考虑 $G_{14}=G[V_1\cup V_4]$ 和 $G_{23}=G[V_2\cup V_3]$ (见图 6.6, 其中路 P_{14} 由粗虚线表示, 路 P_{23} 由粗实线表示). 显然, $C=uu_1+P_{14}+u_4u$ 是圈, u_2 在 C 的内部, 而 u_3 在 C 的外部, 所以路 P_{23} 必经过 C 中的点. 但这不可能, 因为 P_{23} 中的点已被染上颜色 2 和颜色 3, 但 C 中任何点都没有这两种颜色. 这个矛盾说明了 $\chi(G)\leqslant 5$. ∎

作为色数 $\chi(G)$ 的应用, 下面举几个例子.

例 6.1.2 (B. Roy, 1967 [313]; T. Gallai, 1968 [135])　设 D 是有向图, $\chi=\chi(D)$, 则 D 中存在长至少为 $\chi-1$ 的有向路.

证明　设 $E'\subset E(D)$, 使 $D'=D-E'$ 不含有向圈的最小边集 (即对任何 $a\in E'$, $D'+a$ 含有向圈), 并设 D' 中有向路的最大长为 k. 只需证明 $k\geqslant\chi-1$. 为此, 对每个 $i\,(1\leqslant i\leqslant k+1)$, 令 $V_i=\{x\in V(D)\colon D'$ 中存在以 x 为起点的有向路的最大长为 $i-1\}$, 则 $V(D)=V_1\cup\cdots\cup V_{k+1}$. 于是, 只需证明 $\pi=\{V_1,\cdots,V_{k+1}\}$ 是 D 中点的 $k+1$ 染色.

首先注意到, D' 中不存在起点和终点都在 V_i $(1\leqslant i\leqslant k+1)$ 中的有向路. 若不然, 设 P 是 D' 中 (x,y) 路, $x,y\in V_i$, 则存在长为 $i-1$ 的且起点为 y 的有向路 Q. 因为 D' 不含有向圈, 所以 $P\cup Q$ 为 D' 中起点在 x 且长 $\geqslant i$ 的有向路, 矛盾于 $x\in V_i$.

下证 V_i $(1\leqslant i\leqslant k+1)$ 是 D 的独立集. 设 x 和 y 是 V_i 中相邻两顶点, 不妨设 $a=(x,y)\in E(D)$. 由于 D' 中不存在 (x,y) 路, 所以 $a\in E'$.

由 E' 的最小性知 $D'+a$ 含有向圈, 设为 C. 于是 $C-a$ 是 D' 中 (y,x) 路且 $x,y\in V_i$, 矛盾于上面得到的结论. 因而 x 和 y 在 D 中不相邻, 即 V_i 是独立集. 因此, $\pi=\{V_1,V_2,\cdots,V_{k+1}\}$ 是 D 中点的 $k+1$ 染色, 即有 $\chi\leqslant k+1$. ∎

例 6.1.3 (V. Chvátal, J. Komlós, 1971 [76])　设 D 是简单有向图, $\chi(D)>mn$, 并设 $\boldsymbol{f}\in\mathscr{V}(D)$, 则 D 中或者存在有向路 $(x_0,x_1,\cdots,x_m)$, 使得 $\boldsymbol{f}(x_0)\leqslant\boldsymbol{f}(x_1)\leqslant\cdots\leqslant\boldsymbol{f}(x_m)$; 或者存在有向路 $(y_0,y_1,\cdots,y_n)$, 使得 $\boldsymbol{f}(y_0)>\boldsymbol{f}(y_1)>\cdots>\boldsymbol{f}(y_n)$.

证明　构造 D 的支撑子图 D_1 和 D_2. 对于 D 中的边 (x,y),

$$(x,y)\in E(D_1) \Leftrightarrow \boldsymbol{f}(x)\leqslant \boldsymbol{f}(y), \quad 或\ (x,y)\in E(D_2) \Leftrightarrow \boldsymbol{f}(x)>\boldsymbol{f}(y).$$

显然, $D=D_1\oplus D_2$. 设 $\chi(D_1)\leqslant m$, $\chi(D_2)\leqslant n$, 并设

$$\pi_1=(V_1,V_2,\cdots,V_m) \quad 和 \quad \pi_2=(V_1',V_2',\cdots,V_n')$$

分别是 D_1 和 D_2 中点的 m 染色和 n 染色. 令

$$V_{ij}=V_i\cap V_j', \quad 1\leqslant i\leqslant m, 1\leqslant j\leqslant n.$$

由于 V_i 和 V_j' 分别是 D_1 和 D_2 的独立集, 故 V_{ij} 是 D 的独立集. 于是

$$\pi=\{V_{ij}:1\leqslant i\leqslant m,1\leqslant j\leqslant n\}$$

是 D 中点的 mn 染色. 这矛盾于 $\chi(D)>mn$. 所以, 或者 $\chi(D_1)>m$, 或者 $\chi(D_2)>n$.

若 $\chi(D_1)>m$, 则由例 6.1.3 知 D_1 中存在长 $\geqslant \chi(D_1)-1\geqslant m$ 的有向路 P. 令 P 中长为 m 的一段为 $(x_0,x_1,\cdots,x_m)$. 由 D_1 的定义有 $\boldsymbol{f}(x_0)\leqslant \boldsymbol{f}(x_1)\leqslant\cdots\leqslant \boldsymbol{f}(x_m)$.

若 $\chi(D_2)>n$, 则同理可证 D_2 中存在长为 n 的有向路 $(y_0,y_1,\cdots,y_n)$. 由 D_2 的定义有 $\boldsymbol{f}(y_0)>\boldsymbol{f}(y_1)>\cdots>\boldsymbol{f}(y_n)$. ∎

例 6.1.4 (P. Erdős, G. Szekeres, 1935 [108]) 在任意 $mn+1$ 个不同整数构成的序列中, 或者包含有 m 项的增子序列, 或者包含有 n 项的减子序列.

证明 设 $a_1,a_2,\cdots,a_{mn+1}$ 是由 $mn+1$ 个不同整数构成的序列. 作简单有向图 $D=(V,E)$, 其中

$$V=\{a_1,a_2,\cdots,a_{mn+1}\}, \quad (a_i,a_j)\in E(D)\Leftrightarrow a_i<a_j.$$

显然, D 是 $mn+1$ 阶竞赛图, 且 $\chi(D)=mn+1$. 令 $\boldsymbol{f}\in\mathscr{V}(D)$, 使得 $\boldsymbol{f}(a_i)=a_i$ $(1\leqslant i\leqslant mn+1)$. 由例 6.1.3 知该命题成立. ∎

习题 6.1

6.1.1 证明: 若 G 是无环图, 则

(a) $\chi(G)=2\Leftrightarrow G$ 是非空 2 部图;　(b) $\chi(G)\geqslant 3\Leftrightarrow G$ 含奇圈.

6.1.2 证明: 若 G 是简单图, 则

(a) G 为临界 2 色图 $\Leftrightarrow G\cong K_2$;　(b) G 为临界 3 色图 $\Leftrightarrow G$ 是奇圈;

(c) Grötzsch 图是临界 4 色图;　(d) G 是临界 k 色图 $\Rightarrow \upsilon(G)\neq k+1$.

6.1.3 设 G 是临界 k $(\geqslant 3)$ 色图. 证明:

(a) G 是 2 连通的, 而且 G 中任何顶点分离集 S 的导出子图 $G[S]$ 是非完全图;

(b) 存在 $z,x,y\in V(G)$, 使得 $xz,yz\in E(G)$, $xy\notin E(G)$ 且 $G-\{x,y\}$ 连通.

6.1.4 证明:

(a) 任何 k 色图都含临界 k 色子图, 最小阶的 k 色简单图必是临界 k 色图;

(b) 对任何图 G, $\chi(G)=\max\{\chi(B): B$ 是 G 的块$\}$;

(c) 对任何图 G, $\chi(G)\leqslant 1+\max\{\delta(H): H\subseteq G)\}$;

(d) 对任何图 G, $\chi(G)\leqslant 1+\ell(G)$, 其中 $\ell(G)$ 表示 G 中路的最大长.

6.1.5 证明:

(a) 对任何图 G, 均有 $\lceil \upsilon/\alpha\rceil \leqslant \chi(G)\leqslant \upsilon+1-\alpha$;

(b) 若 G 是简单图, 则 $\upsilon^2/(\upsilon^2-2\varepsilon)\leqslant\chi(G)\leqslant 1/2+\sqrt{2\varepsilon+1/4}$.

6.1.6 证明: 若 G 的任意两个奇圈都有公共点, 则 $\chi(G)\leqslant 5$.

6.1.7 证明:

(a) Brooks 定理 (定理 6.1.3) 等价于下述命题: 若 G 是临界 k ($\geqslant 4$) 色图并且是非完全图, 则 $2\varepsilon\geqslant\upsilon(k-1)+1$;

(b) **广义 Brooks 定理**: 若 G 是 $\Delta(G)=2$ 并且不含奇圈连通分支, 或者 $\Delta(G)\geqslant 3$ 并且不含 $K_{\Delta+1}$ 连通分支的图, 则 $\chi(G)\leqslant\Delta(G)$;

(c) 对任何 $m,k\in\mathbf{N}$, $2\leqslant k\leqslant m$, 则存在图 G, 使 $\Delta=m$, $\chi(G)=k$.

6.1.8 证明: G 中点 k 色可染 $\Leftrightarrow$ G 有定向图 D, 使得 D 中最大有向路长 $\leqslant k-1$.

6.1.9 证明: 若 G 是不含三角形的平面图, 则 $\chi(G)\leqslant 3$. (H. Grötzsch,1959 [158])

6.1.10 图 G 的**色多项式** (chromatic polynomial) $\pi_k(G)$ 是 G 中不同点 k 染色的数目. 证明:

(a) $\pi_k(G)>0\Leftrightarrow\chi(G)\leqslant k$, $\pi_k(K_\upsilon^c)=k^\upsilon$, $\pi_k(K_\upsilon)=k(k-1)\cdots(k-\upsilon+1)$.

(b) 若 G 是简单图, 则对任何 $e\in E(G)$, 均有 $\pi_k(G)=\pi_k(G-e)-\pi_k(G\cdot e)$.

(c) $\pi_k(K_{1,3})=k(k-1)^3$, $\pi_k(C_4)=k(k-1)(k^2-3k+3)$.

(c) 若 G 是连通图, 则 $\pi_k(G)\leqslant k(k-1)^{\upsilon-1}$, 其中等号仅当 G 是树时成立.

(d) $\pi_k(G)$ 是 k 的 υ 阶正负项交错出现的整系数多项式, 首项为 k^υ, 常数项为 0, $k^{\upsilon-1}$ 的系数为 ε. (G. D. Birkhoff, 1912 [31]; 读者可参阅 G. D. Birkhoff, D. C. Lewis (1946) [34] 和 R. C. Read (1968) [304] 的文章.)

6.1.11 证明: 若 $\chi(G)=4$, 则 G 包含 K_4 的细分图. (G. A. Dirac, 1952 [89])
(G. Hajós (1961) [166] 曾猜想: 若 $\chi(G)=k$ ($\geqslant 4$), 则 G 包含 K_k 的细分图.)

6.2 边 染 色

与点染色概念对应的是边染色. 无环非空图 G 中**边的 k 染色** (edge k-coloring) π' 是指 k 种颜色 $1,2,\cdots,k$ 对 G 中边的分配, 使得相邻两条边所染颜色不同. 换句话说, G 中边的 k 染色是映射

$$\pi':\ E(G)\to\{1,2,\cdots,k\},$$

使得对每个 i $(1 \leqslant i \leqslant k)$,

$$E_i = \{e \in E(G) : \pi'(e) = i\}$$

是匹配或者空集, 记

$$\pi' = \{E_1, E_2, \cdots, E_k\}.$$

图 6.7 给出了圈 C_5 中边的 3 染色和 Petersen 图中边的 4 染色, 边旁的数字表示该边所染的颜色.

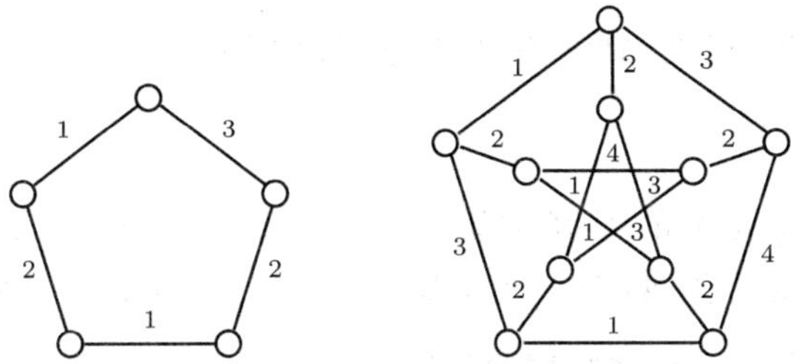

图 6.7　圈 C_5 中边的 3 染色和 Petersen 图中边的 4 染色

若 G 中边存在 k 染色, 则称 G 中**边 k 色可染** (edge k-colorable). 显然, 每个无环非空图的边必 ε 色可染, 并且若 G 中边 k 色可染, 则对每个 ℓ $(\geqslant k)$, G 中边 ℓ 色可染. 由图 6.7 给出的边染色知 C_5 中边 3 色可染, Petersen 图中边 4 色可染. 参数

$$\chi'(G) = \min\{k : G \text{ 中边 } k \text{ 色可染}\}$$

被称为 G 的**边色数** (edge-chromatic number). 例如, $\chi'(C_{2n}) = 2$, $\chi'(C_{2n+1}) = 3$.

许多实际问题可以归结为图的边染色问题. 例如, 某个学校有 m 位教师 $x_1, x_2, \cdots, x_m$ 和 n 门课程 $y_1, y_2, \cdots, y_n$. 教师 x_i 对于课程 y_j 每周要上 p_{ij} 个课时. 安排一个课时尽可能少的课程表的问题就能归结为图的边染色问题. 构造 2 部图 $G = (X \cup Y, E)$, 其中

$$X = \{x_1, x_2, \cdots, x_m\}, \quad Y = \{y_1, y_2, \cdots, y_n\},$$

x_i 与 y_j 之间连 p_{ij} 条边. 因为在任何一个课时内, 每位教师至多教授一门课程, 而且每门课程也至多有一位教师在授课. 因此, 一个课时对应 G 中一个匹配; 反之, G 中一个匹配对应一个课时安排. 于是, 最好的课表安排就是求 $\chi'(G)$.

由定义, 若 $\chi'(G) = k$, 则 G 中边的任何 k 染色 $\pi' = \{E_1, \cdots, E_k\}$ 中每个 E_i 都是非空的匹配. 换言之, G 的边色数 $\chi'(G)$ 是 G 中边不交匹配的最小数目. 所以

$$\chi'(G) \geqslant \Delta(G). \tag{6.2.1}$$

由推论 5.3.4, 任何 2 部图均有 Δ 个边不交的匹配. 结合这个事实和式 (6.2.1), 立刻得:

定理 6.2.1 **对任何 2 部图 G, 均有 $\chi'(G)=\Delta(G)$.**

例 6.2 对于某些特殊的图, 很容易得到它们的边色数. 例如

$$\chi'(C_n)=\begin{cases}2, & n\text{ 是偶数},\\ 3, & n\text{ 是奇数};\end{cases}$$

$$\chi'(K_n)=\begin{cases}n-1, & n\text{ 是偶数},\\ n, & n\text{ 是奇数}.\end{cases}$$

利用线图 $L(G)$ 立即得到图 G 的点色数和边色数的关系:

$$\chi'(G)=\chi(L(G)). \tag{6.2.2}$$

关于边色数 $\chi'(G)$ 的下列结果, 是由 V. G. Vizing (1964) [358] 和 R. P. Gupta (1966) [164] 独立发现的, 一般文献上都称它为 **Vizing 定理**.

定理 6.2.2 **若 G 是非空简单图, 则**

$$\Delta(G)\leqslant\chi'(G)\leqslant\Delta(G)+1. \tag{6.2.3}$$

证明 由式 (6.2.1), 只需证明 $\chi'(G)\leqslant\Delta(G)+1$.

(反证) 设存在简单图 G', 使得 $\chi'(G')>\Delta(G')+1$. 考虑 G' 的支撑子图 G, 使得 $\chi'(G)=k=\chi'(G')$ 且存在 $e_0\in E(G)$, 使得

$$\chi'(G-e_0)=k-1.$$

于是

$$k=\chi'(G')>\Delta(G')+1\geqslant\Delta(G)+1. \tag{6.2.4}$$

设 $e_0=xy_0$, $\pi'=\{E_1,E_2,\cdots,E_{k-1}\}$ 是 $G-e_0$ 中边的 $k-1$ 染色. 对任何 $u\in V(G)$, 用 $C_{\pi'}(u)$ 表示在染色 π' 下, u 处出现的颜色集, 并令 $C'_{\pi'}(u)=\{1,2,\cdots,k-1\}\setminus C_{\pi'}(u)$, 即在 u 处不出现的颜色集. 由于 $d_{G-e_0}(u)\leqslant\Delta(G)<k-1$, 所以 $C'_{\pi'}(u)\neq\emptyset$, $\forall\ u\in V(G)$.

取 $\beta_1\in C'_{\pi'}(y_0)$. 若 $\beta_1\notin C_{\pi'}(x)$, 则将 e_0 染成 β_1, 便得到 G 中边的 $k-1$ 染色. 这矛盾于 $\chi'(G)=k$. 于是, $\beta_1\in C_{\pi'}(x)$, 并且存在边 $e_1\in E_G(x)$, 使得 $\pi'(e_1)=\beta_1$. 令 $e_1=xy_1$, 且 $F_x(1,\pi')=\{e_0,e_1\}$.

由于 $d_G(y_1)\leqslant\Delta(G)<k-1$, 所以存在 $\beta_2\in C'_{\pi'}(y_1)$. 若 $\beta_2\notin C_{\pi'}(x)$, 则将 e_0 染成 β_1, e_1 染成 β_2 便得到 G 中边的 $k-1$ 染色. 这矛盾于 $\chi'(G)=k$. 于是, $\beta_2\in C_{\pi'}(x)$, 并且存在边 $e_2\in E_G(x)$, 使得 $\pi'(e_2)=\beta_2$. 令 $e_2=xy_2$, 且

$$F_x(2,\pi')=\{e_0,e_1,e_2\}.$$

一般地, 令

$$F_x(n,\pi')=\{e_0,e_1,\cdots,e_n\}\subseteq E_G(x),$$

其中 $n \geqslant 1$, 并且

$$e_i = xy_i\ (0 \leqslant i \leqslant n), \quad \pi'(e_i) \notin C_{\pi'}(y_{i-1})\ (1 \leqslant i \leqslant n).$$

重新染色 $F_x(n,\pi')$ 是指: 将边 e_{i-1} 上的颜色抹去, 改染颜色 $\pi'(e_i)(1 \leqslant i \leqslant n)$ (参见图 6.8, 其中 $\beta_i = \pi'(e_i) \in C_{\pi'}(y_i), \beta_i \notin C_{\pi'}(y_{i-1})$). 重新染色 $F_x(n,\pi')$ 得到 $G-e_n$ 中边的 $k-1$ 染色.

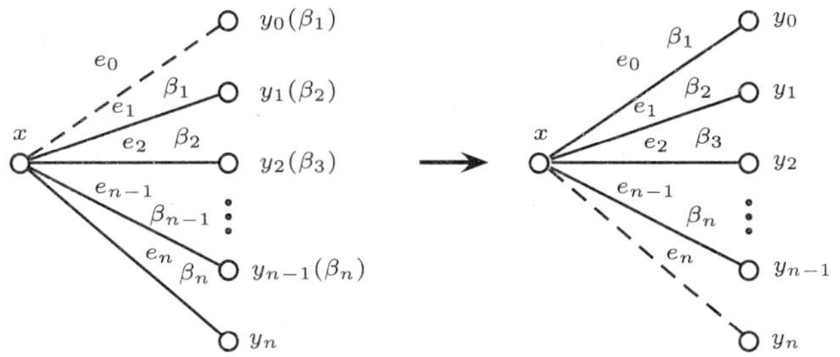

图 6.8　$F_x(n,\pi')$ 的重新染色过程

于是, 对于任何使得 $\chi'(G-e_0)=k-1$ 的 $e_0 \in E(G)$ 和 $G-e_0$ 中边的任何 $k-1$ 染色 π', $F_x(n,\pi')$ 满足下面两条性质.

(i) $C'_{\pi'}(x) \cap C'_{\pi'}(y_i) = \emptyset\ (0 \leqslant i \leqslant n)$.

若不然, 存在最小的 $i_0\ (0 \leqslant i_0 \leqslant n)$, 使得 $C'_{\pi'}(x) \cap C'_{\pi'}(y_{i_0}) \neq \emptyset$. 取 $\alpha \in C'_{\pi'}(x) \cap C'_{\pi'}(y_{i_0})$, 重新染色 $F_x(i_0,\pi')$, 并且将边 e_{i_0} 染上颜色 α. 这样得到 G 中边的 $k-1$ 染色, 矛盾于 $\chi'(G)=k$.

(ii) $C'_{\pi'}(y_i) \cap C'_{\pi'}(y_j) = \emptyset\ (0 \leqslant i < j \leqslant n)$.

若不然, 存在 i 和 j $(i<j)$, 使得 $C'_{\pi'}(y_i) \cap C'_{\pi'}(y_j) \neq \emptyset$. 取 $\beta \in C'_{\pi'}(y_i) \cap C'_{\pi'}(y_j)$, 使得 i 和 $j-i$ 先后尽可能小. 于是, 对任何 $\ell(0 \leqslant \ell \neq i \leqslant j-1)$, $\beta \in C_{\pi'}(y_\ell)$. 设 $\alpha \in C'_{\pi'}(x)$. 由 (i) 知 $\alpha \neq \beta$, $\beta \in C_{\pi'}(x)$, $\alpha \in C_{\pi'}(y_k)\ (0 \leqslant k \leqslant n)$.

令 $H = G[E_\alpha \cup E_\beta]$, 则

$$d_H(x) = d_H(y_j) = d_H(y_i) = 1.$$

令 H' 是 H 中含 x 的连通分支, 则由引理 5.3 知 H' 是一条起点在 x 的 (E_β, E_α) 交错路. 因此, y_i 和 y_j 中至少有一个不在 H' 中. 不妨设 y_i 不在 H' 中. 对换 H 中含 y_i 的连通分支 H'' 中边上的颜色 α 和 β, 便得到 $G-e_0$ 中边的另一个 $k-1$ 染色 π''. 重新染色 $F_x(i,\pi'')$, 并将 e_i 染成 α, 便得到 G 中边的 $k-1$ 染色, 矛盾于 $\chi'(G)=k$.

选取 $e_0 \in E(G)$ 和 $G-e_0$ 的边 $k-1$ 染色 π' 以及 $F_x(n,\pi')$, 使得 n 尽可能大.

考虑 y_n. 由于 $d_G(y_n) \leqslant \varDelta(G) < k-1$, 所以存在 $\alpha \in C'_{\pi'}(y_n)$. 由 (i) 和 n 的最大性, $\alpha \in C_{\pi'}(x)$, 并且存在边 $e_i \in F_x(n,\pi')$, 使得 $\pi'(e_i) = \alpha(1 \leqslant i \leqslant n)$. 由

$F_x(n,\pi')$ 的选取知 $\alpha \in C'_{\pi'}(y_{i-1})$. 于是, $\alpha \in C'_{\pi'}(y_{i-1}) \cap C'_{\pi'}(y_n)$. 这矛盾于 (ii). 所以, 式 (6.2.3) 得证. ∎

根据式 (6.2.3), Beineke 和 Wilson (1973) [19] 提出**图的分类问题**: 使 $\chi'(G) = \Delta(G)$ 的简单图 G 被称为**第一类图**, 使 $\chi'(G) = \Delta(G)+1$ 的简单图 G 被称为**第二类图**.

易知, 2 部图和 K_{2n} 是第一类图, 而 C_{2n+1} 和 K_{2n+1} 是第二类图.

一般说来, 什么样的简单图属于第一类图, 什么样的简单图属于第二类图的问题目前尚未解决. 事实上, I. Holyer (1981) [199] 已经证明了这是个 NP 难问题. 第二类图好像是相当地少. 例如, Beineke 和 Wilson (1973) [19] 观察到: 在 $v \leqslant 6$ 的 143 个连通简单图中仅有 8 个图属于第二类图 (见图 6.9). P. Erdős 和 R. J. Wilson (1977) [109] 已证明: 几乎所有非空简单图是第一类图, 即

$$\lim_{v\to\infty} \frac{C^1(v)}{C^1(v) \cup C^2(v)} = 1,$$

其中 $C^i(v)$ 表示 v 阶第 i 类图的集合.

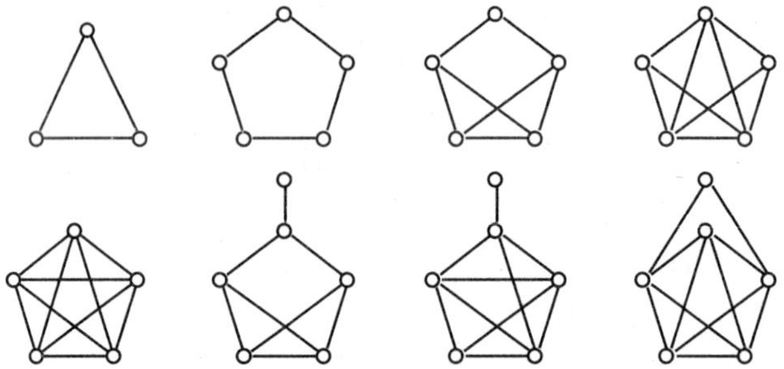

图 6.9　所有阶数 $\leqslant 6$ 的第二类连通简单图

对于任何 $n \geqslant 2$, 存在最大度为 n 的第一类平面图. 例如星 $K_{1,n}$, $\chi'(K_{1,n}) = n = \Delta(K_{1,n})$. 当 $2 \leqslant n \leqslant 5$ 时, 存在最大度为 n 的第二类平面图. 例如, $\chi'(K_3) = 3 = \Delta(K_3)+1$. 另外三种第二类平面图如图 6.10 所示.

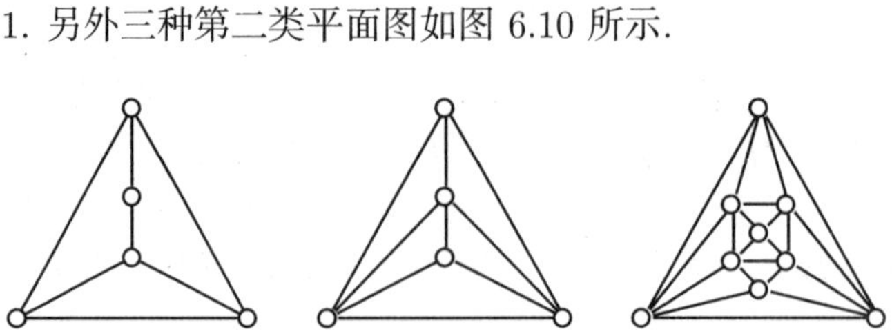

图 6.10　三种第二类平面图

Vizing (1965) [359] 已证明: 不存在最大度至少为 8 的第二类平面图. 同时, Vizing (1968) [360] 猜想: 不存在最大度为 6 或 7 的第二类平面图. 张利

民 (2000)[403] 和 D. P. Sanders, Y. Zhao (2001)[318] 独立证明了: 不存在最大度为 7 的第二类平面图. 目前还不知道是否存在最大度为 6 的第二类平面图.

设 G 是无环图, $\mu_G(x,y)$ 表示 G 中两顶点 x 与 y 之间的边数, $\mu(G)=\max\{\mu_G(x,y):x,y\in V\}$. 若 $\mu(G)=\mu$, 则称 G 为 μ **重图**. 图 6.11 所示的是 μ 重图, $\chi'(G)=2\mu(G)=\Delta(G)+\mu(G)$. 对于一般的 μ 重图 G, Vizing (1964)[358] 证明了:

$$\Delta(G)\leqslant\chi'(G)\leqslant\Delta(G)+\mu(G).$$

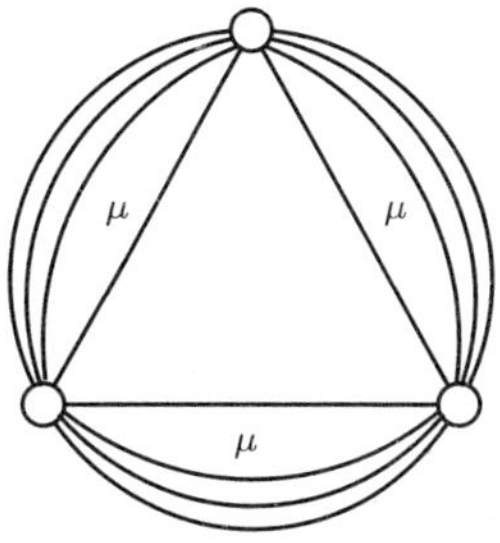

图 6.11 μ 重图 G

这个上界也是可以达到的 (见图 6.11).

习题 6.2

6.2.1 证明: 若 G 是非空的, 则 $\chi'(G)=\chi(L(G))$, 其中 $L(G)$ 是图 G 的线图.

6.2.2 证明:

(a) 2 部简单图和 K_{2n} 是第一类图; (b) C_{2n+1} 和 K_{2n+1} 是第二类图;

(c) Petersen 图是第二类图; (d) 3 正则 Hamilton 图是第一类图;

(e) 若 H 是第一类非空图, 则 $G\times H$ 是第一类图.

6.2.3 设 G 是简单图. 证明:

(a) 若 $\varepsilon>\Delta\alpha'(G)$, 则 G 是第二类图;

(b) 若 $\varepsilon>\Delta\lfloor\upsilon/2\rfloor$, 则 G 是第二类图; (L. W. Beineke, R. J. Wilson, 1973[19])

(c) 若 $\upsilon=2k+1$ 且 $\varepsilon>k\Delta$, 则 G 是第二类图.

6.2.4 证明: 奇阶非空、含割点的正则简单图都是第二类图. (V. G. Vizing, 1965[359])

6.2.5 证明: 设 $K_n(k)$ 是 nk 阶完全等 k 部图, 则当 nk 为偶数时, 它是第一类图; 当 nk 为奇数时, 它是第二类图. (R. Laskar & W. Hare, 1971[238])

6.2.6 证明: 3 正则 Hamilton 图是第一类图. (P. G. Tait, 1880[334])

6.2.7 证明: 若 G 是无环图, 则 $\chi'(G)\leqslant\dfrac{3}{2}\Delta(G)$. (C. E. Shannon, 1949[323])

6.2.8 利用 Brooks 定理 (定理 6.1.3) 和习题 6.2.1, 证明: 若 G 是简单图且 $\Delta(G)\geqslant 3$, 则 $\chi'(G)\leqslant 2\Delta(G)-2$.

6.2.9 G 被称为**边唯一 k 色可染的** (uniquely edge k-colorable), 如果对 G 中边的任何两个不同的 k 染色 $\pi'=\{E_1,E_2,\cdots,E_k\}$ 和 $\pi''=\{E_1',E_2',\cdots,E_k'\}$, 均有 $E_i=E_i'$ $(1\leqslant i\leqslant k)$. 证明: 边唯一 3 色可染 3 正则图必是 Hamilton 图.

6.2.10 图 G 的 k **全染色** (k-total coloring) $\pi_{\rm t}$ 是指 k 种颜色 $1,2,\cdots,k$ 对 $V(G)\cup E(G)$ 中元素的一种分配, 使得相邻或相关联的两元素所染颜色不同. 若 G 存在 k 全染色 $\pi_{\rm t}$, 则称 G 为 k **全色可染** (k-total colorable). 称 $\chi_{\rm t}(G)=\min\{k: G$ 为 k 全色可染 $\}$ 为 G 的**全色数** (total chromatic number). 证明:

(a) $\chi_t(G) \geqslant \Delta(G)+1$, 对任何简单图 G;

(b) $\chi_t(K_{3,3})=5$, $\chi_t(K_{2n})=2n$, $\chi_t(K_{2n+1})=2n+2$;

(c) $\chi_t(G) \leqslant \Delta(G)+2$, 对任何简单图 G 且 $\Delta \geqslant v-2$;

(d) $\chi_t(G) \leqslant \chi'(G)+2$.

关于图的全色数有下列著名的猜想 (M. Behzad, 1965 [18]; V. G. Vizing, 1968 [360]):

$$\chi_t(G) \leqslant \Delta(G)+2, \quad \text{对任何简单图 } G.$$

6.2.11 对每个 $x \in V(G)$, 令 $L(x)$ 是颜色集, 且 $|L(x)|=k$. 如果存在点 k 染色 π, 使得对任何 $x \in V(G)$, 均有 $\pi(x) \in L(x)$, 则称 π 为 G 的**列表点染色** (list vertex-coloring); 称 k 的最小值为 G 的**列表点色数** (list vertex-chromatic number), 记为 $\chi_l(G)$. 同样, 对每个 $e \in E(G)$, 令 $L(e)$ 是颜色集, 且 $|L(e)|=k$. 如果存在边 k 染色 π', 使得对任何 $e \in E(G)$, 均有 $\pi'(e) \in L(e)$, 则称 π' 为 G 的**列表边染色** (list edge-coloring); 称 k 的最小值为 G 的**列表边色数** (list edge-chromatic number), 记为 $\chi'_l(G)$. 证明:

(a) $\chi(G) \leqslant \chi_l(G) \leqslant \Delta(G)+1$;

(b) $\chi'_l(G) \leqslant 2\Delta(G)-1$, $\chi'_l(G) < 2\chi'(G)$, $\chi_t(G) \leqslant \chi_l(G)+2$;

(c) $\chi'_l(G)=\chi_l(L)$, 其中 L 是图 G 的线图;

(d) $\chi_l(G) \leqslant 3$, 如果 G 是平面 2 部图; (N. Alon, M. Tarsi, 1992 [6])

(e) $\chi_l(G) \leqslant 5$, 如果 G 是平面图; (C. Thomassen, 1994 [337])

(f) $\chi'_l(G)=\chi'(G)$, 如果 G 是 2 部图. (F. Galvin, 1995 [137])

关于图的列表边染色有下列著名的猜想 (B. Bollobás, A. J. Harris, 1985 [38]):

$$\chi'_l(G)=\chi'(G), \quad \text{对任何图} G.$$

6.3 面染色与四色问题 $^\Delta$

平图 G 中**面的 k 染色** (face k-coloring) π^*, 是指 k 种颜色 $1,2,\cdots,k$ 对 G 中面的一种分配, 使得有公共边的两个面的颜色不同. 换句话说, G 中面的 k 染色 π^* 是映射

$$\pi^*:\ F(G) \to \{1,2,\cdots,k\},$$

使得对每个 i $(1 \leqslant i \leqslant k)$,

$$F_i=\{f \in F(G):\ \pi^*(f)=i\}$$

中任何两个面无公共边, 记 $\pi^*=\{F_1,F_2,\cdots,F_k\}$. 若平图 G 中的面存在 k 染色, 则称 G 中**面 k 色可染** (face k-colorable). 参数

$$\chi^*(G)=\min\{k:\ G \text{ 中面 } k \text{ 色可染}\}$$

被称为 G 的**面色数** (face chromatic number). 例如, $\chi^*(K_4)=4$.

考虑平图 G 的几何对偶 G^*. 由定义立即知, 对任何平图 G, 有

$$\chi^*(G)=\chi(G^*). \tag{6.3.1}$$

由定理 6.1.4 (五色定理) 和式 (6.3.1) 知, 对任何平图 G, 均有 $\chi^*(G)\leqslant 5$. 于是, 一个自然的问题, 即著名的**四色问题** (four color problem) 是:

四色问题　对任何平图 G, 是否有 $\chi^*(G)\leqslant 4$?

四色问题至今没有从数学角度得到解决, 其研究进展将在后面介绍. 在冲击四色问题的过程中, 人们发现许多等价定理. 下面的等价关系揭示了四色问题与边染色之间的密切关系, 属于 P. G. Tait (1880) [334], 被称为 **Tait 定理**.

定理 6.3　设 H 是任意平图, G 是任意 2 边连通 3 正则简单平面图, 则

$$\chi^*(H)\leqslant 4 \quad \Leftrightarrow \quad \chi'(G)=3.$$

证明　($\Rightarrow$) 设 G 是 2 边连通 3 正则简单平面图. 由定理 6.2.2, 只需证明 $\chi'(G)\leqslant 3$. 为此, 设 $\widetilde{G}$ 是 G 的平面表示, π^* 是 $\widetilde{G}$ 中面的 4 染色. 由于用什么符号来表达颜色是无关紧要的, 所以可以用整数模 2 域中的向量 $\boldsymbol{c}_0=(0,0)$, $\boldsymbol{c}_1=(1,0)$, $\boldsymbol{c}_2=(0,1)$ 和 $\boldsymbol{c}_3=(1,1)$ 来表示 π^* 所用的四种颜色. 按下列原则确定 $\widetilde{G}$ 的边染色 π':

$$\pi'(e)=\boldsymbol{c}_i+\boldsymbol{c}_j \quad \Leftrightarrow \quad f\cap g=\{e\},$$

其中 $e\in E(\widetilde{G})$, $f,\ g\in F(\widetilde{G})$ 且 $\pi^*(f)=\boldsymbol{c}_i$, $\pi^*(g)=\boldsymbol{c}_j$.

例如, 见图 6.12 (a), 与顶点 u 关联的三个面在 π^* 下被染以颜色 $\boldsymbol{c}_i,\boldsymbol{c}_j$ 和 $\boldsymbol{c}_k$, 则与 u 关联的三条边在 π' 下被染以颜色 $\boldsymbol{c}_i+\boldsymbol{c}_j,\boldsymbol{c}_j+\boldsymbol{c}_k$ 和 $\boldsymbol{c}_k+\boldsymbol{c}_i$, 而且这三种颜色是不同的. 由于 $\widetilde{G}$ 是 2 边连通的, 所以每条边 e 必是某两个面的公共边, 即 $\widetilde{G}$ 的每条边都在 π' 下被染色, 而且 π' 中只用到颜色 $\boldsymbol{c}_1,\boldsymbol{c}_2,\boldsymbol{c}_3$. 因此, π' 是 $\widetilde{G}$ 中边的 3 染色, 即 $\chi'(G)\leqslant 3$.

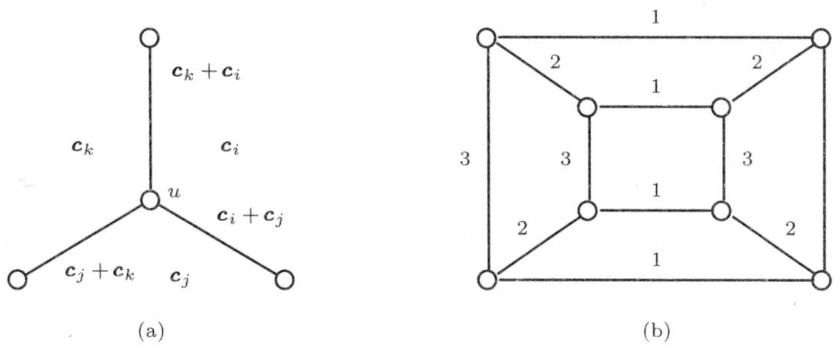

图 6.12　定理 6.3.1 证明的辅助图

($\Leftarrow$) (反证) 假定每个 2 边连通 3 正则简单平面图的边都是 3 色可染的, 而存在其面 4 色不可染的平图, 则存在临界 5 色平面图 G. 设 $\widetilde{G}$ 是 G 的平面表示,

则存在三角剖分图 H, 使得 $\widetilde{G}$ 是 H 的支撑子图, 而且 (见习题3.3.5) H 的几何对偶图 H^* 是 2 边连通 3 正则简单平图. 由假定, 设 $\pi' = \{E_1, E_2, E_3\}$ 是 H^* 的边 3 染色. 令 $H^*_{ij} = H^*[E_i \cup E_j]$ $(1 \leqslant i,j \leqslant 3, i \neq j)$. 由于 H^* 的每个顶点既与 E_i 中的边关联, 又与 E_j 中的边关联, 所以 H^*_{ij} 不含奇度点 (见图 6.12 (b)). 因而 (见习题6.3.1), H^*_{ij} 中的面是 2 色可染的. 令

$$\pi_1^*:\ F(H_{12}^*) \to \{\alpha,\beta\},\quad \pi_2^*:\ F(H_{13}^*) \to \{\gamma,\delta\}$$

分别是 H^*_{12} 和 H^*_{13} 中面的 2 染色. 设 $f \in F(H^*)$. 由于 $f \in F(H^*_{12}) \cap F(H^*_{13})$, 所以在 π_1^* 和 π_2^* 下, f 被染有两种颜色 x 和 y, 记为 (x,y), 其中 $x \in \{\alpha,\beta\}$, $y \in \{\gamma,\delta\}$. 下证由 $\pi^*(f) = (x,y)$ 定义的

$$\pi^*:\ F(H^*) \to \{(\alpha,\gamma),(\alpha,\delta),(\beta,\gamma),(\beta,\delta)\}$$

是 H^* 中面的 4 染色. 由于 $H^* = H^*_{12} \cup H^*_{13}$, 而且 H^* 的相邻两个面得到的颜色对 (x_1, y_1) 和 (x_2, y_2) 不同, 所以 π^* 是 H^* 中面的 4 染色. 由于 $\widetilde{G}$ 是 H 的支撑子图, 所以能得到

$$5 = \chi(G) = \chi(\widetilde{G}) \leqslant \chi(H) = \chi^*(H^*) \leqslant 4$$

的矛盾. ∎

平图的面染色来源于地图染色. 为了便于识别, 地图上的所有行政区域都被染上不同的颜色, 相邻的两个行政区域所染的颜色不同. 1852 年, 英国青年学生 Francis Guthrie 在给英国地图染色时发现四种颜色就足够了. 于是, 他向他的哥哥 Frederick Guthrie 提出如下问题:

四色问题　是否可以用四种颜色来染地图上的所有国家, 使得具有共同边界的两个国家颜色都不相同?

Frederick 证明不了, 转而请教他的老师, 当时伦敦大学教授、数学家 A. De Morgan. 这位教授也无法证明, 就写信给爱尔兰数学家 W. R. Hamilton. Hamilton 也无法证明. 起初, 这个问题没有引起数学家们的注意, 认为这是不证即明的事实. 但经过一些尝试之后, 发现并不是那么回事. 1878 年, 时任伦敦数学会负责人 A. Cayley [59] 向伦敦数学会成员正式宣布了这一问题. 于是形成了当今著名的四色问题.

注意到, 地图可以看成平图, 行政区域就是这个平图的面. 给地图上的每个行政区域染色, 就是给这个平图的每个面染色. 于是, 由四色问题就形成下面著名的四色猜想.

四色猜想　$\chi^*(G) \leqslant 4$, **对任何平图** G.

如果四色猜想成立, 那么这个结果是最好的, 因为容易给出其面色数至少为 4 的平图. 如图 6.13 所示的完全图 K_4 和轮 W_6, 它们的面色数都是 4.

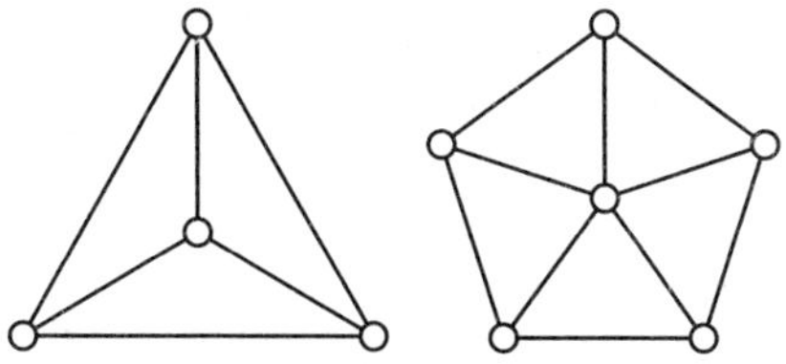

图 6.13 两个面 4 色平图

四色猜想曾一度被列为与数论中的 Fermat 猜想 (由牛津大学 A. Wiles 于 1994 年解决①)、函数论中的 Riemann 假设② 相提并论的三大数学难题之一. 理所当然地受到世界上一些最有才华的数学家的冲击.

第一个冲击四色猜想的是 A. B. Kempe [215]. 他是位律师、热心的数学业余爱好者, 曾任伦敦数学会出纳员和会长. 1879 年, Kempe 给出四色猜想的第一个"证明". 尽管后人指出他证明中的漏洞, 但他在证明中提出的思想仍是后人冲击四色猜想的基础. 为介绍 Kempe 的证明思想, 先引进若干定义.

显然, 对于四色猜想, 只需考虑平面三角剖分图. 每个有界面的度都为 3 的平图被称为**构形** (configuration). 如图 6.14 所示的四个平图都是构形, 分别记为 O,P,Q,R. 设 $\mathscr{F}$ 是由有限个构形组成的集. 若任何三角剖分图至少含 $\mathscr{F}$ 中一个构形, 则称 $\mathscr{F}$ 是**不可免完备集** (unavoidable complete set). 由于任何平图的最小度不超过 5, 所以 $\mathscr{F}=\{O,P,Q,R\}$ 是不可免完备集.

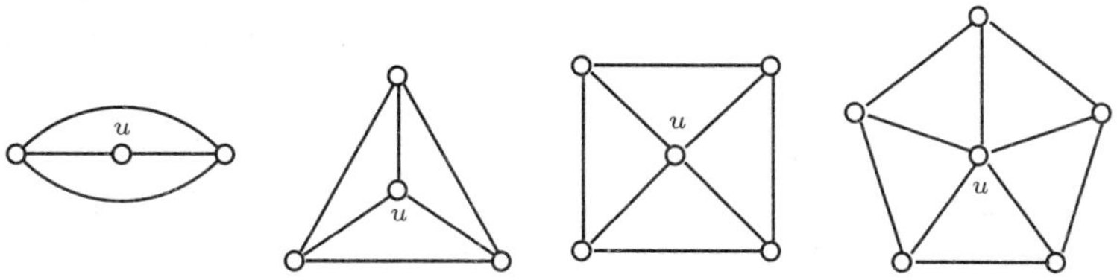

图 6.14 不可免完备集 $\mathscr{F}$

若四色猜想不成立, 则由式 (6.3.1), 必存在一些 5 色平图, 其中阶数最小的被称为**最小图** (minimal graph). 换句话说, 如果 G 是最小图, 那么 $\chi(G)=5$, 但对任何阶数小于 $v(G)$ 的平图 H, 均有 $\chi(H)\leqslant 4$. Kempe 企图通过 "证明" 最小图不存在来证明四色猜想.

(反证) 设 G 是最小图, 则 G 是三角剖分图 (见习题6.3.9). 因此, G 必含 $\mathscr{F}=\{O,\ P,Q,R\}$ 中的构形. 若 G 含 O 或 P, 则 $\chi(G-u)\leqslant 4$. 令 $\pi=$

① Andrew Wiles. Modular Elliptic Curves and Fermat's Last Theorem[J]. Annals of Mathematics, 1995, 141 (3): 443-551.

A. Wiles 因此获 Wolf 奖 (1996)、Abel 奖 (1996) 和 Fields 特别奖 (1998).

② 2000 年被美国克雷数学研究所 (Clay Mathematics Institute) 列为悬赏 100 万美元的世界七大数学难题之一. 据人民网 2015 年 11 月 19 日报道: 该猜想已由尼日利亚教授 Opeyemi Enoch 成功解决. 目前, 还没有得到克莱数学研究所的承认或者否认.

$\{V_b, V_r, V_y, V_g\}$ 是 $G-u$ 中点的4染色, 则 $N_G(u)$ 至多只需三种颜色, 因此可空出一种颜色来染点 u. 于是, π 也是 G 中点的 4 染色, 矛盾于 $\chi(G)=5$. 所以, G 不含构形 O 和 P.

设 G 含构形 Q, 且 $N_G(u)=\{u_1,u_2,u_3,u_4\}$, $\pi=\{V_1,V_2,V_3,V_4\}$ 是 $G-u$ 中点的4染色, 并不妨设 $u_i \in V_i$ $(1 \leqslant i \leqslant 4)$, 其中颜色标在该点上, 则 u_1,u_4 在 $G_{14}=G[V_1 \cup V_4]$ 中和 u_2,u_3 在 $G_{23}=G[V_2 \cup V_3]$ 中不同时都是连通的 (否则, G_{14} 中 u_1u_4 路和 G_{23} 中 u_2u_3 路会相交, 如图 6.15所示). 不妨设 u_1 和 u_4 在 G_{14} 中不连通. 于是, 交换 G_{14} 中含 u_1 连通分支中点的颜色, u_1 被染上颜色 4, 而 u_2, u_3,u_4 的颜色不变. 空出颜色 1 来染点 u, 即 $\chi(G) \leqslant 4$, 矛盾于 $\chi(G)=5$. 所以 G 不含 Q.

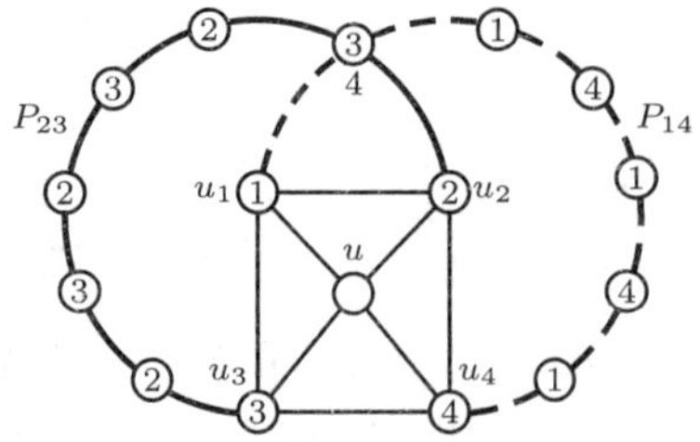

图 6.15 Kempe 证明的图示

Kempe 采用同样的方法"证明" G 也不含构形 R. 于是三角剖分图 G 不含 $\mathscr{F}=\{O,P,Q,R\}$ 中任何一个构形, 矛盾于 $\mathscr{F}$ 是不可免完备集, 从而证明了最小图不存在, 即四色猜想"得证".

11 年后, 即 1890年, P. J. Heawood [188] 举出了一个反例 (见图 6.16 (b)), 说明 Kempe 利用上述方法来证明 G 不含构形 R 并非总是对的. 例如, 设 $N_G(u)=\{u_1,u_2,u_3,u_4,u_5\}$, $\pi=\{V_1,V_2,V_3,V_4\}$ 是 $G-u$ 中点的 4 染色, 见图 6.16 中点上的数字, 其中 1, 2, 3, 4 表示四种不同颜色. u_2 和 u_4 在 G_{14} 中是连通的, u_2 和 u_5 在 G_{13} 中也是连通的. 因此无论是交换 G_{14} 中的颜色, 还是交换 G_{13} 中

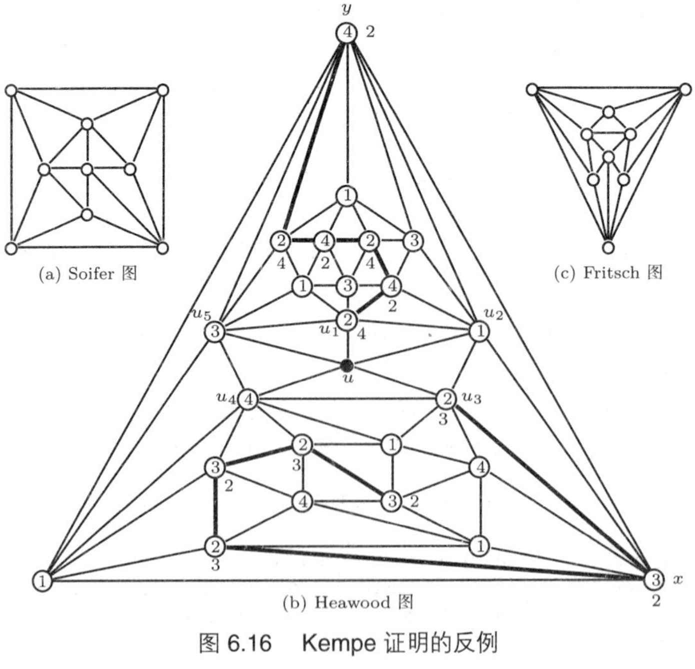

(a) Soifer 图

(b) Heawood 图

(c) Fritsch 图

图 6.16 Kempe 证明的反例

的颜色, 都不能空出一种颜色来给 u. u_1 和 u_4 在 G_{24} 中不连通, 因此可以考虑交换 G_{24} 含 u_1 分支 (粗边所示) 中的颜色 (图中点旁的颜色), 空出颜色 2 来. 但 u_3 已被染上颜色 2, 因而不能空出颜色来染点 u. 又因为 u_3 和 u_5 在 G_{23} 中不连通. 所以考虑交换 G_{23} 含 u_3 分支 (粗边所示) 中点的颜色. 于是, u_3 被染上 3. 通过两次颜色交换, 颜色 2 虽被空出来, 但此时相邻两顶点 x 和 y 都被换成颜色 2. 由此说明 Kempe 的证明存在漏洞. 但 Heawood 利用这种方法证明了五色定理 (定理 6.1.4).

起初人们对 Kempe 证明中的漏洞的严重性认识不足. 继 P. J. Heawood (1890) [188] 的反例之后, 人们发现了许多这样的反例. 目前已知的最小反例是 9 阶 Soifer 图和 Fritsch 图, 它们分别如图 6.16 (a) 和 (c) 所示. 其他反例可参阅 E. Gethner 等 (2003, 2009) [143-144] 的文章. 但多少年过去了, 当人们还是没有找到满意的办法来弥补这个漏洞时, 才认识到四色猜想比原来想象的要困难得多. 从此以后, 有许多数学家企图证明这个猜想, 但都以失败而告终. Kempe 的证明虽然失败了, 但他的思想方法仍然是后来许多数学家冲击四色猜想的基础.

一个构形被称为**可约的** (reducible), 如果它不含在任何一个最小图中. Kempe 实际上证明了构形 O, P, Q 是可约的, 但没有证明 R 是可约的. 然而, 他的这种思想提示人们: 欲证四色猜想, 只需寻找一个由可约构形组成的不可免完备集. 既然人们不能证明不可免完备集 $\mathscr{F}$ 中的 R 是可约的, 那么是否还有另外的不可免完备集呢? 1904 年, P. Wernicke [371] 找到一个新的不可免完备集, 如图 6.17 (a) 所示. 1913 年, G. D. Birkhoff [32] 又找出不可免完备集, 如图 6.17 (b) 所示. 这三个不可免完备集中前三个图都是一样的, 而两个新的不可免完备集中前四个元素都是一样的. 但遗憾的是, 他们都不可能证明这两个不可免完备集中最后两个构形是可约的. 于是, 人们转向寻找新的可约构形.

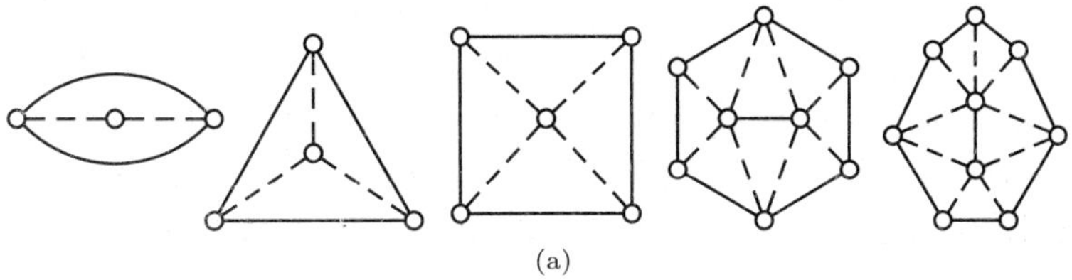

(a)

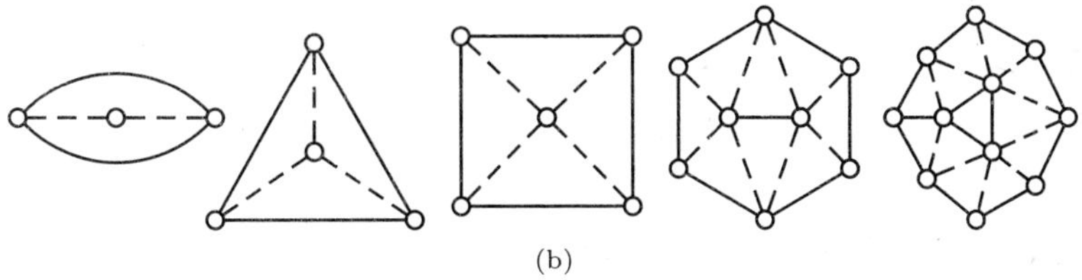

(b)

图 6.17 两个不可免完备集

从那以后, 人们陆续发现了数千个可约构形. 突破性的研究是在 20 世纪 60 年代以后. Y. Shimamoto (1961) 曾声称借助于计算机找到了一个全由可约构形组成的不可免完备集. 但是, Whitney 和 Tutte (1972)[380] 发现他利用计算机误算了一个构形的可约性. 同时, 他们提出了构形可约性分类理论. H. Heesch(1969)[189] 企图借助电子计算机在已发现的可约构形中找出新的不可免完备集, 并提出了判断给定构形集是否为不可免完备集的算法, 该方法的两个关键步骤是"可约性"(reducibility) 和"放电" (discharging). 他相信, 适当运用这个方法能解决四色猜想.

直到 1976 年, K. Appel, W. Haken[9] 与 Koch 合作改进了 Heesch 的算法, 并研究了可约构形的范围, 利用计算机找到了一个由 1 936 个 (后来减少到 1 834 个) 可约构形组成的不可免完备集, 从而宣布证明了四色猜想.

要想一一检查 1 936 (或 1 834) 个构形是可约的并非易事. 所以, Appel 等人的计算机证明不易被所有数学家接受 (E. R. Swart, 1980[331]; Robertson 等, 1997[308]), 甚至还有人指出其证明中的错误, 怀疑其正确性. 1989 年, Appel 和 Haken[10] 用 741 页的篇幅发表了全部算法证明, 回答了各种质疑, 并添加了一些构形. 1996 年, Robertson 等[307-308] 给出另一个计算机证明, 虽然其方法与 Appel 和 Haken 的一样, 但只需检查 633 个构形. 至今, 寻找四色猜想的非机器证明还大有人在.

Kempe 对四色猜想的"证明"存活了 11 年才由 Heawood 宣布其"死亡". 在冲击四色猜想的尝试中, 有些"证明"存活较长时间才"寿终正寝". 例如, Tait (1880) 在"每个 3 正则 3 连通平面图都是 Hamilton 图"的假设下给出了四色猜想的"证明" (参见习题6.2.4 和习题 6.3.6). 1891 年, J. Petersen[293] 指出 Tait 的论证有漏洞, 但无法否定. 直到 1946 年, Tutte 构造出 3 正则 3 连通非 Hamillton 平面图 (见例 3.1.3), 从而否定了 Tait 的"证明". 自从 Grinberg 给出 Hamilton 平图的必要条件 (见定理 3.1.6) 后, 人们发现了许多 Tait 假设的反例. 最小反例是 38 个顶点 (参见3.1 节末). H. Whitney (1931)[375] 提出猜想: Hamilton 平面图是 4 色可染的. 1956 年, Tutte[350] 证明了: 4 连通平面图是 Hamilton 图. 1959 年, Grötzsch[158] 证明了 4 边连通平图 G 的面是 3 色可染的. 因此, 欲解决 **Whitney 猜想**, 只需考虑 3 (或者 3 边) 连通平面图. 1976 年, M. R. Garey 等人[141] 证明确定 3 正则 3 连通平面图是否是 Hamilton 图的问题是 NP 难问题.

习题 6.3

6.3.1 设 G 是平图. 证明: G 不含割边且 $\chi^*(G) \leqslant 2 \Leftrightarrow G$ 中不含奇度点.

6.3.2 证明:

(a) 若 G 是三角剖分图, 则 $\chi(G) \leqslant 3 \Leftrightarrow G$ 中不含奇度点;

(b) 若 G 是3正则平图, 则 $\chi^*(G) \leqslant 3 \Leftrightarrow G$ 中无奇度面.

6.3.3 证明: 若 G 是Hamilton平图, 则 $\chi^*(G) \leqslant 4$.

(H. Whitney (1931)[375] 证明了这个结论等价于四色猜想.)

6.3.4 证明: 对任意平图 G, $\chi^*(G) \leqslant 4 \Leftrightarrow$ 对任意无割边 3 正则简单平图 H, $\chi^*(H) \leqslant 4$.

6.3.5 在平面上任作 n 条直线, 把平面划分成若干区域. 证明: 只需两种颜色即可把全部区域染色, 使有公共边界线的两区域异色.

6.3.6 利用定理 6.3.1, 证明四色猜想等价于 Tait 猜想: 对每个 3 正则 3 连通平面简单图 G, 均有 $\chi'(G)=3$. (P. G. Tait, 1880 [334])

6.3.7 证明: Soifer 图和 Fritsch 图 (见图 6.16) 是 Kempe 证明的反例.

6.3.8 证明: $\mathscr{F}=\{O,P,Q,R\}$ 是不可免完备集.

6.3.9 证明: 最小图若存在, 则必是 5 连通的三角剖分图.

6.4 整数流与面染色 *

整数流理论是 W. Tutte [348] (1949) 在冲击四色猜想过程中创立和发展起来的, 它与平图面染色问题密切相关, 是研究四色问题的有力方法之一. 本节将对整数流与平图面染色的关系及其相关的问题作简单介绍.

设 D 是有向图, $\mathscr{E}(D)$ 和 $\mathscr{C}(D)$ 分别是 D 的边空间和圈空间. 由 2.2 节知对于 $\boldsymbol{f}\in\mathscr{E}(D)$, $\boldsymbol{f}\in\mathscr{C}(D)\Leftrightarrow \boldsymbol{f}$ 满足平衡条件

$$\boldsymbol{f}^+(x)=\boldsymbol{f}^-(x),\quad \forall\, x\in V(D). \tag{6.4.1}$$

向量 $\boldsymbol{f}\in\mathscr{C}(D)$ 被称为**整数流** (integer flow), 如果 $\boldsymbol{f}(a)$ 是整数, 对每个 $a\in E(D)$ 成立. 整数流 $\boldsymbol{f}$ 被称为 k **流**, 如果

$$\max\{|\boldsymbol{f}(a)|:\ a\in E(D)\}<k.$$

显然, 如果 D 有 k 流, 那么 D 有 ℓ 流, 对任何正整数 $\ell\geqslant k$.

由定理 2.2.1 知 $\mathscr{E}(D)$ 含非零圈向量 $\Leftrightarrow D$ 含圈. 设 C 是 D 中的圈, 给定 C 的正向, 并用 C^+ 表示 C 中方向与 C 的正向一致的边集, 则由

$$\boldsymbol{f}_c(a)=\begin{cases}1, & a\in C^+,\\ -1, & a\in C\setminus C^+,\\ 0, & a\notin C\end{cases} \tag{6.4.2}$$

定义了 $\mathscr{C}(D)$ 中非零圈向量, 而且 $\max\{|\boldsymbol{f}_c(a)|:\ a\in E(D)\}<2$. 因此, 下述结论成立.

定理 6.4.1　任何含圈有向图必有整数 k ($\geqslant 2$) 流.

在这一节的讨论中, 总假定 D 是连通的简单有向图, 而且含圈; 涉及的无向图都是指简单的而且连通的.

Tutte 当初是对无向图提出整数流概念的. 无向图的整数流是怎么定义的呢?

设 $F\subseteq E(D)$, D_F 是在 D 中改变 F 中所有边的方向后得到的有向图, 被称为 F 的**修正图**. 对于 D 的 k 流 $\boldsymbol{f}$, 定义向量 $\boldsymbol{f}_F\in\mathscr{E}(D_F)$ 如下:

$$\boldsymbol{f}_F(a)=\begin{cases}\boldsymbol{f}(a), & a\notin F,\\ -\boldsymbol{f}(a), & a\in F,\end{cases}\quad \forall\, a\in E(D). \tag{6.4.3}$$

容易看到, $\boldsymbol{f}_F\in\mathscr{C}(D_F)$ 是 D_F 的 k 流, 称之为 $\boldsymbol{f}$ 关于 F 的**修正流**.

命题 6.4.1 设 G 是无向图, D 和 D' 是 G 的两个不同的定向图. 若 D 有 k 流, 则 D' 也有 k 流.

证明 因为 D 和 D' 都是 G 的定向图, 所以存在 $F\subset E(D)$, 使得 $D'=D_F$. 令 $\boldsymbol{f}$ 是 D 的 k 流, 则由式 (6.4.3) 定义的修正流 $\boldsymbol{f}_F$ 是 D_F 的 k 流. ∎

设 G 是无向图, 若它的任何一个定向图有整数流, 则称 G **有整数流**. 由命题 6.4.1 知, G 有 k 流 $\Leftrightarrow$ G 的定向图有 k 流.

整数流 $\boldsymbol{f}$ 被称为**全非零的** (nowhere-zero), 或者**正的** (positive), 如果对 D 中每条边 a 均有 $\boldsymbol{f}(a)\neq 0$, 或者 $\boldsymbol{f}(a)>0$. 图 6.18 所示的是 4 阶竞赛图中全非零 4 流和正 4 流.

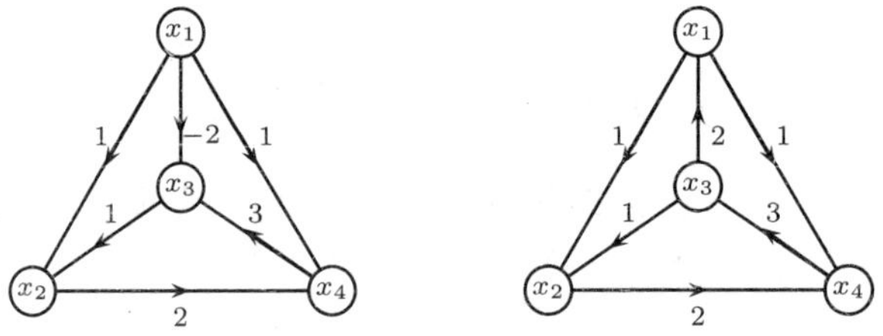

图 6.18　4 阶竞赛图中的两个全非零 4 流

由式 (6.4.1) 易知: 对任何有向图 D 和任何向量 $\boldsymbol{f}\in\mathscr{C}(D)$,

$$\sum_{a\in E_D^+(X)}\boldsymbol{f}(a)=\sum_{a\in E_D^-(X)}\boldsymbol{f}(a),\quad \forall\, X\subseteq V(D) \tag{6.4.4}$$

这个事实说明: 若 a 是 D 中的割边, 则对 D 中任何整数流 $\boldsymbol{f}$, 均有 $\boldsymbol{f}(a)=0$. 因此, 全非零流仅对无割边有向图有意义. 而且, 如果 D 有全非零 k 流, 那么 $k\geqslant 2$.

命题 6.4.2 无向图 G 有全非零 k 流 $\Leftrightarrow$ G 有正 k 流.

证明 ($\Leftarrow$) 显然.

($\Rightarrow$) 设 D 是 G 的具有 k 流 $\boldsymbol{f}$ 的定向图, 令 $F=\{a\in E(D):\ \boldsymbol{f}(a)<0\}$, 则 $\boldsymbol{f}$ 的修正流 $\boldsymbol{f}_F$ 是 D_F 的正 k 流. 由命题 6.4.1, 结论成立. ∎

定理 6.4.2 (2 流定理)　G **有全非零 2 流** $\Leftrightarrow G$ **是无割边的偶图.**

证明留给读者作为习题.

一个自然问题是: 给定无割边图 G 和正整数 $k\geqslant 3$, G 是否有全非零 k 流?

显然, 如果 G 有全非零 k 流, 那么对任何正整数 $\ell\geqslant k$, G 有全非零 ℓ 流. 因此, 人们特别感兴趣的是最小正整数 k, 使得 G 有全非零 k 流. 1975 年, F. Jaeger [204] 证明了这个最小正整数 $k\leqslant 8$. 1981 年, P. Seymour [322] 把 8 修改到 6.

下面介绍 3 流存在性定理. 为此, 先讨论关于模 k 流的结论.

命题 6.4.3　设 $\boldsymbol{f}$ 是 G 的整数流, $F=\{e\in E(G):\boldsymbol{f}(e)\equiv 1\,(\mathrm{mod}\,2)\}$. 则子图 $G[F]$ 是偶图.

证明　设 $\boldsymbol{f}$ 是 G 的整数流, D 是 G 的定向图, $x\in V(D)$. 令 (见图 6.19)

$$E_{\mathrm{o}}^{+}=\{a\in E_D^{+}(x):\ \boldsymbol{f}(a)\equiv 1\,(\mathrm{mod}\,2)\},$$
$$E_{\mathrm{e}}^{+}=\{a\in E_D^{+}(x):\ \boldsymbol{f}(a)\equiv 0\,(\mathrm{mod}\,2)\},$$
$$E_{\mathrm{o}}^{-}=\{a\in E_D^{-}(x):\ \boldsymbol{f}(a)\equiv 1\,(\mathrm{mod}\,2)\},$$
$$E_{\mathrm{e}}^{-}=\{a\in E_D^{-}(x):\ \boldsymbol{f}(a)\equiv 0\,(\mathrm{mod}\,2)\}.$$

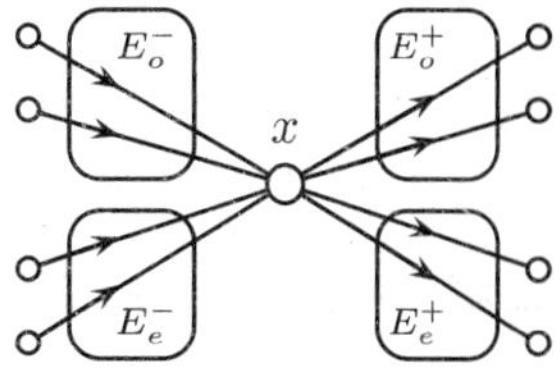

图 6.19　命题 6.4.3 证明的图示

由式 (6.4.1) 有

$$\begin{aligned}0&=\boldsymbol{f}^{+}(x)-\boldsymbol{f}^{-}(x)\\&=\Big(\sum_{a\in E_{\mathrm{e}}^{+}}\boldsymbol{f}(a)+\sum_{a\in E_{\mathrm{o}}^{+}}\boldsymbol{f}(a)\Big)-\Big(\sum_{a\in E_{\mathrm{e}}^{-}}\boldsymbol{f}(a)+\sum_{a\in E_{\mathrm{o}}^{-}}\boldsymbol{f}(a)\Big)\\&=\Big(\sum_{a\in E_{\mathrm{e}}^{+}}\boldsymbol{f}(a)-\sum_{a\in E_{\mathrm{e}}^{-}}\boldsymbol{f}(a)\Big)+\Big(\sum_{a\in E_{\mathrm{o}}^{+}}\boldsymbol{f}(a)-\sum_{a\in E_{\mathrm{o}}^{-}}\boldsymbol{f}(a)\Big).\end{aligned}$$

因为 $\Big(\sum\limits_{a\in E_{\mathrm{e}}^{+}}\boldsymbol{f}(a)-\sum\limits_{a\in E_{\mathrm{e}}^{-}}\boldsymbol{f}(a)\Big)\equiv 0\,(\mathrm{mod}\,2)$, 所以

$$\Big(\sum_{a\in E_{\mathrm{o}}^{+}}\boldsymbol{f}(a)-\sum_{a\in E_{\mathrm{o}}^{-}}\boldsymbol{f}(a)\Big)\equiv 0\,(\mathrm{mod}\,2).$$

这意味着 $|E_{\mathrm{o}}^{+}|$ 和 $|E_{\mathrm{o}}^{-}|$ 有相同的奇偶性, 即

$$(|E_{\mathrm{o}}^{+}|+|E_{\mathrm{o}}^{-}|)\equiv 0\,(\mathrm{mod}\,2).$$

这说明: 对任何 $x\in V(G)$, $E_G(x)$ 中权为奇数的边数是偶数, 即 $G[F]$ 中的点都是偶度点. 因此, $G[F]$ 是偶图. ∎

设 $\boldsymbol{f}$ 是 D 的整数流. 若存在整数 k, 使得

$$\boldsymbol{f}^{+}(x)\equiv\boldsymbol{f}^{-}(x)\ (\mathrm{mod}\,k),\qquad\forall\ x\in V(D),\tag{6.4.5}$$

则称 $\boldsymbol{f}$ 为 D 的**模 k 流** (modular k-flow). 若 $\boldsymbol{f}$ 是 D 的模 k 流, $F \subseteq E(D)$, 则

$$\boldsymbol{f}_F(a) = \begin{cases} \boldsymbol{f}(a), & a \notin F, \\ k - \boldsymbol{f}(a), & a \in F \end{cases} \tag{6.4.6}$$

是 D_F 的模 k 流, 称之为 $\boldsymbol{f}$ 的**修正模 k 流** (revised modular k-flow).

下面两个结果属于 D. H. Younger (1983) [399]. 第一个类似于命题 6.4.1, 其证明虽然很简单 (留给读者), 但很有用.

命题 6.4.4 设 G 是无向图, D 和 D' 是它的两个定向图. 若 D 有模 k 流, 则 D' 也有模 k 流.

因此, 对于无向图 G, 若它的定向图有模 k 流, 则 G 有模 k 流. 由命题 6.4.4, G 有模 k 流 $\Leftrightarrow G$ 的定向图有模 k 流.

命题 6.4.5 设 $\boldsymbol{f}$ 是有向图 D 的模 k 流. 若对每个 $a \in E(D)$, 均有 $0 < \boldsymbol{f}(a) < k$, 则存在 $F \subseteq E(D)$, 使得修正有向图 D_F 有正整数流.

证明 由式 (6.4.6), 选取 $F \subseteq E(D)$, 使得

$$\alpha(F) = \sum_{x \in V} |\boldsymbol{f}_F^+(x) - \boldsymbol{f}_F^-(x)|$$

尽可能小. 如果 $\alpha(F) = 0$, 那么对任何 $x \in V(D)$, 均有 $\boldsymbol{f}_F^+(x) = \boldsymbol{f}_F^-(x)$, 满足式 (6.4.1), 于是 $\boldsymbol{f}_F$ 是 D_F 的正 k 流.

现在证明 $\alpha(F) = 0$. (反证) 假定 $\alpha(F) > 0$, 则必存在 $x \in V$, 使得 $|\boldsymbol{f}_F^+(x) - \boldsymbol{f}_F^-(x)| > 0$. 不失一般性, 设 $\boldsymbol{f}_F^+(x) - \boldsymbol{f}_F^-(x) > 0$. 因为 $\boldsymbol{f}_F$ 是 D_F 的模 k 流, 由式 (6.4.5), 存在 $y \in V(D_F)$, 使得 $\boldsymbol{f}_F^+(y) - \boldsymbol{f}_F^-(y) < 0$.

由于 $\boldsymbol{f}_F$ 是 D_F 的全非零模 k 流, 由式 (6.4.5), 对任何非空子集 $X \subset V$, $(X, \overline{X}) \neq \emptyset$ 且 $(\overline{X}, X) \neq \emptyset$. 由定理 1.4.3 知 D_F 是强连通的. 因此, D_F 中存在 (x, y) 路 P. 令 $F' = F \Delta E(P)$, $D_{F'}$ 是 D 的修正有向图, $\boldsymbol{f}_{F'}$ 是 $\boldsymbol{f}$ 的修正模 k 流. 事实上, $D_{F'}$ 是从 D_F 中通过改变 P 中每条边的方向而得到的, $\boldsymbol{f}_{F'}$ 是从 $\boldsymbol{f}_F$ 用 $k - \boldsymbol{f}_F(a)$ 替代 $\boldsymbol{f}_F(a)$ $(a \in E(P))$ 而得到的. 因此

$$\begin{cases} \boldsymbol{f}_{F'}^+(u) - \boldsymbol{f}_{F'}^-(u) = \boldsymbol{f}_F^+(u) - \boldsymbol{f}_F^-(u), & \forall\, u \in V \setminus \{x, y\}, \\ \boldsymbol{f}_{F'}^+(x) - \boldsymbol{f}_{F'}^-(x) = \boldsymbol{f}_F^+(x) - \boldsymbol{f}_F^-(x) - k, \\ \boldsymbol{f}_{F'}^+(y) - \boldsymbol{f}_{F'}^-(y) = \boldsymbol{f}_F^+(y) - \boldsymbol{f}_F^-(y) + k. \end{cases} \tag{6.4.7}$$

由式 (6.4.7) 得

$$\begin{aligned} \alpha(F') - \alpha(F) &= \sum_{x \in V} |\boldsymbol{f}_{F'}^+(x) - \boldsymbol{f}_{F'}^-(x)| - \sum_{x \in V} |\boldsymbol{f}_F^+(x) - \boldsymbol{f}_F^-(x)| \\ &= |\boldsymbol{f}_{F'}^+(x) - \boldsymbol{f}_{F'}^-(x)| + |\boldsymbol{f}_{F'}^+(y) - \boldsymbol{f}_{F'}^-(y)| \end{aligned}$$

$$
\begin{aligned}
&-(|\boldsymbol{f}_F^+(x)-\boldsymbol{f}_F^-(x)|+|\boldsymbol{f}_F^+(y)-\boldsymbol{f}_F^-(y)|)\\
=&\boldsymbol{f}_F^+(x)-\boldsymbol{f}_F^-(x)-k+\boldsymbol{f}_F^-(y)-\boldsymbol{f}_F^+(y)-k\\
&-(\boldsymbol{f}_F^+(x)-\boldsymbol{f}_F^-(x)+|\boldsymbol{f}_F^-(y)-\boldsymbol{f}_F^+(y))\\
=&-2k\\
<&0,
\end{aligned}
$$

即 $\alpha(F')<\alpha(F)$, 矛盾于 F 的选取. 命题得证. ▮

命题 6.4.6 (Tutte, 1949 [348]) 若有向图 D 有模 k 流 $\boldsymbol{f}$, 则 D 有 k 流 $\boldsymbol{f}'$, 使得对每个 $a\in E(D)$, 均有 $\boldsymbol{f}(a)\equiv\boldsymbol{f}'(a)\,(\mathrm{mod}\,k)$.

证明 设 $\boldsymbol{f}$ 是 D 的模 k 流. 构造 D 的新模流 $\boldsymbol{f}_1$: 对每个 $a\in E(D)$, 用 $\boldsymbol{f}_1(a)$ 替代 $\boldsymbol{f}(a)$, 其中 $\boldsymbol{f}_1(a)$ 是 0 与 $k-1$ 之间的整数, 使 $\boldsymbol{f}(a)\equiv\boldsymbol{f}_1(a)$ (mod k). 由命题 6.4.5, 存在 $F\subseteq E(D)$, 使得修正有向图 D_F 有 k 流 $\boldsymbol{f}_2$, 其中

$$
\boldsymbol{f}_2(a)=\begin{cases}\boldsymbol{f}_1(a), & a\notin F,\\ k-\boldsymbol{f}_1(a), & a\in F,\end{cases}
$$

令 $\boldsymbol{f}'$ 是 $\boldsymbol{f}_2$ 关于 F 的修正 k 流, 即

$$
\boldsymbol{f}'(a)=\begin{cases}\boldsymbol{f}_2(a), & a\notin F,\\ -\boldsymbol{f}_2(a), & a\in F.\end{cases}
$$

则 $\boldsymbol{f}'$ 是 D 的 k 流, 并且对每个 $a\in E(D)$,

$$
\begin{aligned}
\boldsymbol{f}(a)\equiv\boldsymbol{f}_1(a)\,(\mathrm{mod}\,k)&=\begin{cases}\boldsymbol{f}_2(a), & a\notin F,\\ k-\boldsymbol{f}_2(a), & a\in F.\end{cases}\\
&\equiv\boldsymbol{f}'(a)\,(\mathrm{mod}\,k).
\end{aligned}
$$

命题得证. ▮

下面是命题 6.4.6 的直接推论.

定理 6.4.3 **图 G 有全非零 k 流 $\Leftrightarrow G$ 有全非零模 k 流.**

命题 6.4.7 无割边图 G 有全非零 3 流 $\Leftrightarrow G$ 有定向图 D, 使得对每个 $x\in V(D)$, $d_D^+(x)-d_D^-(x)\equiv 0\,(\mathrm{mod}\,3)$.

证明 ($\Rightarrow$) 设 H 是 G 的定向图, 并有全非零 3 流 $\boldsymbol{f}$. 由命题 6.4.2, 不妨假定 $\boldsymbol{f}$ 是正 3 流. 令 $F=\{a\in E(H):\ \boldsymbol{f}(a)=2\}$. 由命题 6.4.4, 被定义在式 (6.4.6) 中的修正流 $\boldsymbol{f}_F$ 是 H_F 的全非零模 3 流, 而且对每个 $a\in E(H_F)$, 均有 $\boldsymbol{f}_F(a)=1$. 由式 (6.4.5), 对每个 $x\in E(H_F)$, 有 $d_{H_F}^+(x)\equiv d_{H_F}^-(x)\,(\mathrm{mod}\,3)$. 令 $D=H_F$, 则 D 是 G 的定向图且对每个 $x\in V(D)$, 有 $d_D^+(x)-d_D^-(x)\equiv 0\,(\mathrm{mod}\,3)$.

(⇐) 若 G 有定向图 D, 且对每个 $x\in V(D)$, 有 $d_D^+(x)-d_D^-(x)\equiv 0 \pmod 3$, 则取 $\boldsymbol{f}\in\mathscr{E}(D)$, 使得对每个 $a\in E(D)$, 有 $\boldsymbol{f}(a)=1$. 易知 $\boldsymbol{f}$ 是 D 的全非零模 3 流. 由命题 6.4.6, D (即 G) 有全非零 3 流. ∎

下面的结论就是著名的 Tutte (1949) [348] 的 **3 流定理**.

定理 6.4.4 (3 流定理) **无割边 3 正则图 G 有全非零 3 流 $\Leftrightarrow G$ 是 2 部图.**

证明 (⇒) 假定 G 有全非零 3 流. 由命题 6.4.7, 存在 G 的定向图 D, 使得对每个 $x\in V(D)$, 有 $d_D^+(x)-d_D^-(x)\equiv 0 \pmod 3$. 因为 G 是 3 正则的, 故对每个 $x\in V(D)$, 或者 $d_D^+(x)=0$ 或者 $d_D^-(x)=0$. 令 $X=\{x\in V(D):\ d_D^+(x)=0\}$, $Y=\{x\in V(D):\ d_D^-(x)=0\}$, 则 $\{X,Y\}$ 显然是 $V(G)$ 的 2 部划分, 而且 X 和 Y 都是独立集, 因此 G 是 2 部图.

(⇐) 设 G 是 2 部图, 2 部划分为 $\{X,Y\}$, D 是 G 的定向图, 使得每条边的方向从 X 到 Y. 定义 $\boldsymbol{f}\in\mathscr{E}(D)$, 使得对每个 $a\in E(D)$, 均有 $\boldsymbol{f}(a)=1$. 因为 G 是 3 正则的, 所以 $\boldsymbol{f}$ 是 D 的全非零模 3 流. 由命题 6.4.6, D (即 G) 有全非零 3 流. ∎

下面的结果是由 Tutte (1954) [349] 首先发现的, 它揭示了整数流与平图的面染色之间的密切关系, 也为四色问题提供了一条可能的解决途径.

定理 6.4.5 **无割边连通平图 G 的面是 k 色可染的 $\Leftrightarrow G$ 有全非零 k 流.**

证明 (⇒) 设 π^*: $F(G)\to\{1,2,\cdots,k\}$ 是平图 G 中面的 k 染色. 因为 G 无割边, 故对任何边 e, 都存在两个面 f_1 和 f_2, 使得 e 在它们的公共边界上, 于是 $\pi^*(f_1)\neq\pi^*(f_2)$. 按下述规则定义 G 的加权定向图 $(D,\boldsymbol{f})$: 指定 G 中每条边 e 的方向, 使得被染以小颜色的面位于这条有向边的右边, 并定义

$$\boldsymbol{f}(e)=|\pi^*(f_1)-\pi^*(f_2)|,\quad e\in B_G(f_1)\cap B_G(f_2). \tag{6.4.8}$$

显然, $1\leqslant\boldsymbol{f}(e)\leqslant k-1$.

下面要证明 $\boldsymbol{f}\in\mathscr{C}(D)$. 为此, 由式 (6.4.1), 仅需要证明:

$$\boldsymbol{f}^+(x)=\boldsymbol{f}^-(x),\quad \forall\, x\in V(G).$$

设 $x\in V(G)$, 令 $E_G(x)=\{e_1,e_2,\cdots,e_t\}$, 并对每个 $i\in\{1,2,\cdots,t-1\}$, 令 f_i 是 e_i 和 e_{i+1} 之间的面, f_t 是 e_t 和 e_1 之间的面 (见图 6.20). 令

$$\delta_i=\begin{cases}1, & e_i\in E_D^+(x),\\ -1, & e_i\in E_D^-(x).\end{cases}$$

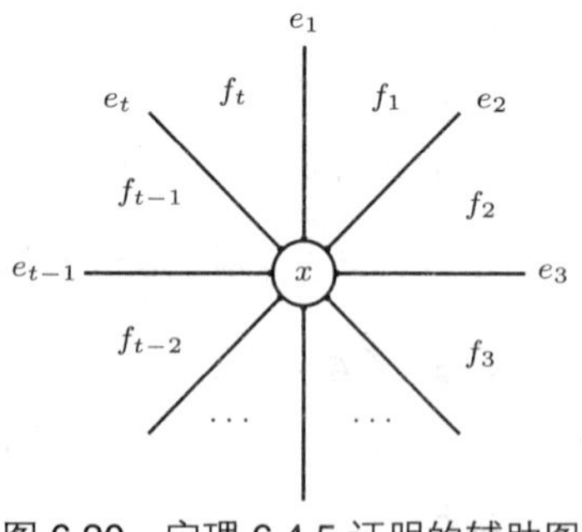

图 6.20 定理 6.4.5 证明的辅助图

利用这个记号, 由定义式 (6.4.8) 有

$$\begin{aligned}&\pi^*(f_t)=\pi^*(f_1)+\delta_1\boldsymbol{f}(e_1),\\ &\pi^*(f_i)=\pi^*(f_{i+1})+\delta_{i+1}\boldsymbol{f}(e_{i+1}),\quad 1\leqslant i\leqslant t-1.\end{aligned}$$

因此

$$\begin{aligned}\pi^*(f_t) &= \pi^*(f_1) + \delta_1 \boldsymbol{f}(e_1)\\ &= \pi^*(f_2) + \delta_2 \boldsymbol{f}(e_2) + \delta_1 \boldsymbol{f}(e_1)\\ &= \pi^*(f_3) + \delta_3 \boldsymbol{f}(e_3) + \delta_2 \boldsymbol{f}(e_2) + \delta_1 \boldsymbol{f}(e_1)\\ &= \cdots\\ &= \pi^*(f_t) + \sum_{i=1}^{t} \delta_i \boldsymbol{f}(e_i).\end{aligned}$$

由此得

$$\sum_{i=1}^{t} \delta_i \boldsymbol{f}(e_i) = 0. \tag{6.4.9}$$

因为 $1 \leqslant \boldsymbol{f}(e_i) \leqslant k-1$ $(1 \leqslant i \leqslant t)$, 所以式 (6.4.9) 意味着 $\boldsymbol{f}^+(x) = \boldsymbol{f}^-(x)$. 必要性成立.

($\Leftarrow$) 设 D 是 G 的定向图, $\boldsymbol{f}$ 是 D 的全非零 k 流. 对 D 中的面按下面规则安排 k 种颜色 $\pi^*: F(G) \to \{0,1,\cdots,k-1\}$. 开始将面 f_0 染成颜色 0, 即 $\pi^*(f_0) = 0$. 对每条边 $e_i \in E(D)$, 令 f_{i-1} 和 f_i 是以 e_i 为公共边的两个面, 并令

$$\pi^*(f_i) \equiv \pi^*(f_{i-1}) + \delta_i \boldsymbol{f}(e_i) \pmod k \tag{6.4.10}$$

(因为 $\boldsymbol{f}(e_i) \neq 0$, 所以 $\pi^*(f_i) \not\equiv \pi^*(f_{i-1}) \pmod k$), 其中

$$\delta_i = \begin{cases} 1, & f_{i-1} \text{ 在有向边 } e_i \text{ 的右边},\\ -1, & f_{i-1} \text{ 在有向边 } e_i \text{ 的左边}.\end{cases}$$

下面要证明: 由式 (6.4.10) 定义的 $\pi^*: F(G) \to \{0,1,\cdots,k-1\}$ 是 D 中面的 k 染色. 假定在上面的染色过程中, 面 $f_0, f_1, \cdots, f_t$ 已经被染色, 其中 f_{i-1} 和 f_i 有公共边 e_i $(1 \leqslant i \leqslant t)$. 作为几何对偶 G^* 的顶点, 点集 $\{f_0^*, f_1^*, \cdots, f_t^*\}$ 构成 G^* 中的路或者圈. 如果 $(f_0^*, f_1^*, \cdots, f_t^*)$ 是 G^* 的路, 则它们的颜色被唯一确定, 因为对每条边 $e \in E(G)$, 均有 $\boldsymbol{f}(e) \neq 0$. 下面假定 $(f_0^*, f_1^*, \cdots, f_t^*)$ 是 G^* 中的圈 (见图 6.21, 其中圈由粗边构成).

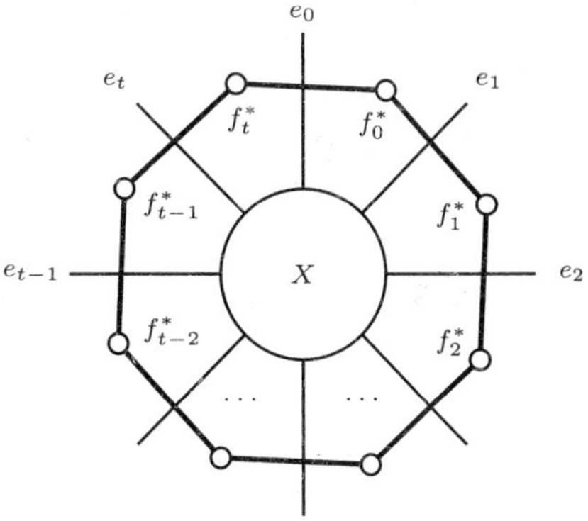

图 6.21　定理 6.4.5 证明的辅助图

设 e_0 是 f_0 和 f_t 的公共边. 一方面, 由定义式 (6.4.10), $\pi^*(f_t) \equiv \pi^*(f_{t-1}) + \delta_t \boldsymbol{f}(e_t) \pmod k$; 另一方面, 对于边 e_0, $\pi^*(f_t) \equiv \pi^*(f_0) - \delta_0 \boldsymbol{f}(e_0) \pmod k$. 下面需要证明:

$$\pi^*(f_{t-1}) + \delta_t \boldsymbol{f}(e_t) \equiv \pi^*(f_0) - \delta_0 \boldsymbol{f}(e_0) \pmod k. \tag{6.4.11}$$

因为 $C^*=(f_0^*,f_1^*,\cdots,f_t^*)$ 是 G^* 中的圈, 由定理 3.3.1, $E(C^*)$ 的对偶 $B=\{e_0,e_1,\cdots,e_t\}$ 是 D 的割边. 因此, 存在非空子集 $X\subset V(D)$, 使得 $[X,\overline{X}]=B$. 因为 $\boldsymbol{f}\in\mathscr{C}(D)$, 所以由式 (6.4.4) 有

$$\sum_{i=0}^{t}\delta_i\boldsymbol{f}(e_i)=\sum_{e\in(X,\overline{X})}\boldsymbol{f}(e)-\sum_{e\in(\overline{X},X)}\boldsymbol{f}(e)=0. \tag{6.4.12}$$

由式 (6.4.10) 和式 (6.4.12) 立即得

$$\begin{aligned}\pi^*(f_{t-1})+\delta_t\boldsymbol{f}(e_t)&=\pi^*(f_{t-2})+\delta_{t-1}\boldsymbol{f}(e_{t-1})+\delta_t\boldsymbol{f}(e_t)\\&=\pi^*(f_{t-3})+\delta_{t-2}\boldsymbol{f}(e_{t-2})+\delta_{t-1}\boldsymbol{f}(e_{t-1})+\delta_t\boldsymbol{f}(e_t)\\&=\cdots\\&=\pi^*(f_0)+\sum_{i=1}^{t}\delta_i\boldsymbol{f}(e_i)\\&=\pi^*(f_0)+\sum_{i=0}^{t}\delta_i\boldsymbol{f}(e_i)-\delta_0\boldsymbol{f}(e_0)\\&=\pi^*(f_0)-\delta_0\boldsymbol{f}(e_0).\end{aligned}$$

上面的每个等式都是 mod k 下同余相等, 这证明了式 (6.4.11). 于是, 充分性成立. ▮

推论 6.4.5　无割边平图 G 的面是 4 色可染的 $\Leftrightarrow G$ 有全非零 4 流.

推论 6.4.5 把四色问题归结为确定无割边平面图是否有全非零 4 流的问题. 因此刻画具有全非零 4 流的无割边无向图的特征是必要的. 下面的结果揭示了 4 流与偶图之间的密切关系.

命题 6.4.8　无割边图 G 有全非零 4 流 $\Leftrightarrow G$ 包含两个偶子图 G_1 和 G_2, 使得 $E(G_1)\cup E(G_2)=E(G)$.

证明　($\Rightarrow$) 设 D 是 G 的定向图, $\boldsymbol{f}$ 是 D 的全非零 4 流,

$$E_{\rm o}=\{e\in E(G):\ \boldsymbol{f}(e)\equiv 1\ (\operatorname{mod}2)\}.$$

由命题 6.4.3, $G[E_{\rm o}]$ 是偶图 (见图 6.22 (a)). 由定理 6.4.2, 令 $\boldsymbol{f}'$ 是 D 的 2 流, 使得对任何 $e\in E_{\rm o}$, 有 $\boldsymbol{f}'(e)\neq 0$ (见图 6.22 (b)). 因为对任何 $a\in E(D)$ 有 $|\boldsymbol{f}(a)|+|\boldsymbol{f}'(a)|=2$ 或者 4, 所以边 a 在 $E_{\rm o}$ 中. 因此, $\boldsymbol{f}''=(\boldsymbol{f}+\boldsymbol{f}')/2$ 是 G 的 3 流 (见图 6.22 (c)). 令 $E''_{\rm o}=\{e\in E(G):f''(e)\equiv 1(\operatorname{mod}2)\}$ (见图 6.22 (c)).

由命题 6.4.3, $G[E''_{\rm o}]$ 是偶图, 而且 $E(G)\subseteq E_{\rm o}\cup E''_{\rm o}$. 显然, $E_{\rm o}\cup E''_{\rm o}\subseteq E(G)$. 因此, $E(G)=E_{\rm o}\cup E''_{\rm o}$.

(⇐) 设 G_1 和 G_2 是 G 的两个偶子图，$E(G_1)\cup E(G_2)=E(G)$, $\boldsymbol{f}_i$ 是 G_i 的 2 流，且对每个 $e\in E(G_i)$, 有 $\boldsymbol{f}_i(e)\neq 0$, $i\in\{1,2\}$. 容易验证 $\boldsymbol{f}_1+2\boldsymbol{f}_2$ 是 G 的全非零 4 流. ∎

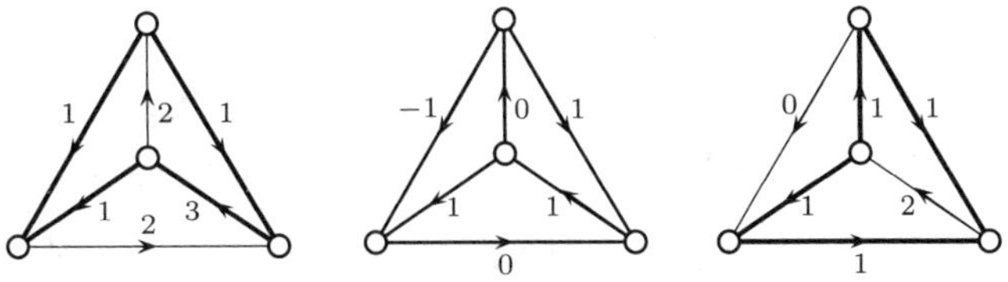

(a) $G[E_o]$ (粗边)　(b) 2 流 $\boldsymbol{f}'$　(c) $G[E''_o]$ (粗边)

图 6.22 命题 6.4.8 证明的辅助图

下面的结论建立了全非零 4 流的存在性与定理 6.3 的等价关系.

定理 6.4.6 (Tutte, 1954[349]) 2 边连通 3 正则图 G 有全非零 4 流 $\Leftrightarrow\chi'(G)=3$.

证明 (⇒) 由命题 6.4.8, 令 G_1 和 G_2 是 G 的两个偶子图，且 $E(G_1)\cup E(G_2)=E(G)$. 因为 G 是 3 正则的，所以 G_1 和 G_2 都是 2 正则的，并且 $E_1=E(G_1)\setminus E(G_2)$, $E_2=E(G_2)\setminus E(G_1)$, $E_3=E(G_1)\cap E(G_2)$ 是 G 中三个不交的匹配 (见图 6.22, 其中 $G_1=G[E_o]$, $G_2=G[E''_o]$). 因此，$\pi'=\{E_1,E_2,E_3\}$ 是 G 中边的 3 染色 (见图 6.23), 即 $\chi'(G)\leqslant 3$. 另外，由定理 6.2.1, $\chi'(G)\geqslant 3$. 必要性成立.

(⇐) 设 $\pi'=\{E_1,E_2,E_3\}$ 是 G 中边的 3 染色，$G_1=G[E_1\cup E_2]$, $G_2=G[E_2\cup E_3]$, 则 G_1 和 G_2 都是 G 的偶子图，而且 $E(G_1)\cup E(G_2)=E(G)$. 由命题 6.4.8, G 有全非零 4 流. ∎

因此，由定理 6.3 和定理 6.4.6, 欲冲击四色猜想，只需证明 2 边连通 3 正则平面图必有全非零 4 流.

因为 Petersen 图不是 2 部图，故由定理 6.4.4 知它没有全非零 3 流. 又由于 Petersen 图的边色数是 4, 由定理 6.4.6 知它也没有全非零 4 流. 但 Peterson 图有全非零 5 流 (见图 6.24). 于是，Tutte (1954)[349] 提出下面著名的 5 **流猜想** (5-flow conjecture).

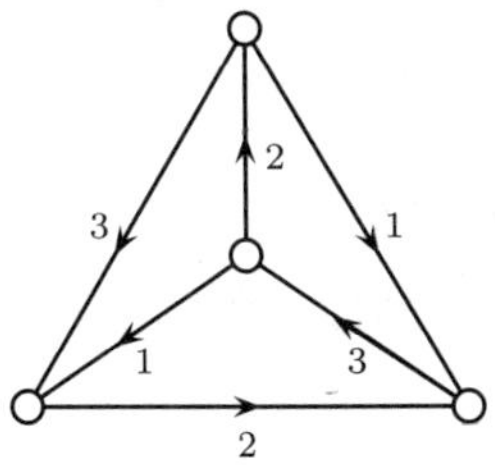

图 6.23 图的 3 边染色

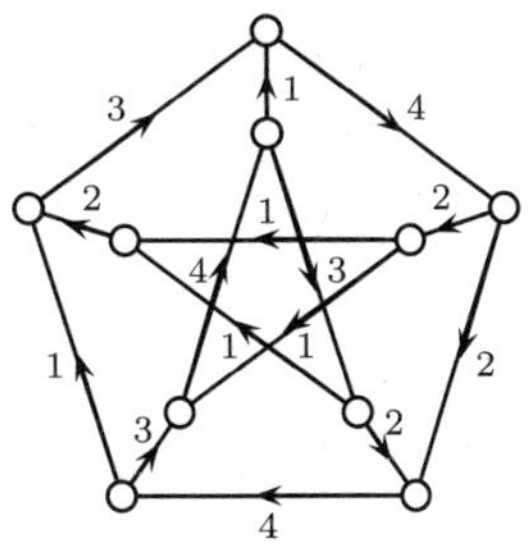

图 6.24 Petersen 图的全非零 5 流

猜想 6.4.1 (5 流猜想)　每个 3 正则 3 连通图有全非零 5 流.

若 5 流猜想成立, 则这个结果是最好的, 因为 Peterson 图没有全非零 4 流但有全非零 5 流. 由定理 6.1.4 和定理 6.4.5 知 5 流猜想对无割边平面图是成立的. 于是, Tutte (1954) [349] 提出下面著名的 4 **流猜想**:

猜想 6.4.2 (4 流猜想)　任何不含 Petersen 细分图的无割边图有全非零 4 流.

定理 6.4.7 (F. Jaeger, 1979 [205])　**任何 4 边连通图有全非零 4 流.**

证明　设 G 是 4 边连通图. 由习题4.3.13, 存在两棵边不交支撑树 T_1 和 T_2. 由定理 2.1.6, 对每条边 $e\in\overline{T}_i$ 和每个 $i\in\{1,2\}$, T_i+e 包含唯一圈, 记为 $C(T_i,e)$. 对称差 $G_i=\Delta_{e\in\overline{T}_i}C(T_i,e)$ 是偶图. 注意到 $E(G)-T_i\subseteq G_i$ 和 $E(T_1)\cap E(T_2)=\emptyset$. 因此, $E(G_1)\cup E(G_2)=E(G)$. 由命题 6.4.8, G 有全非零 4 流. ∎

由定理 6.4.7 和推论6.4.5 知四色猜想对 4 边连通平图成立. 因此, 欲冲击四色猜想, 只需考虑 3 边连通平图. 事实上, Grötzsch (1959) [158] 证明了: 任何 4 边连通平图 G 的面是 3 色可染的. 由定理 6.4.5, 这个结论等价于 4 边连通平图有全非零 3 流.

猜想 6.4.3 (3 流猜想, Tutte, 1954 [349])　任何 4 边连通图有全非零 3 流.

关于这个猜想, M. Kochol(2001) [221] 证明了它等价于 5 边连通图有全非零 3 流, C. Thomassen(2012) [338] 证明 8 边连通图有全非零 3 流, L. M. Lovász 等 (2013) [256] 证明 6 边连通图有全非零 3 流. 虽然最后一个结果距离 3 流猜想仅一步之遥, 但最终解决 3 流猜想还有待时日.

整数流是图论中重要的研究专题, 还有许多未解决的问题和猜想, 有兴趣的读者可参阅张存铨的专著《Integer Flows and Cycle Covers of Graphs》(1997).

习 题 6.4

6.4.1 证明: (a) 等式 (6.4.4);　(b) 2 流定理 (定理 6.4.2)、定理 6.4.3;　(c) 命题 6.4.4.

6.4.2 设 $\boldsymbol{f}$ 是 G 的整数流, 记 $E_{\boldsymbol{f}}=\{e\in E(G):\ \boldsymbol{f}(e)\neq 0\}$. 设 k_1 和 k_2 是整数. 证明:

(a) 若 G 有 k_1 流 $\boldsymbol{f}_1$ 和 k_2 流 $\boldsymbol{f}_2$, 使得 $E_{\boldsymbol{f}_1}\cup E_{\boldsymbol{f}_2}=E(G)$, 则 $k_2\boldsymbol{f}_1+\boldsymbol{f}_2$ 和 $\boldsymbol{f}_1+k_1\boldsymbol{f}_2$ 是 G 的全非零 k_1k_2 流;

(b) 若 G 有全非零 k_1k_2 流, 则 G 有 k_1 流 $\boldsymbol{f}_1$ 和 k_2 流 $\boldsymbol{f}_2$, 使得 $E_{\boldsymbol{f}_1}\cup E_{\boldsymbol{f}_2}=E(G)$.

6.4.3 证明: 若 G 有非负 k 流 $\boldsymbol{f}$, 则 G 有 $k-1$ 个非负 2 流 $\boldsymbol{f}_i$ $(1\leqslant i\leqslant k-1)$, 使得 $\boldsymbol{f}=\boldsymbol{f}_1+\cdots+\boldsymbol{f}_{k-1}$.

6.4.4 证明: 若 G 有模 $2k$ 流, 则 G 中由奇权边导出的子图是偶图.

6.4.5 证明: 命题 6.4.8 $\Leftrightarrow$ G 包含三个偶子图 G_1,G_2,G_3, 使得 $E(G_1)\cup E(G_2)\cup E(G_3)=E(G)$, 并且每条边最多被覆盖两次.

6.3.6 证明: (8 **流定理**) 无割边连通图有全非零 8 流.　(F. Jaeger, 1975 [204])

6.3.7 证明: (6 **流定理**) 无割边连通图有全非零 6 流.　(P. Seymour, 1981 [322])

小结与进一步阅读的建议

染色理论是图论中较早的研究领域之一, 其内容非常丰富, 结论十分精彩, 因而成为图论的重要研究内容之一. 时至今日, 染色仍是图论中重要的研究内容. 本章介绍了图的点染色、边染色以及平图的面染色的基本概念和理论. 色数 $\chi(G)$, $\chi'(G)$ 和 $\chi^*(G)$ 的确定都是 NP 难问题.

本章介绍并证明了几个重要结论: ① Brooks 定理 (定理 6.1.3): $\chi(G) \leqslant \varDelta(G)$, 如果 G 既不是完全图也不是奇圈; ② Vizing 定理 (定理 6.2.2): $\varDelta(G) \leqslant \chi'(G) \leqslant \varDelta(G)+1$; ③ 与四色猜想的两个等价命题: Tait 定理 (定理 6.3) 和 Tutte 定理 (定理 6.4.5). 这些等价定理揭示了点染色、边染色、面染色和整数流之间的密切关系.

这里特别提及一下著名的 Vizing 定理 (定理 6.2.2). 虽然这个结果现在是图论教科书中必有的基本结果, 但它的发表在当时遇到了麻烦. 据 G. Gutin 和 B. Toft (2000) [156] 访谈记载：Vizing 当时正在新西伯利亚郊外的 Academgorodoc 数学研究所读博 (他读博经历颇为艰辛, 没有正式的博士导师), 对图的边染色很感兴趣, 深入研究了 Shannon (1949) [323] 关于重图边色数的上界 $\frac{3}{2}\varDelta$ 的证明. 他最初的企图是对简单图改进 Shannon 的上界, 并得到上界 $\frac{8}{7}\varDelta$, 但最终得到的上界为 $\varDelta+1$, 随后又得到 μ 重图边色数的上界为 $\varDelta+\mu$, 并在 A. A. Zykov 主持的图论讨论班上报告了他的结果. 这篇文章开始投到负有盛名的杂志《Doklady》, 但遭到拒绝, 其理由是审稿人给出的评论: 它是 Shannon 结果的特殊情形, 没有意义. 于是, 这个著名的结果仅发表在新西伯利亚的一个地方杂志《Diskret. Analiz.》[358] 上. 就在那个时候, Zykov (1963) [405] 在斯洛伐克 Smolenice 的《Theory of Graphs and Its Applications》会议上公布了 Vizing 的结果. 捷克斯洛伐克科学院发布了这个会议录, 才使这个结果传到西方. 1970 年,《Mathematical Reviews》收录并评论 (MR0180505 (31#4740)), 才使这个结果传遍全世界. 这个故事验证了一句俗语：酒香不怕巷子深.

四色猜想是染色理论的“发源地”和主要冲击目标, 吸引着许多数学家和业余爱好者. 在冲击四色猜想的过程中, 虽然出现一些失败的证明, 但引发了许多新的研究内容和分支. 本章详细介绍了 Kempe 证明四色猜想的基本方法和失败的原因, 但他的证明方法引起了许多数学家的兴趣, 也是后来计算机证明的基本思路. 继 P. J. Heawood (1890) [188] 的反例之后, 人们发现了许多这样的反例; 目前已知的最小反例是 9 阶 Soifer 图和 Fritsch 图, 它们分别如图 6.16(a) 和 (c) 所示. 有兴趣的读者可参阅 E. Gethner 等 (2003, 2009) 的著作 [143-144].

与许多科学上的难题一样, 解决四色猜想的意义不仅仅在于其本身, 更在于企图攻克四色猜想的各种成功和失败的尝试以及各种与四色猜想等价命题的研究丰富了图论内容, 特别是染色理论, 推动了图论, 甚至整个数学的发展. 既然计算机证明还不能十分令人信服, 那么寻找其非计算机证明仍是数学家们的一项艰巨任务. 正因为这个原因, 本书没有将它写成四色定理. 不过, O. Ore 和 G. J. Stemple (1970) [290] 已经证明: 当面数不超过 39 时, 四色猜想成立. 关于四色问题的历史、研究进展及各种等价命题, 读者可参阅 O. Ore (1967) [288], T. L. Saaty (1972) [314], Saaty 和 P. C. Kainen (1977) [315], Wilson (2002) [383] 的著作.

在冲击四色猜想的进程中, 研究学者提出了许多与四色猜想等价的命题. 除了本章介绍的整数流理论外, T. L. Saaty (1972) [314] (R. Thomas (1998) [335] 进行了补充) 的综述文章列出了 34 个猜想和 29 个与四色猜想等价的命题及其研究进展.

例如, H. Hadwiger (1943) [165] 提出如下**猜想**: 若 G 不含小图 K_k, 则 $\chi(G) \leqslant k-1$, 即 k 色图必含小图 K_k; 并证明了当 $2 \leqslant k \leqslant 4$ 时猜想成立. 由 Wagner 定理 (定理 3.2.2) 知, 当 $k=5$ 时, Hadwiger 猜想意味着四色猜想成立. K. Wagner (1964) [366] 证明了当 $k=5$ 时 Hadwiger 猜想等价于四色猜想. N. Robertson 等 (1993) [309] 利用四色猜想证明了当 $k=6$ 时 Hadwiger 猜想成立. 这个成果获得美国数学会 1994 年度 Fulkerson 奖. 有关 Hadwiger 猜想的研究进展可参阅 B. Toft (1996) [342] 的综述文章.

在染色理论方面除了冲击四色猜想而提出的研究内容外, 根据数学推广原则和实际应用背景也提出了各种染色问题. 关于经典的染色概念和理论的推广及各种变形及其研究进展, 有兴趣的读者可参阅 T. R. Jensen 和 B. Toft (1995) [206], Fiorini 和 Wilson (1977) [121] 的文章, 其中 B. Toft (1990) [341] 搜集了 75 个染色问题.

比如列表染色 (见习题 6.2.11), 它是由 V. G. Vizing (1976) [361] 提出来的, 突破性研究进展是在 20 年后. C. Thomassen (1994) [337] 证明了: $\chi_\ell(G) \leqslant 5$ 对任何平面图 G 成立. F. Galvin (1995) [137] 证明了列表边染色猜想 $\chi'_\ell(G) = \chi'(G)$ 对 2 部图成立. 列表染色现已成为图论中重要的研究方向, 有兴趣的读者可参阅 N. Alon (1992) [5], J. Kratochvil 等 (1999) [227] 和 D. R. Woodall (2001) [387] 的文章.

图的染色理论有丰富的实际应用. 但由于它的困难性, 至今还未找到有较好性能比的有效近似算法来求图色数, 所以染色理论的应用受到了很大的限制.

一般曲面的染色理论也十分精彩. 最为著名的当数 P. J. Heawood (1890) [188] 的染色定理. 本书没有涉及它, 有兴趣的读者可参阅 A. T. White (1978) [373] 的文章.

第 7 章 图 与 群*

这一章是为数学系和相关专业的读者而编写的, 主要讨论图的群表示和群的图表示以及图与群之间密切而又相互作用的关系, 旨在进一步揭示图的数学本质. 阅读这一章的读者被假定知晓群论的基本知识和论证方法, 不具备这些知识的读者可以不读.

群是数学中最伟大的统一概念之一. 群的理论从开始出现的时候起, 就为各种结构对称性的研究提供了一种有趣而又十分有力的抽象方法. 所以, 在群与图之间有一种特别密切而又相互作用的关系就不足为奇了.

众所周知, 任何具有某种关系或运算的有限集都联系着一个保持这种关系或运算的置换群. 图作为具有某种二元关系的有限集, 当然也不例外. 在这一章, 读者将看到, 对于给定的有向图或者无向图 G, 它的顶点集上保持相邻关系的置换构成一个群 $\mathrm{Aut}(G)$, 这种置换群通常被称为该图的自同构群, 亦被称为该图的群表示.

另外, 对于任何有限群都存在一个与其同构的置换群. 一个自然的问题是: 对于给定的有限群 Γ, 是否存在简单图 G, 使 $\mathrm{Aut}\,(G) \cong \Gamma$? 十分惊奇的发现是: 任何有限群都可以用有向图表示出来. 这就是 A. Cayley 早在 1895 年就得到的结果. 换句话说, 对于给定的置换群 Γ 和它的子集 S, Cayley 构造出有向图 $C_\Gamma(S)$ 和 $\mathrm{Aut}\,(C_\Gamma(S))$ 的子群使其同构于 Γ. 于是, 1936 年, D. König 在他的著作《有限图与无限图的理论》中提出: 对于给定的有限群 Γ, 是否存在简单无向图 G, 使 $\mathrm{Aut}(G) \cong \Gamma$? 1938 年, R. Frucht 借助于 Cayley 的结果, 肯定地回答了这个问题, 这个结论就是图论中著名的 Frucht 定理.

本章的理论部分将围绕上述两个方面的问题介绍图与群之间的基本关系和与之相关的基本概念、结果. 本章还将介绍一类高对称图, 被称为点可迁图, 研究它的结构性质, Cayley 方法是构造点可迁图的极好方法.

作为应用, 本章通过图的笛卡尔乘积、对换图和图的替代乘积来构造 Cayley 图, 介绍它们在大规模超级计算机系统互连网络设计中的应用. 为叙述方便, 本章只涉及简单图.

7.1 图的群表示

设 D 和 H 是两个简单图. 1.2 节定义了两个图的 (点) 同构, 即存在双射 $\theta\colon V(D)\to V(H)$, 使得边 $(x,y)\in E(D)\Leftrightarrow(\theta(x),\theta(y))\in E(H)$ (见图 7.1). 映射 θ 被称为 D 到 H 的**同构映射** (isomorphic mapping).

类似地定义两个简单图的边同构. 两个非空简单图 D 和 H 被称为**边同构的** (edge-isomorphic), 如果存在双射 $\varphi\colon E(D)\to E(H)$, 使对任何相邻两条边 $a,b\in E(D)$, a 的起 (终) 点是 b 的起 (终) 点 $\Leftrightarrow \varphi(a)$ 的起 (终) 点是 $\varphi(b)$ 的起 (终) 点; 或者 a 的终点是 b 的起点 $\Leftrightarrow \varphi(a)$ 的终点是 $\varphi(b)$ 的起点 (见图 7.2). 映射 φ 被称为 D 到 H 的**边同构映射** (edge-isomorphic mapping).

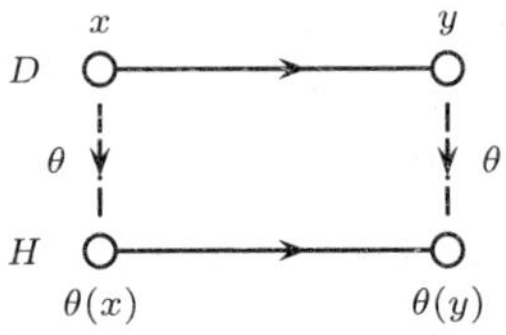

图 7.1 图的点同构

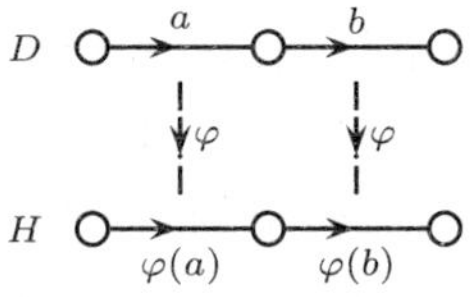

图 7.2 图的边同构

引理 7.1 设 D 和 H 是两个非空简单有向图, θ 是 D 到 H 的同构映射, 则映射

$$\begin{aligned}\theta^*\colon\ & E(D)\to E(H),\\ & a=(x,y)\mapsto\theta^*(a)=(\theta(x),\theta(y))\end{aligned}\tag{7.1.1}$$

是 D 到 H 的边同构映射.

证明 由于 $\theta\colon V(D)\to V(H)$ 是双射, 所以由式 (7.1.1) 知 $\theta^*\colon E(D)\to E(H)$ 也是双射. 设 $a,b\in E(D)$, 并设 $a=(x,y)$, $b=(y,z)$, 则由式 (7.1.1) 有

$$\theta^*(a)=(\theta(x),\theta(y))\in E(H),\quad \theta^*(b)=(\theta(y),\theta(z))\in E(H).$$

由于 θ 是双射, 所以 a 的终点 y 是 b 的起点 $\Leftrightarrow\theta^*(a)$ 的终点 $\theta(y)$ 是 $\theta^*(b)$ 的起点. 因此, θ^* 是 $D\to H$ 的边同构映射, 即 D 和 H 是边同构的. ∎

由式 (7.1.1) 定义的映射 θ^* 被称为**由 θ 导出的边同构**. 作为引理 7.1 的直接结果, 立即得到: 同构的两个非空简单有向图必是边同构的. 此结论的逆是不成立的, 即存在边同构而非点同构的两个有向图. 图 7.3 所示的就是这样的两个有向图. 注意到图 D 是不连通的. 若两个图都是连通的, 则此结论的逆亦成立.

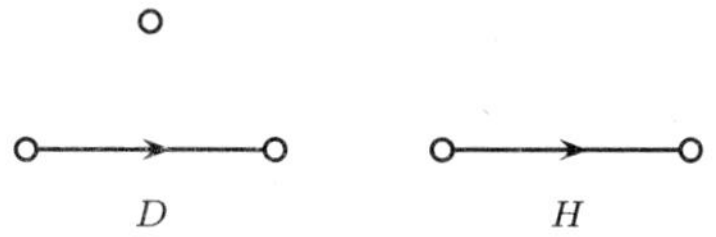

图 7.3　边同构而非点同构的两个有向图

定理 7.1.1　**同构的两个非空简单有向图必是边同构的; 边同构的两个非空连通简单有向图必是点同构的.**

证明　只需证明第二个结论. 设 D 和 H 都是非空连通简单有向图, φ 是 $D\to H$ 的边同构映射. 若存在 $a,b\in E(D)$, 使得 $a=(x,y),b=(y,x)$, 则由于 $\varphi(a)$ 的起点和终点分别是 $\varphi(b)$ 的终点和起点, 即若 $\varphi(a)=(u,v)$, 则 $\varphi(b)=(v,u)$, 所以不妨设 D 中无对称边.

取 $x_0\in V(D)$. 由于 D 是非空连通的简单图, 所以 x_0 不是孤立点. 令

$$E_D^+(x_0)=\{a_1,\cdots,a_{d^+}\},\quad E_D^-(x_0)=\{a_{d^++1},\cdots,a_{d^++d^-}\},$$

其中 a_i 的终点为 x_i $(1\leqslant i\leqslant d^+)$, a_j 的起点为 x_j $(d^++1\leqslant j\leqslant d^++d^-)$ (见图 7.4). 令

$$\varphi(a_i)=b_i\in E(H),\ \ 1\leqslant i\leqslant d^++d^-.$$

所以存在 $y_0\in V(H)$, 使 $b_1,\cdots,b_{d^+}$ 以 y_0 为起点, 而 $b_{d^++1},\cdots,b_{d^++d^-}$ 以 y_0 为终点. 令 $b_1,\cdots,b_{d^++d^-}$ 的另一端点为 $y_1,\cdots,y_{d^++d^-}$.

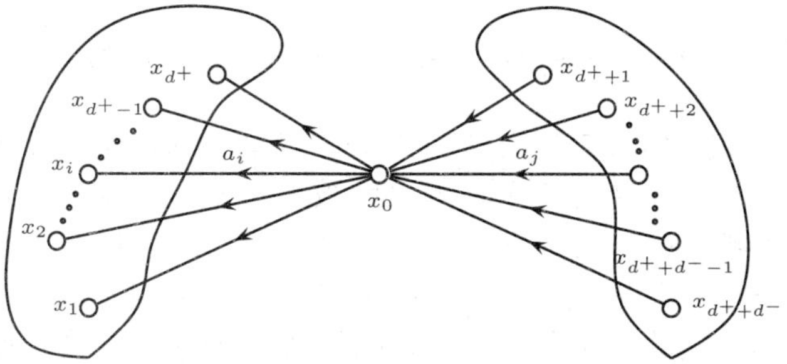

图 7.4　定理 7.1.1 证明的辅助图

若 $a_{ij}=(x_i,x_j)\in E(D)$ $(i,j\neq 0,\ i\neq j)$, 则 $\varphi(a_{ij})\in E(H)$, 且 $\varphi(a_i)=b_i$, $\varphi(a_j)=b_j$, $\varphi(a_{ij})=(y_i,y_j)$. 令

$$D_1=D[\{x_0,x_1,\cdots,x_{d^++d^-}\}],\quad H_1=H[\{y_0,y_1,\cdots,y_{d^++d^-}\}].$$

定义

$$\begin{aligned}\theta:\ \ &V(D_1)\to V(H_1),\\ &x_i\mapsto\theta(x_i)=y_i,\quad 0\leqslant i\leqslant d^++d^-,\end{aligned}$$

则 θ 是 $D_1\to H_1$ 的同构映射. 若 $D_1=D$, 则 θ 即为所求.

下设 $D_1 \neq D$. 因为 D 是连通的, 所以存在 $x \in V(D) \setminus V(D_1)$ 与 $V(D_1)$ 中某些点相邻. 任取其中一点 x_i, 显然 $x_i \neq x_0$. 不妨设 $(x,x_i) \in E(D)$, 则 $\varphi((x,x_i)) \notin E(H_1)$. 由于 x_i 是边 (x_0,x_i) 和边 (x,x_i) 的终点, 所以 y_i 应是边 $\varphi((x_0,x_i)) = (y_0,y_i)$ 和边 $\varphi((x,x_i))$ 的终点. 因而存在 $y \in V(H) \setminus V(H_1)$, 使 $\varphi((x,x_i)) = (y,y_i) \in E(H)$. 令

$$D_2 = D[\{x_0,\cdots,x_{d^++d^-},x\}], \quad H_2 = H[\{y_0,\cdots,y_{d^++d^-},y\}].$$

将上述同构映射 $\theta : V(D_1) \to V(H_1)$ 补充定义 $\theta(x) = y$ 就得到 $D_2 \to H_2$ 的同构.

若 $D_2 = D$, 则结论成立. 若 $D_2 \neq D$, 则反复进行上述递归过程, 直到获得图 $D_{\upsilon-(d^++d^-)} = D$ 和 $H_{\upsilon-(d^++d^-)} = H$. 同构映射 $\theta : V(D_1) \to V(H_1)$ 能被扩充到 $V(D) \to V(H)$ 的同构映射. 定理得证. ∎

注 在一般图论文献中, 称两个简单无向图 G 和 H 是边同构的, 如果存在双射 $\varphi : E(G) \to E(H)$, 使得任何 $a,b \in E(G)$ 在 G 中相邻 $\Leftrightarrow \varphi(a)$ 和 $\varphi(b)$ 在 H 中相邻. 按照这个定义, 完全图 K_3 和星 $K_{1,3}$ 是两个边同构的无向图, 但它们不是点同构的. 事实上, J. Krausz (1943) [228] 证明: 除了 K_3 和 $K_{1,3}$ 外, 两个简单连通无向图是边同构的 $\Leftrightarrow$ 它们是点同构的 (H. Whitney (1932) [377] 证明了: 除了 K_3 和 $K_{1,3}$ 外, 两个连通简单连通无向图是点同构的 $\Leftrightarrow$ 它们的线图是点同构的).

D 到自身的同构被称为**自同构** (automorphism). 不难证明: 简单图 D 的自同构 θ 是 $V(D)$ 上的置换, 使得

$$(x,y) \in E(D) \quad \Leftrightarrow \quad (\theta(x),\theta(y)) \in E(D).$$

在置换的合成运算 (即对 $V(D)$ 上的任何两个置换 α,β 以及 $x \in V(D)$, 均有 $(\alpha\beta)(x) = \alpha(\beta(x))$ 下, 这些置换集构成群, 被称为 D 的**自同构群** (automorphism group)、D 的**点群** (vertex group), 或 D 的**群** (group), 记为 $\mathrm{Aut}(D)$.

显然, 对任何 n 阶图 D, $\mathrm{Aut}(D) \subseteq \mathrm{Sym}\,(n)$ ($n!$ 阶对称群). 一般说来, 对于给定的图 D, 确定它的自同构群 $\mathrm{Aut}(D)$ 是非常困难的. 但对于某些结构简单的图, 其自同构群还是容易确定的. 例如, 由于任何置换都是 K_n^* 的自同构, 所以 $\mathrm{Aut}(K_n^*) \cong \mathrm{Sym}\,(n)$. 不难看到 $\mathrm{Aut}(\overrightarrow{C}_n) \cong \mathbb{Z}_n$ (n 阶循环群), 其中 $\overrightarrow{C}_n$ 为 n 阶有向圈.

例 7.1.1 $\mathrm{Aut}(C_n) \cong D_n$, 其中 C_n 为 n 阶无向圈, D_n 是 $2n$ 阶 2 面体群.

证明 设 $V(C_n) = \{1,2,\cdots,n\}$, $E = \{i\ (i+1) \cup \{n\ 1\} : 1 \leqslant i \leqslant n-1\}$. 设 $\pi = (1,2,\cdots,n) = \begin{pmatrix} 1 & 2 & \cdots & n-1 & n \\ 2 & 3 & \cdots & n & 1 \end{pmatrix}$ 是 D_n 中的轮换, φ 是 D_n 中的反射置换, 则 $\langle \pi,\varphi \rangle = D_n$. 显然, $\pi,\varphi \in \mathrm{Aut}(C_n)$. 因此, $D_n \subseteq \mathrm{Aut}(C_n)$.

反之, 设 $\sigma \in \mathrm{Aut}(C_n)$, 使得 $\sigma(1)=i$. 由于 σ 保点的相邻性, $\sigma(2)\in\{i-1,i+1\}$. 若 $\sigma(2)=i-1$, 则 $\sigma(3)=i-2$, $\sigma(4)=i-3$, 以此类推. 因此 σ 是以与边 1 i 垂直的中轴线的反射置换. 若 $\sigma(2)=i+1$, 则 $\sigma(3)=i+2$, 以此类推. 因此 $\sigma=\pi^i$, 其中 $\pi=(1,2,\cdots,n)$ 是轮换. 无论哪种情况发生, 均有 $\sigma\in D_n$. 所以, $\mathrm{Aut}(C_n)=D_n$. ∎

因为图 D 的任何自同构都保持顶点的相邻性和不相邻性, 所以立刻得到下述明显而又重要的结论.

定理 7.1.2　对任何图 D, $\mathrm{Aut}(D)=\mathrm{Aut}(D^{\mathrm{c}})$, 其中 D^{c} 是 D 的补图.

例 7.1.2　Petersen 图 G 的自同构群 $\mathrm{Aut}(G)=\mathrm{Sym}(5)$.

证明　设 G 是 Petersen 图. 由习题1.5.10 和定理 7.1.2 知 $G^{\mathrm{c}}\cong L(K_5)$, 且 $\mathrm{Aut}(G)=\mathrm{Aut}(G^{\mathrm{c}})=\mathrm{Aut}(L(K_5))$. 因此, 只需证明 $\mathrm{Aut}(L(K_5))=\mathrm{Sym}(5)$.

由引理 7.1 知, 由 K_5 的自同构导出 $L(K_5)$ 中唯一的自同构, 即有 $\mathrm{Sym}(5)\subseteq\mathrm{Aut}(L(K_5))$. 下面要证明: $\mathrm{Aut}(L(K_5))\subseteq\mathrm{Sym}(5)$.

设 $V(K_5)=\{1,2,\cdots,5\}$, A_i $(1\leqslant i\leqslant 5)$ 是由 K_5 中与顶点 i 关联的四条边得到的线图 (它是完全图 K_4), $\mathscr{A}=\{A_1,A_2,\cdots,A_5\}$.

设 $\pi\in\mathrm{Aut}(L(K_5))$, 则 $\pi(A_i)=A_j$. 因为 π 是双射, 所以由 π 导出 $\mathscr{A}$ 上的一个置换. 而且对不同的 $\pi,\pi'\in\mathrm{Aut}(L(K_5))$, 由它们导出 $\mathscr{A}$ 上的置换也不同 (例如, 设 12 是 $L(K_5)$ 中的顶点, 两个不同的 $\pi,\pi'\in\mathrm{Aut}(L(K_5))$. 若 $\pi(12)=34$, $\pi'(12)=35$, 则 $\pi(\{A_1,A_2\})=\{A_3,A_4\}$, $\pi'(\{A_1,A_2\})=\{A_3,A_5\}$). 换句话说, $L(K_5)$ 中任何点 ij 是由 A_i 和 A_j 的公共顶点唯一确定的. 因此, 由 $L(K_5)$ 中任一自同构导出 $\mathscr{A}$ 的唯一的置换, 即 $\mathrm{Aut}(L(K_5))\subseteq\mathrm{Sym}(5)$. ∎

对于某些特殊结构的图, 借助于图的结构、群的运算和代数技巧, 其自同构群还是可以确定出来的. 例如, 对于超立方体 Q_n, R. Frucht (1949) [133] 利用群的 A 绕 B 的合成 $A[B]$ 运算确定了 $\mathrm{Aut}(Q_n)\cong\mathrm{Sym}(n)[\mathrm{Sym}(2)]$, F. Harary (2000) [180] 利用群的幂群 B^A 运算确定了 $\mathrm{Aut}(Q_n)\cong[\mathrm{Sym}(2)]^{\mathrm{Sym}(n)}$, 胡夫涛等 (2010) [201] 通过研究对称差图 $H(n,1)$ 的自同构群确定了 $\mathrm{Aut}(Q_n)\cong H_n\mathrm{Sym}(n)$. 由于借助于不同的群运算, $\mathrm{Aut}(Q_n)$ 的表达式各不相同, 但它们是同构的, 阶数 $|\mathrm{Aut}(Q_n))|=2^n n!$. 受篇幅的限制, 这里对表达式中涉及的群运算和记号 H_n 不作解释, 有兴趣的读者可参阅各结论的原文.

图的自同构群被称为**图的群表示**. 图的这种表示能使人们方便地借助于群论的分析方法进一步分析某些特殊图类的性质.

类似地可以定义 D 的**边自同构**和**边自同构群** (edge automorphism group).

由引理 7.1 知, 由 D 的自同构 θ 可以导出 D 的边自同构 θ^*. 因此, 由 D 的点自同构群 $\mathrm{Aut}(D)$ 可以导出 D 的边自同构群, 记为 $\mathrm{Aut}^*(D)$.

定理 7.1.3 设 D 是非空简单有向图, 则 $\mathrm{Aut}(D)\cong \mathrm{Aut}^*(D) \Leftrightarrow D$ 中至多含一个孤立点.

证明 $(\Rightarrow)$（反证）设 x,y 是 D 的两个孤立点, $\alpha\in \mathrm{Aut}(D)$ 是使 $\alpha(x)=y$、其余点不动的置换, e 是 $\mathrm{Aut}(D)$ 的单位元, 则由 α 和 e 诱导的 $\mathrm{Aut}^*(D)$ 中元素都是单位元 e^*. 因此, $\mathrm{Aut}^*(D)\ncong \mathrm{Aut}(D)$, 矛盾.

$(\Leftarrow)$ 设

$$\begin{aligned}\varphi :&\mathrm{Aut}(D)\to \mathrm{Aut}^*(D)\\ &\alpha\mapsto\varphi(\alpha)=\alpha^*.\end{aligned}\tag{7.1.2}$$

下证 φ 是群 $\mathrm{Aut}(D)$ 和群 $\mathrm{Aut}^*(D)$ 的同构映射. 由式 (7.1.2) 知 φ 是满射. 只需证明 φ 是单射. 设 $\alpha,\beta\in \mathrm{Aut}(D)$, $\alpha\neq\beta$, 则存在 $x\in V(D)$, 使 $\alpha(x)\neq\beta(x)$. 由于 D 中至多含一个孤立点, 所以 $\alpha(x)$ 和 $\beta(x)$ 中之一不为孤立点. 不妨设 $\alpha(x)=u$ 不是孤立点. 于是存在 $u_1\in V(D)$, 使 u_1 与 u 相邻. 不妨设 $(u,u_1)\in E(D)$, 则存在 $y\in V(D)$, 使 $\alpha(y)=u_1$, 且

$$(u,u_1)=(\alpha(x),\alpha(y))\in E(D)\quad\Leftrightarrow\quad (x,y)\in E(D).$$

令 $\beta(x)=w$, $\beta(y)=w_1$, 则 $(w,w_1)\in E(D)$. 由于 $u=\alpha(x)\neq\beta(x)=w$, 所以 $(u,u_1)\neq(w,w_1)$. 于是, 令 $a=(x,y)$, 则

$$\alpha^*(a)=(\alpha(x),\alpha(y))=(u,u_1)\neq(w,w_1)=(\beta(x),\beta(y))=\beta^*(a),$$

即 $\varphi(\alpha)\neq\varphi(\beta)$. 这证明了 φ 是单射. 余下的只需证明 φ 是保合成运算的.

任取 $a\in E(D)$, $\alpha,\beta\in \mathrm{Aut}(D)$. 令 $a=(x,y)$, 且

$$\beta(x)=x',\quad \beta(y)=y',\quad \alpha(x')=x'',\quad \alpha(y')=y'',$$

则

$$\begin{aligned}\varphi(\alpha\beta)(a)&=\varphi(\alpha\beta)(x,y)=(\alpha\beta(x),\alpha\beta(y))=(\alpha(x'),\alpha(y'))=(x'',y''),\\ (\varphi(\alpha))(\varphi(\beta))(a)&=(\varphi(\alpha))(\varphi(\beta))(x,y)=(\varphi(\alpha))(\beta(x),\beta(y))\\ &=(\varphi(\alpha))(x',y')=(\alpha(x'),\alpha(y'))\\ &=(x'',y'').\end{aligned}$$

于是, 有

$$\varphi(\alpha\beta)(a)=(\varphi(\alpha))(\varphi(\beta))(a),$$

即 φ 是保合成运算的. 定理得证. ∎

习题 7.1

7.1.1 设 D 和 H 都是简单有向图, θ 是 $D\to H$ 的点同构. 证明:

$$N_H^+(\theta(S))=\theta(N_D^+(S)),\quad N_H^-(\theta(S))=\theta(N_D^-(S)),\quad \forall\ S\subset V(D),$$

其中 $\theta(S)=\{u\in V(H):\theta(x)=u,x\in S\}$.

7.1.2 证明: 设 $\boldsymbol{A}(D)$ 和 $\boldsymbol{A}(H)$ 分别是简单图 D 和 H 的邻接矩阵, 则 $D\cong H\Leftrightarrow \boldsymbol{A}(D)$ 和 $\boldsymbol{A}(H)$ 置换相似.

7.1.3 设 D 是简单图. 证明: D 的自同构映射集在合成运算下构成群.

7.1.4 设 D 是简单图, 证明:

(a) $\mathrm{Aut}(D)\cong\mathrm{Aut}(D^{\mathrm{c}})$;

(b) $\mathrm{Aut}(D)\cong\mathrm{Aut}(\overrightarrow{D})$;

(c) $|\mathrm{Aut}(D)|=v!\Leftrightarrow D\cong K_v^*$.

7.1.5 设 A 和 B 分别是两个不交集 X 和 Y 上的置换群. 它们的和是置换群 $A+B=\{(\alpha,\beta):\alpha\in A,\beta\in B\}$, 按下述规则作用在 $X\cup Y$ 上:

$$(\alpha,\beta)(z)=\begin{cases}\alpha(z), & z\in X,\\ \beta(z), & z\in Y.\end{cases}$$

证明:

(a) 若 G_1 和 G_2 是两个不交不同构的连通无向图, 则 $\mathrm{Aut}(G_1\cup G_2)=\mathrm{Aut}(G_1)+\mathrm{Aut}(G_2)$;

(b) $\mathrm{Aut}(K_{1,n})=\mathrm{Sym}(1)+\mathrm{Sym}(n)$, $\mathrm{Aut}(K_4^-)=\mathrm{Sym}(2)+\mathrm{Sym}(2)$.

7.1.6 证明: 同构于 D 且不等于 D 的标号图数目为 $v!/|\mathrm{Aut}(D)|$.

7.1.7 证明: 设 G 是非空简单无向图, 则 $\mathrm{Aut}\,(G)\cong\mathrm{Aut}^*(G)\ \Leftrightarrow\ G$ 既不含孤立边也不含多于一个以上的孤立点.

7.1.8 设 D 是简单图, $\boldsymbol{A}$ 是 D 的邻接矩阵. 证明:

(a) $V(D)$ 上的置换 $P\in\mathrm{Aut}(D)\Leftrightarrow \boldsymbol{PA}=\boldsymbol{AP}$;

(b) 若 $\boldsymbol{A}$ 的特征根各异, 则 $\mathrm{Aut}(D)$ 是 Abel 群 (即交换群).　(C. Y. Chao [64], 1971)

7.1.9 证明: 除了 K_3 和 $K_{1,3}$ 外,

(a) 两个连通简单无向图是点同构的⇔它们的线图是点同构的; (H. Whitney, 1932 [377])

(b) 两个连通简单无向图是边同构的⇔它们是点同构的.　(J. Krausz, 1943 [228])

7.2 可 迁 图

这一节将利用图的群表示, 讨论一类在理论上和应用上都非常重要的特殊的简单图类——**可迁图**.

设 D 是简单图, $x_1,x_2\in V(D)$. 若存在 $\theta\in \mathrm{Aut}(D)$, 使 $\theta(x_1)=x_2$, 则称 x_1 和 x_2 是**点相似的** (vertex similar). 显然, 这种相似关系是 $V(D)$ 上的等价关系.

在这种等价关系下, $V(D)$ 被划分成等价类 $\{V_1,V_2,\cdots,V_s\}$, 两顶点在同一类 V_i 中 $\Leftrightarrow$ 它们在 D 中是相似的. 若 D 仅有一个等价类, 则称 D 为**点可迁的** (vertex-transitive). 换句话说, 对于 D 中任意给定的两顶点 x 和 y, 如果存在 $\sigma\in \mathrm{Aut}\,(D)$, 使得 $y=\sigma(x)$, 那么称 D 为点可迁的. 容易证明: 点可迁图必是正则的 (习题7.2.1).

若 D 恰有两个等价类 $\{V_1,V_2\}$, 则称 D 为**双可迁的** (bi-transitive). 换句话说, 如果 D 是双可迁的, 那么 D 不是点可迁的, 但 $\mathrm{Aut}\,(G)$ 作用在 $D[V_i]$ $(1\leqslant i\leqslant 2)$ 上是可迁的.

例 7.2.1 Petersen 图是点可迁的.

证明留给读者 (见习题7.2.2).

例 7.2.2 循环有向图 $D(n;S)$ 和循环无向图 $G(n;\pm S)$ 都是点可迁的.

证明 设 $V_n=\{0,1,\cdots,n-1\}$, $S\subseteq\{1,2,\cdots,n-1\}$, $n\geqslant 2$.
循环有向图 (circulant digraph), 记为 $D(n;S)$, 顶点集为 V_n, 边集

$$E=\{(i,j):\ 存在\ s\in S,\ 使得\ j-i\equiv s(\mathrm{mod}\ n)\}.$$

显然, $D(n;1)$ 是有向圈 C_n; $D(n;\{1,2,\cdots,n-1\})$ 是完全有向图 K_n^*. 图 7.5 (a) 和 (b) 所示的分别是 $D(8;\{1,2\})$ 和 $D(8;\{1,5\})$.

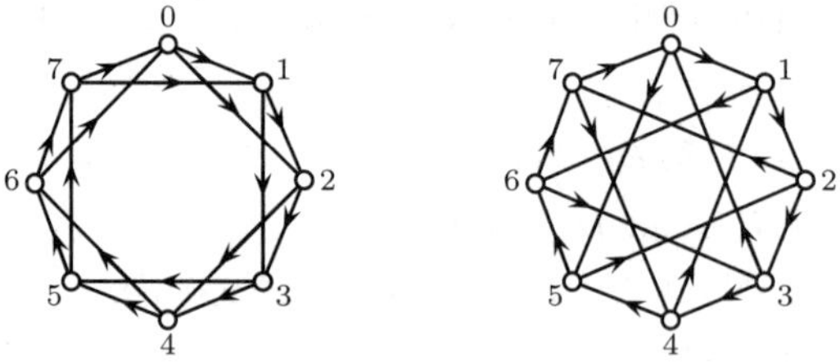

(a) $D(8;\{1,2\})$　　(b) $G(8;\{1,5\})$

图 7.5 循环有向图

循环无向图 (circulant undirected graph), 记为 $G(n;\pm S)$, 其中 $S\subseteq\{1,2,\cdots,\lfloor n/2\rfloor\}$, 顶点集为 V_n, 边集

$$E=\{ij:\ 存在\ s\in S,\ 使得\ |j-i|\equiv s(\mathrm{mod}\ n)\}.$$

显然, $G(n;\pm 1)$ 是无向圈 C_n; $G(n;\pm\{1,2,\ \cdots,\lfloor n/2\rfloor\})$ 是完全无向图 K_n. 图 7.6 (a) 和 (b) 所示的分别是 $G(8;\pm\{1,4\})$ 和 $G(8;\pm\{1,3\})$.

循环有向图和循环无向图统称为**循环图** (circulant graph). 循环图是点可迁的.

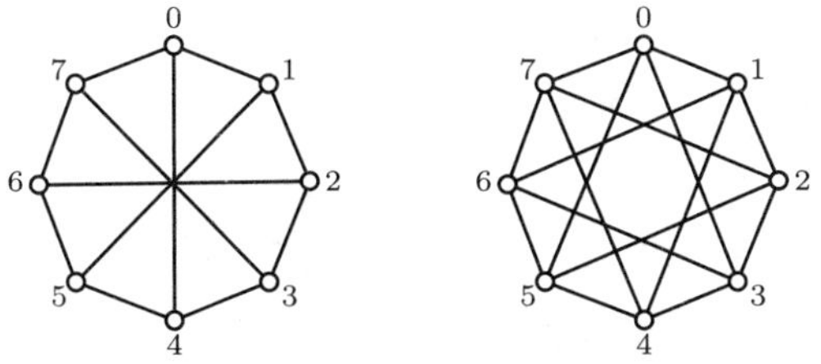

(a) $G(8;\pm\{1,4\})$　　(b) $G(8;\pm\{1,3\})$

图 7.6　循环无向图

事实上, 对任何 $i,j\in V$ $(i<j)$, 轮换

$$\pi=(0,1,2,\cdots,n-1)=\begin{pmatrix}0 & 1 & \cdots & n-2 & n-1\\ 1 & 2 & \cdots & n-1 & 0\end{pmatrix}\in \mathrm{Aut}\,(D(n;S)),$$

有 $\pi^{j-i}(i)=j$. ∎

一般说来, 判断给定图是否是点可迁的是很困难的. 下面给出点可迁图的一个基本性质.

定理 7.2.1　**设 D 是 n 阶点可迁有向图, 则**
(a) D 是正则的;
(b) 所有 $n-1$ 阶子图是同构的.

证明　设 x 和 y 是 D 中两个不同顶点. 因为 D 是点可迁的, 所以存在 $\theta\in \mathrm{Aut}\,(D)$, 使得 $y=\theta(x)$.

(a) 令 $F_x=\{z\in V(G):\ z=\theta(u),u\in N_D^+(x)\}$, 则 $|F_x|=|N_G^+(x)|$, 且对任何 $z\in F_x$, 存在 $u\in N_D^+(x)$, 使得 $z=\theta(u)$ (见图 7.7). 由于 θ 保点的相邻性,

$$(x,u)\in E(D)\quad\Leftrightarrow\quad(\theta(x),\theta(u))\in E(D)\quad\Leftrightarrow\quad(y,z)\in E(D).$$

这意味着 $z\in N_D^+(y)$, 因此 $F_x\subseteq N_D^+(y)$. 所以 $|N_D^+(x)|=|F_x|\leqslant|N_D^+(y)|$.

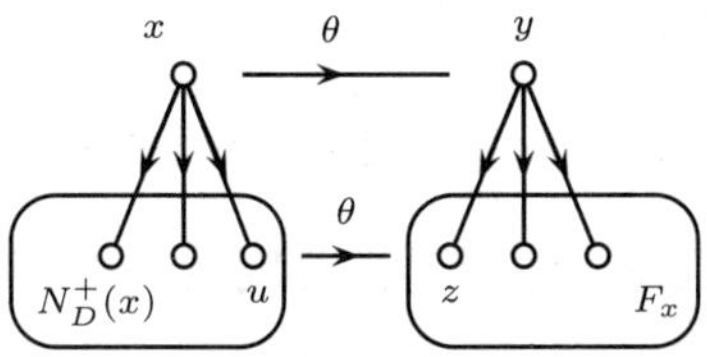

图 7.7　定理 7.2.1 证明的图示

同样, 可以得到 $|N_D^+(y)|\leqslant|N_D^+(x)|$. 因此

$$d_D^+(x)=|N_D^+(x)|=|N_D^+(y)|=d_D^+(y).$$

用同样的方法能得到 $d_D^-(x)=d_D^-(y)$.

由图论第一定理 (定理 1.3.1), 对任意 $x\in V(D)$,

$$d_D^+(x)=\frac{1}{n}\sum_{y\in V(D)}d_D^+(y)=\frac{1}{n}\sum_{y\in V(D)}d_D^-(y)=d_D^-(x).$$

由 $x\in V(D)$ 的任意性知 D 是正则的.

(b) 任取 $x\in V(D)$, 并令 $X=V(D-x)$, 则

$$\begin{aligned}\theta(V(D-x))&=\theta(V(D))\setminus\{\theta(x)\}=\theta(V(D))\setminus\{y\}\\&=V(D)\setminus\{y\}=V(D-y).\end{aligned}$$

由习题 7.1.1, $D-x\cong D-y$. ∎

事实上, 定理 7.2.1 (b) 中的必要条件也是充分的[202].

因为点可迁有向图是正则的 (定理 7.2.1), 所以由定理 1.7.1 知连通的点可迁有向图一定是 Euler 图. 这个结论对无向图不一定成立, 如 Petersen 图, 它是连通的点可迁图, 但不是 Euler 图.

同样, 可以定义有向图 D 的边可迁概念. 设 $a_1=(x_1,y_1)$, $a_2=(x_2,y_2)\in E(D)$. 若存在 $\varphi\in \mathrm{Aut}(D)$, 使 $\varphi(x_1)=x_2$ 且 $\varphi(y_1)=y_2$, 则称 a_1 和 a_2 是**边相似的** (edge-similar) (见图 7.8). 显然, 这种相似关系是 $E(D)$ 上的等价关系. 若有向图 D 的每对边都是相似的, 则称 D 为**边可迁的** (edge-transitive).

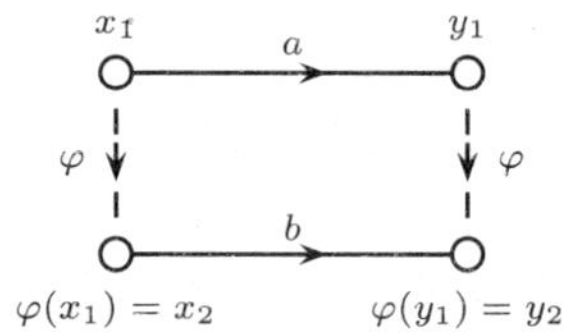

图 7.8 边可迁概念的图示

图 7.9 所示的有向图 D (其中一条无向边表示两条对称边) 是点可迁的 (因为它是有向循环图 $D(4;\{1,2\})$), 但不是边可迁的; 而图 H 是边可迁的, 但不是点可迁的 (见习题 7.2.1).

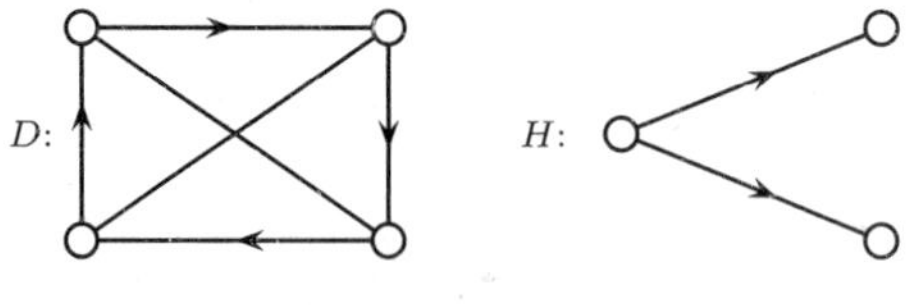

图 7.9 点、边可迁概念不同的两个图

下面的定理给出点可迁图和边可迁图之间的关系.

定理 7.2.2 **设 D 是无孤立点的边可迁有向图, 则 D 或者是点可迁的, 或者是 2 部图. 任何强连通的边可迁有向图必是点可迁的.**

证明 设 D 是无孤立点的边可迁有向图, $x\in V(D)$. 令 (见图 7.10)

$$V_1=\{x\in V(G):\ d_G^+(x)\neq 0\},$$

$$V_2 = \{x \in V(G):\ d_G^-(x) \neq 0\}.$$

因为 D 无孤立点, 所以 $V_1 \cup V_2 = V(G)$. 首先证明 $D[V_i]$ 是点可迁的, $i \in \{1,2\}$.

不失一般性, 设 $|V_1| \geqslant 2$, $x,y \in V_1$. 只需证明 x 与 y 相似. 由 V_1 的定义, $E_G^+(x) \neq \emptyset$ 且 $E_G^+(y) \neq \emptyset$. 因为 D 是边可迁的, 所以对任何 $a \in E_G^+(x)$, 存在 $\sigma \in \mathrm{Aut}\,(D)$, 使得 $\sigma(x) = y$. 这说明 x 与 y 相似. 同样, 可以证明 V_2 中任何两点也是相似的.

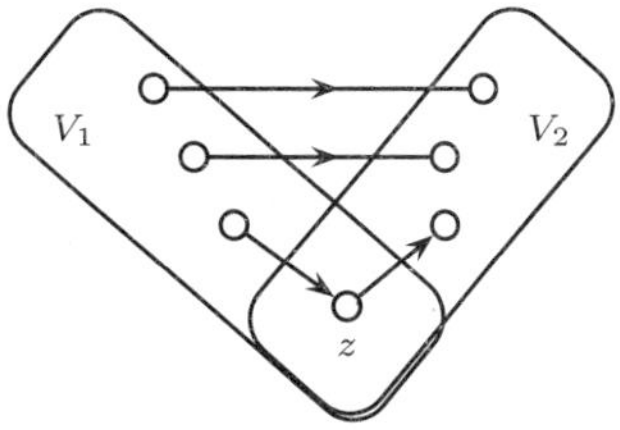

图 7.10　定理 7.2.2 证明的辅助图

若 $V_1 \cap V_2 \neq \emptyset$, 取 $z \in V_1 \cap V_2$, x 和 y 是 D 中任意两个不同顶点, 则 x 与 z 相似且 z 与 y 相似, 即 x 与 y 相似. 因此, D 是点可迁的.

若 $V_1 \cap V_2 = \emptyset$, 则 D 是 2 部图, 所有边的方向都从 V_1 到 V_2.

若 D 是强连通的, 则 $V_1 = V_2 = V(D)$. 因此, 它必是点可迁的. ∎

理论上, 有向图的边可迁概念同样适用于无向图. 但在有向图的边可迁概念中强调两条有向边的起点和终点要一一对应, 然而边的起点和终点在无向图中没有意义. 因此, 在无向图的边可迁性的研究中常常使用较弱一点的概念.

无向图 G 被称为边可迁的 (edge-transitive), 如果对 G 中任何两条边 $a = xy$ 和 $b = uv$, 存在 $\sigma \in \mathrm{Aut}\,(G)$, 使得 $\{u,v\} = \{\sigma(x),\sigma(y)\}$. 在这个定义中, 不要求一定有 $u = \sigma(x)$ 和 $v = \sigma(y)$.

完全无向图 K_n 和完全 2 部无向图 $K_{n,n}$ 都是点可迁和边可迁的图. 如图 7.11 所示, 在弱定义下, 图 7.11(a) 中 $K_3 \times K_2$ 是点可迁但不是边可迁的, 图 7.11(b) 是边可迁但不是点可迁的 (因为它不是正则的). 这说明点可迁和边可迁概念对无向图来说是相互独立的.

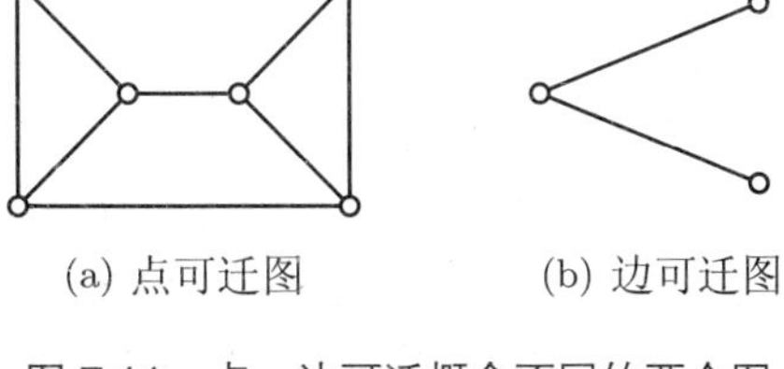

(a) 点可迁图　　(b) 边可迁图

图 7.11　点、边可迁概念不同的两个图

下面的结果类似于定理 7.2.2, 属于 Elayne Dauber [175], 其证明留给读者.

定理 7.2.3　无孤立点的边可迁无向图, 或者是点可迁的, 或者是 2 部图.

推论 7.2.3　设 G 是边可迁无向图.

(a) 若 G 是非正则的, 则 G 是 2 部图;

(b) 若 G 是奇阶且正则的, 则 G 是点可迁的;

(c) 若 G 是 d ($\geqslant v/2$) 正则的, 则 G 是点可迁的.

注意到 (a) 中所述的图是 2 部图, 但不是点可迁的; 而 (b) 和 (c) ($d > \upsilon/2$) 中所述的图是点可迁的, 但都不是 2 部图. 这些推论的证明留给读者.

由这个推论知还没有被刻画的边可迁连通无向图只有偶阶且正则度为 $d < \upsilon/2$ 的图. 无向圈 C_6 是边可迁和点可迁的 2 部图; 二十面体、十二面体 (见图 3.25) 和 Petersen 图都是边可迁和点可迁的图, 但它们都不是 2 部图.

既是点可迁又是边可迁的无向图被称为**对称图** (symmetric graph); 边可迁但不是点可迁的正则无向图被称为**半对称图** (semi-symmetric graph).

J. H. Folkman (1967) [124] 证明了: 对任何 $m \geqslant 5$, 存在 $4m$ 阶半对称无向图. 图 7.12 (a) 所示的就是当 $m = 5$ 时的半对称图, 被称为 **Folkman 图**.

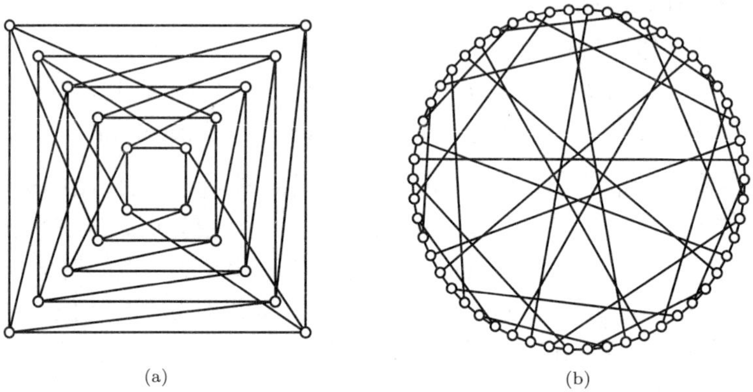

图 7.12 (a) Folkman 图; (b) Gray 图

Folkman 图是 4 正则的, A. Malnic 等 (2004) [262] (构造出无穷个 3 正则半对称无向图, 并证明 Gray 图 (54 阶, 见图 7.12 (b)) 是最小的 3 正则半对称无向图.

下面讨论可迁图的连通性. 原子概念在可迁图连通性研究中起了重要作用.

设 D 是强连通有向图, F 是 $V(D)$ 的非空真子集. 若 $N_D^+(F)$ (或 $N_D^-(F)$) 是 κ 分离集, 则称 F 是 D 的 κ **正 (或负) 分片** (positive (resp. negative) fragment), 记为 F^+ (或 F^-). κ 正分片和 κ 负分片统称为 κ **分片**. 点数最小的 κ 分片称为 κ **原子** (atom). κ 原子为 κ 正分片的被称为 κ **正原子** (positive atom); κ 原子为 κ 负分片的被称为 κ **负原子** (negative atom). 原子中的点数被称为 D 的 κ **原子数** (atomic number), 记为 $a(D)$. 显然

$$
\begin{aligned}
&1 \leqslant a(D) \leqslant \upsilon/2,\\
&a(D) = 1 \quad \Leftrightarrow \quad \kappa(D) = \lambda(D) = \delta(D).
\end{aligned}
$$

易知每个非完全的强连通图都存在 κ 原子, 而且每个 κ 原子导出子图都是强连通的. 一般说来, κ 正原子和 κ 负原子并不总是同时存在的. 例如, 设 $n \geqslant 3$,

$V(K_n^*)=\{v_1,v_2,\cdots,v_n\}, u\notin V(K_n^*)$. 令

$$D=K_n^*\cup\{(u,v_i):\ 1\leqslant i\leqslant n-2\}\cup\{(v_i,u):\ 1\leqslant i\leqslant n\}.$$

则 D 有 κ 正原子 $\{u\}$, 但无 κ 负原子. 反之, $\overrightarrow{D}$ 有 κ 负原子, 而无 κ 正原子.

若 F 是有向图 D 的正（或者负）分片, 则 F 是 D 的逆图 $\overleftarrow{D}$ 的负（或者正）分片. 这说明: 若某些结论对正分片（或者原子）成立, 则这些结论对负分片（或者原子）也成立. 因此在下面的讨论中只需考虑正分片（或者正原子）.

定理 7.2.4 设 A 是强连通有向图 D 的 κ 正原子, 则对任何 $\sigma\in \mathrm{Aut}\,(D)$, $\sigma(A)$ 也是 D 的 κ 正原子.

证明 当 $|A|=1$ 时, 结果自然成立. 下设 $|A|>1$. 显然, 对任何 $\sigma\in \mathrm{Aut}\,(D)$, 有 $|\sigma(A)|=|A|$, 而且因为 σ 保两顶点的相邻性, 故有 $N_D^+(\sigma(A))=\sigma(N_D^+(A))$. 因此

$$|N_D^+(\sigma(A))|=|\sigma(N_D^+(A))|=|N_D^+(A)|=\kappa(D).$$

这说明 $\sigma(A)$ 是 D 的 κ 正原子. ∎

同样, 定义连通无向图的 κ 分片和 κ 原子. 由于无向图的边没有方向, 因而其分片和原子没有正负之分, 理解起来就简单得多了. 例如, 设 G 是连通无向图, $F\subset V(G)$. 若 $N_G(F)$ 是 G 的 κ 分离集, 则称 F 为 G 的 κ 分片.

图的原子概念首先是由 M. Watkins (1970) [368] 在研究点可迁无向图的连通度时提出来的, 然后由 Chaty (1976) [65] 推广到有向图. 原子概念在研究可迁图的性质, 特别是连通度方面发挥了重要作用.

定理 7.2.5 (Y. O. Hamidoune, 1977 [169]) **设 D 为强连通有向图, A 和 F 分别是 D 的 κ 正原子和 κ 正分片, 则 $A\cap F\neq\emptyset\Leftrightarrow A\subseteq F$.**

证明 只需证明: 若 $A\cap F\neq\emptyset$, 则 $A\subseteq F$. (反证) 假定 $A\not\subseteq F$, 将导出矛盾. 为此, 令 (见图 7.13)

$$S=N_D^+(A),\quad T=N_D^+(F),$$
$$H=V(D)\setminus(A\cup S),$$
$$R=V(D)\setminus(F\cup T).$$

那么

$$|A|\leqslant|F|,\quad |S|=|T|=\kappa(D),$$
$$|H|\geqslant|R|\geqslant|A|.$$

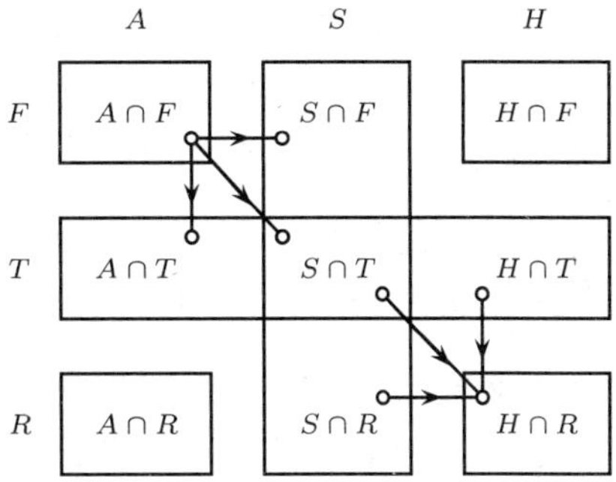

图 7.13 定理 7.2.5 证明的辅助图

因为 $A\cap F\neq\emptyset$, 所以 $N_D^+(A\cap F)$ 是 D 的分离集. 又因为 $|A\cap F|<|A|$, 所以 $|N_D^+(A\cap F)|>\kappa(D)$. 因此

$$|A\cap T|>\kappa-|(S\cap F)\cup(S\cap T)|=|S\cap R|.$$

若 $H\cap R\neq\emptyset$ (见图 7.13), 则

$$\kappa(D)\leqslant|N_D^-(H\cap R)|\leqslant|S|+|T|-|N_D^+(A\cap F)|<\kappa(D).$$

这个矛盾说明: $H\cap R=\emptyset$. 由于 $|A\cap T|>|S\cap R|$, 所以

$$|A|\leqslant|R|=|(A\cap R)\cup(S\cap R)|<|A\cap R|+|A\cap T|<|A|,$$

矛盾. 定理得证. ∎

推论 7.2.5 (M. Watkins, 1970 [368]) **设** G **是连通无向图,** A **是原子,** S **是** κ **分离集, 则** $A\cap S\neq\emptyset\Leftrightarrow A\subseteq S$.

证明 ($\Leftarrow$) 显然成立.

($\Rightarrow$)（反证）假定 $A\not\subseteq S$. 因为 S 是 G 的 κ 分离集, 所以存在 κ 分片 F, 使得 $N_G(F)=S$ 且 $A\cap F\neq\emptyset$. 由定理 7.2.5 知 $A\subseteq F$. 因此, $A\cap S=\emptyset$. ∎

由定理 7.2.5 和推论7.2.5 立即得到关于原子的重要结果, 属于 W. Mader (1971) [259] (无向图) 和 Y. O. Hamidoune (1977) [169] (有向图).

定理 7.2.6 **若强连通图含** κ **正 (或负) 原子, 则任何两个** κ **正 (或负) 原子是不相交的. 特别地, 连通无向图中任何两个原子都是不交的.**

定理的证明留给读者 (见习题 7.2.1).

例 7.2.3 设 A 是强连通有向图 D 的 κ 正原子, $|A|\geqslant 2$, x 和 y 是 A 中任意两顶点. 若 $(x,y)\notin E(D)$, 则 $\zeta_D(x,y)\geqslant\kappa(D)+1$.

证明 （反证）假定 $\zeta_D(x,y)\leqslant\kappa(D)$. 由 Menger 定理 (定理 4.2.2), $\zeta_D(x,y)=\kappa_D(x,y)$. 因为 $\kappa(D)\leqslant\kappa_D(x,y)$, 所以 $\kappa_D(x,y)=\kappa(D)$. 这意味着存在 $S\subset V(D)$, 使得 $|S|=\kappa(D)$ 且 $D-S$ 不含 (x,y) 路. 令 F 是 $D-S$ 中由起点为 x 的有向路所能到达的顶点集. 显然, $x\in F$, $y\notin F$ 且 $N_D^+(F)\subset S$. 这说明 F 是 D 的正分片. 但 $F\cap A\neq\emptyset$ 且 $y\in A\setminus F$, 矛盾于定理 7.2.5. 因此, $\zeta_D(x,y)\geqslant\kappa(D)+1$. ∎

现在介绍点可迁图原子分解定理, 无向图情形是由 M. Watkins (1970) [368] 首先发现的, 然后由 Y. O. Hamidoune (1977) [169] 推广到有向图.

定理 7.2.7 **设** D **是点可迁的强连通有向图,** A **是** D **的** κ **正原子, 则** $D[A]$ **是点可迁的, 且存在** $V(D)$ **的划分** $\{V_1,V_2,\cdots,V_s\}$ $(s\geqslant 2)$, **使得** $D[V_i]\cong D[A]$.

证明 若 $|A|=1$, 结论显然成立. 下设 $A|\geqslant 2$. 任取 $x,y\in A$ 并且 $x\neq y$. 由于 D 是点可迁的, 所以存在 $\sigma\in\mathrm{Aut}(D)$, 使 $\sigma(x)=y$. 于是, $\sigma(A)$ 也是 D 的 κ 正原子并且 $y\in\sigma(A)\cap A$. 由习题7.2.3 知 $\sigma(A)=A$. 令

$$\Sigma=\{\sigma\in\ \mathrm{Aut}(D):\ \sigma(A)=A\}.$$

显然, Σ 是 $\mathrm{Aut}\,(D)$ 的子群且作用在 A 上是可迁的. 令

$$\Pi=\{\sigma\in\Sigma:\ \sigma(x)=x,\ x\in A\}.$$

则 Π 是 Σ 的正规稳定子群. 于是存在单射同态 $\Sigma/\Pi\to\mathrm{Aut}\,(D)$, 即 $D[A]$ 是点可迁的.

下证第二个结论. 任取 $x\in V(D)$. 由于 D 是点可迁的, 所以对固定的 $y\in A$, 存在 $\sigma\in\mathrm{Aut}(D)$, 使 $\sigma(y)=x$. 于是, $\sigma(A)$ 是含 x 的 κ 正原子且 $D[\sigma(A)]\cong D[A]$. 当 $x\notin A$ 时, 由定理 7.2.6 知 $\sigma(A)\cap A=\emptyset$. 因此, D 中至少存在两个 κ 正原子. 于是对每个 $x\in V(D)$, D 中存在含 x 的 κ 正原子 A_x, 使得 $D[A_x]\cong D[A]$, 而且对任何 $y\in V(D)$, $y\neq x$, 或者 $A_x=A_y$, 或者 $A_x\cap A_y=\emptyset$. 因此这些 κ 正原子 $A_1,A_2,\cdots,A_s$ $(s\geqslant 2)$ 构成了 $V(D)$ 的划分. ∎

现在, 可以用这些原子理论来讨论点可迁图的连通度. 由定理 7.2.7 直接得到下列推论.

推论 7.2.7　设 D 是素阶点可迁强连通图, 则 $\kappa(D)=\lambda(D)=\delta(D)$.

定理 7.2.8　若 D 是强连通边可迁图, 则 $\kappa(D)=\lambda(D)=\delta(D)$.

证明　由 Whitney 不等式 (定理 4.3.1), 只需证明 $\kappa(D)\geqslant\delta(D)$. (反证) 设 $k(D)<\delta(D)$, 并设 A 是 D 的 κ 正原子, 则 $|A|\geqslant 2$ 且 $D[A]$ 是强连通的. 存在 $x,y\in A$ 和 $z\in N_D^+(A)$, 使 $(y,x)\in E(D)$ 且 $(x,z)\in E(D)$. 因为 D 是边可迁的, 所以存在 $\sigma\in\mathrm{Aut}(D)$, 使 $\sigma(y)=x$ 且 $\sigma(x)=z$. 令

$$\sigma(A)=\{u\in V(D):\ \sigma(w)=u,\ w\in A\},$$

则 $\sigma(A)$ 也是 D 的 κ 正原子 (见习题7.2.3). 由于 $z\in\sigma(A)$ 且 $z\notin A$, 所以 $\sigma(A)\neq A$. 另外, $x\in\sigma(A)\cap A$. 由定理 7.2.6 知 $\sigma(A)=A$, 矛盾. 因而有 $\kappa(D)\geqslant\delta(D)$. ∎

定理 7.2.9 (Y. O. Hamidoune, 1981 [170])　**设 D 是强连通的点可迁图, 则** $\lambda(D)=\delta(D)$.

证明　因为 D 是点可迁的, 所以 D 是 δ 正则的. 于是 (例 1.3.3), 对 $V(D)$ 的任何非空真子集 S, 均有 $d_D^+(S)=d_D^-(S)$, 其中 $d_D^+(S)=|(S,\overline{S})|$, $d_D^-(S)=|(\overline{S},S)|$. 由 Whitney 不等式 (定理 4.3.1), 只需证明 $\lambda(D)\geqslant\delta$. 令 $\lambda(D)=\lambda$.

于是, 存在 $V(D)$ 的非空真子集 X, 使得 $d_D^+(X)=\lambda=d_D^-(X)$. 选取这样的 $X\subset V(D)$, 使 X 尽可能小. 于是, $|X|\leqslant\upsilon/2$ 且 $D[X]$ 是强连通的.

若 $|X|=1$, 则 $\lambda=d_D^+(X)=d_D^-(X)=\delta$, 结论成立.

下面假定 $|X|\geqslant 2$. 先证明 $D[X]$ 是点可迁的. 设 $x,x'\in X$. 由于 D 是点可迁的, 所以存在 $\sigma\in\mathrm{Aut}(D)$, 使 $\sigma(x)=x'$. 令 $X'=\sigma(X)$, 则 $|X|=|X'|$ 且 $d_D^+(X)=\lambda=d_D^+(X')$, $X\cap X'\neq\emptyset$ (因为 $x'\in X\cap X'$). 因为

$$|X\cup X'|=|X|+|X'|-|X\cap X'|\leqslant\upsilon/2+\upsilon/2-1=\upsilon-1,$$

所以 $X\cup X'\subset V(D)$. 又由于 $d^+_D(X\cup X')\geqslant\lambda$, $d^+_D(X\cap X')\geqslant\lambda$, 且 (见习题1.3.6)

$$d^+_D(X\cup X')+d^+_D(X\cap X')\leqslant d^+_D(X)+d^+_D(X')=2\lambda,$$

所以 $d^+_D(X\cap X')=\lambda$. 由 $X\cap X'\subset X$ 和 X 的最小性知 $X\cap X'=X$. 又由 $|X|=|X'|$ 知 $X'=X$. 令

$$\Sigma=\{\sigma\in \operatorname{Aut}(D):\ \sigma(X)=X\},$$

则 Σ 是 $\operatorname{Aut}(D)$ 的子群, 而且作用在 X 上是可迁的, 即 $D[X]$ 是点可迁的. 由于 $D[X]$ 是点可迁的, 因而 $D[X]$ 是正则的. 令 $D[X]$ 的正则度为 r, 则 $0<r\leqslant\delta-1$ 且 $r\leqslant|X|-1$. 由于

$$d^+_D(X)=(\delta-r)|X|=\lambda,$$

所以

$$\lambda=(\delta-r)|X|\geqslant(\delta-r)(r+1)=\delta+r(\delta-r-1)\geqslant\delta.$$

结论得证. ∎

定理 7.2.10 设 D 是强连通的点可迁有向图, 则 $\kappa(D)\geqslant a(D)$.

证明 不妨设 D 是非完全图, 且 A 是 D 的 κ 正原子. 于是, $|A|=a(D)$.

设 $D_A=D[A]$, 则由定理 7.2.7 知 D_A 是点可迁的. 设 D_A 是 r 正则的, 则 $r<\delta$. 令 $T=N^+_D(A)$ (见图 7.14), 则

$$d^+_D(A)=|A|(\delta-r)=\sum_{x\in T}|N^-_D(x)\cap A|.$$

取 $y\in T$, 使得 $|N^-_D(y)\cap A|$ 尽可能大, 则

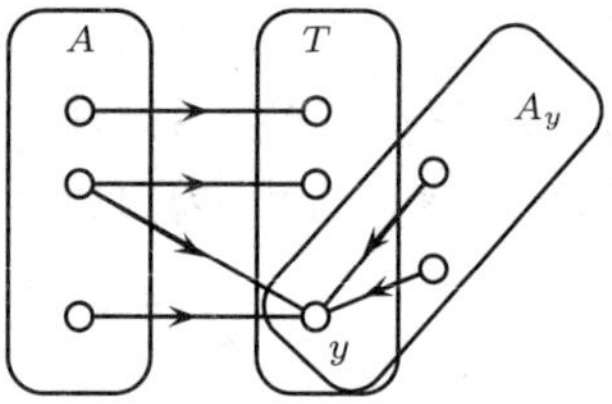

图 7.14 定理 7.2.10 证明的辅助图

$$|T||N^-_D(y)\cap A|\geqslant|A|(\delta-r).\tag{7.2.1}$$

另外, 由定理 7.2.7 知, 存在包含 y 的原子 A_y. 因为 $y\notin A$, 所以由定理 7.2.6 知 $A_y\cap A=\emptyset$. 令 $D_{A_y}=D[A_y]$, 则

$$|N^-_D(y)\cap A|\leqslant\delta^-(D)-\delta^-(D_{A_y})=\delta-r.\tag{7.2.2}$$

由式 (7.2.1) 和式 (7.2.2) 得 $|T|\geqslant|A|$. 因此

$$\kappa(D)=|N^+_D(A)|=|T|\geqslant|A|=a(D).$$

定理得证. ∎

由定理 7.2.10 立即得到下面的推论, 证明留给读者.

推论 7.2.10.1 设 D 为点可迁的强连通有向图, $\delta=\delta(D)$, 则

(a) $\kappa(D)\geqslant\lceil(\delta+1)/2\rceil$;

(b) $\kappa(D)\geqslant\lceil(2\delta+1)/3\rceil$, 如果 D 不含对称边.

推论 7.2.10.2 设 G 是点可迁的强连通无向图, $\delta=\delta(G)$, $a=a(G)$ 是原子数, 则

(a) $\kappa(G)=na$, 其中 $n\geqslant 2$ 是某个整数;

(b) $\kappa(G)\geqslant\lceil 2(\delta+1)/3\rceil$;

(c) $\kappa(G)=\delta$, $\delta\in\{2,3,4,6\}$.

注 图 7.15 所示的 5 正则图是循环无向图 $G(8;\pm\{1,3,4\})$. 由例 7.2.2 知 G 是点可迁的. 一方面, 由推论 7.2.10.2 (b) 知 $\kappa(G)\geqslant 4$. 另一方面, 点集 $\{1,3,5,7\}$ 是分离集, 即 $\kappa(G)\leqslant 4$. 这个例子表明推论 7.2.10.2 (c) 对 $\delta=5$ 是不成立的.

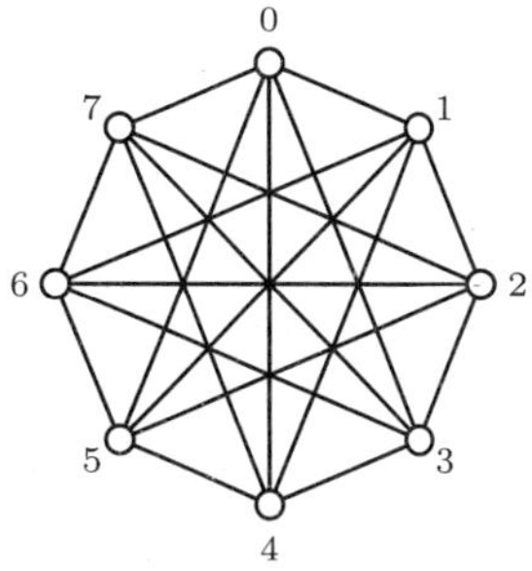

图 7.15　$G(8;\pm\{1,3,4\})$

习题 7.2

7.2.1 证明:

(a) 定理 7.2.6、推论 7.2.3、推论 7.2.10.1 和推论 7.2.10.2;

(b) 图 7.9 所示的图 D 是点可迁的但不是边可迁的, 而 H 是边可迁的但不是点可迁的.

7.2.2 证明:

(a) 简单图 G 是点可迁的 $\Leftrightarrow$ 它的补 G^{c} 是点可迁的;

(b) 若 G 是边可迁的, 那么 $L(G)$ 是点可迁的;

(c) Petersen 图是点可迁的 (见习题 1.5.10 和例 7.1.2).

7.2.3 设 D 是强连通的点可迁有向图, A 是 D 的 κ 正 (或负) 原子. 证明:

(a) 对任何 $\sigma\in\mathrm{Aut}(D)$, $\sigma(A)$ 仍是 D 的 κ 正 (或负) 原子;

(b) $|A|=1\Leftrightarrow\kappa(D)=\lambda(D)=\delta(D)$.

7.2.4 举例说明推论 7.2.5 对有向图是不成立的.

7.2.5 设 D 是强连通的点可迁有向图, $\delta=\min\{\delta^+(D),\delta^-(D)\}$. 证明:

(a) $\kappa(D)\geqslant\lceil(\delta+1)/2\rceil$;

(b) 若 D 没有对称边, 则 $\kappa(D)\geqslant\lceil(2\delta+1)/3\rceil$.

7.2.6 设 G 是连通的点可迁无向图, $\delta=\delta(G)$, $a(G)$ 是原子数. 证明:

(a) $\kappa(G)=na(G)$, 其中 $n\geqslant 2$ 是某个整数;

(b) $\kappa(G)\geqslant\lceil 2(\delta+1)/3\rceil$;

(c) 若 $\delta=2,3,4,6$, 则 $\kappa(G)=\delta$.

7.2.7 设 D 是循环有向图 $G(n;S)$, 其中 $S=\{s_1,s_2,\cdots,s_k\}$. 证明:

(a) D 是强连通的 $\Leftrightarrow$ D 是连通的;

(b) D 是强连通的 $\Leftrightarrow$ $\gcd\,(n,s_1,s_2,\cdots,s_k)=1$;

(c) D 同构于它的逆图 $\overleftarrow{D}$;

(d) $\lambda(D)=k$, 如果 D 是连通的;

(e) $\kappa(D)=k$, 如果 D 是连通的, 且 n 是素数.

7.2.8 证明: n 阶图是点可迁的 $\Leftrightarrow$ 它的所有 $n-1$ 阶子图都是同构的. (黄佳等, 2005 [202])

7.2.9 设 D 是强连通有向图, F 是 $V(D)$ 的非空真子集. 若 $E_D^+(F)$ (或 $E_D^-(F)$) 是 λ 割, 则称 F 是 D 的 λ **正** (或**负**) **分片**. λ 正分片和 λ 负分片统称为 λ **分片**. 点数最小的 λ 分片被称为 λ **原子**. λ 原子为 λ 正分片的被称为 λ **正原子**; λ 原子为 λ 负分片的被称为 λ **负原子**. 证明:

(a) 强连通图中任何两个 λ 正 (或负) 原子是不相交的;

(b) (λ 原子分解定理) 设 D 是点可迁的强连通图, A 是 D 的 λ 正 (或负) 原子, 则 $D[A]$ 是点可迁的, 且存在 $V(D)$ 的划分 $\{V_1,V_2,\cdots,V_s\}$ $(s\geqslant 2)$, 使得 $D[V_i]\cong D[A]$;

(c) (定理 7.2.8) 设 D 是强连通的边可迁图, 则 $\lambda(D)=\delta(D)$;

(d) (定理 7.2.9) 设 D 是强连通的点可迁图, 则 $\lambda(D)=\delta(D)$.

7.3 群的图表示

在 7.1 节中, 读者已经看到, 任何一个图 D 都联系着一个自同构群 $\mathrm{Aut}(D)$. 一个自然的问题是 (D. König, 1936 [224]): 对于给定的有限群 Γ, 是否存在无向图 G, 使 $\mathrm{Aut}(G)\cong\Gamma$? 本节将回答这个问题.

首先给出群的图表示. 设 Γ 是非平凡有限群, S 是 Γ 中不含单位元的非空真子集. 定义有向图 $D=(V,E)$ 如下:

$$V(D)=\Gamma,\quad (x,y)\in E(D)\quad\Leftrightarrow\quad x^{-1}y\in S,\ \forall\ x,y\in\Gamma.$$

这个图是由 A. Cayley (1895) [62] 首先提出来的, 故叫群 Γ 关于 S 的 **Cayley 图** (Cayley graph), 记为 $C_\Gamma(S)$.

因为 S 不含 Γ 的单位元, 所以 $C_\Gamma(S)$ 是简单图. 设 $x\in\Gamma$. 由 $C_\Gamma(S)$ 的定义, 对任意的 $s\in S$,

$$\begin{aligned} y=xs\in\Gamma \quad&\Leftrightarrow\quad y\in N_{C_\Gamma(S)}^+(x),\\ z=xs^{-1}\in\Gamma \quad&\Leftrightarrow\quad z\in N_{C_\Gamma(S)}^-(x). \end{aligned}$$

由 $s\in S$ 的任意性, $|N_{C_\Gamma(S)}^+(x)|=|S|=|N_{C_\Gamma(S)}^-(x)|$. 这说明 $C_\Gamma(S)$ 是 $|S|$ 正则的.

一般说来, 如此定义的 Cayley 图 $C_\Gamma(S)$ 是有向图. 令 $S^{-1}=\{s^{-1}:s\in S\}$. 若 $S=S^{-1}$, 则由 Cayley 图 $C_\Gamma(S)$ 的定义,

$$\begin{aligned} (x,y)\in E(C_\Gamma(S)) \quad&\Leftrightarrow\quad x^{-1}y\in S \quad\Leftrightarrow\quad y^{-1}x=(x^{-1}y)^{-1}\in S^{-1}\\ &\Leftrightarrow\quad (y,x)\in E(C_\Gamma(S^{-1}))=E(C_\Gamma(S)). \end{aligned}$$

这说明若 $S=S^{-1}$, 则 Cayley 图 $C_\Gamma(S)$ 是对称有向图, 即可以认为它是无向图.

例 7.3.1 例 7.2.2 中定义的循环图 $D(n;S)$ 和 $G(n;\pm S)$ 都是 Cayley 图.

证明 设 $\mathbb{Z}_n$ $(n\geqslant 2)$ 是模 n 加法群, 0 是单位元, 元素 i 的逆 $i^{-1}=n-i$. 若 $S=\{1\}$, 则当 $n=2$ 时, $S^{-1}=S$; 对其余情形, 有 $S^{-1}\neq S$. 因此, Cayley 图 $C_{\mathbb{Z}_2}(\{1\})=K_2$; 当 $n\geqslant 3$ 时, $C_{\mathbb{Z}_n}(\{1\})$ 是有向圈 C_n; 而 $C_{\mathbb{Z}_n}(\{1,n-1\})$ 是无向圈 C_n.

一般说来, 设 $S\subseteq\{1,2,\cdots,n-1\}(n\geqslant 3)$. 若 $S^{-1}\neq S$, 则 Cayley 图 $C_{\mathbb{Z}_n}(S)$ 是循环有向图 $D(n;S)$; 如果 $S^{-1}=S$, 那么 Cayley 图 $C_{\mathbb{Z}_n}(S)$ 是循环无向图 $G(n;\pm S)$.

下面证明循环有向图 $D(n;S)$ 是 Cayley 图 $C_{\mathbb{Z}_n}(S)$.

任取 $i,j\in V(D(n;S))$. 由 Cayley 图和循环有向图的定义有

$$\begin{aligned}(i,j)\in E(C_{\mathbb{Z}_n}(S)) \quad&\Leftrightarrow\quad i^{-1}+j\,(\mathrm{mod}\ n)\in S\\ &\Leftrightarrow\quad (n-i)+j\,(\mathrm{mod}\ n)\in S\\ &\Leftrightarrow\quad \text{存在 } s\in S,\ \text{使得 } j-i\equiv s\,(\mathrm{mod}\ n)\\ &\Leftrightarrow\quad (i,j)\in E(D(n;S)).\end{aligned}$$

因此, 循环图 $D(n;S)$ 和 $G(n;\pm S)$ 都是 Cayley 图. ∎

例 7.3.2 例 1.2.4 中定义的图 $H(n,k)$ 是 Cayley 图, 故超立方体 Q_n 是 Cayley 图.

证明 设 $\Gamma=(\Omega_n,\Delta)$ 是 Abel 群. 显然, 空集 $\emptyset$ 是 Γ 的单位元, 且对任何 $X\in\Omega_n$, 均有 $X^{-1}=X$. 令 $S=\Omega_n^k$ $(k\geqslant 1)$, X 和 Y 是 $H(n,k)$ 中的任意两顶点, 则

$$XY\in E(H(n,k))\quad\Leftrightarrow\quad |X\Delta Y|=k\quad\Leftrightarrow\quad |Y\Delta X^{-1}|=k\quad\Leftrightarrow\quad Y\Delta X^{-1}\in S.$$

因此, $H(n,k)$ 是 Cayley 图 $C_\Gamma(S)$. 由式 (1.2.3) 知 $H(n,1)\cong Q_n$, 故超立方体 Q_n 是 Cayley 图. ∎

例 7.3.3 令 $\Gamma=\{g_0,g_1,g_2,g_3,g_4,g_5\}$ 为 $\{1,2,3\}$ 上所有置换构成的对称群, 其中 $g_0=(1)$, $g_1=(1,2)$, $g_2=(1,2,3)$, $g_3=(1,3,2)$, $g_4=(2,3)$, $g_5=(1,3)$. 令 $S=\{g_1,g_2\}$, $T=\{g_2\}$, 对应的两个 Cayley 图 $C_\Gamma(S)$ 和 $C_\Gamma(T)$ 如图 7.16 所示, 其中边 (g_i,g_j) 上的标号 k 表示 $g_i^{-1}g_j=g_k$.

从图 7.16 可以看到, 图 $C_\Gamma(\{g_1,g_2\})$ 是强连通的, 而 $C_\Gamma(\{g_2\})$ 不是强连通的. 这是由于 S 是 Γ 的生成集, 而 T 则不是. 下面的定理给出 Cayley 图 $C_\Gamma(S)$ 是强连通的充分必要条件. 先证明下面的引理.

引理 7.3 设 $D=C_\Gamma(S)$, x_0 和 x_m 是 D 中两个顶点, 则 D 中存在有向链 $P=(x_0,x_1,\cdots,x_m)\Leftrightarrow$ 存在 $s_1,s_2,\cdots,s_m\in S$, 使得 $x_m=x_0s_1s_2\cdots s_m$, 且对每个 $i\in\{1,2,\cdots,m\}$, 均有 $x_i=x_{i-1}s_i$.

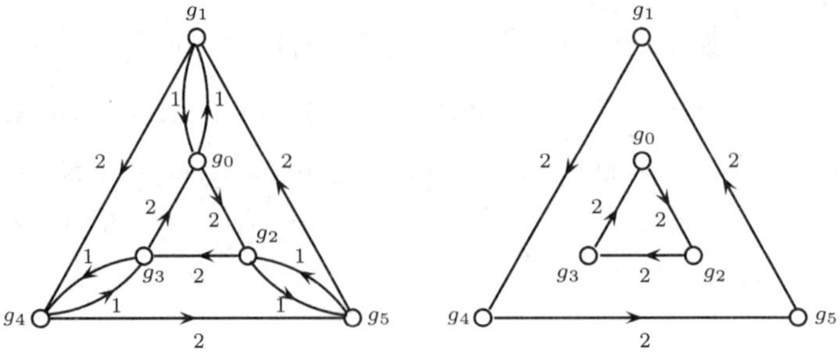

图 7.16　两个 Cayley 图 $C_\Gamma(\{g_1,g_2\})$ 和 $C_\Gamma(\{g_2\})$

证明　(⇒) 设 $P=(x_0,x_1,\cdots,x_m)$ 是 D 中有向链. 因为 $D=C_\Gamma(S)$ 且 $(x_{i-1},x_i)\in E(D)$ $(1\leqslant i\leqslant m)$, 所以存在 $s_i\in S$, 使得 $x_i=x_{i-1}s_i$. 因此, $x_m=x_0s_1s_2\cdots s_m\in S$.

(⇐) 设存在 $s_1,\cdots,s_m\in S$, 使得 $x_m=x_0s_1\cdots s_m$ 且 $x_i=x_{i-1}s_i$ $(1\leqslant i\leqslant m)$. 令 $x_{i-1}=x_0s_1\cdots s_{i-1}$. 由于 $(x_0s_1\cdots s_{i-1})^{-1}(x_0s_1\cdots s_{i-1}s_i)=s_i\in S$, $(x_{i-1},x_i)\in E(D)$ $(1\leqslant i\leqslant m)$, 因此, $P=(x_0,x_1,x_2,\cdots,x_{m-1},x_m)$ 是 D 中有向链. ∎

定理 7.3.1　Cayley 图 $C_\Gamma(S)$ 是强连通的 ⇔ $\Gamma=\langle S\rangle$, 即 S 是 Γ 的生成集.

证明　(⇒) 只需证明 $\Gamma\subseteq\langle S\rangle$. 设 y 是 $C_\Gamma(S)$ 中任意顶点. 因为 G 是强连通的, 所以对任何 $x\in S$, $C_\Gamma(S)$ 中存在 (x,y) 路 P. 由引理 7.3, 存在 $s_1,s_2,\cdots,s_m\in S$, 使得 $y=xs_1s_2\cdots s_m\in\langle S\rangle$. 这说明 $\Gamma\subseteq\langle S\rangle$.

(⇐) 因为 $C_\Gamma(S)$ 是正则的, 由定理 1.4.4, $C_\Gamma(S)$ 是强连通的 ⇔ 它是连通的. 因此, 只需证明: $C_\Gamma(S)$ 是连通的.

设 x 和 y 是 $C_\Gamma(S)$ 中任意不同的两顶点, g_0 是 Γ 的单位元. 因为 $\Gamma=\langle S\rangle$, 所以存在 $g_1,g_2,\cdots,g_m\in S$, 使得 $y=g_1g_2\cdots g_m$. 由引理 7.3, $C_\Gamma(S)$ 中存在 (g_0,y) 路, 这说明 g_0 和 y 是连通的. 同理可证: g_0 和 x 也是连通的. 因此, x 和 y 是连通的. 由 x 和 y 的任意性, $C_\Gamma(S)$ 是连通的. ∎

Cayley 图 $C_\Gamma(S)$ 被称为**群 Γ 的图表示** (graphical representation), 其中 S 是 Γ 的生成集. 群的图表示将群中各元素之间 (特别是与生成集元素) 的抽象关系直观明了地表示出来了.

例如, 图 7.16 所示的 Cayley 图 $C_\Gamma(\{g_1,g_2\})$ 是对称群 Γ 的图表示. 考虑 Γ 中任意两个元素, 比如 g_2 和 g_4. $C_\Gamma(\{g_1,g_2\})$ 中存在从 g_2 到 g_4 的有向路 (g_2,g_3,g_4), 其中有向边 (g_2,g_3) 标有 2, 而有向边 (g_3,g_4) 标有 1. 于是, $g_2=g_2^{-1}g_3$, $g_1=g_3^{-1}g_4$, 即 $g_3=g_2g_2$, $g_4=g_3g_1$. 因而, $g_4=g_3g_1=g_2g_2g_1$.

下面证明 Cayley 图是点可迁的. 为此, 需要引进 Cayley 图的保色自同构概念.

设 $\Gamma=\{g_0,g_1,\cdots,g_{n-1}\}$ 是 n 阶非平凡有限群, 单位元为 g_0, S 是不含单位元的 Γ 的子集. Cayley 图 $C_\Gamma(S)$ 被称为 **Cayley 色图** (Cayley color-graph), 如果它的边 (g_i,g_j) 被染颜色 k ⇔ 存在 $g_k\in S$, 使得 $g_k=g_i^{-1}g_j$.

例如, 图 7.16 所示的 Cayley 图中, 边旁所标的数字 k 就是该边被染的颜色.

设置换 $\phi \in \mathrm{Aut}(C_\Gamma(S))$. 如果对任何 $(g_i, g_j) \in E(C_\Gamma(S))$, $(\phi(g_i), \phi(g_j))$ 与 (g_i, g_j) 都有一样的颜色, 则称 ϕ 为 $C_\Gamma(S)$ 的**保色自同构** (color-preserving automorphism).

例如图 7.16 所示的 Cayley 图 $C_\Gamma(\{g_1, g_2\})$, 置换

$$g_i \mapsto g_1 g_i \quad (0 \leqslant i \leqslant 5)$$

是 $C_\Gamma(\{g_1, g_2\})$ 的保色自同构.

容易验证, $C_\Gamma(S)$ 的所有保色自同构形成 Aut $(C_\Gamma(S))$ 的子群 (习题 7.3.2). 称这个子群为 $C_\Gamma(S)$ 的**保色自同构群** (color-preserving automorphism group), 记为 $\mathrm{Aut}^{\mathrm{c}}(C_\Gamma(S))$.

对每个 $i \in \{0, 1, \cdots, n-1\}$, 定义映射

$$\begin{aligned} \phi_i:\ &\Gamma \to \Gamma \\ &g_j \mapsto \phi_i(g_j) = g_i g_j, \quad j \in \{0, 1, 2, \cdots, n-1\}. \end{aligned} \tag{7.3.1}$$

容易验证, ϕ_i $(0 \leqslant i \leqslant n-1)$ 是 Γ 上的置换, 并且

$$\phi(\Gamma) = \{\phi_i:\ 0 \leqslant i \leqslant n-1\} \tag{7.3.2}$$

是群 (习题 7.3.2). Cayley 图的保色自同构群的主要作用包含在下面的定理中, 是由 R. Frucht (1938) [132] 首先发现的.

定理 7.3.2　**设** $\Gamma = \{g_0, g_1, \cdots, g_{n-1}\}$ **是非平凡有限群,** S **是不含单位元** g_0 **的生成集,** $\phi(\Gamma)$ **是由式** (7.3.2) **定义的群, 则**

$$\mathrm{Aut}^{\mathrm{c}}(C_\Gamma(S)) = \phi(\Gamma) \cong \Gamma.$$

证明　任取 $\phi_m \in \phi(\Gamma)$, 则 ϕ_m 是 Γ 的置换. 对任何 $g_i, g_j \in \Gamma$, $C_\Gamma(S)$ 中边 (g_i, g_j) 被染以颜色 k

$$\begin{aligned} &\Leftrightarrow \quad g_i^{-1} g_j = g_k \in S \quad \Leftrightarrow \quad (g_m g_i)^{-1}(g_m g_j) = g_k \in S \\ &\Leftrightarrow \quad \phi_m^{-1}(g_i)\phi_m(g_j) = g_k \in S \quad \Leftrightarrow \quad (\phi_m(g_i),\ \phi_m(g_j)) \in E(C_\Gamma(S)). \end{aligned}$$

所以, ϕ_m 是 $C_\Gamma(S)$ 的保色自同构, 即 $\phi_m \in \mathrm{Aut}^{\mathrm{c}}(C_\Gamma(S))$. 这意味着

$$\phi(\Gamma) \subseteq \mathrm{Aut}^{\mathrm{c}}(C_\Gamma(S)). \tag{7.3.3}$$

反之, 任取 $\sigma \in \mathrm{Aut}^{\mathrm{c}}(C_\Gamma(S))$. 设 $\sigma(g_0) = g_m$ 是 Γ 的单位元. 只需证明 $\sigma = \phi_m$.

任取 $g_j \in \Gamma$. 因为 S 是 Γ 的生成集, 所以由定理 7.3.1 知 $C_\Gamma(S)$ 是强连通的. $C_\Gamma(S)$ 中存在 (g_0, g_j) 路 $P = (g_{j_0}, g_{j_1}, \cdots, g_{j_p})$, 其中 $g_0 = g_{j_0}$ 且 $g_j = g_{j_p}$.

对任何 i $(1 \leqslant i \leqslant p)$, 设边 $(g_{j_{i-1}}, g_{j_i})$ 被染以颜色 k_i, 则 g_j 能被表示成 $g_j = g_0 g_{k_1} g_{k_2} \cdots g_{k_p}$, 其中 $g_{k_i} \in S$. 注意到 σ 是保色自同构 $\Leftrightarrow$ 对每个 $g \in \Gamma$, $h \in S$, 均有 $\sigma(gh) = \sigma(g)h$. 反复应用这个结果, 就得到

$$\sigma(g_j) = \sigma(g_0) g_{k_1} g_{k_2} \cdots g_{k_p} = \sigma(g_0) g_j = g_m g_j = \phi_m(g_j),$$

即 $\sigma = \phi_m \in \phi(\Gamma)$. 由 $\sigma \in \mathrm{Aut}^{\mathrm{c}}(C_\Gamma(S))$ 的任意性有

$$\mathrm{Aut}^{\mathrm{c}}(C_\Gamma(S)) \subseteq \phi(\Gamma). \tag{7.3.4}$$

由式 (7.3.3) 和式 (7.3.4) 有 $\mathrm{Aut}^{\mathrm{c}}(C_\Gamma(S)) = \phi(\Gamma)$.

现在证明: $\Gamma \cong \phi(\Gamma)$. 为此, 定义映射

$$\begin{aligned} \Phi:\ & \Gamma \to \phi(\Gamma) \\ & g_k \mapsto \Phi(g_k) = \phi_k, \quad 0 \leqslant k \leqslant n-1. \end{aligned}$$

易知 $\Phi: \Gamma \to \phi(\Gamma)$ 是双射. 为证明 Φ 是同构的, 只需证明 Φ 是保运算的. 对任何 $g_i, g_j \in \Gamma$, 令 $g_i g_j = g_k$. 对任何 $g_h \in \Gamma$, 有

$$\begin{aligned} \phi_k(g_h) &= g_k g_h = (g_i g_j) g_h = g_i (g_j g_h) \\ &= \phi_i(g_j g_h) = \phi_i(\phi_j(g_h)) \\ &= \phi_i \phi_j(g_h). \end{aligned}$$

因此, $\phi_k = \phi_i \phi_j$, 且

$$\Phi(g_i g_j) = \Phi(g_k) = \phi_k = \phi_i \phi_j = \Phi(g_i)\Phi(g_j),$$

即 Φ 是保运算的. 于是, $\Gamma \cong \phi(\Gamma)$. 定理得证. ∎

定理 7.3.3　Cayley 图 $C_\Gamma(S)$ 是点可迁的.

证明　任取 $g_i, g_j \in V(C_\Gamma(S)) = \Gamma$, 并令 $g_k = g_j g_i^{-1}$, 则

$$\phi_k(g_i) = g_k g_i = (g_j g_i^{-1}) g_i = g_j.$$

于是, 存在 $\phi_k \in \mathrm{Aut}^{\mathrm{c}}(C_\Gamma(S)) \subseteq \mathrm{Aut}(C_\Gamma(S))$, 使得 $\phi_k(g_i) = g_j$. 这意味着 $C_\Gamma(S)$ 是点可迁的. ∎

由例 7.3.1 和例 7.3.2 知循环有向图 $G(n;S)$、循环无向图 $G(n;\pm S)$、图 $H(n,k)$ 和超立方体 Q_n 都是 Cayley 图. 由定理 7.3.4 立即知它们都是点可迁的.

定理 7.3.3 的逆不成立, 即存在点可迁的非 Cayley 图. 一个阶数最小的例子就是著名的 Petersen 图. 寻找更多这样的例子, 乃是图论工作者重要研究内容之一 (可参阅 [266, 346, 371] 及文末的参考文献).

由定理 7.3.3 知, 对任何给定的有限群 Γ, 存在简单有向图 G 和 $\mathrm{Aut}(G)$ 的子群 H, 使得 $H \cong \Gamma$. 下面的结果是由 R. Frucht (1938) [132] 发现的, 故称之为 **Frucht 定理**. 它肯定地回答了本节开始提到的 König 问题.

定理 7.3.4　对于任意给定的有限群 Γ, 存在简单无向图 G, 使得 $\text{Aut}\,(G) \cong \Gamma$.

证明　设 $\Gamma = \{g_0, g_1, \cdots, g_{n-1}\}$. 如果 $n = 1$, 令 $G = K_1$, 则结论显然成立. 假定 $n \geqslant 2$, S 是 Γ 的生成集且不含单位元 g_0, 由定理 7.3.3 知 $\text{Aut}^c(C_\Gamma(S)) \cong \Gamma$. 下面通过 $C_\Gamma(S)$ 来构造简单无向图 $F_\Gamma(S)$, 这个图被称为 **Frucht 图**.

把 $C_\Gamma(S)$ 中色为 k 的有向边 (g_i, g_j) 删去, 换成长为 3 的无向路 $(g_i, u_{ij}, u'_{ij}, g_j)$, 并且在点 u_{ij} 和 u'_{ij} 处分别接上长为 $2k-2$ 的无向路 P_{ij} 和长为 $2k-1$ 的无向路 P'_{ij}. 这样得到 $n(2s^2+s+1)$ 阶、$2ns(s+1)$ 条边的无向图, 其中 $s = |S|$ (见习题7.3.4). 例如, 图 7.17 是对应于 Cayley 图 $C_\Gamma(\{g_1, g_2\})$ (见例 7.3.3 和图 7.16) 的 Frucht 图 $F_\Gamma(\{g_1, g_2\})$, 其中 $\Gamma = \text{Sym}(3)$.

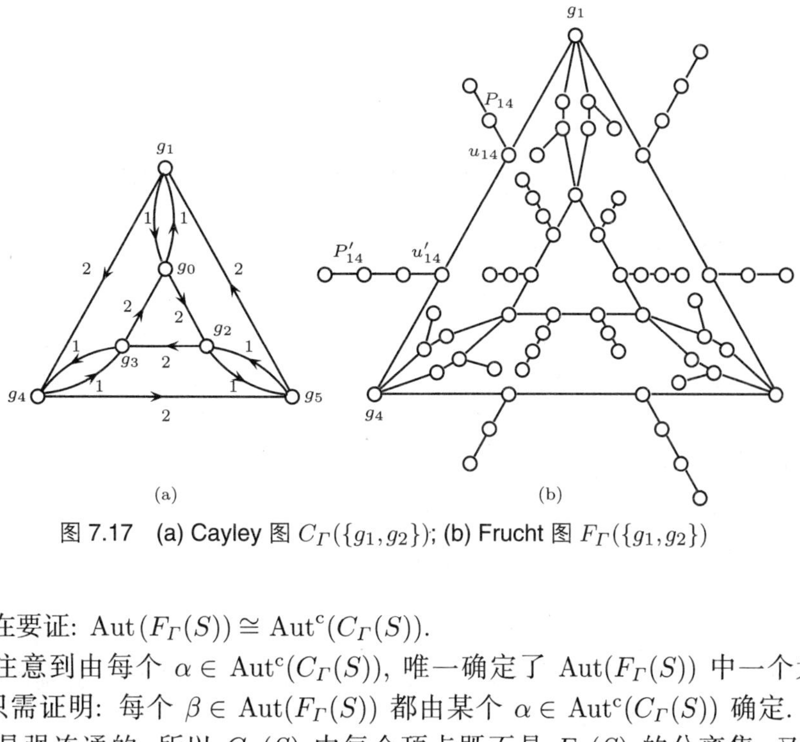

图 7.17　(a) Cayley 图 $C_\Gamma(\{g_1, g_2\})$; (b) Frucht 图 $F_\Gamma(\{g_1, g_2\})$

现在要证: $\text{Aut}\,(F_\Gamma(S)) \cong \text{Aut}^c(C_\Gamma(S))$.

先注意到由每个 $\alpha \in \text{Aut}^c(C_\Gamma(S))$, 唯一确定了 $\text{Aut}(F_\Gamma(S))$ 中一个元素. 另外, 只需证明: 每个 $\beta \in \text{Aut}(F_\Gamma(S))$ 都由某个 $\alpha \in \text{Aut}^c(C_\Gamma(S))$ 确定. 由于 $C_\Gamma(S)$ 是强连通的, 所以 $C_\Gamma(S)$ 中每个顶点既不是 $F_\Gamma(S)$ 的分离集, 又不是 $F_\Gamma(S)$ 的1度点. 因而对每个 $g \in V(C_\Gamma(S))$, $\beta(g) \in V(C_\Gamma(S))$, 即 $V(C_\Gamma(S))$ 在 $\text{Aut}(F_\Gamma(S))$ 下是不变的. 因为替换 $C_\Gamma(S)$ 中边 (g_i, g_j) 的子图 F_{ij} 是 $F_\Gamma(S) - V(C_\Gamma(S))$ 的连通分支, 所以 $\beta \in \text{Aut}(F_\Gamma(S))$ 只能将一个连通分支映射到另一个连通分支, 而且将长为 $2k-2$ 的路映到另一条长为 $2k-2$ 的路, 将长为 $2k-1$ 的路映到另一条长为 $2k-1$ 的路, 将每个分支上1度点映到另一个分支中对应路上的1度点. 因此, 令

$$\overline{\beta} = \beta | V(C_\Gamma(S)),$$

则

$$(g_i,g_j)\in E(C_\Gamma(S))\text{ 且染以颜色 }k \Leftrightarrow (\overline{\beta}(g_i),\overline{\beta}(g_j))\in E(C_\Gamma(S))\text{ 且染以颜色 }k.$$

因此, $\overline{\beta}\in \mathrm{Aut}^{\mathrm{c}}(C_S(\Gamma))$. 于是, 证明了 $\mathrm{Aut}(F_\Gamma(S))\cong \mathrm{Aut}^{\mathrm{c}}(C_\Gamma(S))\cong \Gamma$. ∎

习题 7.3

7.3.1 设 $C_\Gamma(S)$ 是 Cayley 图. 证明:

(a) $C_\Gamma(S)$ 的逆图 $\overleftarrow{C_\Gamma(S)}$ 也是 Cayley 图, 而且 $\overleftarrow{C_\Gamma(S)}=C_\Gamma(S^{-1})$;

(b) 如果 $S^{-1}=\{s^{-1}:s\in S\}=S$, 则 $C_\Gamma(S)$ 是对称有向图, 因而是无向图;

(c) $C_\Gamma(S)$ 中的边也能定义为 $(x,y)\in E(G)\Leftrightarrow xy^{-1}\in S$.

7.3.2 证明:

(a) $C_\Gamma(S)$ 中所有保色自同构形成 Aut $(C_\Gamma(S))$ 的子群;

(b) 由式 (7.3.1) 定义的 ϕ_i $(0\leqslant i\leqslant n-1)$ 是 Γ 上的置换, 由式 (7.3.2) 定义的 $\phi(\Gamma)$ 是群.

7.3.3 设 Γ 是 $\{1,2,3,4\}$ 上的对称群, $a=(12),b=(134)\in\Gamma$, $S=\{a,b,ab\}$, $F=\{e,a\}$, 其中 e 是 Γ 的单位元.

(a) 构造 Cayley 图 $C_\Gamma(S)$ 和 Frucht 图 $F_\Gamma(S)$.

(b) 证明: F 是 $C_\Gamma(S)$ 的 κ 正原子, 且 $C_\Gamma(S)$ 没有 κ 负原子. (G. Zemor, 1989 [400])

7.3.4 证明: Cayley 图 $C_\Gamma(S)$ 的 Frucht 图 $F_\Gamma(S)$ 有 $n(2s^2+s+1)$ 个顶点和 $2ns(s+1)$ 条边, 其中 $s=|S|$.

7.3.5 证明: Abel 群的 Cayley 图必含 κ 正原子和 κ 负原子. (Y. O. Hamidoune, 1985 [172])

7.3.6 设 $\Gamma=\mathbb{Z}_4\times\mathbb{Z}_2$, $S=\{10,11,20,30,31\}$. 证明: Cayley 图 $C_\Gamma(S)$ 同构于循环无向图 $G(8;\pm\{1,3,4\})$.

7.3.7 设 Γ 是 $X=\{1,2,3,4\}$ 上的对称群, $a=(12)$, $b=(134)$ 是 Γ 中两个元素. 画出 Cayley 图 $G=C_\Gamma(S)$, 其中 $S=\{a,b,ab\}$.

7.3.8 证明: Petersen 图是点可迁的, 但不是 Cayley 图 (参考例 7.1.2 和习题 7.2.2).
(M. Watkins (1990) [369] 获得了更一般的结果: 如 G 是至少有 5 个顶点的奇度非 2 部边可迁图, 则线图 $L(G)$ 是点可迁的非 Cayley 图.)

7.3.9 设 $G=C_\Gamma(S)$ 是 Cayley 图, A 是 G 的 κ 原子, 但不含 Γ 的单位元. 证明: A 是 Γ 的子群, 而且 A 由 $S\cap A$ 生成 $\Leftrightarrow |A|\geqslant 2$. (Y. O. Hamidoune, 1984 [171])

7.3.10 证明: 如果 S 是群 Γ 的极小生成集, 且不含单位元, 那么连通度 $\kappa(C_\Gamma(S))=|S|$.
(C. D. Godsil, 1981 [147]; Y. O. Hamidoune, 1984 [171])

应　　用

7.4　超级计算机系统互连网络的设计

随着现代科学和工程技术的飞速发展, 需要利用计算机处理的数据越来越大; 随着商业、信息、人工智能、军事、天气预报等行业竞争的日益加剧, 建造大规模的超级计算机处理系统共同并行交换和处理巨大的数据势在必行. 超级计算机是由成千上万个处理器形成的超大规模并行处理系统. 例如, 我国自主研制的神威太湖之光计算机系统共有 40 960 个处理器, 每个处理器有 260 个核心 (2016 年 6 月 21 日数据).

既实际而又迫切需要解决的问题有：成千上万的处理器需要通过什么样的互连网络来连接以使得系统具有最好的性能和最低的费用? 用什么方法来设计这样的互连网络? 又用什么度量参数对互连网络的性能进行定量分析和评估? 这些是涉及数学和计算机科学交叉且有挑战性的研究课题.

互连网络可以用图来表示, 其中图的顶点表示处理器, 图的边表示处理器之间的物理连线. 图论为研究互连网络提供了强有力的数学工具. 网络设计就归结为构造满足要求的图.

高性能、低成本始终是超大规模网络设计者所必须遵循的两大基本原则, 也是网络设计者所追求的目标. 但影响网络性能和成本的因素很多, 这里只从网络拓扑结构上来考虑. 下面介绍衡量大规模超级计算机系统互连网络的高性能、低成本的基本度量和设计这样的网络时所必须遵循的基本原则. 用图论的语言, 这些原则是:

(1) **合适的顶点度**　图的顶点度对应网络中能与节点（处理器、计算机或其他设备等组件）直接连接的节点数目, 这个数目一般由节点中可利用的输出 / 输入（I/O）端口数目限制. 若每个物理连接的增加超过了限定的数目, 不但需要改变设备以增加输出 / 输入端口数目, 还需要软件的支持. 这样不但会增加费用, 而且还会影响整个网络的性能. 合适的顶点度意味着不超过输出 / 输入端口数目.

(2) **小通信传输延迟**　网络中任何节点的信息传到该网络中任何另外节点所花的单位时间要尽可能少, 即对应的图应具有短的直径. 这就要求在信息传输的过程中要尽可能少地经过中间节点. 特别是在存储转发通信系统网络中, 数据存储转发所需的时间要比在通信线上传输的时间多得多. 现代科学、工程和技术提出的大量重要问题, 除要求系统具有巨大的计算能力外, 还要求在短的时间内给出解. 例如, 图像处理、雷达信号处理、气象跟踪和预报、快速复杂的核或化学反应的控制和空气动力模拟等实时系统都要求有小的传输延迟. 小的传输延迟不但确保了网络的有效性, 而且会降低网络的建造成本. 好的网络应有短的直径.

(3) **简单的路由算法** 路由选择是数据传输必经之路, 它是决定互连网络性能的重要功能. 路由选择虽然是预先设计好的, 但数据在传输过程中所经过的路径是由路由器自动选择的, 因此简单有效的路由算法是必不可少的. 路由算法是互连网络设计的重要组成部分, 好的网络应包括好的路由算法.

(4) **对称性** 人们希望网络中所有组件都以相同的方式启动和连接, 使得在各节点的容量和连线的负载至少保持某些平衡; 客户在网络的任何一个终端使用都是一样的. 这就要求对应图具有某些对称性. 点可迁图满足这个性质.

(5) **高容错性** 网络应有一定的容错性, 即容许网络中有若干数目的节点和（或）连线发生物理故障. 但当网络中若干节点和 (或) 连线发生物理故障时仍能继续有效地运行. 网络故障是不可避免的, 特别是超大规模计算机互连网络和计算机系统. 显然, 发生故障的节点和（或）线的总数不超过最小顶点度. 当同一时间内, 发生故障的节点和（或）连线数目不超过固定值时, 网络中剩余节点之间仍能继续有效地运行. 存在许多度量网络容错性的参数, 但最常用、最基本的参数是对应图的连通度. 这就要求对应图具有高的连通度, 即任意两顶点之间存在尽可能多的内点（或边）不交的路, 这一要求对并行超级计算机系统尤为重要.

(6) **可扩性** 用所提供的设计方法构造出网络是容易扩充的. 换句话说, 所提供的设计方法应该适用于构造任何给定规模的网络或构造任意多节点的网络, 即能从小网络构造大网络, 并保持小网络一样的性质. 这样有利于将来扩容和升级以满足更大规模的需要. 由于某些限制, 开始时可将网络构造得小一点, 一旦需要添加新用户就可以很容易地扩充. 这种扩充不需要增加很高的费用, 还应保持原有网络的性质和软件支持. 好的网络应具有简单的扩充性.

(7) **有效的布图算法** 超大规模集成电路的布图是超大规模计算机系统设计所遇到的实际问题, 要使布图自动化就必须要有一个简明、实用的布图算法. 这是设计超大规模互连网络时必须考虑的问题, 而且必须提供这样的算法.

容易看出, 以完全图为拓扑结构的网络有上面列出的许多性质. 但对于大规模超级计算机系统来说, 这是非常不现实的, 因为随着顶点数的增加, 顶点度也随着增加, 这不但需要大量的费用, 而且任何硬件都难以承受. 路、星、树和圈结构简单, 比较经济且具有上面列出的大部分性质, 但致命的弱点是可靠性和有效性差.

事实上, 低费用和高性能始终是网络设计中的一对矛盾. 除此之外, 上面列出的原则相互之间也包含着矛盾. 例如, 不能既要有小的顶点度, 又要有大的连通度. 同样, 如果固定最大度 Δ 和直径 k, 那么能被互连的组件最大个数由一个关

于 Δ 和 k 的函数 $M(\Delta,k)$ (即 Moore 界) 控制. 因此, 最优是相对的, 它只是对某个性能度量而言的. 一个网络对度量参数甲是最优的, 但对度量参数乙不一定是最优的. 所谓网络的最优设计, 是对影响网络费用和性能等各种因素的一种好的权衡. 任何好的网络设计实质上是各种因素都要均衡考虑的一个妥协方案.

这一节介绍三种网络设计方法: 笛卡尔乘积、群论方法和替代乘积. 主要目的是通过图论运算和群方法构造 Cayley 图 (因而是点可迁图).

7.4.1 笛卡尔乘积

1.5 节定义了笛卡尔乘积, 它是重要的图论运算, 也是重要的网络设计方法[81]. 笛卡尔乘积图保留因子图许多比较好的结构性质. 例如, 正则图的笛卡尔乘积仍是正则图, 2 部图的笛卡尔乘积仍是 2 部图, Euler 图的笛卡尔乘积仍是 Euler 图, Hamilton 图的笛卡尔乘积仍是 Hamilton 图. 这些性质的证明留给读者作为习题. 定理 1.5.2 证明了笛卡尔乘积的直径是因子图直径之和. 下面证明无向图笛卡尔乘积的 Hamilton 性.

定理 7.4.1 **设 G_1 和 G_2 是无向图. 如果它们之一是 Hamilton 图, 而另一个含 Hamilton 路, 那么 $G_1\times G_2$ 是 Hamilton 图.**

证明 不妨设 G_1 是 Hamilton 图, G_2 含 Hamilton 路. 令 C_n $(n\geqslant 3)$ 是 G_1 中 Hamilton 圈, P_m $(m\geqslant 1)$ 是 G_2 中 Hamilton 路. 因为 C_n 是 G_1 的支撑子图, P_m 是 G_2 的支撑子图, 所以 $C_n\times P_m$ 是 $G_1\times G_2$ 的支撑子图.

显然, 只需证明 $C_n\times P_m$ 含 Hamilton 圈. 对 $m\geqslant 1$ 用数学归纳法. 当 $m=1$ 时, 结论显然成立. 假定 $m\geqslant 2$, 且 $C_n\times P_{m-1}$ 含 Hamilton 圈. 为了证明 $C_n\times P_m$ 含 Hamilton 圈, 令

$$C_n=(x_1,x_2,\cdots,x_n),$$
$$P_m=(y_1,y_2,\cdots,y_m),$$
$$P_{m-1}=(y_1,y_2,\cdots,y_{m-1}),$$

则 $C_n\times P_{m-1}$ 和 $C_n\times\{y_m\}$ 都是 $C_n\times P_m$ 的子图. 由归纳假设, 可令 H_1 和 H_2 分别是 $C_n\times P_{m-1}$ 和 $C_n\times\{y_m\}$ 中 Hamilton 圈. H_1 中存在相邻两顶点 $x=x_iy_{m-1}$ 和 $y=x_{i+1}y_{m-1}$, H_2 中存在相邻两顶点 $u=x_iy_m$ 和 $v=x_{i+1}y_m$. 于是 (如图 7.18 中粗边所示)

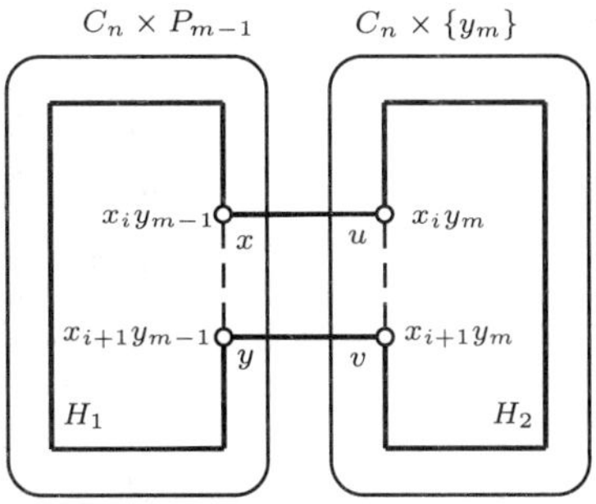

图 7.18 定理 7.4.1 的证明图示

$$H_1\cup H_2-\{xy,uv\}+\{xu,yv\}$$

是 $C_n\times P_m$ 中 Hamilton 圈. 定理得证. ∎

现在讨论笛卡尔乘积的连通度. 为了表述上的方便和简单起见, 定义几个记号.

设 D_1 和 D_2 是两个非平凡有向图. 记 $v_i=v(D_i)$, $\kappa_i=\kappa(D_i)$, $\lambda_i=\lambda(D_i)$, $\delta_i^+=\delta^+(D_i)$, $\delta_i^-=\delta^-(D_i)$ $(1\leqslant i\leqslant 2)$.

设 $D=D_1\times D_2$, S 是 D 的 κ 分离集, H 是 $D-S$ 的子图. 对于 $x\in V(D_1)$, $y\in V(D_2)$, S_x 表示 S 中第一个坐标为 x 的点集, S_y 表示 S 中第二个坐标为 y 的点集, H_1 表示 H 中点的第一个坐标集, H_2 表示 H 中点的第二个坐标集, 即

$$\begin{aligned}&S_x=S\cap V(xD_2),\quad S_y=S\cap V(D_1y),\\&H_1=\{x\in V_1:\ xy\in V(H),\ y\in V_2\},\\&H_2=\{y\in V_2:\ xy\in V(H),\ x\in V_1\}.\end{aligned}$$

命题 7.4.1 设 $D_1=(V_1,E_1)$ 和 $D_2=(V_2,E_2)$ 是非平凡强连通有向图, S 是 $D_1\times D_2$ 的 κ 分离集, H 是 $D_1\times D_2-S$ 中无外邻点 (或者无内邻点) 的子图. 若 $H_1\neq V_1$ 且 $H_2\neq V_2$, 则存在边 $(x,x')\in E_{D_1}^+(H_1)$ (或者 $(x',x)\in E_{D_1}^-(H_1)$), 使得

$$|S_x|+|S_{x'}|\geqslant\delta_2^++1\quad(\text{或者 }\delta_2^-+1).\tag{7.4.1}$$

证明 设 $D=D_1\times D_2$, 并不妨设 H 是 $G-S$ 中无外邻点的子图, 即 $E_D^+(H)\subseteq S$. 因为 $H_1\neq V_1$ 且 D_1 是强连通的, 所以存在 $x\in H_1$ 和 $x'\in V_1\setminus H_1$, 使得 $(x,x')\in E_{D_1}^+(H_1)$. 令 $G_x=V(H)\cap V(xD_2)$, $F_x=N_D^+(G_x)\cap V(x'D_2)$, 则存在 $y\in V_2$, 使得 $(xy,x'y)\in E_D(G_x,F_x)$ (见图 7.19), 且

$$|F_x|=|G_x|=|E_D(G_x,F_x)|\geqslant 1.\tag{7.4.2}$$

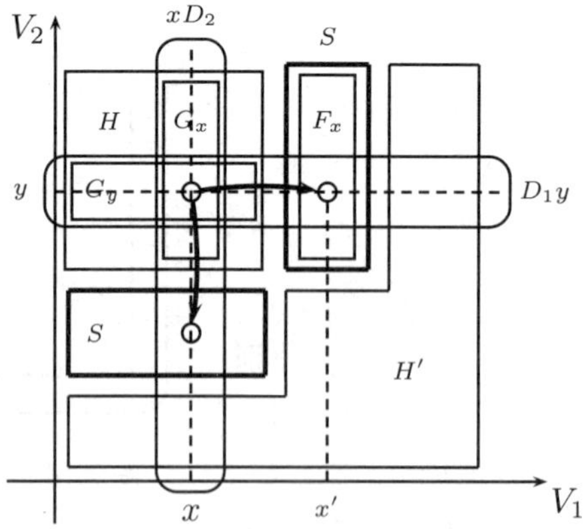

图 7.19　命题 7.4.1 的证明图示

因为 $E_D^+(H)\subseteq S$, $H_1\neq V_1$, $H_2\neq V_2$, 所以

$$N_{xD_2}^+(G_x)\subseteq S_x,\quad F_x\subseteq S_{x'},$$

这意味着

$$|S_x|+|S_{x'}|\geqslant |N^+_{xD_2}(G_x)|+|F_x|. \tag{7.4.3}$$

由式 (7.4.2) 和式 (7.4.3) 得 $|S_x|+|S_{x'}|\geqslant |N^+_{xD_2}(G_x)|+|G_x|\geqslant |G_x\cup N^+_{xD_2}(G_x)|$, 即

$$|S_x|+|S_{x'}|\geqslant |G_x\cup N^+_{xD_2}(G_x)|. \tag{7.4.4}$$

因为 $|G_x\cup N^+_{xD_2}(G_x)|\geqslant \delta_2^+ +1$ (见习题1.3.7), 所以由式 (7.4.4) 有

$$|S_x|+|S_{x'}|\geqslant \delta_2^+ +1.$$

命题得证. ∎

定理 7.4.2 (杨超等, 2008 [397]) **设 D_1 和 D_2 是非平凡强连通有向图, 则**

$$\kappa(D_1\times D_2)=\min\{\upsilon_1\kappa_2,\upsilon_2\kappa_1,\delta_1^+ +\delta_2^+,\delta_1^- +\delta_2^-\}.$$

证明　令 $D=D_1\times D_2$. 由 Whitney 不等式 (定理 4.3.1) 有

$$\kappa(D)\leqslant \min\{\delta^+(D),\delta^-(D)\}=\min\{\delta_1^+ +\delta_2^+,\delta_1^- +\delta_2^-\}.$$

如果 D_2 不是完全有向图, 令 S_2 是 D_2 的 κ_2 分离集, 则 $V_1\times S_2$ 是 D 的分离集, 这意味着 $\kappa(D)\leqslant \upsilon_1\kappa_2$; 如果 D_2 是完全有向图, 则 $\kappa_2=\delta_2^+$, 因此

$$\kappa(D)\leqslant \delta_1^+ +\delta_2^+\leqslant (\delta_1^+ +1)\delta_2^+\leqslant \upsilon_1\kappa_2.$$

由对称性有 $\kappa(D)\leqslant \upsilon_2\kappa_1$. 于是, $\kappa(D)\leqslant \min\{\upsilon_1\kappa_2,\upsilon_2\kappa_1,\delta_1^+ +\delta_2^+,\delta_1^- +\delta_2^-\}$.

下面证明

$$\kappa(D)\geqslant \min\{\kappa_1\upsilon_2,\kappa_2\upsilon_1,\delta_1^+ +\delta_2^+,\delta_1^- +\delta_2^-\}. \tag{7.4.5}$$

因为 D_1 和 D_2 都是非平凡的, 所以 D 是非完全的, 因而有 κ 分离集. 令 S 是 D 的 κ 分离集, 则 $D-S$ 中存在两个 κ 分支, 其中一个是正分支, 另一个是负分支. 这两个 κ 分支中至少有一个, 设为 H, 满足 $H_1\neq V_1$ 或 $H_2\neq V_2$. 不失一般性, 设正 κ 分支 H (即 $N_D^+(H)\subseteq S$) 满足 $H_1\neq V_1$ (见图 7.19). 对 $y\in H_2$, 令 $G_y=V(H)\cap V(D_1y)$, 则 $N^+_{D_1y}(G_y)\subseteq S_y$. 这意味着

$$|S_y|\geqslant \kappa_1\geqslant 1,\quad \forall\, y\in H_2. \tag{7.4.6}$$

若 $H_2=V_2$, 则由式 (7.4.6) 得

$$|S|\geqslant \sum_{y\in H_2}|S_y|=\sum_{y\in V_2}|S_y|=|V_2||S_y|\geqslant \upsilon_2\kappa_1.$$

现在假定 $H_2\neq V_2$. 因为 $H_1\neq V_1$ 且 $N_D^+(H)\subseteq S$, 所以

$$|S_z|\geqslant 1,\quad \forall\, z\in H_1\cup N^+_{D_1}(H_1). \tag{7.4.7}$$

由命题 7.4.1, 存在边 $(x,x')\in E^+_{D_1}(H_1)$, 使得式 (7.4.1) 成立. 因此, 由式 (7.4.1)、式 (7.4.7) 和习题 1.3.7 ($|H_1\cup N^+_{D_1}(H_1)|\geqslant \delta_1^+ +1$) 得

$$\begin{aligned}|S| &\geqslant (|S_x|+|S_{x'}|)+\sum_{z\in H_1\setminus\{x\}}|S_z|+\sum_{z\in N^+_{D_1}(H_1)\setminus\{x'\}}|S_z|\\ &\geqslant \delta_2^+ +1+(|H_1|-1)+(|N^+_{D_1}(H_1)|-1)\\ &=\delta_2^+ +(|H_1|+|N^+_{D_1}(H_1)|)-1\\ &\geqslant \delta_2^+ +|H_1\cup N^+_{D_1}(H_1)|-1\\ &\geqslant \delta_2^+ +(\delta_1^+ +1)-1\\ &=\delta_1^+ +\delta_2^+.\end{aligned}$$

于是, 式 (7.4.5) 成立. 定理得证. ∎

推论 7.4.2 (杨超等, 2010 [395]) **设** G_1 **和** G_2 **是两个非平凡的连通无向图, 则**

$$\kappa(G_1\times G_2)=\min\{\kappa_1 v_2,\kappa_2 v_1,\delta_1+\delta_2\}.$$

同样, 杨超等, (2008) [397] 利用因子图的阶、最小度和边连通度确定了笛卡尔乘积图的边连通度. 这个结果叙述如下, 其证明留给读者作为习题.

定理 7.4.3 (杨超等, 2008 [397]) **设** D_1 **和** D_2 **是两个非平凡的强连通有向图, 则**

$$\lambda(D_1\times D_2)=\min\{v_1\lambda_2,v_2\lambda_1,\delta_1^+ +\delta_2^+,\delta_1^- +\delta_2^-\}.$$

推论 7.4.3 (杨超等, 2006 [394]) **设** G_1 **和** G_2 **是两个非平凡的连通无向图, 则**

$$\lambda(G_1\times G_2)=\min\{\delta_1+\delta_2,v_1\lambda_2,v_2\lambda_1\}.$$

由推论 7.4.2 和推论 7.4.3 立即得到下面的结果.

定理 7.4.4 **若** $\kappa(G_i)=\delta(G_i)>0\ (1\leqslant i\leqslant n)$, **则**

$$\begin{aligned}\kappa(G_1\times G_2\times\cdots\times G_n)&=\kappa(G_1)+\kappa(G_2)+\cdots+\kappa(G_n),\\ \lambda(G_1\times G_2\times\cdots\times G_n)&=\lambda(G_1)+\lambda(G_2)+\cdots+\lambda(G_n).\end{aligned}$$

因为 $Q_n=\underbrace{K_2\times K_2\times\cdots\times K_2}_{n}$ (例 1.5.6), 故由 $\kappa(K_2)=\lambda(K_2)=1$ 和定理 7.4.4 立即得到超立方体 Q_n 的连通度.

推论 7.4.4 $\kappa(Q_n)=\lambda(Q_n)=n\ (n\geqslant 1)$.

下面讨论笛卡尔乘积图的代数性质, 所考虑的代数性质对计算机互连网络设计非常有用. 首先注意到: 点可迁图的笛卡尔乘积图仍是点可迁的 (其证明留给读者). 由于 K_2 是点可迁的, 所以超立方体 $Q_n=K_2\times\cdots\times K_2$ 是点可迁的.

一个自然的问题是: Cayley 图的笛卡尔乘积是否仍是 Cayley 图? 回答是肯定的. 为准确陈述这个结论和证明, 先回顾一下群的笛卡尔乘积.

设 $\Gamma=\Gamma_1\times\Gamma_2\times\cdots\times\Gamma_n=(X,\circ)$ 是 n 个有限群 $\Gamma_i=(X_i,\circ_i)$ $(1\leqslant i\leqslant n)$ 的笛卡尔乘积, 其中 $X=X_1\times X_2\times\cdots\times X_n$. 运算 "$\circ$" 定义如下:

$$(x_1x_2\cdots x_n)\circ(y_1y_2\cdots y_n)=(x_1\circ_1 y_1)(x_2\circ_2 y_2)\cdots(x_n\circ_n y_n),$$

其中 $x_i,y_i\in X_i$ $(1\leqslant i\leqslant n)$. Γ 中元素 $x_1x_2\cdots x_n$ 的逆

$$(x_1x_2\cdots x_n)^{-1}=x_1^{-1}x_2^{-1}\cdots x_n^{-1},$$

其中 x_i^{-1} 是 Γ_i 中元素 x_i 的逆 $(1\leqslant i\leqslant n)$. Γ 中单位元素 $e=e_1e_2\cdots e_n$, 其中 e_i 是 Γ_i 的单位元素 $(1\leqslant i\leqslant n)$.

定理 7.4.5　Cayley 图的笛卡尔乘积仍是 Cayley 图.

更精确地讲, 设 $G_i=C_{\Gamma_i}(S_i)$ 是有限群 $\Gamma_i=(X_i,\circ_i)$ 关于集 S_i 的 Cayley 图, 那么 $G=G_1\times G_2\times\cdots\times G_n$ 是群 $\Gamma=\Gamma_1\times\Gamma_2\times\cdots\times\Gamma_n$ 关于集

$$S=\bigcup_{i=1}^{n}\{e_1\cdots e_{i-1}\}\times S_i\times\{e_{i+1}\cdots e_n\}$$

的 Cayley 图 $C_\Gamma(S)$, 其中 e_i 是 Γ_i 的单位元 $(1\leqslant i\leqslant n)$.

证明　只需证明定理对 $n=2$ 成立. 此时, $G=G_1\times G_2$, $\Gamma=\Gamma_1\times\Gamma_2$, $S=(\{e_1\}\times S_2)\cup(S_1\times\{e_2\})$. 任取 $X_1\times X_2$ 中两个元素 x_1x_2 和 y_1y_2, 其中 $x_i,y_i\in X_i$, $i\in\{1,2\}$. 只需证明

$$(x_1x_2,y_1y_2)\in E(G)\quad\Leftrightarrow\quad(x_1x_2)^{-1}\circ(y_1y_2)\in S.$$

由有向图笛卡尔乘积的定义有

$$(x_1x_2,y_1y_2)\in E(G)\quad\Leftrightarrow\quad\begin{cases}x_1=y_1,\ (x_2,y_2)\in E(G_2),\quad\text{或者}\\x_2=y_2,\ (x_1,y_1)\in E(G_1).\end{cases}$$

因为 $G_i=C_{\Gamma_i}(S_i)$, 所以

$$(x_i,y_i)\in E(G_i)\quad\Leftrightarrow\quad x_i^{-1}\circ_i y_i\in S_i,\ i\in\{1,2\}.$$

于是

$$\begin{aligned}&x_1=y_1,\ (x_2,y_2)\in E(G_2)\\&\Leftrightarrow(x_1x_2)^{-1}\circ(y_1y_2)=(x_1^{-1}x_2^{-1})\circ(y_1y_2)\\&\qquad\qquad\qquad\qquad\ =(x_1^{-1}\circ_1 y_1)(x_2^{-1}\circ_2 y_2)\end{aligned}$$

$$
\begin{aligned}
&= (x_1^{-1} \circ_1 x_1)(x_2^{-1} \circ_2 y_2) \\
&= e_1(x_2^{-1} \circ_2 y_2) \in \{e_1\} \times S_2 \subseteq S.
\end{aligned}
$$

同样, 有

$$
\begin{aligned}
& x_2 = y_2,\ (x_1, y_1) \in E(G_1) \\
\Leftrightarrow\ & (x_1x_2)^{-1} \circ (y_1y_2) = (x_1^{-1}x_2^{-1}) \circ (y_1y_2) \\
&= (x_1^{-1} \circ_1 y_1)(x_2^{-1} \circ_2 y_2) \\
&= (x_1^{-1} \circ_1 y_1)(x_2^{-1} \circ_2 x_2) \\
&= (x_1^{-1} \circ_1 y_1)e_2 \in S_1 \times \{e_2\} \subseteq S.
\end{aligned}
$$

这些说明 $G = G_1 \times G_2$ 是群 $\Gamma = \Gamma_1 \times \Gamma_2$ 关于子集 $S = (S_1 \times \{e_2\}) \cup (\{e_1\} \times S_2)$ 的 Cayley 图 $C_\Gamma(S)$. ∎

定理 7.4.5 很有用, 因为它提供了从一些小阶 Cayley 图构造大阶 Cayley 图的方法. 作为应用, 举两个例子, 其中 $\mathbb{Z}_n$ $(n \geqslant 2)$ 表示模 n 加法群.

例 7.4.1 例 7.3.2 证明了超立方体 Q_n 是 Cayley 图 $C_\Gamma(S)$, 其中 $\Gamma = (\Omega_n, \Delta)$ 是 Abel 群, Ω_n 是 n 元集 S 的幂集. 利用定理 7.4.5 可以给出 Q_n 是 Cayley 图的另一种表达形式.

考虑 $\mathbb{Z}_2$, 它的单位元 $e = 0$. 若取 $S = \{1\}$, 则 Cayley 图 $C_{\mathbb{Z}_2}(S)$ 是完全图 K_2. 令 $\mathbb{Z}_2^n = \mathbb{Z}_2 \times \mathbb{Z}_2 \times \cdots \times \mathbb{Z}_2$, 其运算 “$\circ$” 定义为

$$
(x_1 \cdots x_n) \circ (y_1 \cdots y_n) = (x_1 + y_1)(\mathrm{mod}\, 2) \cdots (x_n + y_n)(\mathrm{mod}\, 2),
$$

其中 $x_i, y_i \in \{0,1\}$, $(00\cdots00)$ 是 $\mathbb{Z}_2^n$ 的单位元. 设 $e_i = 0$, $S_i = \{1\}$ $(1 \leqslant i \leqslant n)$. 令

$$
\begin{aligned}
S &= \bigcup_{i=1}^{n} \{e_1 \cdots e_{i-1}\} \times S_i \times \{e_{i+1} \cdots e_n\} \\
&= \{100\cdots00, 010\cdots00, \cdots, 000\cdots01\}.
\end{aligned}
$$

不难看到 S 中所有元素都是自逆的, 即有 $S^{-1} = S$. 于是, Cayley 图 $C_{\mathbb{Z}_2^n}(S)$ 是无向图, 由定理 7.4.5 知, 这个图是 $K_2 \times K_2 \times \cdots \times K_2$. 它就是在例 1.5.6 中定义的超立方体 Q_n. ∎

例 7.4.2 考虑群 $\mathbb{Z}_2 \times \mathbb{Z}_n$ $(n \geqslant 3)$. 它的运算定义为

$$
(x_1x_2) \circ (y_1y_2) = (x_1 + y_1)(\mathrm{mod}\ 2)(x_2 + y_2)(\mathrm{mod}\ n),
$$

其中 $x_1, y_1 \in \{0,1\}$, $x_2, y_2 \in \{0,1,\cdots,n-1\}$. 如果令

$$
S = (\{1\} \times \{0\}) \cup (\{0\} \times \{1, n-1\}) = \{10, 01, 0(n-1)\},
$$

那么 $S=S^{-1}$, 其中第一个元素是自逆的, 另外两个元素是互逆的. 于是, Cayley 图 $C_{\mathbb{Z}_2\times\mathbb{Z}_n}(S)$ 是无向图. 由定理 7.4.5 知, 这个 Cayley 图是 $K_2\times C_n$.

图 7.20 (a) 所示的 Cayley 图 $C_{\mathbb{Z}_2\times\mathbb{Z}_5}(\{10,01,04\})$ 是 $K_2\times C_5$. 如果令

$$S=(\{1\}\times\{0\})\cup(\{0\}\times\{1\})=\{10,01\},$$

那么 $S^{-1}\neq S$, Cayley 图 $C_{\mathbb{Z}_2\times\mathbb{Z}_n}(S)$ 是有向图. 由定理 7.4.5 知, 这个 Cayley 图是 $K_2^*\times C_n$, 其中 C_n 是有向圈.

图 7.20 (b) 所示的 Cayley 图 $C_{\mathbb{Z}_2\times\mathbb{Z}_5}(\{10,01\})$ 是 $K_2^*\times C_5$, 它不是 Hamilton 图. 这个例子说明定理 7.4.1 对有向图不一定成立. ∎

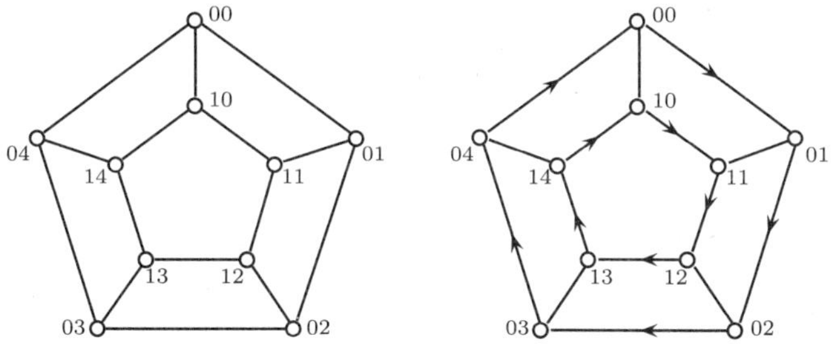

(a) $C_{\mathbb{Z}_2\times\mathbb{Z}_5}(\{10,01,04\})$　　(b) $C_{\mathbb{Z}_2\times\mathbb{Z}_5}(\{10,01\})$

图 7.20　Cayley 图

至此为止已经知道, 超立方体 Q_n $(n\geqslant 2)$ 是 n 正则等 2 部图 (例 1.2.3)、点偶泛圈 (定理 1.6.1), 而且是 Cayley 图 (例 7.3.2 和例 7.4.1), 因而是点可迁的; $d(Q_n)=\kappa(Q_n)=\lambda(Q_n)=n$ (推论 1.5.2 和推论 7.4.4). 正是由于超立方体有这么优良的结构性质, 它是大规模超级计算机互连网络最通用的首选拓扑结构.

事实上, 1977 年, Columbia 大学的 H. Sullivan 等 (1977) [330] 设计出了第一台超立方体并行处理机, 即 Columbia Homogeneous Parallel Processor. 现在有许多基于超立方体网络的超级计算机投入商业运行. 例如 Caltech 的 Cosmic (C. L. Seitz, 1985 [321])、Intel 的 Connection Machines (W. D. Hillis, 1985 [195]) 和 iPSC/2 (S. F. Nugent, 1988 [284]). 有关超立方体的性质和基于超立方体网络超级计算机的早期发展见 F. Harary 和 J. P. Hayes 等 (1988, 1989) [181, 186] 的综述文章. 有关超立方体网络的其他性质和超立方体的变形网络, 有兴趣的读者可参阅笔者的专著《组合网络理论》(2007) [392] 第 6 章.

7.4.2　群论方法

在网络设计原则中曾提到, 所设计的网络具有高度对称性, 可迁图正好满足这个要求. 然而, 判断给定图是否是点可迁的相当困难. 由定理 7.3.3 知 Cayley 图是点可迁的. 因此, 构造点可迁图并不难.

下面介绍一类重要的构造 Cayley 图的方法: 群论方法. 这种构图方法在网络设计中广泛运用. 例 7.3.1 和例 7.4.1 已经通过群构造出两类 Cayley 图: 循环图 $G(n;S)=C_{\mathbb{Z}_n}(S)$ 和超立方体 $Q_n=C_{\mathbb{Z}_2^n}(S)$.

设 $(p_1p_2\cdots p_n)$ 是 Sym(n) 上的置换. 用 (p_i,p_j) 表示两个元素 p_i 和 p_j 对换、其余元素不变的置换, 即

$$(p_i,p_j)=\begin{pmatrix}p_1 & \cdots & p_i & \cdots & p_j\cdots & n\\ p_1 & \cdots & p_j & \cdots & p_i\cdots & n\end{pmatrix};$$

(p_i,p_j,p_k) 表示三个元素 p_i, p_j 和 p_k 的轮换, 其余元素不变的置换, 即

$$(p_i,p_j,p_k)=\begin{pmatrix}p_1 & \cdots & p_i & \cdots & p_j & \cdots & p_k & \cdots & n\\ p_1 & \cdots & p_j & \cdots & p_k & \cdots & p_i & \cdots & n\end{pmatrix}.$$

用 Γ_n 表示 Sym(n) 中的交错群 (偶置换构成的群). 基于交错群, 有两类著名的 Cayley 图: 交错群网络和交错群图.

例 7.4.3 交错群网络 (alternating group networks).

交错群网络 AN_n 是由冀有虎 (1999) [207] 提出来的, 它是 Cayley 图 $C_{\Gamma_n}(S)$, 其中 $n\geqslant 3$, $S=\{(1,2,3),(1,3,2)\ (1,2)(3,i):\ 4\leqslant i\leqslant n\}$. AN_3 和 AN_4 见图 7.21.

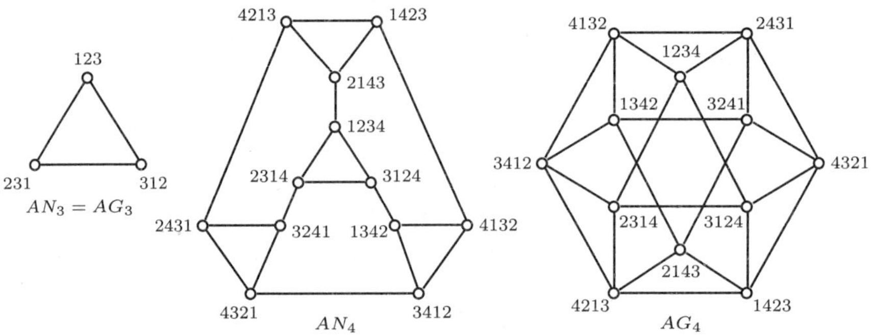

图 7.21 交错群网络 AN_3, AN_4 和交错群图 AG_3, AG_4

例 7.4.4 交错群图 (alternating group graphs).

交错群图 AG_n 是由 Jwo 等人 (1993) [211] 提出来的, 它是 Cayley 图 $C_{\Gamma_n}(S)$, 其中 $n\geqslant 3$, $S=\{(1,2,i),(1,i,2):\ 3\leqslant i\leqslant n\}$. AG_3 和 AG_4 见图 7.21.

下面介绍一类 Cayley 图: 对换 Cayley 图. 设 $\mathscr{T}_n$ 是 Sym(n) 上的对换集, $S\subseteq\mathscr{T}_n$. 称 Cayley 图 $C_{\mathrm{Sym}(n)}(S)$ 为**对换 Cayley 图**; 称以 $\{1,2,\cdots,n\}$ 为顶点集、以 $\{ij:\ (i,j)\in S\}$ 为边集的无向图为**对换图** (transposition graphs), 记为 T_S.

定理 7.4.6 $S\subseteq\mathscr{T}_n$ **生成** Sym$(n)\Leftrightarrow T_S$ **是连通的**.

证明　设 S 是 $\mathrm{Sym}\,(n)$ 的生成集, Γ 是由 S 生成的群. 显然, $\Gamma\subseteq\mathrm{Sym}\,(n)$. 任取 $\sigma\in\mathrm{Sym}\,(n)$, 则存在一系列对换 $(i_1,j_1),(i_2,j_2),\cdots,(i_k,j_k)$, 使得

$$\sigma=(i_1,j_1)(i_2,j_2)\cdots(i_k,j_k). \tag{7.4.8}$$

注意到, 若 $(k,i),(i,\ell)\in S$, 则 $(k,\ell)=(i,\ell)(k,i)(i,\ell)\in\Gamma$. 由此知, 若 T_S 中存在从 k 到 ℓ 的路, 则 $(k,\ell)\in\Gamma$. 因此, 若 T_S 是连通的, 则式 (7.4.8) 中的对换都属于 Γ. 这意味着 $\sigma\in\Gamma$, 即 $\mathrm{Sym}\,(n)\subseteq\Gamma$.

反之, 因为 S 中不存在一个对换将 T_S 中一个连通分支的顶点映射到另一个连通分支, 所以 T_S 是连通的. ∎

推论 7.4.6.1　$S\subseteq\mathscr{T}_n$ **是** $\mathrm{Sym}\,(n)$ **的极小生成集** $\Leftrightarrow T_S$ **是树**.

证明　由定理 2.1.3 知 n 阶连通图 G 至少有 $n-1$ 条边, 而且恰有 $n-1$ 条边 $\Leftrightarrow G$ 是树. 由定理 7.4.6, 该结论成立. ∎

推论 7.4.6.2　**设** $S\subseteq\mathscr{T}_n$**, 则 Cayley 图** $C_{\mathrm{Sym}(n)}(S)$ **是连通的** $\Leftrightarrow$ **对换生成图** T_S **是连通的.**

注意, Cayley 图 $C_{\mathrm{Sym}(n)}(S)$ 有 $n!$ 个顶点. 因为一个对换改变置换的奇偶性, 所以每条边连接一个奇置换和一个偶置换. 因此, Cayley 图 $C_{\mathrm{Sym}(n)}(S)$ 是 2 部图. 而且对任何两个 $S,S'\subseteq\mathscr{T}_n$, $T_S\cong T_{S'}\Leftrightarrow C_{\mathrm{Sym}(n)}(S)\cong C_{\mathrm{Sym}(n)}(S')$.

例 7.4.5　几类特殊的对换 Cayley 图.

若取 $S=\{(1,i):\ 2\leqslant i\leqslant n\}$, 则 $T_S=K_{1,n-1}$, 对应的 Cayley 图 $C_{\mathrm{Sym}(n)}(S)$ 被称为**星图** (star graph), 记为 S_n. 图 7.22 所示的是星图 S_2,S_3 和 S_4. 若取 $S=\{(i,i+1):\ 1\leqslant i\leqslant n-1\}$, 则 $T_S=P_n$, 对应的 Cayley 图 $C_{\mathrm{Sym}(n)}(S)$ 被称为**泡泡图** (bubble-sort graph), 记为 B_n. 图 7.23 所示的是泡泡图 B_2, B_3 和 B_4.

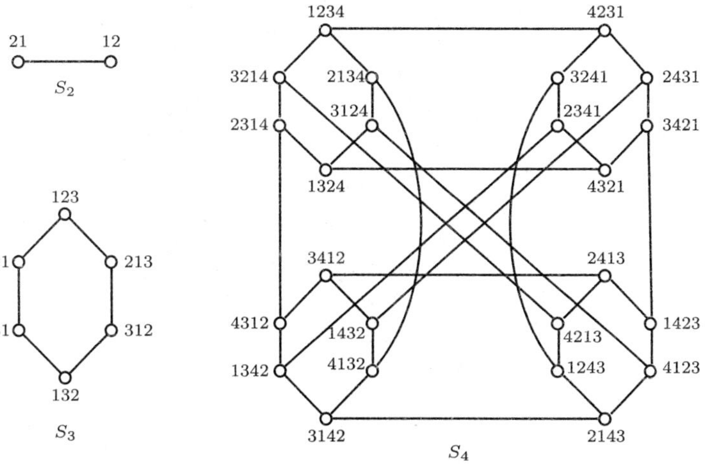

图 7.22　星图 S_2,S_3 和 S_4

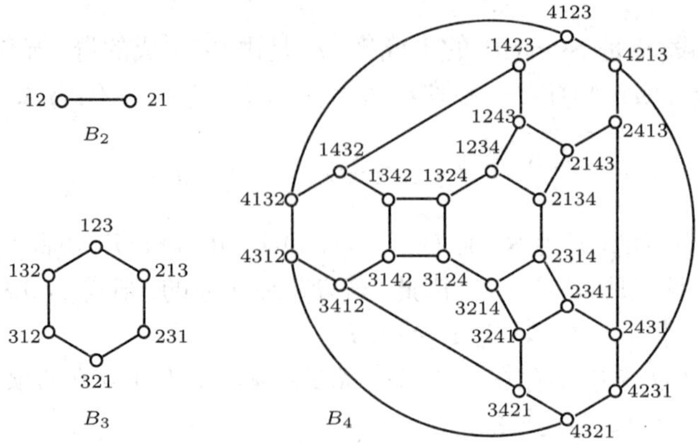

图 7.23　泡泡图 B_2, B_3 和 B_4

星图 S_n 和泡泡图 B_n 是计算机互连网络的重要拓扑结构[3].

显然, 选取不同的对换集 S 就可获得不同的对换图 T_S, 从而获得不同的 Cayley 图 $C_{\mathrm{Sym}(n)}(S)$, 因此这引起了许多研究者的关注. 再举几个例子.

若取 $S=\{(i,j):\ 1\leqslant i\leqslant k,\ k+1\leqslant j\leqslant n\}$, 则 $T_S=K_{k,n-k}$. 称 Cayley 图 $C_{\mathrm{Sym}(n)}(S)$ 为**广义星图** (generalized star), 记为 $GS_{n,k}$. 图 7.24 所示的图是 $GS_{4,2}$. 显然, $GS_{n,1}$ 是星图 S_n. 所以, $GS_{n,k}$ 是星图 S_n 的推广, 因此称 $GS_{n,k}$ 为广义星 (P. Fragopoulou, S. G. Akl, 1996[129]).

若取 $S=\{(i,i+1):\ 1\leqslant i\leqslant n-1\}\cup\{(n,1)\}$, 则 $T_S=C_n$, 称 Cayley 图 $C_{\mathrm{Sym}(n)}(S)$ 为**泡泡圈图** (modified bubble-sort), 记为 MB_n.

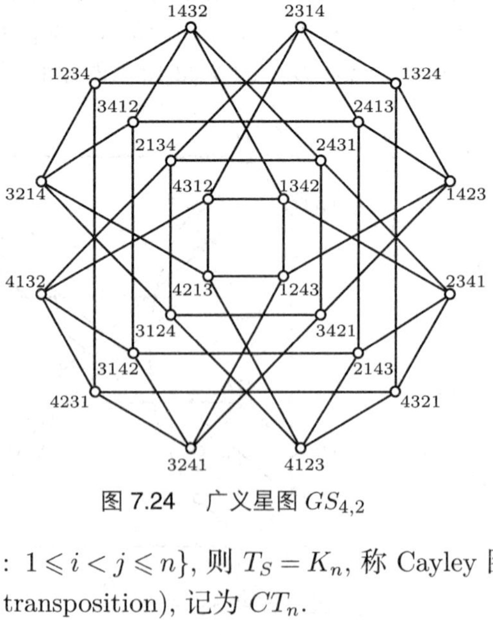

图 7.24　广义星图 $GS_{4,2}$

若取 $S=\{(i,j):\ 1\leqslant i<j\leqslant n\}$, 则 $T_S=K_n$, 称 Cayley 图 $C_{\mathrm{Sym}(n)}(S)$ 为**完全对换图** (complete transposition), 记为 CT_n.

7.4.3 替代乘积

下面介绍图的一个运算: 替代乘积. 它是构造 Cayley 图的有效方法之一.

前面的章节曾介绍过用一个图来替代另一个图中顶点的局部替代运算. 例如, 1.8 节中列举两个极大非 Hamilton 图——Petersen 图和 Tietze 图 (见图 1.56), 其中 Tietze 图是用三角形替代 Petersen 图中一个顶点后得到的; 3.1 节的末尾提到 Tutte 图是用 Tutte 子图替代完全图 K_4 中三个顶点后得到的 (见图 3.12). 在那些例子中只考虑某些顶点被替代 (图的局部替代). 这里考虑图的所有顶点被替代 (图的整体替代), 即图的替代乘积.

设 G_1 和 G_2 是两个无向图, G_1 是 n 阶 δ_1 正则的, G_2 是 δ_1 阶 δ_2 正则的. 对每个顶点 $x\in V(G_1)$, G_1 中关联于 x 的所有边标号为 $e_x^1,e_x^2,\cdots,e_x^{\delta_1}$. G_1 和 G_2 的**替代乘积** (replacement product) 是图 G_1G_2, 其中 $V(G_1G_2)=V(G_1)\times V(G_2)$, 两个不同顶点 (x,i) 和 (y,j) （$x,y\in V(G_1)$, $i,j\in V(G_2)$）在 G_1G_2 中有边相连 $\Leftrightarrow$ 或者 $x=y$ 且 $ij\in E(G_2)$, 或者 $xy\in E(G_1)$ 且 $e_x^i=xy=e_y^j$.

直观上看, 首先将 G_1 和 G_2 画在平面上, 然后将 G_2 覆盖在 G_1 的每个顶点 x 上, 使得 G_2 的顶点 i 落在 G_1 中对应的边 e_x^i 上. 图 7.25 所示的是, 将 G_2 覆盖在 G_1 中顶点 x 上, 使得 G_2 中顶点标号与 x 关联边的标号一致.

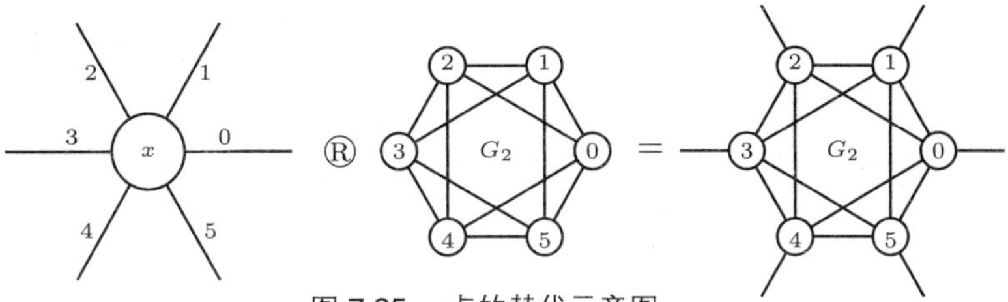

图 7.25　点的替代示意图

图 7.26 所示的图是 K_4 和 C_3 的替代乘积 $K_4Ⓡ C_3$ 以及 K_4 中边的标号. 它是著名的**截顶四面体** (truncated tetrahedron) 所对应的图 (这个图最早出现在 [218](Fig. 59)). K_4 和 C_3 都是 Cayley 图, 替代乘积 $K_4Ⓡ C_3$ 同构于交错群网络 AN_4 (见图 7.21), 因而是 Cayley 图.

更一般的问题是: 若 G_1 和 G_2 都是 Cayley 图, 替代乘积 $G_1Ⓡ G_2$ 是否是 Cayley 图？为回答这个问题, 首先回顾**群的半直积** (semidirect product) 和一些相关的群论概念.

设 $A=(A,\circ)$ 和 $B=(B,*)$ 是两个群. 从 A 到 B 的**同态**（homomorphism）是映射 ϕ：$A\to B$, 满足 $\phi(a\circ b)=\phi(a)*\phi(b)$. B 在 A 上的**作用**（action）是同态 ϕ：$B\to \mathrm{Aut}(A)$. 记 $\phi(b)=\phi_b$, 则 $\phi(b_1b_2)=\phi(b_1)\phi(b_2)=\phi_{b_1}\phi_{b_2}$. $a\in A$ 在 ϕ 下的**轨道**（orbit）是 A 的子集 $a^B=\{\phi_b(a)\in A:\ b\in B\}$. 群同态有下列简单而重要的性质.

命题 7.4.2　设 A 和 B 是两个有限群, e_A 和 e_B 分别是 A 和 B 的单位元,

ϕ 是从 A 到 B 的同态, 则 $\phi(e_A)=e_B$, $\phi(a^{-1})=(\phi(a))^{-1}$ $(\forall\ a\in A)$.

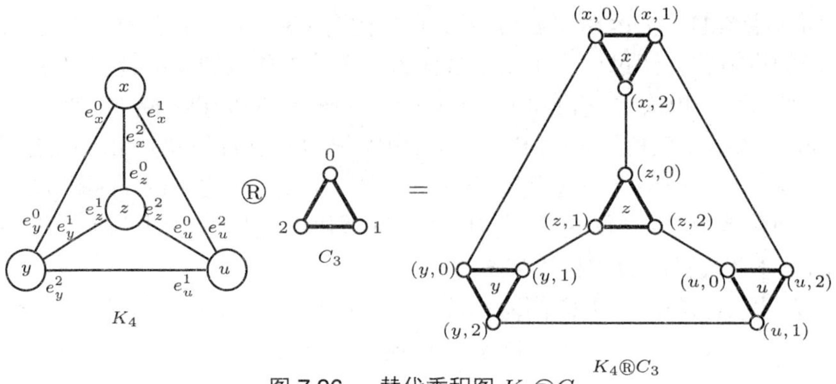

图 7.26　替代乘积图 K_4®C_3

下面举例说明这些概念.

例 7.4.6　设 $A=(\mathbb{Z}_2)^n$, $B=\mathbb{Z}_n$ 是 n 阶循环群. 令

$$e_0=\underbrace{0\cdots0}_{n\text{个}},\quad e_i=\underbrace{0\cdots0}_{i-1\text{个}}1\underbrace{0\cdots0}_{n-i\text{个}},\quad 1\leqslant i\leqslant n. \tag{7.4.9}$$

其中 e_0 是 $(\mathbb{Z}_2)^n$ 的单位元, $S_A=\{e_1,e_2,\cdots,e_n\}$ 是 A 的生成集. B 在 A 上的作用 $\phi=\{\phi_0,\phi_1,\cdots,\phi_{n-1}\}$ 定义如下:

$$\phi_0=(1,2,\cdots,n-1,n),\quad \phi_i=\phi_0^{i+1},\quad 1\leqslant i\leqslant n-1,$$

其中 ϕ_0 是 Sym(n) 上的轮换.

例如, 对于 $e_1\in A$,

$$\phi_i(e_1)=e_{n-i},\quad 0\leqslant i\leqslant n-1,$$

而且 e_1 在 ϕ 作用下的轨道

$$e_1^B=\{\phi_i(e_1)\in A:\ i\in B\}=\{e_1,e_2,\cdots,e_n\}=S_A.$$

在后面的讨论中, 将多处用到这个例子. ∎

现在简单回顾一下群的半直积. 设 A 和 B 是群, ϕ 是 B 在 A 上的作用.

群 A 和 B 关于 ϕ 的 **(外) 半直积** ((outer) semidirect product) $A\rtimes_\phi B$ 是群, 它的点集为 $A\times B=\{(a,b):\ a\in A,b\in B\}$, 二元运算 "$*$" 满足

$$(a_1,b_1)*(a_2,b_2)=(a_1\phi_{b_1}(a_2),b_1b_2)\quad (a_1,a_2\in A;b_1,b_2\in B),$$

单位元是 (e_A,e_B), 其中 e_A 和 e_B 分别是 A 和 B 的单位元. 因为 $\phi_b\in\mathrm{Aut}(A)$, 由命题 7.4.2 知

$$\phi_b(a)=e_A\quad\Leftrightarrow\quad a=e_A\ (\forall\ a\in A,b\in B), \tag{7.4.10}$$

由式 (7.4.10), 容易验证元素 (a,b) 的逆元

$$(a,b)^{-1}=(\phi_{b^{-1}}(a^{-1}),b^{-1}). \tag{7.4.11}$$

若对 $\forall b\in B$, 均取 ϕ_b 为 A 的恒等自同构, 则 $(a_1,b_1)*(a_2,b_2)=(a_1a_2,b_1b_2)$, $A\rtimes_\phi B$ 就是直积 $A\times B$. 因此, 群的半直积是直积概念的推广.

群的半直积及其应用可参见 N. Alon 等人(2001)[7] 的综述文章. 许多图的自同构群是通过两个群的半直积得到的. 例如, 利用半直积, 冯衍全(2006) [119] 和 Ganesan (2013) [138] 确定了某些对换 Cayley 图的自同构群, 周进鑫(2011) [404] 确定了交错群图的自同构群.

有了群的半直积和图的替代乘积概念, 现在陈述本节的主要结论: 在某些特定条件下, Cayley 图的替代乘积图仍是 Cayley 图. 这个结论最初出现在 N. Alon 等(2001) [7] 的综述文章中. 这里给出属于洪振木等(2017) [200] 的完整表述和证明.

定理 7.4.7　**设** A **和** B **是两个有限群,** S_A **和** S_B **分别是** A **和** B **的生成集,** $|S_A|=|B|\geqslant 2$, ϕ **是** B **在** A **上的作用, 满足** $S_A=x^B$ $(x\in S_A)$, **且** $S=\{(e_A,b): b\in S_B\}\cup\{(x,e_B)\}$, **则** S **生成** $A\rtimes_\phi B$, **而且若** $S_B=S_B^{-1}$ **且** $x=x^{-1}$, **则** $S=S^{-1}$ **且** $C_{A\rtimes_\phi B}(S)$ **是** $C_A(S_A)$ **和** $C_B(S_B)$ **的某个替代乘积.**

注　在证明该定理之前, 先说明一下定理中所列条件的必要性. 因为所讨论的 Cayley 图是无向图, 为了确保三个 Cayley 图 $C_A(S_A)$, $C_B(S_B)$ 和 $C_{A\rtimes_\phi B}(S)$ 都是无向图, 条件 "$S_B=S_B^{-1}$ 和 $S=S^{-1}$" 都是必要的. 事实上, 也有 $S_A=S_A^{-1}$. 由命题 7.4.2 知, 对 B 在 A 上的任何作用 ϕ 和任意的 $x\in A$,

$$(x,e_B)^{-1}=(\phi_{e_B}(x^{-1}),e_B)=(x^{-1},e_B).$$

因此, 条件 "$S=S^{-1}$" 意味着

$$\begin{aligned}\{(e_A,b):\ b\in S_B\}\cup\{(x,e_B)\}&=(\{(e_A,b):\ b\in S_B\}\cup\{(x,e_B)\})^{-1}\\&=\{(e_A,b^{-1}):\ b\in S_B\}\cup\{(x^{-1},e_B)\}.\end{aligned}$$

这意味着条件 "$S=S^{-1}$" 与条件 "$S_B=S_B^{-1}$ 且 $x=x^{-1}$" 是等价的.

因为在 ϕ 作用下 $S_A=x^B$, 所以对任何 $a\in S_A$, 存在某个 $b\in B$, 使得 $a=\phi_b(x)$. 由命题 7.4.2, 对任何 $a\in S_A$, 有

$$x=x^{-1}\quad\Leftrightarrow\quad a=\phi_b(x)=\phi_b(x^{-1})=(\phi_b(x))^{-1}=a^{-1},$$

即

$$x=x^{-1}\quad\Leftrightarrow\quad a=a^{-1}(\forall\ a\in S_A)\quad\Rightarrow\quad S_A=S_A^{-1}.$$

下面给出定理 7.4.7 的证明.

证明 由上面的注, 只需证明 S 生成 $A\rtimes_\phi B$, 且 $C_{A\rtimes_\phi B}(S)$ 是 $C_A(S_A)$ 和 $C_B(S_B)$ 的替代乘积.

首先证明 S 生成 $A\rtimes_\phi B$. 为此, 仅需证明: 任意 $(a,b)\in A\rtimes_\phi B$ 能被表示成 S 中元素的乘积.

由假定, $S_A=x^B$ $(x\in S_A)$ 且是 A 的生成集. 因为 $(a,b)=(a,e_B)*(e_A,b)$, 所以 (a,b) 能被表示成 $\{(s_a,e_B):\ s_a\in S_A\}\cup\{(e_A,s_b):\ s_b\in S_B\}$ 中元素的乘积. 因为 $S_A=x^B$, 所以对任意的 $s_a\in S_A$, 存在某个 $b\in B$, 使得 $s_a=\phi_b(x)$, 其中 b 能被表示成 S_B 中元素的乘积 (因为 S_B 是 B 的生成集). 又因为对任何 $b\in B$ 和 $\phi_b(x)\in S_A$, 有

$$(s_a,e_B)=(\phi_b(x),e_B)=(e_A,b)*(x,e_B)*(e_A,b^{-1}),$$

所以 (s_a,e_B) 能被表示成 S 中元素的乘积. 这意味着 S 生成群 $A\rtimes_\phi B$.

现在证明 $C_{A\rtimes_\phi B}(S)$ 是 $C_A(S_A)$ 和 $C_B(S_B)$ 的替代乘积. 由上面的注和假设条件, Cayley 图 $C_A(S_A)$, $C_B(S_B)$ 和 $C_{A\rtimes_\phi B}(S)$ 都是确定的无向图, 而且满足替代乘积的条件要求.

设 (y,i) 和 (z,j) 是 $C_{A\rtimes_\phi B}(S)$ 中两个不同的顶点, 其中 $y,z\in A=V(C_A(S_A))$, $i,j\in B=V(C_B(S_B))$. 因为 $C_{A\rtimes_\phi B}(S)$ 是 Cayley 图, 所以

$$\begin{aligned}
&(y,i)(z,j)\in E(C_{A\rtimes_\phi B}(S))\\
\Leftrightarrow\quad &(y,i)^{-1}*(z,j)=(\phi_{i^{-1}}(y^{-1}),i^{-1})*(z,j)=(\phi_{i^{-1}}(y^{-1})\phi_{i^{-1}}(z),i^{-1}j)\\
&\qquad=(\phi_{i^{-1}}(y^{-1}z),i^{-1}j)\\
&\qquad\in S=\{(e_A,b):\ b\in S_B\}\cup\{(x,e_B)\}.
\end{aligned}$$

若 $(\phi_{i^{-1}}(y^{-1}z),i^{-1}j)\in\{(e_A,b):b\in S_B\}$, 则由式 (7.4.10) 知 $y=z$, $ij\in E(C_B(S_B))$. 这意味着 $C_{A\rtimes_\phi B}(S)$ 中的边 $(y,i)(y,j)$ 是 $C_A(S_A)\circledR C_B(S_B)$ 中的边.

若 $(\phi_{i^{-1}}(y^{-1}z),i^{-1}j)=(x,e_B)$, 则 $i=j$, $\phi_{i^{-1}}(y^{-1}z)=x$. 因为 $\phi_{i^{-1}}\phi_i=\phi(i^{-1})\phi(i)=\phi(i^{-1}i)=\phi(e_B)$ 是 A 上的恒等自同构, 所以 $\phi_{i^{-1}}^{-1}=\phi_i$. 因此, $y^{-1}z=\phi_{i^{-1}}^{-1}(x)=\phi_i(x)\in x^B=S_A$, 即 $z=y\phi_i(x)$ 且 $yz\in E(C_A(S_A))$. 于是, 若对每条边 $(y,i)(z,i)\in E(C_{A\rtimes_\phi B}(S))$, 将边 $yz\in C_A(S_A)$ 标以 e_y^i 和 e_z^i, 即 $yz=e_y^i=e_z^i$, 则 $C_{A\rtimes_\phi B}(S)$ 中的边 $(y,i)(z,i)$ 就是 $C_A(S_A)\circledR C_B(S_B)$ 中的边.

因此, $C_{A\rtimes_\phi B}(S)$ 的结构满足替代乘积的定义, 而且对任意的 $yz\in E(C_A(S_A))$, 当 $y^{-1}z=\phi_i(x)$ 且将 yz 标以 e_y^i 和 e_z^i 时, $C_{A\rtimes_\phi B}(S)$ 是 $C_A(S_A)$ 和 $C_B(S_B)$ 的一个替代乘积. ∎

例 7.4.7 令 $A=(\mathbb{Z}_2)^n$, 则 $e_A=e_0$. 令 $S_A=\{e_1,e_2,\dots,e_n\}$, 其中 e_i 由式 (7.4.9) 定义, $e_i^{-1}=e_i$ $(1\leqslant i\leqslant n)$. 由例 7.4.1 知 Cayley 图 $C_A(S_A)$ 是超立方体 Q_n.

令 $B=\mathbb{Z}_n$, 则 $e_B=0$. 取 $S_B=\pm\{s_1,s_2,\cdots,s_k\}$, 使得 Cayley 图 $C_B(S_B)$ 是连通的 (由定理 7.3.2, 连通性要求能确保 S_B 是 B 的生成集). 由例 7.3.1 知 $C_B(S_B)$ 是循环图 $G(n,\pm S_B)$.

令 ϕ 是 B 在 A 上的作用 (定义见例 7.4.6), 则 S_A 是在 ϕ 作用下元素 $e_1\in S_A$ 的轨道 e_1^B. 令 $S=\{(e_A,s):\ s\in S_B\}\cup\{(e_1,e_B)\}$, 则 $S=S^{-1}$. 由定理 7.4.7, S 生成 $A\rtimes_\phi B$, 且 Cayley 图 $C_{A\rtimes_\phi B}(S)$ 是 Cayley 图 $C_A(S_A)$ 和 Cayley 图 $C_B(S_B)$ 的替代乘积图.

特别地, 如果 $S_B=\{1,n-1\}$, 那么 $S=\{(e_0,1),(e_0,n-1),(e_1,0)\}$. Cayley 图 $C_{(\mathbb{Z}_2)^n\rtimes_\phi\mathbb{Z}_n}(S)=Q_n\circledR C_n=CCC_n$. 图 7.27 所示的是 CCC_3, 它是 Q_3 和 C_3 的替代乘积图 $Q_3\circledR C_3$, 因而是 Cayley 图 $C_{\mathbb{Z}_2^3\rtimes_\phi\mathbb{Z}_3}(\{(000,1),(000,2),(100,0)\})$.

CCC_n 被称为 n 维**立方连通圈** (cube-connected cycles) 或截顶超立方体, 它是计算机互连网络的重要结构之一[299].

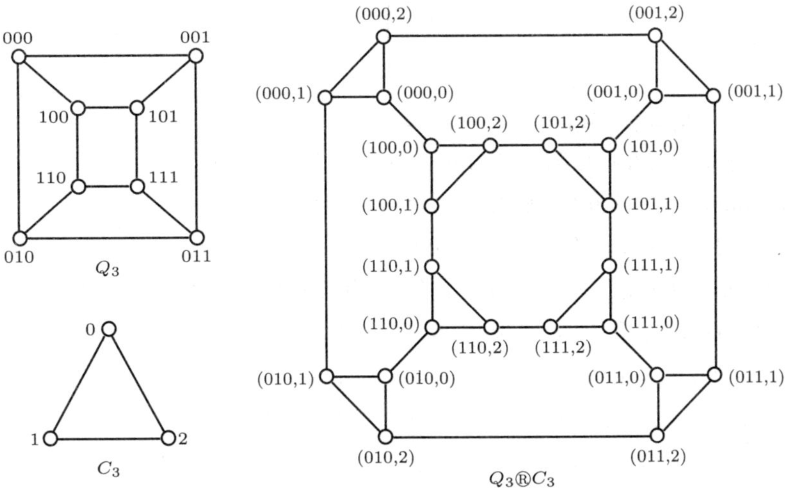

图 7.27　立方连通圈 $CCC_3=Q_3\circledR C_3$

例 7.4.8　在例 7.4.7 中, 令 $S_B=\{1,2,\cdots,n-1\}$, 则 $C_B(S_B)$ 是完全图 K_n. 令 $S=\{(e_0,1),\cdots,(e_0,n-1),(e_1,0)\}$, 则 Cayley 图 $C_{(\mathbb{Z}_2)^n\rtimes_\phi\mathbb{Z}_n}(S)=Q_n\circledR K_n$, 其中 ϕ 由例 7.4.6 定义.

例 7.4.9　Malluhi 和 Bayoumi (1994)[261] 提出的 n **维分层超立方体** (hierarchical hypercube) 网络 HHC_n 是 Q_{2^m} 和 Q_m 的替代乘积图 $Q_{2^m}\circledR Q_m$, 其中 $n=2^m+m$. 图 7.28(b) 所示的是分层超立方体网络 HHC_6, 其中 $m=2$ 且 $n=6$. 具体证明留给读者作为练习.

图的替代乘积是构造图的重要方法之一, 但对图的替代乘积研究, 除了洪振木等 (2017)[200] 获得的结果外, 文献中见到的研究结果很少.

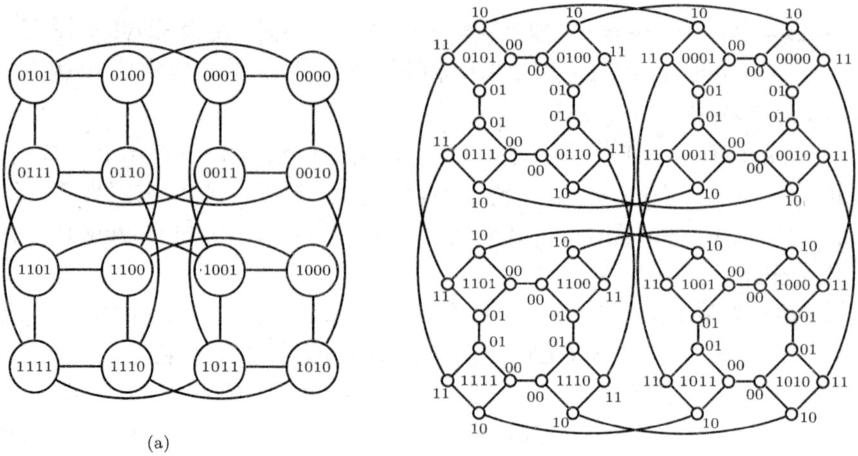

(a)

(b)

图 7.28 (a) Q_{2^2}; (b) HHC_6

习题 7.4

7.4.1 证明:

(a) 2 部图的笛卡尔乘积仍是 2 部图;

(b) Euler 图的笛卡尔乘积仍是 Euler 图;

(c) Hamilton 图的笛卡尔乘积仍是 Hamilton 图;

(d) 点可迁图的笛卡尔乘积仍是点可迁图.

7.4.2 证明: 超立方体 Q_n 中每条边被包含在任意偶长 ℓ 圈中, 其中 $4 \leqslant \ell \leqslant 2^n$, $n \geqslant 2$.

7.4.3 设 $G = G_1 \times G_2$ 且 $G' = G'_1 \times G'_2$. 证明: 若 $G_i \subseteq G'_i$ $(1 \leqslant i \leqslant 2)$, 则 $G \subseteq G'$.

7.4.4 证明定理 7.4.3、定理 7.4.4、推论 7.4.2 和推论 7.4.3.

7.4.5 证明命题 7.4.2, 并利用命题 7.4.2 证明式 (7.4.10) 和式 (7.4.11).

7.4.6 设 G_1 和 G_2 都是连通图, $\lambda_i = \lambda(G_i)$, $\delta_i = \delta(G_i)$ $(1 \leqslant i \leqslant 2)$. 证明:

(a) $\min\{\lambda_1, \lambda_2\} \leqslant \lambda(G_1 \circledR G_2) \leqslant \min\{\lambda_1, \delta_2 + 1\}$;

(b) $\min\{\lambda_1, \lambda_2 + 1\} \leqslant \lambda(G_1 \circledR G_2)$, 如果 $\kappa(G_1) \geqslant 2$;

(c) $\lambda(G_1 \circledR G_2) = \min\{\lambda_1, \delta_2 + 1\}$, 若 $\kappa(G_1) \geqslant 2$ 且 $\lambda_2 = \delta_2$;

(d) $\lambda(G \circledR K_n) = \lambda(G)$, 若 G 是 n 正则连通图. (洪振木等, 2017 [200])

7.4.7 给出下述结论的直接证明:

(a) 立方连通圈 CCC_n 是 Cayley 图; (G. E. Carlsson 等, 1985 [58])

(b) 分层超立方体 $Q_{2^m} \circledR Q_m$ 是 Cayley 图; (Q. M. Malluhi 等, 1994 [261])

(c) $Q_n \circledR K_n$ 是 Cayley 图;

(d) $K_{n+1} \circledR K_n$ 是 Cayley 图.

7.4.8 图 G_1 和 G_2 的**字典乘积图** (lexicographic product) $G_1[G_2]$: 顶点集为 $V(G_1) \times V(G_2)$, 两顶点 (x, i) 和 (y, j) 相连 $\Leftrightarrow$ 或者 $x = y$ 且 $ij \in E(G_2)$, 或者 $xy \in E(G_1)$. 证明:

(a) 替代乘积图 $G_1 \circledR G_2$ 是字典乘积图 $G_1[G_2]$ 的子图;

(b) 若 G_i $(1 \leqslant i \leqslant 2)$ 是 Cayley 图, 则字典乘积图 $G_1[G_2]$ 是 Cayley 图.

小结与进一步阅读的建议

本章主要讨论图的代数性质, 通过图的自同构群讨论图的对称性 (点可迁和边可迁) 同图与群之间的联系.

首先介绍了图的点同构与边同构之间的关系 (定理 7.1.1) 和点自同构群与边自同构群之间的关系 (定理 7.1.2), 接着介绍了由自同构定义的点可迁和边可迁概念, 以及它们之间的联系 (定理 7.2.2), 特别介绍了点可迁图的基本性质 (定理 7.2.1)、原子性质和原子分解定理 (定理 7.2.5 和定理 7.2.7), 由此获得点可迁图连通性质的几个经典结论. 对于给定的图, 判断其可迁性是相当困难的, 但通过给定的群 Γ 和它的子集 S 可以容易地构造出一类点可迁图, 即 Cayley 图 $C_\Gamma(S)$.

对于任意给定的图 D, 都存在一个群, 即 D 的自同构群 $\mathrm{Aut}(D)$. 反之, 一个自然的问题是 (D. König, 1936 [224]): 对于给定的有限群 Γ, 是否存在图 D, 使 $\mathrm{Aut}(D)\cong\Gamma$? 对于有向图, 定理 7.3.3 的回答是: 对任何非平凡有限群 Γ 和不含单位元的生成集 S, Cayley 图 $C_\Gamma(S)$ 的保色自同构 $\mathrm{Aut}^{\mathrm{c}}(C_\Gamma(S))\cong\Gamma$. 对于无向图, 定理 7.3.5 的回答是: 对于给定的有限群 Γ 和不含单位元的生成集 S, Frucht 图 $F_\Gamma(S)$ 满足 $\mathrm{Aut}(G)\cong\Gamma$. 图的群表示 (即图的自同构群 $\mathrm{Aut}(F_\Gamma(S))$) 和群的图表示 (即 Cayley 图和 Frucht 图) 深刻地揭示了群与图的内在关系, Cayley 图在群与图之间起到了桥梁作用.

Cayley 图是点可迁的 (见定理 7.3.4), 但点可迁图不一定都是 Cayley 图, 一个著名的例子是 Petersen 图 (见习题7.3.8). 于是, 寻找点可迁的非 Cayley 图引起了人们的研究兴趣, 可参阅 M. Watkins 等人的文献 [264, 344, 369].

可迁图的结构具有高度的对称性. N. L. Biggs (1974) [28] 推广点可迁概念到距离可迁, 并提出距离正则图概念. 设 G 是直径为 d 的连通图. 若对每个 i $(0\leqslant i\leqslant d)$ 和任何距离为 i 的点对 (x_1,y_1) 和 (x_2,y_2), 存在 $\sigma\in\mathrm{Aut}(G)$, 使得 $\sigma(x_1)=x_2$ 且 $\sigma(y_1)=y_2$, 则称 G 为**距离可迁的** (distance-transitive). 显然, 距离可迁图一定是点可迁的. 如存在常数 c_i,a_i,b_i, 使得对每个 i $(0\leqslant i\leqslant d)$ 和任何距离为 i 的点对 (x,y), 在 y 的邻点中, 与 x 的距离为 $i-1$ 的点有 c_i 个 $(1\leqslant i\leqslant d)$, 距离为 i 的点有 a_i 个 $(0\leqslant i\leqslant d)$, 距离为 $i+1$ 的点有 b_i 个 $(0\leqslant i\leqslant d-1)$, 则称 G 为**距离正则图** (distance-regular graph). 距离可迁图一定是距离正则图; 反之不一定成立. 距离正则图具有很强的对称性、组合与线性代数性质, 因而引起了研究工作者的关注. 对此有兴趣的读者可以参阅 A. E. Brouwer 等 (1989) [51] 的专著《Distance-Regular Graphs》和 E. R. van Dam 等 (2016) [362] 的专题综述文章.

利用群的理论和方法来研究分析图的结构性质是代数图论的重要内容之一. 对于给定的图, 确定其自同构群虽然困难, 但适当运用图和群的运算并借助某些代数技巧, 某些特殊结构图的自同构群还是被确定了出来, 如超立方体 Q_n 等. 这需要掌握更多的图和群论知识以及熟练的代数技巧. 对图与群之间密切关系感兴趣的读者可参阅 J. Lauri 和 R. Scapellato (2003) [239] 的著作.

图对于群的一个重要应用是利用图来构造置换群. 特别是 D. G. Higman 和 C. C. Sims (1968) [194] 利用这种方法发现 44 352 000 阶零星单群, 这就是著名的 Higman-Sims 群. 他们首先构造一个 100 阶 22 正则无向图, 其中任何相邻两顶点都没有公共邻点, 不相邻两顶点有 6 个公共邻点 (这就是著名的 Higman-Sims 图). 然后确定 Higman-Sims 图的自同构群, 它的阶为 88 704 000, 且不是单群. Higman-Sims 群是这个自同构群中指数为 2 的单子群. 从那以后, 人们利用图又构造出了几个单群. 可惜的是, 这里不能介绍其精巧的构造方法, 因为这种构造和论证需要组合设计和群论更进一步的知识. 有兴趣的读者可参阅 N. L. Biggs 和 A. T. White (1976) [30] 的专著《置换群与组合结构》.

不同构图的计数问题是图论研究的重要问题之一. 著名的 Pólya 计数定理是不同构图计数的有力工具, 也是群对于图论的重要应用. 有兴趣的读者可参阅 G. Chartrand 和 L. Lesniak(2005) [67] 的著作《Graphs and Digraphs》第 12 章. 关于图的计数可参阅 F. Harary 和 E. M. Palmer (1973) [184] 的专著《Graphical Enumeration》.

代数图论中有许多与群有关的研究内容, 有兴趣的读者可参阅 N. L. Biggs (1974) [28] 以及 C. Godsil 和 G. Royle (2001) [148] 的《Algebraic Graph Theory》.

Cayley 图的最大优点是构造简单性和点可迁性. 正是因为这些优点, Cayley 图已被广泛用于互连网络拓扑结构的设计中. 验证给定的 (强) 连通图是 Cayley 图 $C_\Gamma(S)$ 的关键是确定群 Γ 和它的生成集 S. 本章最后一节介绍了几类设计方法: 笛卡尔乘积、群方法和图的替代乘积. 除了超立方体网络 Q_n 外, 文献中报道了许多著名的互连网络的拓扑结构大多数是 Cayley 图. 另外, 许多作者正是通过各种各样的群以获得许多具有良好性质的大规模 Cayley 图的. 有兴趣的读者可参阅 S. B. Akers 等 (1989) [3] 和 S. Lakshmivarahan 等 (1993) [237] 的综述文章.

在通信和计算机互连网络设计和理论分析中, 图论被公认为重要的数学工具, 利用图和图论参数对互连网络拓扑结构进行设计、分析和评估. 同时在互连网络的设计与分析中也提出大量问题, 从而形成图论概念和参数, 丰富了图论研究内容, 其中许多问题正在挑战图论现有的理论和方法. 这就形成了一个新的研究领域——组合网络理论. 有兴趣的读者可参阅笔者 (2007)[392] 的《组合网络理论》.

参考文献

[1] Ahuja R K, Magnanti T L, Orlin J B. Network Flows: Theory, Algorithms and Applications [M]. Englewood Cliffs, NJ: Prentice Hall, 1993.

[2] Aigner M. On the line graph of a directed graph [J]. Math. Z., 1967, 102(1): 56 – 61.

[3] Akers S B, Krishnamurthy B. A group-theoretic method for symmetric interconnection networks [J]. IEEE Trans. Comput., 1989, 38 (4): 555 – 565.

[4] Alexanderson G L. About the cover: Euler and Königsberg's Bridges: A historical view [J]. Bull. Amer. Math. Soc., 2006, 43 (4): 567 – 573.

[5] Alon N. Restricted colorings of graphs [C]//Surveys in Combinatorics: London Mathematical Society Lecture Notes Series, 187. Cambridge: Cambridge University Press, 1993: 1 – 33.

[6] Alon N, Tarsi M. Colorings and orientations of graphs [J]. Combinatorica, 1992,12 (2): 125 – 134.

[7] Alon N, Lubotzky A, Wigderson A. Semi-direct product in groups and zig-zag product in graphs: Connections and applications [C]// 42nd IEEE Symposium on Foundations of Computer Science. Los Alamitos: IEEE Computer Soc., 2001: 630 – 637.

[8] Anderson S E. http://www.squaring.net[OL], 2016.

[9] Appel K, Haken W. Every planar map is four colourable [J]. Bull. Amer. Math. Soc., 1976, 82(5): 711 – 712.

[10] Appel K, Haken W. Every planar map is four colorable [M]. Contemporary Mathematics, Providence, RI: American Mathematical Society, 1989, 98: 1 – 741.

[11] Applegate D L, Bixby R E, Chvátal V, et al. The Traveling Salesman Problem: A Computational Study [M]. New Jersey: Princeton University Press, 2007.

[12] Auslander L, Parter S V. On embedding graph in the plane [J]. J. Math. Mech., 1961, 10 (3): 517 – 523.

[13] Balaban A T. Chemical Applications of Graph Theory [M]. London: Academic Press, 1976. (巴拉班 A T. 图论在化学中的应用 [M]. 金晓龙, 陈志鹤, 译. 北京: 科学出版社, 1983.)

[14] Balbuena C, González-Moreno D, Salas J. Edge-superconnectivity of semiregular cages with odd girth [J]. Networks, 2011, 58 (3): 201 – 206.

[15] Bang-Jensen J, Gutin G. Digraphs: Theory, Algorithms and Applications [M]. London: Springer-Verlag, 2002. (邦詹森 J. 古廷 G. 有向图的理论、算法及其应用 [M]. 姚兵, 张忠辅, 译. 北京: 科学出版社, 2009.)

[16] Barnette D W. Conjecture 5 [C]//Tutte W T. Recent Progress in Combinatorics. Proceedings of the Third Waterloo Conference on Combinatorics, May 1968. New York: Academic Press, 1969.

[17] Battle J, Harary F, Kodama Y. Every planar graph with nine points has a nonplanar complement [J]. Bull. Amer. Math. Soc., 1962, 68 (6): 569–571.

[18] Behzad M. Graphs and Their Chromatic Numbers [R]. Michigan: Michigan State University, 1965.

[19] Beineke L W, Wilson R J. On the edge-chromatic number of a graph [J]. Discrete Math., 1973, 5 (1): 15–20.

[20] Berge C. Two theorems in graph theory [J]. Proc. Nat. Acad. Sci. U.S.A., 1957, 43 (9): 842–844.

[21] Berge C. Théorie des Graphen et ses Applications [M]. Paris: Dunod, 1958. (贝尔热 C. 图的理论及其应用 [M]. 李修睦, 译. 上海: 上海科学技术出版社, 1963.)

[22] Bermond J C, Bond J, Paoli M, et al. Graphs and interconnection networks: Diameter and vulnerability [R]. London Mathematical Society Lecture Note Series, 1983, 82: 1–30.

[23] Bermond J C. Hamilton graphs [M]//Beineke L W, Wilson R J. Selected Topics in Graph Theory, I. London: Academic Press, 1978: 127–168.

[24] Bermond J C, Bollobás B. The diameter of graphs: A survey [J]. Congresses Numerantium, 1981, 32: 3–27.

[25] Bermond J C, Homobono N, Peyrat C. Large fault-tolerant interconnection networks [J]. Graphs and Combinatorics, 1989, 5 (2): 107–123.

[26] Bermond J C, Peyrat C. De Bruijn and Kautz networks: A competitor for the hypercube?[M]//Andre F, Verjus J P. Hypercube and Distributed Computers. Horth-Holland: Elsevier Science Publishers, 1989: 278–293.

[27] Bermond J C, Thomassen C. Cycles in digraphs: A survey [J]. J. Graph Theory, 1981, 5 (1): 1–43.

[28] Biggs N L. Algebraic Graph Theory [M]. Cambridge: Cambridge University Press, 1974.

[29] Biggs N L, Lloyd E K, Wilson R J. Graph Theory 1736–1936 [M]. Oxford: Clarendon Press, 1976.

[30] Biggs N L, White A T. Permutation Groups and Combinatorial Structures [M]. Cambridge: Cambridge University Press, 1976. (比格斯 N L, 怀特 A T. 置换群与组合结构 [M]. 赵春来, 译. 北京: 北京大学出版社, 1987.)

[31] Birkhoff G D. A determinant formula for the number of ways of coloring a map [J]. Ann. Math., 1912, 14 (1): 42–46.

[32] Birkhoff G D. The reducibility of maps [J]. Amer. Math., 1913, 35 (2): 115–128.

[33] Birkhoff G D. Tres observaciones sobre el algebra lineal [J]. Univ. Nac. Tucumán Rev.: Ser. A, 1946, 5: 147–151.

[34] Birkhoff G D, Lewis D C. Chromatic polynomials [J]. Trans. Amer. Math. Soc., 1946, 60: 355 – 451.

[35] Boesch F T. The strongest monotone degree condition for n-connectedness of a graph [J]. J. Combin. Theory: Ser. B, 1974, 16: 162 – 165.

[36] Boesch F, Tindell R. Circulants and their connectivities [J]. J. Graph Theory, 1984, 8 (4): 487 – 499.

[37] Bollobás B. Extremal Graph Theory [M]. London: Academic Press, 1978.

[38] Bollobás B, Harris A J. List-colourings of graphs [J]. Graphs and Combinatorics, 1985,1 (1): 115 – 128.

[39] Bondy J A. Properties of graphs with constraints on degree [J]. Studia Scientiarum Mathematicarum Hungarica, 1969, 4 (4): 473 – 475.

[40] Bondy J A. Induced subsets [J]. J. Combin. Theory: Ser. B, 1972, 12: 201 – 202.

[41] Bondy J A. A remark on two sufficient conditions for Hamilton cycles [J]. Discrete Math., 1978, 22: 191 – 193.

[42] Bondy J A, Chvátal V. A method in graph theory [J]. Discrete Math., 1976, 15: 111 – 136.

[43] Bondy J A, Murty U S R. Graph Theory with Applications [M]. London: Macmillan Press, 1976.(邦迪 J A, 默蒂 U S R. 图论及其应用 [M]. 吴望名, 等译. 北京: 科学出版社, 1984.)

[44] Bondy J A, Murty U S R. Graph Theory [M]. New York: Springer-Verlag, 2008.

[45] Bondy J A, Thomassen C. A short proof of Meyniel's theorem [J]. Discrete Math., 1977, 19 (2): 195 – 197.

[46] Bott R, Mayberry J P. Matrices an Trees [M]// Morgenstern O. Economic Activity Analysis. New York: John Wiley and Sons, 1954: 391 – 400.

[47] Bouwkamp C J, Duijvestijn A J, Haubich J. Catalogue of simple perfect squared rectangles of 9 through 18 [R]. Eindhoven, the Netherlands: Philips Research Laboratories, 1964.

[48] Bridges W G, Toueg S. On the impossibility of directed Moore graphs [J]. J. Combin. Theory: Ser. B, 1980, 29 (3): 319 – 341.

[49] Brooks R L. On colouring the nodes of a network [J]. Proc. Cambridge Philos. Soc., 1941, 37 (2): 194 – 197.

[50] Brooks R L, Smith C A B, Stone A H, et al. The dissection of rectangles into squares [J]. Duke Math. J., 1940, 7 (1): 312 – 340.

[51] Brouwer A E, Cohen A M, Neumaier A. Distance-Regular Graphs [M]. Berlin: Springer-Verlag, 1989.

[52] Brouwer A E, Haemers, W H. Spectra of Graphs [M]. New York: Springer, 2012.

[53] Brown W G. Reviews in Graph Theory: 1940 – 1978 [M]. Providence: American Mathematical Society, 1980.

[54] Burstein M. Kuratowski-Pontrjagin theorem on planar graphs [J]. J. Combin. Theory: Ser. B, 1978, 24: 228 – 232.

[55] Busacker R G, Gowen P J. A procedure for determining a family of minimal-cost network flow patterns [R]. Baltimore: Johns Hopkins University, 1961.

[56] Busacker R G, Saaty T L. Finite Graphs and Networks [M]. New York: McGraw-Hill, 1965: 256 – 257.

[57] Camion P. Chemins et ciruits Hamiltoniens des graphes complets [J]. C. R. Acad. Sci. (Paris), 1959, 249: 2151 – 2152.

[58] Carlsson G E, Cruthirds J E, Sexton H B, et al. Interconnection networks based on a generalization of cube-connected cycles [J]. IEEE Trans. Computers, 1985, 34 (8): 769 – 772.

[59] Cayley A. On the colouring of maps [J]. Proc. Roy. Geog. Soc., 1879, 1 (4): 259 – 261.

[60] Cayley A. A theorem on trees [J]. Quart. J. Pure Appl. Math., 1889, 23: 376 – 378.

[61] Cayley A. On the theory of the analytical forms called trees [J]. Philos. Mag., 1857 (13): 172 – 176. (Mathematical Papers, Cambridge, 1891 (3): 242 – 246.)

[62] Cayley A. The theory of graphs, graphical representation [J]. Mathematical Papers. Cambridge, 1895 (10): 26 – 28.

[63] Chaiken S, Kleitman D J. Matrix tree theorems [J]. J. Combin. Theory: Ser. A, 1978, 24 (3): 377 – 381.

[64] Chao C-Y. A note on the eigenvalues of a graph [J]. J. Combin. Theory: Ser. B, 1971, 10 (3): 301 – 302.

[65] Chaty G. On critically and minimally k vertex (arc) strongly connected digraphs [J]. Proceedings of the Keszthely, 1976: 193 – 203.

[66] Chartrand G, Harary F. Planar permutation graphs [J]. Annales de l'institut Henri Poincaré (B) Probabilités et Statistiques, 1967, 3 (4): 433 – 438.

[67] Chartrand G, Lesniak L. Graphs and Digraphs [M]. California: Wadsworth Inc., 2005.

[68] Chartrand G, Wilson R J. The Petersen Graph [M]//Harary F, Maybey J S. Graphs and Applications (Boulder, Colo., 1982). New York: Wiley-Intersci. Publ., 1985: 69 – 100.

[69] 陈树柏. 网络图论及其应用 [M]. 北京: 科学出版社, 1982.

[70] Christofides N. An algorithm for the chromatic number of a graph [J]. Computer J., 1971,14 (1): 38 – 39.

[71] Christofides N. Worst case analysis of a new heuristic for the travelling salesman problem [R]. Pittsburgh: Carnegie-Mellon University, 1976.

[72] Chung F R K. Diameters of communication networks [J]. Proceeding of Symposia in Applied Mathematics, 1986, 34: 1 – 18.

[73] Chung F R K. Spectral Graph Theory [M]. Providence: American Mathematical Society, 1997.

[74] Chvátal V. The smallest triangle-free 4-chromatic 4-regular graph [J]. J. Combin. Theory, 1970, 9 (1): 93 – 94.

[75] Chvátal V, Erdős P. A note on Hamiltonian circuits [J]. Discrete Math., 1972, 2 (2): 111 – 113.

[76] Chvátal V, Komlós J. Some combinatorial theorems on monotonicity [J]. Canad. Math. Bull., 1971, 14 (2): 151 – 157.

[77] Chvátal V, Lovász L. Every directed graph has a semi-kernal [C]//Hypergraph Seminar (Proc. First Working Sem., Colubmbus, Ohio, 1972; dedicated to Arnold Ross), 175. Lecture Notes in Math., Vol. 411. Berlin: Springer, 1974.

[78] Cook S A. The complexity of theorem-proving procedure [C]//Proceedings of the 3rd Annual ACM Symposium on Theory of Computing, Shaker Heights, Ohio, USA, May 3 – 5, 1971, Association for Computing Machinery, New York, 1971: 151 – 158.

[79] Dantzig G B. On the shortest route through a network [J]. Management Sci., 1960, 6 (2): 187 – 190.

[80] Dantzig G B, Fulkerson D R, Johnson S M. Solution of a large-scale traveling-salesman problem [J]. J. Oper. Res. Soc. America, 1954, 2 (4): 393 – 410.

[81] Day K, Al-Ayyoub A-E. The cross product of interconnection networks [J]. IEEE Trans. Parall. Distrib. Syst., 1997, 8 (2): 109 – 118.

[82] De Bruijn N G. A combinatorial problem [J]. Koninklije Nedderlandse van Wetenshappen Proc., 1946 (49A): 758 – 764.

[83] Dehn M. Untersuchungen über die Verdauung bei Daphnien [J]. Zeitschrift für vergleichende Physiologie, 1930, 13 (2): 334 – 358.

[84] Demoucron G, Malgrange Y, Pertuiset R. Graphs Planaires: Recomaissane et construction de representations planaires topologigues [J]. Rev. Franciaise Recherche Opér., 1964, 8: 33 – 47.

[85] De Polignac C. Sur le théorème de Tait [J]. Bull. Soc. Math. France, 1899 (27): 142 – 145.

[86] Diestel R. Graph Theory [M]. 5th ed. New York: Springer-Verlag, 2016. (图论. 4 版. 于青林, 王涛, 王光辉, 译. 北京：高等教育出版社, 2013.) (图论. 2 版. 北京：世界图书出版公司, 2003.)

[87] Dijkstra E W. A note on two problems in connection with graphs [J]. Numer. Math., 1959, 1 (1): 269 – 271.

[88] Dirac G A. Some theorems on abstract graphs [J]. Proc. London Math. Soc., 1952, 3 (2): 69 – 81.

[89] Dirac G A. A property of 4-chromatic graphs and some remarks on critical graphs [J]. J. London Math. Soc., 1952, 27 (1): 85 – 92.

[90] Dirac G A. The structure of k-chromatic graphs [J]. Fund. Math., 1953, 40: 42 – 55.

[91] Dirac G A. In abstrakten Graphen vorhande vollstöndige 4-Graphen und ihre unterteilungen [J]. Mathematische Nachrichten, 1960, 22: 61 – 85.

[92] Dirac G A. Extensions of Menger's theorem [J]. J. London Math. Soc., 1963, 38 (3): 148–161.

[93] Dirac G A, Shuster S. A theorem of Kuratowski [J]. Indag. Math., 1954, 16: 343–348.

[94] Dreyfus S E. An appraisal of some shortest path algorithms [J]. J. Operation. Res., 1969, 17: 395–412.

[95] Duijvestijn A J W. Simple perfect squared of lowest order [J]. J. Combin. Theory: Ser. B, 1978, 25: 240–243.

[96] Dulmage A L, Mendelsohn N S. Graph and matrices [M]//Harary F. Graph Theory and Theoretical Physics. London: Academic Press, 1967: 167–227.

[97] Edmonds J. Paths, trees and flows [J]. Canad. J. Math., 1965, 17: 449–467.

[98] Edmonds J. The Chinese postman problem [J]. Operations Research, 1965, 13 (Suppl. 1): 1–73.

[99] Edmonds J, Johnson E. Matching: A well-solved class of integer linear programs [M]//Guy R, Hanani H, Saver I V, et al. Combinatorial Structures and Their Applications. New York: Gordon & Breach, 1970: 89–92.

[100] Edmonds J, Johnson E L. Matching, Euler tours and the Chinese postman [J]. Math. Programming, 1973, 5 (1): 88–124.

[101] Edmonds J, Karp R M. Theoretical improvements [J]. J. Assoc. Comput. Math., 1972, 19: 248–264.

[102] Egerváry J. Matrixok kombinatorikus tulajonságairól [J]. Matés Fiz. Lapok, 1931, 38: 16–28.

[103] Elias P, Feinstein A, Shannon C F. A note on the maximum flow through a networks [J]. IRE Trans. Inform. Theory, 1956, 2 (4): 117–119.

[104] Entringer R C, Jackson D E, Slater P J. Geodetic connectivity of graphs [J]. IEEE Trans. Circ. Syst., 1977, 24: 460–463.

[105] Erdős P. On some extremal problems in graph theory [J]. Israel J. Math., 1965, 3 (2): 113–116.

[106] Erdős P. On the graph-theorem of Turán [J]. Matematikai Lapok, 1970, 21: 249–251. (in Hungaian)

[107] Erdős P, Gallai T. On maximal paths and circuits of graphs [J]. Acta Mathematica Hungarica, 1959, 10 (3/4): 337–356.

[108] Erdős P, Szekeres J. A combinatorial problem in geometry [J]. Compositio Mathematica, 1935, 2: 463–470.

[109] Erdős P, Wilson R J. On the chromatic index of almost all graphs [J]. J. Combin. Theory: Ser. B, 1977, 23: 255–257.

[110] Esfahanian A H, Hakimi S L. On computing a conditional edge-connectivity of a graph [J]. Inform. Process. Lett., 1988, 27 (4): 195–199.

[111] Euler L. Solutio problematis ad geometriam situs pertinentis [J]. Comment. Academiae, Sci. Imp. Petropolitanae, 1736 (8): 128 – 140. (Biggs N L, Lloyd E K, Wilson R J. Graph Theory: 1736 – 1936[M]. Oxford University Press, 1976: 3 – 8.)

[112] Euler L. Demonstratio nommullarum insignium proprietatum quibus solida hedris planis inclusa sunt praedita [J]. Novi. Comm. Acad. Sci. Imp. Petropol, 1752/1753, 4: 140 – 160.

[113] Even S, Tarjan R E. Computing on st-numbering [J]. Theoret. Comput. Sci., 1976, 2(3): 339 – 344.

[114] Fan G-H. New sufficient conditions for cycles in graphs [J]. J. Combin. Theory: Ser. B, 1984, 37: 221 – 227.

[115] Fàbrega J, Fiol M A. On the extraconnectivity of graphs [J]. Discrete Math., 1996, 155 (1/2/3): 49 – 57.

[116] Fáry I. On straight line representation of planar graphs [J]. Acta Sci. Math. (Szeged), 1948, 11: 229 – 233.

[117] Faudree R J. Some strong veriations of connectivity [M]//Mikós D, Sós V T, Szñyi. Combinatorics, Paul Erdős is Eighty. Budapest: János Bolyai Mathematical Society, 1993 (1): 125 – 144.

[118] Federico P J. Squaring rectangles and squares [M]//Bondy J A, Murty U S R. Graph Theory and Related Topics. New York: Academic Press, 1979: 173 – 196.

[119] Feng Y-Q. Automorphism groups of Cayley graphs on symmetric groups with generating transposition sets [J]. J. Combin. Theory: Ser. B, 2006, 96: 67 – 72.

[120] Fiol M A, Yebra J L A, Alegre L. Line digraph iterations and (d, k) digraph problem [J]. IEEE Trans. Comput., 1984, 33 (5): 400 – 403.

[121] Fiorini S, Wilson R J. Edge-Colourings of Graphs: Research note in Mathematics: 16 [M]. London: Pitman Publishing, 1977.

[122] Fleischner H. The square of every two-connected graph is Hamiltonian [J]. J. Combin. Theory: Ser. B, 1974, 16 (1): 29 – 34.

[123] Fleischner H. Eulerian Graphs and Related Topics [M]. Burlington, MA: Elsevier, 1990. (欧拉图与相关专题. 孙志人, 等译. 北京：科学出版社, 2002.)

[124] Folkman J H. Regular line-symmetric graphs [J]. J. Combin. Theory, 1967, 3 (3): 215 – 232.

[125] Ford L R, Jr, Fulkerson D R. Maximal flow through a network [J]. Canad. J. Math., 1956, 8 (3): 399 – 404.

[126] Ford L R, Jr, Fulkerson D R. A simple alogrithm for finding maximal networks flows and an application to the Hitchcock problem [J]. Canad. J. Math., 1957, 9 (2): 210 – 218.

[127] Ford L R, Jr, Fulkerson D R. Network flows and systems of representatives [J]. Canad. J. Math., 1958, 10 (1): 78 – 85.

[128] Ford L R, Jr, Fulkerson D R. Flows in Networks [M]. Princeton: Princeton University Press, 1962.

[129] Fragopoulou P, Akl S G. Optimal communication primitives on the generalized hypercube network [J]. J. Parallel Distrib. Comput., 1996, 32 (2): 173 – 187.

[130] Frink O, Smith P A. Irreducible non-planar graphs [J]. Bull. Amer. Math. Sci., 1930, 36: 214.

[131] Frobenius G. Über zerlegbare Dertminaten, Sitzugsber, König [J]. Preuss. Akad. Wiss., 1917, 18: 274 – 277.

[132] Frucht R. Herstellung von Graphen mit vorgegebener abstrakten Gruppe [J]. Compositio Math., 1939, 6: 239 – 250.

[133] Frucht R. On the groups of repeated graphs [J]. Bull. Amer. Math. Soc., 1949, 55 (4): 418 – 520.

[134] Gale D, Shapley L S. College admissions and the stability of marriage [J]. Amer. Math. Monthly, 1962, 69 (1): 9 – 15.

[135] Gallai T. On directed paths and circuits [M] // Erdős P, Katona G. Theory of Graphs. New York: Academic Press, 1968: 115 – 118.

[136] Gallai T. Über extreme Punkt und Kantenmengen [J]. Ann. Univ. Sci. Budapest, Eötvös Sect. Math., 1959, 2: 133 – 138.

[137] Galvin F. The list chromatic index of a bipartite multigraph [J]. J. Combin. Theory: Ser. B, 1995, 63: 153 – 158.

[138] Ganesan A. Automorphism groups of Cayley graphs generated by connected transposition sets [J]. Discrete Math, 2013, 313: 2482 – 2485.

[139] Garey M R, Johnson D S. Computers and intractability: A guide to the theory of NP-completeness [M]. Freeman, 1979. (加里 M R, 约翰逊 D S. 计算机和难解性: NP完全性理论导引 [M]. 张立昂, 等译. 北京: 科学出版社, 1987.)

[140] Garey M R, Johnson D S, Stockmeyer L. Some simplified NP-complete graph problems [J]. Theoret. Comput. Sci., 1976, 1 (3): 237 – 267.

[141] Garey M R, Johnson D S, Tarjan R E. The planar Hamiltonian circuit problem is NP-complete [J]. SIAM J. Comput., 1976, 5 (4): 704 – 714.

[142] Geller D, Harary F. Connectivity in Digraphs [M]//Capobuanco M, Frechen J B, Krolik M. Recent Trends in Graph Theory: Lecture Notes in Mathematics, 186. New York: Springer-Verlag, 1971: 105 – 115.

[143] Gethner E, Springer W M II. How False Is Kempe's Proof of the Four-Color Theorem [J]. Congr. Numer., 2003, 164: 159 – 175.

[144] Gethner E, Kallichanda B, Mentis A S, et al. How false is Kempe's proof of the Four Color Theorem? Part II [J]. Involve: a Journal of Mathematics, 2009, 2 (3): 249 – 266.

[145] Ghouila-Houri A. Une Condition suffisance déxistece dün ciruit hamiltonien [J]. C. R. Acad. Sci. (Paris), 1960, 251: 495 – 497.

[146] Gibbons A. Algorithmic Graph Theory [M]. Cambridge: Cambridge University Press, 1985.

[147] Godsil C D. Connectivity of minimal Cayley graphs [J]. Archives of Mathematics (Basel), 1981, 37: 473 – 476.

[148] Godsil C, Royle G. Algebraic Graph Theory [M]. New York: Springer-Verlag, 2001. (代数图论 [M]. 北京：世界图书出版公司, 2004.)

[149] Goldsmith D L, White A T. On graphs with equal edge-connectivity and minimum degree [J]. Discrete Math., 1978, 23: 31 – 36.

[150] Gondran M, Minoux M. Graphs and Algorithms [M]. New York: John Wiley & Sons, 1984.

[151] Good I J. Normal recurring decimals [J]. J. London Math. Soc., 1946, 21: 167 – 169.

[152] Göring F. Short proof of Menger's Theorem [J]. Discrete Math., 2000, 219: 295 – 296.

[153] Gould R J. Updating the Hamiltonian problem: A survey [J]. J. Graph Theory, 1991, 15 (2): 121 – 157.

[154] Gould R J. Advances on the Hamiltonian problem: A survey [J]. Graphs and Combinatorics, 2003 (19): 7 – 52.

[155] Graham R L, Hell P. On the history of the minimum spanning trees problem [J]. Ann. Hist Comput., 1985, 7 (1): 43 – 57.

[156] Gutin G, Toft B. Interview with Vadim G [J]. Vizing, European Mathematical Society Newsletter, 2000, 38: 22 – 23.

[157] Grinberg È J. Plane homogeneous graphs of degree three without Hamiltonian circuits [J]. Latvian Math. Yearbook, 1968 (4): 51 – 58. (in Russian)

[158] Grötzsch H. Ein Dreifarbensatz für dreikreisfreiie Netze aufder Kugel [J]. Wiss Z. Martin-Luther-Univ. Halle-Wittenberg: Math.-Nat. Reihe., 1959, 8: 109 – 120.

[159] Grötschel M, Yuan Y-X. Euler, Mei-Ko Kwan, Königsberg and a Chinese postman [J]. Documenta Mathematica, 2012, Extra Volume ISMP: 43 – 50.

[160] 管梅谷. 奇偶点图上作业法 [J]. 数学学报, 1960, 10: 263 – 266. (奇偶点图上作业法的改进 [J]. 数学学报, 1960, 10: 267 – 275.)

[161] Kwan M K. Graphic programming using odd or even points [J]. Chinese Mathematics, 1962, 1: 273 – 277.

[162] 管梅谷. 中国投递员问题综述 [J]. 数学研究与评论, 1984, 4(1): 113 – 119.

[163] 管梅谷. 关于中国邮递员问题研究和发展的历史回顾 [J]. 运筹学学报, 2015, 19 (3): 1 – 7.

[164] Gupta R P. The chromatic index and the degree of a graph [J]. Notices Amer. Math. Soc., 1966, 13: Abstract GGT-429.

[165] Hadwiger H. Über eine Klassifikation der Streckenkomplexe [J]. Vierteljschr. Naturforsch. Ges. Zürich, 1943, 88: 133 – 143.

[166] Hajós G. Über eine Konstruktion nicht n-färbbarer graphen [J]. Wiss Z. Martin-Luther-Univ. Halle-Wittenberg: Math.-Nat. Reihe., 1961, 10: 116 – 117.

[167] Hall P. On representations of subsets [J]. J. London Math. Soc., 1935, 10 (1): 26 – 30.

[168] Halmos P R, Vaughan H E. The marriage problem [J]. Amer. J. Math., 1950, 72: 214 – 215.

[169] Hamidoune Y O. Sur les atomes d'un graph oriente [J]. Comptes Rendus Hebdomadaires des Séances de l'Académie des Sciences (C. R. Acad. Sci. Paris: Ser. A), 1977, 284: 1253 – 1256.

[170] Hamidoune Y O. Quelques problèms de connexité dans les graphes orientés [J]. J. Combin. Theory: Ser. B, 1981, 30 (1): 1 – 10.

[171] Hamidoune Y O. On the connectivity of Cayley digraphs [J]. European J. Combin., 1984, 5 (4): 309 – 312.

[172] Hamidoune Y O. Sur la separation dans les graphes de Cayley abelians [J]. Discrete Math., 1985, 55 (3): 323 – 326.

[173] Hamidoune Y O, Las Vergnas M. Local edge-connectivity in regular bipartite graphs [J]. J. Combin. Theory: Ser. B, 1988, 44 (3): 370 – 371.

[174] Harary F. Graphs and matrices [J]. SIAM Review, 1967, 9 (1): 83 – 90.

[175] Harary F. Graph Theory [M]. Boston: Addison-Wesley, 1969. (哈拉里 F. 图论 [M]. 李慰萱, 译. 上海: 上海科学技术出版社, 1980.)

[176] Harary F. Graph Theory [M]. Boston: Addison-Wesley, 1972.

[177] Harary F. Homage to the memory of Kazimierz Kuratowski [J]. J. Graph Theory, 1981, 5 (3): 217 – 219.

[178] Harary F. Conditional connectivity [J]. Networks, 1983, 13 (3): 346 – 357.

[179] Harary F. Presentations of a hypercube [C]//Proceedings of the First of the Hong Kong Symposium on Artificial Intelligence, University of Hong Kong, 1988: 311 – 325.

[180] Harary F. The automorphism group of a hypercube [J]. J. Universal of Computer Science, 2000, 6 (1): 136 – 138.

[181] Harary F, Hayes J, Wu H J. A survey of the theory of hypercube graphs [J]. Comput. Math. Appl., 1988, 15 (4): 277 – 289.

[182] Harary F, Norman R Z. Some properties of line digraphs [J]. Rendiconti del Circolo Matematico di Palermo, 1960, 9 (2): 161 – 169.

[183] Harary F, Norman R Z. Cartwright D. Structural models: An introduction to the theory of directed graphs [M]. New York: John Wiley & Sons Inc, 1965: 112.

[184] Harary F, Palmer E M. Graphical Enumeration [M]. New York: Academic Press, 1973.

[185] Harary F, Tutte W T. A dual form of Kuratowski's theorem [J]. Canadian Mathematical Bulletin, 1965, 8: 17- 20.

[186] Hayes J P, Mudge T N. Hypercube supercomputers [J]. Proceedings of the IEEE, 1989, 77 (12): 1829 – 1841.

[187] Hayes J P, Mudge T, Stout Q F, et al. A microprocessor-based hypercube supercomputer [J]. IEEE Micro., 1986, 6 (5): 6 – 17.

[188] Heawood P J. Map colour theorem [J]. Quart. J. Pure. Appl. Math., 1890, 24: 332 – 338.

[189] Heesch H. Untersuchungen zum Vierfarbenproblem: Hochschulskriptum, 810 [M]. Mannheim: Bibliographisches Institut., 1969.

[190] Hellwig A, Volkmann L. Maximally edge-connected and vertex-connected graphs and digraphs: A survey [J]. Discrete Math., 2008, 308 (15): 3265 – 3296.

[191] Hemminger R L, Beineke L W. Line graphs and line digraphs [M]//Beineke L W, Wilson R J. Selected Topics in Graph Theory. New York: Academic Press, 1978: 271 – 305.

[192] Herschel A S. Sir W Hamilton's icosian game [J]. Quart. J. Pure. Appl. Math., 1862 (5): 305.

[193] Hierholzer C. Über die Möglichkeit, einen Linienzug ohne Wiederholung und ohne Unterbrechnung zu umfahren [J]. Math. Ann., 1873 (6): 30 – 32.

[194] Higman D G, Sims C C. A simple group of order 44352000 [J]. Math. Zeitschr., 1968, 105: 110 – 113.

[195] Hillis W D. The Connection Machine [M]. Cambridge: MIT Press, 1985.

[196] Hoffman A J, Singleton R R. On Moore graphs with diameters 2 and 3 [J]. IBM J. Research and Development, 1960, 4 (5): 497 – 504.

[197] Holton D A, McKay B D. The smallest non-Hamiltonian 3-connected cubic planar graphs have 38 vertices [J]. J. Combin. Theory: Ser. B, 1988, 45 (3): 305 – 319.

[198] Holton D A, Sheehan J. The Petersen Graph: Australian Mathematical Society Lecture Series, Vol. 7 [M]. Cambridge University Press, 1993.

[199] Holyer I. The NP-completeness of edge-colourings [J]. SIAM J. Comput., 1981, 10 (4): 718 – 720.

[200] Hong Z-M, Xu J-M. On restricted edge-connectivity of replacement product graphs [J]. Sci. China Math., 2017, 60 (4): 745 – 758.

[201] Hu F-T, Wang J-W, Xu J-M. A new class of transitive graphs [J]. Discrete Math., 2010, 310 (4): 877 – 886.

[202] 黄佳, 徐俊明. Multiply-twisted hypercube with four or less dimensions is vertex-transitive [J]. 数学季刊, 2005, 20 (4): 430 – 434.

[203] Imase M, Soneoka T, Okada K. Fault-tolerant processor interconnection networks [J]. Systems and Computers in Japan, 1986, 17 (8): 21 – 30.

[204] Jaeger F. On nowhere-zero flows in multigraphs [C]//Proceedings of the Fifth British Combinatorial Conference 1975. Congr. Numer., XV, 1975: 373 – 378.

[205] Jaeger F. Flows and generalized coloring theorems in graphs [J]. J. Combin. Theory: Ser. B, 1979, 26 (2): 205 – 216.

[206] Jensen T R, Toft B. Graph Coloring Problems [M]. New York: Wiley Interscience, 1995.

[207] 冀有虎. 一类新的交错群 Cayley 网络 [J]. 高校应用数学学报: A 辑, 1999, 14 (2): 235 – 239.

[208] Jolivet J L. Sur la connexite des graphes [J]. Comptes Rendus Hebdomadaires des Séances de l'Académie des Sciences (C. R. Acad. Sci. Paris: Ser. A), 1972, 274: 148 – 150.

[209] Jordan C. Sur les assemblages de lignes [J]. J. Reine Angew. Math., 1869 (70): 185–190.

[210] Jung H A. Zu einem Isomorphiesatz von H. Whitney für Graphen [J]. Mathematische Annalen, 1966, 164: 270–271. (in German)

[211] Jwo J S, Lakshmivarahan S, Dhall S K. A new class of interconnection networks based on the alternating group [J]. Networks, 1993, 23: 315–326.

[212] Karagams J J. On the cube of a graph [J]. Canad. Math. Bull., 1968, 11: 295–296.

[213] Kastelegn P W. Graph theory and crystal physics [M]//Harary F. Graph Theory and Theoretical Physics. London: Academic Press, 1967: 43–110.

[214] Kautz W H. Design of optimal interconnection networks for multiprocessors [M]//Architecture and Design of Digital Computers. Nato Advanced Summer Institute, 1969: 249–272.

[215] Kempe A B. On the geographical problem of the four colours [J]. Amer. J. Math., 1879, 2: 193–200.

[216] Kempe A B. A memoir on the theory of mathematical form [J]. Philosophical Transactions of the Royal Society of London, 1886, 177: 1–70.

[217] Kennedy J W, Quintas L V, Syslo M M. The theorem on planar graphs [J]. Historia Mathematica, 1985, 12 (2): 356–368.

[218] Klein M. A primal method for minimal cost flows [J]. Man. Sci., 1967, 14: 205–220.

[219] Kirchhoff G R. Über die Auflösung der Gleichungen, auf welche man bei der Untersuchung der linearen Vertheilung galvanischer Ströme geführt wird [J]. Ann. Phys. Chem., 1847, 72: 497–508. (On the solution of the equations obtained from the investigation of the linear distribution of galvanic currents [J]. IRE Trans. on Circuit Theory, 1958, 5 (1): 4–7.)

[220] Kneser M. Aufgabe 360 [J]. Jahresbericht der Deutschen Mathematiker-Vereinigung, 2. Abteilung, 1955, 58: 27.

[221] Kochol M. An equivalent version of the 3-flow conjecture [J]. J. Combin. Theory: Ser. B, 2001, 83 (2): 258–261.

[222] König D. Über Graphen und ihre Anwendung auf Determinatentheorie und Mengenlehre [J]. Mathematische Annalen, 1916, 77: 453–465.

[223] König D. Graphs and matrices [J]. Mat. Fiz. Lapok, 1931, 38: 116–119. (in Hungarian)

[224] König D. Theorie der Endlichen und Unendlichen Graphen [M]. Leipzig: Akademische Verlagsgesell schaft, 1936. (Könis. Theory of Finite and Infinite Graphs. Translated by McCoart R with commentary by Tutte W T. Boston: Birhhäuser, 1990.)

[225] Kotzig A. Beitrag zur theorie der endlichen gerichteten graphen [J]. Wiss. Z. Martin-Luther-Univ. Halle-Wittenberg, Math.-Natur. Reihe, 1961/1962, 10: 118–125.

[226] Kowalewski G. Alte und neue mathematische spiele [M]. Leipzig: s.n., 1930: 88.

[227] Kratochvil J, Tuza Z, Voigt M. New trends in the theory of graph colorings: choosability and list coloring [M] // Contemporary Trends in Discrete Mathematics (DIMACS Ser. Discrete Math. Theoret. Comput. Sci. 49) Providence: Amer. Math. Soc., 1999: 183–197.

[228] Krausz J. Démonstration nouvelle d'une théoréme de Whitney sur les réseaux [J]. Mat. Fiz. Lapok, 1943, 50: 75–85.

[229] Kouider M, Winkler P. Mean distance and minimum degree [J]. J. Graph Theory, 1997, 25: 95–99.

[230] Kruskal J B Jr. On the shortest spanning subtree of a graph and the salesman problem [J]. Proc. Amer. Math. Soc., 1956 (7): 48–50.

[231] Kühn D, Osthus D. A survey on Hamilton cycles in directed graphs [J]. European J. Combin., 2012, 33: 750–766.

[232] Kuhn H W. The Hungarian method for assignment problem [J]. Naval. Res. Logist. Quart., 1955 (2): 83–97.

[233] Kuratowski C. Sur le probléme des courbes gauches en topologie [J]. Fund. Math., 1930 (15): 271–283.

[234] Latifi S, Hegde M, Naraghi-Pour M. Conditional connectivity measures for large multiprocessor systems [J]. IEEE Trans. Comput., 1994, 43 (2): 218–221.

[235] 赖虹建. 拟阵论 [M]. 北京: 高等教育出版社, 2003.

[236] Lai H-J, Šoltés Ľ. Line graphs and forbidden induced subgraphs [J]. J. Combin. Theory: Ser. B, 2001, 82: 38–55.

[237] Lakshmivarahan S, Jwo J-S, Dhall S K. Symmetry in interconnection networks based on Cayley graphs of permutation groups: a survey [J]. Parallel Computing, 1993, 19 (4): 361–407.

[238] Laskar R, Hare W. Chromatic numbers of certain graphs [J]. J. London Math. Soc., 1971, 4 (2): 489–492.

[239] Lauri J, Scapellato R. Topics in graph automorphisms and reconstruction: London Mathematical Society Student Texts, 54 [M]. Cambridge: Cambridge University Press, 2003.

[240] Lawler E L, Lenstra J K, Rinnooy-Kan A H G, et al. The Traveling Salesman Problem [M]. New York: Wiley Interscience, 1986.

[241] Lehot P G H. An optimal algorithm to detect a line graph and output its root graph [J]. Journal of the ACM, 1974, 21: 569–575.

[242] Li H. Generalizations of Dirac's theorem in Hamiltonian graph theory: A survey [J]. Discrete Math., 2013, 313 (19): 2034–2053.

[243] Li M-C, Corneil D G, Mendelsohn E. Pancyclicity and NP-completeness in planar graphs [J]. Discrete Appl. Math., 2000, 98 (3): 219–225.

[244] 李乔. 矩阵论八讲 [M]. 上海: 上海科学技术出版社, 1988. (李乔, 张晓东. 矩阵论十讲 [M]. 合肥: 中国科学技术大学出版社, 2015.)

[245] 李乔. 拉姆塞理论 [M]. 长沙: 湖南教育出版社, 1991.

[246] 柳柏濂. 组合矩阵论 [M]. 2 版. 北京: 科学出版社, 2005.

[247] 刘桂真, 陈庆华. 拟阵 [M]. 长沙: 国防科技大学出版社, 1994.

[248] 刘振宏, 马仲蕃. 关于 Steiner 最小树问题 [J]. 运筹学杂志, 1991, 10 (2): 1–11.

[249] 刘彦佩. 模 2 规划与平面嵌入 [J]. 应用数学学报, 1978, 1 (4): 321–329.
图的平面性判定与平面嵌入 [J]. 应用数学学报, 1979, 2 (4): 350–365.
A new approach to the linearity of testing planarity of graphs [J]. 应用数学学报 (英文版), 1988, 4 (3): 257–265.
Boolean planarity characterization of graphs [J]. 数学学报 (英文版), 1988, 4 (4): 316–329.

[250] 刘彦佩. 图的可嵌入性理论 [M]. 北京: 科学出版社, 1995.

[251] Lovász L. Connectivity in digraphs [J]. J. Combin. Theory: Ser. B, 1973, 15 (2): 174–177.

[252] Lovász L. Three short proofs in graph theory [J]. J. Combin. Theory: Ser. B, 1975, 19 (3): 269–271.

[253] Lovász L. On two minimax theorems in graph theory [J]. J. Combin. Theory: Ser. B, 1976, 21 (2): 96–103.

[254] Lovász L, Neumann-Lara V, Plummer M D. Mengerian theorems for paths of bounded length [J]. Periodica Mathematica Hungarica, 1978, 9 (4): 269–276.

[255] Lovász L, Plummer M D. Matching Theory [M]. Amsterdam: North-Holland, 1986: 29.

[256] Lovász L M, Thomassen C, Wu Y-Z, et al. Nowhere-zero 3-flows and modulo k-orientations [J]. J. Combin. Theory: Ser. B, 2013, 103 (5): 587–598.

[257] McKay B D, Praeger C E. Vertex-transitive graphs that are not Cayley graphs. I [J]. J. Austral. Math. Soc: Ser. A, 1994, 56 (1): 53–63.
Vertex-transitive graphs that are not Cayley graphs. II [J]. J. Graph Theory, 1996, 22 (4): 321–334.

[258] Mader W. Grad und lokaler zusammenhang in endlichen graphen [J]. Math. Ann., 1973, 205: 9–11.

[259] Mader W. Eine eigenschft der atome andlicher graphen [J]. Archives of Mathematics (Basel), 1971, 22: 333–336.

[260] Mader W. Connectivity and Edge Connectivity in Finite Graphs [M]//Bollobás B. Surveys in Combinatorics: London Mathematical Lecture Note Series. Cambridge: Cambridge University Press, 1979, 38: 66–95.

[261] Malluhi Q M, Bayoumi M A. The hierarchical hypercube: A new interconnection topology for massively parallel systems [J]. IEEE Trans. Parall. Distribu. Syst., 1994, 5 (1): 17–30.

[262] Malnic A, Marusic D, Potocnik P, et al. An infinite family of cubic edge- but not vertex-transitive graphs [J]. Discrete Math., 2004, 280 (1/2/3): 133–148.

[263] McCuaig W. A simple proof of Menger's theorem [J]. J. Graph Theory, 1984 (8): 427 – 429.

[264] McKay B D, Praeger C E. Vertex-transitive graphs which are not Cayley graphs I, II [J]. J. Aust. Math. Soc., 1994, 56: 53 – 63; J. Graph Theory, 1996, 22: 321 – 334.

[265] McKee T A. Recharacterizing Eulerian: Intimations of duality [J]. Discrete Math., 1984, 51 (3): 237 – 242.

[266] McLane S. A combinatorial condition for planar graphs [J]. Fund. Math., 1937 (28): 22 – 32.

[267] Menger K. Zur allgemeinen kurventheorie [J]. Fund. Math., 1927 (10): 96 – 115.

[268] Menger K. On the origin of the n-arc theorem [J]. J. Graph Theory, 1981, 5 (4): 341 – 350.

[269] Merris R. Laplacian matrices of graphs: A survey [J]. Linear Algebra and Its Applications, 1994 (197/198): 143 – 176.

[270] Meyniel H. Une condition suffisante d'existence d'un circuit Hamiltonien dans un graph oriente [J]. J. Combin. Theory: Ser. B, 1973 (14): 137 – 147.

[271] Miller M, Širáň J. Moore graphs and beyond: A survey of the degree/diameter problem [J]. The Electronic Journal of Combinatorics, 2013, 20 (2): #DS14v2.

[272] Mohar B, Thomassen C. Graphs on Surfaces [M]. Baltimore: Johns Hopkins University Press, 2001.

[273] Moon J W. On subtournaments of a tournament [J]. Canad. Math. Bull., 1966 (9): 297 – 301.

[274] Moon J W. Various proofs of Cayley's formula for counting trees [M]//Harary F. Seminar of Graph Theory. New York: Holt, Rinehart and Winston, 1967: 70 – 78.

[275] Moon J W. Topics on Tournaments [M]. New York: Holt, Rinehert and Winston, 1968.

[276] Moon J W, Pallman N J. On the power of tournament matrices [J]. J. Combin. Theory, 1967 (3): 1 – 9.

[277] Moore E F. The shortest path through a maze: Proc. International Symposium on the Theory of Switching, April 2-5, 1957, Part II [C]. The Annals of the Computation Laboratory of Harvard University 30. Cambridge: Harvard University Press, 1959: 285 – 292.

[278] Moroń Z. On the dissection of a retangle into squares [J]. Przeglad Mati Fiz., 1925 (3): 152 – 153.

[279] Munkres J. Algorithms for assignment and transportation problems [J]. J. Soc. Indust. Appl. Math., 1957 (5): 32 – 38.

[280] Nash-Williams C St J A. Orientation, connectivity and odd-vertex pairing in finite graphs [J]. Canad. J. Math., 1960, 12: 555 – 568.

[281] Nash-Williams C St J A. Edge-disjoint spanning trees of finite graphs [J]. J. London Math. Soc., 1961, 36: 445 – 450.

[282] Nash-Williams C St J A. Hamiltonian Circuits in Graphs and Digraphs [M]//Chartrand G, Kapoor S F. The Many Facets of Graph Theory: Lecture Notes in Mathematics. Berlin: Springer-Verlag, 1969, 110: 237 – 243.

[283] Nash-Williams C St J A, Tutte W T. More proof of Menger's theorem [J]. J. Graph Theory, 1977 (1): 13 – 14.

[284] Nugent S F. The iPDC/2 direct-connect communication technology [C]// Proceedings of Conference on Hypercube Concurrent Computers and Applications, 1988 (1): 51 – 60.

[285] Ore O. Graphs and matching theorems [J]. Duke Math. J., 1955, 22 (4): 625 – 639.

[286] Ore O. Note on Hamilton circuits [J]. Amer. Math. Monthly, 1960, 67: 55.

[287] Ore O. Theory of Graphs [M]. Providence: Amer. Math. Soc., 1962.

[288] Ore O. The Four-Colour Problem [M]. New York: Academic Press, 1967.

[289] Ore O. Diameters in graphs [J]. J. Combin. Theory, 1968, 5 (1): 75 – 81.

[290] Ore O, Stemple G J. Numerical calculations on the four-color problem [J]. J. Combin. Theory, 1970, 8 (1): 65 – 78.

[291] Overbeck-Larisch M. Hamiltonian paths in oriented graphs [J]. J. Combin. Theory: Ser. B, 1976, 21 (1): 76 – 80.

[292] Oxley J G. Matroid Theory [M]. New York: Oxford University Press, 1992.

[293] Petersen J. Die Theorie der regulären Graphs [J]. Acta Math., 1891 (15): 193 – 220.

[294] Petersen J. Sur le théorème de Tait [J]. L'Intermédiaire des Math ematiciens, 1898 (5): 225 – 227.

[295] Peyrat C. Diameter vulnerability of graphs [J]. Discrete Appl. Math., 1984, 9 (3): 245 – 250.

[296] Plesník J. Critical graphs of given diameter [J]. Acta Facultatis Rerum Naturalium Universitatis Comenianae -Mathematics, 1975, 30: 71 – 93.

[297] Plesník J. On the sum of all distances in a graph or digraph [J]. J. Graph Theory, 1984, 8 (1): 1 – 21.

[298] Plesník J, Znám Š. Strongly geodetic directed graphs [J]. Acta Facultatis Rerum Naturalium Universitatis Comenianae-Mathematics, 1974, 29: 29 – 34.

[299] Preparata F P, Vuillemin J. The cube-connected cycles: A versatile network for parallel computation [J]. Commun ACM, 1979, 24 (5): 140 – 147.

[300] Prim R C. Shortest connection networks and some generations [J]. Bell System Tech. J., 1957, 36 (6): 1389 – 1401.

[301] Pósa L. A theorem concerning Hamilton lines [J]. MTA Mat. Kut. Int. Küzl., 1962, 7: 225 – 226.

[302] Pym J S. A proof of Menger's theorem [J]. Monatsh. Math., 1969, 73: 81 – 83.

[303] Rado R. Note on the transfinite case of Hall's theorem on representatives [J]. J. London Math. Soc., 1967, 42: 321 – 324.

[304] Read R C. An introduction to chromatic polynomials [J]. J. Combin. Theory, 1968, 4 (1): 52–71.

[305] Rédei L. Ein kombinatorischer satz [J]. Acta Sci. Math. (Szeged), 1934, 7 (1): 39–43.

[306] Reichmeider P F. The Equivalence of Some Combinatorial Matching Theorem [M]. Washington: Polygonal Pub. House, 1984.

[307] Robertson N, Sanders D, Seymour P, et al. A new proof of the four-colour theorem [J]. Electron. Res. Announc. Amer. Math. Soc., 1996, 2: 17–25.

[308] Robertson N, Sanders D, Seymour P, et al. The four-color theorem [J]. J. Combin. Theory: Ser. B, 1997, 70: 2–44.

[309] Robertson N, Seymour P, Thomas R. Hadwiger's conjecture for K_6-free graphs [J]. Combinatorica, 1993, 13 (3): 279–361.

[310] Rosenblatt D. On the graphs and asymptotic forms of finite boolean relation matrices [J]. Naval Res. Quart., 1957, 4 (2): 151–167.

[311] Rosenstiehl P. Preuve algébrique du critère de planarité de Wu-Liu [J]. Annals of Discrete Math., 1980 (9): 67–78.

[312] Roussopoulos N D. A $\max\{m,n\}$ algorithm for determining the graph H from its line graph G [J]. Inform. Process. Lett., 1973, 2 (4): 108–112.

[313] Roy B. Nombre chromatique et plus longs chemins d'un graphe [J]. Rev. Francaise Automat. Informat. Recherche Opérationelle Sér. Rouge, 1967 (1): 127–132.

[314] Saaty T L. Thirteen colorful variations on Guthrie's four-color conjecture [J]. Amer. Math. Monthly, 1972, 79 (1): 2–43.

[315] Saaty T L, Kainen P C. The Four-Color Problem [M]. New York: McGraw-Hill, 1977.

[316] Sahni S, Gonzalez T. P-complete approximation problem [J]. J. Assoc. Comput. Mach., 1976, 23 (3): 555–565.

[317] Sainte-Laguë A. Les réseaux (ou graphes) [M]. Paris: Gauthier-Villars, 1926.

[318] Sanders D P, Zhao Y. Planar graphs with maximum degree seven are Class 1 [J]. J. Combin. Theory: Ser. B, 2001, 83 (2): 201–212.

[319] Schrijver A. Min-max results in combinatorial optimization [M]//Bachem A, Grotschel M, Korte B. Mathematical Programming the State of the Art. New York: Springer-Verlag, 1983.

[320] Schrijver A. Paths and flows: A historical survey [J]. CWI Quarterly, 1993, 6 (3): 169–183.

[321] Seitz C L. The cosmic cube [J]. Communications of Association for Computing Machinery, 1985, 28 (1): 22–33.

[322] Seymour P. Nowhere-zero 6-flows [J]. J. Combin. Theory: Ser. B, 1981, 30 (2): 130–135.

[323] Shannon C E. A theorem on coloring the lines of a network [J]. J. Math. Physics, 1949, 28 (1/2/3/4): 148–151.

[324] 邵嘉裕. 组合数学 [M]. 上海: 同济大学出版社, 1991.

[325] Shigeno M, Iwata S, McCormick S T. Relaxed most negative cycle and most positive cut canceling algorithms for minimum cost flow [J]. Mathematics of Operations Research, 2000, 25 (1): 76 – 104.

[326] Sprague R. Beispiel einer zerlegung des quadrats in lauter verschiedene quadrate [J]. Math. Z., 1939, 45: 607 – 608.

[327] Sprague R. Über die zerlegung von rechtecken in lauter verschiedene quadrate [J]. J. Reine angew. Math., 1940, 182: 60 – 64.

[328] von Staudt K G C. Geometrie der Lage [M]. Nürnberg: Bauer und Raspe, 1847: 20 – 21.

[329] Stockmeyer L. Planar 3-colorability is NP-complete [J]. SIGACT News, 1973, 5 (3): 19 – 25.

[330] Sullivan H, Bashkow T R, Klappholz D. A large-scale homogeneous, fully distributed parallel machine [C]//Proceeding of 4th Annual Symposium on Computer Architecture. ACM Press, 1977: 105 – 124.

[331] Swart E R. The philosophical implications of the four-color problem [J]. Amer. Math. Monthly, 1980, 87 (9): 697 – 702.

[332] Sylvester J J. Chemistry and algebra [J]. Nature,1877/1878, 17: 284(Math. Papers, 3: 103 – 104).

[333] Syslo M M. A labeling algorithm to recognize a line digraph and output its root graph [J]. Informa. Process. Lett., 1982, 15 (1): 28 – 30.

[334] Tait P G. On the colouring of maps [G] // Proc. Royal Soc. Edinburgh, 1878-1880, 10: 501 – 503.

[335] Thomas R. An update on the four-color theorem [J]. Notices of the AMS, 1998, 45 (7): 848 – 859.

[336] Thomassen C. Kuratowski's theorem [J]. J. Graph Theory, 1981 (5): 225 – 241.

[337] Thomassen C. Every planar graph is 5-choosable [J]. J. Combin. Theory: Ser. B, 1994, 62: 180 – 181.

[338] Thomassen C. The weak 3-flow conjecture and the weak circular flow conjecture [J]. J. Combin. Theory: Ser. B, 2012, 102 (2): 521 – 529.

[339] 田丰, 马仲蕃. 图与网络流理论 [M]. 北京: 科学出版社, 1987.

[340] Tietze H. Einige Bemerkungen zum Problem des Kartenfärbens auf einseitigen Flächen: Some remarks on the problem of map coloring on one-sided surfaces [J]. DMV Annual Report, 1910 (19): 155 – 159.

[341] Toft B. 75 graph-colouring problems [M]//Nelson R, Wilson R J. Graph Colourings: Pitman Research Notes in Mathematics Ser. 218. Baker & Taylor Books, 1990: 9 – 35.

[342] Toft B. A survey of Hadwiger's conjecture [J]. Congressus Numerantium, 1996, 115: 249 – 283.

[343] Toida S. Properties of an Euler graph [J]. Journal of the Franklin Institute, 1973, 295 (4): 343 – 345.

[344] Tomanová J. A note on vertex-transitive non-Cayley graphs from Cayley graphs generated by involutions [J]. Discrete Mathematics, 2010, 310 (1): 192–195.

[345] Turán P. An extremal problem in graph theory [J]. Matematikai és Fizikai Lapok, 1941, 48: 436–452. (in Hungarian)

[346] Tutte W T. On Hamiltonian circuits [J]. J. London Math. Soc., 1946, 21: 98–101.

[347] Tutte W T. The factorization of linear graphs [J]. J. London Math. Soc., 1947, 22: 107–111.

[348] Tutte W T. On the imbedding of linear graphs in surfaces [J]. Proc. London Math. Soc.: Ser. 2, 1949, 51: 474–483.

[349] Tutte W T. A contribution to the theory of chromatical polynomials [J]. Canad. J. Math., 1954, 6 (1): 80–91.

[350] Tutte W T. A theorem on planar graphs [J]. Trans. Amer. Math. Soc., 1956, 82 (1): 91–116.

[351] Tutte W T. On the problem of decompositing a graph into n-connected factors [J]. J. London Math. Soc., 1961, 36 (1): 221–230.

[352] Tutte W T. On the non-biplanar character of the complete 9-graph [J]. Canad. Math. Bull., 1963, 6 (3): 319–330.

[353] Tutte W T. Lectures on matroids [J]. J. Res. Nat. Bur. Standards Sect: Ser. B, 1965, 69 (1/2): 1–47.

[354] Tutte W T. Connectivity in Graphs [M]. Toronto: University of Toronto Press, 1966.

[355] Tutte W T. Toward a theory of crossing numbers [J]. J. Combin. Theory, 1970, 8 (1): 45–53.

[356] Tverberg H. A proof of Kuratowski's theorem [J]. Ann. Discrete Math., 1989, 41: 417–419.

[357] Underground P. On graphs with Hamiltonian squares [J]. Discrete Math., 1978, 21 (3): 323.

[358] Vizing V G. On an estimate of the chromatic class of a p-graph [J]. Diskret. Analiz., 1964, 3: 25–30. (in Russian)

[359] Vizing V G. Critical graphs with a given chromatic class [J]. Diskret. Analiz., 1965, 5: 9–17.

[360] Vizing V G. Some unsolved problems in graph theory [J]. Uspekhi Mat. Nauk., 1968, 23: 117–134 (Russian Math. Surveys, 1968, 23: 125–141).

[361] Vizing V G. Coloring the vertices of a graph in prescribed colors [J]. Diskret Analiz., 1976 (29): 3–10. (in Russian)

[362] van Dam E R, Koolen J H, Tanaka H. Distance-regular graphs [J]. The Electronic Journal of Combinatorics, #DS22, 2016: 1–156.

[363] von Neumann J. A certain zero-sum two-person game equivalent to the optimal assignment problem [M]. Contributions to the Theory of Games: Vol. 2, 1953: 5–12.

[364] Wagner K. Bemerkungen zum Vierfarbenproblem [J]. Jahresb. Deut. Math. Vereinig, 1936, 46: 26 – 32.

[365] Wagner K. Über eine eigenschaft der ebenen komplexe [J]. Math. Ann., 1937, 114: 570 – 590.

[366] Wagner K. Beweis einer abschwächung der hadwiger-vermutung [J]. Mathematische Annalen, 1964, 153: 139 – 141.

[367] Walsh D J A. Matroid Theory [M]. London: Academic Press, 1976.

[368] Watkins M. Connectivity of transitive graphs [J]. J. Combin. Theory, 1970, 8 (1): 23 – 29.

[369] Watkins M. Vertex-transitive graphs that are not Cayley graphs [M]// Hahn G, et al. Cycles and Rays. Netherlands: Kluwer, 1990: 243 – 256.

[370] Wegener I. Complexity Theory [M]. Berlin: Springer-Verlag, 2005. (复杂性理论 [M]. 北京: 科学出版社, 2006.)

[371] Wernicke P. Über den kartographischen vierfarbensatz [J]. Math. Ann., 1904, 58: 413 – 426.

[372] West D B. Introduction to Graph Theory [M]. New York: Prentice-Hall, 2001.

[373] White A T. The proof of the Heawood conjecture [M]//Beineke L W, Wilson R J. Selected Topics in Graph Theory. London: Academic Press, 1978: 51 – 81.

[374] Whiting P D, Hillier J A. A method for finding the shortest route through a road network [J]. Operational Res. Quart., 1960, 11 (1/2): 37 – 40.

[375] Whitney H. A theorem on graphs [J]. Ann. Math., 1931, 32 (2): 378 – 390.

[376] Whitney H. Nonseparable and planar graphs [J]. Trans. Amer. Math. Soc., 1932, 34 (2): 339 – 362.

[377] Whitney H. Congruent graphs and the connectivity of graphs [J]. Amer. J. Math., 1932, 54 (1): 150 – 168.

[378] Whitney H. Planar graphs [J]. Fund. Math., 1933, 21: 73 – 84.

[379] Whitney H. On the abstract properties of linear dependence [J]. Amer. J. Math., 1935, 57: 509 – 533.

[380] Whitney H, Tutte W T. Kempe chains and the four colour problem [J]. Utilitas Math., 1972 (2): 241 – 281.

[381] Wielandt H. Unzerlegbare, nicht negative matrizem [J]. Math. Z., 1950, 52: 642 – 648.

[382] Wilson J C. A method for finding simple perfect squared squarings [D]. Waterloo: University of Waterloo, 1967.

[383] Wilson R A. Graphs, Colourings and the Four-colour Theorem [M]. Oxford: Oxford University Press, 2002.

[384] Wilson R J. An Eulerian trail through Königsberg [J]. J. Graph Theory, 1986 (10): 265 – 275.

[385] Woodall D R. Sufficient conditions for circuits in graphs [J]. Proc. London Math. Soc., 1972, 24 (2): 739 – 755.

[386] Woodall D R. Minimax theorems in graph theory [M]//Beineke L W, Wilson R J. Selected Topics in Graph Theory. London: Academic Press, 1978: 237 – 269.

[387] Woodall D R. List Coloring of Graphs [M]//Surveys in Combinatorics. Cambridge: Cambridge University Press, 2001: 269 – 301.

[388] 吴文俊. 可剖形在欧氏空间的实现问题 [J]. 数学学报, 1955, 5 (4): 505 – 552.

[389] 吴文俊. 集成电路设计中的一个数学问题 [J]. 数学的实践与认识, 1973, 3 (1): 20 – 40; 线性图的平面嵌入 [J]. 科学通报, 1974, 19 (5): 226 – 228.

[390] Xu J M. Local strongly arc-connectivity in regular bipartite digraphs [J]. J. Combin. Theory: Ser. B, 1993, 59 (2): 188 – 190.

[391] Xu J M. A sufficient condition for equality of arc-connectivity and minimum degree of digraph [J]. Discrete Math., 1994, 133: 315 – 318.

[392] 徐俊明. 组合网络理论 [M]. 北京: 科学出版社, 2007. (Combinatorial Theory in Networks [M]. 北京: 科学出版社, 2013.)

[393] 徐俊明. A First Course in Graph Theory [M]. 北京: 科学出版社, 2015.

[394] Xu J M, Yang C. Connectivity of Cartesian product graphs [J]. Discrete Math., 2006, 306 (1): 159 – 165.

[395] Xu J M, Yang C. Connectivity and super-connectivity of Cartesian product graphs [J]. Ars Combin., 2010, 95: 235 – 245.

[396] Yamada T, Kinoshita H. Finding all the negative cycles in a directed graph [J]. Discrete Appl. Math., 2002, 118 (3): 279 – 291.

[397] Yang C, Xu J M. Reliability of interconnection networks modeled by Cartesian product digraphs [J]. Networks, 2008, 52 (4): 202 – 205.

[398] Yu W, Batta R. Chinese Postman Problem [M]. Hoboken: John Wiley & Sons, Inc., 2011.

[399] Younger D H. Integer flows [J]. J. Graph Theory, 1983, 7 (3): 349 – 357.

[400] Zemor G. On positive and negative atoms of Cayley digraphs [J]. Discrete Appl. Math., 1989, 23 (2): 193 – 195.

[401] Zhang C Q. Integer Flows and Cycle Covers of Graphs [M]. New York: Marcel Dekker, 1997.

[402] 张克民, 林国宁, 张忠辅. 图论及其应用习题解答 [M]. 北京: 清华大学出版社, 1988.

[403] Zhang L M. Every planar graph with maximum degree 7 is of class 1 [J]. Graphs and Combinatorics, 2000, 16 (4): 467 – 495.

[404] Zhou J X. The automorphism group of the alternating group graph [J]. Appl. Math., Lett., 2011, 24 (2): 229 – 231.

[405] Zykov A A. Recursively calculable functions of graphs [C]//Theory of Graphs and Its Applications (Proc. Sympos. Smolenice, 1963). Prague: Publ. House Czechoslovak Acad. Sci., 1964: 99 – 105.

图论常用记号

$\mathscr{B}(D)$: D 的割空间
$\mathscr{C}(D)$: D 的圈空间
$\mathscr{E}(D)$: D 的边空间
$\mathscr{V}(D)$: D 的顶点空间

$\boldsymbol{A}(D)$: D 的邻接矩阵
$\mathrm{Aut}(D)$: D 的自同构群
$\mathrm{Aut}^*(D)$: D 的边自同构群
$\mathrm{Aut}^c(D)$: D 的保色自同构群
$\boldsymbol{B}_F$: $\mathscr{B}(D)$ 中对应于林 F 的基矩阵
$\boldsymbol{b}(\boldsymbol{f})$: 流 $\boldsymbol{f}$ 的费用
$B(d,n)$: de Bruijn 有向图
$B_G(f)$: 平图 G 中面 f 的边界
C_n: 长为 n 的圈
$\boldsymbol{C}_F$: $\mathscr{C}(D)$ 中对应于林 F 的基矩阵
$\mathrm{cap}\ B$: 割 B 的容量
$C_\Gamma(S)$: Γ 关于 S 的 Cayley 图
D: 图, 有向图
$(D,\boldsymbol{w})$: 加权有向图
$\overleftarrow{D}$: 有向图 D 的逆图
D^c: D 的补图
$\widehat{D}$: 有向图 D 的凝聚图
$D(n;S)$: 循环有向图
$D_{\boldsymbol{f}}$: $\boldsymbol{0}\neq\boldsymbol{f}\in\mathscr{E}(D)$ 的支撑图
$d(D)$: D 的直径
$d_G(x)$: 无向图 G 中顶点 x 的度
$d_D(x)$: 有向图 D 中顶点 x 的度
$d_D^+(x)$: 有向图 D 中顶点 x 的出度
$d_D^-(x)$: 有向图 D 中顶点 x 的入度
$d_D(x,y)$: 图 D 中从 x 到 y 的距离
$d_G(f)$: 平图 G 中面 f 的度
$d_D^+(S)=|E_D^+(S)|$; $d_D^-(S)=|E_D^-(S)|$
$\dim\mathscr{B}$: 空间 $\mathscr{B}$ 的维数
$E(D)$: 图 D 的边集
$E_D(S,T)$: 起点在 S、终点在 T 的边集
$E_D[S,T]=E_D(S,T)\cup E_D(T,S)=[S,T]$
$E_D^+(S)=E_D(S,\overline{S})=(S,\overline{S})$
$E_D^-(S)=E_D(\overline{S},S)=(\overline{S},S)$
$E_D(S)=E_D^+(S)\cup E_D^-(S)=[S,\overline{S}]$
$\boldsymbol{f}_C$: 圈 C 的圈向量
$F(G)$: 平图 G 的面集
$F^+(D)$: D 的正 κ 原子 (或 κ 分片)
$F^-(D)$: D 的负 κ 原子 (或 κ 分片)
$\overline{F}(D)$: D 中林 F 的余林
G: 无向图
G^n: G 的 n 次幂图
$(G,\boldsymbol{w})$: 加权无向图
$\widetilde{G}$: 平面图 G 的平面表示
G^*: 平图 G 的几何对偶图
$G(n;\pm S)$: 循环无向图
$G_\Gamma(S)$: Γ 关于 S 的 Frucht 图
$\boldsymbol{g}_B$: 键 B 的割向量
$g(G)$: G 的围长
$\overline{H}(D)$: D 的子图 H 的余图
$K(d,n)$: Kautz 有向图
K_n: n 阶完全图
K_n^*: n 阶完全有向图
$K_{n,m}$: 完全 2 部图
$L(D)$: D 的线图
$L^n(D)$: D 的 n 重线图
$\boldsymbol{M}(D)$: D 的关联矩阵
$N_D^+(S)$: S 在 D 中的外邻集

$N_D^-(S)$: S 在 D 中的内邻集

$N_D(S): N_D^+(S) \cup N_D^-(S)$

$N_G(S)$: S 在 G 中的邻集

P_n: n 阶路

Q_n: n 维超立方体

$\overline{S}$: V 中子集 S 的补集 $V \setminus S$

$\mathrm{Sym}\,(n)$: $n!$ 阶对称群

$V(D)$: D 的顶点集 (或点集)

$\mathrm{val}\,\boldsymbol{f}$: 流 $\boldsymbol{f}$ 的流量

$V_G(B,H)$: B 与 H 的接触点集

$(x,y) \in E(D)$: D 中从 x 到 y 的有向边

(x,y) 路: 从 x 到 y 的有向路

$xy \in E(G)$: G 中端点为 x 和 y 的边

xy 路: 连接 x 和 y 的路

$\varGamma$: 有限群

$\varOmega_n$: n 元集的幂集

$\varOmega_n^k = \{X \in \varOmega_n : |X| = k\}$

α: 独立数

α': 匹配数

β: 点覆盖数

β': 边覆盖数

γ: 本原指数, 或者控制数

$\delta\ (\delta^+,\delta^-)$: 最小顶点 (出, 入) 度

$\varDelta\ (\varDelta^+,\varDelta^-)$: 最大顶点 (出, 入) 度

ε: 边数

$\eta_D(x,y)$: 边不交 (x,y) 路的最大条数

κ: 连通度

$\kappa_D(x,y)$: 最小 (x,y) 分离集中的点数

λ: 边连通度

$\lambda_D(x,y)$: 最小 (x,y) 割中的边数

$\mu_D(x,y) = |E_D(x,y)|$

$o(G)$: G 中的奇连通分支数

$\pi = \{V_1,V_2,\cdots,V_k\}$: 点 k 染色

$\pi' = \{E_1,E_2,\cdots,E_k\}$: 边 k 染色

$\pi^* = \{F_1,F_2,\cdots,F_k\}$: 面 k 染色

$\zeta_D(x,y)$: 内点不交 (x,y) 路的最大条数

$\tau(D)$: D 中支撑树数目

υ: 顶点数、阶数、点数

$\phi(G)$: 平图 G 的面数

$\chi(G)$: G 的点色数

$\chi'(G)$: G 的边色数

$\chi^*(G)$: G 的面色数

ω: 连通分支数

$D[S]$: S 在 D 中的导出子图

$D_1 \cup D_2$: 图 D_1 和图 D_2 的并

$D_1 \cap D_2$: 图 D_1 和图 D_2 的交

$D_1 + D_2$: 图 D_1 和 D_2 点不交的并

$D_1 \oplus D_2$: 图 D_1 和 D_2 边不交的并

$D_1 \times D_2$: 图 D_1 和 D_2 的笛卡尔乘积

$D \cdot a$: 边 a 收缩图

$D - x$: 从 D 中除掉顶点 x

$D - a$: 从 D 中除掉边 a

$D + (x,y)$: D 中添加边 $(x,y) \in D^{\mathrm{c}}$

$G_1 \vee G_2$: 图 G_1 和图 G_2 的联

$H \subset D$: H 是 D 的真子图

$H \subseteq D$: H 是 D 的子图

$|S|$: 集 S 中的元素数目

$\lceil r \rceil$: 不小于 r 的最小整数

$\lfloor r \rfloor$: 表示不大于 r 的最大整数

$\binom{n}{k} = \dfrac{n(n-1)\cdots(n-k+1)}{k\,!}\ (k \leqslant n)$

索　引

本原有向图, 72

本原指数, 71
- 矩阵的本原指数, 71
- 图的本原指数, 72

边, 3
- 边的端点, 3
- 边的起点, 3
- 边的终点, 3
- 边度, 17
- 边相邻, 3
- 边相似, 296
- 对称边, 3
- 割边, 29
- 环, 3
- 连通边, 29
- 平行边, 3
- 有向边, 3
- 重边, 3
- 最小边度, 17

边不交 (图), 20

边的细分, 140
- 细分图, 140

闭包, 60

猜想
- 3 流猜想, 284
- 4 流猜想, 284
- 5 流猜想, 284
- 四色猜想, 270
- Hajós 猜想, 262
- Hadwiger 猜想, 286
- Vizing 猜想, 267
- Vizing 控制数猜想, 230
- Whitney 猜想, 274
- 列表边色数猜想, 268
- 全色数猜想, 268

Cayley
- Cayley 色图, 306
- Cayley 图, 304
- Cayley 公式, 107

de Bruijn 有向图, 34, 50

(Δ, k) 图, 32
- (Δ, k)-Moore 界, 32
- (Δ, k)-Moore 图, 32
- 最大 (Δ, k) 图, 67

点, 3
- 点相邻, 3
- 点相似, 294
- d 度点, 17
- 割点, 29
- 孤立点, 17
- 连通点, 29
- 平衡点, 18

点不交 (图), 20

电网络方程, 122
- Kirchhoff 电流定律, 122
- Kirchhoff 电压定律, 122

顶点, 3
- 顶点度, 17

有向图的顶点出度, 17
有向图的顶点度, 17
有向图的顶点入度, 17
最大顶点出度, 18
最大顶点度, 17
最大顶点入度, 18
最小顶点出度, 18
最小顶点度, 17
最小顶点入度, 18
顶点集, 3

定理
2 部图判定定理, 43
2 流定理, 277
3 流定理, 280
6 流定理, 284
8 流定理, 284
Brooks 定理, 258
Chartrand-Harary 定理, 144
Dirac 定理, 55
Euler 无向图判定定理, 49
Euler 有向图判定定理, 48
Frucht 定理, 308
Grinberg 定理, 134
Hall 定理, 213
König 定理, 221
Kuratowski 定理, 141
MacLane 定理, 143
Menger 定理, 167, 172
Ramsey 定理, 24
Turán 定理, 11
Tutte 定理, 216
Vizing 定理, 264
Wagner 定理, 143
Wielandt 定理, 76
广义 Brooks 定理, 262
矩阵 – 树定理, 106
邻接矩阵定理, 64
五色定理, 259
无向图第一定理, 19
有向图第一定理, 18
原子分解定理, 300
整数最大流最小割定理, 165
最大流最小割定理, 164

对偶图, 146
几何对偶图, 146
自对偶平图, 150
组合对偶图, 148

独立集, 226
独立数, 226
极大独立集, 226
最大独立集, 226

Euler
Euler 公式, 130
Euler 回, 47
Euler 迹, 47
Euler 图, 47
Euler 凸多面体公式, 151
Euler 图论第一定理, 19

方化矩形, 204
方化矩形的阶, 204
复合的方化矩形, 204
简单的方化矩形, 204
完美的方化矩形, 204

f 饱和路, 186
f 非饱和路, 186
f 增广路, 186
f 增广路修正流, 186

非平面图, 129
厚度, 139
交叉数, 139

费用, 192
费用函数, 192
费用容量网络, 192

分离集, 178
κ 分离集, 178
(x, y) 分离集, 171
最小 (x, y) 分离集, 171

分片, 298

覆盖
- 边覆盖, 227
- 边覆盖数, 227
- 点覆盖, 220
- 点覆盖数, 220
- 极小点覆盖, 220
- 最小点覆盖, 220

割, 88
- 割边, 29, 88
- 割点, 29
- 割的容量, 164
- 键, 88
- 极小割, 88
- λ 割, 178
- (x, y) 割, 164
- 有向割, 178
- 最小割, 164, 167

割空间, 94
- 基本键, 97
- 基矩阵, 97

构形, 271
- 不可免完备集, 271
- 可约构形, 273

关联
- 点边关联, 3
- 关联函数, 3

Hamilton
- Hamilton 连通, 60
- Hamilton 路, 25
- Hamilton 图, 52
- Hamilton 问题, 52
- 极大非 Hamilton 图, 54
- 非 Hamilton 图, 52

函数
- 费用函数, 192
- 权函数, 92
- 容量函数, 163, 192

回, 25, 40
- Euler 回, 47
- 奇回, 40
- 偶回, 40

货郎担问题, 246
- 货郎链, 246
- 最优链, 246
- 最优圈, 246

迹, 25
- Euler 迹, 47
- 闭迹, 25
- 有向迹, 25

集
- Frobenius 集, 72
- 边集, 3
- 顶点集, 3

加权图, 92
- 加权距离, 92
- 加权矩阵, 92
- 权, 92
- 权函数, 92
- 权值, 92

竞赛图, 10
- 竞赛图的王, 38

距离, 31

矩阵
- Kirchhoff 矩阵, 63
- Laplace 矩阵, 63, 106
- (0,1) 方阵, 71
- 本原矩阵, 71
- 不可约矩阵, 79
- 非负矩阵, 70
- 费用矩阵, 92
- 关联矩阵, 61
- 距离矩阵, 92
- 矩阵的积和式, 225
- 可约矩阵, 79
- 拉丁方, 237

拉丁矩形, 237
邻接矩阵, 61
全幺模矩阵, 102
双随机矩阵, 223
幺模矩阵, 102
置换方阵, 63

Kautz 有向图, 35

k 部图, 10
完全 k 部图, 10

可嵌入曲面, 128

可迁图, 293
半对称无向图, 298
边可迁无向图, 297
边可迁有向图, 296
点可迁图, 294
对称无向图, 298
双可迁图, 294

控制集, 230
控制数, 230

块, 29
块图, 29
图的块, 29

链, 25
闭链, 25
货郎链, 246
链的长, 25
链的端点, 25
链的内部点, 25
有向链, 25
最优链, 246

连通, 26
单向连通, 29
连通边, 29
连通点, 29
强连通, 27

连通度, 178
边连通度, 178
局部连通度, 178
(x,y) 边连通度, 167
(x,y) 点连通度, 171
整体连通度, 178

连通图, 26
非连通图, 26
连通分支, 26
连通分支数, 26
强连通有向图, 27

林, 84
余林, 88
支撑林, 86

邻点, 20
内邻点, 20
内邻集, 20
外邻点, 20
外邻集, 20

临界图
α 临界图, 230
β 临界图, 230
临界 k 色图, 256

流
整数流, 275
2 流定理, 277
3 流猜想, 284
3 流定理, 280
4 流猜想, 284
5 流猜想, 284
6 流定理, 284
k 流, 276
模 k 流, 278
全非零流, 276
无向图中整数流, 276
修正模 k 流, 278
有向图中整数流, 276
正流, 276
保值修正流, 192
流量, 163
增广路修正流, 186

最大流, 163
最小费用流, 192
最小费用最大流, 192

路, 25
M 交错路, 231
M 增广路, 231
边不交的路集, 167
闭路, 25
交错路, 231
内点不交的路集, 166
有向路, 25
最长路, 25
最短路, 31

轮, 150

NP 难问题, 113
NPC 问题, 113
NP 完备问题, 113
NP 问题, 113
P 问题, 113

平面图判定准则
Kuratowski 定理, 141
MacLane 定理, 143
Wagner 定理, 143
Whitney 定理, 149

平面图, 129
非平面图, 129
平图, 129
外平面图, 144

平图, 129
Plato 图, 151
地图, 129
极大平面图, 131
平图的面, 129
面的边界, 129
面的度, 130
内部面, 129
外部面, 129
三角剖分平图, 131
三角剖分图, 131

匹配, 213
饱和点, 213
非饱和点, 213
匹配数, 220
完备匹配, 213
最大匹配, 213
最大权完备匹配, 237
最小权完备匹配, 240

强连通图, 27
k 边连通图, 178
k 连通图, 178
强连通分支, 27
强连通分支数, 27

桥, 29, 88

圈, 25, 40
Hamilton 圈, 52
点泛圈, 42
泛圈, 42
负圈, 196
奇圈, 40
偶圈, 40
圈长, 40
增广圈, 192
基于增广圈的修正流, 192
最长圈, 40
最短圈, 40
最优圈, 246

圈空间, 93
基本圈, 98
基矩阵, 98

圈秩, 88

群
轨道, 323
群的半直积, 324
同态, 323
作用, 323

染色, 255

边的 k 染色, 262
边 k 色可染, 263
边染色, 262
边色数, 263
边唯一 k 色可染, 267
点的 k 染色, 255
点 k 色可染, 255
点染色, 255
点色数, 255
k 色图, 256
列表边染色, 268
列表点染色, 268
临界 k 色图, 256
面的 k 染色, 268
面 k 色可染, 268
面染色, 266
面色数, 269
全染色, 267
色多项式, 262

容量, 163
容量函数, 163
容量网络, 163

扇, 183
扇的端点, 183
扇的宽度, 183
扇引理, 183
(x,Y) 扇, 183

数
Betti 数, 88
Frobenius 数, 73
κ 原子数, 298
Ramsey 数, 24
边色数, 263
点色数, 255
列表边色数, 268
列表点色数, 268
面色数, 269
全色数, 267
边覆盖数, 227
点覆盖数, 220
独立数, 226
交叉数, 139
矩阵的本原指数, 71
控制数, 230
连通分支数, 26
匹配数, 220
强连通分支数, 27
图的本原指数, 72
支撑树数, 102

树, 84
内向树, 87
根, 87
树图, 91
树形图, 87
外向树, 87
有向树, 84
有根树, 87
余树, 88
支撑树, 86
最小树, 109

数学结构, 1

图 (概念), 2
2 部图, 10
2 部划分, 10
k 正则等 2 部, 10
等 2 部图, 10
伴随 2 部图, 12
完全 2 部图, 10
半对称无向图, 298
边正则图, 17
标号图, 2
等子图, 238
可行标号, 238
平凡标号, 238
补图, 8
自补图, 16
重图, 4
μ 重图, 267

传递图, 47
对称无向图, 298
简单图, 3
竞赛图, 10
空图, 5
子图, 20
导出的子图, 20
等子图, 238
母图, 20
真子图, 20
支撑子图, 20
k 因子图, 225
母图, 20
凝聚图, 47
逆图, 46
偶图, 17
平凡图, 5
图的 n 次幂, 91
完全图, 9
花完全有向图, 34
完全有向图, 9
无边图, 5
无圈图, 84
无向图, 2
无向图的定向图, 5
线图, 34
线无向图, 39
线有向图, 34
重线图, 34
有向图, 2
k 正则有向图, 18
本原有向图, 72
伴随有向图, 71
对称有向图, 5
平衡有向图, 18
强连通有向图, 27
有向图的基础图, 5
有限图, 5
余图, 88
正则图, 17
k 正则图, 17
立方图, 17
自补图, 16

图 (特殊)
Cayley 图, 304
Chvátal 图, 256
Euler 图, 47
Folkman 图, 298
Frucht 图, 309
Fritsch 图, 273
Gray 图, 298
Grinberg 图, 135
Grötzsch 图, 256
Hamilton 图, 52
Herschel 图, 53, 134
Johnson 图 $J(n,k,i)$, 4
Kautz 有向图, 34, 51
Kempe 图, 2, 4
Kneser 图, 4
Peirce 图, 2, 4
Petersen 图, 2, 9
Soifer 图, 273
Turán 图, 11
Tutte 图, 135
超立方体, 13, 37
等对称差图 $H(n,k,i)$, 15
对称差图 $H(n,i)$, 14
对换 Cayley 图, 320
对换图, 320
分层超立方体, 327
广义星图, 322
交错群图, 320
交错群网络, 320
截顶四面体, 323
立方连通圈, 327
泡泡圈图, 322
泡泡图, 321
完全对换图, 322
星, 10
星图, 321

图的边数, 5

图的表示
- 矩阵表示, 61
- 曲面表示, 128
- 群表示, 288, 291
- 图形表示, 2

图的分解
- 点可迁图原子分解定理, 300
- k 因子可分解, 225

图的分类, 266
- 第二类图, 266
- 第一类图, 266

图的阶, 5

图的谱, 70

图的群, 290
- 保色自同构群, 307
- 边自同构群, 291
- 点群, 290
- 群的图表示, 304, 306
- 图的群表示, 291
- 自同构群, 290

图的特征多项式, 69
- 谱, 70
- 特征根, 69
- 最大特征根, 70

图的同构, 7
- 保色自同构, 307
- 边同构映射, 288
- 边自同构, 291
- 导出的边同构, 288
- 同构映射, 8, 288
- 自同构, 290

图的向量空间, 91
- 边空间, 91
- 顶点空间, 91
- 割空间, 94
- 割向量, 93
- 圈空间, 93
- 圈向量, 92

图的运算, 20
- σ 置换图, 146
- 边收缩, 20
- 笛卡尔乘积, 36
- 顶点分裂运算, 171
- 替代乘积, 323
- 图的并, 20
- 图的交, 20
- 图的联, 24
- 线图, 34
- 小图, 143
- 置换图, 146
- 字典乘积图, 328

图论算法, 113
- α 近似算法, 248
- Christofides 近似算法, 248
- DMP 平面性算法, 154
- Edmonds-Johnson 算法, 198, 201
- Fleury 算法, 202
- Klein 算法, 196
- Kruskal 算法, 113
- Kuhn-Munkres 算法, 240
- Moore-Dijkstra 算法, 115
- Prim 算法, 110
- 标号法, 187
- 多项式算法, 113
- 好算法, 113
- 计算复杂度, 113
- 近似算法, 248
- 性能比, 248
- 匈牙利算法, 231, 234
- 有效算法, 113

Tutte
- Tutte 定理, 216
- Tutte 图, 135
- Tutte 子图, 135

外平面图, 144
- Chartrand-Harary 定理, 144

非外平面图, 144
极大外平面图, 146

网络, 163
发点, 163
费用容量网络, 192
容量网络, 163
收点, 163
整容量网络, 163

完美等边三角形, 209

完美立方体, 209

围长, 40

问题
Hamilton 问题, 52
Königsberg 七桥问题, 47
Steiner 树问题, 125
工作排序问题, 241
货郎担问题, 246
人员安排问题, 231
四色问题, 269, 270
图的分类问题, 266
印刷电路板的设计, 153
运输方案的设计, 185
中国投递员问题, 198
邮路, 198
最优邮路, 198
周游世界问题, 52
最短路问题, 114
最小连接问题, 109
最优安排问题, 237
最优运输方案的设计, 192

Whitney
Whitney 猜想, 274
k 连通判定准则, 181
Whitney 不等式, 179
Whitney 同构定理, 39

循环图, 294
循环无向图, 294
循环有向图, 294

原子, 298
κ 原子, 298
λ 原子, 304

直径, 31

周长, 40